Das Streichhansche Mühlengrundstück
Müllerstr. 150/152 (W 13)
1869 gegenüber der alten Nazareth-Kirche
gezeichnet von Müller von Sondermühlen

Herzberg/Rieseberg: Mühlen und Müller in Berlin

Bockwindmühle am Spandauer Damm in Charlottenburg um 1860
(Gemälde von Theodor Hackert)

Heinrich Herzberg

unter Mitarbeit von
Hans Joachim Rieseberg

Mühlen und Müller in Berlin

WERNER-VERLAG

INHALT

VORWORT

Wer sich über Mühlen und Müller in Berlin, die Standorte und Geschichte der Mühlen, die gesellschaftliche Stellung und Arbeit der Müller informieren möchte, wird, abgesehen von wenigen ausgezeichneten Arbeiten wie beispielsweise die von Friedrich Holtze (1893) über das Amt Mühlenhof bis 1600 [1], Wilhelm Gundlach (1905) über die Tiergartenmühle [2], Hermann Kügler (1938) über den Brand der Dammühlen [3], Wilhelm Schmidt (1960/61) über die Windmühlen in Rixdorf [4], Hans Joachim Rieseberg über Mühlen in Berlin (1983) [5] und verstreuten Hinweisen kaum etwas finden. Obwohl Mühlenwerke die ältesten Maschinen der Menschheit sind, ihre Geschichte einen wichtigen Teil der Geschichte der Produktionsmittel darstellt und obwohl Mühlen im ältesten Berliner »Industriebetrieb« auf dem Mühlendamm, an der Keimzelle der heutigen Großstadt, standen, fehlt ihre eingehende Beschreibung.

Allerdings ist eine erschöpfende Behandlung des Themas auch in dieser Arbeit nicht möglich gewesen, befanden sich doch nach Kurt Pomplun (1972) [6] einstmals über 200 Windmühlen im Stadtgebiet des 1920 entstandenen Groß-Berlins. Mit Sicherheit kann das Schicksal der meisten dieser Mühlen nicht mehr nachgezeichnet werden, weil die Akten vieler Stadtbezirke im zweiten Weltkrieg vernichtet wurden.

Ähnliches gilt natürlich für eine Sozialgeschichte des Müllergewerks. Es ist aber Ziel der Untersuchung, auch von der Arbeit, den Sorgen und den gesellschaftlichen wie auch den familiären Bindungen der in den Mühlen arbeitenden Menschen zu berichten, soweit es uns die vorliegenden Unterlagen noch ermöglichen.

Unter einer Mühle (griech.: *μύλη*, spätlat. mola = Mühle) verstand man ursprünglich eine Einrichtung zum Kornmahlen. Später nutzte man die Antriebseinrichtungen als sogenannte Mühlenwerke auch für andere gewerbliche Zwecke (Stampf-, Säge-, Walkmühlen u. ä.). Außerdem finden wir Kombinationen unterschiedlicher Mühlentypen (Wasser- und Windmühlen, Wind- und Tiermühlen), die Nutzung eines Mühlenkörpers zunächst als Säge-, dann als Getreide-, zuletzt als Lohmühle bzw. bei einem Galerieholländer, nach mehrmaliger Umsetzung, auf dem letzten Standort seinen Ersatz durch einen sogenannten massiven Bockholländer usw.

So wird verständlich, daß der Aufbau der Publikation weder der klassischen Einteilung der Mühlen nach ihrer Antriebseinrichtung oder Nutzung folgen konnte noch der nach rein topographischen Gesichtspunkten. Dazu ist zu bedenken, daß Mühlengeschichte Wirtschafts-, Sozial-, Technik- und Rechtsgeschichte tangiert.

Das Bestreben nach einer zumindest gewissen Übersichtlichkeit ließ es darum als sinnvoll erscheinen, das Material in drei großen Komplexen zusammenzufassen, auch wenn die Kapitelabfolge nicht mit diesen Komplexen identisch ist. Die Komplexe sind

– die unterschiedlichen Mühlentypen, ihre Konstruktionsprinzipien und Funktionsweise [7]

– die wichtigsten Berliner Mühlenstandorte und ihre Geschichte in der Form von Chroniken
– die Sozialgeschichte der Berliner Müller.

Damit werden auch weiterführende Studien erleichtert, die zu initiieren eines unserer Anliegen ist.

Wir lassen an vielen Stellen des Buches bewußt alte Akten sprechen, denn diese zeigen nicht nur WAS, sondern auch WIE etwas geschah. So wird Vergangenheit – eine andere Struktur der Gesellschaft, eine andere Art, zu denken und zu fühlen – transparenter, verständlicher.

Da Fakten überreichlich zur Verfügung standen, gleichzeitig das Manuskript einen bestimmten Umfang nicht überschreiten sollte, hatten wir uns auch Beschränkungen aufzuerlegen:

– Bezüge zur allgemeinen Geschichte des brandenburgisch-preußischen Staates und der Städte und Dörfer des Berliner Raumes mußten knapp gehalten werden. (Häufig wurden Fakten auch nicht kommentiert, weil sie für sich selbst sprechen.)
– Auf ein Register war zu verzichten, ebenso auf gesonderte Literaturhinweise. (Wichtige Titel sind den Anmerkungen zu entnehmen.)

Um die Lesbarkeit zu gewährleisten, wurde vom konsequenten Nachweis der Daten Abstand genommen. Der Versuch, jetzt alle Fakten und Zitate belegen zu wollen, wäre zum Scheitern verurteilt. Als vor dreißig Jahren einer von uns mit dem Sammeln des Materials begann, lag eine Absicht zur Publikation außerhalb seiner Vorstellung. Damals konnten u. a. noch viele, oft in Kellerecken liegende Akten genutzt werden, denen nicht nur die Blattzählung, sondern durch Kriegseinwirkungen auch viele Seiten, insbesondere die ersten, fehlten. Das Wiederauffinden all dieser Akten ist durch ihre Weitergabe an Archive, in deren Magazinen sie zwar sicher gelagert, aber noch nicht bearbeitet werden konnten, zunächst unmöglich. Aber auch das Zitieren alter Titel kann nun versagen, weil Akten während der Bearbeitung nach neuen Gesichtspunkten in der Regel nicht zugänglich, oft wegen fehlender Konkordanzregister nicht mehr auffindbar sind. Ähnliches gilt vom Bildmaterial. Vieles wurde uns von Freunden geschenkt, ohne daß anfangs ein Verzeichnis über die Herkunft der Bilder angelegt wurde. Weiterhin entspricht die Qualität der Abbildungen nicht durchgängig heutigen Ansprüchen; sie wurden z. T. aus Büchern des 17./18./19. Jahrhunderts oder nach alten Familienfotos reproduziert. Trotz dieser Unzulänglichkeiten möchten wir unser Material vorlegen.

Wie oft in der Wissenschaftsgeschichte haben auch wir an diesem Thema zunächst lange Zeit unabhängig und ohne Wissen voneinander gearbeitet. Durch einen Zufall lernten wir uns anläßlich einer Mühlenausstellung kennen. Dabei stellten wir fest, daß sich die gesammelten Materialien ergänzten. Durch die Veröffentlichungsbereitschaft des VEB Verlag für Bauwesen ist dann diese Publikation ermöglicht worden.

An dieser Stelle ist ein herzlicher Dank den Personen und Einrichtungen auszusprechen, die uneigennützig Material bereitstellten oder berieten.

Stellvertretend für alle seien genannt: Herr Dr. phil. Heinz Gebhardt (AdW der DDR, † 1982), der jahrzehntelang, ja von Anfang an einen von uns mit Rat und Tat begleitet hatte, die Herren Prof. Dr. rer. oec. habil. Walter Schmidt (Humboldt-Universität zu Berlin), Dr. rer. oec. habil. Karl Lärmer (AdW der DDR) und Dipl.-Ing. Lothar Schüler als Gutachter, Prof. Dr. phil. Heinz Grünert (Humboldt-Universität zu Berlin), Prof. Dr. sc. phil. Bruno Krüger (AdW der DDR), Prof. Dr. phil. Adriaan v. Müller (Museum für Vor- und Frühgeschichte), Dr. phil. Heinz Seyer (Märkisches Museum), die Mitarbeiter der Staatsarchive Potsdam, Merseburg, Berlin, des Archivs (Bauaufsicht) des Stadtbezirks Prenzlauer Berg, des Bezirksarchivs Spandau und des Landesarchivs Berlin (West), die Müller- und Mühlenbauerfamilien Hänsch, Kleinau, Monkowius, Prillwitz und Triller, Frau StR Angela Rieseberg, Frau Astrid Wolf, die Herren stud. phil. Roland Schwarz, TU Berlin (West), und Dieter Winkler, der uns nicht nur Lektor war.

Die Kapitel wurden verfaßt von H. Herzberg (1 bis 8, 12 bis 15) und H. J. Rieseberg (9 bis 11 und 16).

Glück zu! [8]

Heinrich Herzberg
Hans Joachim Rieseberg

Übersicht zu den Berliner Mühlenstandorten

Die folgende Aufstellung wird Touristen und auswärtigen Lesern die heutige politisch-territoriale Zuordnung der Berliner Mühlenstandorte erleichtern.
(in Klammern die Kapitelnummern)

Berlin, Hauptstadt der DDR

Wassermühlen:
- Mühlendamm-Mühlen *(4)*
- Mühlen im Stadtgraben *(4)*
- Mühlen im Endegraben *(4)*
- Werdersche Mühlen *(4)*
- Mühlen in den Festungsgräben *(4)*
- Pankemühlen *(5)*
- außer: siehe unten

Windmühlen:
- Windmühlen um Berlin/Cölln *(7)*
- außer: siehe unten
- Windmühlen auf den Festungswerken *(7)*
- Windmühlen im Stadtbezirk Prenzlauer Berg *(8)*
- Invalidenhaus-Mühle *(9)*

Berlin (West)

Wassermühlen:
- Mühlen im Landwehrgraben (4)
- Pankemühlen:
- Die Wedding-Mühle *(5)*
- Papiermühle im Kleinen Tiergarten *(5)*
- Gesundbrunnen-Mühle *(5)*

Windmühlen:
- Windmühlen um Berlin/Cölln:
- Holländer (Nr. 7) (östlich Alt-Lietzow) *(7)*
- Holländer am Johannistisch (vor Hallisches Tor) *(7)*
- Lohmühle (am Fürstenbrunner Weg) *(7)*
- Holländer – v. Bartholdi (am Gröbenufer) *(7)*
- Lohmühlen (im Bezirk Neukölln) *(7)*
- Windmühlen auf dem Wedding *(9)*
- Die Stechansche Mühle in Britz *(10)*
- Die Jungfernmühle in Buckow *(10)*
- Die Adlermühle in Mariendorf *(10)*
- Der Holländer in Zehlendorf *(10)*

Die Spandauer Mühlen (11)

Tabelle alter Maß-, Gewichts- und Münzeinheiten

Die in den Quellen angegebenen zeitgenössischen Maße usw. wurden im Regelfall – auch mit zeitgenössischen Abkürzungen – von den Verfassern übernommen und nicht auf heutige umgerechnet. Deshalb soll eine Aufstellung der verwendeten Bezeichnungen einschließlich der gebrauchten Abkürzungen und die Umrechnung der Maße auf das am 1. 1. 1872 eingeführte metrische System folgen:

1 deutsche Meile = 0,9 preuß. Meile = 7,532 km
1 Rute (R oder Rt.) = 12 Fuß = 5 Schritte = 3,756 m
1 Schritt = 0,75 m
1 preuß. Elle = 25,5 Zoll = 0,66 m
1 preuß. Fuß (F) = 12 Zoll = 0,314 m
1 Zoll (Z) = 0,026 m
1 engl. Zoll = 0,0255 m
1 preuß. Morgen = 180 □R (QR) = 25 920 □F (QF)
  = 25,532 Ar
1 □R = 14,18 m^2
1 Wi(n)spel = 24 Scheffel Weizen oder Roggen
  = 1 319 l = 25 Scheffel Gerste oder 26 Scheffel Hafer
1 Scheffel (bis 9. 11. 1680) = 14 Metzen = 54,96 l
1 Scheffel = 16 Metzen = 54,96 l
1 große Metze = 3,9 l, 1 Metze = 3,43 l
1 Fuhre 1774 = 32 Scheffel, 1817 = 36 Scheffel
1 holl. Last = um 30 hl
1 Zentner (Ztr.) = 5 schwere oder 10 leichte Steine
  = 110 Pfund (Pfd.)
1 schwerer Stein = 22 Pfund
1 Pfund = 467,7 g, seit 1. 7. 1858 500 g
1 Reichstaler (Rtlr.):
  1667 bis 1690 = 28 Silbergroschen (Sgr.)
  1690 bis 1750 = 32 Sgr.
  1750 bis 1821 = 24 Sgr. zu 12 Pfennigen (Pf.)
  1821 bis 1873 = 30 Sgr. zu 12 Pf.

KAPITEL 1

Vom Quetschmühlenstein zur Tiermühle

QUETSCHMÜHLEN UND STAMPFE

Über Jahrhunderttausende hindurch hatten sich die Menschen als Jäger, Sammler, später auch als Fischer die zum Leben notwendigen Nährstoffe angeeignet, ohne stärker auf die Natur einzuwirken. Im Rahmen dieser aneignenden Wirtschaftsweise nahm die Sammelwirtschaft einen wichtigen Platz ein, da sie im Gegensatz zur erfolgsabhängigen Jagd die Kontinuität der Versorgung sicherte. Die pflanzliche Nahrung lieferte Vitamine, Kohlehydrate und pflanzliches Eiweiß. Es wurden u. a. Früchte, Pilze, Wurzeln, Kräuter und Samen, darunter der von Wildgräsern, gesammelt und letzterer vermutlich an den Wohnplätzen zerkleinert. Jedoch gibt es für die Zubereitung bisher keine archäologischen Belege.

Ein Markstein in der Geschichte der Menschheit war der Übergang zur produktiven Wirtschaftsform, d. h. zur Haltung von Haustieren und zum Anbau von Nutzpflanzen. Dieser Übergang zur bäuerlichen Wirtschaft, verbunden mit einer grundlegenden Umgestaltung der gesamten Lebensweise wie der Seßhaftigkeit, erfolgte nach unserer heutigen Kenntnis seit dem 8. Jt. v. Chr. in den vorderasiatischen Bergländern. [9]

Die älteste Ackerbaukultur im Berliner Raum war die nach der vorherrschenden Gefäßform benannte Trichterbecherkultur, die aus den südlichen Gebieten zu uns gelangte. Mit der agrarischen Produktion wurden im Bereich der Nahrungszubereitung neue, fertig ausgebildete Techniken, auch der Gebrauch der Quetschmühle – die aus der Farbreibe hervorgegangen sein soll –, übernommen. [10] Um Mehl für Brei bzw. Fladen herzustellen, hatten unsere Vorfahren Getreide- oder Hirsekörner, eine Handvoll nach der anderen, auf einen eckigen oder mehr bootsförmigen flachen Bodenstein geschüttet und wahrscheinlich zunächst mit einem kleinen, eiförmig gestalteten Läuferstein bearbeitet *(Quetschmühle im engeren Sinne).* [11] Schon in der Jungsteinzeit ist bei uns der breitbasige plane, später auch der leicht konvexe Läufer verwendet worden *(Reibmühle).* Benutzte man einen Läufer, der beiderseits über den Bodenstein hinausragte, dann entstand die sattelförmige Quetschmühle mit ihrem in der Mitte und an den Seiten leicht ausgeriebenen Bodenstein *(Sattelmühle).* Eine derartige Form ist im Berliner Raum bisher nicht aufgefunden worden. [12] Dagegen konnte man 1885 einen etwa 2 Zentner schweren, flach-muldenförmig ausgeriebenen (undatierten) Bodenstein aus Granit, einen sogenannten *Mahltrog* mit erhöhten Rändern auf drei Seiten, die vierte war offen, am Grundstück Hoher Steinweg 10 (Nähe Neptunbrunnen) bergen. [13]

Bei einem relativ kleinen Läufer war jedes Quetschen und Reiben mit einer mehr oder weniger starken drehenden und kreisenden Bewegung verbunden. Die kreisförmige Bewegung dürfte bei dreieckigen oder runden Bodensteinen besonders ausgeprägt gewesen sein. Bodensteine mit ei-

Quetschmühle i. e. S. und Reibmühle. Um 3000 v. Chr., »Britzer Siedlung«

Bodenstein einer Quetschmühle (mit breitbasigem Läufer). 1. Jh. v. Chr., Berlin Marzahn

Bodenstein einer Quetschmühle (muldenförmig). 1. Jh. v. Chr., Berlin-Marzahn

Mahltröge. Heimatmuseum Wusterhausen (Kr. Kyritz)

ner runden *und* planen Mahlfläche können nicht mehr durch ein Hin- und Herbewegen, sondern nur durch eine kreisende Bewegung des Läufers entstanden sein. Adriaan von Müller (publiziert 1964) hält sie für eine direkte Vorstufe der Drehmühle. [14]

Reiben und Stoßen führte zur Aushöhlung des unteren Steines, wenn er weicher als der geführte Stein war. Die so gebildete Vertiefung schuf das Vorbild des Mörsers. Die Notwendigkeit, der geschaffenen Vertiefung zu folgen, ließ das Pistill, den Stampfer, entstehen. [15]

Auf die Gleichzeitigkeit bei der Benutzung dieser Geräte weisen Funde aus einer 2000 Jahre alten Siedlung in Wenningstedt – Braderup auf Sylt. Hier hatten Bodensteine von Quetschmühlen »ein so stattliches Gewicht, daß bei den Ausgrabungen jeweils vier Männer notwendig waren, um sie zu heben«. Das Getreide sei, so sagt der Bericht, »auf diesen Mahlsteinen grob geschrotet und dann in Mörsersteinen mit doppelfaustgroßen Trichtern feingestoßen worden; die Schlegel lagen in der Siedlung noch neben den Mörsern«, Mahlsteine und Mörser »in der Nähe der Herde«. [16]

Nach W. v. Stokar [17], der eine Parallelentwicklung von Quetschmühle und Stampfe annahm, habe man – umgekehrt – das Getreide zuerst in einer Stampfe grob geschrotet (vorgebrochen) und anschließend auf der Quetschmühle weiter zu grobem Mehl verarbeitet. Beide Wege sind aus heutiger Sicht müllereitechnisch möglich. Mit Sicherheit ist jedoch das Anrösten, wie v. Stokar es beweisen wollte [18], keine Voraussetzung zur Mehlherstellung. [19] Dagegen war das Darren (Anrösten) schon damals nicht nur als Konservierungsmethode bekannt. [20] Der Gebrauch von Mörsern (Stampfen) konnte aber in der Mark Brandenburg bislang nicht belegt werden. [21]

Der wohl älteste Hinweis auf eine intensive Ackerbaukultur im Norden unseres Landes fand sich in Berlin-Neukölln (Nähe Gielower Straße), in der »Britzer Siedlung«, aus der genannten Trichterbecherkultur um 3000 v. Chr. Man hatte damals Spelzweizen, Emmer und Nacktgerste angebaut. [22] Mehrmals wurden in dieser jungsteinzeitlichen Siedlung komplette Quetschmühlen gefunden. Deren Läufer sind als aufgelesene Steine (Lesesteine) überwiegend rundlich, bisweilen oval, deren Bodensteine glattgerieben und oft leicht konkav; alle haben durch den Gebrauch Schleifbahnen. Daneben fanden sich plane, breitbasige Läufer. [23] Die Form der Schleifbahn jedes Läufers (konvex, plan, konkav) ist dabei abhängig vom zugehörigen Bodenstein, von seiner Größe und seinem Steinmaterial. [24]

Wenn der kleine Läuferstein aus Britz zum Bodenstein gehört haben sollte, dann war, wie Hennig (1966) durch Versuche feststellte, der ganze Mahlprozeß besonders »zeitraubend und mühselig«. Mit einem Läufer von durchschnittlich apfelgroßer Gestalt (Reibfläche etwa 19 cm^2) wurde 1 kg Weizen in 140 Minuten grob zerrieben. Dabei erwies sich der Läufer als zu leicht. »Es war erforderlich, die Körner durch Klopfen mit der Steinfläche zu zerquetschen und dann nachzureiben. Das Mahlprodukt ergab grobes Schrotmehl.« [25]

Welche Bedeutung diese Mühlensteine einst im Leben der Menschen besaßen, zeigen Funde in Opfermooren, bei denen in Beziehung zum Fruchtbarkeitsglauben Mühlsteine den Göttern als Bitt- und als Dankopfer dargebracht wurden, z. B. in Thüringen oder in Schleswig-Holstein aus der Zeit zwischen 300 v. Chr. bis 500 n. Chr. [26]

Faustgroße Steine auf jungbronzezeitlichen Opferplätzen fanden sich in der Nähe von Potsdam (Krampnitz) beim Torfstechen, sogar im Groß-Glienicker See, 40 m vom Ufer entfernt, neben noch aufrecht stehenden Gefäßen. [27] 1905 sind von A. Götze in Berlin-Mahlsdorf, Karlstraße 11 (Fundplatz 7), auf einem Gräberfeld aus der mittleren Bronzezeit (Lausitzer Ur-

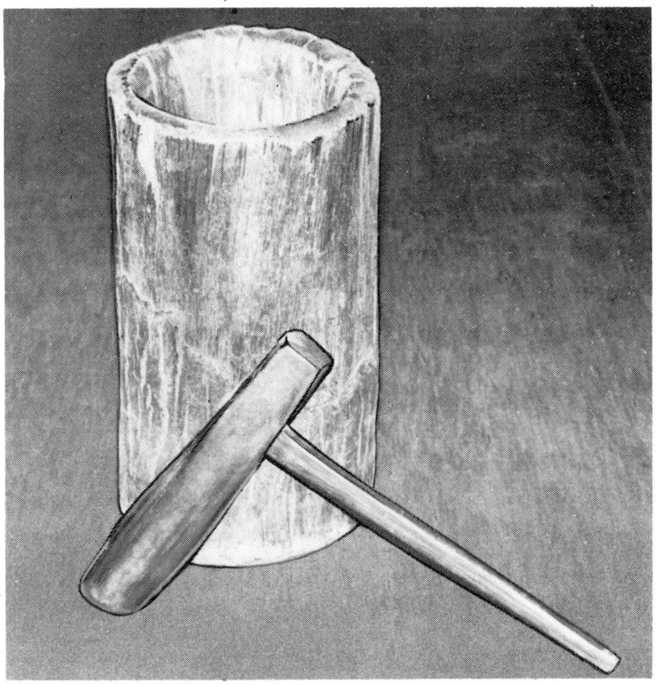

Stampfe: 1 m hoch (Museum f. Volkskunde)

nenfelderkultur, um 1000 v. Chr.) drei Quetschmühlensteine freigelegt worden, die man als Unterlagen für Urnen und Grabbeigaben verwendet hatte. [28]

Bei der Vorbereitung der Bebauung in Berlin-Marzahn wurden Siedlungsüberreste einer frühgermanischen Siedlung (etwa 500 bis 50 v. Chr.) gesichert, in der man nur Quetschmühlen benutzt hatte; weiterhin die Reste einer spätgermanischen Siedlung aus dem 4. bis 6. Jh. und die einer frühslawischen Siedlung aus dem 6. bis 8. Jh. 1979 ist erstmalig bei uns eine komplette Quetschmühle aus der vorrömischen Eisenzeit (1. Jh. v. Chr.), südwestlich des ehemaligen Dorfes, am Rohrpfuhl bzw. am nördlichen Ende der Kienbergstraße (Fundgrube 860) geborgen worden, mit einem ovalen (24 × 20 cm), fast planen Bodenstein (10 cm Steinhöhe) und einem fast rechteckigen, beiderseits benutzten Läuferstein (13 × 9 × 5 cm). Bemerkenswert ist neben der Menge, etwa 10, die Vielgestaltigkeit der aufgefundenen, gleichaltrigen Bodensteine, z. B. ein fast bootsförmiger, in einer Richtung flach ausgerieben (18,5 cm breit, 40 cm lang; Fundstelle 884e), ein fast dreieckiger, flachmuldenförmiger (24 cm Steinhöhe, 55 cm breit, ein Rest?, Streufund von dieser Siedlungsfläche) oder ein fast runder Bodenstein (9 cm Steinhöhe, $D = 27$ cm; Fundstelle 855). [29]

Man kann sich denken, welchen Aufwand an Kraft diese Werkzeuge erforderten, wie schwer die Arbeit war, die hier von Frauen tagtäglich geleistet werden mußte. Auf einem muldenförmig ausgeriebenen Bodenstein konnten »1 kg Gerste in etwa 3 Stunden zu feinerem Mehl«, auf einem sattelförmigen länglichen Bodenstein »1 kg Getreide in 40 Minuten zu grobem Mehl« verarbeitet werden. [30]

DREHMÜHLEN

Größerer häuslicher Bedarf ließ nicht nur die Steine größer werden; auch das legitime Streben nach Arbeitserleichterungen führte bei monotonen Arbeiten in der Regel zu technischen Lösungen mit einer höheren Produktivität. [31] Die Drehmühle [32], auch Querne genannt, soll auf die Töpferscheibe zurückgehen. [33] Die schnell rotierende Töpferscheibe hat man nach H. Grünert (1982) in Mesopotamien – noch vor dem Jahr 3500 v. Chr. – durch Zentrierung einer drehbaren Arbeitsplatte aus Stein mittels einer Achse entwickelt. [34] So konnten durch Übernahme dieses Rotationsprinzips mit Zentrierung ohne erkennbare Übergangsformen die Drehmühlen aufgetreten sein. Ihre bislang ältesten Funde stammen aus der Zeit etwa 500 v. Chr. Es handelt sich um den Rest einer Tiermühle, »eines kegelförmigen Bodensteins« von der Insel Motya an der Westküste Siziliens und um den flachen Läuferstein (*D* = 38 cm) einer Handmühle aus dem ehemals griechischen Syrakus. [35] Von dort sind die Drehmühlen griechischen Ursprungs bis nach Nordwesteuropa verbreitet worden. [36] Östlich der Oder hatten die Kelten bereits in der vorrömischen Eisenzeit Handdrehmühlen eingeführt. [37] Da jedoch die griechisch-römischen, keltischen und provinzialrömischen Mühlen nur konkav-konvexe bzw. stärker abgewinkelte Mahlflächen besaßen (man vergleiche die Mühlen von Pompeji oder aus dem römischen Lager Haltern im Münsterland [38]), vermuteten schon v. Stokar und H. Lies eine eigenständige Entwicklung im Gebiet des freien Germaniens. [39] Zur Klärung dieser Theorie und um die aufgefundenen Berliner Drehmühlensteine zeitlich einordnen zu können, war eine Darstellung der Entwicklung der Drehmühlen im mitteldeutschen Raum notwendig. Es wurde deshalb versucht, die aufgefundenen und vermessenen Drehmühlensteine nach der Art der Durchbohrung des Bodensteins und nach der Form der Mahlflächen (plan/konkav-konvex) in einem Schema zu ordnen. Mustert man unter diesem Aspekt das vorliegende Material (n = 99), darunter 14 komplette

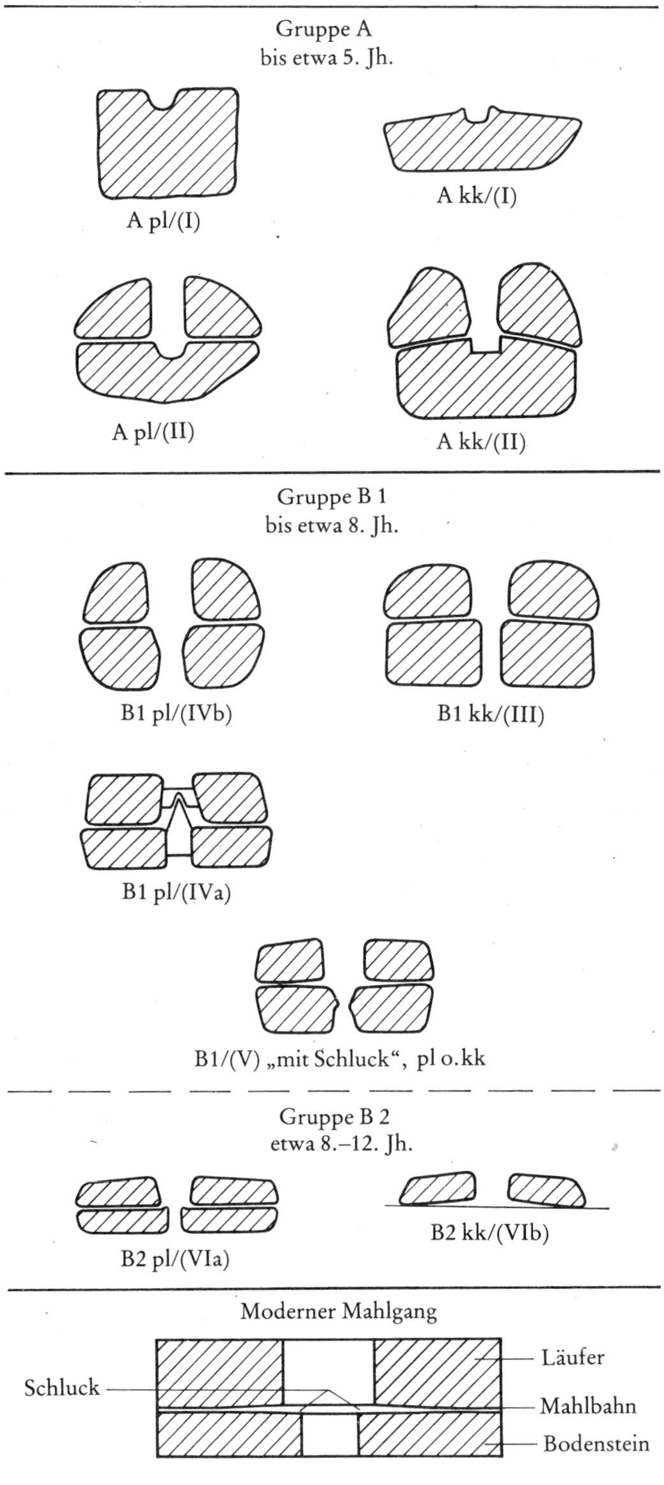

Einteilung der Drehmühlen
(I) . . . (VIb): Typen nach H. Lies 1963
Gruppe A: D Ø 36,3 (32–42) cm, Ges.-Höhe bis über 50 cm
2./3. Jh. Buch (pl), 4. Jh. Waltersdorf (pl)
Gruppe B1: D Ø 43,5 (36–50) cm, Ges.-Höhe Ø 22,8 cm
6./8. Jh. Marzahn (pl), 7./8. Jh. Tornow (pl)
Gruppe B2: D Ø 44,3 (37,5–52) cm, Ges.-Höhe Ø 13,9 cm
(Bruchstücke: 8./10. Jh. Mahlsdorf,
11./12. Jh. Wuhletal)

Mühlen, welches hauptsächlich aus dem Bezirk Magdeburg stammt (H. Lies, 1963), dann fällt auf:

1. Es wurden zeitlich nebeneinander Drehmühlen benutzt, deren Mahlflächen plan (pl) waren oder, konkav-konvex (kk), einen Neigungswinkel (NW) besaßen.

2. Die ältesten Drehmühlen (zwei Bodensteine, plan und annähernd plan, $D = 32$ und 34 cm bzw. 22 und 21 cm Höhe) zwischen Elbe und Oder wurden in Beichau, Kreis Glogau (Glogów), gefunden. [40] Sie müssen, »erkennt man die Fundumstände als einwandfrei an, der frühen Eisenzeit (bei uns ab 5. Jh. v. Chr.) zugewiesen werden«. Der Schritt von der Quetschmühle aus der jungbronzezeitlichen Siedlung Berlin-Lichterfelde zu den sehr urtümlich wirkenden Drehmühlen aus Beichau sei nach A. v. Müller (1964) nur klein. [41] Diese Zeitangabe würde mit der vorrömischen aus dem polnischen Gebiet [42] oder mit den Angaben aus dem Mittelmeerraum korrespondieren. Frühe Datierungen aus unserer Umgebung weisen auf das 1./2. Jh. (zwei Läufer, $D = 42$ cm außen, 10 cm innen, plan, Granit; Kliestow, Kreis Lebus) [43], im Berliner Raum auf das 2./3. Jh.

3. Die Formen der massig wirkenden älteren Drehmühlen waren mehr rundlich, der Mahlmund seinem Zweck entsprechend leicht trichterförmig abgewölbt, die Unterseite des Bodensteins fast halbkugelförmig. Frühzeitig hatte man die Unterseite zur Standfläche geglättet, so daß die Aufstellung der Mühle auf einer festen Unterlage möglich war. Beide Formen der Unterseite wurden lange Zeit nebeneinander benutzt.

4. Der Neigungswinkel, maximal etwa 24° (Kaiserzeit, Burgtonna), scheint gegenüber dem Verhältnis »zunehmender Steindurchmesser/abnehmende Höhe« kleiner zu werden. Er liegt (auch bei den Importen aus Rochlitz) im 8./9. Jh. zwischen 11° und 1,5°.

5. Bis zum 5. Jh. besaßen alle datierbaren Bodensteine ($n = 7$) ein sogenanntes Spurloch. Letzteres hatte (bei $n = 16$) einen $D = \varnothing$ 5,7 (4,5 bis 8) cm und eine Tiefe von 4 (2 bis 8) cm. [44] Die Drehmühlensteine (mit dem Spurloch) dieses Zeitabschnitts sind zu einer Gruppe A zusammengefaßt worden. Innerhalb dieser Gruppe (und der folgenden jüngeren Gruppe B) wurde zwischen planen und konkav-konvexen Steinen unterschieden, und es wurden ihre jeweiligen Fundstellen aufgezeichnet.

6. Die Drehmühlensteine der Gruppe A ($n = 24$, mit vier kompletten Mühlen; Typ I/II nach H. Lies) haben einen $D = \varnothing$ 36,3 (32 bis 42) cm und eine Gesamthöhe bis über 50 cm.

Die Drehmühlen-Bodensteine aus Beichau (Kr. Glogów)

Drehmühlen-Bodenstein (Gruppe A pl, mit stumpfem Spurlochboden). 2./3. Jh., Berlin-Buch

Im Januar 1983 konnte vom ehrenamtlichen Bodendenkmalspfleger Haase als Oberflächenfund neben Scherben ein Bodenstein dieser Gruppe auf einer Siedlungsfläche aus dem 2. bis 3. Jh. bei Berlin-Buch, 1 km südwestlich vom Klinikum, Medizinischer Bereich I, geborgen werden (Findling aus grauem Granit, plan, $D = 42$ cm, 16 cm Steinhöhe, mit einem durch Abnutzung leicht aufgewölbten Rand und einem 5 cm tief eingebohrten stumpfen Spurloch von $D = 7{,}3$ cm). [45] 1967 fand Br. Krüger bei Grabungen in Waltersdorf (Kreis Königs Wusterhausen, südlich Flughafen Berlin-Schönefeld) neben verschiedenen Bruchstücken aus dieser Gruppe die erste komplette Mühle mit planen Mahlflächen (in einer Grube »deutlich eingetieft«; 4. Jh.; gut abgerundeter, fast halbkreisförmig-konkaver Spurlochboden, oberer Rand des Spurlochs durch Abnutzung leicht aufgewölbt; Steinanalysen beweisen die Herstellung aus heimischem Gestein). [46]

Im 5. Jh. fingen die Germanen an, unser Gebiet in Richtung Westen zu verlassen; bis zum 6. Jh. hatten die Slawen die Elbe erreicht. Diente bislang allein der Weizen zur »Brotherstellung«, so beginnt zwischen Oder und Elbe ab 5. bis 6. Jh., wie pollenanalytische Untersuchungen ergaben, der Roggenanbau. [47] In dieser Zeit gewaltigen Umbruchs entsteht eine neue Mahltechnik. (Bemerkenswert ist das gleichzeitige Auftreten von Roggen und durchbohrten (kk) Bodensteinen auch in den Niederlanden, im 1. Jh. v. Chr.; O. H. Harsema, 1979, S. 15 und 35.)

7. Die Drehmühlen der Gruppe B: Vom 5. Jh. an sind alle Bodensteine durchbohrt. Erstmals fand man in einem planen und einem konkaven Läufer Traversen (Wintereiche, Grauerle) mit eingebohrten, nicht durchbohrten Zapfenlöchern für etwa 3 cm starke Zapfen (Erle). Nach den Holzresten an der Außenseite zu schließen, war eine der Drehmühlen in einem Kasten gelagert. Während wir bei den Läufern bis in die frühdeutsche Zeit hinein neben der brotlaibförmigen seitlichen Abrundung zunehmend häufiger eine zur Mahlfläche parallele Oberfläche und steile bis senkrechte Mantelflächen finden, setzte sich etwa seit dem 6. Jh. bei den Bodensteinen die plane Unterseite, später bekanntlich an beiden Steinen die senkrechte Mantelfläche durch. Die Drehmühlensteine, zunächst »klein und dick« [48], wurden im Verlauf der Jahrhunderte zunehmend breiter, niedriger und somit leichter.

Drehmühle (A pl, mit konkavem Spurlochboden) in einer Grube. 4. Jh., Waltersdorf (Kr. Königs Wusterhausen)

Um die Entwicklung der Drehmühlen deutlicher zu machen (ein Versuch), sollen willkürlich zwei Zeitabschnitte dargestellt werden.

Die Drehmühlensteine der Gruppe B 1 (5. bis 8. Jh.; n = 29, mit sieben kompletten Mühlen; Typ IV a, b/III und V) haben einen *D* = ∅ 43,5 (36 bis 50) cm und eine Gesamthöhe von ∅ 22,8 cm. [49] Zu dieser Gruppe gehört der frühslawische halbe Bodenstein aus Marzahn (plan; *D* = 38 cm außen, etwa 7 cm innen; zentrale Bohrung sanduhrförmig auf 5 cm verengt; 13,5 cm Steinhöhe; aus der »Baugrube für Brunnen II am Rohrpfuhl«). [50]

Die Drehmühlensteine der Gruppe B 2 (»slawisch-frühdeutsch«, etwa vom 8. Jh. an; n = 46, mit drei kompletten Mühlen; Typ VIa/VIb): Bei fast gleichbleibendem *D* = ∅ 44,3 (37,5 bis 52) cm ist die Gesamthöhe auf ∅ 13,9 cm reduziert; die Mühlen werden also deutlich leichter, was bei den zerbrechlichen Scheiben eine differenziertere Bearbeitung erforderte. Aus der slawischen Zeit fanden sich Bruchstücke: im Elsengrund in Berlin-Mahlsdorf aus dem 8. bis 10. Jh. und im Wuhletal, am Kaulsdorfer See, aus dem 11. bis 12. Jh. [51]

8. Abschließend dürfen wir feststellen: Die Zentrierung des Läufers durch eine Achse im Bodenstein und die Zuführung des Getreides durch einen Mahlmund waren die entscheidenden Schritte von der Quetschmühle zur Drehmühle. Stand bei der Mahlarbeit zunächst die quetschende

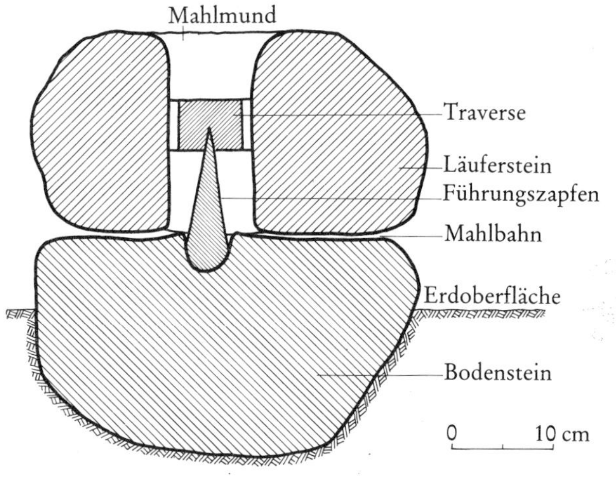

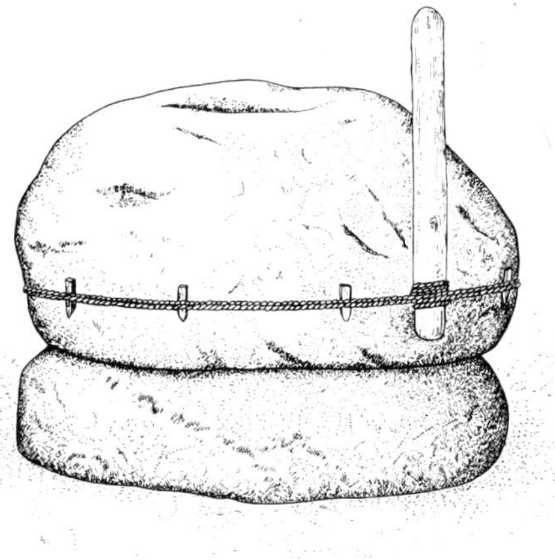

Rekonstruktion der Drehmühle aus Waltersdorf

Wirkung im Vordergrund, der Läufer war hoch und schwer, so war ein Lichtewerk geradezu kontraindiziert. Letzteres, und damit die Durchbohrung des Bodensteins, wurde erst notwendig, als man, um leichter mahlen zu können, d. h., um Antriebsenergie zu sparen, vom 5. Jh. an die Steine leichter machte und bei schnellerem Drehen der Steine mehr deren reibende Wirkung zur Zerkleinerung des Korns nutzte. Für die Verbreitung der Drehmühlen mit konkav-konvexen Mahlflächen (n = 57) scheinen etwa bis zum 8. Jh. im Westen die Elbe, im Osten die Oder, zumindest streckenweise, eine »natürliche Grenze« gebildet zu haben. Nur relativ wenige dieser konkav-konvexen Steine (n = 10), abgesehen von eindeutigen Importen, fand man diesseits der Flüsse. Alle Steine mit planen Mahlflächen (n = 42) sind zwischen (Cuxhaven) Salzwedel, Genthin, Berlin, Kap Arkona und Głogów gefunden worden. Somit können wir nach dem vorliegenden Material, ohne die Größe der provinzialrömischen bzw. keltischen Einflüsse zu unterschätzen, von einer eigenständigen Entwicklung der Drehmühle im Raum zwischen Elbe und Oder sprechen.

Diese Herausbildung des planen Mühlsteins stellte nicht nur einen weiteren bedeutenden technischen Entwicklungsschritt dar. Es war auch das fortschrittliche Konzept (Ungleichzeitigkeit). Nicht aus dem älteren konkav-konvexen, sondern aus dem planen Mühlstein entwickelte sich der moderne Mahlgang, so wie wir ihn weltweit kennenlernten.

Im Gegensatz zu den konkav-konvexen Steinen hat sich der plane Mahlstein nur sehr langsam in Übergängen, schrittweise und ungleichartig, weiterentwickelt. Dabei wurde von den römischen konkav-konvexen Drehmühlen manche partielle Weiterentwicklung, beispielsweise die eiserne Haue, übernommen.

Anscheinend mit der Einführung der zusammengesetzten »Franzosen« in der 2. Hälfte des 18. Jh. setzte sich, rückläufig aus Amerika, die praktisch plane Mahlfläche allgemein durch (vgl. Anm. 80). Nur dieser harte plane Mahlstein als »Franzose« ermöglichte es damals, insbesondere in Verbindung mit der neu entwickelten amerikanischen Technik, das Getreide trockener zu vermahlen und damit das Mehl entscheidend haltbarer zu machen.

Erst am planen Mahlstein wurden Verbesserungen vorgenommen, die zum heute noch vorhandenen, ausgereiften Mahlgang führten, wie die Krahn-(Bolzen-)Löcher, die Balancierkammern, die weiterentwickelten Hauen, die Entwicklung des Schlucks, die Weiterentwicklung der Schärfen bis zu deren Differenzierungen für einzelne Getreide- oder Mühlsteinsorten usw. Der Übergang vom konkav-konvexen zum planen Mühlstein hat den Vermahlungsprozeß ähnlich revolutioniert wie später die Walzenstuhltechnik.

Drehmühlen-Bodenstein (B1 pl). 4./5. (6.) Jh., Berlin-Marzahn

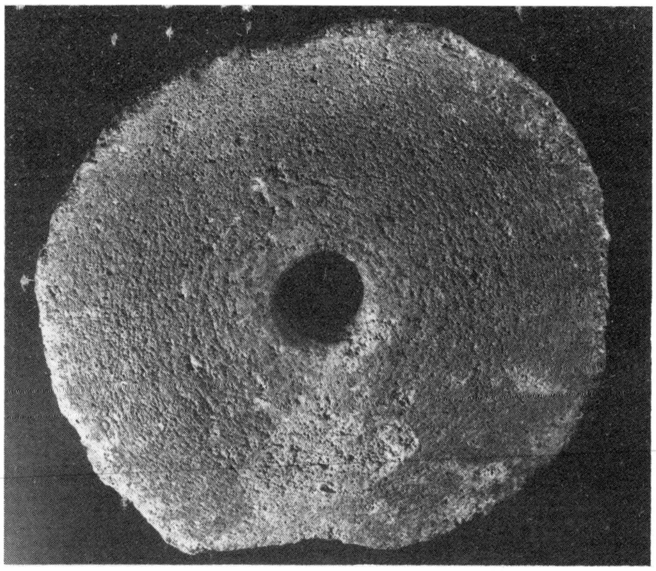

Drehmühlen-Bodenstein (B kk). O.D., Havel b. Lindwerder

Doch zurück ins erste Jahrtausend:

Bis zu welcher Höhe sich Mühlentechnik und Organisationsform bei den Slawen entwickelt hatten, zeigen die von J. Herrmann (1966) nur 65 km südöstlich von Berlin durchgeführten Grabungen in Tornow, Kreis Calau. Noch im 8. Jh. entstand auf einer durch einen Brand zerstörten Fluchtburg A (vgl. Anm. 53) die Burg B. Hinter einem 5 bis 8 m breiten Graben lag der neue Wall (Basis etwa 12 m breit, Wallhöhe mit Wehrgang wohl 8 bis 9 m). Der Burgherr, ein Reitersoldat, wohnte in einem Zentralhaus neben dem Hofbrunnen. An der Innenseite des gesamten Walls in Blockbautechnik 19 zweistöckige, kammerartige Anbauten, »Speicher«, aufgeführt worden. Diese Anbauten, insbesondere ihre Oberböden in etwa 2 m Höhe, dienten im wesentlichen wirtschaftlichen Zwecken. Hier oben befanden sich viele viereckige Lehmwannen (etwa $70 \times 90 \times 15$ cm, allein in elf Speichern 15 Stück), Holzkisten (1 m^2), sehr viele Tongefäße (bis zu $D = 50$ cm, 40 Stück allein im Speicher 16), Korb- und angebrannte Sackreste. Die größeren Behälter dienten zur Aufbewahrung von Roggen, Hirse, Weizen, Gerste und Hafer. Die Gesamtmenge in 71 verschiedenen aussagefähigen Getreidelagern, in Aufschüttungen usw., dürfte etwa 40 bis 45 dt betragen haben. Verblüffend war die Ausstattung mit Drehmühlen. Bis auf den Speicher 17, der allerdings nicht völlig freigelegt worden ist, befanden sich in jedem der etwa 20 m^2 großen, nebeneinander im Oberboden liegenden Speicher mindestens eine Drehmühle, in den Speichern 6 und 19 sogar je zwei Mühlen. Man bevorzugte eindeutig Mühlstein-Fertigprodukte als Importe aus dem westsächsischen Rochlitzer Gebiet. So hatte praktisch eine ganze Burg der Mehlherstellung gedient. An der Spitze der Einrichtung stand als »Mühlherr« ein Reitersoldat, wahrscheinlich mit drei weiteren Reitersoldaten zur Unterstützung, von denen jeder in einem anderen Drittel der Anlage gewohnt hat. Zur Stammbesatzung gehörten etwa 10 bis 20

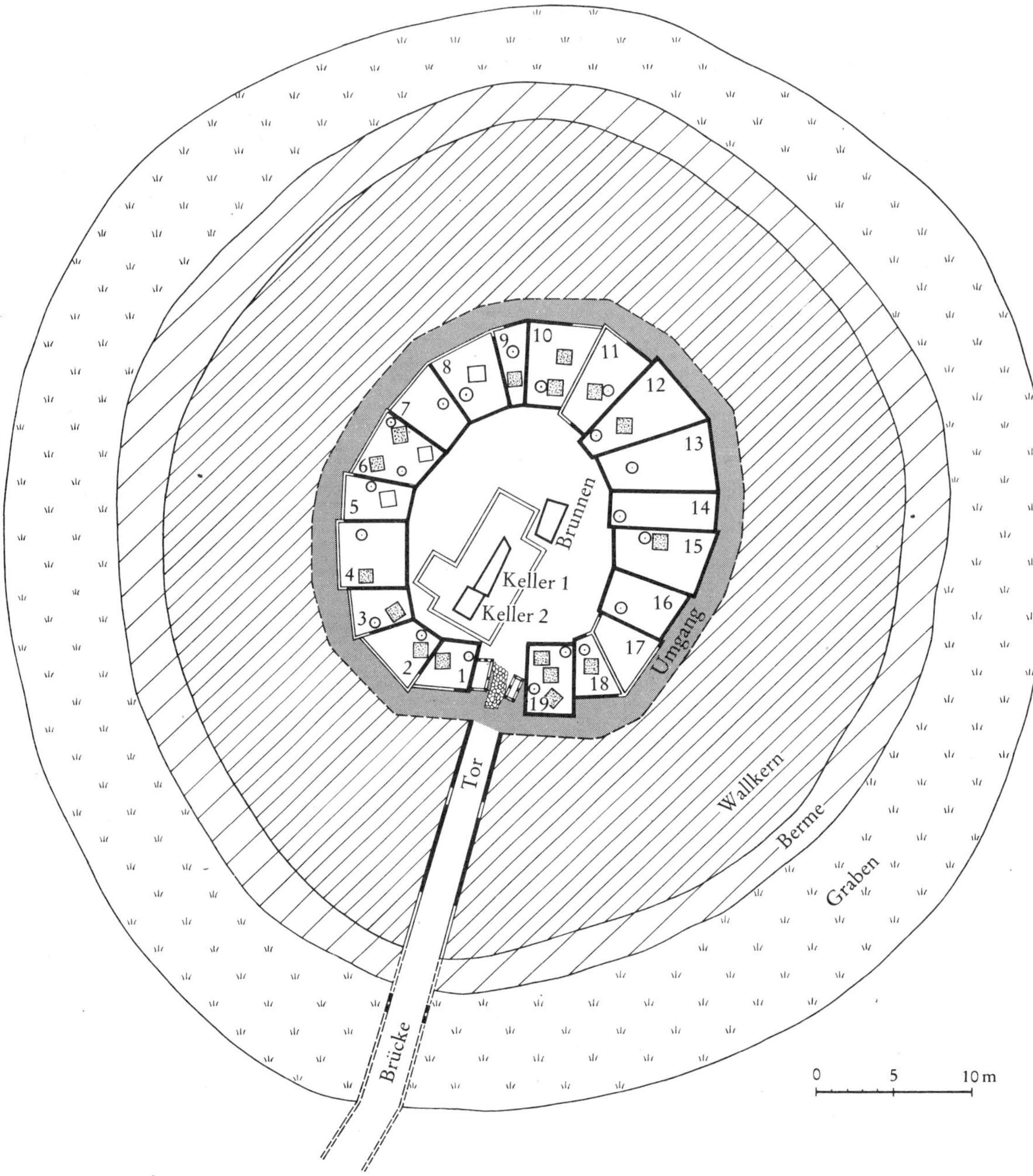

Tornow B. Slawische Burg. Lageschema der Speicher mit Drehmühlen und Gefäßen. 8./9. Jh. (n. J. Herrmann, 1966)

Mann. Die ökonomische Grundlage bildeten abgabepflichtige bäuerliche Wirtschaften, welche wahrscheinlich durch eine frühe Form des Mühlenregals in Abhängigkeit gehalten worden sind. [52] Deutet man Tornow rein militärisch, dann ist z. B. auch daran zu erinnern, daß bei den Römern zur Ausstattung einer jeden Zeltmannschaft, die meistens acht Mann umfaßte, eine Handdrehmühle gehörte. [53]

Nachdem Germanen und Slawen ihre Drehmühlen zunächst selbst aus heimischen Findlingen hergestellt hatten, ist die Drehmühle frühzeitig ein bedeutsames Handelsprodukt geworden. Es muß sich gelohnt haben, diese schon von Spezialisten hergestellten, doch unhandlich schweren Steine über riesige Entfernungen, d. h. weit über 500 km, zu transportieren. So fanden sich in Potsdam und in Phöben, Kreis Potsdam, Drehmühlensteine aus dem Hallenser Porphyrgebiet oder aus der Gegend um Altenburg bzw. in Neuzelle und in Gahrow (Niederlausitz) Mühlsteine einer Produktionsstätte, die schon die Römer eingerichtet und betrieben hatten, aus Mayen, westlich von Koblenz. [54] 90 % aller Mühlsteine aus Tornow stammen aus den Steinbrüchen um Rochlitz.

Bemerkenswert sind die in Stadtmauern (Gransee, Templin), in die Mauer des Kreuzganges zu Heiligengrabe (Kreis Wittstock), in die Wände vieler Kirchen und Kirchtürme – elf allein bei R. Mielke erwähnt – sichtbar eingemauerten oder als Weihwasserbecken (Zernin, Kreis Bützow) verwendeten Quetsch- und Drehmühlensteine. [55] Am Südrand von Berlin, in Miersdorf bei Zeuthen, befindet sich am Kirchturm, 60 cm rechts vom Eingang und 18 cm über dem Boden, der Läuferstein einer Drehmühle (16° NW; $D = 40$ cm außen, 10 cm innen; zylindrische Bohrung, 20 cm Steinhöhe).

Handmühle: Stein-D 30 cm (Museum f. Volkskunde)

Handmühle 1748 (Domäne Dahlem)

HANDMÜHLEN

Die Handmühlen blieben jahrhundertelang ein bewährtes Arbeitsinstrument. Noch in der Mitte des vorigen Jahrhunderts wurde in Vorlesungen der Königlichen Allgemeinen Bauschule auf diese Mühlen hingewiesen, »wo die Umdrehung des Steines mittels eines Stabes geschieht, der oben im verlängerten Axpunkt des Steines steht, unterhalb aber mit der Hand im Kreise herumgeführt wird«. [56] Dieser Antriebsmechanismus mittels einer Drehschwinge war aber bereits durch eine

Kurbel abgelöst worden, die ein gleichmäßigeres Mahlen ermöglichte.

Hierbei war außer dem unteren Mühleisen, auf welchem die Haue mit dem Läufer ruhte, noch ein oberes Mühleisen erforderlich, das an seinem unteren Ende eine Klaue (Gabel) besaß. Diese faßte zum Drehen des Läufers in die Kerbe der Haue zwischen deren Backen. Man nannte deshalb das obere Mühleisen auch Klauen- oder Gabeleisen. Ein kleineres Exemplar einer Handmühle mit Kurbel befindet sich im Besitz des Museums für Volkskunde, ausgestellt im Museum der agraren Produktivkräfte in Wandlitz (Kreis Bernau). Eine größere Handmühle (1983 erworben) steht in der Domäne Dahlem (Berlin-West).

Sollte ein Stein rascher laufen, als es das Drehen an der Kurbel ermöglichte, mußte ein Getriebe verwendet werden. Die zunehmende Geschwindigkeit des Steins bzw. der höhere Kraftaufwand machten u. U. zwei Kurbeln erforderlich. Es gab damals eine Vielzahl von Modellen, von denen sich wohl keines erhalten hat.

Einen Eindruck von den mittelalterlichen Handdrehmühlen vermitteln uns Darstellungen von Evangelien-(Mysterien-, Hostien- oder Sakraments-)Mühlen. [57] In Form sogenannter Armenbibeln versuchte man im Mittelalter durch Malerei und Plastik dem einfachen Gläubigen anhand eines Beispiels aus seiner Vorstellungswelt – so wie in der Mühle das Korn zu Mehl gewandelt wird – das Glaubensgeheimnis der Menschwerdung Christi (Inkarnation bzw. Hypostatische Union) näherzubringen. Jede der abgebildeten Handmühlen hat einen Mahlgang, dessen Läufer mit zwei Kurbeln zu beiden Seiten einer Kammradwelle, über Kammrad und Laterne, gedreht wurde. [58]

Hostien-Mühle. (Mühlenaltar zu Retschow) Letztes Drittel 15. Jh.

Besonders für den häuslichen Bedarf wurden diese Mühlen gern genutzt, ein Vorgang, der nicht selten den Protest der Inhaber des Mühlenregals hervorrief. Davon berichtet uns auch ein »Edict, Wie es wegen der Grütz- und Handmühlen in der Chur-Marck Brandenburg hinfüro gehalten werden soll. De Dato Berlin, den 2. Augustii 1718«: Aufgrund der Klagen der Wind- und Wassermüller, es werde »ihre Nahrung durch die häufige(n) Grütz- und Hand-Mühlen sehr geschwächet«, mußte der König zugeben, daß diese Mühlen »von uhralten Zeiten her auf dem Lande gebräuchlich gewesen, und ohne ihren gäntzliche Untergang und deren Unterthanen grösseste Beschwerde nicht abgeschafft werden könnten ...«. Noch 100 Jahre später ist das generelle Verbot der »Handmühlen, wodurch Getreide oder Hülsenfrüchte zerrieben, zerquetscht« werden (Edikt vom 28. 10. 1810, § 9), rückgängig gemacht worden. Das Edikt vom 7. 9. 1811 gestattete dem Landmann erneut Handmühlen (Quirdeln), Stampfen und Steine zum Zermahlen des Getreides. [59]

Heute sind derartige Handmühlen in Entwicklungsländern und auch wieder in Privathaushalten zum Vermahlen von biologisch angebautem Getreide in Betrieb.

TRITTMÜHLEN

Die schon seit dem Altertum [60] bekannten Tret- oder Trittmühlen sind häufig im Strafvollzug verwendet worden. [61] 1819 wurde von Cubitt aus Ipswich in den englischen Zuchthäusern eine von ihm erfundene Trittmühle eingeführt, um »die zu harten Zwangsarbeiten verurtheilten Gefangenen regelmäßig und passend zu beschäftigen«, nach englischem Gesetz höchstens zwei Jahre lang. Die nächst höhere Strafe war dann schon die Deportation. Um 1823 gab es dort 39 Trittmühlen, im Londoner Arbeitshaus sogar eine Mühle »für 400 Menschen« (Kosten 12 000 Pfund Sterling). [62]

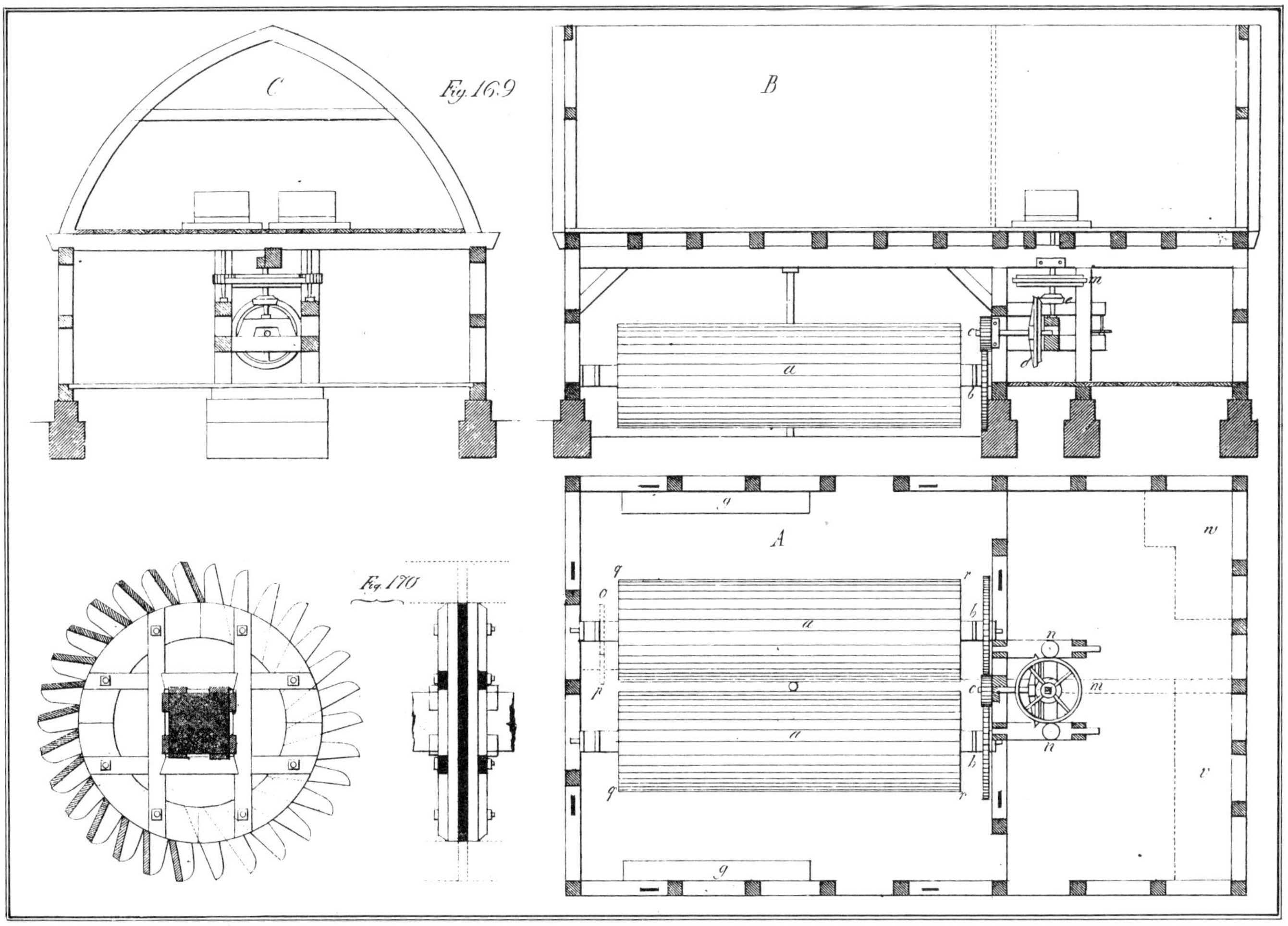

Trittmühle im Berliner Arbeitshaus um 1840 (G. G. Schwahn)

In der ersten Hälfte des vorigen Jahrhunderts befand sich auch in dem 1756/58 durch den Oberbaudirektor Feldmann ausgeführten Berliner Arbeitshaus, dem »Neuen Ochsenkopf« (Alexanderstraße, gegenüber der Kongreßhalle), eine Trittmühle. Man hatte sie auf dem Hof des Arbeitshauses in einem allein stehenden Haus, das wie ein großes Brunnenhaus aussah, untergebracht. Nach Georg Gottlieb Schwahn, der als Ober-Mühleninspektor die Trittmühle für 1202 Tlr., 11 Sgr., 6 Pf. eingerichtet hatte, bestand diese aus zwei 20 Fuß langen Walzen, 6 Fuß im Durchmesser, jede mit 30 Stufen versehen. Beide Walzen wurden durch je zwölf Menschen in Bewegung gesetzt und betrieben über ein stehendes Vorgelege ein zweigängiges Mühlwerk (Stein-*D* = 3 Fuß, 2 Zoll). Zwischen den Walzen hatte man eine Holzwand gezogen, damit sich die einander gegenüberstehenden Arbeiter nicht sehen konnten. Kleine Treppen führten von beiden Seiten bis auf die Höhe der Walzen. Auf einer der übereinanderliegenden Stufen jeder Walze »standen zwölf Männer und stiegen in gleichmäßiger Bewegung, wie nach dem Takte, auf die über ihnen liegende Stufe, während sie sich mit den Händen an einer Stange festhielten, um einen Stützpunkt für den Moment zu haben, wo der eine Fuß sich über den anderen erhob, um einen neuen Boden auf der folgenden Stufe zu suchen. Es war ein höchst mühsames, fortwährendes Treppensteigen.« [63] Damit »die Arbeiter sich nicht auflegen« konnten, hatte man die Stangen zum Festhalten bewußt hoch angebracht. Die relativ geringe Steigung der Stufen von 7½ Zoll war zur Schonung der Gesundheit der Arbeiter «von höchster Behörde verfügt worden«. Eine ähnliche Einrichtung in Hamburg besaß immerhin eine Steigung von 10 bis 11 Zoll. Zur »Erholung« dienten Bänke neben den Walzen. Jede Minute wurde durch ein Zahnrad auf der Welle ein Hammer bewegt, bei dessen Schlag die Mannschaft, zwölf auf jeder Walze, einen Schritt nach rechts machte, wobei ein Arbeiter »zum Ab-« und ein neuer »dagegen immer zum Auftritt gelangt(e)«. So dauerte die Arbeit »für jeden 12 Minuten, welches à 50 Tritte 600 in dieser Zeit« ergab. »Ob jeder Arbeiter 8, 6, 5 oder gar nur 4 Minuten feiern« durfte, hing von der Größe der Ablösungsmannschaft ab, d. h., bei 32 »Häuslingen (Züchtlinge)« ergaben sich für jeden nur 4 Minuten Zeit zur Erholung. [64] Die Leistung der Mühle kam »der eines guten Mahlganges gleich, welcher in einer Stunde einen Scheffel vermahlt«. Sofern »der Personalstand und die Individualität der Leute« es zuließ, mußten diese »32 Personen von morgens 6 Uhr bis abends 6 Uhr mit den, nach der Hausordnung zulässigen Dispensationen von resp. 1 und 1/2 Stunde zur Mittags- und Frühstückszeit« durcharbeiten.

Daß bei dieser Mühle das Mehl nur ein teures Nebenprodukt war, zeigt ein Bericht über die Verwaltung der Stadt Berlin: »Vergleicht man aber die Kosten, welche das Mahlen des Getreides auf anderen Mühlen kostet, mit denen, die durch die Verpflegung der Leute, durch das dem Müller bewilligte Gehalt und durch die Instandhaltung des Gebäudes und der Inventarstücke entstehen, so ergibt sich freilich ein pecuniairer Nachtheil. Dies darf jedoch hierbei weniger in Frage kommen, da die Absicht bei der Errichtung der Mühle dahin ging, ein durchgreifendes Correctionsmittel zu gewinnen, und durch das Abschreckende desselben die zur Anstalt zurückkehrenden Herumtreiber zu vermögen, freien Fleiß der Arbeits-Detention vorzuziehen. Die bis jetzt gemachten Erfahrungen machen es zweifelhaft, ob das gedachte Correctionsmittel diesem Zwecke in vollem Maße entspricht; denn die früherhin allerdings vorhanden gewesene Furcht vor dieser Strafe scheint bei den Häuslingen wohl zum großen Theil verschwunden zu sein, und dies vorzüglich bei denjenigen, die öfter zur Anstalt gekommen und in der Trittmühle angestellt worden sind. Ja, es fehlt nicht an Beispielen einer gewissen Vorliebe für diese mechanische Arbeit... da sie nicht anstrengender als das Gipsstampfen und Maschinendrehen sei.« [65]
Krünitz hingegen betonte: »Ja diese Art Räder haben bey lange fortgesetzter Arbeit, wenn gleich Ruhestunden dazwischen sind, dennoch eine schädliche Wirkung auf den Körper des Arbeitenden und dessen Gesundheit.« [66]

Nach Heinrich Roller war der »Ochsenkopf« sogar »mehr gefürchtet als ein Zuchthaus oder Gefängnis, denn in ihm wurden die Arbeitsscheuen zur ›Tretmühle‹ verurteilt – einer schweren anstrengenden Arbeit, die in stundenlangem Treppensteigen und der Knute des Aufsehers bestand. Durch Treten der Stufen wurde nämlich die betreffende Mühle in Bewegung gesetzt, und da Treppensteigen bekanntlich eine anstrengende Arbeit ist, so haben dort wohl viele den Keim zur Schwindsucht bekommen oder befestigt. Es war eine grausame, der Tortur ähnliche Erfindung, die dort noch in den fünfziger Jahren in Betrieb und Anwendung war.« [67]

TIERMÜHLEN

Zur Schonung der menschlichen Muskelkraft hatte man seit 500 v. Chr. Mühlen *ohne jegliches Getriebe* (Langsamläufer) gebaut [68], in denen z. B. Pferde an einer langen Stange im Kreise herumgehen und dabei den oberen Mahlstein drehen mußten. Göpelwerke *mit einem Getriebe* (Schnelläufer) zum Übertragen der Tierkraft auf die Mahlgänge sind eine Erfindung der späteren Zeit (1500). Bei ihnen war in der Regel der Zugarm (Schwengbaum, Deichsel), an den die Pferde gespannt wurden, in einer stehenden Welle befestigt, an der sich oben ein Stirnrad befand, das sofort in ein Getriebe (Laterne) eingriff und dessen Achse den Mühlstein drehte.

Man benötigte, um Gerste zu pellen (schälen), drei Pferde, zum Mehlmahlen zwei Pferde und zum Grützbrechen ein Pferd. Die Tiere mußten nach 2 Stunden Arbeit in der Roßmühle ausgespannt und 1 Stunde gefüttert werden, d. h., sie wurden drei- bis viermal je Tag ein- und ausgespannt.

In der Festung Spandau befand sich um 1735 eine Tiermahlmühle in Form einer großen, schräggestellten Tretscheibe als sogenannte Ochsenmühle. [69] (Vgl. Kap. 11)

Um 1834 wurde von dem Fabrikanten A. d'Heureuse aus der Großen Frankfurter Straße 103 (Karl-Marx-Allee) eine »Roßmaschine mit Stufenwalzen« gebaut und vertrieben. Je nach Bauart mußten ein oder mehrere Pferde auf zwei parallel liegenden Walzen (etwa $D = 2^5/_6$ Fuß), jede mit zehn Stufen versehen, laufen. Weil die vordere Walze höher als die hintere lag, wurden die Pferde »mehr durch ihr Gewicht zu wirken

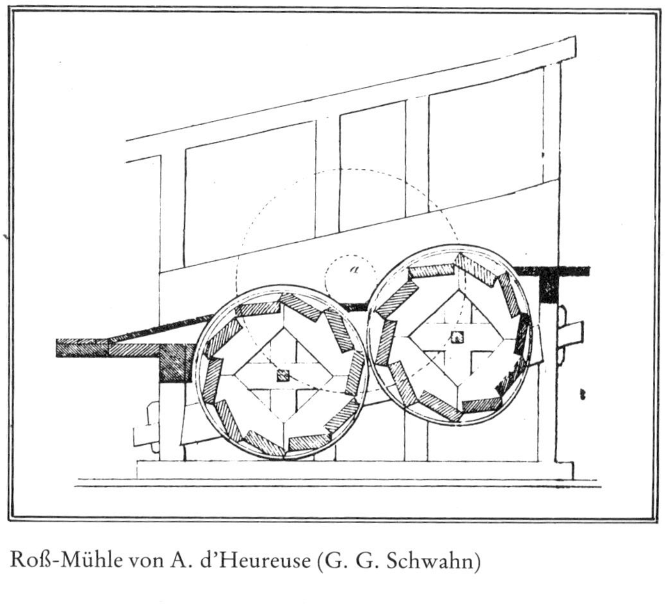

Roß-Mühle von A. d'Heureuse (G. G. Schwahn)

Ochsen-Mühle aus der Festung Spandau und Roß-Mühle (J. M. Beyer, 1735)

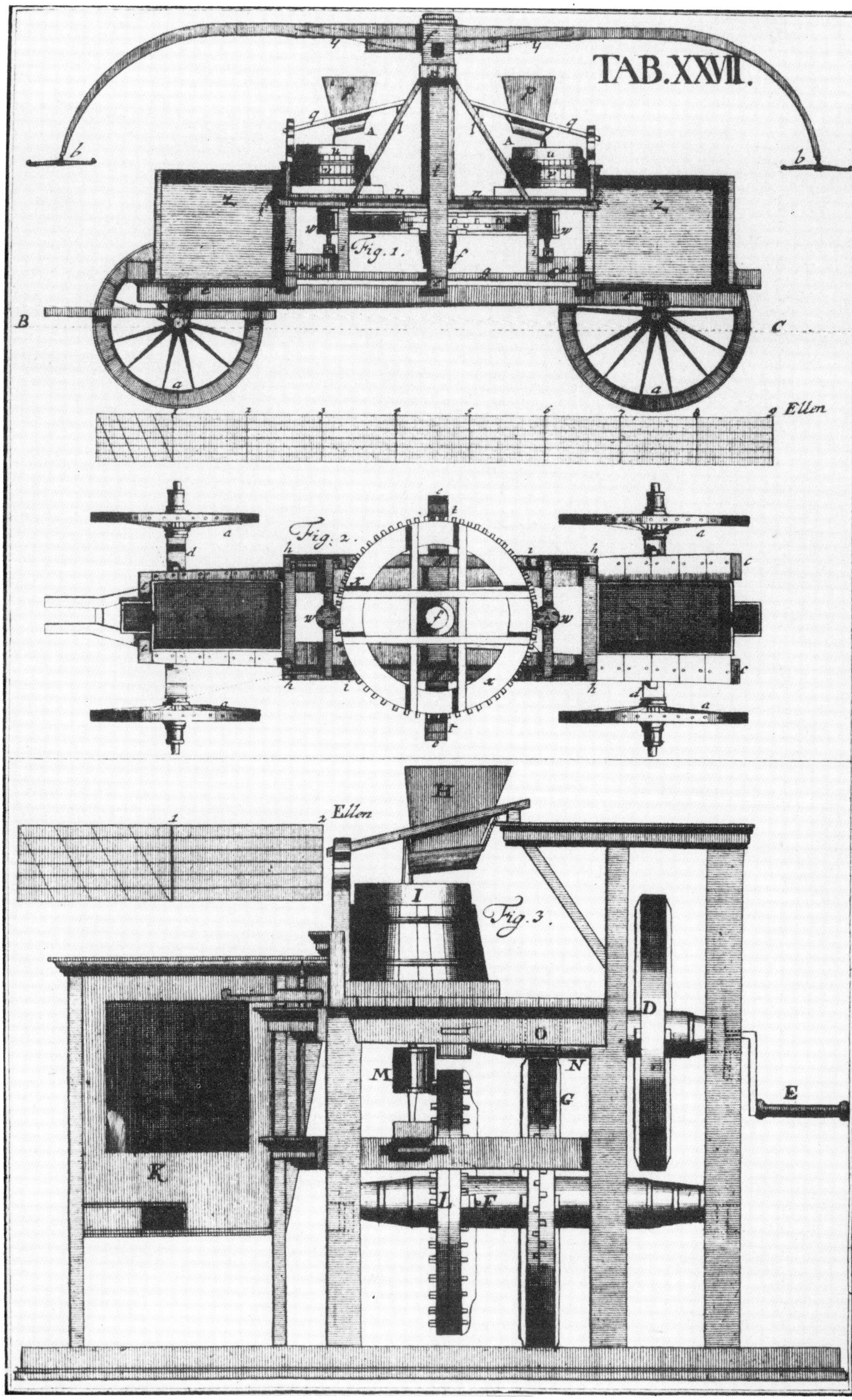

Feldmühle und Handmühle (J. M. Beyer, 1735)

genöthigt«. Dabei bewegten sie sich, »vollkommen ausschreitend, ... mit vieler Sicherheit und ... der größten Präzision«. Auf der einen Seite befanden sich neben den Walzen Zahnräder, die gemeinsam ein kleineres Zahnrad, dessen Achse mit einem Schwungrad versehen war, drehten. Es sollte »diese Roßmaschine sich vorzüglich zur Betreibung leichterer Maschinerien« eignen und (ohne Deichsel) sehr viel weniger Raum erfordern. [70]

Bis zum zweiten Weltkrieg stand im ehemaligen Zeughaus (Museum für Deutsche Geschichte) eine Feld- oder sogenannte Wagenmühle, so wie sie J. M. Beyer (1735) beschrieben hatte. Sie ist verlorengegangen. Bei dieser Mühle konnten zwei auf einem festen Wagen liegende Mahlgänge von einem Göpel mittels Untertriebwerk in Bewegung gesetzt werden. Vier Pferde hatten auf dem Marsch die abgedeckte Wagenmühle zu ziehen. Zum Mahlen wurde der Wagen bis zur Höhe der Achsen in die Erde gesenkt, und zwei Pferde wurden an die Ortscheite des Göpels gespannt. [71]

Auf den hohen Nutzen von Feldmühlen verschiedener Leistung, auch in einer modernen Armee, wies (1982) N. A. Antipenko hin. [72] 1945 hatte die sowjetische Armee, unmittelbar nach Kriegsende in der näheren Umgebung Berlins, in einer Feldbäckerei eine transportable Mühle eingesetzt. Auf einem tischähnlichen Holzgestell war ein kleiner Walzenstuhl installiert, zu dem eine Treppe führte. Der quadratische Rumpf (Öffnung 50 × 50 cm) über dem Mahlwerk konnte etwa 25 kg Getreide aufnehmen. Die Mühle wurde mit einem Transmissionsriemen über die Schwungscheibe eines Traktors betrieben. Jeder Durchlauf dauerte etwa 45 Minuten. Man hatte ausschließlich Roggen verarbeitet, aus dem eine Art Vollkornbrot hergestellt wurde. Zum Weitertransport mußten Mahlwerk und Gestell getrennt und auf Fahrzeuge verladen werden.

KAPITEL 2

Mühlen und Mühlenwerke

MEHL- UND GRAUPENMÜHLEN

Am Ende einer langen Entwicklung von der Quetschmühle über die Drehmühle steht der Mahlgang (Mehlstein), wie wir ihn in den wenigen noch erhaltenen Wasser- und Windmühlen sehen können.

Die Mahlgänge standen auf dem Steinboden der Mühle. [73] Der untere Stein, der Bodenstein, lag unbeweglich zwischen dem Steingeschlinge (-kranz, -lager, Schling, Geschlinge, Zarge), das ein seitliches Verschieben verhinderte. Unter dem Bodenstein befand sich in den Wassermühlen zum Ausgleichen häufig ein Mörtellager, in den Bockwindmühlen zum Nachsetzen drei Stellschrauben. Der Läufer (Oberstein, Laufer) wurde von einer im Steinloch (Läuferauge) bzw. in den Haulöchern eingespitzten deutschen Haue (Rhien, Rhin, Rhyne, Rihn, Haube) am Kopf (Zapfen, Nucke) eines Mühleisens (-spindel, Spindel, Spill) getragen und gedreht. Bei größeren Steinen hatte man schwalbenschwanzartige Flügel- oder Scherenhauen, später u. a. sogenannte Balancierhauen geführt, um dem Läufer ein ausgewogenes Lager zu gewähren. (Sogenannte holländische Hauen besaßen drei oder vier strahlenförmig auslaufende Klauen.)

Zur Aufnahme des Getreides befand sich über den Steinen das Rumpfzeug mit einem trichterartigen Behälter, dem Rumpf (Aufschütter, Trichter, Mahltrichter, Korb, Gosse), darunter der Rüttelschuh. Der Rumpf wurde von der Rumpfleiter (Letter) getragen. An der Leiter hing an Seilen (Ketten, Ketteln) der Schuh; seine Höhe ließ sich mit kleinen Winden einstellen. Die Leiter selbst lag in der Wassermühle hinten auf dem Riegel einer Drehstelze (Hinterstelze), vorn auf dem Riegel (Rüstholz) zweier Rumpfstelzen. Zum Abrüsten mußte die Leiter mit einem Seil an den Arm (Stirnriegel) der Drehstelze gehängt und zur Seite gedreht werden. In der Windmühle diente ein Bockgestell zur Auflage der Leiter.

Das Mühleisen ging zwar auch durch den Bodenstein, war hier aber durch ein Futter, eine Buchse (Buchs, Büchse, Busch, Buxe, Bux, Borß) aus zähem Birkenholz mit Halsband, abgedichtet, das ein Hindurchfallen des Mahlgutes verhinderte. Erheblich besser war die sogenannte Sackbuchse. Bei ihr befand sich unter der Buchse ein Leinwandbeutel. Diesen fest mit Pferde- oder Kälberhaaren oder Wolle ausgestopften Beutel hatte man um den Hals des Mühleisens gebunden. Die Sackbuchsen stopften sich durch von oben hineingeratenes Mahlgut von selbst aus. Das Mühleisen stand mit seiner Spitze in einer gehärteten Spur innerhalb einer zum Schmieren mit Fett gefüllten Pfanne. Dieses Lager konnte zur Änderung des Abstandes zwischen den Steinen durch Hebel und Schrauben, das Hebezeug, gesenkt und gehoben werden (Leicht-, Steingestell, Aufhelfezeug, Licht-, Lichtewerk, Leichter, Hebe). Spitzgänge waren damals Mahlgänge mit so hoch gestellten Steinen, daß diese die Körner nicht zerkleinerten, sondern beim Überstürzen nur von den Spitzen befreien konnten. Durch

Tieferstellen des Läufers wurde aus dem Spitzgang ein Schrot- bzw. ein Mahlgang.

Um einen gleichmäßigen Zufluß des Getreides zu erreichen, fiel dieses aus dem Rumpf erst in den Rüttelschuh, einen durch eine besondere Einrichtung ständig in rüttelnder Bewegung gehaltenen, flachen, vorn offenen Kasten. An diesem befand sich beim Untertriebwerk z. B. ein hölzerner Rührnagel (-daum, -stock, Daum), im Auge des Läufers ein sogenannter Warzenring (Wurzel-, Schlagring). Bei jeder Drehung des Läufers schlugen die Warzen gegen den Rührnagel und somit gegen den Rüttelschuh. Aus dessen offener Seite, die dem Steinauge, der zentralen Öffnung des Läufers, zugeneigt war, rieselten die Körner hinab auf den Bodenstein. In der Windmühle mit einem Obertriebwerk besaß der Schuh statt Rührnagel bzw. Warzenring »eine lange Schnautze« (oder verlängerte Seitenzunge), die an das viereckige Mühleisen (Klaueisen) oder an einen am Mühleisen angebrachten »Drei- oder Vierpaß« (Klotzdäume, Triangel) gedrückt und von diesem in eine zitternde Bewegung gesetzt wurde. Da ein unbemerktes Leerlaufen des Rumpfes durch Überhitzung der sich dann reibenden Steine leicht zu einem Mühlenbrand führen konnte, benutzte man die verschiedensten Konstruktionen als Alarmanlagen, z. B. ein Brettchen am Boden des Rumpfes, das durch das Korn niedergedrückt wurde. Fehlte das Korn, so zog ein Gegengewicht das Brettchen in die Höhe. Dadurch setzte der Rüttelschuh eine Klingel so lange in Bewegung, bis der Müller den Rumpf mit neuem Mahlgut versehen hatte. Damit sich infolge der Fliehkraft keine Körner oder Schrot im Steinloch festsetzten, war an der Rumpfleiter ein federnder Stab, die Streichgerte oder Steinrute, befestigt. Diese reichte bis an die Haue und wurde oft zusätzlich durch eine Schnur mit federndem Stab (Rüttel) an die Wand des Steinlochs gedrängt.

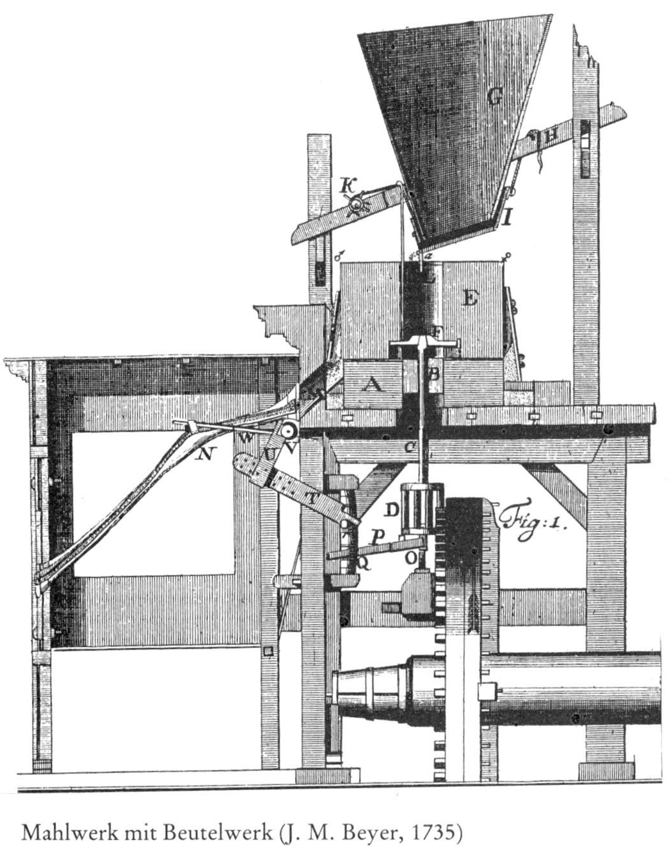

Mahlwerk mit Beutelwerk (J. M. Beyer, 1735)

Diejenigen Mühlsteine, welche in Preußen bis 1810 nur aus den »vaterländischen Brüchen« bezogen werden durften, teilte man gewöhnlich ein in Windmühlensteine (*D* = 4 1/2 Fuß) und Wasser(mühlen)steine, letztere in sogenannte lange (*D* = 4 Fuß) und kurze (*D* = 3 1/2 Fuß) Steine. Bei allen unterschied man nach ihrer Höhe die vollen Steine (24 Zoll) von den Dreilingen (18 Zoll). Bodensteine waren gewöhnlich 12 Zoll hoch. Sparsame Müller verwendeten dazu die abgemahlenen Läufer. Die rheinischen Steine, bei Mayen oder bei Niedermendig gebrochen, lieferte man entsprechend ihrer Höhe in Zoll als Achtzehner (*D* = 5 Fuß) bis zu den Dreizehnern (*D* = 3 Fuß, 2 Zoll). Ein 16er (*D* = 4 Fuß, 6 Zoll) wurde »gemeiniglich Jungfernstein« genannt [74] und bei 60füßigen Ruten geführt. Die Läufer hatte man, um die Gefahr des Zerspringens zu verkleinern, mit eisernen Steinbändern umgeben.

Als Material benutzte man Sandsteine, die leicht zu bearbeiten waren, aber auch Basalte, Lavasteine, Porphyre, Granite und Süßwasserquarze. Nach dem »deutschen« Verfahren wurde das Getreide mit Wasser genetzt, um das Spitzen (Entfernen der »Bartspitzen« und der Keime) und das Schälen (Ablösen der Oberhäute) zu erleichtern und um ein Splittern der Schalen in den Sandsteingängen zu verhüten. Allerdings war das so gewonnene Mehl wegen des hohen Feuchtigkeitsgehalts nicht allzulange haltbar. Einen Fortschritt stellte der Einsatz von Quarzmühlensteinen dar, mittels deren das Getreide (nach damaliger Ansicht) trockener vermahlen werden konnte. Von diesen fanden die französischen Süßwasserquarze aus La Ferté-sous-Jouarre (Departement Seine-et-Marne) als zusammengesetzte Steine unter dem Namen »Franzosen« die weiteste Verbreitung. Weil sie aus einzelnen Blöcken (engl. burrblocks, burr = Mühle) zusammengesetzt waren, sind sie auch als Burrsteine bekannt geworden. Mühlsteine aus Porzellan, von Schomburg u. Söhne in Berlin, sollten nach Pappenheim (1883) beim Vermahlen von Roggengriesen helleres Mehl als die französischen Steine geliefert haben. [75]

Zur Zerkleinerung, Kühlung und Fortführung des Mahlgutes an die Peripherie wurde den Steinen die sogenannte Schärfe aufgesetzt. Die Schärfe wurde auch als Gehre, Gehrwerk oder Zwickel (mhd. scherfe = rauh, schneidend; obd. gehren = schräg abschneiden; mhd. zwicken = zerrupfen, kneifen) bezeichnet. Sie bestand aus Hau(pt)schlägen (Luftfurchen), welche die Richtung, den Zug, bestimmten, und den dazwischenliegenden Mahlbalken mit den Nebenfurchen. Die Mahlbalken erhielten, z. B. bei den »Kreis(bogen)schärfen mit Sprengschlägen«, ihre rauhe Oberfläche, Sprengschärfe genannt, durch schmale, nebeneinander eingehauene Furchen, deren Richtung wechselte. Die mehr den Hauptschlägen folgenden nannte der Müller gezogen, die entgegengesetzten gerade. Da er bei jedem Auffrischen der Mahlbalken jedoch nur die schmalen Furchen einer Richtung bearbeitete, also mit den Sprengschlägen von ihm »gleichsam gesprungen« wurde, sprach man auch von Springschlägen (mhd. sprengen = springen; Schlag = Einhauen, auch bestimmte Fläche). Bei den geradlinigen Schärfen hatte man die Mahlbalken als Felder oder sogenannte Viertel bezeichnet.

Frühzeitig wurde die natürliche Rauhigkeit der Steine verstärkt. Z. B. verwendeten die Römer die geradlinige Schärfe ohne Zugkreis, d. h., die Furchen gingen durch die Steinmitte. Nach der Photographie eines Steins vom Hadrianswall [76] teilten Hauptfurchen die Mahlfläche in 6 Viertel, jedes mit etwa 17 parallelen Nebenfurchen. Der Augen-*D* hatte etwa ein Fünftel des Stein-*D* betragen. Im 18. Jh. sind in Frankreich auf die dort üblichen konkav-konvexen Steine (zentral $2^1/_2$ Zoll höher, *D* = über 7 Schuh, bis 10 Ztr.) in den Provinzen die einschlägige (à coups perdus), in der Gegend um Paris die sogenannte märkische (en rayon) Schärfe aufgesetzt worden. In Deutschland wurden die halb so großen Steine nur von wenigen Müllern einschlägig geschärft, d. h. »mit ungleichen Hieben behauen, die man ... auf die glattesten Oerter des Mühlsteins thut, um scharfe Ecken in denselben zu hauen«. In den meisten deutschen Mühlen hatte man damals die Steine »strahlenweise« geschärft, »nach der märkischen Schärfe, von der Mitte gegen den Rand zu« mit »einerley Zwischenraum von ungefähr 2 Zoll zwischen den Schlägen«. (Verstand man unter »zweischlägig« die Nebenfurchen?) Und weil »nämlich die Steine mit einfacher Schärfe nicht mahlen« wollten (beiderseits gleiches Muster ohne Zugkreis, somit fehlende Scherwirkung), führten die Müller in der Regel die doppelte Schärfe, auf dem Bodenstein »gebogene Strahlen«, auf dem Läufer »gerade Linien« (Hauschläge). Unklar war den Müllern die Wirkung der Schärfe, besonders bei der kleineren Umfangsgeschwindigkeit im zentralen Bereich der Mahlfläche. So versuchten beispielsweise um 1780 Fabre durch zirkuläre Hauschläge am Auge das Ausstreifen des Mahlgutes zu verzögern, andere durch einen schwingenden Steg oder Haue, aber auch durch Anbringen von Schlucklöchern am Steinauge sein besseres Einziehen zu fördern. [77] Diese Schluck-(Schwalben-, Zug-)Löcher wurden »auf der Unterfläche des Laufers (am Auge 3 bis 4 Zoll tief) in der Richtung senkrecht (zur Achse), übrigens gegen die Steinfläche schräg auslaufend, eingehauen«. Schlucklöcher waren noch 1835 üblich! [78]

Nach 1800 wurden die Mühlsteine mit der holländischen Schärfe versehen, einer Kreisbogenschärfe ohne Zugkreis. [79] 1810 konstruierte Carl Neumann (Berlin) die nach ihm benannte (logarithmische) Bogenschärfe nach der Spirale mit ihrer wegen konstanter Kreuzungswinkel vorzüglichen Wirkung. [80] Den Zug der Hauschläge bzw. den Zugkreis, den Abstand der Tangente des Zuges von der Steinmitte, vor das Mühleisen zu legen, empfahl 1849 Schwahn mit der Begründung, daß »die Steine das Mahlgut leichter unterziehen (schlucken) können«. [81] H. Wiebe (Berlin) beschäftigte sich mit der theoretischen Untersuchung der Furchenarbeit und erkannte ihre Gesetzmäßigkeiten. Seine Einteilungen sind noch heute gültig. Er begründete die gute Wirkung des Zugkreises mit den Kreuzungswinkeln (»Gesetz von Wiebe«). Um die Leistung der Mahlsteine durch besseres Einziehen, das Schlucken des Mahlgutes, zu steigern, empfahl er, die Hauschläge am Auge tiefer zu machen. Mit der gleichen Absicht kombinierte er die geradlinige Schärfe mit der Bogenschärfe (auf einem Stein) und legte die erstere in das Fünftel am Auge. Zu einem abschließenden Urteil über die Wirkung der »Wiebeschen Schärfe« ist es nicht mehr gekommen. Allein um das Schlucken des Getreides zu fördern, wurde vom Mühlenbaumeister Bohm in Fredersdorf bei Berlin sogar ein Mahlgang angegeben und vielfach ausgeführt, bei dem sich durch Riemenantrieb von unten der Bodenstein drehte. [82] Es war wahrscheinlich Jules Bertrand, der 1874 in Paris den Schluck im heutigen Sinne, die Hohlführung der Steine am Auge, propagiert hat. [83] Die durch eine Vertiefung der Hauschläge am Auge entstandene bessere Kühlung des Mahlgutes ist von H. Wiebe nicht erkannt worden. 1883 stellte Pappenheim fest, die Praxis habe »wirklich gezeigt, daß ein Mühlstein von 1,50 m Durchmesser nicht mehr Mahlbahn

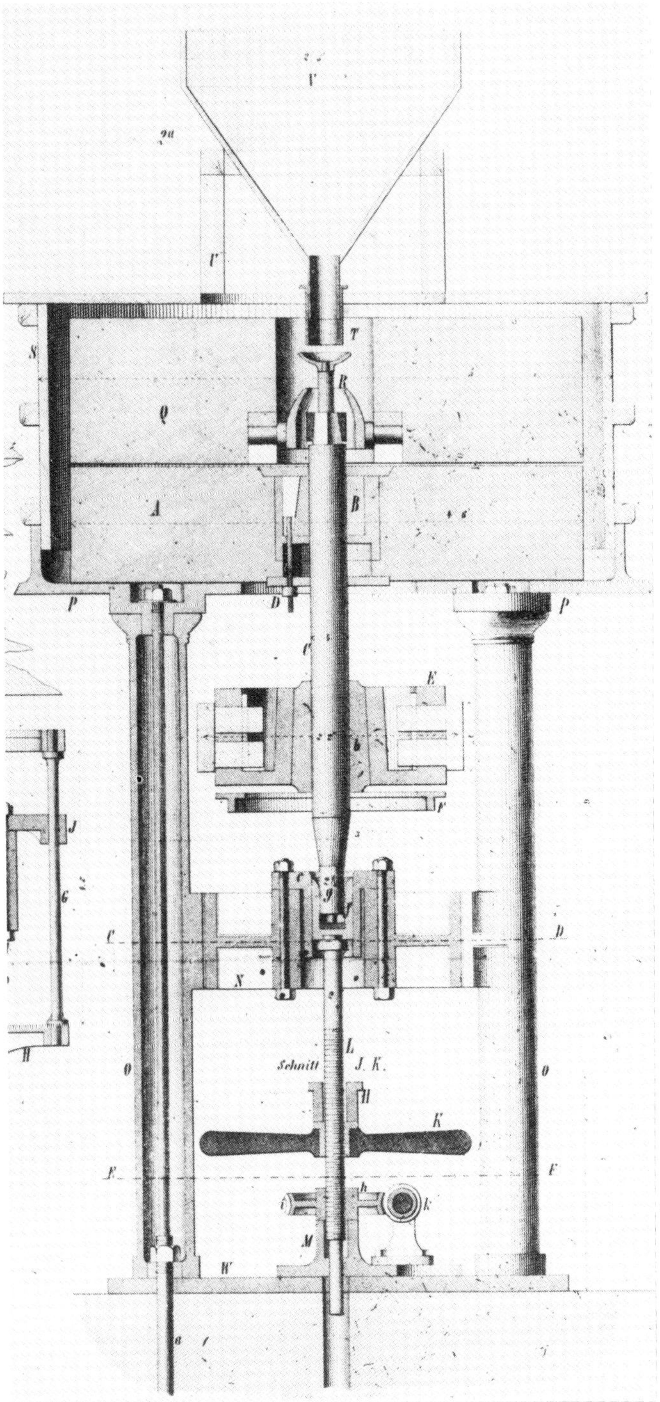

Mahlgang der Adler-Mühle in Berlin. Erbaut 1838 (F. K. H. Wiebe, 1861)

nötig hat als einer von 1,35 m«; allerdings wäre die »Vertiefung – der Schluck – . . . (immer noch) Gegenstand einer Streitfrage«. [84]

Entsprechend der Nutzung und dem Steinmaterial mußten die Steine beim Spitzgang alle halben Jahre, beim sogenannten Schrotgang alle 4 bis 6 Wochen, beim Mahlgang fast wöchentlich, bei manchem sächsischen Mühlstein, wenn stark gemahlen wurde, u. U. alle 24 Stunden mittels stählerner Werkzeuge (Kraushammer, Spitz- und Breitpicken) geschärft werden. Um neue Steine in die Bockwindmühle aufzunehmen, wurden in den beiden Fußböden dazu vorgesehene Dielen abgehoben, das starke Steintau auf der Rutenwelle befestigt, dann die vier Flügelenden mit einem Seil verbunden, so daß das Flügelkreuz als Haspel diente. Beim Holländer war hierzu die Rutenwelle mit der Haube erst über die Bodenluken zu stellen.

Zum Schärfen mußte der Läufer gehoben, gewendet und auf den Steinbock gelegt werden. Dazu benutzte man entweder ein Fahrzeug (Steintau und Kloben = Flaschenzug), oder man hob den Läufer mit eisernen Hebestangen, untergeschobenen Klötzen und Stockkeilen einseitig an, steckte eine Jungfer, einen hölzernen runden Hebebaum (Steinbaum), durch das Steinloch und unterstützte durch Nachrücken derselben den Stein so lange, bis dieser auf seinem Umfang ruhte. Darauf wurde der »Stürzblock gegen die Oberfläche des Steines gestellt, (letzterer) auf die Walze desselben gehoben, und durch diese der Stein soweit zurückgeschoben, daß er mit (s)einem Übergewichte auf einem untergeschobenen Klotze ruhen« konnte. [85] Das heißt mittels Hebebäumen wurde der Stein nur übergekippt und zum Schärfen schräg auf einer Steinleiter gelagert. Bei der Benutzung loser Hauen mit Treiber mußte der Läufer dagegen senkrecht gehoben werden. Dazu verwendete man den auch bequemeren amerikanisch-englischen Steinkran. Dieser bestand aus dem Steingalgen mit Schraube, Flügelmutter und Bügel (Traggabel), letzterer eventuell zur Raumersparnis geteilt als Steinzange (-schere). [86]

Die beiden Mühlsteine des Gangs waren von einem hölzernen Rand oder einer Bütte (Lauf, Lauft, Umlauf, Steinrand, Kump, Kübel) umgeben. Die Bütte wurde vom Böttcher gefertigt, mit einer Laufleine oder schwachen eisernen Ringen gebunden und deshalb nach oben verengt; letzteres geschah auch, um ein zu starkes Verstäuben des Mahlgutes zu verhüten. Die Bütte, oben offen und nur etwa 22 Zoll hoch, stand auf dem Geschlinge (8 Zoll hoch). Sie wurde von hohen oder neuen Steinen überragt, welche sich allerdings durch Abnutzung in den Rand absenkten. Den Raum zwischen Bodenstein und Bütte hatte der Müller mit Füllkleie auszufüllen, auf die sich die schräge Mehlbahn absenkte. Auf diese Bahn fiel das von den Steinen zerriebene Getreide und gelangte zum Mahl-, Schlund- oder Mehlloch, beim Schrotgang weiter durch den Mehlhut (Mehltrog, Mehlrutsche, Absackrohr) in die Säcke.

In den älteren Zeiten benutzte man zum Sichten als Siebe durchlöcherte Felle, Haarsiebe aus Schweineborsten, Leinwand usw. Die Römer kannten zwei verschiedene Beutelsiebe, die Cribra pollinaria für das feinste Mehl und die Cribra excussoria. Später hat man zum Sichten feinere Tücher aus Wolle, Ziegenhaaren oder Seide gefertigt.

In den französischen Mühlen war das Sichten zunächst vom Mahlgang getrennt und wurde zu Hause oder in eigenen Beutelkammern durchgeführt. Man bediente sich des Rundsichters oder sogenannten Beutels. Es war ein hölzernes, walzenförmiges, mit Beuteltuch bespanntes Gestell aus Reifen ($D = 2$ bis 3 Fuß, 5 bis 9 Fuß lang), schräg aufgehängt, das zunächst von der Hand gedreht werden mußte, dann vom Mahlgang betrieben wurde. Man ließ das gemahlene Gut durch zwei bis vier hintereinander angeordnete Beutel unterschiedlicher Feinheit laufen, verwendete aber in der Folge auch Rundsichter mit einem etwas längeren Zylinder, auf dem nebeneinander Gaze gespannt worden war, »ordentlicher Weise aus drey, oft aus vier, und in einigen Mühlen aus fünf Stücken Zeug, von unterschiedlicher Dichtigkeit«. [87] Solch ein langer Beutel (fr. Dodinage), »auf holländische Art«, wurde um 1750 auf der Windmühle am Schiffbauerdamm geführt.

Die wohl erste Abbildung eines Beutelwerks stammt nach einem 1965 in Madrid wiedergefundenem Manuskript (Codex Madrid I) von Leonardo da Vinci. Er hatte dieses Merkbuch in den Jahren 1493 bis 1502 angefertigt. Skizzen (Blatt 21 v/22 r) zeigen u. a. einen Mahlgang mit Untertriebwerk, am Mühleisen ein Räde(r)getriebe mit Holzpflöcken, verbunden mit einem Beutelwerk. [88] Letzteres entspricht völlig dem Aufbau des unten genannten Gabelzeugs, nur daß Leonardo an der Setzwelle statt der Gabel einen dünnen Stock vorgesehen hatte, dessen Ende in einem »Ohr« an der Unterseite des Beutels steckte.

150 Jahre später berichtete M. Tobias Schmidt: »Im Jahre 1502 Mitwoch für Joh. Baptistae ist das Räderwerk der Beutel in Mühlen allhier zu Zwikkau erstlich aufgekommen und gebraucht worden«. [89] Noch um 1615 wurde nach F. Veranzio in Deutschland das von Leonardo skizzierte Beutelwerk genutzt. [90]

Das Beutel- oder Räde(r)werk bestand aus dem Mehl- (Sichte-, Beutel-)Kasten, dem Sichtezeug zur Bewegung des Beuteltuches und einem meist abnehmbaren Vorkasten. Die Öffnungen zu beiden Seiten des *Mehlkastens* wurden mit Leinwand, mit den Schweißtüchern, verhängt, desgleichen die hintere Öffnung am Sichtezeug. Außer der Öffnung an der Vorderseite, aus dem die dort befestigte Kappe des Beutels hervorragte, befand sich »auf der am besten zur (rechten) Hand seienden Seite, deshalb auch Handseite« genannt, eine weitere Öffnung, welche mit einem Schieber verschlossen werden konnte und zum Ausziehen des Mehls diente.

Das *Beuteltuch* (Mehltuch; $D = 5/6$ Fuß) mußte aus wollener, besonders dazu gefertigter Gaze hergestellt werden. Es war beiderseits mit Leisten, oben und unten mit sogenannten Kappen versehen. Für die Leisten hatte man Flanell, darüber Leinwand genommen und oft mit Riemen eingefaßt. Jede Leiste war mit einem ledernen Ohr (Henkel) versehen. Die Kappen bestanden aus doppelter, starker Leinwand mit eingenähten rundeisernen Ringen. Der untere Ring besaß Öhren, um mittels Seils und kleiner Winde dem Beutel die nötige Spannung zu geben.

Beim *Sichtezeug* unterschied man das Gabelzeug vom großen und kleinen Hebezeug. Beim Gabelzeug wurde der Beutel hin und her bewegt, beim leistungsfähigeren Hebezeug auf und nieder geworfen. Beim *Gabelzeug* stand an der Hinterseite des Beutelkastens zwischen zwei Sichtesäu-

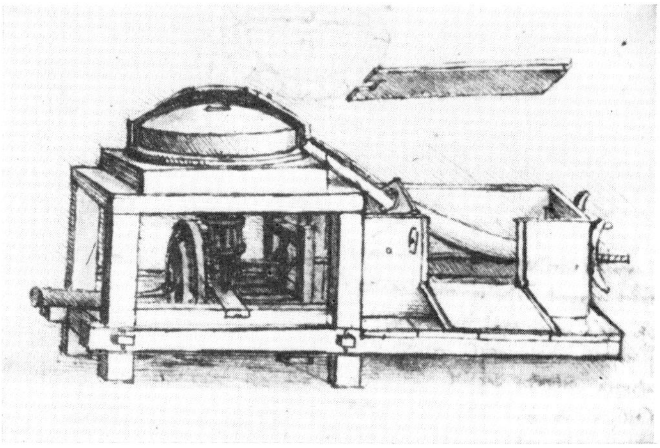

Mahlgang mit Mehlrutsche und Beutelwerk (Leonardo da Vinci, um 1500)

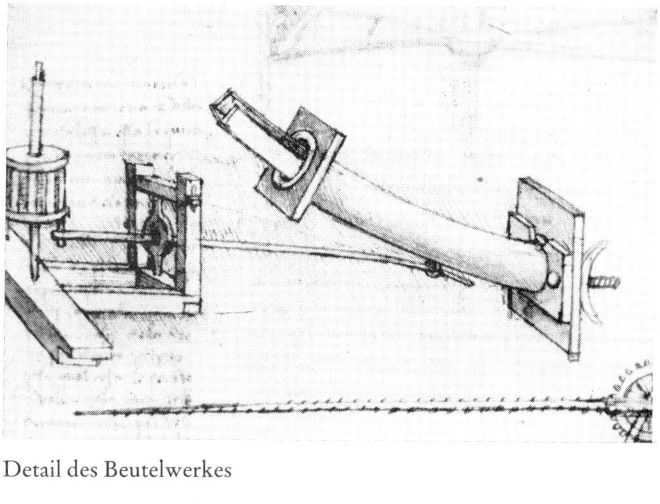

Detail des Beutelwerkes

len senkrecht auf einem Sichtesteg die Sichtewelle. Letztere war mit einer möglichst gewachsenen, somit festeren Holzgabel versehen, deren Enden durch die Ohren des Beutels gesteckt wurden. Die Enden der Gabel hatte man zur Schonung des Holzes mit leichten eisernen Tillen, den Sichtetillen, beschlagen. Auf der anderen Seite der Sichtewelle befand sich ein Arm (Anschlag). Dieser wurde bei jeder Umdrehung des Läufers von jedem der zwei oder drei Holzpflöcke (Daumen), die (meist) an der Unterseite der Laterne (als Rädegetriebe) befestigt waren, getroffen und so der Beutel ständig in einer rüttelnden Bewegung gehalten. Später benutzte man einen sogenannten Dreischlag (drei Nocken auf der Laterne). Zum Zurückziehen des Anschlags war unterhalb desselben an der Welle noch ein kürzerer Arm (Vorschlag) angebracht und durch ein Seil mit einem elastischen Spannstock verbunden.

Beim *großen Hebezeug* stand an der Hinterseite des Beutelkastens die Klobensäule mit den beiden großen Kloben. Zwischen diesen drehte sich die stehende Setzwelle, ebenfalls mit dem Vor- und Anschlag versehen. Etwas höher war zwischen Hängekloben die längere, ebenfalls mit Armen versehene liegende Sichte- (Räde-, Rade- oder Beutel-)Welle angebracht. An zwei Armen, den Sichte- oder Rädearmen, hing der Beutel. Außerhalb des Kastens saß an der Sichtewelle noch ein kurzer Arm mit einem Schlitz (Rädekopf, Rade- oder Rädeschere). In diesem Schlitz, durch den Rädenagel verbunden, drehte sich das eine Ende der Räde- (Rade-)Schiene (-schinne). Auf das andere Ende der Schiene drückte der Vorschlag der Setzwelle. Durch diese Einrichtung, mittels eines Kniegelenks, wurde die rüttelnde Bewegung der stehenden Setzwelle auf die liegende Sichtewelle übertragen. Durch unterschiedliche Löcher in Rädekopf und -schiene ließ sich von außen die Beutelspannung verändern. In der Regel drückte das Gewicht des Beutels den Anschlag zurück an die Pflöcke der Laterne. Die Leistung des Beutelwerks konnte jedoch gesteigert werden, entweder durch einen in der Sichtewelle befestigten Spannstock (mit Seil und Rädchen) oder durch biegsame sogenannte Stämmruten, deren Federkraft den Rädekopf herunterdrückte. Beim *kleinen Hebezeug* stand die Setzwelle (wie beim Gabelzeug die Sichtwelle) auf einem Steg zwischen zwei Sichtesäulen. Eine kleinere Sichtewelle mit dem Rädekopf und den Armen für den Beutel war im Inneren des Kastens untergebracht.

An der Vorderseite des Kastens befand sich der Schroff, ein Brett mit einer Öffnung zur Befestigung der Beutelkappe. Zum Spannen des Beutels ließ sich der Schroff zwischen zwei Leisten nach unten verschieben und festlegen.

Um bei der Weizenmüllerei die Schalen der Körner nicht immer wieder mit aufschütten zu müssen, konnte zwischen Beutelöffnung und Vorkasten ein aus zweierlei feinen Drahtsieben bestehender Sauber angebracht werden. Dieser sonderte die Schalen von dem Grieß, in dem »das feinste Mehl noch mit enthalten« war. Bei reinem Schrotbetrieb wurde der Beutel durch das Schrotrohr ersetzt.

Das beim Beutelwerk durch den Dreischlag entstehende, oft besungene »Klappern« der Mühle, das aber auch als unangenehmes Geräusch empfunden wurde, vermieden die nach 1840 eingeführten Zylindersiebwerke. Die schräg aufgehängten, sich drehenden Zylinder bestanden aus langen, sechseckigen Gestellen von Längslatten und Holzrahmen, die mit Seidenzeug verschiedener Feinheitsgrade, der Müllergaze, bespannt waren. [91]

Insgesamt bezweckte dieses »Flachmüllerei« genannte Verfahren die Gewinnung der gesamten Mehlausbeute in wenigen Durchgängen mittels tief zusammengestellter Mühlsteine. Dabei wurde das Korn so rasch und gründlich zerkleinert, daß auch Schalenteile mit in das Mehl hineingemahlen wurden und man sich mit einem relativ dunklen und weniger ansehnlichen Mehl zufriedengeben mußte. [92]

In der Weizen- und Roggenmüllerei wurden Mehl und Grieß erzeugt. Bei der Verarbeitung von Gerste stellte man Grütze und Graupen her, Produkte aus geschältem Korn, d. h., in den sogenannten Graupenmühlen wurden die Gerstenkörner enthülst und geschrotet. Zum Enthülsen benutzte man die Grützstampfe, einen Rahmenhammer, ähnlich der sogenannten holländischen Walkmühle; jedoch hatte bei der Grütz- oder Hirsestampfe jedes Loch des Grubenstocks nur einen Stampfer. Anschließend folgte das Schroten im üblichen Mahlgang.

Diesen »Schrot nennet man nachgehends Grütze, oder zerrissene Graupen«. [93] Durch Sichtung erfolgte die Trennung der Grütze von den Spelzen und dem Gerstenmehl. Grützstampfen besaßen beispielsweise die Bockwindmühle (6) des Meisters Lehmann auf dem Windmühlenberg (1749) und die älteste Pankower Bockmühle (1782).

Die vollkommenere Abrundung zur Perlgraupe erreichte man durch das Mahlen im Graupengang. In einem solchen Gang war »der Läufer in seinem Umfang rauh behauen«, welcher sich ohne Bodenstein in einer hölzernen Fassung (Lauf) drehte. Letztere war inwendig mit einem

Eisenblech ausgefüttert, das nach Art einer Reibe »aufgeworfene scharfe Löcher« besaß. [94] Die älteste Berliner und wahrscheinlich deutsche »Perlgraupen und Grützmühle« ist 1699 von P. Sieemann als eine Wind- und Roßmühle gebaut worden.

MÜHLENWERKE

WALKMÜHLEN

Walkmühlen waren Stampfmühlen (Daumenhämmer), um Tücher und Leder zu bearbeiten. Sie wurden in der Regel durch ein Wasserrad (Walkrad) betrieben. Am Ende der Wasserradwelle hatte man ein Sternrad aufgekeilt, dessen Kämme zwischen die Stäbe des Drehlings einer Daumenwelle griffen. An der Daumenwelle befanden sich Daumen (Hebedaumen, Wellldaumen, Arme, evtl. mit Rädern, Zähnen, Nocken), um Stampfen oder Hämmer zu heben. Diese Einrichtung war in der Lage, die kontinuierlich-drehende Bewegung des Mühlrads in eine abwechselnd auf- und niedergehende umzusetzen.

In den sogenannten *holländischen Walkmühlen* wurden in einem Gerüst, dem Walkstuhl, nebeneinanderstehende Stampfen (Stampen, Stempel, Säulen) immer paarweise zwischen senkrechten Führungen geleitet und unmittelbar von den Hebedaumen ergriffen. Abwechselnd aufgehoben, bearbeiteten sie beim Fall das Walkgut durch ihr Eigengewicht. Man bezeichnete eine solche Anlage, wie die Weißgerberwalke (1688) oder die Tuchwalke v. Itter (1721), auch als Rahmenhammer.

Die sogenannte *deutsche Walkmühle* dagegen war ein Stielhammer. Bei ihr befand sich der Hammer (Schießer, Schlegel, Hammerbär) am Ende eines langen, balkenartigen Stiels (Hebelahde, Hebeladde, Hebelatte), der an einem starken eisernen Bolzen um die horizontale Achse schwingen konnte. Der Angriffspunkt des Daumens zum Anheben des Hammers lag an dem über die Drehachse hinausragenden Schwanz (Schwanzhammer). Die schweren Stampfen oder Hämmer besaßen breite, gekerbte Köpfe. Stielhämmer waren die Walkmühle der Tuchmacher (1682, 1717), die ehemalige v. Ittersche Tuchwalke (1724), die ehemalige Weißgerberwalke (1725), auch die Lagerhauswalke (1761).

Unter den Köpfen stand der Walkstock (Walktrog, -kum, -kumm, -kumb, Kum, Cum; nd. = Kump, die auch teilweise md. Form von Kumpf = Gefäß, Behälter [95], Grubenstock), ein langer, starker, durch eiserne Bänder zusammengehaltener eichener Klotz, der so viele »Löcher« hatte, wie Hammerpaare vorhanden waren. »Jedes Loch 1 1/2 Fuß im Geviert und noch etwas tiefer«, mit schrägen Wänden und einem fast halbkugelförmigen Boden, so daß das Tuch durch die schiefen, absatzartigen Enden der Hämmer leicht gewendet werden konnte.

Vom Webstuhl weg sah ein Wolltuch wie grobe, schmutzige Leinwand aus; man nannte es Loden. Erst durch das Walken entstand das dicke Tuch. Andauerndes Stampfen, Stoßen und Drücken ließen die Fasern des Tuches sich untereinander verfilzen. Zur Beschleunigung des Verfahrens und zur Reinigung der Wolltücher setzte man warmes, mit gefaultem menschlichem Urin, grüner oder weißer Seife, Leinmehl, Kuh- oder Schweinekot bzw. mit Walkerde vermischtes Wasser hinzu. Der gefaulte Urin bildete eine »flüssige ammoniakalische Seife«; die Walkerde, aus Sachsen, Holland oder England importiert, war eine mineralische Substanz von grünlichgrauer Farbe, die im Wasser zu einem feinen Schlamm zerfiel; sie wirkte reinigend durch ihre Fähigkeit, Fett zu binden. Feineres Tuch wurde in der Regel kalt gewalkt.

Nach Aufschichtung der Loden in den Löchern und Hinzugießen der Walkflüssigkeit setzte man die Mühle in Gang. Die schweren Schläge der Hämmer drückten die Stoffe stark zusammen und schoben sie zugleich an den schrägen Wänden der Löcher so weit empor, daß sie infolge ihrer eigenen Schwere von selbst nach rückwärts umkippten und erneut unter die Hämmer fielen. Bei leichteren Stoffen dauerte das Walken 2 bis 3, bei schweren 12 Stunden und länger. Anschließend erfolgte das Spülen in reinem Wasser. Schmutziges Wasser konnte durch ein Zapfenloch im Trogboden abgelassen werden.

Eine Roßwalke gehörte zum königlichen Lagerhaus (Manufaktur) in der Klosterstraße. Sie lag außerhalb am Wallgraben, so daß die Tuche mit einem großen Kahn hin- und zurückgeholt werden mußten. Die Walke wurde mit einem Göpelwerk betrieben, für das fünf Pferde zur Verfügung standen. [96] 1786 befand sich eine Lederwalkmühle vor dem Schlesischen Tor, dem Lederfabrikanten Lutz gehörig. [97] 1803 legte der Kaufmann Guiremand eine Roßwalke in der Wallstraße an. [98]

Bei der Walke der Tuchmacher auf dem Mühlendamm am cöllnischen Ufer könnte es sich 1717 auch um einen Stirnhammer gehandelt haben, so wie ihn die Weißgerber benutzten. In einem solchen Mühlenwerk hingen, fast senkrecht, die

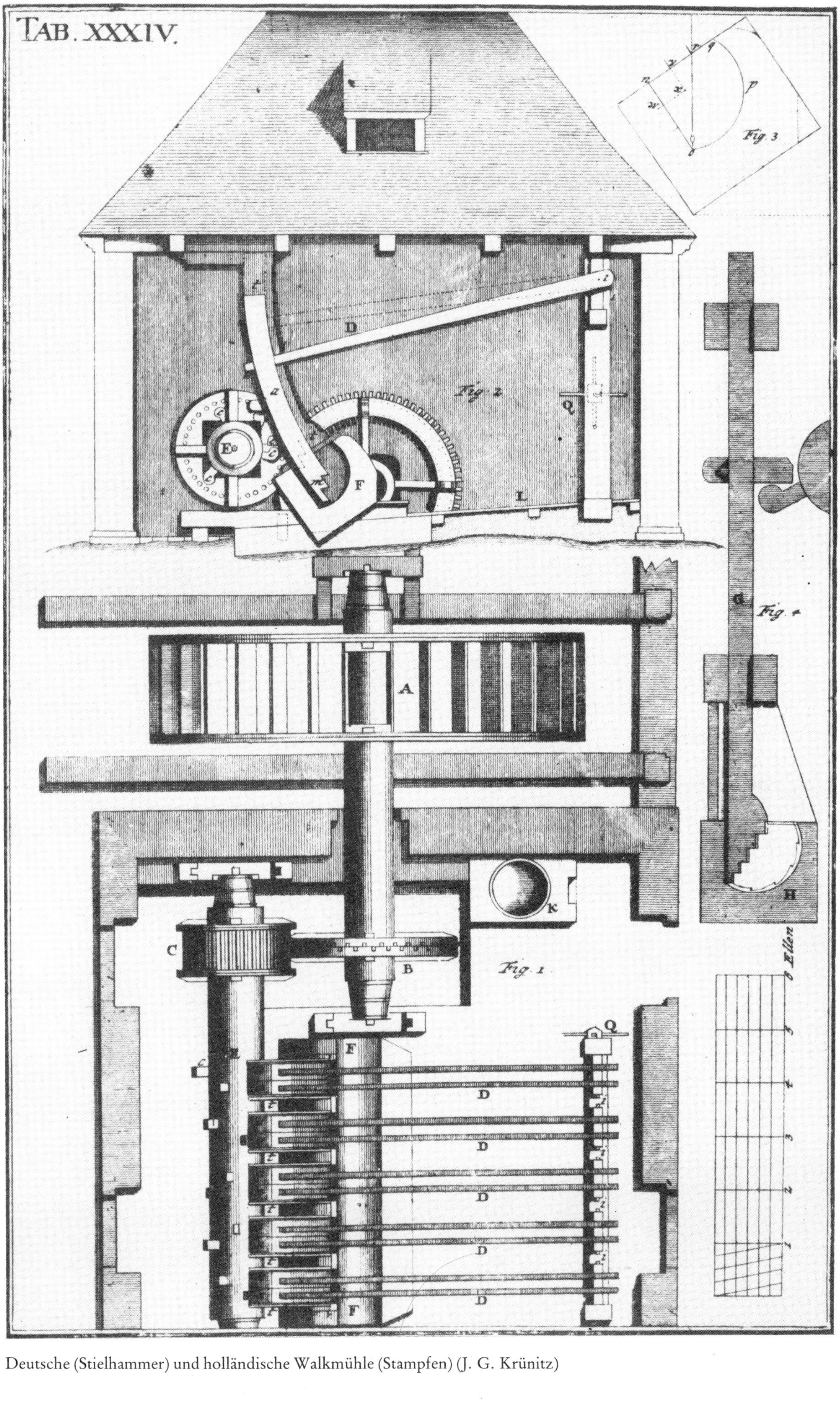

Deutsche (Stielhammer) und holländische Walkmühle (Stampfen) (J. G. Krünitz)

Hämmer (Stampfen) an ihren Querhölzern wie Perpendikel im Walkstuhl. Unter diesen paarweise angeordneten Hämmern befand sich ein Wellbaum mit etwas längeren Daumen, sogenannten Armen. Je vier Arme waren für einen Hammer vorgesehen, um ihn »aufzunehmen«, d. h. kräftig seitwärts zu drücken, so daß der Hammer mit dem treppenförmig gekerbten Hammerkopf durch sein Gewicht in den seitlich liegenden Walktrog zurückschlagen konnte.

1795 waren in der Walkmühle der Weißgerber auf dem Festungsgraben hinter dem Wusterhausenschen Bären 100 Felle zur Füllung des Walktrogs nötig. Je zwei Felle, jedes dreimal mit Tran oder einem anderen Fett bestrichen, wurden zu einem »Wickel« zusammengeschlagen und in ein Loch (Grube) des Walktrogs geworfen. Nach Füllung des Lochs ließ der Gerber den Hammer durch die Daumenwelle in Bewegung setzen bzw. die Felle durch den am Kopf gezähnten Hammer beständig im Kreise herumtreiben. Nach 3 Stunden nahm er die vom Walken erhitzten Felle aus dem Loch, schwang sie zum Ausbreiten durch die Luft und hängte sie zum Abkühlen an die Haken großer Rahmen. Nach erneutem 3- bis 4stündigem Walken und nach Ausstreichen der Falten folgte die Trocknung der Felle an den Haken der Rahmen. Bei schlechtem Tran oder Leder mußte diese Prozedur so lange wiederholt werden, bis sich die übliche gelbe Farbe des Sämischleders zeigte. Nun legte man die Felle, mit Stroh vermischt, in eine Grube, damit das Stroh überschüssiges Fett aufsaugte. Anschließend wurden zur Beseitigung des Strohs die Felle ausgeschwungen und »in der Braut gefärbt«, d. h. zu einem Haufen gestapelt, damit sie sich unter einer Plane erhitzen und endgültig mit dem Fett verbinden konnten. Jetzt erst brachte der Gerber die Felle aus der Walkmühle in seine Werkstatt zurück. [99]

In Berlin gab es eigentlich drei Arten von Weißgerbern, die Rößler, die Rheinischen und die französischen Weißgerber, wobei sich von den beiden ersteren besonders die Gesellen noch 1795 streng getrennt hielten. Die Rößler, man hielt sie (als Katholiken? d. Verf.) »für Ketzer und Pfuscher«, kamen hauptsächlich aus Schlesien, der Lausitz, auch aus dem Meißener Land. Sie bearbeiteten ihre an die Wand gehängten Felle mit Messern, während die Rheinischen die Felle über den »Stock« zogen und Schabeisen benutzten. [100] Der eigentliche Grund zur Trennung der Professionisten ist unbekannt geblieben. Durch das General-Privilegium und den Gilde-Brief vom 19. 6. 1735 wurde der »bisherige Unterschied« zwischen den sogenannten Rheinischen und Rößlern zur Beseitigung der »Mißbräuche und Irrungen« aufgehoben, und beide Gewerke wurden in einer Zunft vereinigt. Jeder Meister konnte nun »gelb und weiß« arbeiten, d. h. das fettgare Sämischleder bzw. mit Alaun das weißgare Leder herstellen.

Unzünftige französische Weißgerber und einige deutsche gerbten aus Lämmerfellen und den Fellen junger Ziegen ein feines, seidenhaftes, weißgares Leder, welches französisches oder auch Erlanger Leder genannt wurde und woraus die Handschuhmacher die »sog. glasurten« (glacirten, Glacé-) Handschuhe machten. Diese Felle wurden nach der Behandlung im Kalkäscher 24 Stunden in eine Lauge aus wäßrigem »Hunde-Koth« eingelegt, mit Kleie gebeizt und mit Alaun, Salz und Weinstein gegerbt. Weißgares Leder, rotgefärbt, diente als Brüsseler Leder zum Überziehen von Hacken der »Frauenzimmer-Schuhe«. [101] Von den Ärzten wurde zur Prüfung der Skalpellschärfe gegerbte Hühnerhaut verlangt, aber auch gegerbte Menschenhaut, um »durch Ueberlegung desselben verschiedene Geschwulsten und andere Zufälle wegzubringen, so, daß daraus z. B. Hals-Bänder, mit schwarzem Taffet oder Sammet überzogen, gemacht, und um dicke Hälse und anfangende Kröpfe gebunden«. Für das Gerben einer Menschenhaut konnte der Weißgerber 20 Rtlr. fordern. [102]

LOHMÜHLEN

Während die Weißgerber alle weichen und geschmeidigen Leder für die Bekleidung gerbten, stellten die Loh- oder Rotgerber mit der Rotgare aus Eichenrinde die derben Leder her. Hierzu wurden, wie bei den Weißgerbern, die Häute in fließendem Wasser oder in großen Kufen 2 bis 10 Tage lang zu ihrer Auflockerung eingeweicht und zwischendurch mittels Stampfen gewalkt, um Blut und Schmutz abzulösen. Anschließend entfernten die Gerbergesellen das Fettgewebe auf der Unterseite, indem sie die Felle auf einem Schabebaum (Stock) mit dem Schab- oder Streichmesser bearbeiteten. Dann legten sie die dünneren Felle zum »Kalken«, d. h. zur Auflokkerung der Haut mit den Haarwurzeln, für 14 bis 21 Tage in wasserdicht ausgemauerte Gruben (Äscher). Dickere Felle ließ man »schwitzen«, um durch eine »gelinde Faulung« die Auflockerung zu erreichen. Diesem Arbeitsgang folgte zur Entfernung der Haare das Abschaben (Abpälen) der Oberseite. Die endgültige Reinigung der Unterseite geschah durch das »Scheren« mit geraden, scharfen Scher- und Firmeisen.

Zum Gerben der jetzt »Blöße« genannten Häute benutzte man gemauerte Gruben oder in die Erde eingelassene Holzkästen, welche in geräumigen Schuppen standen. Zuerst bedeckten die Gesellen den Grubenboden mit einer etwa 3 cm dicken Schicht Lohe; darüber wurde eine Haut ausgebreitet; dann folgten abwechselnd Lohe und Häute, bis die Grube gefüllt war; zuletzt ließen sie die Grube voll Wasser laufen. Dieser Vorgang wurde alle 4 bis 8 Wochen wiederholt, bei Sohlenleder etwa 2 Jahre lang.

Die Lohe bestand aus zerkleinerter Eichenrinde. Ganze Forste, wurden zur Rindengewinnung mit Loh-, August- oder Sommereichen bepflanzt (Schälwald), das Eichenholz nach 12 bis 18 Jahren »im Safte«, d. h. im Frühling, abgeschlagen, geschält und die Rinde getrocknet. 100 kg Rinde konnten bis zu 16 kg Gerbstoff enthalten. Die Rinde bzw. Borke lagerten die Lohmüller in ihrer »Borkenschauer« (Scheune).

Die älteren Gerber- oder Lohmühlen stellten, vom Wasser getrieben, eine Art von Stampfmühle dar, die mit einer holländischen Walkmühle, einer Pulvermühle oder einer deutschen Ölmühle eine große Ähnlichkeit hatte. Jede der Stampfen (Lohstößer) besaß an ihrer Grundfläche kreuzförmig vier scharfe eiserne Schenkel, die von einem Reif umgeben waren, auf dessen Rand oft mehrere Schneiden standen (Krone, Schuh). Der eichene Lohe-Kumm (Grubenstock) besaß größere Löcher für mehrere dicht nebeneinanderstehende Stampfen. Die Löcher unter den Stampfen waren am Boden mit eisernen Platten gefüttert, die allerdings nicht von den Stampfen berührt werden durften, weil sonst durch die Reibung leicht ein Brand hätte entstehen können. Die Baumrinde wurde in großen Stücken in die Löcher geworfen, von den Stampfen zerschnitten und zu einem groben Pulver zerstoßen.

Schon 1795 ist in Berlin die meiste Lohe nicht mehr gestampft, sondern in Windmühlen gemahlen worden. Eine solche Mühle glich völlig einer Korn-Mahl-Mühle. Nur in den Läufer dieser Mahlgänge hatte man vier grob gehauene Rinnen (Hauschläge) gearbeitet, die so tief und weit waren, daß die Baumrindenstücke, so wie Getreide aufgeschüttet, in diese Rinnen eindringen, dort festgehalten und zerkleinert werden konnten. Gemahlene Lohe war gröber und länger als gestampfte und sah »wie zerriebene Sägespäne« aus. Noch um 1800 wurde behauptet, daß der Mühlstein die Rinde erhitze und letztere somit »viel von ihrem Feuer und ihrer Stärke verliere«. [103]

PAPIERMÜHLEN

Zur Herstellung des damals gebräuchlichen Papiers bildeten weiße und »couleurte« Lumpen, insbesondere aus leinenem Zeug, das Hauptmaterial. Maßgeblich für die Güte des Papiers waren entsprechendes Sortieren und Reinigen der Lumpen. Anschließend wurden diese mit dem Lumpenbeil auf einem Klotz zerstückelt. Später benutzte man Lumpenschneider. Die zerschnittenen Lumpen mußten nun eingeweicht und durch Stampfen oder Mahlen (Ausfasern) zu Halbzeug verarbeitet werden. Während einer mehrwöchigen Lagerung konnte das grobgestampfte Halbzeug »zu einem schwachen Grade der Fäulung« gebracht bzw. durch »Gährung« gebleicht werden. Die weitere Verarbeitung, das »Verfeinern« zum Ganzzeug, erfolgte wieder in der Mühle. Eine andere Methode bevorzugte z. B. das Bleichen vor dem ersten Stampfen.

Nach Ablösung der Handmühle war um 1500 die sogenannte Stampfmühle (Hammermühle, Geschirr, deutsches Geschirr) fast in ganz Europa verbreitet, und zwar als Stirnhammer, seltener als Schwanzhammer. In einem Löcherbaum (Grubenstock) aus Eichen- oder Tannenholz befanden sich gewöhnlich vier eiförmig gewölbte Stampflöcher mit einer eisernen Platte am Boden. In jedem Loch arbeiteten vier Stampfen (Hämmer). Die Stampfen wurden an der Stirn durch eine Daumenwelle etwa 72- bis 80mal in der Minute um 5 Zoll angehoben und fallen gelassen. Man benutzte entsprechend dem Arbeitsgang drei Arten von Stampfen bzw. Trögen. Hämmer zum Zerhacken (Ausfasern) des Gewebes waren mit eisernen Bändern verstärkt und am Kopf mit 5 Zoll langen, spitzen Nägeln versehen. Die Hammerköpfe in den Feinerungströgen besaßen Nägel mit platten Köpfen. Im Schaumtrog wurde durch das »Schäumen« die Masse erweicht und gleichförmig (»musartig«) gemacht.

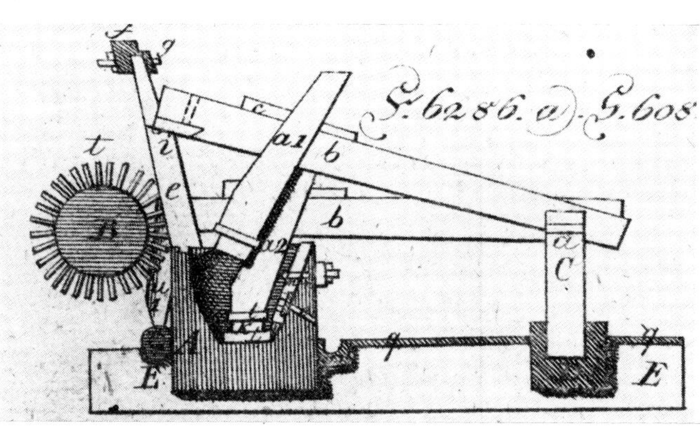

Papiermühle (Stirnhammer) (J. G. Krünitz)

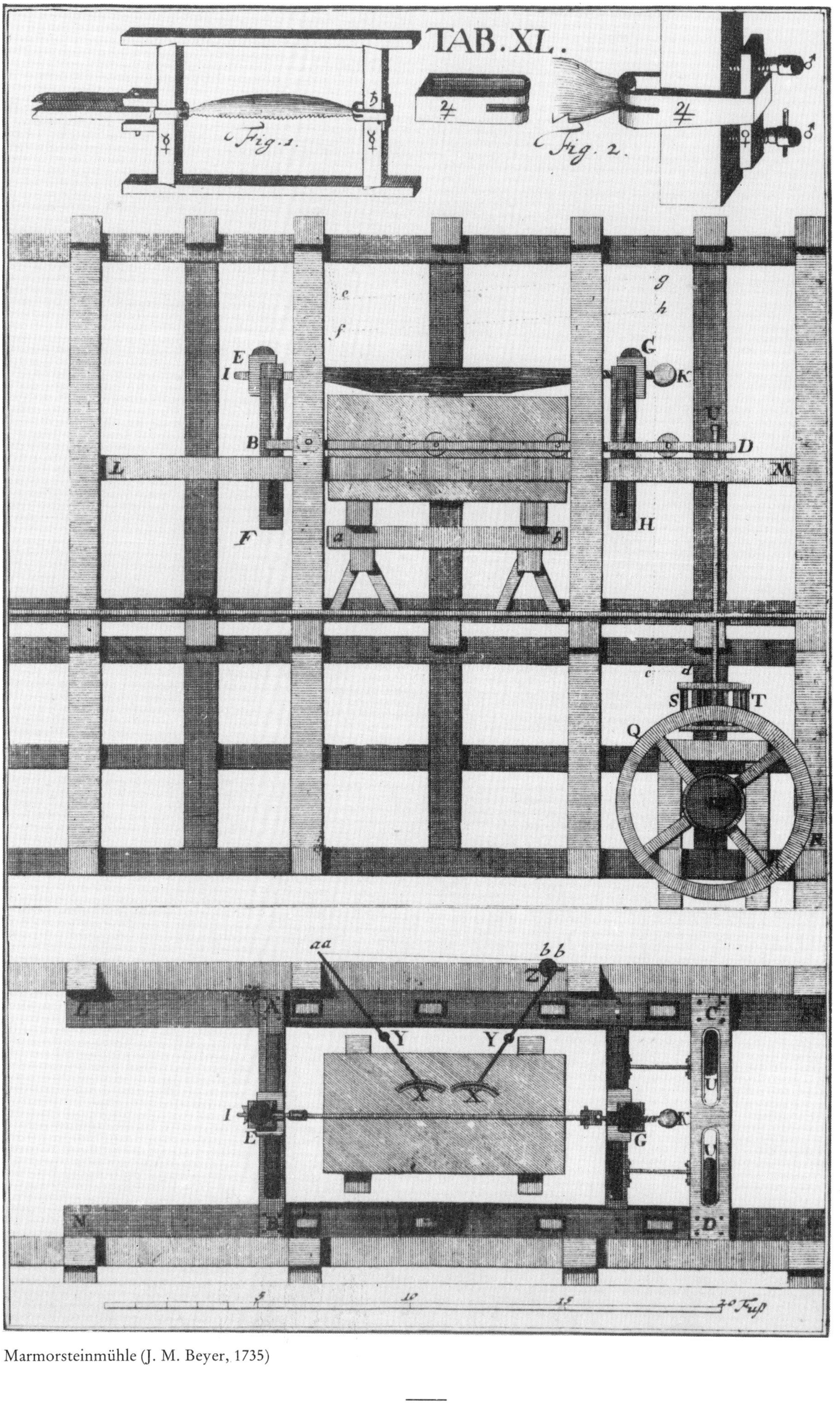

Marmorsteinmühle (J. M. Beyer, 1735)

Etwa ab 1730 hängte man bei uns an das Wasserrad der Stampfmühle noch einen sogenannten Holländer an, eine von den Holländern erfundene Walzenmühle (Zylinder). In diesem »Holländer« drehte sich eine schwere, mit etwa 36 querverlaufenden Schienen versehene Walze aus Eiche mit hoher Geschwindigkeit (80 bis 160 Umdrehungen/min) über eine gekerbte Kupferplatte. Dabei wurde das Halbzeug zwischen Walze und Platte weiter zum Ganzzeug zerkleinert, wobei eine Walze die gleiche Menge zerfaserte wie 40 Hämmer. Dieser faserige Teig, in die Bütte umgesetzt, konnte dann geschöpft, gepreßt, getrocknet und geglättet werden. [104]

MARMORSTEINMÜHLEN

Um in der Marmorsteinmühle einen Marmorblock in einzelne Tafeln zu zerlegen, wurde der Stein auf ein Gerüst gelegt und von einer »Säge, welche aber keine Zähne hat«, mit Wasser und Sand zerschnitten. Die Säge war in einen auf Rollen gelagerten Rahmen gespannt und konnte durch Gewichte, entsprechend der Schnittiefe, nach unten gedrückt werden. Unterhalb des Gerüstes drehte ein Wasserrad mit Welle und Kronrad die Laterne einer senkrecht stehenden Welle, die an ihrem oberen Ende eine Kurbel besaß. Diese Kurbel zog den rollenden Rahmen mit der Säge hin und zurück. Oberhalb des Gerüstes hingen kleine Fäßchen, aus denen das notwendige Wasser tröpfelte, und ein Sandkasten, aus dem über einen Schuh, wie beim Mahlgang, Sand auf den Schnitt rieselte. Nocken auf der Laterne hielten über eine weitere senkrechte Welle den Sandkasten in zitternder Bewegung. [105]

Sägemühle (G. Böckler, 1661)

KAPITEL 3

Wassermühlen – Typen und Funktionsweise

ALLGEMEINES

Die Wassermühle stammt aus dem östlichen Teil des Mittelmeerraumes. Sie soll nach allgemeiner Ansicht von Kleinasien (Strabo), via Griechenland (Antipater), nach Italien (Vitruv) gelangt sein. Dabei ist ihre Herkunft aus dem Gebiet zwischen Syrien und Alexandria ebenfalls möglich. [106]

Obwohl notwendige Elemente zu ihrer Erfindung, wie die Drehmühle mit Haue, das Kammrad bzw. die Wasserradwelle, schon länger bekannt waren, dürfte nach den schriftlichen Quellen ihre Konstruktion in der 2. Hälfte des 1. Jh. v. Chr. erfolgt sein, wahrscheinlich erst nach 15 bis 10 v. Chr. Der griechische Geschichtsschreiber Strabo erwähnte ohne Angabe eines Baujahres in seiner Geographica (Lib. XII, Cap. 3, § 30) nur, daß an den Hängen des Paryadresgebirges bei Kabeira (Türkei, etwa 25 km östlich von Amasya) »der Palast des Mithridates [VI., 120 bis 63 v.Chr.] errichtet war und die Wassermühle und ... die Steinbrüche (*ὁ ὑδραλέτης*; *ὕδωρ* = Wasser, *ἀλέω* = ich mahle).

Von den Mühlen mit dem vertikalen Wasserrad beschreibt Vitruv (40 bis 10 v. Chr.) bekanntlich die unterschlächtige, Antipater von Thessalonike (20 v. Chr. bis 10 n. Chr.) wohl die oberschlächtige Wassermühle. In seinem Epigramm [107] schwangen sich nämlich auf Befehl von Demeter, der Göttin des Getreides, die Nymphen, als Untergöttinnen des Wassers dieses verkörpernd, im Sprung oben aufs Rad und drehten »über Welle und Speichen« einen konkaven Läufer (s. u.). Dieser Mühlstein sollte nach Antipater aus den Steinbrüchen der Insel Nisiro stammen, die 70 km nordwestlich von Rhodos liegt.

Daß die getriebelose Mühle mit dem turbinenartigen, horizontal liegenden Wasserrad die entwicklungsmäßig älteste und damals verbreitetste Wassermühle gewesen sei, klingt einleuchtend, ist aber unbewiesen. Nach Ö. Wikander könnten horizontale Wasserräder in Europa lange Zeit üblich gewesen sein, wenn wir hier auch keine archäologischen Funde vor dem 8. Jh. kennen. [108]

Bis zur Zeitenwende hatten die Römer den Antrieb durch Wasserräder eingeführt. Von ihren Legionen sind, ab 84 n. Chr. als Limes romanus an Donau und Rhein, nach 112 n. Chr. als Hadrianswall in England, die bekannten Befestigungsanlagen nach relativ einheitlichem Muster gebaut und ausgestattet worden. Da am Hadrianswall römische Wassermühlen gefunden worden sind, war trotz Fehlens schriftlicher Zeugnise anzunehmen, daß es auch am Limes Wassermühlen gegeben hat. 1973–78 fanden Trierer Archäologen auf der rechten Moselseite in der Gemarkung Kinheim (beim römischen Land- und Weingut von Lösnich, nordwestlich von Traben-Trarbach) am Kluckertbach die Reste von zwei Mühlenanlagen (Standzeit: etwa Ende des 1. Jh. bis zu Beginn des 5. Jh.). Sie bestanden u. a. aus dem Teilstück eines Bodensteins (D = 1 m) an einem in den Schieferfelsen eingeschroteten, trapezförmigen Gerinne (2,90 bis zur Sohle tief, 0,60 m untere Breite, 7,10 m lang), sehr wahrscheinlich für ein oberschlächtiges (D etwa 6 m) und ein unterschlächtiges Wasserrad ($D = 3$ m). Die zweite Mühle wurde 85 m weiter unterhalb nachgewiesen. Die Lieder des Decimus Magnus Ausonius (um 370 n. Chr. entstanden) belegen schon spezialisiertere Einrichtungen, nämlich Getreide- und Marmormühlen an einem rechten Nebenfluß der Mosel: »Die Ruwer, die marmorberühmte, ... aber mahlet das Korn und treibet des Mühlensteins mächtigen Umschwung, zieht durch des Marmors glattes Gestein ihre kreischenden Sägen.« [109]

Am 3. 7. 993 schenkte Kaiser Otto III. (geb. 983) seiner Tante, der Äbtissin Mathilde von Quedlinburg, die Orte Potztupimi (Potsdam) und Geliti (Geltow) mit allem Zubehör (darunter auch: cum molendinis). Nach W. Peschke (1937) ist es jedoch unwahrscheinlich, daß Potsdam als slawischer Ort in so früher Zeit Wassermühlen besessen hat. [110] Aber war Potsdam, (979) 981 als locum bzw. castellum bezeichnet, wirklich noch geschlossen slawisch? Grabungsfunde einer besonders ausgedehnten sterilen Sandschicht, entsprechende Scherben und Gefäße u. a., deuten darauf hin, daß es zwischen 900 und 950 zu einer größeren Hochwasserkatastrophe mit Sandablagerungen der Nuthe gekommen sein muß. Weil ähnliche Beobachtungen später fehlen, liegt die Vermutung nahe, daß der Hakendamm unweit der Nuthemündung bald nach dieser Zeit errichtet wurde. Zeitlich parallel fanden sich starke Brandspuren auf den Burgwällen in Potsdam, Phöben oder auf dem Burgwall von Riewendt (Kreis Havelland). A. Götze glaubte, daß diese Brandspuren mit dem Zuge Heinrichs I. im Zusammenhang stehen können, der 928/29 die Slawenfeste Brandenburg eroberte. »Ob die Einrichtung des Hakendammes und der Bau der Wassermühlen nach diesen Parallelbeobachtungen dem Einfluß der Heerzüge König Heinrichs I., also deutschem Einfluß zuzuschreiben ist«, wagte 1931 Richard Hoffmann nicht zu entscheiden. [111] Die (Streit-)Frage bleibt, wie weit der sicher stark wechselnde Einfluß der deutschen Kultur im Havelland reichte.

Nun konnte A. v. Müller im Spandau des 10. Jh. nicht nur das Auftreten eines deutschen Burgentypus (Flachmotte), sondern auch einen Kirchbau (Spandauer Burgwall 17) nachweisen. Seines Erachtens steht es fest, daß Kirche, Burg (Schicht 5) und Burgstadt Spandau im Jahre 983 beim bekannten Slawenaufstand vernichtet wurden. [112] Burg und Kirchbau weisen auf direkte Beziehungen zum westlichen Raum hin, in dem seit Jahrhunderten Wassermühlen bekannt waren. Gab es aber im 10. Jh. in Spandau eine einfache Holzkirche, dann dürfte es wohl auch in Treuenbrietzen, in Nauen und in Potsdam solche gegeben haben. [113] Und weil die deutschen Bauherren und Besatzer Mehl benötigten, ist anzunehmen, daß diese ihre Kenntnisse ebenso zum Bau von Wassermühlen an der Nuthe genutzt hatten. Übrigens ist schon 1929 vom Potsdamer Historiker H. Kania (1984 von W. H. Fritze) auf einen sehr handfesten Hintergrund bei der Vergabe von Potztupimi hingewiesen worden. Kaiser Otto III. hatte im Jahre 993 einen Kriegszug unternommen, nach Thietmar auch das Havelland unterworfen und es »lange« besessen. [114]

Dann schweigen die Annalen bezüglich der Mühlen für 150 Jahre, bis 1144 der Dompropst Hartwig von Bremen dem Bistum Havelberg einige Dörfer bei Jerichow (Altmark) »mit den Mühlen« schenkte. [115] 1173 stand im Havelland eine Mühle bei Klinke (heute wüst) nahe Klein-Behnitz, südwestlich von Nauen, deren Besitz dem Domkapitel zu Brandenburg bestätigt wird. [116] 1190 bestätigte der Markgraf dem Kloster Lehnin die Mühle in Namitz. [117] 1192 bzw. 1221 werden Wassermühlen im Besitz des Klosters Zinna genannt, um 1219 eine Mühle an der Nieplitz bei Stangenhagen zwischen Beelitz und Trebbin. [118] Der »Flußkanal« bei Spandau (canale fluvium quod vulgari nomine Fluttrenne), folgt man der Urkunde vom 7. 3. 1232, spricht für eine Mühlenanlage. [119] Die »Humboldt-Mühle« in Tegel soll bald nach 1232 angelegt worden sein. [120] 1251 wurde die Mühle des damals schon wieder wüst liegenden Dorfes Wedding dem Kloster zu Spandau verkauft. [121] So frühzeitig also lassen sich in unserer Nähe Wassermühlen selbst an relativ unbedeutenden Orten nachweisen.

Auf die sogenannte Treptower Mühle ging ausführlich H. Jahn (1940) ein; der Sage [122] nach soll sie (bei Zenner) in der Spree gestanden haben. Im Besitz der Familie v. Bücken, wäre sie eingegangen, als die Mühlen in Berlin angelegt wurden. [123] Interessanterweise wurde von Kl. Goldmann (persönl. Mitt., 1983), übrigens in Unkenntnis dieser Sage, hier eine künstliche Staustufe angenommen, welche vom Kreuzbaum (ehemals eine Landspitze am heutigen Kulturpark, 1888/90 der Schiffahrt wegen abgebaggert) zur Stralauer Spitze hinübergeführt haben soll. Als Überlauf hätte der alte, flache Spreearm, der sich damals in Fortsetzung des Rummelsburger Sees bis in Höhe der heutigen Oberbaumbrücke hinzog, gedient. Als neben einem klimatisch bedingten Steigen des Wasserspiegels [124] (Br. Krüger, persönl. Mitt., 1984) durch den Bau des Mühlendamms die Spree insgesamt um 1 m aufgestaut wurde, wie die Grabungen auf der Schloßinsel Köpenick oder südlich der Kirche von Alt-Stralau belegen, dürfte es zu umfangreichen Änderungen der Wasser- und Uferverhältnisse gekommen sein. [125] So könnte der Mühlenbau in Berlin einen vielleicht hier ursprünglich vorhanden gewesenen Mühlenbetrieb in der Spree unmöglich gemacht haben. Dabei wäre zu beachten, daß sich auf dem Kreuzbaum im 9./10. Jh. innerhalb eines Burgwalls von $D = 50$ m eine slawische Siedlung befunden hatte. [126]

UNTERSCHLÄCHTIGE MÜHLEN

Abgesehen von oberschlächtigen Wassermühlen in der Panke (um 1800, Buch) oder im Hermsdorfer Mühlenfließ (um 1800, Tegel) sowie einer rückenschlächtigen um 1820 in Schildow, befanden sich in der Spree und in den aus der Spree abgezweigten Gräben nur sogenannte *unterschlächtige Pfahlmühlen* (schlächtig von schlagen; ortsfeste, auf Pfählen errichtete Mühlen). Das wichtigste Stück dieser Mühlen bildete das *Grundwerk oder Gerinne*, weil von seiner Einrichtung die auf die Mahlgänge zu übertragende Kraft abhängig war. Es bestand bei den unterschlächtigen Mühlen aus dem Obergerinne (Herd, Arche), dem Fachbaum mit dem darauf stehenden Grießwerk (Hauptspundwand) und dem Untergerinne, in welchem das Wasser auf die Schaufeln der darin hängenden Wasserräder anschlug.

Das *Obergerinne* durfte niemals parallele Wände aufweisen, sondern mußte das Wasser keilförmig auf den Fachbaum zu leiten. Der Fachbaum als oberster Balken auf dem Wehr bestimmte die Höhe des Gefälles. Häufig hatte man noch zwischen einem Vorgeschoß (Vorgesenke, -herd) mit keilförmigen und einem folgenden Herd mit parallelen Wänden unterschieden. Für den Fachbaum wurden, in einer Reihe quer über das Gerinne, in Abständen starke Sturzpfähle paarweise in den Boden gestoßen, dazwischen im rechten Winkel nach unterhalb kurze Pfahlreihen für die Joch- oder Ankerstücke, auf denen dann der starke Fachbaum eingezapft wurde. Seine Oberfläche lag einen Zoll höher als die des oberhalb stehenden Mahlpfahls. Die einzöllige Erhöhung hieß Erb- oder Zehrzoll. Auf dem Fachbaum am Boden des Gerinnes standen die Grießsäulen (Schutzdocken), pyramidenförmig gestaltet oder oben mit einem häufig verzierten Spannrahmen (Schluß- oder Schutzbalken) bedeckt. Zwischen die Falze der Grießsäulen wurden die Schutzbretter (Schützen) eingesetzt, deren gezogene Höhe mittels Schutzwellen und Ketten entsprechend der Mühlenordnung den Wasserstand bestimmte. Um bei einem weiten Gerinne die Schutzbretter nicht unhandlich breit anfertigen zu müssen, stellte man zwischen die Grießsäulen zusätzlich gefalzte Setzpfosten und verband diese durch Spannriegel mit den Grießsäulen. Mit Hilfe von Schutzschenkeln, senkrecht an den Schutzbrettern als Griff angebrachten Stielen, konnten diese leicht gezogen werden. Um ein seitliches Abfließen des Wassers aus dem Obergerinne (Schleichwasser) zu verhindern, standen vor und beiderseits des Grießwerkes die Herd- oder Spundpfähle (Landwände, -flügel, Ankermauern). Den Boden des Vorgerinnes bildeten vom Vorfachbaum an eingerammte (Tracht-)-Pfähle, die durch sogenannte Herdschwellen miteinander verbunden und von starken Pfosten (starkes Schnittholz, Bretter), der Bebohlung, bedeckt waren. Dieser Boden mußte tiefer als der Fachbaum angelegt werden, damit der Herd besser mit Sand verschüttet werden konnte. Häufig legte man ein bis zwei zusätzliche Spundwände vor die Herdschwellen (Vorherdpfähle). Beides sollte ein Unterwaschen und Durchbrechen des Herdbodens verhindern. Für die Lehrwände zu beiden Seiten des Obergerinnes wurden die eingerammten Pfähle innen und außen mit starken Pfosten beschlagen, der Zwischenraum mit Lehm oder Ton ausgerammt und durch Plattstücke (Weidebänke) abgedeckt. Zum Schutz des Grundwerks standen oberhalb die Eispfähle und der Rechen.

Beim *Untergerinne* unterschied man das Frei- oder Wüstegerinne vom Mahlgerinne. Ersteres diente »bei Eisfahrten und großem Wasser«, Eis und Wasser durch Aufziehen der Schützen hindurchzulassen. Dazu wurden hinter den Grießsäulen für die Seiten- und Zwischenwände in Abständen weitere Pfähle eingerammt und auf deren Köpfe Weidebänke gelegt. Die Bodenschwellen hatte man durchgehend auf je zwei Pfählen gelagert. Von den Schwellen war für die Kröpfung oder Inclination (Neigung) des Gerinnes die Lage der Kreuz- und der Kropfschwelle wichtig. In Höhe bzw. unter der Wasserradwelle lag die Kreuzschwelle als tiefster Punkt des Gefälles, oberhalb derselben mit einem Abstand von 2/3 des Wasserradradius die Kropfschwelle als Anfang der Kröpfung. Nach dem Beschlagen der Pfähle (beiderseits) und der Bodenschwellen mit Pfo-

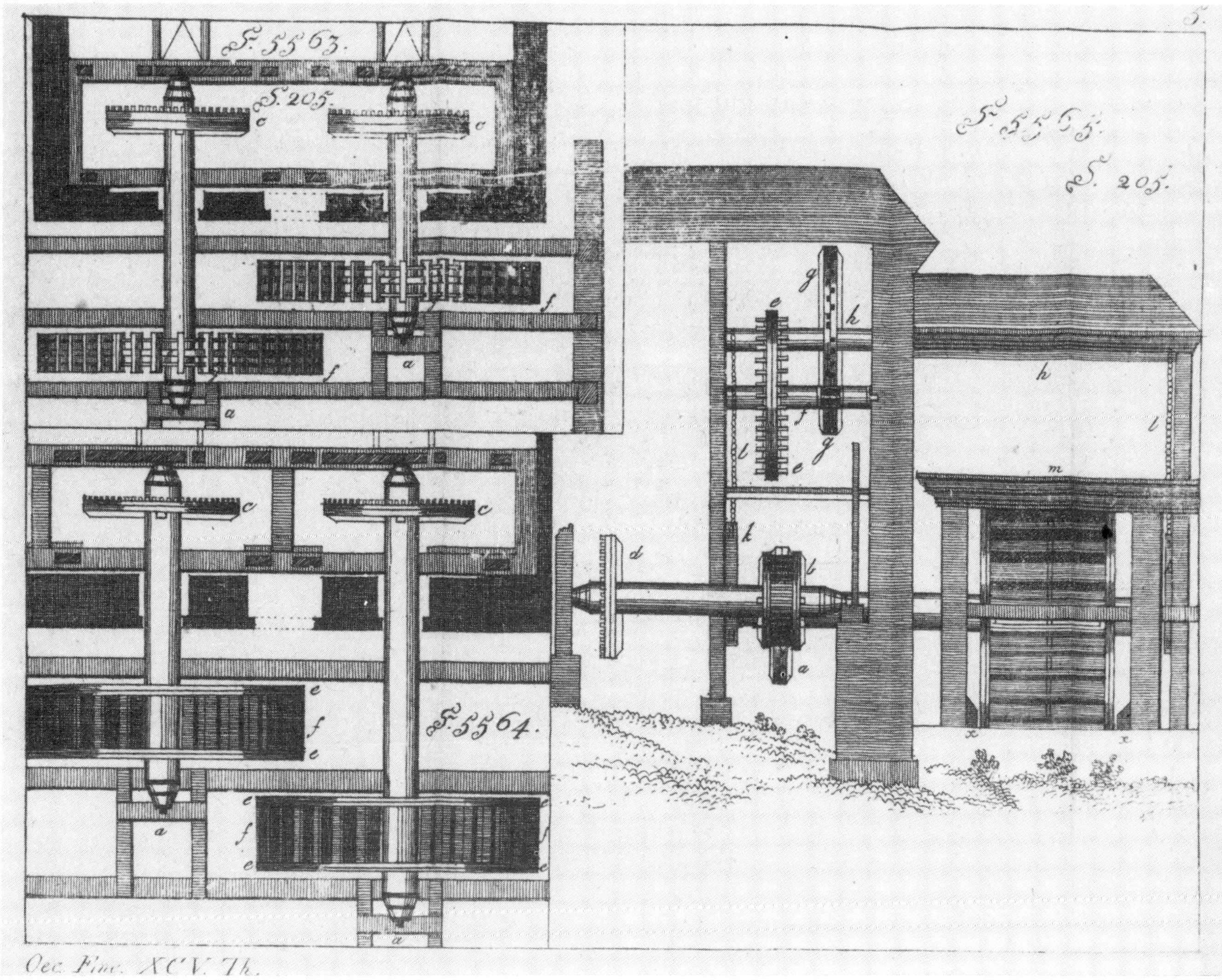

Unterschlächtige Mühlen: Strauber-, Staber- und Ziehpanster-Mühle (J. G. Krünitz)

sten, unter Ausfüllung der Zwischen- und Hohlräume mit Lehm, war der Bau des Gerinnes abgeschlossen. Um den Verlust von Wasser durch ein Abfließen neben dem Wasserrad zu verringern, hatte man zu beiden Seiten des Rades an den Weidebänken starke Pfosten, die sogenannten Wasserbänke, angebracht. Auf dem Panstergerinne lagen Eisbrücken zum Abeisen der Räder im Winter. Vor dem Grießwerk war zur Bedienung der Schützen die Schutzbrücke befestigt.

Beim *Strauberrad* standen die Schaufeln auf der Stirn eines Reifens (Scheibe, Kranz, Felge). Die Schaufeln wurden an Stelzen mit hölzernen Nägeln befestigt und auf beiden Seiten verriegelt, damit ihre Flächen dem Druck des Wassers widerstanden. Das Straubergerinne hatte bei wenig Aufschlagewasser und mehr Gefälle im Durchschnitt eine Breite von $1\frac{1}{2}$ Ellen und eine hohe Kröpfung der Bodenschwellen (Kropfgerinne). Damit wollte man weniger die Stoß- als die Druckwirkung des Wassers ausnutzen.

Später veränderten sich die Begriffe. So hatte 1847 das Strauberrad der »Großen Mühle« auf dem Mühlendamm, das sechs Mahlgänge betreiben konnte, bei einem Durchmesser von 18 Fuß eine Breite von 15 Fuß und eine Windeeinrichtung.

Beim *Staberrad* waren die Schaufeln zwischen zwei Reifen eingezapft, das Gerinne $1\frac{1}{2}$ bis $2\frac{1}{2}$ Ellen breit.

Das *Pansterrad* (Panzerrad) unterschied sich vom Staberrad in der Breite und konnte gehoben werden; sein Gerinne war 4 bis 7 Ellen weit. Pansterräder trieben meist zwei und mehr Gänge. Bei Panstermühlen mit einem Zieh-, Zug- oder Kettenpanster wurde die Pansterwelle mit dem Wasserrad, entsprechend der Wasserhöhe, auf- und niedergelassen. Zu diesem Zweck ruhten die Wellzapfen auf Ausziehgattern, Gatterriegeln, die, zwischen Zieherker (Gatterscheidensäulen) laufend, durch das sogenannte Ziehzeug gehoben wurden. Letzteres bestand aus zwei Ketten (Pan-

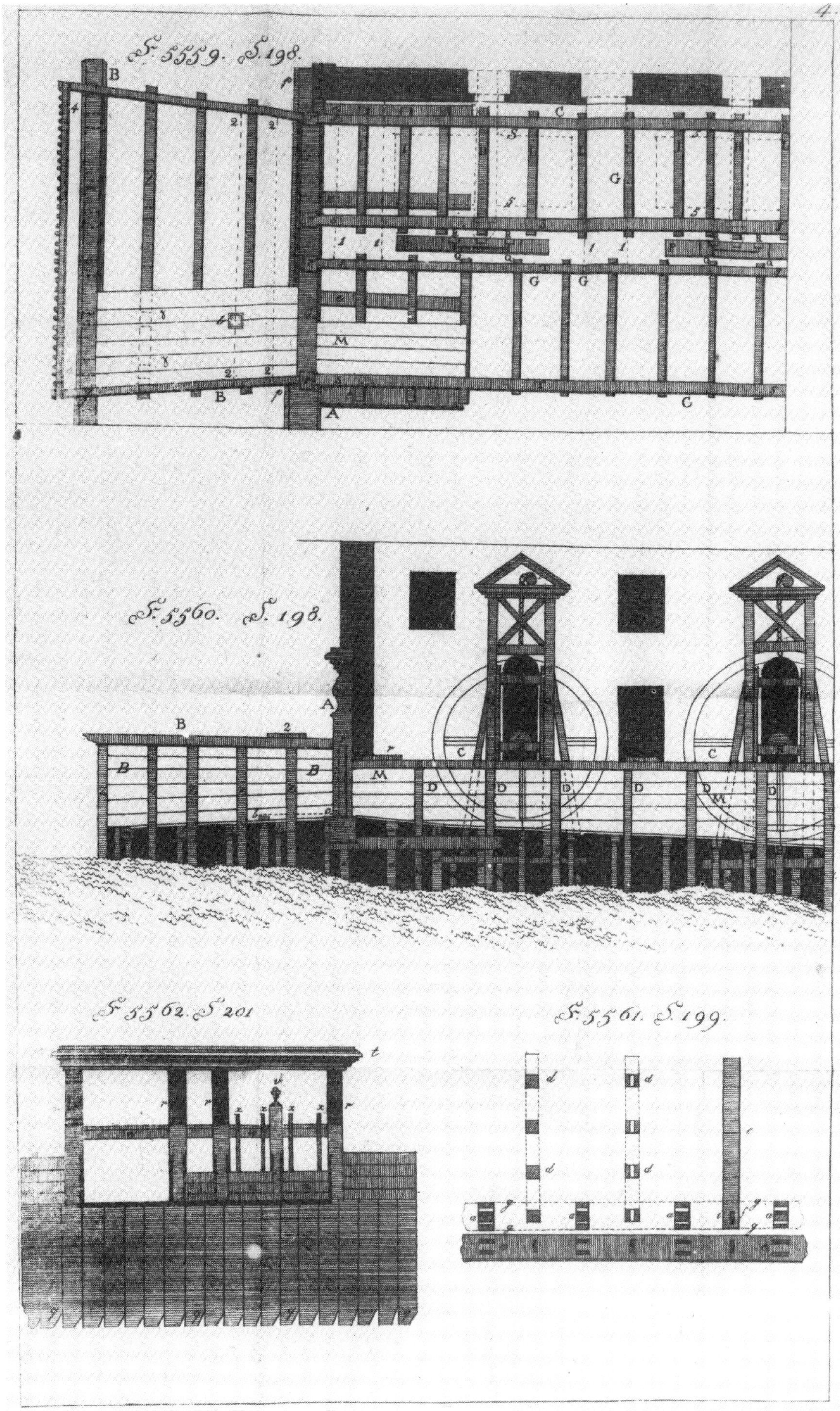

Panster-Grundwerk von oben, von der Seite, mit Landwänden und Grießwerk (J. G. Krünitz)

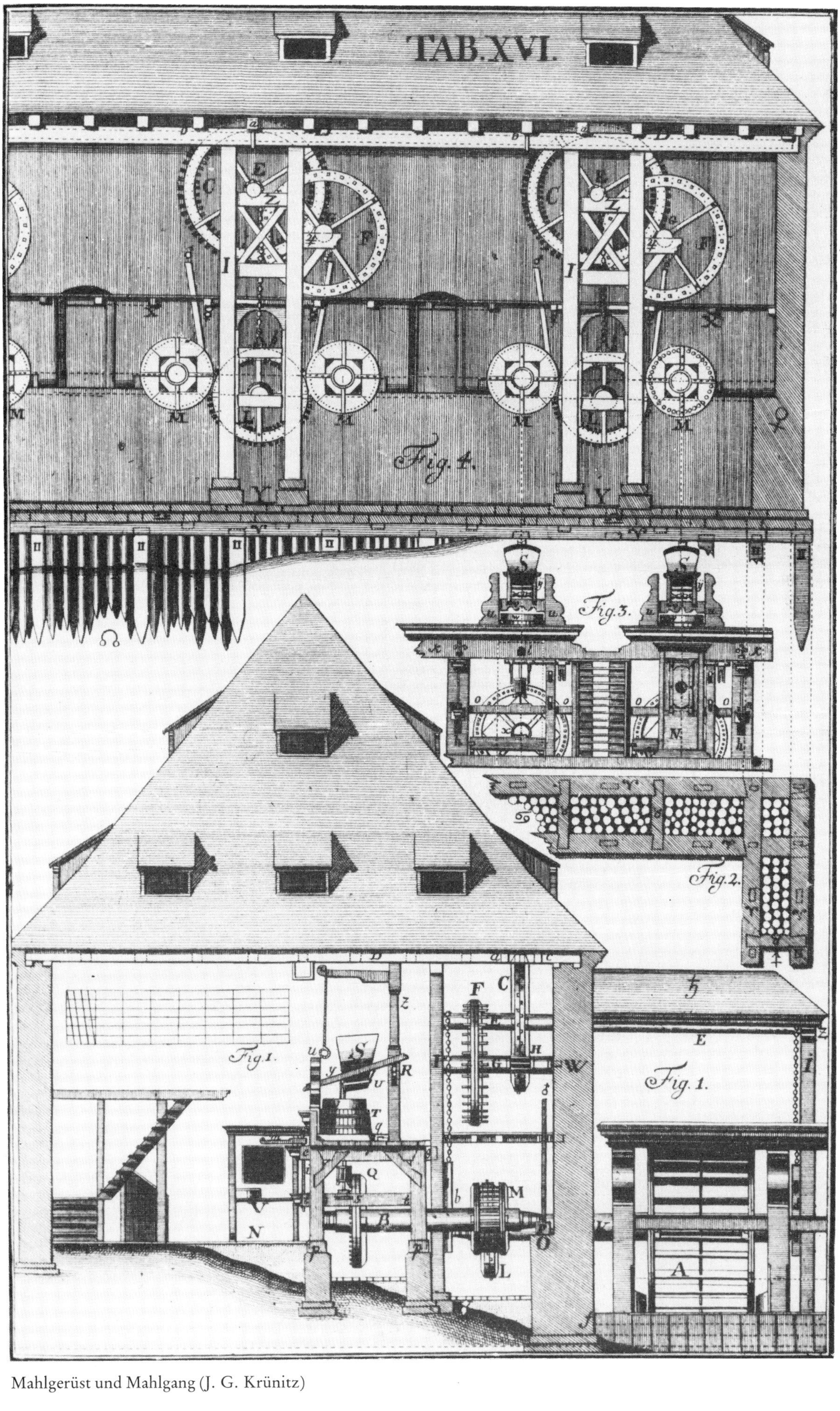

Mahlgerüst und Mahlgang (J. G. Krünitz)

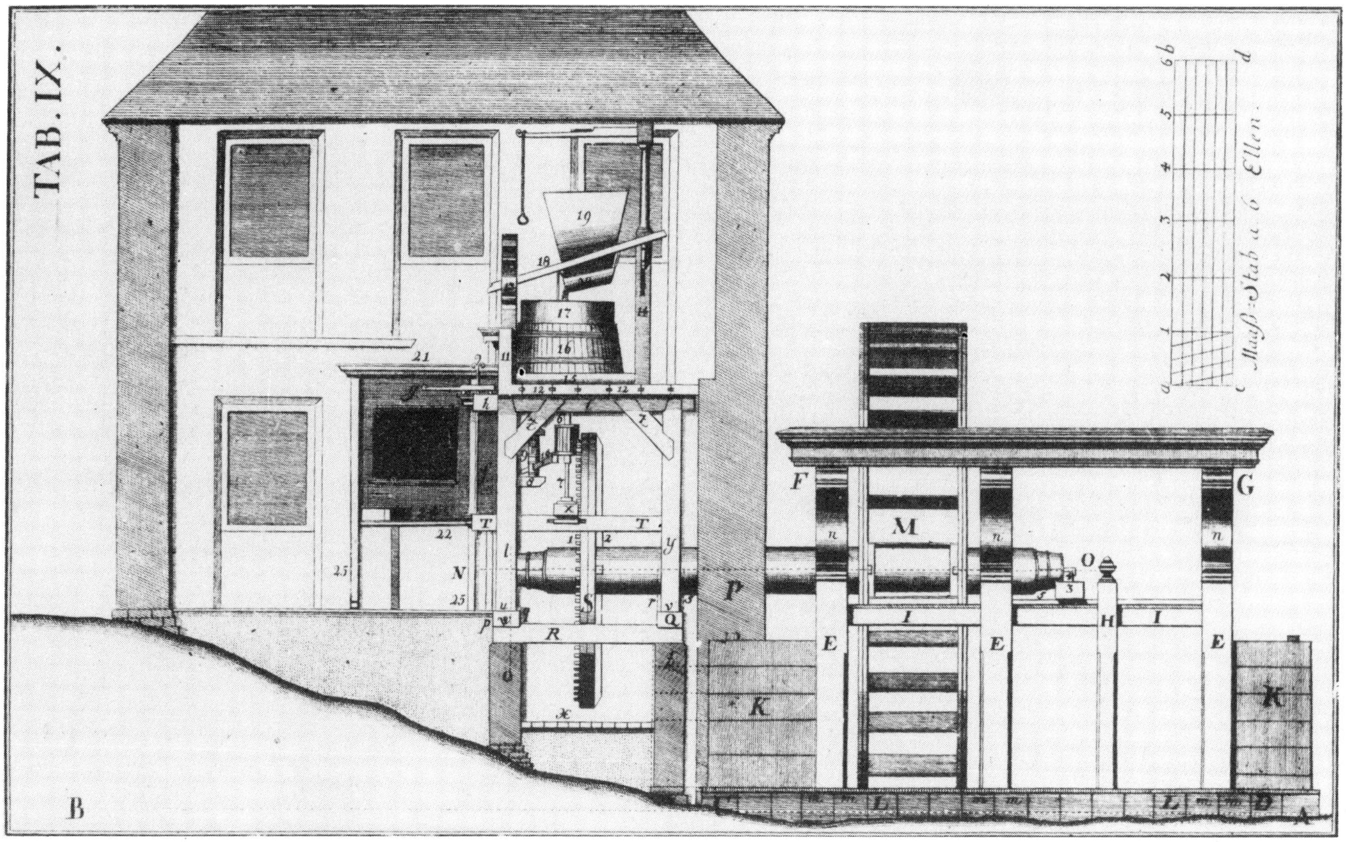

Mahlgerüst und Beutelwerk einer Staber-Mühle (J. M. Beyer, 1735)

sterketten), die auf eine Ziehwelle gewickelt wurden. Pansterräder ohne eine Windeeinrichtung nannte man nach ihrer Hebeleinrichtung zum Auflassen Stockpanster (Steckpanster). Beim Staber- und beim Pansterrad hatte das Gerinne, welches das Rad zu beiden Seiten einschloß, wegen des geringen Gefälles eine ganz flache Kröpfung. Weil dabei das Wasser unter dem Rad die Schaufeln nur in ebener Fläche tangierte, kam allein die Stoßwirkung des Wassers zur Geltung (Schnur- oder Schußgerinne). Für den äußeren Durchmesser aller Räder galt der alte Grundsatz (nach dem französischen Mathematiker Parent), »daß die Geschwindigkeit der umlaufenden Schaufeln den 3. Teil der Geschwindigkeit des Aufschlagwassers gleich ist, wenn sie die bestmöglichsten Dienste leisten soll«. [127]

Um das Gefälle bei Hochwasser und dabei gleich stark steigendem Unterwasser besser nutzen zu können, legte man sogenannte Schwimmgerinne an, die nach dem Hochwinden der Wasserräder gleichfalls gehoben wurden. Bei einem Schwimmgerinne waren zwischen den Grießsäulen in einem vertikal verschiebbaren Rahmen Fachbaum und Schütz angebracht, und an diesen Fachbaum war das bewegliche Gerinne gehängt. Damit sollte ein Drehen des Wasserrades im gestauten, somit hemmenden Unterwasser vermieden werden. Nach 1800 besaßen solche Einrichtungen die königlichen Mühlen (»bei 4 hintereinander liegenden Rädern nichts gefruchtet«), die Papiermühle in Köpenick (verworfen, weil hier fast nur das Unterwasser, die Spree anstieg) und die Tuchfabrik bzw. Aktien-Mühle an der Spandauer Brücke. [128]

MITTELSCHLÄCHTIGE MÜHLEN

Eine mittelschlächtige Mühle benötigte 5 bis 7 Fuß Gefälle (Risch, Rösche, Räusche; mhd. rischen = stürzen; mhd. rise = Wasserrinne) und genügend Aufschlagwasser. Das obere Gerinne sollte vor dem Wasserrad geschlossen sein und das Aufschlagwasser über ein Sturzbrett bzw. durch einen schrägen Schlund, etwa in Höhe der Radmitte, in die Sack-, Satz- oder Riegelschaufeln stürzen. Zur vollen Nutzung als Druckwasser durfte der Mund des Schlundes nur ein Drittel von der Breite der Wangenöffnung des Rades betragen, damit die Schaufeln sich schnell füllen und schnell den Stoß des Wassers bekommen konnten, ohne zuviel Wasser zu verschwenden.

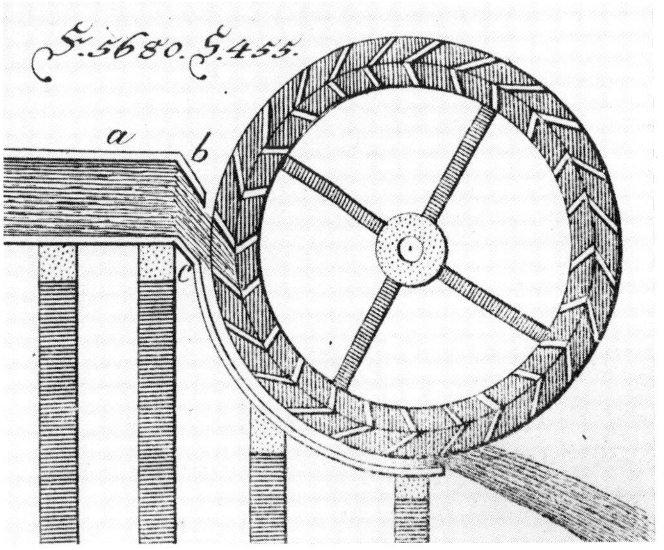

Mittelschlächtiges sogenanntes griechisches Rad oder Sackrad (J. G. Krünitz)

Um Wasserverluste im krummen Gerinne zu vermeiden, mußte das Sack- oder sogenannte griechische Rad sehr sauber gearbeitet sein. Es hatte nach einem alten Handwerkswort so genau in der Lehre zu gehen, daß es anschließend einen Groschen aus dem Kropfe streichen konnte. Der Boden dieser gebrochenen Schaufeln sollte durchbohrt, besser ein Zoll breit offen sein.

Solche Räder waren bedeutend besser als niedrige, oberschlächtige Walzenräder.

Die inwendigen Schaufeln wurden bei den Sackrädern Riegel, bei den oberschlächtigen Bodenschaufeln genannt.

OBERSCHLÄCHTIGE MÜHLEN

Das Grundwerk einer oberschlächtigen Mühle mit einem Gefälle von 3 bis 16 Ellen bestand aus dem Herd, dem Fachbaum, darauf das Grießwerk, darunter der Grundbaum mit Wassermauer, und dem Wasserkasten. Unter dem letzteren und vor dem Grundbaum hing, meist in einer Radstube, das Wasserrad.

Zum Bau des Grundwerks wurde quer über das Gerinne eine Pfahlreihe gerammt, auf die Pfähle erst der Grundbaum gelegt, auf diesen eine Säulenwand gestellt. Um ein Durchbrechen des Wassers unter den Wasserkasten zu verhindern, kam vor diese Holzwand die Wassermauer (Stirn-, Brustmauer), auf letztere der Fachbaum und das Grießwerk mit der Holbe. Vor dem Grießwerk baute man in üblicher Weise den Herd mit den Seitenwänden.

Unterhalb des Grießwerks wurden entweder zu beiden Seiten je ein Säul(en)werk oder solch eine abgebundene Wand nur auf der einen Seite errichtet. Dann ruhten auf der anderen die Schwellen usw. auf Kragsteinen oder in Löchern der Wasserwand des Mühlhauses. Zum Bau einer Seitenwand wurden in Abständen Pfähle in den Boden gerammt, auf diese kamen, vom Grundbaum an durchgehend, Schwellen (Weidebänke), darauf Säulen und Bänder, die ebenfalls (als obere Etage) durchgehende Balken, die sogenannten Blattstücke, zu tragen hatten. Querüber auf die Blattstücke wurden zum Tragen der Rinne starke Balken (Rinnenbalken, Rinneporten, Porten) gelegt, letztere mit Pfosten beschlagen. Sie bildeten den Boden für den Wasserkasten (-kumme, -bett, Rinne, Siel), dessen Seitenwände ebenfalls aus starken Pfosten bestanden. Auf die untere durchgehende Schwelle (Weidebank) kam außen das Angewäge mit dem Lager der Wasserradwelle. Zuletzt hatte man diese Wand mit Brettern »verschlagen«, damit zur Winterszeit die Räder, wie in einer Stube, nicht so leicht einfroren.

In den Boden des Wasserbetts wurde zum Einschuß des Wassers auf das Rad das Schlundloch (Schlungloch, Mund des Schlundes, Einschuß) jenseits des Kreuz- oder Scheitelpunktes des Wasserrades so angebracht, daß das Wasser zwischen die zweite und dritte Schaufel (Zolle, Zelle) einschießen (-fallen) konnte. Die letzteren wurden mit eichenen Nägeln schief in die beiden Reifen angedobelt (eingesetzt). Der Schiefstand wurde als Duckung (Dockung) bezeichnet. Die Kropfschaufel war eine Schaufel mit starker Dukkung und einem inwendigen Boden. Die Schaufel, die gerade vom Wasser getroffen wurde, hieß Stoßschaufel.

Von den Wasserrädern erhielten die Mühlen ihren Namen. War es ein Staberrad, dann bezeichnete man die Mühle als Staberzeug (bzw. Pansterzeug, oberschlächtiges Zeug).

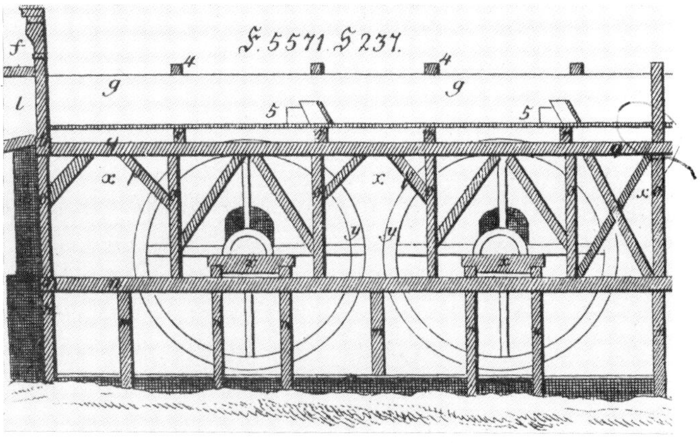

Oberschlächtige Mühle (Stieglitz, 1756)

WELLEN-RÄDER-GETRIEBE

Wasserradwellen besaßen an beiden Enden sogenannte Bläulzapfen (Bläul, Blau, Plaul, Blaul = Blatt; Blattzapfen), die durch eiserne Ringe gesichert waren. Das Mittelstück des Blattes hieß das Herz.

Zur Übertragung der erzeugten Kraft auf eine parallel liegende Welle benutzte man ein *Sternrad* (Stirn-, Nackenrad). Bei diesem standen die Kämme auf dem Umkreis bzw. auf der Stirn des Rades. Besaß das Sternrad nur 20 bis 40 Kämme, so wurde es Böckchen (Pöckchen) genannt.

Das *Kronrad,* ein Kammrad mit den Kämmen an der Seite des Umkreises bzw. mit senkrecht zur Radebene stehenden Kämmen, übertrug die erzeugte Kraft auf eine sich parallel zur Kammradebene drehende Welle. Eine »stehende Welle« war eine vertikale (Haupt- oder Königs-) Welle.

Die Kraftübertragung vom Sternrad oder vom Kronrad auf die nächste Welle erfolgte mit Hilfe eines Drehlings (Dreyling, Drilling, Trilling, Räntzel, Ritzel, Stollenrad), auch als Stockgetriebe oder Laterne bezeichnet. Die Laterne besaß zwischen zwei Scheiben (aus je vier Felgen) zylindrisch angeordnete sogenannte Triebstöcke (Stecke, Stollen, Stäbe), an die sich zur Kraftübertragung die Kämme der genannten Räder legten. Panstermühlen hatten Drehlinge mit 30 und mehr Stäben. Einen Drehling mit sechs bis acht Stäben nannte man meist *Quirl,* wenn er »zu Hube geht«, oder *Getriebe,* wenn er »zum Drucke geht«, also getrieben wurde. Bei einem doppelten Vorgelege – das Stirnrad treibt zwei Laternen – sagte man zum Drehling, dessen Stäbe gedrückt wurden: ein Vorgelege auf den Druck, zum anderen, dessen Stäbe gehoben wurden: ein Vorgelege auf den Hub. Der Ausdruck »Eine Mühle ist zwei Mal vorgelegt« besagt, daß an der Drehlingswelle ein zweites Stirnrad ist, das in einen zweiten Drehling greift. Waren die Stäbe (Kumtstecken) im Umkreis einer Welle eingelegt, um ein besonders starkes Übersetzungsverhältnis zu erreichen, bezeichnete man den Drehling als *Kummt* (Kumt, Kumbt, Kumpt, Kumpft, Kompft).

Um auch bei langsam fließendem Hochwasser mahlen zu können, mußte das Übersetzungsverhältnis vergrößert werden. Dafür wechselte man das Getriebe gegen eines, das mit weniger Stecken vorgestoßen wurde, oder man benutzte den *Ranzen.* [129] Bei diesem besaßen die Scheiben für die Triebstöcke Löcher in zwei Radien, so daß man durch Umschlagen der Triebstöcke ihre Anzahl ändern konnte. Halbe Drehlinge (einscheibiges Getriebe, Bunkler, Bunker, Bonkel, Bunkel, Krone) bestanden aus nur einer, aber 8 bis 10 Zoll starken Scheibe, damit die Stecken mit ihren Zapfen einen festen Halt bekamen. Drehlingswellen, z. B. beim Vorgelege des Pansterzeugs, waren mit ihren Zapfen auf sogenannten Rückscheren auf der Rücksohle der Wasserwand des Mühlhauses gelagert. Sie konnten durch Rückstangen aus dem Stirnrad gerückt werden, wenn nur »eine Mühle an jedem Wasserrad gehen« sollte. [130]

Kammräder und Vorgelege bestanden aus Eichenholz, die Kämme aus Weißbuche, die Triebstöcke aus Apfelholz. Alles wurde kräftig mit Talg eingeschmiert. Wollte man z. B. einen Mahlgang abschalten, mußten nach Bremsung des gehenden Werkes zwei vorgesehene Triebstöcke aus der Laterne herausgeschlagen werden. Die Triebstöcke waren abwechselnd, um ein Verdrehen zu verhindern, am oberen Ende quadratisch-konisch, am unteren Ende rund gearbeitet. Es war insgesamt eine sehr einfache, aber äußerst wirksame technische Einrichtung. [131]

So besaßen die im 1. Jahrhundert v. Chr. konstruierten römischen Wassermühlen (wahrscheinlich) ein *einstufiges Winkelgetriebe.* Mit ihm konnte die Drehbewegung der liegenden Wasserradwelle, über ein Kronrad und ein Getriebe (Laterne), auf das stehende Mühleisen übertragen und gleichzeitig die Drehzahl des Steins erhöht werden (Schnelläufer). Es benötigte ein jeder Mahlgang ein eigenes Wasserrad.

Von 1430 stammt der früheste Nachweis eines *liegenden Vorgeleges.* [132] Hier befand sich beiderseits des Sternrades der Wasserradwelle je ein Drehling mit einer liegenden Kammradwelle und einem Kronrad, das über ein Getriebe (Laterne) das vertikale Mühleisen betrieb. Durch das Vorgelege konnte das Wasserrad zwei Mahlgänge antreiben. Wir finden diese Einrichtung in Berlin in den Getreidemühlen auf dem Mühlendamm (1750) [133] oder in den Werderschen Mühlen (1713).

Die vier oberen Gänge der Neuwerderschen Mühle (1713) [134] und mindestens ein Gang der Tiergartenmühle (1788/1803) [135] wurden über ein *stehendes Vorgelege* betrieben. Diese Triebwerksform, zuerst in den Roß- und Windmühlen angewandt, findet sich auf den Skizzenblättern Leonardo da Vincis (1500). [136] Hier betrieb das Kronrad der Wasserradwelle den Drehling einer stehenden Welle, die an ihrem oberen Ende ein großes Sternrad besaß. Die Kämme dieses Sternrades griffen entweder in das Stockgetriebe des Mühleisens nur eines Mahlgangs (wie in der Tiergartenmühle) oder gleichzeitig in das Getriebe eines weiteren Gangs (wie in der Neuwerderschen Mühle).

Lag das Getriebe oberhalb des Mahlgangs, sprach man vom *Ober(trieb)werk*, im Gegensatz zum *Unter(trieb)werk*.

DAS MAHLGERÜST

In einer eingängigen Wassermühle stand der Mahlgang oben auf dem Steinboden eines sogenannten *Mahl- oder Mühlengerüstes (-betts)*. Zur Herstellung dieser Einrichtung mußten, parallel zum Gerinne und hinter der Wassermauer des Mühlengebäudes, zwei Grundmauern nebeneinander in einem Abstand von etwa 4 Ellen aufgeführt werden. Quer auf beide Mauern wurden dann zwei Schwellen (Querschwellen, Zangen) und auf die Querschwellen zwei Hausbänke (Hausbäume) gelegt, so daß ein starker, viereckiger Holzrahmen (etwa 4 × 8 Ellen) entstand. Auf dessen Ecken kamen 9 Fuß hohe Docken (Eckstiele, Ständer, Pfeiler, Tocken), auf die Docken der beiden kürzeren Giebelseiten je eine Laune (Querbalken, Rahmstück). Alle Balken wurden zusätzlich durch Bänder in den Winkel fest miteinander verbunden.

Die für das Hebezeug vorgesehene Laune mußte nach vorn etwas länger genommen, d. h. mit einem Kopf versehen werden. Dieser wurde mit Simsgliedern verziert. Die dann auf den Launen befestigten starken, 4zölligen Bohlen bildeten den Steinboden des Mahlgerüstes. Auf diesem Boden kam der Mahlgang, um ihm einen festen seitlichen Halt zu geben, in das Steinlager, einen viereckigen Holzrahmen aus Steinriegeln. Den vorderen Abschluß des Steinbodens bildete der etwa 24 Zoll hohe Mehlbaum (Mehlbank, -balken), dessen oberer Rand häufig durch ein Gesims verziert war. In der Mitte des Mehlbaums befand sich am unteren Rand das etwa 7 × 5 Zoll weite Lauft- oder Mehl(bank)loch. Oberhalb desselben standen beiderseits die Stelzen (Mehlbankstelzen) für die seitlichen Bäume der Rumpfleiter des Mahlganges. Eine Treppe führte auf den Steinboden.

Unterhalb des Steinbodens ruhte die Pfanne (Püttchen) des Mühleisens (evtl. mit einem Pfannblock) auf dem Steg- oder Pfannbalken (Triebbank), letzterer mit seinen Enden auf je einem Querriegel (Tragebank, Lichtscheide) zwi-

Staber-Mühle. Mahlgerüst und Mahlgang (J. M. Beyer, 1735)

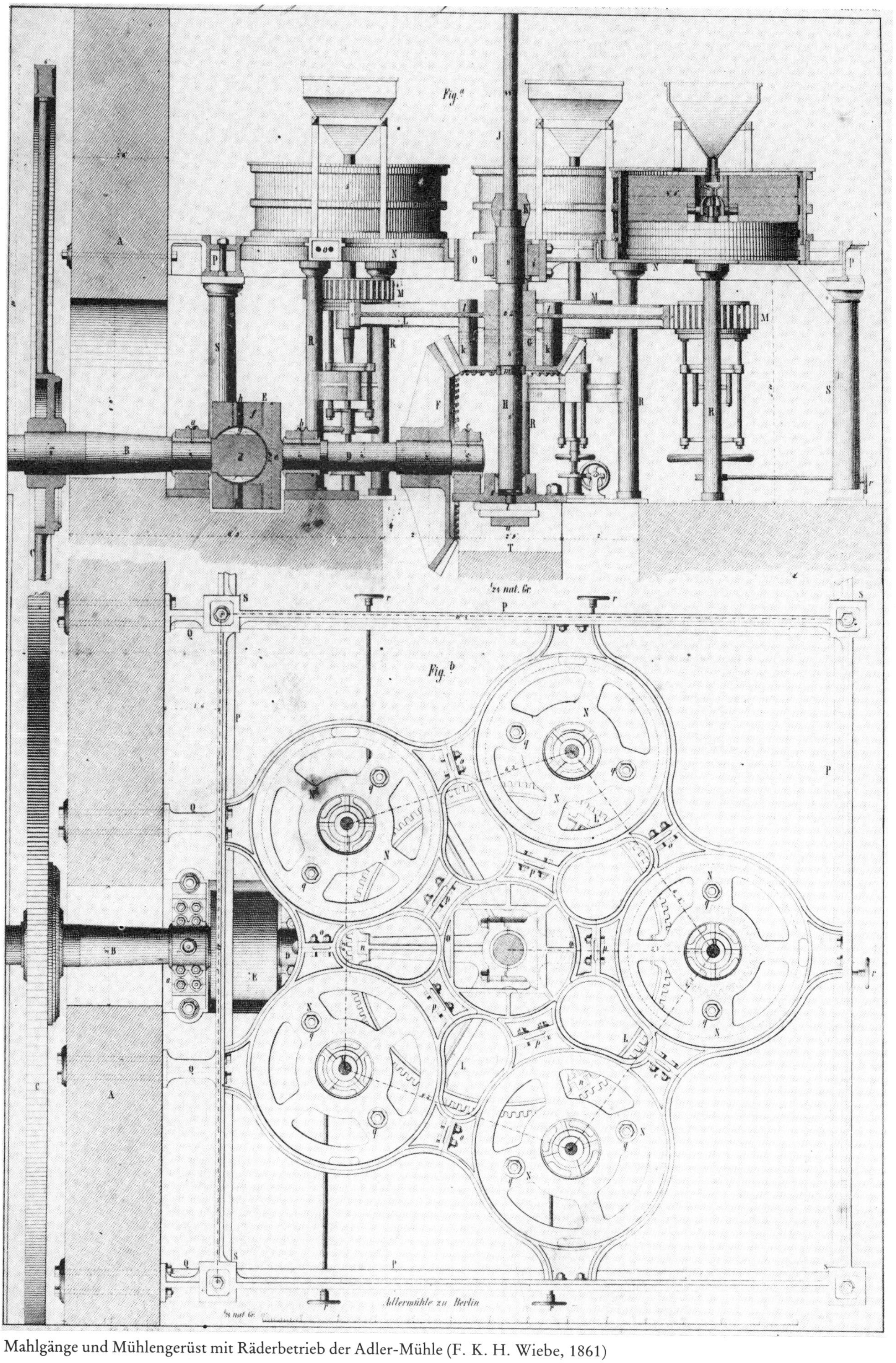

Mahlgänge und Mühlengerüst mit Räderbetrieb der Adler-Mühle (F. K. H. Wiebe, 1861)

schen den Docken der Giebelseiten. Während die eine Tragebank an den Docken fest eingezapft war, wirkte die andere als Hebel für den Steg. Dazu hatte man zwei Docken mit einem Schlitz und ihre Tragebank mit zwei verschieden langen Blättern versehen und dann das längere Blatt durch den Schlitz in der vorderen Docke geführt. Vom Ende dieses vorderen Blattes (der Kopftragebank) führte eine eiserne Hebeschiene nach oben und durch den genannten Kopf der einen Laune. Oberhalb der letzteren war an der Hebeschiene zum Verstellen der Hebeschienenlänge ein Hebearm (-baum) bzw. ein Gewinde mit Flügelmutter angebracht. Mit Hilfe dieses Hebelsystems konnte die Steinstellung, d. h. der Abstand zwischen Läufer und Bodenstein, leicht geändert werden. Der Müller nannte dies das Schweren oder Leichten, auch das Enger- oder Weiterstellen der Mühle. Beiderseits vom Steg befanden sich Stegkeile. Ihr Ein- und Auskeilen ermöglichte es, den Läufer genau über den Bodenstein zu stellen, d. h. die Mühle nach der Lehre zu keilen.

Unterhalb des Steinbodens griffen die Kämme des Kronrades der Wasserradwelle – beim Pansterzeug das Kronrad eines Vorgeleges – in die Laterne (Steingetriebe) des Mahlgangs. Im Boden unter dem Kronrad war eine Vertiefung, eine Kammkuhle (-grube), ausgepflastert oder mit einem aus Brettern zusammengesetzten Kammtrog versehen. Etwa 1 Elle neben der Wasserradwelle kam vorn auf dem Hausbaum die Klobensäule zu stehen, die mit der einen Docke durch das Kammrad-Angewäge (Angeweihe, -gewelle) verbunden wurde. Auf dem Angewäge befand sich das (Stein-) Lager für den (Lieger-) Stein, auf dem sich der Bläulzapfen der Wasserradwelle drehte. Das Angewäge für den äußeren Zapfen ruhte beim Strauber- und beim Staberrad auf zwei Streckhölzern, letztere quer auf den Weidebänken des Frei- bzw. benachbarten Gerinnes.

Gegenüber bzw. seitlich vom Mahlgerüst befand sich im Mühlhaus hinter einer Scheidewand die Mahlstube (Mühlstube, Feise). Der Raum vor dem Mahlgerüst wurde Mühlendiele oder Flur genannt.

KAPITEL 4

Chroniken der Berlin/Cöllner Wassermühlenstandorte

MÜHLENDAMM-MÜHLEN

Die Entwicklung der Berliner Wasserwege bzw. den Bau des Mühlendamms darf man sich etwa folgendermaßen vorstellen: Im Warschau-Berliner Urstromtal bildeten sich während der Eiszeit an seiner engsten Stelle, zwischen der Barnimhochfläche im Norden und dem Teltow im Süden, flache Sandinseln (Talsandhorste), an denen sich das Schmelzwasser zum »Spreekessel« aufstaute; sein Rest ist das heutige Hafengelände vor der Mühlendammschleuse. Noch im frühen Mittelalter war dieses Urstromtal eine von der Spree, oft als Flußsee oder in zahlreichen Windungen, durchflossene Sumpf- oder Waldniederung, die zwischen Spandau und Köpenick für Kaufmannszüge kaum zu überwinden war. Flußabwärts der von Kolken, Pfuhlen und versumpften Altarmen umgebenen Inseln lagen weitere kleine, trockene Flächen, z. B. die »Werder-Inseln«: der heutige Lustgarten und das Gebiet an der Schleusenbrücke.

Den festen Sand der Inseln mit der dazwischenliegenden Furt wählte man zur Überwindung der Spree. Zur Befestigung des Verkehrsweges und zu einer vielleicht schon beabsichtigten Einrichtung von Mühlen für die seit dem letzten Viertel des 12. Jh. [137] hier lebenden Siedler mußte die Spree eingedämmt werden. Die Grabungsbefunde in Köpenick und Alt-Stralau belegen, daß die Aufstauung der Spree erst nach Ingebrauchnahme sogenannter frühdeutsch-blaugrauer Kugeltopfkeramikware, d. h. nach Inbesitznahme unseres Raumes durch deutsche Siedler, erfolgte (J. Herrmann, 1959).

Um während der Durchdämmungsarbeiten einen Wasserstau zu vermeiden, dürfte man wie in Brandenburg zunächst einen »Umflutgraben« gezogen haben, der die Oberspree mit der Unterspree verband. Für diese Anlage boten sich südlich des Spreeübergangs die Pfuhle am Werder und am heutigen Spittelmarkt an, die, eventuell unter Ausnützung natürlicher Senken und Altarme, nur untereinander und mit der Spree verbunden zu werden brauchten. Vielleicht war es auch nur nötig, eine vorhandene Verbindung zu vertiefen. Dadurch erhielt die wachsende Siedlung Cölln eine natürliche Befestigung. [138] Später umgab man die Doppelstadt mit einer Mauer und, unter Einbeziehung des vorhandenen »Umflutgrabens«, zusätzlich mit einem Doppelgraben.

In der Spree errichtete man im Zuge der Übergangsstelle eine Art Knüppeldamm, in welchem Brücken eingebaut waren. [139] Ähnlich war man um 1200 in Brandenburg vorgegangen: Dort hielt in ältester Zeit eine Fähre die Verbindung zwischen Neustadt und dem Dom Brandenburg aufrecht, die nach dem Bau eines Umflutgrabens (Jacobsgraben) durch einen Damm ersetzt wurde, in den hölzerne Brücken eingeschaltet waren. Auf diesen Brücken errichtete der Markgraf zwei Mahlmühlen. [140] Folgt man A. v. Müller (persönl. Mitt., 1985), dann muß in Brandenburg ein erster Mühlenbau bzw. Stau um 1 m, mit plötzlichem Anstieg des Havelwassers in Spandau um 70 cm, schon im 10. Jh. erfolgt sein. [141]

Knüppeldammreste in der Spree wurden 1889/90 bei Umbauarbeiten gefunden. Danach bestand der Damm aus sich abwechselnden Schichten quer durch das Flußbett nebeneinandergelegter, langer, kräftiger Baumstämme und mit Steinen beschwerter Faschinen aus Birkenreisern und Weiden. [142] Über einen solchen Fund schrieb am 27. 2. 1890 der Stadtradt Friedel dem Reg.-Baumeister Klüsche: »Die Herrichtung der gestern unter den alten Mühlengerinnen besichtigten Dämme von Kiefernhölzern und Packwerken aus Birken scheint etwas anders (als ›die alten Bohl- und Packwerkswege in der Nähe des Mühlendammes und Molkenmarkts‹) insofern zu sein, als sich zwischen den untersten Balken und der obersten Packwerksschicht ein Zwischenraum von fast 2 m zu befinden scheint, der zum größten Theil aus scharfem Sand, mit Knüppellagen dazwischen, besteht.« [143] Den »molendam tu Berlin« (agger molendinorum) erwähnte man erstmals am 28. 9. 1298 (Stadtbuch Berlin).

Der Spreekessel oberhalb des Mühlendamms reichte nördlich fast an die Stralauer Straße, südlich an die Hinterhäuser der Fischerstraße bzw. bis zum Sumpfgebiet an der Wassergasse (Rungestraße). In Richtung Molkenmarkt zog sich der Damm durch die heutige Poststraße hin, die anfangs nur auf ihrer Nordseite bebaut war. Das flache Ufer der Spree, das sich bis zu dieser Straße erstreckte, stand mehrmals jährlich unter Wasser; im 14. Jh. gelang es den Einwohnern, den Fluß zurückzudrängen. Zuerst legte man Gärten, später Scheunen, dann Hausbuden mit Seitengebäuden an, die zu den auf der anderen Straßenseite gelegenen Vorderhäusern gehörten. Die nach dem Wasser hin gelegene Seite der Poststraße führte noch im 17. Jh. den Namen »Am Mühlendamm«. [144]

Spätestens um 1230, als Berlin und Cölln zu Städten erhoben worden sind, dürfte man das gestaute Wasser zum Mühlenbetrieb benutzt haben, waren doch im Mittelalter selbst größere Siedlungen ohne leistungsfähige Mühlen undenkbar. [145] Den »Umflutgraben« bzw. das Ende des nördlichen Doppelgrabens hatte man für die Mühlen mit je einer Freiarche versehen.

Während der verschiedenen Bauperioden erhielt der Mühlendamm seine Stabilität durch Einrammen vieler tausend Pfähle aus Eichen und Kiefern von z. T. über 1/2 m Durchmesser, staute er doch eine Wasserfläche von etwa 30 bis 40 km^2 auf. [146] Man hatte außerdem zwischen den die Rostholme tragenden Hauptpfählen zahlreiche Pfähle in die Rostfelder getrieben und die verbleibenden Zwischenräume bis zu einem Meter Tiefe bzw. 6 m Höhe mit Rüdersdorfer Kalksteinen und Granitfindlingen von oft beträchtlicher Größe ausgestopft. [147] Allein beim Umbau der Mühlendammschleuse in den Jahren 1936 bis 1942 mußten etwa 40 000 bis 15 m lange Pfähle beseitigt werden. [148]

Die erste Erwähnung der Mühlen selbst findet sich in einer Urkunde der Markgrafen Otto V. des Langen und Otto VI. des Kleinen vom 2. 1. 1285. Beide schenkten der Parochialkirche zu Cölln auf ewige Zeiten jährlich zwei Scheffel Roggen von der Cölln zunächst gelegenen Mühle (»de molendino proximo apud Coloniam sito«). [149] Nur 19 Jahre später, am 12. 4. 1306 bestätigte in Gegenwart des »frater Johannes magister molendini in Spandow« der Markgraf Hermann der Lange, daß dem Heiliggeisthospital zu Spandau »einst ... in der Mühle zu Berlin« ein Geschenk gemacht worden ist (»quondam ... donauit in molendino Berlin«). Mindestens 3 Mühlen müssen schon 1354 vorhanden gewesen sein. Am 29. 4. 1354 (»gez. Graf Guther von Schwarzburg, Herr zu Spremberg ..«) dankte Markgraf Ludwig von Brandenburg in seinem und seines Bruders Namen dem Richter und Münzmeister Tyle von Brucke, seinem Hauptmann Friedrich von Loden sowie den Ratsleuten von Berlin und Cölln und allen, die zur Auslösung seiner und seines Dieners Pfand geholfen haben, und verschrieb ihnen für deren Schuld von 1011 Mark brandenburgischen Silbers eine jährliche Rente von 101 Mark: 30 Mark vom Rat und 71 Mark von der nächst dem Mühlenhof gelegenen Mühle und von der mittelsten auf dem Damme (»von beiden Mole zu Berlin, in der die nehest by dem molhofe lyt und in der mitlersten uff dem Tamme«). [150]

Im Berliner Stadtbuch wird unter den Einnahmen der Stadt von einem »geholeden molenstein« und einem »ungeholden« gesprochen bzw. in einem Vertrag vom 17. 7. 1365 zwischen dem »gantzen molensteyn, di nicht geholet is« und einem »geholeden steyn« unterschieden. Daß die ältesten Mahlgangssteine konkav-konvex waren, zeigt im Epigramm des Antipaters die Beschreibung des Läufers. Er sei schwer und (*κοῖλος* = hohl, ausgehöhlt, nach innen vertieft; ahd. hol; lat. cavus, d. h.) konvav gewesen. [151] Gleiche Formen der Mahlflächen weisen die Mahlsteine vom Hadrianswall auf. Somit könnten bei uns um 1390 auch noch konkav-konvexe Mühlensteine benutzt worden sein.

Nebenbetriebe auf dem Mühlendamm werden erstmals 1536/37 in einer Aufstellung der Geldeinkünfte durch den damaligen Mühlenhofvorsteher genannt. Nach der Angabe: »200 Schock (Groschen) aus dem Zolle, den die Städte im Jahre 1442 der Landesherrschaft hatten abtreten müssen«, finden sich »40 Schock Einnahmen aus der Säge-, Loh- und Walkmühle«. [152) Letztere war, nach einem Schreiben des Weißgerbergewerks vom 20. 4. 1746, die »Walck = Mühle, ... die unsere Gewercke über 300. Jahre auf dem Mühlendamm« besessen hatten. [153] Unklar bleibt, ob oder mit welchen anderen Gewerken sie diese Walke hatten teilen müssen, benötigten doch die Weißgerber eine etwas andere Walke als beispielsweise die Tuchmacher. Letztere besaßen bis ins 15. Jh. in der Burgstraße, an der Kleinen Burgstraße (an der Liebknechtbrücke), ein Walkhaus und eine Hausbude. [154] In Spandau wurden sogenannte Nebenbetriebe bedeutend früher erwähnt; 1349 der Bau einer Tuchwalke auf der Flutrenne, 1434 eine Schneide-, 1442 eine Loh-, 1517 eine Öl- und 1521 eine Sägemühle.

1572 (nach A. Geyer) hatte der Rat der Stadt Berlin eine Wasserleitung angelegt, die das Wasser in hölzernen Röhren sogenannten »Ständern« zuführte. Die Röhren bestanden aus ausgehöhlten Fichten und Kiefern mit einem Durchmesser bis zu 1 m und einer Länge von 15 m. Reste fanden sich beim Abbruch des Krögels und des Mühlenhofs (Alter »sog. Wasserturm« auf dem Mühlenhof [155]). Ein Gerinne der Mühlen auf dem Damm diente zum Heben des Wassers in die Hochbehälter. Diese waren auf den Höfen der Grundstücke und auch auf den Gassen aufgestellt und ermöglichten die Wasserentnahme. Als Erbauer dieser Wasserkunst und der des Schlosses gilt der Baumeister und Bürgermeister Johann Blankenfelde. [156] Nach C. v. Kertbeny (1831) legte der unter dem Grafen Rochus zu Lynar arbeitende Architekt Niuron aus Lugano 1578 die Wasserkunst an. [157] Die Teilnehmer an der Wasserleitung bildeten eine »Gewerkschaft der Wasserkunst« und zahlten Beiträge an die Stadt. Jeder Mißbrauch wurde mit Geldstrafen belegt. Zur Überwachung war ein Kunstmeister angestellt. Zwei Vertrauensmänner, Dr. Fleck und Jobst Krappe, hatten die Verwaltung und Oberleitung übernommen. Als 1579 die Anlage in Verfall geriet, befahl der Kurfürst dem Rat bei 200 Taler Strafe, die Wasserkunst wiederherzustellen und in gutem Zustand zu erhalten. In seinem Bericht gab der Rat »wegen des Rohrwassers und der Wasserkunst« vom 24. 7. 1579 als Hauptgrund für die schlechte Beschaffenheit des Wassers die abnehmende Zahl der Teilnehmer und den damit verbundenen Ausfall an Beiträgen an. 1580 wiederholte der Kurfürst den Befehl, »die Wasserkunst in baulichen Würden zu erhalten, weil die(se) mit großen Unkosten zu dieser Stadt Nothdurft erbaut sei«. 1618 ermahnte der Kurfürst Johann Sigismund in einer Verordnung über das Verhalten bei einer Feuersbrunst, »auch die Wasserkunst hinwieder anzurichten, wollen auch selbsten gnedigste Handbietung hier zu thun, zweifeln auch gar nicht, ein Jeder, so hierum begrüßt wird, werde etwas darzu zuzuschießen nicht abgeneigt sein, damit es dem Rathause allein zu tragen nicht zu schwer fällt«. Jedoch der Dreißigjährige Krieg brachte mit seiner Not auch den Untergang dieses gemeinnützigen Werkes. [158]

Brände und schwere Unfälle scheinen nicht selten gewesen zu sein. So berichtet uns der Cöllner Stadtschreiber vom 12. 12. 1573, daß »zu Nacht die Sägemühle auffm Mühlentham abgebrant«. Zwei weitere Notizen zeigen uns die Gefährlichkeit dieser alten, ungefügen Anlagen: 1579 »Den 1. Octobris ist deß Schreiners Tochter vom Mühlenhoff von dem Kammrade zerquetschet«. 1581 »Den 19. July ist Andreas Sambstags, Burgers alhie, Hausfrau von dem Kamrade unter der Sägemüllen erhaschet, mit herumbgezogen und gar zerquetscht und getodtet worden«. [159] 1593 »ist ein hulfer (Helfer) in der mohlen ersoffen«. [160]

Die Mühlen, nebst den Gebäuden des Mühlenhofs, wurden 1580 auf Antrag des Mühlenhauptmanns Heinrich v. Vorhauer und des Grafen Rochus v. Lynar ausgebaut. [161] Eine Übersicht der Anlagen findet sich 10 Jahre später in dem am 23. 8. 1590 vom Kurfürsten Johann Georg angeforderten Erbregister über die Grenzen, Einkünfte und Gerechtigkeiten des Amtes Mühlenhof. Die Vorlage des Registers erfolgte am Freitag nach Matthiae (25. 2.) 1591 durch den Amtmann Joachim Brandt in Gegenwart des Amtsschreibers Georg Bernhard. Danach gehörten zum Amt (spreeaufwärts gesehen): die Berlinische Mühle zum Kornmahlen mit fünf Gängen (1. Gerinne – d. Verf.), eine Säge- oder Schneidemühle, unterhalb derselben eine »Leddermühle« für die Weißgerber beider Städte zum »walken und garmachen« ihrer Leder, eine Mühle, »Klipmühle genandt«, zum Kornmahlen mit fünf Gängen (2. Gerinne), eine Lohmühle, zwischen der Klipp- und der Mittelmühle gelegen, darinnen stießen die Schuster beider Städte ihre Lohe. Der bauliche Zustand der Anlage wurde vom Kurfürsten, die »Lohstößer« wurden von den Schustern unterhalten. »An der Lohmühlen ist ein Haus gelegen, darinnen ... eine Schleifmühle undt Polliermühle«, die Mittelmühle zum Kornmahlen mit fünf Gängen (3. Gerinne), zuletzt die Cöllnische

erste Mühlenerwähnung

1285 Cölln.M

1306 Berl.M Cölln.M

1354 Berl.M Mittel-M Cölln.M

1536/37 Säge-M
Berl.M Mittel-M Cölln.M
Loh-M
Led.M

1591 Säge-M
Berl.M Klipp-M Mittel-M Cölln.M
2/-R Loh-M
2/-R 2/-R R-/2 R-/2
1/-R 2/-R R-/2 R-/2
1/-R R-/1 R-/1
Led.M P-M S-M

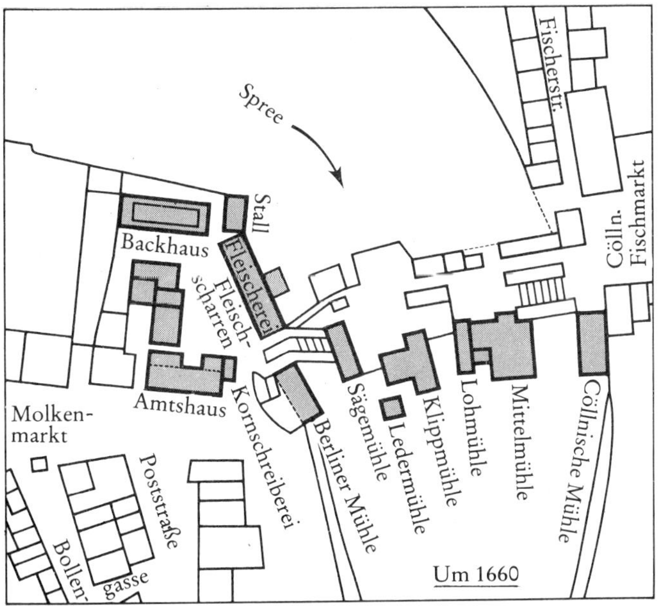

Mühlendamm und Mühlenhof nach dem Plan von Lindholz

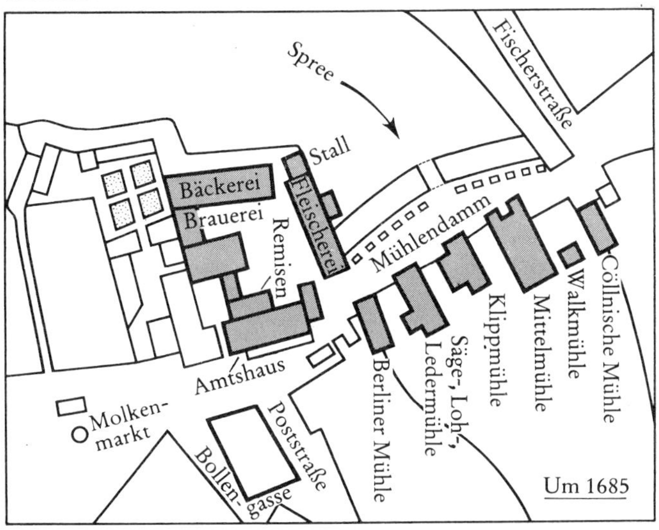

Mühlendamm und Mühlenhof nach dem Plan von La Vigne

1704 Berl.M Neue+Klipp-M Mittel-M Cölln.M
2/-R R-/2
2/-R R-/2 2/-R R-/2 2/-R R-/2
1/-R R-/2 2/-R R-/2 2/-R R-/2
R-/1 2/-R R-/2 2/-R R-/2
Led.M dt.Loh-M P-M
T-M
fr.Loh-M

1727 Berl.M Neue+Klipp-M Mittel-M Cölln.M
2/-R R-/2
2/-R R-/2 2/-R R-/2 2/-R R-/2
1/-R R-/2 2/-R R-/2 2/-R R-/2
Kl.n.M R-/1 2/-R R-/2 2/-R T-M R-/2
2/-R T-M dt.Loh-M P-M R/2 R-/1
R-/1 1/-R 1/-RR-/1
fr.Loh-M
R-/1

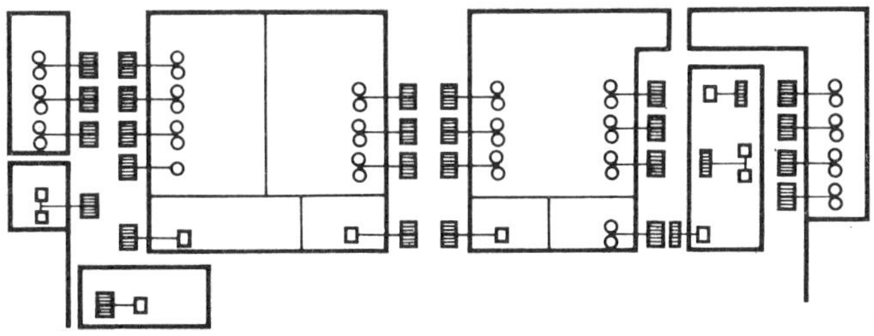

1755 Maximum: 14 Mühlenwerke mit 29 Wasserrädern und 53 Gängen, wobei 1 Lohstampfe etwa 2 Mahlgängen entspricht (Spreebreite ca. 90 m)

1779 Berl.M Neue+Klipp-M Mittel-M Cölln.M
2/-R
2/-R R-/2 2/-R R-/2 R-/2
2/-R R-/2 2/-R R-/2 T-M R-/2
Tab.M R-/2 2/-R R-/2 N.MM 1/R R-/2
2/-R R-/2 2/-R R-/2 2/-R R/2 R-/2
R-/1
Tab.M
R/1

1838 Berl.M Neue+Klipp-M Mittel-M Cölln.M
2/-R
2/-R R-/2 2/-R R-/2 R-/2
2/-R R-/2 2/-R R-/2 T-M R-/2
Tab.M R-/2 2/-R R-/2 1/R R-/2
2/-R R-/2 2/-R R-/2 R/2 R-/2
R-/1
Tab.M
R/1

Die Mühlen auf dem Mühlendamm, ihre Entwicklung und Standorte: R Rad, Zahl Gang, S-M Schleifmühle, P-M Polier-Mühle, T-M Tuchmühle, Led.-M. Ledermühle, Kl. n. M. Kleine neue Mühle, Tab. M. Tabak-Mühle, N. M. M. Neue Mittel-Mühle

Mühle zum Kornmahlen mit fünf Gängen. [162]

In dieser Beschreibung taucht erstmalig zum Kornmahlen die sogenannte »Klipmühle« auf (nd. klipp = klein). Im Mittelalter verstand man unter einer Klippmühle auch ein kleines Hammerwerk für die Kupferschmiede, bei der ein Holzrad mit seitlich eingesteckten »Stiften« den Hammer betrieb. Da 1505 der Kupferhammer am Ende des nördlichen Stadtgrabens eingegangen zu sein scheint, könnte hier ein Zusammenhang mit der Klippmühle auf dem Damm bestanden haben. [163]

Die Mühlen brachten dem Amt Mühlenhof jährlich im Durchschnitt 20 Wispel Weizen, 190 Wispel Roggen, 130 Wispel Malz, 20 Wispel Steinmehl und 6 Wispel Flurkorn ein. Von jedem Scheffel Weizen, Roggen, Malz und Gerste hatte man 1 Metze genommen. 14 Metzen ergaben damals 1 Scheffel.

Für die Benutzung der Lohmühle mußten die Schuster jährlich 20 Tlr. zu Martini (10. 11.) dem Amt zahlen. Der Schleifer war 10 Tlr. zu Walpurgis (25. 2.) schuldig; dafür besaß er das Privileg, daß kein anderer Schleifer länger als zwei Tage in Berlin und Cölln schleifen durfte. Die Arrende des Polierers betrug 8 Tlr. In der Sägemühle arbeiteten angestellte Zimmerleute für den Bedarf des Kurfürsten. Sie durften allerdings auch Private bedienen. Die Weißgerber hatten jährlich zu Martini 8 Tlr. zu zahlen. [164]

Nachdem die Schleif- und Poliermühle einige Jahre »wüst gestanden« hatte, wurde am 10. 5. 1650 der Amtskammer befohlen, die Mühle mit den »einkommenden Wolle-Geldern« zu reparieren. Die Amtskammer ihrerseits verpflichtete den Schleifer und Polierer Georg Strömer, die »Harnische und anderes Gezeugk, so auf der Churfürstl. Rüstkammer und anderswo albereits vorhanden, jährlich oder so offt es noth sein wirdt, mit getrewen Vleis auf seinem selbst eigenen Kosten auspolieren vnd solches alles hinfüro jederzeit fein rein sauber vnd fertigk (zu) halten«.

1660 mußte wegen Baufälligkeit dieser Mühlenbetrieb erneut eingestellt werden. Das Geld zur Instandsetzung fehlte. Da beantragten Anfang 1663 sämtliche Zirkel- und Messerschmiede und die »Schwerdtfeger« der beiden Residenzstädte beim Kurfürsten die Wiederherstellung der Schleifmühle. Die Kammer unterstützte den Antrag, denn es »würde dieser Bau wohl nöthig sein, da man nicht absiehet, woher die Polier-Arbeit, so bey Ew. Churf. Durchl. Rüstkammer und Vestungs nach und nach nöthig, verfertigt werden könnte, wie dann viel Stücke bisher nicht haben Poliret werden können«. Ein Kabinettsbefehl, datiert Königsberg 2. 3. 1663, ordnete hierauf die Herstellung der Mühle an: »Weil da die Noth erfordert, dass für allen andern Ausgaben Unsere Gebewde conserviret und erhalten werden müssen, als habt Ihr die Vorsehung zu thun, dass die dazu erforderte Kosten auss unserem Amt Mühlenhoff vor andern Ausgaben unverzüglich erfolgen und die Mühle wieder zum Stande gebracht werden möge.« 1668 wurde ein neuer Schleifer angenommen, der seine Arbeit stückweise bezahlt erhielt. [165]

Der Mühlendamm war nach Friedrich Nicolai in älteren Zeiten nur ein schmaler, unansehnlicher Gang. Dort, wo das Gerinne lag, befanden sich zwei Brücken. Zwischen ihnen, sowohl an den Mühlen als auch gegenüber, hatte man hölzerne Krambuden gebaut, die dem Amtshauptmann auf dem Mühlenhof einen Zins gaben und weggebrochen werden mußten, sobald an den Mühlen etwas auszubessern war. Schon 1605 wollte Kurfürst Joachim Friedrich diese Buden neu bauen und den Zins selbst erheben. Am 12. 2. 1642 wurden sich widersetzende Budenbesitzer auf ihre Verpflichtung hingewiesen, dem »Churfürstl. Ambtt Müllenhoff alhir und dem Herrn Haubtmann daselbst Zacharias Friedrich von Bötzow .. Stedtegeldt« zu geben. [166] Die 1647 als »Bötzowische Schneidemühle« bezeichnete Mühle wurde 1668 durch den Baumeister M. M. Schmidt neu gebaut. Die Abnahme erfolgte am 6./16. 9. 1668. [167] Im 17. Jahrhundert errichtete man auch das Eckhaus Mühlendamm/Fischerstraße hinter einer Aufschwemme als Garküche. Es ging jedoch bald in Privatbesitz über. [168]

Die Festungsarbeiten unter dem Großen Kurfürsten veränderten stark die Arbeitsmöglichkeiten der verschiedenen Gewerke. So mußten die nach 1635 errichteten »Lohe-, Walck- und Schneidemühlen .. an dem Spandowschen Thore, wie auch die Ziegelscheune, Kalckofen sambt denen doppelten Stadt- und Wassergraben« abgebrochen werden. [169]

Um den steigenden Bedarf an Fabrikationsanlagen zu decken und um die Gefahren durch immer wieder auftretende Brände zu verkleinern – beispielsweise am 14. 12. 1668 »Abends um 7 Uhr, brannte eine Buchbinder Kramlade aufm Mühlendamm ab« [170] –, erfolgte nach Abschluß der Befestigungsarbeiten im Jahre 1683 eine langfristige, großangelegte Rekonstruktion des Mühlendamms. Einen Eindruck über die vorher anscheinend planlos durchgeführten Bauten auf dem Damm vermittelt der Plan von Lindholz 1660.

»Prospect des Mühlentam« 1690 (Joh. Stridbeck)

Wahrscheinlich nach Nehrings Plänen ließ Friedrich Wilhelm praktisch gleichzeitig auf beiden Seiten des Damms bauen. Es sollte der Mühlendamm zwischen »dem Cöllnischen Rathhause und Berlinischen Molcken Marckt, so viel sich thun lassen wollen, per lineam rectam regulieret« werden. [171] Die Arbeiten standen unter der Aufsicht des damaligen Amtshauptmanns des Mühlenhofs, des auch als Dichter bekannten Freiherrn v. Canitz. [172] In seiner Bestallung zum Amtshauptmann vom 16. 4. 1683 hatte der Hof- und Legationsrat Friedrich Rudolph Ludwig v. Canitz die Auflage erhalten, daß die Mühlen »in möglichster Besserung gebracht« würden. [173] Nach der Wendlandschen Chronik begann man 1683 zwischen «Ostern und Pfingsten« mit dem Abbruch der Buden und alles dessen, was einer Neubebauung im Wege stand. [174] Den durch den erzwungenen Abbruch verängstigten Besitzern versicherte der Kurfürst im Dekret vom 18. 5. 1683, daß sie später »über die an(zu)bauende Neue Buhden.. als ihren eigenthumb frey schalten und walten« dürften und »ihnen das benöthigte Holtz in billigen Preise« angewiesen werde. Es wurde den Besitzern jedoch zur Bedingung gemacht, ihre Buden aus dem Wasser heraus massiv erbauen zu lassen. [175]

So entstand auf der Südseite der Dammkrone ab 1687 die lange Reihe der Bogenhallen, die, nach der Straße zu offen, durch Kreuzgewölbe überdeckt waren. [176] Die Lichtweite der Bogen betrug 2,5 m, der Achsenabstand 3,30 m. [177] Die Schlußsteine der Bogen hatte man mit Porträts verziert, die nach der Lokalsage u. a. den Kurfürsten und sein Gefolge darstellen sollten. Friedel vom 4. 11. 1886: »Ich habe heute den Kopf *neben* dem Großen Kurfürsten betrachtet und hat jener auf der Oberlippe den winzigen für Friedr. III./I. charakteristischen Schnurrbart. Ich bin daher jetzt auch der Meinung, daß es sich um den noch jugendlichen Kurfürsten (oder Kurprinzen) Friedr. III... handelt.« Der Custos Buchholz (11. 9. 1886) hielt die Schlußsteine »für bessere Bildhauer-Arbeit, ... die beiden mittleren in natürlicher Größe die Kurfürsten Friedr. Wilhelm und Friedr. III. darstellend, die übrigen in 3/4 nat. Größe«. Während die Zwickel neben den Köpfen des »Gefolges« durch Rosenzweige, Lorbeer, Reben usw. geschmückt waren, befanden sich neben dem Kopf des »Kurfürsten« brandenburgische Adler mit Zepter. [178] Die später

Schlußstein mit dem Porträt Kurfürst Friedrichs III. von einer 1886 abgebrochenen Bogenhalle (Custos Buchholz)

durch Einziehung eines Zwischengeschosses verbauten Bogenfelder der Rückwände waren durch bildliche Darstellungen der bedeutendsten Städte des Landes geschmückt, so R. Borrmann u. a. [179] Nach G. G. Küster jedoch »außerhalb aber prangen alle Bogen mit den Gemälden der vornehmsten ... Städte; dergleichen Gemälde sind auch gegenüber nach der Köllnischen Seite anzutreffen. Auf eben der linken Seite ist ein schönes Portal mit dorischen Wandsäulen, einer Attika und Komplimento anzutreffen, auf welcher das Brustbild des hochseligen Kurfürsten Friedrich Wilhelm gestellt worden.« [180] Die unter den Arkaden vorhandenen Laufwege waren mit Holz gedielt und über ein bis zwei Stufen vom Bürgersteig erreichbar, letzterer allerdings so eng, daß kaum zwei Personen nebeneinander gehen konnten. [181] Leider wurde der monumentale Charakter der Kolonnaden durch den vorgesehenen Anbau der massiven Buden an der Wasserseite stark beeinträchtigt. 1690 erhielten die Läden einen besonderen Zugang durch eine zu beiden Seiten der Fischerbrücke von hinten angebaute hölzerne Plattform. »Aber es wurden damals keine Wohnungen bey den Buden verstattet, und obgleich dennoch verschiedene kleine Wohnungen angebauet, auch 1690 zu Anlegung des Ganges, auf welchem man hinter die Buden in die Wohnungen kommen kann, Erlaubnis gegeben ward, so wurde doch, von 1695 an, wegen der Feuersgefahr, die Anlegung der Wohnungen hinter und über den Buden, wiederholt verboten, welches so weit ging, daß 1702 im April den Einwohnern alle Schornsteine zugemauert wurden. Indessen wurden sie, auf Eosanders Bericht, im December dieses Jahres wieder geöffnet.« (Nicolai, 1779) [182]

Unter den 28 Bögen, vom Torweg des Mühlenhofs bis zum Eckladen auf der Cöllnischen Magistratsseite, befanden sich 1704 18 Buden. Jenseits des Torwegs lagen unter dem Amtshaus des Mühlenhofs weitere 24 Bögen mit 13 Buden: 11 Buden waren je zwei, zwei Buden nur je einen Bogen breit. [183] In der Mitte der Kolonnaden war der Durchgang zur Fischerbrücke (zwischen Haus Nr. 20 und 21). Oberhalb des Durchgangs, von Stridbeck die »Friedrichs-Porten« genannt, errichtete die Kaufmannsgilde einen großen Saal, in dem sie ihre »Zusammenkunft und Morgensprachen frey« hatte, den ersten »Börsensaal« Berlins. In einer Urkunde vom 17. 2. 1696 hatten »die Crahmermeister und Güldeverwandten der Crahmergülde deren hiesiger Residentz Städte« von Friedrich III. die Erlaubnis erhalten, über dem Torweg des Mühlendamms den »zur Zeit (noch) unausgebauten Raum auf ihre Kosten einzurichten« [184] Weitere Veränderungen erfolgten durch den Auf- und Anbau von Wohnungen.

Die Spree- oder Fischerbrücke, von J. B. Schultz in seinem Plan als »Der Neue

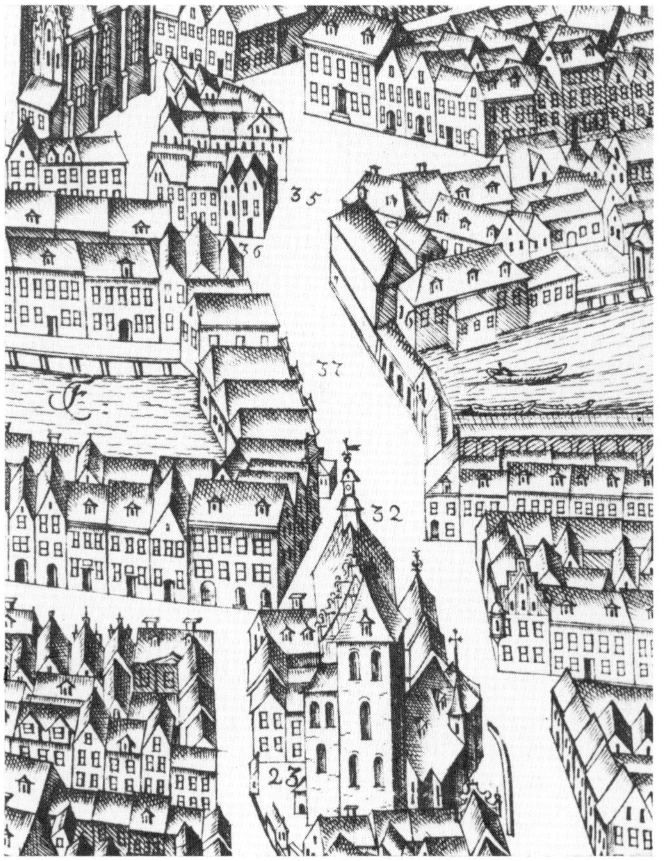

Der Mühlendamm 1688 (Plan von J. B. Schultz; Ausschnitt)

Fischmarkt« bezeichnet, war bis 1688 fertiggestellt; am 11. 2. 1688 konnten die Fischer erstmals ihre Produkte »in ihren neuen Scharren auf dem Wasser mitten auf dem Mühlendamm« feilbieten. [185] Sie murrten aber, wie Wendland es ausdrückte, da sich »einige frantzösische Refugierte, auch Teutsche Leuthe«, die für den Fischmarkt vorgesehenen Buden, in denen »die hiesigen Fischer ihre Fische verkaufen« sollten, vom Kurfürsten »ausgebetten und nachgehend zu Wohnungen aptieret« hatten. Weil letztere aber als »Feuernester und sonder Gefahr nicht wohl bewohnt werden« konnten, hatte die Kaufmannschaft auf dem Mühlendamm um deren Abbruch gebeten. »Zur linken Handt der Brücke (waren) 1700 bis hirher auch unterschiedliche Wohnungen auf Pfähle über die Spree angebauet, welche wegen mehrerem Raum« als nicht so gefährlich galten. [186]

Auf der Nordseite des Damms scheint man, um Baufreiheit zu schaffen, zunächst an eine Verlegung der Sägemühle gedacht zu haben. Im Jahre 1679 sollte nämlich der Magistrat auf dem Werder, dort, wo in der Adlerstraße 10 das Haus und der Stall des Obersten von Schlabrendorf standen, eine Schneidemühle anlegen. Dazu wurde der alte Mühlengraben reguliert. Jedoch verlegte man statt der Schneidemühle die Polier-, vielleicht auch die Schleifmühle, hierher. [187] Die Schneidemühle hatte man erst Ende des Jahrhunderts abgebrochen. 1682 wurde der kurfürstliche Baumeiser Kienast auf dem Mühlendamm von einem Block bei dessen Transport zur Schneidemühle zerquetscht. [188] Die Errichtung der ersten Windschneidemühlen erfolgte 1685/86 vor dem Stralauer Tor bzw. 1698 auf dem Schiffbauerdamm.

Von Trinitatis (27. 5.) 1682 an (Vertrag vom 26. 6. 1682 [189]) wurde den Tuchmachern, die bisher die Walkmühle auf dem Werder benutzt hatten, wegen Neuanlegung von fünf Mahlgängen auf dem Werder die unterhalb bzw. neben der Cöllnischen Mühle auf Pfählen neu erbaute Walkmühle für 6 Jahre in Arrende übergeben (s. Plan von La Vigne, 1685). Zur Anlage der Walkmühle hatte man das Gerinne zwischen der Cöllnischen und der Mittelmühle verlängert. Ein Wasserrad betrieb einen »Walkbaum mit 8 Hammer von Holtz«. Trinitatis 1688 wurde diese Walke den Tuchmachern für die Pachtzeit bis 1691 »wieder in recht gutem Vollkommenden Stande gelieffert... die Arrendatoren (waren) dahin gegen schuldig 50, 55, 60 Thlr. im letzten Jahr, dem Ambte Möllenhoff zu zahlen«. [190] Das Walken ließen die Tuchmacher im Lohnwerk verrichten. Cassin, der mit vier Arbeitern die erste größere Lohgerberei gegründet hatte, bekam 1687 zusammen mit Nicosse die Lohmühle auf dem Damm. 1688 erhielten die Weißgerber ihre alte Walke erneut zur Pacht, mit einem Rad und sechs Stampen für 28 Tlr. Walkzins je Jahr als Pension, so wie sie seit 60 Jahren hatten zahlen müssen, allerdings ohne jemals einen Arrende-Kontrakt bekommen zu haben. In diesen Jahren gab es nach der Vergrößerung der Stadt unter den »Weiß- und Sähmischgärber(n)... zweyerley Nationen«, die sich nur im Gebrauch ihrer Werkzeuge unterschieden. Fünf »R(h)einische« walkten auf dem Damm; die anderen, die Roßlinger, auch Roßler oder Rößler genannt, arbeiteten in Spandau. Nachdem dort im Winter die Walkmühle gebrochen war, benutzten beide »Nationen« seit 1690 die Walke auf dem Damm. [191]

Ab 1683 begann auf der Nordseite des Damms, vielleicht abgesehen von beiden genannten Walken, unter Einbau von Fangedämmen der schrittweise Umbau vermutlich aller Mühlen. [192] Unter diesen Mühlen machte die Mittelmühle »die größte Parade, indem dieselbe mit 2 schönen Frontspicen mit Jonischen Pilastres ausgeziret« war. [193] Um 1690 scheint der Mühlenmeister Tobias Reetz (Kretzen) eine »Krür-Loh-Mühle« mit sechs Stampen an oder in die Sägemühle gebaut zu haben. Weil die Lohgerber und Schuster »nicht soviel und so stark Wasser« benötigten, »so das Krür Radt treiben muß«, waren sie bereit, den Standort ihrer Lohmühle mit dem der Weißgerberwalke zu tauschen bzw. freiwillig (warum?) »bei vorfallendem Kleinwasser ihre Stampe von einem Gang aufzuhangen (durch Aufhängen der Hämmer außer Betrieb zu setzen), damit die Weißgerber bei ihrem Walken« nicht behindert würden. [194] Ob ein Vergleich zustande gekommen ist, bleibt unklar, wie überhaupt die Verhältnisse auf dem Damm sich sehr leicht veränderten. 1698/99 erfolgte die Erneuerung der Berliner (Malz-) Mühle mit fünf Gängen in massiver Bauweise. [195] 1699 hatte Tobias Reetz 36 Jahre bisher »treu gedient«.

Am 18. 4. 1699 bat ein junger Mühlenmeister, Johann Paul Stecher aus Rotenburg, um die Pacht für die vier Mahlmühlen auf dem Damm. Er wollte 1. anstelle der Schneidemühle eine neue Mühle mit sechs Gängen »nach seiner Art« bauen (als Panster-Mühle, ein Panstergerinne auf sechs Gänge), die nicht mehr Wasser als fünf Gänge »nach alter Manier« benötigen würde; 2. jede der vier Kornmühlen für 100 Tlr. je Mühle umbauen mit der Verpflichtung, 200 Wispel je Jahr mehr zu fördern; 3. das benötigte Getreide »zum Hofstat, Churf. Magazin, auch vor die Churf. Jagthunde frey und ohne einigen Abzug« zu mahlen. Die Pachtzeit sollte 10 Jahre betragen bei 3000 Tlr. Kaution. Als Pfand dienten eine Mühle zu Rotenburg, ein Haus, Acker und eine Windmühle.

Im Arrende-Kontrakt (Pachtvertrag) vom 10. 8. 1699 verpflichtete sich Stecher u. a., bis Reminiscere (5. Sonntag vor Ostern) 1700 die vier Mühlen »auf seine Art« umzubauen und gangbar zu machen; ihre Reparaturen auf eigene Kosten bei freiem Material zu übernehmen; entsprechend einer Verordnung vom 28. 6. 1688 von 1 Wispel guten havelländischen Weizens 32 Pfd. Mehl, 20 Pfd. feines Mehl, 7 Pfd. Grieß, 5 Pfd. Grobmehl und 12 Pfd. Kleie auszumahlen. Vom sogenannten Ämter-Weizen wurden u. a. nur 19 Pfd. feines und 6 Pfd. Grobmehl erwartet. Dafür durfte er alle Mahlgäste behalten bis auf diejenigen aus Lindenberg und Wilmersdorf, welche »zu denen zwey erbauten Windmühlen geleget« waren. Bei 3000 Tlr. Kaution wurde der Pachtvertrag auf 6 Jahre ab Michaelis (29. 9.) abgeschlossen. Die fünfte Mühle (Neue Mühle), in der freie Wohnung für ihn vorgesehen war, sollte er nach ihrer Fertigstellung als Panstermühle übernehmen. [196]

Der Umbau verzögerte sich durch die Weigerung des Magistrats von Berlin, das Wellenholz zu liefern, »was sie sonst von alter Gewohnheit her zur Erbauung der Mühlen« anzuschaffen hatten. Als Grund gaben sie an: Früher waren es »nicht mehr als 4 Mühlen, hatten zusammen mehr nicht denn 16 Gänge, . . . jetzt 37 Gänge«. Für die vorhandenen würden jährlich 30 Bäume gefordert, und das wäre für ihre »schwachen Schultern zu tragen unmöglich«. Schließlich hätte man ihnen einen großen Teil ihrer Heide weggenommen und dem Tiergarten zugeschlagen. Die dafür vor 50 Jahren versprochene Entschädigung wäre bis jetzt ausgeblieben. Doch es half nichts. Am 12. 7. 1701 überbrachte der Mühlen-Beläufer dem Berliner Magistrat, in specie Herrn Bürgermeister Müller, die strikte Anordnung zur Lieferung der benötigten Wellen an Stecher. [197]

Zusammen mit dem Baumeister Martin Grünberg hatte Stecher am 2. 7. 1699 darauf aufmerksam gemacht, daß sich unterwärts, »wo vormahls eine Schneide- und Loh-Mühle gestanden und itzo eine Neue Mahlmühle angeleget werden soll, sehr bequem eine Lohmühle mit anbringen läßt und sie mit dem Wasser der Mahlmühle mitgetrieben werden kann«. Stecher erbot sich, für 250 Tlr., nach Lieferung des Holzes bzw. nach Beginn der Rammarbeiten, in 7 Wochen die Lohmühle zu errichten. [198] Schon am 7. 7. 1699 kam der Befehl zur Lieferung des Bauholzes. [199] Die Mühle wurde zunächst am südlichen Ufer errichtet.

Über diese »hinter seinem Hause (Breite Straße 23, unterhalb der Tuchmühle) erbauten beyden Lohmühlen« beklagten sich am 17. 4. 1700 der Hofrat (und spätere Cöllner Bürgermeister bzw. Ehemann der Stifterin des bekannten Waisenhauses) Joachim Friedrich Kornmesser und verschiedene seiner Nachbarn. Mit den »beyden« Mühlen dürfte Kornmesser die Besonderheit dieser Anlage gemeint haben, bei der ein breites Wasserrad zu beiden Seiten die Hämmer je eines Lohestampfers betrieb. Auch in der Antwort vom 25. 4. 1700, welche die Verlegung anordnete, wurde von *einer* »erbauten Lohmühle« gesprochen. [200] So entstand durch die Verlegung unterhalb der Weißgerberwalke eine Lohmühle für die französischen Gerber und Schuster in einem auf einem Pfahlrost unterhalb des Damms angelegten Hause. [201] 1703 erfolgte der Bau einer neuen Poliermühle. [202]

Es waren 1704 nach dem Erbregister des Amtes Mühlenhof folgende Mühlen vorhanden: die Berlinische Mühle mit fünf Gängen (Gerinne – d. Verf.), die Neue Mühle mit sieben Gängen, die »Klipp-Mühle genannt« mit sechs Gängen (Gerinne), die Mittelmühle mit zwölf Gängen (Gerinne), die Cöllnische Mühle mit sechs Gängen. Der Ertrag aus den Mühlen lag jährlich bei 800 Tlr. Metz-Korn; falls die Spree auch zur heißen Sommerszeit viel Wasser führte, konnten »sie wohl 1000 Thlr. Korn tragen«.

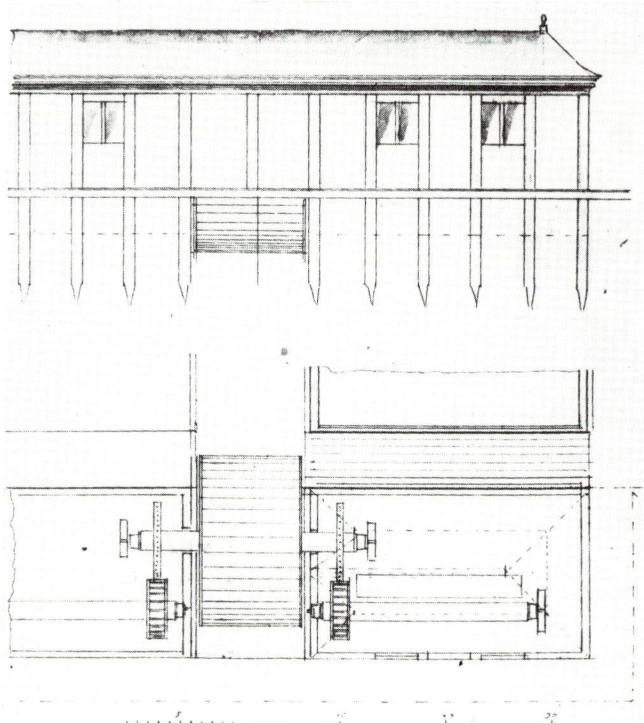

Zeichnung der »beiden« Lohmühlen 1699

Unterhalb dieser Mühlen befanden sich einige vom Amt Mühlenhof erbaute Walk- und Lohmühlen: »Eine Loh-Mühle, so die französischen Lohgerber inne haben, geben jährlich 80 Thlr. Pension«; eine Lederwalke, »Das Gewerck der Weißgerber gibt jährlich von Ihrer Mühle 60 Thlr.; Eine Teutsche Schuster (Loh-) Mühle gibt gleichfalls jährlich 80 Thlr.; Eine Pollier Mühle, davon gibt der Pollierer jährlich zur Pension 30 Thlr.; Die Tuchmacher Walck-Mühle, wovon die Tuchmacher jährlich 80 Thlr. Pension geben«. Rechts von der französischen Lohmühle, also unterhalb der Berlinischen Mühle, stand noch ein kleines Häuschen, in dem der Mühlenmeister wohnte. Dieser mußte »mittags und abends die Mühlen schließen, auch auf die Leuthe in denen Lohe- und Walck-Mühlen, (bzw.) wie mit Feuer und Licht umbgegangen wird, acht haben«. [203]

Vor den Mühlen, von der Cöllnischen bis zur Klippmühle, waren »über denen Damm-Mühlen-Arcken 13 Buhden erbauet«. Von diesen wurde die große Eckbude an der Mittelmühle nach dem verstorbenen »Porcellain Becker Gerhardt Molins die Porcellain Buhde« genannt. Unter der 1700 erbauten Neuen Mühle hatte man fünf gemauerte Buden angelagert, unter der Berlinischen Mühle bei ihrer Erbauung 1698 ebenfalls fünf solcher Buden. Zwischen der sogenannten Berliner und der Neuen Mühle waren über der Arche beiderseits des Durchgangs je zwei hölzerne Buden angelegt. [204] Die später (ab 1759/60) vor diesen Buden und statt der Wohnungen der Mühlenbediensteten aufgeführten Kaufmannsgewölbe, Kolonnaden und Wohnungen verengten die jahrhundertelang verkehrsreichste Straße auf eine Breite von 8 m. [205] Als Buden bezeichnete man Häuser ohne dazugehöriges Land.

»Weil aber der ganze Damm nur auf hölzernen Pfählen gleich einer Brücke ruhete, worüber Balken geleget und vermittelst Schutt und Erde alles mit Feldsteinen gepflastert war, auch daher und wegen Fäulung der Balken und steten Erschüttern des Erdreichs und Pflasters durch die herüber fahrenden Wagen der ganze Damm öfters repariert werden mußte, so ließ König Friedrich I. die Passage über den Mühlendamm an nötigen Orte, wo nämlich das Wasser auf die Mühlen schießet, mit großen Kosten wölben, wie denn den 13. September 1706 nach zuvor angelegtem Rost der Anfang damit gemacht und anno 1709 und 1710 die (übrigen?) fünf Wassergänge mit Quadersteinen, kostbaren Bogen und Gewölben überschlossen worden: man kann sich aber dennoch an dem Pflaster auf dem Mühlen-

Grundsteine am Mühlendamm (Custos Buchholz)

damm genau merken, wo rechtes Erdreich und wo Gewölbe sein.« [206]

Die mit hölzernen Schälungen eingefaßten und mit einem hölzernen Überbau gedeckten Gerinne erhielten, nach Anlegung von Fangedämmen, auf ihrer ganzen Länge einen hölzernen Boden.

Die Pfeiler und Widerlager wurden auf Pfahlrost fundiert, die Gewölbe mit Werksteinen von 40 cm Stärke überdeckt. Diese Einwölbung führte der Baumeister Soothe durch, der damit erstmals eine Anlage von großer Lebensdauer schuf. [207]

Nach R. Borrmann erfolgte die Einwölbung »sämtlicher Mühlengänge und Brücken« zwischen 1706 und 1708; nach einem Bericht der bekannten Vossischen Zeitung vom 14. 6. 1888 fanden sich auf dem Schlußstein des dem Molkenmarkt zunächst gelegenen Gewölbes die Jahreszahlen »1701 (oder 1707? – d. Verf.), Rep. 1801«. [208] Weiterhin fanden sich 1889 bei den Abrißarbeiten auf der Stirn des Mittelpfeilers unter dem Ansatz zur Fischerbrücke drei sogenannte Grundsteine, deren unterster (40 × 90 cm) mit der Inschrift: »P. AM. TH. V. Kamke MUEHLENHAUPTMANN ANNO 1707« versehen war. [209]

Nach einem ausführlichen Kontrakt wurde am 18. 3. 1707 vom Amt »des privilegirten Apothekers in Cölln Johann Christoff Märckers an der Spree daselbst gelegenes hinter Haus« (24 1/2 Fuß lang, 26 Fuß, 9 Zoll breit, massiv, drei Stockwerke) für 2500 Rtlr. gekauft, um ein »Wasser

Rad mit zween Gängen hinter der Cöllnischen Mühle anzulegen«. [210]

Als 1708 der französische »Polirer Josue Fellin« um Pachtnachlaß bat, wurden ihm am 14. 12. für seine »Poliermaschine und Wohnung« 15 Rtlr. jährlich erlassen. Er wäre nämlich nicht nur wegen einer »mit der Machine vorgenommenen änderung an dem Gebrauch derselben behindert, sondern auch an der Hand gelähmet worden und über dem so arm, daß er aus der französ. armen Casse allmosen erhebet«. [211]

Nach einem Lohmühlenbrand bemühte man sich, ab 1714 die Walk- und die Lohmühlen vom Mühlendamm zu entfernen. Schließlich errichtete man eine entsprechende Anlage im Landwehrgraben. Die Tuchmacherwalke auf dem Damm unter dem Walkmüller Kohlheim sollte 1717 eingehen. Da jedoch die Walke, nebst den Mahl- und Lohmühlen vor der Bartholdischen Meierei und im Tiergarten, noch nicht gangbar war, ließ der Ober-Mühleninspektor Stecher auf dem Mühlendamm weiter walken. Er mußte von Trinitatis 1717 an für 3 Jahre jährlich 800 Rtlr. zahlen. [212]

Am 14. 5. 1720 mußte sich eine Lohgerbersfrau unter der Beschuldigung, durch Unvorsichtigkeit Feuer verursacht zu haben, auf dem Mühlenhof verantworten. Man hatte »Magdalene Kuhnen, des hiesigen deutschen Lohstoßers Friesecken Ehefrau (vorgeladen) wegen verwahrloseten Lichts und vermuthlich deshalb in hiesiger Lohmühlen im Februario jüngsthin entstandenen Feuers«. Die Anzeige erfolgte durch den »frantzoschen Loh-Müller, Andreas Groß«, nach Ansicht der Beschuldigten ihren Todfeind, weil dieser seine Lohe nicht in so guter Qualität wie sie herstellen könnte. Die M. Kuhnen sei um 7 Uhr abends, wenige Stunden vor dem entstandenen Brand, mit ihrem Mann in der Lohmühle gewesen und hätte zum Schmieren der Lager aus einer brennenden Laterne Talg »auf den Wellzapfen geschüttet«. Um 11 Uhr sei dann Feuer ausgebrochen, welches einen Schaden von 9 Rtlr., 11 Sgr. angerichtet hätte. Zum Glück für die Angeklagte konnte der Ehemann einen Zeugen beibringen, mit dem er noch um 9 Uhr die Lohmühle aufgesucht hatte. Der Prozeß wurde niedergeschlagen. [213]

Nach den Angaben des Mühlenmeisters Abraham Stecher zu Spandau und nach einem Inventarverzeichnis war das Walkmühlengebäude der Tuchmacher 30 Fuß lang, 20 Fuß breit, 16 Fuß tief und die »Welle mit ihren Hebedaumen, mit 7 eisernen Ringen, 3 innerhalb, 4 außerhalb der Mühle, in zwey Wellzapfen gelagert«. In einem Gerinne (30 Fuß lang, 4 Fuß lang, 4 Fuß im Lichten, 6 Fuß tief) stand ein Wasserrad ($D = 16$ Fuß) mit vollen Schaufeln. Dieses Walkrad betrieb mit dem Stirnrad ($D = 9$ Fuß, 68 Kämme) und dem Drehling ($D = 6$ Fuß, 40 Stäbe) einen »Eichernen Walk-Kumb mit 4 Paar Schießern, daran die Hebelatten« befestigt waren. [214] 1724 ging die Walke in den Besitz des Lagerhauses über.

Als 1719 wegen Umbauten an der sogenannten Klippmühle auch die Weißgerberwalke über 3 Monate nicht betrieben werden konnte, nutzten die Weißgerber die Stillstandszeit, sie für 140 Rtlr. zu reparieren. Wegen immer neuer Änderungen an der Klippmühle, u. a. Trennung des Gerinnes in zwei Teile, war ihre Walke lange Zeit unbenutzbar. Hunderte Felle verdarben, viel Geld ging durch Flickarbeiten und größere Reparaturen an der Walke verloren, Pfähle verfaulten, das Rad ließ sich nach der langen Standzeit nicht bewegen. Trotzdem verlängerten die Weißgerber 1721 den Pachtvertrag, doch wollten sie von jetzt an auch an Sonn- und Feiertagen walken dürfen, außerdem eine Überholung der Anlage mit Einbau eines für sie vorteilhafteren Pansterrades. Das über 20 Jahre alte Werk wäre durch das »stete Erschüttern« baufällig geworden. 1723 beschloß man für die 46 Fuß lange, 24 Fuß weite und 20 Fuß tiefe Walke den Umbau. Das benötigte Bauholz bewilligte König Friedrich Wilhelm im September dieses Jahres, u. a. einen großen Eichbaum, 3 Fuß im Quadrat, 18 Fuß lang, für den Kumm, 8 Stück Eiche von 3 Fuß im Quadrat für die Hämmer. Am 2. 2. 1724 übernahm der Ober-Mühleninspektor J. A. Eger die alte Weißgerberwalke zum Umbau »auf Pantzer Ahrt«. Nach 2 Monaten war die Walke fertig. Sie brachte 68 Tlr. Pacht ein. [215]

Da der Mühlenbau vor Bartholdis Meierei ein voller Mißerfolg war – die Mühlen mußten schon 1720 abgebrochen werden –, wurde dem »Ambts Verwalter Peter von Itter zur Anlegung einer

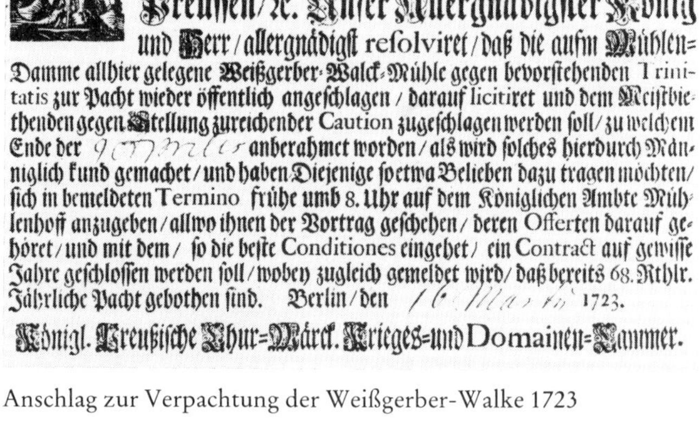

Nachdem Seine Königliche Majestät in Preussen/ rc. Unser Allergnädigster König und Herr/ allergnädigst resolviret/ daß die aufm Mühlen-Damme allhier gelegene Weißgerber-Walck-Mühle gegen bevorstehenden Trinitatis zur Pacht wieder öffentlich angeschlagen/ darauf licitiret und dem Meistbiethenden gegen Stellung zureichender Caution zugeschlagen werden soll/ zu welchem Ende der [illegible] anberahmet worden/ als wird solches hierdurch Männiglich kund gemachet/ und haben Diejenige so etwa Belieben dazu tragen möchten/ sich in bemeldeten Termino frühe umb 8. Uhr auf dem Königlichen Ambte Mühlenhoff anzugeben/ allwo ihnen der Vortrag geschehen/ deren Offerten darauf gehöret/ und mit dem/ so die beste Conditiones eingehet/ ein Contract auf gewisse Jahre geschlossen werden soll/ wobey zugleich gemeldet wird/ daß bereits 68. Rthlr. Jährliche Pacht gebothen sind. Berlin/ den 16 Martii 1723.

Königl. Preußische Chur-Märck. Krieges- und Domainen-Cammer.

Anschlag zur Verpachtung der Weißgerber-Walke 1723

neuen Walkmühle der ledige Platz auf dem Mühlendamm, alwo vor diesen die Steine aufgeschliffen worden, gegen Erlegung eines jährlichen Canons à 20 Thaler eingeräumet (für seine) feine Tücher fabrique«. Wegen dieser neuen holländischen Walke konnten die dadurch überbauten Wellzapfen der Mittel- und der Cöllnischen Mühle kaum noch geschmiert werden. Ab 8. 10. 1721 wurde für den 22. d. M. diese »Guth Walcke und darauf keine Seiffe sondern Erde zum Walcken gebrauchet werden dürffe«, öffentlich zur Pacht angeboten. [216] Es war »Weiß oder Walk-Erde, so eine Art des Mergels für die Tuchwalker und Weißgerber«. [217] Im Mai 1724 stellte man vom Amte fest (gez. Ober-Mühleninspektor Eger), daß, falls die v.-Ittersche Mühle bleiben würde, sie alle Mühlen auf dem Damm »zu ruinieren capable, weilen selbige (allein beim Walken mit drei Löchern) soviel Wasser haben muß, als ein gantz Pantzen-Gerönne, so Sechs (bis acht) Mahlgänge betreibt.... Weil ohnedem die höchste Nothwendigkeit (es) erfordert, daß mehr Mühlen bei der Residentz angelegt werden«, sollte man anstelle der v.-Itterschen Mühle »eine Malz-Mühle mit 3 Pantzter Mahlgängen« einrichten. Noch besser wäre es, alle Walk- und Lohmühlen abzureißen. Würde man den Gang zwischen der Mittelmühle und der Klippmühle am Wasser dazunehmen, wäre Raum für zwei Mahlmühlen vorhanden. Wegen der starken Bebauung an den Ufern wurde nämlich der Platz für neue Wassermühlen knapp, abgesehen von der begrenzten Wassermenge der Spree besonders im Sommer, wo bei »kleinem Wasser« oft viele Gänge stehen mußten. Andererseits war der Laufsteg notwendig für die Fischer auf ihrem Weg zum Cöllnischen Fischmarkt, aber auch für die Feuersicherheit bzw. zur Brandbekämpfung, wie es sich gezeigt hatte, »als vor einigen Jahren eine Loh-Mühle in Brand geriehtw«. [218]

Seit der Gründung des Lagerhauses in der Klosterstraße 1714 unter v. Kraut erfolgte auf Befehl Friedrich Wilhelm I. alle zwei Jahre eine Neueinkleidung des Heeres. Als 1724 für die Regimenter eine jährliche, gleichmäßige Neueinkleidung vorgeschrieben wurde, stieg der Bedarf auch an Walken sprunghaft an. [219] Deshalb mußte die alte Weißgerber-Leder-Mühle nach Umbau zur Tuchwalke dem königlichen Lagerhaus übergeben werden, desgleichen die Walkmühle v. Itter »ohne raisonnieren«. Den Weißgerbern war »hingegen der Platz an dem sog. Baär beym Bauhoff zur Erbauung einer Weißgerber-Mühle« angewiesen worden. [220]

Da in diesen und den folgenden Jahren »bey itzigem kleinen Wasser und der hiesigen Wassermühlen schlechten Beschaffenheit große Noth an Mahlen und Schrotten vorhanden«, sollte hier der Bau einer Roßmühle erfolgen. Friedrich Wilhelm I. hatte vom Bau einer solchen Mühle durch den »Capitain Ingenieur Preus« in Stettin (Szczecin) gehört und wünschte sich eine ebenso gute Mühle für seine Residenz. 1719 befahl er, »daß selbige in der sogenandten Bibliothec angefertigt werden sollte«. [221] Das Gebäude für die vorgesehene Bibliothek hatte damals, nach einem Vertrag vom 6. 4. 1687, der Hofbaumeister Mich. Matth. Schmidt im Lustgarten an der Schloßapotheke aufzuführen. Der Tod des Kurfürsten am 9. 5. 1688 beendete jedoch die Arbeiten an dem bis zum Erdgeschoß (46 Fuß breit, 22 Fuß hoch) fortgeschrittenen Bau (vor dem Palast der Republik, etwa 40 m von der Liebknechtbrücke entfernt). [222] Vier Hauptmauern, Dach und Fenster der Mühle hatte der Maurer Adam Paul vorbereitet. Der Voranschlag fiel günstig aus. Bei nur 1297 Tlr., 20 Sgr., 6 Pf. Baukosten sollte die Mühle in 24 Stunden auf zwei Gängen 130 Scheffel schroten oder 48 Scheffel sichten können. Der Gewinn würde wegen der Unterhaltung von 7 Paar Ochsen und verschiedenen Knechten allerdings nur mäßig sein. Auf Wunsch des Königs sollte man den »Peter Semann mit zu Rath nehmen«. 1720 war das Werk »fertig und zum Mahlen bereidt«. Vier Pferde waren zum Betrieb vorgesehen, doch weil der Amtmann Berendes auf dem Mühlenhof keine hatte, nahm man zum Probemahlen zwei Maultiere. Nach dem Abschlußbericht wären diese »jedoch nicht capable gewesen, die beiden Gänge zu treiben, sondern (hätten) mit allen ihren Kräften kaum einen haben gehend machen können, da sie sich dermaßen angreifen müßten, daß sie in vollem Schweiß gekommen...« Der Umgang war einfach zu eng. Viele Jahre blieb die Mühle ungenutzt; auch wurde sie durch den »aufgeflogenen Pulverturm« stark beschädigt. 1728 erfolgte zwar durch den Modelleur Gottfriedt Pfeiffer eine Neukonstruktion. Mit acht Pferden und zwei Knechten blieb jedoch auch diese unrentabel. Um 1730 abgebrochen, lagerte man das gehende Werk in der Altwerderschen Mühle. [223] Noch im gleichen Jahr baute Pfeiffer eine vom König geforderte »Hand Walck Mühle vor das Lagerhaus alhier«. [224]

Schon 1720 hatte der Ober-Mühleninspektor Joh. Andreas Eger den Petrini als Generalpächter abgelöst. Während Egers Amtszeit erfolgte eine völlige Überholung der Mühlen. [225]

Obwohl Eger über 60 Wochen Stillstandszeiten allein wegen der Umbauten hatte, mußte er trotzdem seine volle Pacht von 500 Tlr. je Jahr zahlen und alle Leute »in lohn und Kost unterhalten«. [226] Wegen des Kanalbaus mußten die Mühlen auf dem Werder erneut vom 12. 7. 1726 bis zum 31. 12. 1729 »stille stehen«. [227]

Eine Beschreibung der umgebauten Weißgerberwalke findet sich im Übergabeprotokoll an das Lagerhaus vom 11. 2. 1725: »Ist solche Mühle von 2. Stockwerk, darüber ein Dach mit Ziegeln gedecket und ist selbige mit Brettern an drey Seiten, so weit die Mühle an sich gehet, bekleidet; so weit aber die dar befindliche Stube sich erstrekket, seyn die Fächer mit Steinen ausgemauert. ... Thür zur Mühle, ... gegenüber noch eine Thür nach dem Wasser zu ... hinter der Thür eine Gallerie mit Diehlen beleget. Der Fluhr in der Mühle mit Diehlen beleget, aber zwey große Luken nach dem Wasser zu; 1 eichen Kumb mit 5 Walcklöchern, 5 paar Hämmer und Hebelatten, 1 Welle mit 7 eisernen Ringen und 2 Wellzapfen, daran die Hebedaumen nebst dem großen Drehling. Hiernechst 1 Welle mit 6 eisernen Ringen und 2 Wellzapfen, daran ein Stirnrad und ein Wasserrad; 2 Pantzerketten das Wasserrad aufzuwinden nebst einer Ziehwelle. Zu dem Boden über der Mühle eine Treppe und ist der Boden mit Diehlen beleget, darinnen 4 Fenster, jedes mit Laden versehen.« [228]

Als man ohne vorherige Ankündigung durch das Lagerhaus die ehemalige v.-Ittersche Mühle angelassen hatte, scheint bei den Mühlenbescheidern eine starke Bestürzung entstanden zu sein über den plötzlichen, ihnen zunächst unerklärlichen Leistungsabfall aller Mahlgänge. Sie vermuteten einen Unfall, der zum Wasserverlust geführt hatte. Ursache war aber das notwendige, fast vollständige Aufziehen der Schützen am 5 Fuß weiten Gerinne zum Betrieb der drei Löcher der v.-Itterschen Mühle. Bei der Zusammenkunft der protestierenden Bescheider aller Damm- und Werderschen Mühlen im Amt Mühlenhof am 18. 8. 1724 betonte der Walkmüller Joh. Friedr. Kohlheim als Sachverständiger, daß er diese Walke, selbst für eine Pension von 100 Tlr. im Jahr, nicht übernehmen würde, obwohl sein Gerinne halb so weit wie das Ittersche und seine eigene Walke so eng sei, daß man sich kaum darin »rühren« könne. Abgesehen vom zu hohen Wasserverbrauch bei den wenigen Hämmerpaaren der v.-Itterschen Mühle, würden ihre Hämmer, wie in einer Lohmühle, senkrecht herunterhängen (»weil die Hämmer, gerade blorroht herunterhängen, als in einer Loh-Mühle«) und zu viele Löcher in das Tuchzeug walken. Diesen Fehler in der Anlage hätte der verstorbene v. Itter schon von Anfang an bemerkt und, um den Konstruktionsfehler auszugleichen, sich aus Holland sogenannte Fuller-Erde holen lassen und kalt gewalkt, allerdings ohne größeren Erfolg. Den Einwand, daß die »Marmelstein Mühle«, die vor der v.-Itterschen Mühle (wahrscheinlich zwischen 1663 und 1700) hier gestanden hatte, bedeutend weniger Wasser benötigt hätte, korrigierte Kohlheim dahin, daß die »Marmelstein Mühle« ein leichteres Getriebe gehabt und nicht ständig, sondern »nur bey großem Wasser« und am Tage gearbeitet hätte. Nach dem Vorschlag des 1723 verstorbenen »Geheimbden Kriegs-Rath von Kraut« erfolgte ein Neubau mit einem »walck-Kumb oder walck-Trog von 7. Paar Hammer« und einer Feuerstelle mit eingemauertem Kessel zur Erwärmung des zum Walken benötigten Wassers. [229]

Die Tuchmacher pachteten 1729 vom Lagerhaus die ehemalige Weißgerberwalke. [230] Zu dieser gehörten 1749 »1 Kiehnen Daumen Welle mit 2 eyserne Zapfen und 6 Eiserne Ringe, Woran 1 Eichener Dreyling mit 40 Stäbe, 1 Eichener Cum mit 4 Löcher, 4 paar Kiehnene Hammer nebst 8 Arme und 8 Hebelatten ... 2 Rinnen vor den Cum, 1 Kiehnene Wasser Welle woran 2 Eiserne Blau Zapfen und 6 Ringe, 1 Eichen Stirn Rad woran 4 Arme und 64 Cämme, 1 Wasser Rad so 18 Fuß hoch und mit 4 Arme und 24 Schaufeln so 2 Mahl geriegelt und 2 Wasser Kasten am Rade. Vor dem Wasser Rade ist 1 Kasten, worin das Wasser aus gemeldeten 2 Kasten gegossen wird. Über dem Stirn Rade gehet eine schmale Treppe von 11 Stuffen nach dem mit Brettern abgeschlagenen schmalen Zieh Boden (mit 1 Fenster), 1 Stirn Radt mit 80 Cämmen nebst Eichenem Dreyling woran 7 Dreyling Stock, 1 Zieh Scheibe, 1 verdeckte Welle woran 2 Eyserne Panster Ketten jede von 72 Ketten Schladen nebst Kramme und Split, 1 Zieherker mit 2 Gattern ... (1 Tür nach der Klippmühle) daneben rechter Hand 1 Eichener Wasser Cum, linker Hand 1 eingemauerter Kupferner Kessel von 42 Eymer Wasser, worüber ein gemauerter Rauchfang ... 1 Cammer mit Tür, 1 gemauerte Cammer zum Herzen des Kessels«. Am 5. 2. 1755 wurde die Walke dem »Peter Friedrich Damm, Sam Leder Fabricante« übergeben. [231] Ab 1757 arbeiteten hier wieder die Tuchmacher, wahrscheinlich aber nur bis zum Brand im Mai 1759.

Als die Tiergarten-Lohmühle ihren Betrieb eingestellt hatte, kamen die Lohgerber in Schwierigkeiten. Sie wollten 1730 die Wedding-Walkmühle, welche inzwischen der Walkmüller Kohlheim gepachtet hatte, zur Lohmühle umbauen. Kohlheim seinerseits hatte schon mehrmals gebeten, ihn vom Pachtvertrag zu entbinden. Er hätte nämlich seit der Zeit, da man ihm die Mühlendamm-Walke abgenommen, auf der Wedding-

Walke aus Mangel an Gästen nichts zum Walken gehabt und trotz einer 10monatigen Stillstandszeit die volle Pacht von 50 Rtlr. bezahlen müssen. Unterstützt wurde der Vorschlag zum Umbau auch durch das Lagerhaus. Nach einem Befehl des Königs vom 23. 1. 1730 sollte die Lohmühle auf dem Damm dem Lagerhaus übergeben werden, damit dasselbe für ihre Walken »das volle Wasser haben kann«. [232] Eine Untersuchung durch den vom König beauftragten Ober-Mühleninspektor Eger ergab, daß die Panke nicht einmal genügend Wasser führe, um jahraus, jahrein eine Walkmühle zu betreiben. Da eine Lohstampfe doppelt so schwer wie ein Walkhammer war, hätte die Lohmühle nur 4 bis 6 Wochen im Jahr arbeiten können. Der Wassermangel ließ sich nicht beseitigen. Schon bei der Anlegung der Wedding-Walke hatte man jeden Graben bis nach Buchholz geräumt, ohne daß »der erhoffte Effect« eingetreten war. [233] Die Walke erhielt der Papiermacher Joh. Heinrich Beyer (Bleyer). Noch 1730 forderten die Lohmüller für eine (zweite) Lohmühle den Platz »hinter der genannten kleinen Mittelmühle auf dem Damm, welche vor etwa 2 Jahren (unter Abriß der Poliermühle) angeleget worden«. [234] Die Kleine Mittelmühle war ein Gebäude von 15 Gebind, 13 Fuß, 7 Zoll breit, 53 1/2 Fuß lang, 29 Fuß tief, mit zwei Stuben, drei Fenstern und zwei Gängen. [235]

1749 erfolgte der Bau der seit langem geforderten Lohmühle auf dem Damm. Doch noch im gleichen Jahr begann die schrittweise Verlagerung der Loheproduktion auf Windmühlen. Damals lag neben der »kleinen neuen Mahl-Mühle« die »frantzösische Loh-Mühle«. [236] Eine andere Ortsangabe lautet: »Kleine Neue Mühle, so hinter der Großen Neuen Mühle und neben der Lohmühle belegen«, nur über eine Galerie erreichbar. [237] Im ersten Jahr (1727/28] hatte man »auf der neuerbauten kleineren Mühle hinter der Franzoischen Lohmühle auffm Damm ... 77 Tlr. 7 Sgr. 4 1/2 Pf. an Metz« eingenommen. [238]

Als 1754 die alte französische Lohmühle einem Armeelieferanten übergeben werden mußte, brachte man die französischen und die deutschen Lohgerber in einem Gebäude unter. Die beiden Lohmühlen, nur durch einen Gang getrennt, besaßen gleiche Einrichtungen. Beide Gewerke mußten ihre Mühlen selbst reparieren. Für Reparaturen am gehenden Werk wurde gegen Erstattung der Transportkosten freies Bauholz für die Wellen oder den Lohe-Kumm geliefert. [239]

Die »sogenannte Teutsche Loh Mühle« befand sich in einem «Gehäuse ... mit Brettern beschlagen und mit Ziegeln bedeckt«. Sie hatte zwei Türen und zwei Luken, »inwendig die große Welle mit 2 eisernen Wellzapfen, daran die Hebedaumen mit 15 eisernen Ringen beschlagen, daran das Sternrad, auswendig das Wasser-Radt mit 6 Ringen; ein Eichen loh Kum mit 4 eisernen Ringen unten gebunden, 9 paar Lohstampfen mit eisernen Ringen, daran 18 eiserne Krohnen, mit so viel kleinen Ringen, beschlagen; das Kamm Radt mit 2 Wellzapfen und Ringen«. [240]

Nach dem Pachtvertrag mußten die jeweiligen Pächter für jeden selbstverschuldeten Feuerschaden aufkommen, »alle ihre Habe und Güter, nichts davon ausgeschlossen«, als Sicherheit stellen; bei unverschuldetem, »da fern aber durch Feuer vom Himmel, aus der Nachbarschaft oder bösen Leuten solches angezündet würde, ungleichen wenn sie durch große Wasserfluten zu Grunde gingen«, würde »S. Königl. Majestät« die Gebäude wiedererrichten lassen. Zur Schadensverhütung durfte nachts und sonntags keine Lohe gestoßen werden. Es mußten für eine Pachtzeit, von Trinitatis an, 106 Rtlr. je Jahr gezahlt werden. [241]

Von einem Großbrand, der um 1747 stattgefunden haben muß, findet sich nur der Hinweis, daß am 21. 2. 1748 das Mühlen-Reglement »nach geendigter Aufbauung der abgebrannten Neuen, Mittel- und Klippmühlen« in Kraft getreten sei. Im gleichen Jahr ist die Lagerhauswalke als »einsturzgefährdet« bezeichnet worden. Für ihren Neubau waren 70 × 27 Fuß, 23 Gebinde und eine Wohnung in der zweiten Etage vorgesehen. [242] Wahrscheinlich wurden bei diesem Neubau 1747/48 jetzt zwei Walken oberhalb der alten Tuchmacherwalke aufgeführt.

Die Einrichtung der Mahlmühlen auf dem Damm war, entsprechend ihren Aufgaben, im wesentlichen gleich; eine Treppe am Eingang führte nach unten zur eigentlichen Mühle, andere auf den Mehl- oder Sackboden bzw. in die Wohnungen.

Beispielsweise besaß die Cöllnische Mühle mit acht Gängen 1750 folgende Ausstattung: zwei Mühlenstuben, zwei Fenster, ein Ofen mit schwarzen Kacheln, ein Kamin, ein Tisch mit Schublade und Schloßkasten, drei hölzerne Bänke, eine vorgeschriebene blecherne Büchse für die Mahlzettel, eine Glocke zum Anschellen; für zwei Gänge ein Wasserrad mit Pansterwelle und Sternrad, dazu je zwei Drehlinge mit Wellen und Kammrädern, eine Setzwelle mit Pansterketten; insgesamt sieben Sichte- und ein Schrotkasten, sieben Mehltubben und eine Malztiene. Zur nächtlichen Beleuchtung benutzte man »große Blaker«. [243] Damals waren sogenannte Schraubengerinne üblich.

Der Brand auf dem Mühlendamm 1759 (Öl auf Holz von Bernhard Rode)

1756 berichtete G. G. Küster: »Das Mühlen-Werk an sich betreffend, so hat die Berlinische Malz-Mühle 6. Mahl-Gänge, die neue Mühle aber 7. dergleichen Gänge, und unter der neuen Mühle ist eine Mühle mit 2. Gängen, und eine Lohmühle (nur eine?, außerdem fehlt die ehemalige Weißgerberwalke – d. Verf.), in der Klipp-Mühle sind 6. und in der Mittel-Mühle 12. Mahlgänge, unter der Mittel-Mühle aber ist eine kleine Mühle von 2. Mahlgängen und 2. Loh-Mühlen samt 3. dem Lagerhause zuständigen Walk-Mühlen, die Cöllnische Mühle aber auf dem Damm, hat 8. Mahl-Gänge.« Die Einwaage geschah in der Mittelmühle entsprechend dem Edikt aus dem Jahre 1713. [244] Die Tuchmacher erhielten vom Lagerhaus nach Approbation vom 13. 4. 1757 für 200 Taler jährlich die sogenannte Weißgerberwalke und nach Approbation 2. 5. 1757 für 700 Rtlr., halb in Gold, ihre ehemalige Mühle auf dem Damm. [245] Nachdem die Lohwindmühle auf dem Schiffbauerdamm 1758 und die »Lohmühle(n) auf dem Mühlendamm letzthin abgebrannt« waren, herrschte erneut starker Mangel an Lohe. Deshalb wollte am 30. 1. 1759 Joh. Chr. Thomas, Besitzer der beiden Holländer vor dem Stralauer Tor, eine seiner Mühlen als Lohmühle einrichten. Zur Veränderung müßte – schrieb der Meister in seiner Eingabe – nur der Stein auf eine andere Art geschärft werden, was der Mühle keinen Schaden zufügen würde. Die Mühle hätte wegen der schlechten Zeiten – man befand sich im Siebenjährigen Krieg – ohnehin $3^1/_2$ Jahre stillgestanden. Die Gerber wiesen zur Unterstützung des Antrags ihrerseits darauf hin, daß sie mangels Lohe nicht mehr genügend Stiefel und Patronentaschen fertigen könnten, »so zum Dienst Höchstderoselben Armeen« gebraucht würden. [246] Kurzzeitig verarbeiteten sogar beide Mühlen Eichenrinde.

Die besonders herausragenden Ereignisse in der Geschichte des Mühlendamms sind ihre die ganze Stadt gefährdenden Großbrände.

Am 8. 5. 1759, gegen 4 Uhr morgens, brach in der sogenannten Kleinen Mittelmühle eine Feuersbrunst aus, die einige Tage wütete, »zwei Mühlengänge« (?) und verschiedene, vor denselben gelegene Häuser zerstörte, so nach Gropius. Nach Friedrich Nicolai wurden »bey dem Brande auf dem Mühlendamm, auch die Walkenmühlen verbrannt«, [247] nach Friedrich Karl Hermann Wiebe (1850) bzw. nach P. Martell sogar sämtliche Mühlen durch den Brand vernichtet. [248] Die »Berlinische Nachrichten von Staats- und Gelehrten Sachen, Anno 1759 Nr. 56, Donnerstag den 10. May« brachte folgende Notiz: »Vorgestern, frühe zwischen 3 und 4 Uhr, kam auf dem hiesigen Mühlen-Damme, in der sogenannten kleinen Mahl-Mühle, unvermuthet Feuer aus, wodurch selbige, nebst der großen Mahl-Mühle, und der Loh-Mühle, bis auf das Mauer-Werck völlig eingeäschert ward, und die dabey liegende Walck-Mühle einen mercklichen Schaden litte; doch wurde mehrerem Unglück, nächst göttlichen Beystande, durch die hiesigen bekannten guten Anstalten kluglich vorgebeugt.« Die Kaufleute Becker und Saltzmann mußten ihren Laden räumen und boten ihre Waren in der Breiten Straße an. Auch die »Niederlage von der unächten Porcellain-Fabricke, dem Kaufmann Lüdikkens zugehörend«, wurde zum Fischmarkt verlegt. Allerdings vermißte letzterer von den aus dem Feuer geretteten Sachen einen Teil seiner Waren: »Redlich gesinnte werden solches dem Verunglückten gewiß zustellen; sollte es aber in böse Hände gerathen sein, so wird ein jeder freundlich gebeten, von diesen Sachen nichts zu kaufen, sondern den Verkäufer damit anzuhalten.«

Die Ursache des Brandes scheint nicht geklärt worden zu sein, obwohl dreimal folgende Bekanntmachung in den Zeitungen erschien: »Nachdem am 8. May a. c. des Morgens gegen 4 Uhr, in denen Königl. Mühlen auf dem Mühlendamm, in der kleinen Mittel-Mühle eine Feuersbrunst ausgebrochen, welche sehr weit um sich gegriffen, und größeren Schaden angerichtet, zur Zeit aber noch nicht ausgefunden werden können, wie und welcher Gestalt das Feuer eigentlich entstanden; so haben wir dem Publico solches bekannt machen, und männiglich ersuchen wollen, wenn jemand von dieser Feuersbrunst und deren eigentlichen Ursprung zuverlässige Wissenschaft haben sollte solches im Königl. Amte Mühlenhoff sofort anzuzeigen, und dafür eine ansehnliche Belohnung zu gewärtigen, wie denn auch des Denuncianten Namen, wenn ihm daran gelegen, verschwiegen werden soll. Dahingegen aber haben diejenigen, welche überführt werden möchten, daß sie dergleichen Nachricht gehabt, und solches böslich verschwiegen, sich gewiß zu versehen, daß sie deshalb in große Verantwortung und harter Leibesstraffe verfallen werden. Weshalb sie sich vor Schaden zu hüten haben. Datum Berlin, den 30ten May 1759 Königl. preuß. Amt Mühlenhoff, und zur Untersuchung des Mühlen Brandes allergnädigst verordnete Commission A. O. W. Troschel, F. P. Kretschmer, M. G. Weise.«

Die zerstörten Gebäude und Mühlen ließ Friedrich II. bald darauf durch den Kriegs- und Domänenrat Feldmann in einer ansehnlicheren Gestalt als früher wiederherstellen. [249] Am 31. 10. 1759 wurde mit dem Abbruch der alten Mauern begonnen. Den Budenbesitzern hatte man die Nutzung ihrer Läden bis zum 1. 1. 1760 gestattet, damit sie »von der Weihnachtsmesse noch profitieren« könnten. Nach dem Abriß von elf abgebrannten bzw. beschädigten Buden erfolgte ab Ostern 1760 der Mühlenaufbau. Einzelnen ehemaligen Mietern wurde es gestattet, z. B. nach Überlassung von zwei Bogen für 500 Tlr., auf eigene Kosten, »jedoch nach der von Sr. Königl. Maj. allergnädigst approbierten Zeichnung zu überbauen und als sein Eigenthum zu nutzen«. [250] So erhielten die Bogenhallen einen zweistöckigen Oberbau, die Mühlen, unter Aufgabe der ehemaligen Weißgerberwalkmühle, mindestens 46 Gänge: die Berliner Mühle sechs, die Neue Mühle acht, die Klippmühle acht, die Mittelmühle acht, die anstelle der abgebrannten Kleinen Mittelmühle erbaute Neue Mittelmühle zwei und die Cöllnische Mühle acht Mahlgänge. [251] Der Betrieb erfolgte durch Pansterräder in Schnurgerinne. Im ganzen waren acht Mühlengerinne mit bis zu je vier hintereinanderliegenden Pansterrädern und zwei Freigerinne vorhanden. [252] Die drei Walkmühlen blieben an ihrem Standort. Die Lohmühlen verschwanden endgültig vom Mühlendamm.

In der alten französischen Lohmühle unterhalb der Neuen bzw. in der ehemals Dammschen Walkmühle richtete man für die »Schnupf-Tabacks Manufactur« eine »Tabacks-Mahl- und Stampfmühle« ein, welche »von einem Rade, dieses aber von dem Wasser der Spree getrieben« wurde. [253] Bei der Herstellung des Schnupftabaks bediente man sich eines Stempelwerks. In Holzkübeln wurden die gebeizten Tabaksblätter und die Karotten durch Fallmesser zerkleinert, die man mit einer Daumenwelle betrieb. Anschließend erfolgte das Mahlen in der Tabaksmühle. Zur Anfertigung von Rollentabak, von dem der Pfeifenraucher seinen Bedarf selbst abschnitt, legte man Tabaksblätter in sogenannten Puppen zusammen. Mit einem Deckblatt versehen, brachte man die Puppen auf den Spinntisch, dem sich die einer gewöhnlichen Seilerwinde gleichende Spinnmühle anschloß.

Die beim Brand 1759 beschädigte »kgl. Laager Haus Walck-Mühle« seit 1761 durch den Landbaumeister Berger und den Mühlenmeister Siebicke »auf Pfähle und Rost« neu gebaut worden. Sie lag in dem großen Walkmühlengebäude zwischen der kleinen Tuchmacher- und der 38⁵/₆ Fuß langen, 26⁵/₁₂ Fuß breiten Spanischen Lagerhaus-Walkmühle; 47 Fuß lang, 23 Fuß breit, besaß sie zwei Etagen von 22 Fuß Höhe, wovon die untere zur Walkmühle gehörte, die obere der Walkmüller Joh. Bayer als Wohnung nutzte (mit Flur, zwei Stuben, einem Alkoven, zwei Kammern, eine Abtritts-Stube, eine Küche mit drei Kammern). In der Walkmühle befanden sich der sogenannte Walkplatz und die Geschirrkammer. Den Fußboden hatte man mit 3zölligen Bohlen gedielt, die Decke gedübelt, die Wand nach dem Wasser, »neben der Walck-Mühle«, mit Brettern rauh gespundet. Eine ausgemauerte Wand trennte die Kammer von der benachbarten Tuchmacherwalke, eine Bretterwand den Walkplatz von der »Spanischen Walke«. (Zur Produktion feiner Tücher für Offiziersuniformen benutzte die Lagerhaus-Manufaktur Merinowolle aus Spanien [254].) Zum Erwärmen des Wassers diente ein »gemauertes Vorgelege« mit einem bis über das Dach reichenden Schornstein. Anstelle des Walkkessels hatte man eine kupferne Pfanne eingemauert. Zum gehenden Zeug zählten »1 Daumen-Welle mit 30 Kämmen, 19 Fuß lang mit 6 ordinairen und 3 starken Schloßringen«, 1 eichener »Walck-Kumm« von fünf Löchern, dazu 5 Paar »kieferne Hammer, Hebelahden mit ihren Armen und Backen brettern« (Backen = Anschlagschienen), »1 Rönne beym Walck-Kumm, nebst 1 großen Wasser-Thiene«, ein Wasserrad, 17½ Fuß hoch, 3 Fuß breit, mit 32 Schaufeln und zwei »Schreff Kasten«. Das Gerinne, 4 Fuß im Lichten, war gedielt, seine Wände waren bekleidet.

1761 erfolgte wegen Brandschäden auch ein Neubau der unterhalb gelegenen Tuchmacherwalke »auf Pfähle und Rost«, mit zwei Etagen, unten die Walkmühle, oben eine Wohnung für den Müller, beide Etagen 22 Fuß hoch, am Giebel mit dem Gang 29 Fuß, 6 Zoll breit, 22 Fuß lang »und machet mit der großen Laager Haus Walckmühle ein Gebäude aus«; mit Dachsteinen gedeckt, den Wassergiebel unten mit Brettern bekleidet, die übrigen Seiten von ausgemauertem Fachwerk. Weiterhin: eine eicherne Daumenwelle mit zwei eisernen Zapfen, sechs eiserne Ringe mit 24 Daumen, ohne Vorgelege, »1 eichener Walck Kum von 4 Löcher, 4 paar eich. Hammer nebst 8 Arme und Hebelatten, 8 kiehnene Backen Bretter, 8 Stützen, 4 Vorsetz-Bretter, 1 Rinne beim Walk Kum nebst eich. Wassertrog«; ein Wasserrad, 17½ Fuß hoch, 2 Fuß, 9 Zoll breit, mit 32 Schaufeln und zwei »S. Kasten«. [255]

In diesen Jahren entwickelte sich der Mühlendamm »zum vornehmsten Kaufmannsviertel«, in welchem »alles, was nur verlanget wird, zu haben ist«. [256] Nicolai führte 1779 eine Reihe der bedeutendsten Fabrikanten von Posamentierarbeiten, Fayence und Porzellan, Saffian und Corduan, Gold- und Silberpapier an, die hier ihre Niederlage hatten. Erst 1750 ist der Weihnachtsmarkt vom Mühlendamm und vom Molkenmarkt zur Breiten Straße verlegt worden. Über ein Jahrhundert galt die »Gegend unter dem Mühlendamme« als die eleganteste Ladenstraße Berlins, neben der später nur die Leipziger und die Friedrichstraße bestehen konnten. Doch die Akten berichten uns, wie es hinter den Arkaden aussah.

Dort wurde fast ununterbrochen gebaut. Neben großen Rekonstruktionen waren laufende Instandsetzungsarbeiten notwendig, erfolgte in jeder Mühle am Ende der Pachtzeit eine völlige Überholung des Werkes. Im Winter mußten Gerinne und Wasserräder vom Eise befreit bzw. zur Vorbeugung Feuer in den Radstuben unterhalten werden; nur in dieser Jahreszeit konnte ein Transport der schweren Wellen ohne größere Kosten erfolgen. Im Frühjahr führte man die Reparaturen der vom Eis und Hochwasser beschädigten Räder durch, wurden verfaulte Räder unter Abnahme der Radstuben ausgewechselt. Abgesehen von der begrenzten Lebensdauer hölzerner Anlagen, errichtete man Neuanlagen entsprechend den sich ändernden Bedürfnissen. Es scheint, daß dabei jedes Gewerk die zeitweilige Notlage eines anderen zu seinem Vorteil ausgenutzt hat. Wer ein Privileg zur Errichtung einer Mühle bekam, baute fast ohne Rücksicht auf den Nachbarn, egal, wieviel Platz bzw. Wasser er einer benachbarten Mühle wegnahm. Selbst Rettungswege beseitigte man oder behinderte durch Überbauen das Schmieren der Zapfenlager so stark, daß Brandgefahren entstanden.

Bemerkenswert waren auch die hygienischen Verhältnisse. Dichtgedrängt lagen die verschiedensten Mühlen neben- und hintereinander. Bei jedem Wind verfärbte der Lohestaub das Mehl in der benachbarten Mühle, so die Klagen der Müller. Lohe- und Mehlstaub beschädigten die wertvollen Tücher der Tuchmacher. Das Rauschen des Wassers in den Gerinnen begleitete das Knarren der schweren Getriebe, das Klappern der vielen Beutelwerke, das Stampfen der Walkhämmer und Lohestößer, das helle Klingen der Hämmer beim Schärfen der Mühlsteine unter den Bogenlauben, wo man auch die Mühlsteine lagerte. Besonders schlimm war es in Wohnungen, »darunter die Walck- und Loh-Mühlen, allwo man wegen des s. v. (salva venia, mit Erlaubnis zu sagen – d. Verf.;) Gestancks von Urin kaum dauern und vom Stampen und Lermen die Wände einfallen, (diese) folglich auch nur mit Brettern bekleidet werden können«. Außerdem konnten die Bewohner »wegen der Lohe und dem Mehl, dem zündenden Pulver nicht ungleich«, Feuer nur »mit Furcht und Schrecken gebrauchen«. Durch die Bogenhallen zog und auf der Dammstraße lastete der üble Geruch, den das Geschäft der Walker mit sich brachte, die deswegen ihre Betriebe in der Regel außerhalb der Städte hatten. Besonders lästig waren die Ausdünstungen des »fäulichten Wassers« vom feuchten Fußboden oder der übelriechenden Pfützen – man denke an die speziellen Walkflüssigkeiten –, der Gestank verwesender Fleischreste an faulenden Häuten oder die »nasse und fettige Atmosphäre« durch Tran, Talg und andere stinkende Fette. Letztere verursachte nicht nur bei den Arbeitern »Brustbeschwerden, Übelkeit, Kopfschmerzen und Erbrechen«. An Arbeitern in nasser Kleidung vorbei drängten sich auf den Gängen, zwischen und unterhalb der Mühlen, die Fischer mit den Bütten auf ihrem Weg zum Cöllnischen Fischmarkt. Die Tuchmacher wiederum mußten mit ihren feuchten, schweren Tuchballen an den Mahlgängen vorbei. Selbst auf Zeitgenossen wirkten diese Zustände oft so abstoßend, daß sie sich trotz des Mahlzwangs unter Protest anderen Mühlen zuwandten. Die Ladenbesitzer, denen durch den umherfliegenden starken Staub die Waren verdorben wurden, versuchten ihrerseits in Anträgen an das Amt Mühlenhof, das Abwerfen der Borke, das Aufladen der Lohe, den An- und Abtransport von Getreide, Mehl, Mühlsteinen usw. von der Geschäftszeit weg in die Nachtstunden verlegen zu lassen, und verlangten für Übertretungen hohe Strafen durch das Amt.

Man hatte 1763 »gegen den Mühlendamm 5 Arcaden vor die Berlinische oder Malz-Mühle vorgebauet und zu jeder Seite des Einganges nach der Mühle Kaufläden eingerichtet«, 1767 »die Neue Mühle größtenteils auf dem alten Rost neu erbaut«. [257]

Anton Friedrich Büsching, Rektor am Grauen Kloster, schrieb 1775 in seinem Reisebericht: »Auf dem Mühlendamm erblickt man auf beiden Seiten Gewölbe oder Kaufmannsläden entweder von 1 oder 2 Bogen, mit Wohnungen über denselben, welche ihren Besitzern 4000, 10 000, 15 000 bis 16 000 Thaler kosten, je nachdem die Läden groß, und die Gebäude über denselben hoch und schön sind. Auf der rechten Seite zwischen den Mühlen, sind solche, welche das Amt Mühlenhof vermiethet. Die Mühlen sind mit Wohnungen überbauet, und verdienen sowohl wegen ihrer dauerhaften und bequemen Anlage, als wegen ihrer Weitläufigkeit und guten Einrichtung, besehen zu werden.« Die Einnahmen aller Wasser- und Windmühlen zu Berlin »würden weit höher steigen, wenn die hiesigen Mühlen für das Mehl, welches unsere Becker verbacken, hinlänglich wären; sie können aber nur den vierten höchstens dritten Theil desselben liefern, woran das Bette der Spree Schuld ist«. [258]

Ende 1777 waren als Wassermüller ein Obermühlenmeister, sieben Bescheider und sieben Gesellen angestellt. Nach Friedr. Nicolai (1779) hatte »da, wo sonst die kleine neue Mühle lag, ... der verstorbene Veitel Ephraim auf Pfählen ein Hinterhaus zu seinem Hause in der Poststraße

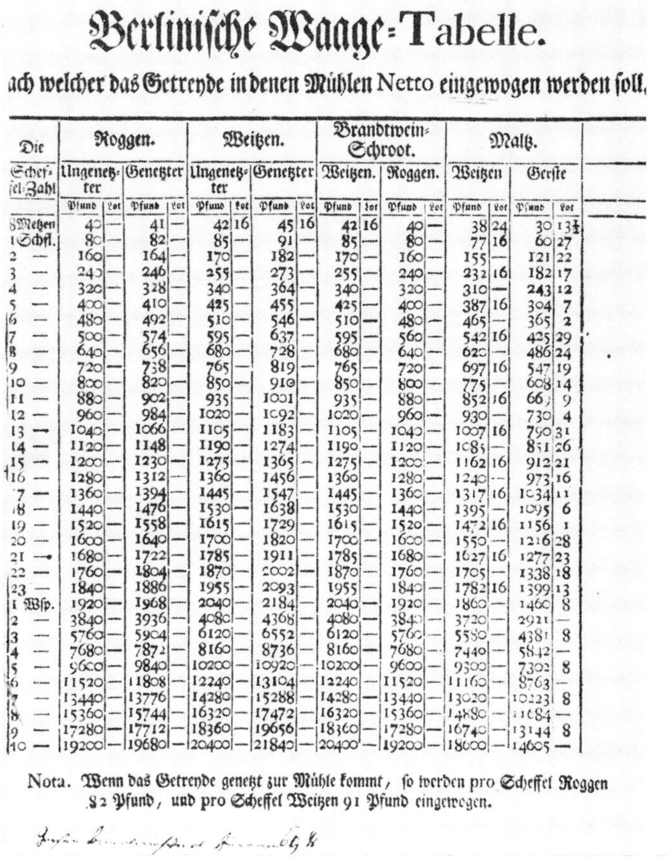

Berlinische Waage-Tabelle.

[N]ach welcher das Getreyde in denen Mühlen Netto eingewogen werden soll.

Die Scheffel-Zahl	Roggen. Ungenetzter Pfund	Lot	Roggen. Genetzter Pfund	Lot	Weitzen. Ungenetzter Pfund	Lot	Weitzen. Genetzter Pfund	Lot	Brandtwein-Schroot. Weitzen. Pfund	Lot	Brandtwein-Schroot. Roggen. Pfund	Lot	Maltz. Weitzen Pfund	Lot	Maltz. Gerste Pfund	Lot
8 Metzen	40	—	41	—	42	16	45	16	42	16	40	—	38	24	30	13½
1 Schfl.	80	—	82	—	85	—	91	—	85	—	80	—	77	16	60	27
2 —	160	—	164	—	170	—	182	—	170	—	160	—	155	—	121	22
3 —	240	—	246	—	255	—	273	—	255	—	240	—	232	16	182	17
4 —	320	—	328	—	340	—	364	—	340	—	320	—	310	—	243	12
5 —	400	—	410	—	425	—	455	—	425	—	400	—	387	16	304	7
6 —	480	—	492	—	510	—	546	—	510	—	480	—	465	—	365	2
7 —	500	—	574	—	595	—	637	—	595	—	560	—	542	16	425	29
8 —	640	—	656	—	680	—	728	—	680	—	640	—	620	—	486	24
9 —	720	—	738	—	765	—	819	—	765	—	720	—	697	16	547	19
10 —	800	—	820	—	850	—	910	—	850	—	800	—	775	—	608	14
11 —	880	—	902	—	935	—	1001	—	935	—	880	—	852	16	66[illegible]	9
12 —	960	—	984	—	1020	—	1092	—	1020	—	960	—	930	—	730	4
13 —	1040	—	1066	—	1105	—	1183	—	1105	—	1040	—	1007	16	790	31
14 —	1120	—	1148	—	1190	—	1274	—	1190	—	1120	—	1085	—	851	26
15 —	1200	—	1230	—	1275	—	1365	—	1275	—	1200	—	1162	16	912	21
16 —	1280	—	1312	—	1360	—	1456	—	1360	—	1280	—	1240	—	973	16
17 —	1360	—	1394	—	1445	—	1547	—	1445	—	1360	—	1317	16	1034	11
18 —	1440	—	1476	—	1530	—	1638	—	1530	—	1440	—	1395	—	1095	6
19 —	1520	—	1558	—	1615	—	1729	—	1615	—	1520	—	1472	16	1156	1
20 —	1600	—	1640	—	1700	—	1820	—	1700	—	1600	—	1550	—	1216	28
21 —	1680	—	1722	—	1785	—	1911	—	1785	—	1680	—	1627	16	1277	23
22 —	1760	—	1804	—	1870	—	2002	—	1870	—	1760	—	1705	—	1338	18
23 —	1840	—	1886	—	1955	—	2093	—	1955	—	1840	—	1782	16	1399	13
1 Wsp.	1920	—	1968	—	2040	—	2184	—	2040	—	1920	—	1860	—	1460	8
2 —	3840	—	3936	—	4080	—	4368	—	4080	—	3840	—	3720	—	2921	—
3 —	5760	—	5904	—	6120	—	6552	—	6120	—	5760	—	5580	—	4381	8
4 —	7680	—	7872	—	8160	—	8736	—	8160	—	7680	—	7440	—	5842	—
5 —	9600	—	9840	—	10200	—	10920	—	10200	—	9600	—	9300	—	7302	8
6 —	11520	—	11808	—	12240	—	13104	—	12240	—	11520	—	11160	—	8763	—
7 —	13440	—	13776	—	14280	—	15288	—	14280	—	13440	—	13020	—	10223	8
8 —	15360	—	15744	—	16320	—	17472	—	16320	—	15360	—	14880	—	11684	—
9 —	17280	—	17712	—	18360	—	19656	—	18360	—	17280	—	16740	—	13144	8
10 —	19200	—	19680	—	20400	—	21840	—	20400	—	19200	—	18600	—	14605	—

Nota. Wenn das Getreyde genetzt zur Mühle kommt, so werden pro Scheffel Roggen 82 Pfund, und pro Scheffel Weitzen 91 Pfund eingewogen.

Berlinische Waage-Tabelle um 1770

»Rangliste der zur Klipp-Mühle gewidmeten Bäckermeister« um 1770

gebaut«. Damals stand neben der Berlinischen Mühle das »Mühlwagehaus«. Von den drei Walkmühlen berichtete Nicolai, daß »die zwei ersteren zu Tüchern das Lagerhaus in Pacht hat, und auf deren erste die feinen Tücher walken läßt, die zweite zu gewöhnlichen Tüchern aber wieder an das Tuchmachergewerk verpachtet hat; die dritte (unterste) ist zu feinen wollenen Zeugen«. [259] Letztere ging am 24. 10. 1792 mittels Erbpachtvertrags endgültig in das Eigentum der Tuchmacher über.

Ab 1801 fand eine gründliche Überholung der Gerinne statt. Dieses bezeugte eine Inschrift auf dem mittleren der drei Grundsteine des Pfeilervorkopfes zwischen dem mittleren Gerinnepaar: »Neu gebauet unter der Direktion des Krieges und Dom. Rathes Siebecke und des Kammer Bau Condukteur Hummel durch die Steinmetz Meister Cantian und Thippel Zimmer Meister Oertel und Maurer Meister Leckler im Jahre 1803.« Auf dem obersten Stein waren die Initialen F. W. R., mit einer Königskrone darüber, angebracht. [260]

Nach dem Bericht der Taxatoren befanden sich 1809 folgende Mühlen als sogenannte königliche auf dem Damm: die Berlinische oder Malzmühle, die Neue Mühle, die Klippmühle, die Mittel- und die Cöllnische Mühle, letztere von den Taxatoren als »die neue Mühle, die Cölnsche« bezeichnet. Von der Neuen Mittelmühle ist nicht mehr die Rede, allerdings auch nicht von den verschiedenen Nebenbetrieben. [261]

1817 wurden folgende Mühlenbescheider verpflichtet, 300 Tlr. in Staatspapieren als Kaution zu hinterlegen: die Mühlenmeister Franz (Berl. M.), Wasnig (Neue M.), Würst (Klippm.), Müller (Mittelm.), Sambach (Altwerdersche M.) und Priefert (Neuwerdersche M.). [262]

Zu dieser Zeit war, nach dem Gutachten des Ober-Mühleninspektors Schwahn vom 20. 3. 1817, das große Walkmühlengebäude zwischen der Cöllnischen und der Mittelmühle ganz auf Pfählen gegründet. Unmittelbar unter dem Gebäude befanden sich zwei Gerinne für die Staberräder der beiden obersten Walkmühlen.

Neben dem Gebäude, zur Mittelmühle hin, lag das Stabergerinne für das Rad der Tuchmacherwalke, dann folgte ein Freigerinne. Die Breite aller Stabergerinne betrug $10^1/_4$ Fuß.

Die oberste bzw. die erste Mühle war eine Waschmühle, deren 4 Paar Hämmer unmittelbar von der Wasserradwelle betrieben wurden und deshalb nur langsam arbeiteten. In der Waschmühle »unterwarf man das gewebte Tuch zuerst einer besonderen Wäsche, um daraus das Oelige und Fettige zu entfernen, was bei dem Krämpeln der Wolle hineingebracht wurde«. Krämpeln nannte man das Parallelziehen der Wollfäden durch Kratzen zur Herstellung der Locken, aus denen dann der Faden gesponnen wurde. Weil die Entfettung beim nachfolgenden Walken ohnehin geschah, ersparte man sich später diesen Arbeitsgang. [263]

Die zweite Mühle wurde als Dickmühle (dikken, verdichten, verfilzen) bezeichnet, wie man damals Walkmühlen zu nennen pflegte, wenn sie mit einer Waschmühle verbunden waren. Ihre Hämmer erhielten ihren Antrieb über ein Vorgelege. Aus Platzmangel hatte man in dieser Mühle die Kesselfeuerung über das zweite Gerinne stellen müssen. Wurde das Gerinne an dieser Stelle baufällig, mußte die Feuerung eingerissen und später neu gebaut werden. Ein nur $2^1/_4$ Fuß breites Wasserrad trieb am Ende einer langen Welle mittels des Vorgeleges zunächst die 5 Hämmerpaare der Dickmühle, dann über ein zweites, doppeltes Vorgelege die 3 Paar Hämmer der Waschmühle. Letztere sollte »mangels an Kraft niemals in Gang« gekommen sein. Hier lag das eine Ende der Daumenwelle, ebenso wie der Walkstock der Dickmühle, auf dem ersten Gerinne.

In der dritten Mühle, der Tuchmacherwalke, betrieb ein ebenfalls nur $2^1/_2$ Fuß breites Wasserrad 6 Paar Hämmer, welche mangels Vorgelege gleichfalls nur einen langsamen Gang hatten. Der Walkstock dieser Mühle stand auf den beiden unter dem Gebäude weggehenden Gerinnen.

In der Etage über den Mühlen befanden sich die Wohnungen für die Walkmühlenmeister und ihre Leute. Die Walken waren übrigens jede für sich und verschieden hoch gebaut, lagen also nicht unter einem gemeinsamen Dach.

Da sich dicht neben den Walkmühlen die Cöllnische Mühle befand, so hatte man den erforderlichen Zugang vom Gebäude selbst nehmen müssen. Der Haupteingang befand sich im Hause des Kaufmanns Becker auf dem Mühlendamm. Man gelangte durch das Haus auf einem Gang zur ersten Mühle und, mittels Treppen über das Triebwerk des Vorgeleges der zweiten Mühle, hinunter zur Mühle der Tuchmacher. Hier endete der Gang am »Communicationsgang über dem Wasser«, welcher die Mahlmühlen untereinander verband.

Der Raum zwischen dem Walkmühlengebäude und der benachbarten Mittelmühle betrug $12^1/_2$ Fuß. Die hier liegenden beiden Gerinne hatte man mit starken Bohlen abgedeckt. Für die erste und zweite Walke waren neben dem Freigerinne Holzschuppen errichtet. Die Tuchmacher mußten ihren Holzbedarf neben dem Wasserrad auf-

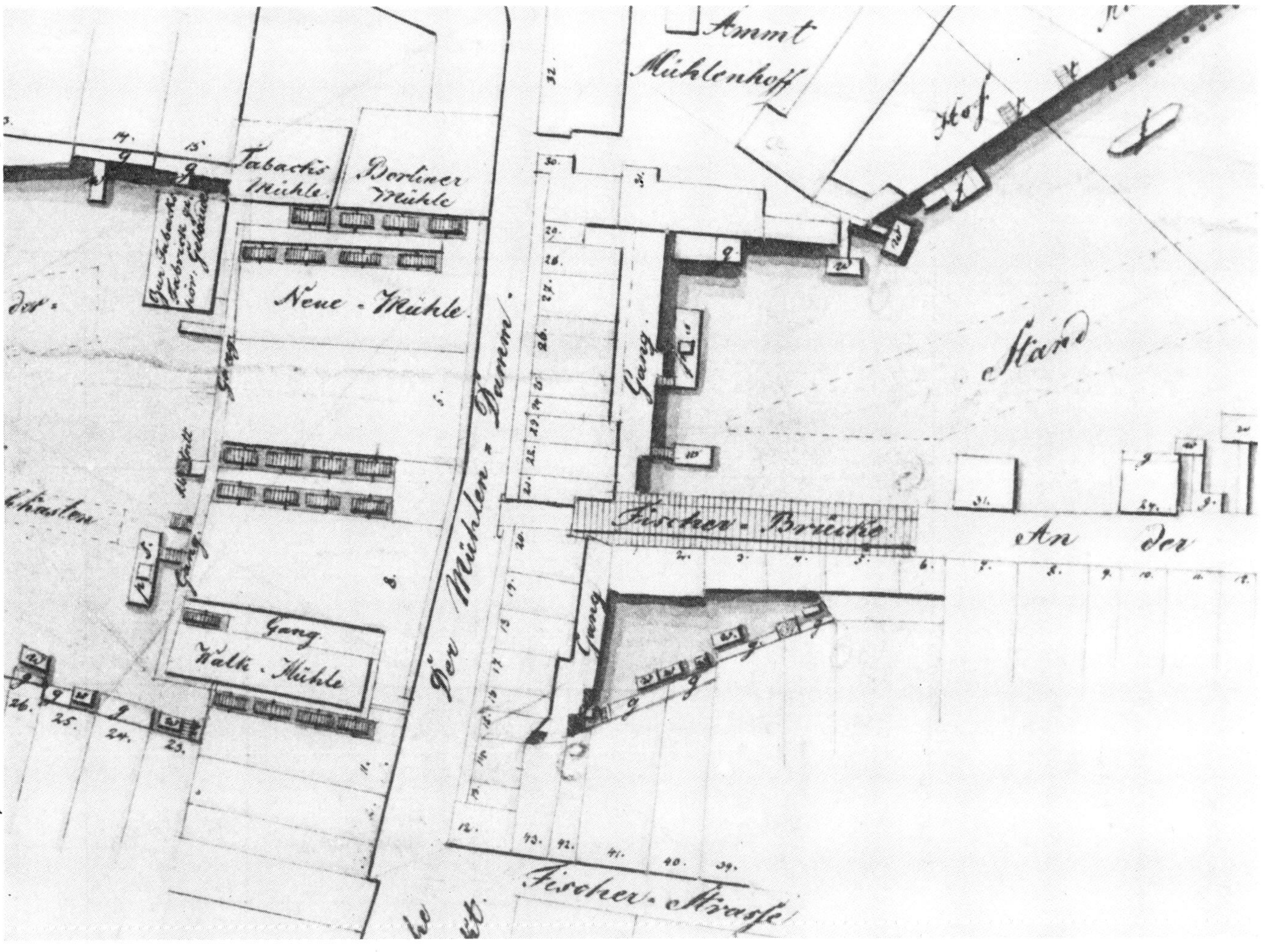

Der Mühlendamm (Situations-Plan verm. im Februar 1819 von L. Schildener; Ausschnitt)

Die Damm-Mühle 1800

bewahren. Dazu hatte man einen Raum mit Bretterwänden abgeschlagen und diesen zusammen mit dem Walkrad überdacht.

Aus der Beschreibung geht klar hervor, daß keine größere Reparatur ohne Abriß des ganzen Gebäudes möglich war. Nach der Aussage des Mühlen-Bescheiders Franz in der Berliner Mühle, dessen Vater Walkmeister gewesen war, mußte diese Walkmühlenanlage in den vergangenen 50 Jahren wegen Reparaturen im Gerinne dreimal abgebrochen werden. Auch lagen die Schwellen des Gebäudes zu tief, so daß »das innere Räderwerk bei jedem nur mäßigen Hochwasser naß ging und in kurzer Zeit verdorben« wurde.

Diese Fehler bei der schon baufälligen Anlage suchte der Ober-Mühleninspektor Schwahn zu beseitigen. Schwahn, ein sehr versierter Mann, mit einem guten Überblick über die technischen Entwicklungen seiner Zeit, schlug einen Neubau vor. Er plante nach Beseitigung der gesamten vorhandenen Anlage statt des Pfahlgrundes eine massive Fundamentierung unter Höherlegung des Schwellenwerks, darauf das Mühlengebäude aus Backstein, mit behauenen Kalksteinen eingefaßt. Es sollten statt der schmalen, unwirksamen Staberräder in den 12½ Fuß breiten Raum zwischen den Walken und der Mittelmühle drei 7 Fuß breite Pansterräder in ein 7 Fuß, 10 Zoll breites Gerinne zu liegen kommen, die Schütze dicht vor dem ersten Rad angelegt und das Gerinne oberhalb massiv mit Quadersteinen eingefaßt werden.

Damals war die Hubhöhe beim Ausziehen der Wasserräder mit dem üblichen Pansterzeug begrenzt, um einen sicheren Eingriff der Kämme in den Drehling zu gewährleisten. Jedes weitere Ausziehen hätte auch beweglich angelegte Drehlingswellen erforderlich gemacht. Andererseits durften die Daumenwellen ihre Lage nicht verändern. Deshalb hatte Schwahn sogenanntes »Pansterzeug aufs Knie«, also statt des Ausziehgatters einen abgewinkelten Hängebaum (= Knie), vorgesehen. Durch den Hängebaum hob sich das Pansterzeug nicht vertikal, sondern bewegte sich konzentrisch um die Achse der Drehlings- oder Daumenwelle. So erlaubte dieser sogenannte Zirkelhub des Pansterzeugs ein höheres Ausziehen des Wasserrades. Immer verblieb der Drehling im Eingriff der Kämme des Stirnrades. Letzteres mochte hoch oder tief gestellt sein.

In einer solchen Einrichtung lag die Pansterwelle auf zwei Hängebäumen oder Knien und drehte oder hob sich mit ihnen um die Drehlingswelle. Das Heben erfolgte mittels der darüber liegenden üblichen Ziehwelle, deren Ketten am Ende eines jeden Knies befestigt waren. Damit die durch »Ringe« (Scharniere) an ihrem anderen Ende beweglichen Knie nicht unmittelbar auf die Drehlingswelle zu liegen kamen, hatte man um letztere gußeiserne Zylinder angebracht und diese mit Platten an zu beiden Seiten der Drehlingswelle stehende Säulen angebolzt. Bis auf die Ziehscheibe sollten Räderwerk und Ziehwellen aus Gußeisen angefertigt werden.

Weil die Hämmer, soweit möglich, immer mit gleicher Geschwindigkeit arbeiten mußten, war das häufige Heben der Wasserräder die Regel. Allein das Aufhängen eines Hämmerpaares, z. B. um Walkgut zu wechseln, ließ das übrige Werk schneller laufen. Waren bei den alten, gewöhnlichen Einrichtungen des Pansterzeugs zum Ausziehen eines Wasserrades vier Mann erforderlich, konnte es hier ein einzelner schaffen. Übrigens sollten damals schon die benachbarten Mahlmühlen mit dem »Pansterzeug aufs Knie« ausgestattet worden sein. [264]

1820 und 1826 wurden die beiden oberen, dem Domänenfiskus gehörenden Walken wiederum meistbietend versteigert und für je 6 Jahre dem Tuchfabrikanten Sehlmacher zugeschlagen. Der Verpächter übernahm die Anfertigung und das Einbringen neuer Wasserräder und Daumenwellen. [265] 1822 ließ Gottfried Sehlmacher für 5 Hämmerpaare eine neue Daumenwelle einsetzen, die 16 Fuß lang war (mit 30 Daumen aus Eiche, jeder Daumen 6 × 7 Zoll stark und 18 Zoll lang). [266] Nach den Angaben zu den Reparaturen der Walkmühlen (1820/21) besaß die Tuchmacherwalke eine 20 Fuß lange, 5½ Fuß breite und 15½ Fuß hohe Radstube, in der sich ein $D = 18$ Fuß großes Wasserrad befand. Bei dieser Reparatur hatte der Ober-Mühleninspektor Schwahn dem Wasserrad eine »neue Form« gegeben, mit »außerordentlichem Effect«, so daß »die Schütze jetzt nur halb so hoch als vorher gezogen werden darf, welches der Cöllnschen Mühle zum Vortheil gereicht«. [267] Das Grießwerk hatte die Cöllnische Mühle gemeinsam mit den Walken. Die zum Ziehen der Schützen benötigte Winde war am Ufer in einem Spind untergebracht. [268]

Am 1. 10. 1832 wurden die beiden königlichen Walken für eine Pachtzeit bis 1844 von den Tuchmachern übernommen. In der Zwischenzeit hatte auch die Spanische Walke ein Vorgelege (Stirnrad 36 Kämme, Drehling 32 Stöcke) mit einer 18 Fuß langen, 3 Fuß breiten, dreihebigen Daumenwelle für vier Hämmerpaare erhalten. Die mittlere Dick- oder Landtuch-Walkmühle (47 Fuß, 6 Zoll lang, 26 Fuß, 5 Zoll breit) besaß ein 18 Fuß hohes, 2 Fuß, 9 Zoll breites Wasserrad (»auf Strauberart,

Die Fischer-Brücke um 1830 (Gemälde von Loeillot de Mars, gest. von Hans Finke)

jedoch mit doppelten Kränzen zum Aufliegenlassen« [269], und auf seiner Welle ein Stirnrad (68 Kämme). Diese Kämme »greifen« auf der einen Seite in den Drehling (32 Stöcke) einer dreihebigen Daumenwelle für die fünf Hämmerpaare der Dickmühle, auf der anderen Seite »in einen Drehling von 36 Stöcke, welcher wieder in ein auf der dreihebigen Daumenwelle befindliches Stirnrad von 52 Kämmen greift und so die Waschmühle (mit drei Hämmerpaaren) in Bewegung setzt«. [270]

1831 übernahm der Mühlenmeister Ferdinand Körner aus Spandau die Neue Mühle. [271]

Man konnte in diesen Jahren, vom Molkenmarkt kommend, die Mühlen umwandern: An einem Holzsteg über dem Gerinne, der vom Mühlendamm betreten werden konnte, und der Galerie, die an der Wasserseite sämtliche Mühlen verband, lag die Neue Mühle unter Körner; diese befand sich unter demselben Dach mit der Möllerschen oder Klippmühle und war nur durch einen Lattenverschlag von dieser getrennt. Unterhalb der Galerie stand auf Pfählen die »Ulricische Tabaksfabrik«. Nach Überschreiten des zweiten Gerinnes kam man an einem weiteren Gebäude vorbei, der Mittelmühle, die wiederum zwei durch Lattenwände getrennte Abteilungen (Müller und Sambach) enthielt. Es folgte das dritte Gerinne und zuletzt die Walkmühle am Cöllnischen Fischmarkt, wo dann auch der verbindende Holzsteg auf die Straße mündete.

Unmittelbar vor dem Brand 1838 haben folgende Mühlen existiert (nach Gropius): 1. die Berlinische Mühle mit sechs Mahlgängen, 2. die Neue Mühle, 3. die Klippmühle, 4. die Mittelmühle, 5. die Cöllnische Mühle, jede mit acht Gängen; [272] außerdem (nach den Akten des Stadtarchivs): 6. die Ulricische Tabaksmühle »mit 2 Gängen«, 7. zwei königliche Walkmühlen »gleich 2 Gänge« und 8. die »Erbpachts-Walkmühle des hiesigen Tuchmacher-Gewerks gleich 1 Gang« (= 43 Gänge). [273]

Zu den gefürchteten Ursachen für Mühlenbrände gehörte neben den Mehlstaubexplosionen und dem Heißlaufen der Steine wegen fehlenden Mahlguts die Erhitzung der Pfannen unterhalb der hölzernen Bütten. In diesen Pfannen drehten sich unter hohem Druck die Mühlenspindeln, die das Gewicht der Läufer zu tragen hatten; verständlich, daß es durch die starke Reibungswärme nicht allzu selten zu einer Selbstentzündung kam.

Wenige Wochen nach dem Löschen eines solchen in der Klippmühle aufgetretenen Pfannenbrandes brach am 3. 4. 1838, gegen 2 Uhr morgens, in der Neuen Mühle ein Feuer aus, von dem als Augenzeuge der damals in der benachbarten Klippmühle diensttuende Müllerbursche berichtete: »Als ich in der verhängnisvollen Nacht nach gewohnter Weise um 1 Uhr geweckt wurde, um von dieser Zeit an die Gänge mit Korn zu versehen, beschüttete ich meine Mühle, ohne im geringsten etwas Auffallendes zu bemerken. Hierauf lehnte ich mich stehend an einen Getreidesack. So mochte ich vielleicht eine Viertelstunde gestanden haben, als ich in der nebenbelegenen Neuen Mühle einen hellen Schein erblickte. Ich ging bis zu dem Lattenverschlag, der die beiden Mühlen trennte, und sah, daß am vierten Gange zwischen dem Stein und dem hölzernen Ring, der diesen umgibt, eine Flamme spielte. Ich rief in die Neue Mühle hinein: ›Feuer! Feuer!‹ Es regte sich aber niemand. Eiligst lief ich nun nach unserer Mahlstube und weckte den Mittelburschen. Wir eilten zur Spree, schöpften Wasser und versuchten durch die Wassertür in die Neue Mühle zu gelangen, fanden diese aber von innen verriegelt; es blieb uns daher nichts anderes übrig, als uns mit der Axt den Weg durch den Lattenverschlag in die Mühle zu bahnen. Jetzt erst kam der Müllergeselle Decker, welcher in der Neuen Mühle die Wache hatte, zum Vorschein und schrie: ›Feuer!‹ Wir konnten jedoch nicht weiter vordringen, weil die ganze Mühle schon mit pechschwarzem Rauch gefüllt war, der uns zu ersticken drohte. Nun machten wir so vielen Lärm, als möglich, und weckten unseren Meister, Herrn Möller. Dieser kam und rief: ›An Löschen ist nicht mehr zu denken, rettet Euch, ich werde nur meine Frau und die wertvollen Papiere holen!‹ Mit diesen Worten eilte er die Treppe wieder hinauf.«

In der nun folgenden kurzen Zeitspanne muß sich die Tragödie abgespielt haben, bei der 15 Menschen ihr Leben verloren: aus der Neuen Mühle der Mühlenmeister C. H. F. Körner, seine Frau, fünf Kinder, die Amme und die Müllergesellen Püschel, Garlipp und Decker(t), aus der Klippmühle der Mühlenmeister T. C. F. Möller und Frau, weiterhin ein Grenadier und eine Dienstmagd.

Es erscheint zunächst unverständlich, wie es geschehen konnte, daß diese in verschiedenen Häusern wohnenden Personen ein Opfer der Flammen werden konnten, ohne daß man von außen etwas zu ihrer Rettung zu tun vermochte, obwohl z. B. eine Verbindung zwischen der Galerie am Wasser durch die aufgebrochene Lattenwand zur Neuen Mühle bestand, oder ohne daß man etwas von eigenen, vergeblichen Anstrengungen der Hausbewohner, sich zu retten, vernommen hätte. »Auch kein einziger Schrei der Angst oder um Hülfe wurde gehört.«

Vermutlich sind die Mitglieder der Körnerschen Familie durch plötzliches Auftreten äußerst giftiger Gase erstickt worden, ehe sie sich über ihre schreckliche Lage im klaren waren. An-

Die Damm-Mühle 1832 (Julius Gemberg)

Der Brand auf dem Mühlendamm 1838 (Gropius)

ders war es beim Müllergesellen Decker bzw. bei den Möllerschen Eheleuten, weil sich diese, nach Aussage der anderen Gesellen, bald nach Ausbruch des Feuers wach im unteren Raum ihrer Mühle befunden hatten. Doch mußten sie den günstigsten Zeitpunkt ihrer Rettung verfehlt haben, da die Leiche des Ehemannes im Mühlenlokal, die der Frau aber in der höher gelegenen Küche, wohin sie, um »Effekten« zu retten, unvorsichtigerweise zurückgekehrt sein mag, gefunden worden ist. Das Feuer hatte bei dem leicht brennbaren Material der alten Mühlenwerke mit ungeheurer Schnelligkeit um sich gegriffen, oder, wie es Willibald Alexis ausdrückte: Der »furchtbare Brand entstand nicht; er war plötzlich da, in der Mitte der Nacht, mit einer solchen Heftigkeit, daß an Retten und Löschen der brennenden Häuser nicht zu denken« war. Dichter schwarzer Qualm hüllte Dächer, Häuser und Straßen ein. Obwohl die Spritzen – eine englische Dampf-, drei Prahm- und 26 Fahrspritzen – nebst den dazugehörigen Mannschaften bald auf der Brandstätte eintrafen und der anfängliche Wassermangel schnell durch die von allen Seiten herbeieilenden Anwohner beseitigt wurde, war es nicht mehr möglich, in die Mühlen einzudringen. Der starke Schneefall drückte den schwarzen Rauch so herunter, daß man sich den Gebäuden nicht auf 30 Schritte nähern konnte. [274]

Der Mühlenmeister Friedrich Müller aus der Mittelmühle hielt, als er in der zweiten Runde geweckt wurde, auch seine Mühle für verloren und suchte Papiere und Bargeld zu retten. Erst als das Dach der Neuen Mühle einstürzte, eine mächtige Flamme den Rauch durchbrach und ihn in die Höhe trieb, erkannte Müller, daß die Mühle zu retten war, und beteiligte sich an den Löscharbeiten. [275] Bei diesen fiel ein »Feuerarbeiter« in ein Gerinne, wurde »durch die brausenden Räder hindurchgetrieben« und dennoch wohlbehalten, mit der Blechkappe auf dem Kopf, auf der anderen Seite herausgezogen. [276] »Man muß die Örtlichkeit kennen, den engen Raum einer ehemaligen, dicht überbauten Brücke, auf deren einen Seite die brennenden Mühlen über dem Wasser schweben, um die ganze Gefährlichkeit zu würdigen.« [277] Erst am folgenden Tage bekam man den Brandherd unter Kontrolle. Inzwischen hatte das Feuer die Klippmühle, die Neue Mühle mit den unmittelbar davor gelegenen Häusern Mühlendamm Nr. 2 bis 4 völlig zerstört, die Berlinische Mühle und die Häuser Nr. 5 bis 7, 25, 30,

Die königlichen Mühlen am Mühlendamm 1840 (Öl von L. Zielke)

31 mehr oder weniger stark beschädigt. [278] Obwohl noch am Mittag des 4. April die Glut groß genug war, einen Eckstiel am Haus Poststraße 15 in Brand zu setzen, wurde das Schicksal der direkt unterhalb der Brandstelle liegenden Ulricischen Tabaksmühle in keinem zeitgenössischen Bericht erwähnt. Nach Zekeli (1893) hatte das Feuer aber auch »die auf dem östlichen Ufer stehende Tabaksfabrik zerstört«. [279]

Am 6. April sind die im Schutt aufgefundenen, fast verkohlten Überreste der Familie Körner in einem Sarg vereint und die Leichen des Möllerschen Ehepaares in einem weiteren Sarg auf zwei vierspännigen Leichenwagen in Begleitung der Angehörigen und sämtlicher königlichen Mühlenmeister in neun Trauerkutschen zum Nicolai-Kirchhof vor dem Prenzlauer Tor übergeführt worden. Am folgenden Tag erfolgte die Beerdigung der Müllergesellen im Beisein des Gewerkes auf dem gleichen Friedhof. [280]

Im Juli 1838 wollte man die beschädigten Walken in die Cöllnische Mühle verlegen, doch unterblieb dies wegen der noch völlig ungeklärten Perspektive des Mühlendamms. Die Pacht lief ab, und weil »selbige für das Tuchmacher-Gewerk des geringen Geschäftes wegen für die folgende Zeit überflüssig« erschien, erfolgte zum 1. 10. 1844 die Aufkündigung.

Seit 1841 hatte Traugott Vierhub als Afterpächter auf den Walken gearbeitet. Die Preise waren ihm vom Gewerk vorgeschrieben. Nun betrieb T. Vierhub bei vierteljähriger Kündigungsfrist die Anlagen selbständig weiter. Am 22. 12. 1845 übernahm die Walken noch einmal die Tuchfabrikantenwitwe König. Mit Ablauf des Quartals 1846 ging diese letzte Pacht zu Ende. Die Bauten auf dem Mühlendamm waren so weit vorgeschritten, daß mit dem Abbruch der Mittelmühle gerechnet werden mußte. Im August erfolgte der Verkauf auf Abbruch. [281] Aufgrund des Kaufvertrags vom 19. 5. 1847 mit dem Fiskus wurde der Besitztitel der Tuchmacher für die Walke, die Müllerwohnung und die Wasserkraft gelöscht. [282]

Das 1765 von Veitel Ephraim erbaute Hinterhaus scheint bis zur Aufhebung der Tabaks-Administration als »sog. Schnupftabaks-Mühle« genutzt worden zu sein; 1823 wurde es vom Rentier Ebers, dem Erben Veitel Ephraims, an den Tabaksfabrikanten Ulrici verkauft und noch 1843 neu verstrebt. [283] Von der ehemaligen Weißgerberwalke war seit 1759 nicht mehr die Rede.

Wohl selten ist über die Erhaltung von Bauwerken so lange und leidenschaftlich gestritten worden wie bei den Mühlen. Es bedurfte vielleicht des geschilderten Brandes, um den fast noch mittelalterlichen Zustand und die Gefahr, welche die aus Holz und Fachwerkbau bestehende Mühlenanlage für die ganze Stadt bildete, deutlich zu machen. Willibald Alexis schrieb am 1. 6. 1838: »Unsere Wassermühlen in der betriebsamen und bewegten alten Stadt sind eine Curiosität. Mühlen kann man allerwärts besser anlegen als an den belebtesten Passagen einer Residenzstadt. Aber das conservative Prinzip hat sie geschützt und ein Respekt für das Altertum.« [284] Außerdem glaubte man durch die Entfernung der Mühlen eine schöne, freie Aussicht auf den Fluß und seine Ufer schaffen zu können, z. B. einen freien Blick vom Damm zum Schloß oder von der Kurfürstenbrücke (Rathausbrücke) ein schöneres Bild als beim Blick gegen eine geschlossene Wand. Dabei wurde übersehen, daß bei dem gekrümmten Lauf der Spree dann der Blick, statt auf die Mühlenfassade, auf lauter schiefe, gebrochene Baufluchtlinien mit alten Speichern und Hintergebäuden, neben der Fischerbrücke und hinter der Fischerstraße, fallen würde. Bei den damaligen Besitzverhältnissen lagen breitflächige Sanierungen außerhalb jeglicher Diskussion.

Als 1842 die ersten Gerüchte von einem Wiederaufbau der Mühlen auftauchten – inzwischen hatte sich der furchtbare Brand von Hamburg ereignet – wendeten sich die Berliner Behörden, unterstützt vom Polizeipräsidium, an den König mit der Bitte, die Mühlen in dieser Gegend nicht wiedererstehen zu lassen. Auf die Eingabe ging folgende Kabinettsorder ein: »Es ist nicht meine Absicht, die im Jahre 1838 abgebrannten Mühlen am Mühlendamm wieder herstellen zu lassen, daher sich der Magistrat und die Stadtverordneten über die in der Eingabe vom 13ten d. M. geäußerten gegründeten Besorgnisses völlig beruhigen können. Potsdam, den 31. Mai 1842. Friedrich Wilhelm.« Zwei Jahre später jedoch war der König anderer Meinung, und der Magistrat mußte sich vom Ministerium des königlichen Hauses dahin belehren lassen, »daß die Allerhöchste Order vom 31. Mai 1842 gegen die Stadt eine bindende Versicherung weder enthalte noch solche Allerhöchst beabsichtigt sei«. Der König hätte zwar anfänglich die Baustelle zu einem anderen Zweck benutzen wollen, nunmehr aber »zu befehlen geruht, mit dem Neu- und Umbau vorzugehen«. Als sich die Stadt in einer erneuten Eingabe die Bemerkung erlaubte, daß die Anweisung des Ministeriums mit dem »Allerhöchsten Ausspruch« von 1842 in »direktem Widerspruch zu stehen scheine«, wurde in einer weiteren Kabinettsorder vom 23. 3. 1844 jeder Einwand abgeschnitten mit der Erklärung, daß die Mühlen nunmehr in der Mitte des Mühlendamms konzentriert werden sollten und somit keine größere Gefahr darstellen würden, als sie bei anderen Fabrikanlagen auch vorhanden sei. Die vielen einlaufenden Proteste wurden als unerheblich anderen Instanzen überwiesen.

Als die Baupläne zur Erteilung des Baukonsens vorgelegt wurden und diese eine Anlage erkennen ließen, welche die alte um ein bedeutendes überragen sollte, erhoben auch die Polizei und der Stadtbaurat Langerhans Einspruch. Bei den folgenden Verhandlungen machte Ludwig Persius, Hofbaurat, Berater und Bauleiter des Königs, den Vorschlag, die neuen Mühlen statt in Holz und Fachwerkbau in Ziegelrohbau und englischem Stahl aufzuführen. Danach erteilte der Polizeipräsident, unter Vorbehalt, wenigstens für einen Bauteil die Bauerlaubnis. Nach Beseitigung der vom Brand verschont gebliebenen Anlagen begannen 1844 die ersten Bauarbeiten. Mit der Herstellung der Mühleneinrichtung hatte das Ministerium des königlichen Hauses den Berliner Mühlenbaumeister Dannenberg betraut, während die äußere Architektur ein Werk von Persius wurde. Zunächst wandte man sich dem Bau der »Großen Mühle« zu. Der Sommer 1845 sah ein für damalige Zeiten gewaltiges Aufgebot an Arbeitskräften in Tätigkeit. Zeitweise waren es 400 Arbeiter, davon allein 200 an der Ramme. Im Dezember 1846 hatte man das erste Mühlengebäude bis auf die technische Einrichtung fertiggestellt. Als der Polizeipräsident v. Puttkammer den Bau besichtigte, war sein Eindruck von der Sicherheit der Anlage so gut, daß er erklärte, den weiteren Bau nach Kräften fördern zu wollen. [285]

Am 1. 9. 1847 konnte der Betrieb in der »Großen Mühle« aufgenommen werden. Die »Kleine Mühle« wurde ein Jahr später (1. 9. 1848) fertiggestellt. 1848 folgte der Bau von zwei Speichern auf den Ufern. 1850 war der Gesamtbau, einschließlich der Mühlendammkolonnaden, vollendet.

Die Mühlengebäude standen in der Spree auf zwei Sockeln, so daß sich auf beiden Seiten der Gebäude Wasserläufe befanden. Jeder Wasserlauf besaß zwei Gerinne; jedes Gerinne arbeitete mit einem Wasserrad. Nur das südliche Gerinne

Die neuen Mühlen in Berlin nach 1850 (Lithographie von Fritz Meyer)

am Kleinen Speicher diente als Freigerinne. Das neben dem Großen Speicher auf der Berliner Seite gelegene erste Gerinne trieb vier Mahlgänge, das zweite und dritte Gerinne je sechs Mahlgänge der Großen Mühle. Das vierte Gerinne, das zwischen der Großen und der Kleinen Mühle lag, versorgte vier Mahlgänge der Kleinen Mühle, während das zwischen der Kleinen Mühle und dem benachbarten Kleinen Speicher liegende fünfte Gerinne sechs Mahlgänge der Kleinen Mühle trieb. Das sechste Gerinne war das genannte Freigerinne.

Das Gebäude der Großen Mühle bildete ein unregelmäßiges Viereck, dessen eine Front sich an der neuangelegten Straße entlangzog. Ein Eckturm mit einer feuersicheren Treppe suchte die Architektur der Mühle zu heben. Das Mühlengebäude besaß neben dem Erdgeschoß noch vier Stockwerke; die gesamte Geschoßhöhe betrug über 50 Fuß.

Die zum Antrieb dienenden Wasserräder waren Stelzenräder (Strauberräder) im Kropfgerinne, ihr äußerer Durchmesser betrug 18 Fuß. Die beiden größeren Räder für je sechs Mahlgänge hatten eine Breite von 15 Fuß; das kleinere Rad für vier Mahlgänge war dagegen 11 Fuß

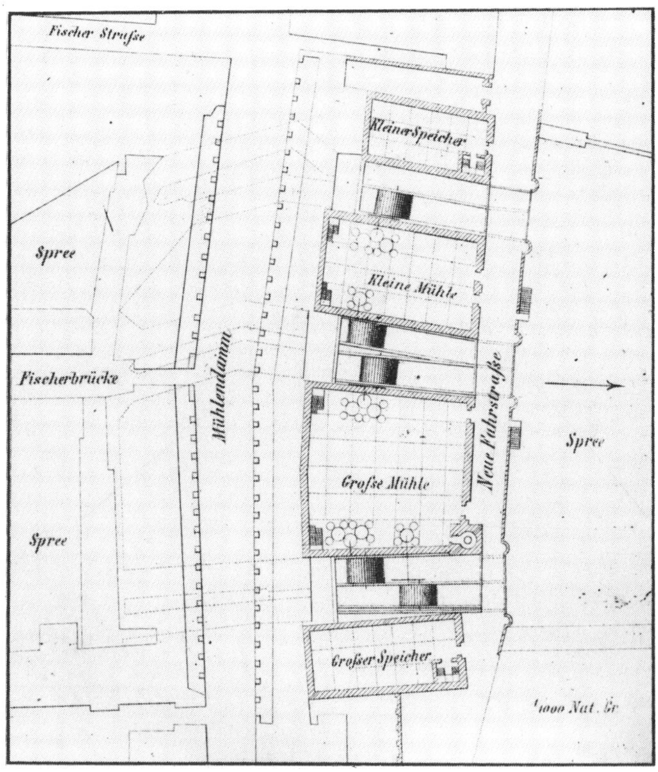

»Situations-Plan der Königlichen Mühlen« um 1850 (F. K. H. Wiebe)

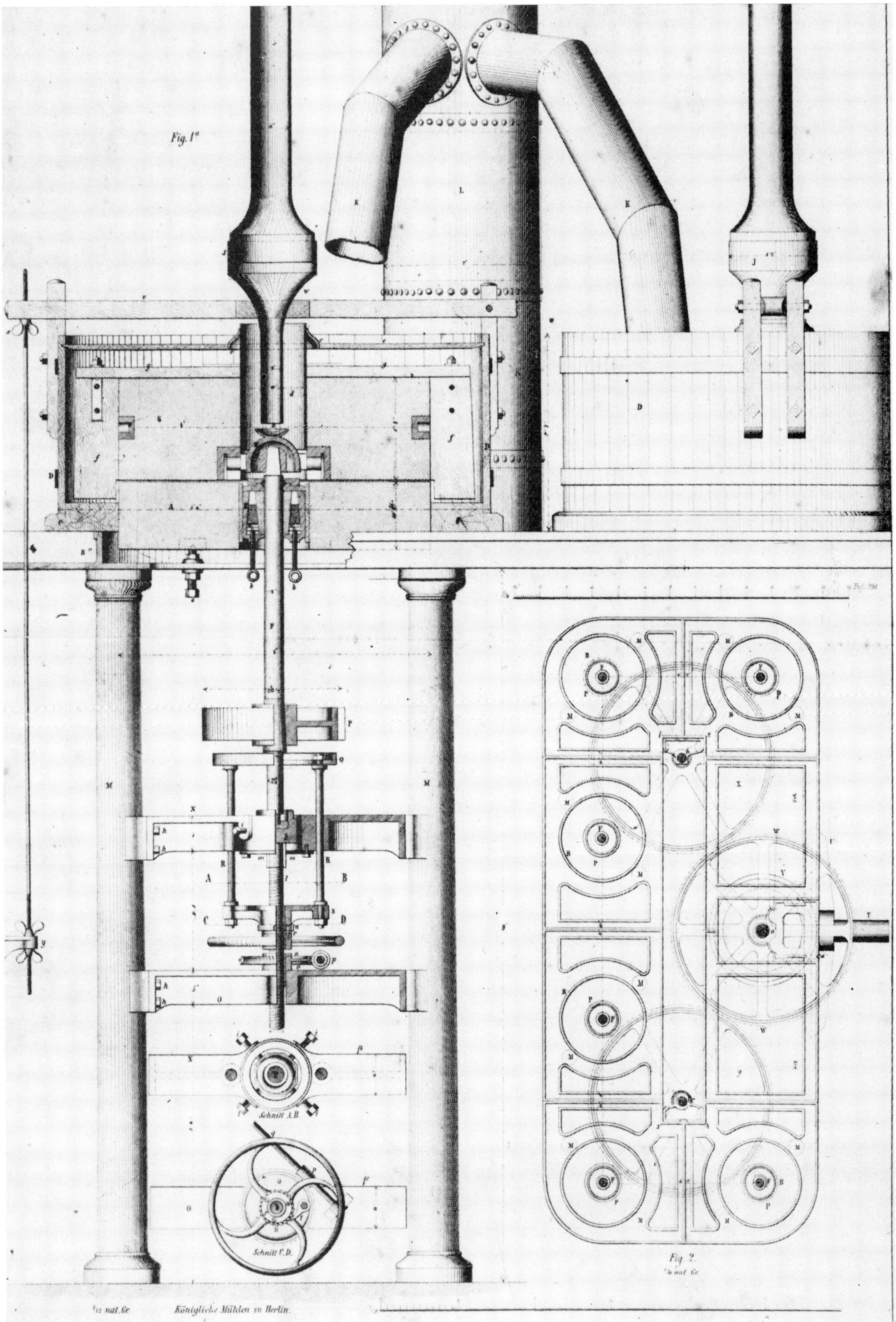

»Mahlgänge und Mühlengerüste mit Räderbetrieb der Königlichen Mühlen zu Berlin« 1850 (F. K. H. Wiebe)

breit. Die Schaufelhöhe betrug 26 Zoll. Das Material der Arme, Radkränze und Schaufeln der Wasserräder war Holz, während die Nabenkränze und Wasserradwellen aus Gußeisen bestanden. Durch eine Windeeinrichtung mit Kniepanstern konnte man das Wasserrad bis auf 7 Fuß heben. Die Anlage der Wasserräder erfolgte auf ein nutzbares Gefälle von je 6 Fuß, von denen man 3 Fuß, 8 Zoll bei normalem Wasserstand für den Wasserstand auf dem Fachbaum rechnete. Das Gefälle war jedoch äußerst veränderlich, so daß man die 6 Fuß als ein Maximalgefälle betrachtete. Es war keine Seltenheit, daß das Gefälle durch ein Steigen der Unterspree ganz verschwand und letztere bei Hochwasser einen viel höheren Stand als die Oberspree erreichte.

Von den sechs Mahlgängen der größeren Gruppen waren die vorderen vier, die in einer geraden Linie lagen, mit französischen Steinen ausgerüstet, während die anderen Gänge Sandsteine zum Ausmahlen von Grieß und Kleie besaßen. Den kleineren, viergängigen Gruppen von Mahlgängen fiel hauptsächlich die Aufgabe zu, Branntweinschrot zu schroten und das Proviantmehl für die Berliner Garnison zu mahlen. Dieses Proviantmehl wurde aus Roggen hergestellt, der nur zweimal durchgemahlen und in einer kleinen Beutelmaschine abgebeutelt wurde. Alle fertigen Produkte, im Erdgeschoß in Säcken aufgefangen, durften erst nach Passieren der Steuerkontrolle die Mühle verlassen.

Für jeden der 26 Mahlgänge rechnete man zur Bewältigung der eigentlichen Mahlarbeit etwa 4 bis 5 Pferdekräfte. Die Anzahl der Umdrehungen je Minute betrug beim Wasserrad 5 bis 6, bei der liegenden Betriebswelle 10 bis 12, bei der stehenden Königswelle 20 bis 24 und bei den Mahlgängen 100 bis 120. Die Tagesleistung eines Mahlgangs soll bei guter Wasserkraft etwa 48 Scheffel Roggen oder 72 Scheffel Weizen betragen haben.

Es waren damals ein Werkführer, 18 Müllergesellen und ein Tischler angestellt. Letzterem oblag die Instandhaltung der Maschinen, insbesondere der Wasserräder. Zwei Müller wurden ausschließlich mit dem Schärfen der Steine beschäftigt, doch mußten dazu häufig weitere Gesellen herangezogen werden. Nur diese beiden Müller waren tagsüber tätig, die anderen in zwei Abteilungen aufgeteilt, die abwechselnd in Tag- und Nachtschicht (12stündige Arbeitszeit) arbeiteten. Das Arbeitspersonal mußte verhältnismä-

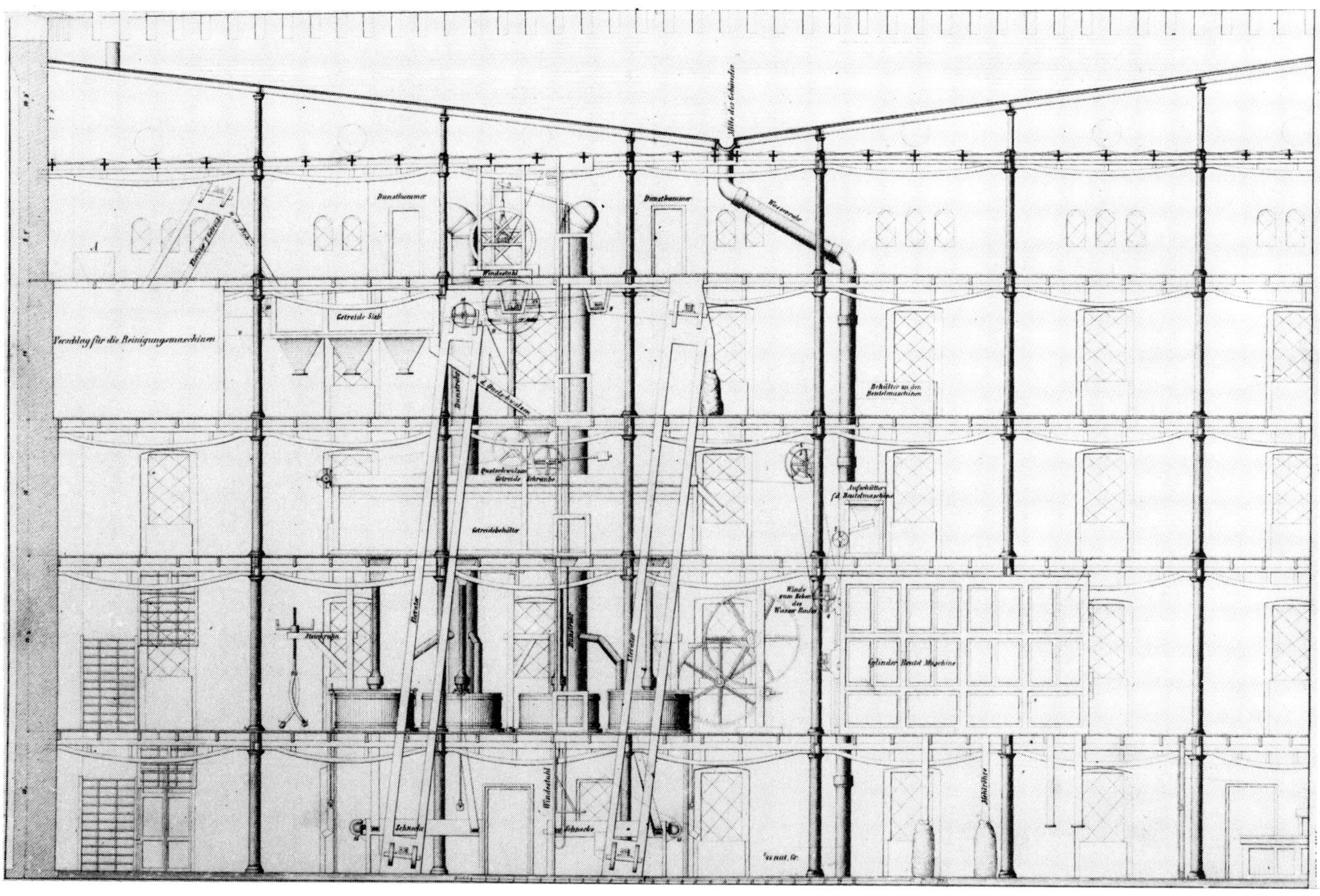

»Die Königliche Wassermühle mit 16 Gängen von Dannenberg« 1850 (F. K. H. Wiebe)

Die Fischer-Brücke und der Mühlendamm 1876 (Foto von F. Albert Schwartz)

ßig zahlreich sein, weil in den königlichen Mühlen fast ausschließlich Lohnmüllerei in kleinen Mengen betrieben wurde. [286]

Die anstelle der 1838 zerstörten neu errichteten Dammhäuser waren, wie am 16. 12. 1852 die Haude und Spenersche Zeitung berichtete, »in Folge spezieller Bestimmung Sr. M. des Königs in italienischem Style nach dem Vorbild des unter dem Namen fabriche vecchie bekannten Gebäudes am Ponte rialto in Venedig« gebaut worden. Vom Bildhauer Adolph Möller stammten die Erntekränze und Blumensträuße im Fries und in den Bogennischen der Kolonnaden.

Nachdem der Fiskus die Mühlen bis 1873 auf eigene Rechnung betrieben hatte, erfolgte ihr Verkauf an einen »Privaten« wegen eines »vorübergehenden finanziellen Interesses« der Staatsregierung.« [287] Ein Angebot, die Mühlen für 1 Mill. Mark zu erwerben, hatte die Stadt abgelehnt, was sich als schwerer Fehler erweisen sollte. [288] Der Vertrag vom 19./24. 6. 1873 über den Verkauf der zwischen der Post- und Breiten Straße gelegenen fiskalischen Grundstücke der Mühlendamm-Nordseite enthielt Beschränkungen bezüglich der Unterhaltung der Stauwerke und Gerinne, der Türöffnungen nach den Gerinnen, der Bebauung der Grundstücke, der Unterhaltung der Kolonnaden usw. [289] Die Wasserkraft wurde dem Käufer verpachtet. [290] Am 1. 1. 1875 gingen die Mühlen in den Besitz des Industriellen Hermann Geber über, der sie u. a. als Speicher und Fabrikräume nutzte. [291] 1878 gehörten Geber nach Grundbuchauszügen auch die Häuser Mühlendamm Nr. 1 bis 11. [292] 1880 übernahm die »Preuß. Immobilien-Actien Bank« die Gebäude und bot sie gleich nach dem Kauf der Stadt Berlin für 2 Mill. Mark an. Die Stadt sah jedoch noch immer keine Verwendungsmöglichkeit, und so wurden die Mühlen von der Bank endgültig stillgelegt. [293] Mit dieser Stillegung hatte man einen steten Gefahrenherd aus dem Stadtzentrum beseitigt. Damals war allen Verantwortlichen durch eine kurz zuvor in der Wesermühle zu Hameln erfolgte Explosion die Gefährlichkeit solcher Anlagen erneut bewußt geworden. [294] Im August 1880 wurden nach Abbruch der Wasserräder innen die eisernen Getriebe und maschinellen Einrichtungen entfernt. [295] Durch Beseitigung der Wasserräder verkleinerte sich der Stau des Oberwassers der Spree mit seinen Überschwemmungsfolgen. Am 10. 10. 1885 kaufte die Stadt von der »Preuß. Immobilien-Bank« die Häuser Breite Straße 23, Mühlendamm 1 bis 11 und Poststraße 16, also auch die Speicher und ehemaligen Damm-Mühlen-Gebäude, einschließlich des Mühlenwegs, rund 350 QR bebaute Fläche, für 2,25 Mill. Mark, wovon auf die Mühlengebäude allein über 1 Mill. Mark entfielen. [296] Die Kosten für den Kauf und Abbruch der Häuser auf 15 Grundstücken der Südseite hatte man 1883 auf über 1,3 Mill. Mark geschätzt.

Der Mühlendamm um 1880

Auch der Schuhmachermeister A. L. Kaplaneck, Besitzer des Hauses Nr. 15, »vorn nur 2 Fensterchen, nach hinten 3 Fenster«, einschließlich Entresol (Zwischengeschoß) und Dachwohnung vier Stock hoch, erhielt für sein Haus den auch damals erstaunlich hohen Preis von 48 000 Mark. [297]

Bei dem vorgesehenen Umbau des Mühlendamms plante man durch Regulierung der Spree u. a. die Senkung des Hochwasserspiegels, um die häufigen Überschwemmungen zu vermeiden und die Schwankungen des Grundwasserspiegels zu verringern. In diesen Schwankungen lag nach damaliger Ansicht, wie dem Protokoll der Stadtverordneten-Versammlung vom 8. 10. 1885 – in Anwesenheit von Rudolf Virchow – zu entnehmen ist, eine Hauptursache von Epidemien. Außerdem sollte durch die Kanalisierung der Spree und den Bau einer leistungsfähigen Schleuse ein durchgehender Schiffsverkehr ermöglicht werden. Die Realisierung dieser Pläne gehörte zum Aufgabenbereich der Preußischen Staatsregierung. Die Stadt beabsichtigte durch Beseitigung der Kolonnaden mit ihren berüchtigten »Hamburger Kleiderläden« und der südlichen Häuserflucht eine breite Verbindung zwischen den verkehrsreichsten Straßen des Ostens

Der Mühlendamm, Ecke Fischerstraße, 1886

und des Westens der Stadt herzustellen. Damals passierten täglich etwa 10 000 Wagen die Dammstraße.

In dem im Februar 1888 abgeschlossenen Vertrag zwischen der Stadt und dem Staat, vertreten durch den Finanzminister und den Minister für öffentliche Arbeiten, wurden die anteiligen Kosten festgelegt und so der Umbau der Mühlengebäude und die notwendige Spreeregulierung durch den Stadtbaurat Blankenstein ermöglicht. [298] Schon im Oktober 1886 hatte der Unternehmer Wohlers aus der Schwedter Straße 20 mit dem Abbruch der südlichen Kolonnaden begonnen. Im Januar 1890 waren die letzten Dammhäuser verschwunden. [299] Mit der eigentlichen Bauausführung städtischerseits wurde im Spätherbst 1889 der Anfang gemacht. Dabei legte man ein letztes Wasserrad in das kleine Gerinne ein, um mit diesem eine zur Trockenlegung des großen Gerinnes benötigte Pumpe zu betreiben. [300]

Beim Ankauf der Mühlengebäude durch die Stadt hatte man die Beseitigung der Anlagen erneut angeregt. Jedoch ruhte auf ihnen die Grundbuchverpflichtung, bei allen baulichen Veränderungen den Fassadenstil zu erhalten, und zwar aus Pietät gegen Friedrich Wilhelm IV., den Schöpfer des Bauwerks. Aber abgesehen von dieser Verpflichtung, hatte erst der am 1. 6. 1886 vom Stadtbaurat Dr. Hobrecht vorgetragene Plan des Magistrats, zur Beseitigung des Mangels an Büroräumen in der Nähe des Rathauses die Mühlen zu erhalten und nur umzubauen, der Stadtverordneten-Versammlung auch das Spreeregulierungsprojekt annehmbar gemacht. Dieser Plan sah den Abbruch der Speichergebäude, die Unterbringung der Städtischen Sparkasse, der Armenverwaltung und, nach Beseitigung der südlichen Bauflucht, die Verbreiterung der Straße Am Mühlendamm auf 26,5 m, einschließlich der beiden je 5,75 m breiten Bürgersteige, vor. [301]

Dazu mußten die 5geschossigen kastellartigen Bauten in 3geschossige umgewandelt und Zwischenwände eingezogen werden. Unter Beibehaltung der vorgegebenen Stilform »normannischer Burgen« wurden an der Nordseite für die drei neuen Stockwerke die kleinen Öffnungen durch große Fenster ersetzt und alle Zinnen vergrößert. Auf der Mühlendammseite stand nach Abriß der Kolonnadengebäude nur eine Brandmauer. [302] 2 m vor dieser Mauer führte der Stadtbaurat Hermann Blankenstein den neuen Frontteil aus. Um die beiden Mühlengebäude zusammenzufassen, legte er über das Mittelgerinne einen Verbindungsbau an, der in der Achse der neuen Fischerbrücke durch einen mächtigen Turmaufsatz gekrönt wurde. Am 11. 12. 1893 erfolgte die Abnahme und Übernahme der ehemaligen Damm-Mühlen-Gebäude. [303] Damit war nicht nur ein Umbau erfolgt, sondern es war eigentlich ein völlig neues Bauwerk unter Verwen-

Der Mühlendamm, Ansicht vom Unterstrom 1893

Die »Engelsburg« um 1895

dung alter Umfassungsmauern entstanden, die »Engelsburg«, deren Mauerwerk 1937 unter den Schlägen der Spitzhacken dahinsinken sollte. Die neue Wasserstraße konnte am 25. 9. 1894 eröffnet werden. Eine 110 m lange und 9,60 m breite Kammer gestattete das Durchschleusen von täglich 250 Schiffen mit einer Tragfähigkeit bis zu 600 t.

Zwischen 1936 und 1942 erfolgte dann ein Neubau der Schleusenanlage mit zwei nebeneinanderliegenden Kammern. [304] Im Zuge dieser Arbeiten mußte das nördliche Ufer zurückgesetzt bzw. die Spree um 15 m verbreitert werden.

Im zweiten Weltkrieg wurde die provisorische Mühlendammbrücke zerstört, danach (1945/46) eine Notbrücke errichtet. 1964 begann man mit den Vorbereitungen zum Bau einer Spannbetonbrücke. Sie sollte die alte Eisenbrücke mit ihrem Bohlenbelag, die den Verkehr zur Rathausstraße geleitet hatte, ablösen. Die 1968 fertiggestellte Betonbrücke gewährleistet mit ihren acht Fahrspuren, entsprechend der Planung des neuen Stadtzentrums, einen zügigen Verkehr von der Leipziger zur Greifswalder Straße. Gestützt auf zwei Pfeiler, überwölbt der 44 m breite Spannbetonbau in einem kühnen, flachen Bogen die Spree und den Überlaufkanal der Schleusenanlage. Auf historischem Grund erbaut, paßt sich die neue Mühlendammbrücke nicht nur harmonisch in das moderne Bild des Zentrums ein; bei etwa 70 m Durchfahrtsbreite können sogar 1000tonner den Schiffahrtsweg benutzen. Das Schleusen durch die beiden 140 m langen und 12 m breiten Kammern dauert eine Viertelstunde. Dabei beträgt die zu bewältigende Differenz zwischen Ober- und Unterwasser 1,5 m. [305]

MÜHLEN AM STADTGRABEN

MÜHLENWERKE DES ENDEGRABENS

Um 1400 waren die beiden Städte Berlin-Cölln von einer Mauer mit einem davorgelegten Doppelgraben umgeben. Auf der Berliner Seite folgte die Stadtmauer dem ehemaligen Verlauf der Littenstraße. Der Wall zwischen den Gräben dürfte dem heutigen Straßendamm entsprechen. [306]

Um das Wasser für die Mühlen des Hauptstroms spannen zu können, befand sich am unteren Ende auch dieses Doppelgrabens, des »Endegrabens« (Burgstraße), ein Wehr, eine »Freiarche«, deren (Wieder-) Herstellung oder Reparatur am 30. 10. 1504 vom Rat einem Merten Range übertragen wurde. Er bewilligte Range dafür 3 Schock Groschen und stellte ihm zwei Tagelöhner, die an drei Tagen Pfähle zu rammen hatten. [307] Nach der Aufzugseinrichtung der Arche nannte man den daneben auf der Mauer stehenden Turm an der Spree »Mönchturm«. (Burgstraße, südlich der Friedrichsbrücke, vor dem Kongreßzentrum; Turm 1704 abgebrochen. [308])

Frühzeitig hatte der Magistrat die Wasserkraft genutzt und hier einen Kupferhammer, eine Sägemühle, einen Färbekessel, eine Schmerhütte (Schmer = Fettigkeiten [309]) und eine Ölmühle angelegt.

In zeitgenössischen Ölmühlen zerkleinerten durch ein Wasserrad betriebene Stampfen die Ölsaat in einem Grubenstock aus Eichenholz. Aus 20 Pfd. Leinsamen wurden in der Regel 5 bis 5 1/2 Pfd. Öl geschlagen bzw. in der Ölpresse gewonnen. Ältere Ölmühlen besaßen zwei auf die Kanten hochgestellte Mühlsteine. Durch Tiere im Kreise herumgerollt, zerquetschten sie die Ölkerne auf einem runden, von Sandsteinen gemauerten Tisch. [310]

Später legte man grabenaufwärts eine Kalkscheune mit Kalkofen, eine Ziegelei mit gemauerten und gedeckten Brennöfen nebst einer Ziegelscheune und des »Zieglers Haus«, eine Walk-, eine Schneide- und eine Lohmühle mit den Gerbehäusern an, wie uns der Rezeß vom 2. 6. 1665 bzw. der Rezeß über die Entschädigung der Stadt von 1665 berichtet. [311] Die Kupfermühle war mit einer Abgabe von 4 1/2 Schock (Groschen) belastet. Da die Abgaben 1505 und 1507 nicht mehr in den Rechnungen der Kämmerei erscheinen, dürfte die Mühle zu diesem Zeitpunkt ihren Betrieb bereits eingestellt haben. [312] Nach 1635 umgab man die Etablissements mit zwei Bastionen, Wall und Graben, so wie es der Memhardsche Plan um 1650 erkennen läßt. [313] In der Mitte der Werkstätten standen die Häuser für die hier beschäftigten Arbeiter, »eine gantze Gasse, der Kupfergraben genandt« (nördlich der Littenstraße, etwa in Höhe Spandauer Straße und der Spree). [314] Später wanderte der Name Kupfergraben an den untersten Lauf des cöllnischen Stadtgrabens. [315] Noch im September 1661 befanden sich »E(inem) E(hrbaren) Rat zugehörig . . . (eine) Sch(n)eide Muhlen, auch Walk- und Lohe Muhl aufm Kupfergraben«, deren Wert vor dem Abbruch 4600 Tlr. betrug. [316]

WERDERSCHE MÜHLEN

Nach Memhards Plan lagen im Jahre 1648 in dem »Graben« auf der cöllnischen Seite, dort, wo er sich zwischen den beiden Werderschen Insels in die drei »Arme« teilte (von West nach Ost), ein Grundwerk mit zwei Mühlen, eine Schleuse und eine Freiarche. Die Freiarche (Flutschleuse) diente zur Senkung des Wasserstandes, um bei zu starkem Wasserzufluß eine Gefährdung der Mühlen zu vermeiden. [317] Von dem Arm an der »Arcke« führte ein Kanal zu einem Wasserturm, der an der Nordwestecke des Schloßbezirks stand. Dieser Kanal mündete oberhalb der Hundebrücke (Schloßbrücke, jetzige Marx-Engels-Brücke) in die Spree. [318]

An dem Arm westlich der beiden Werderinseln lagen eine Walk- und eine Schneidemühle. Grabenaufwärts hinter der Schneidemühle befand sich auf der Insel ein großer Holzplatz, welcher der späteren Holzgartenstraße ihren Namen gab. Beide Mühlen sollen nach Friedr. Nicolai 1645 angelegt worden sein. Die kurfürstliche Walkmühle hätte man nach E. Faden (1927) erst eingerichtet, als die Tuchmacherwalkmühle des Rates vor dem Spandauer Tor [319], 1610 noch einmal ausgebessert (in esse gebracht [320], endgültig eingegangen war. Doch dem widersprechen die Akten, die uns in die Zeit des Dreißigjährigen Krieges führen.

1635 war die Mark zum Tummelplatz der feindlichen Heere geworden. Der Kurfürst Georg Wilhelm hatte sich nach Königsberg (Kaliningrad) in Sicherheit gebracht. In Berlin erschien 1636 brandschatzend der schwedische Oberst Jens von Hadersleff mit 12 000 Mann und verlangte 30 000 Tlr.; ihm folgten der Feldmarschall Hermann Wrangel, dem 3000 Paar Schuhe und Strümpfe, 15 000 Ellen Tuch übergeben und 1000 Tlr. gezahlt werden mußten; weitere Scharen kamen nach. 1638 und 1639 mußte die Stadt monatlich 1800 bis 3000 Tlr. allein zum Unterhalt der kurfürstlichen Truppen beitragen. Dabei soll die Zügellosigkeit der kurfürstlichen Reiter so groß gewesen sein, klagte der Magistrat, daß kein Pferd, keine Kuh, selbst kein Mensch vor ihnen sicher gewesen sei. Berlin bestand damals aus 845, Cölln aus 364 Häusern, von denen fast jedes dritte Haus leerstand, viele Häuser eingefallen waren. Die Bevölkerung war bis auf die Hälfte zusammengeschmolzen. Mit diesen wenigen Menschen begann man 1637 auf Befehl Graf Schwarzenbergs die Errichtung ansehnlicher Erdwerke um den Werder: »Man warf Befestigungslinien und Schanzen an dem Jägerhofe und

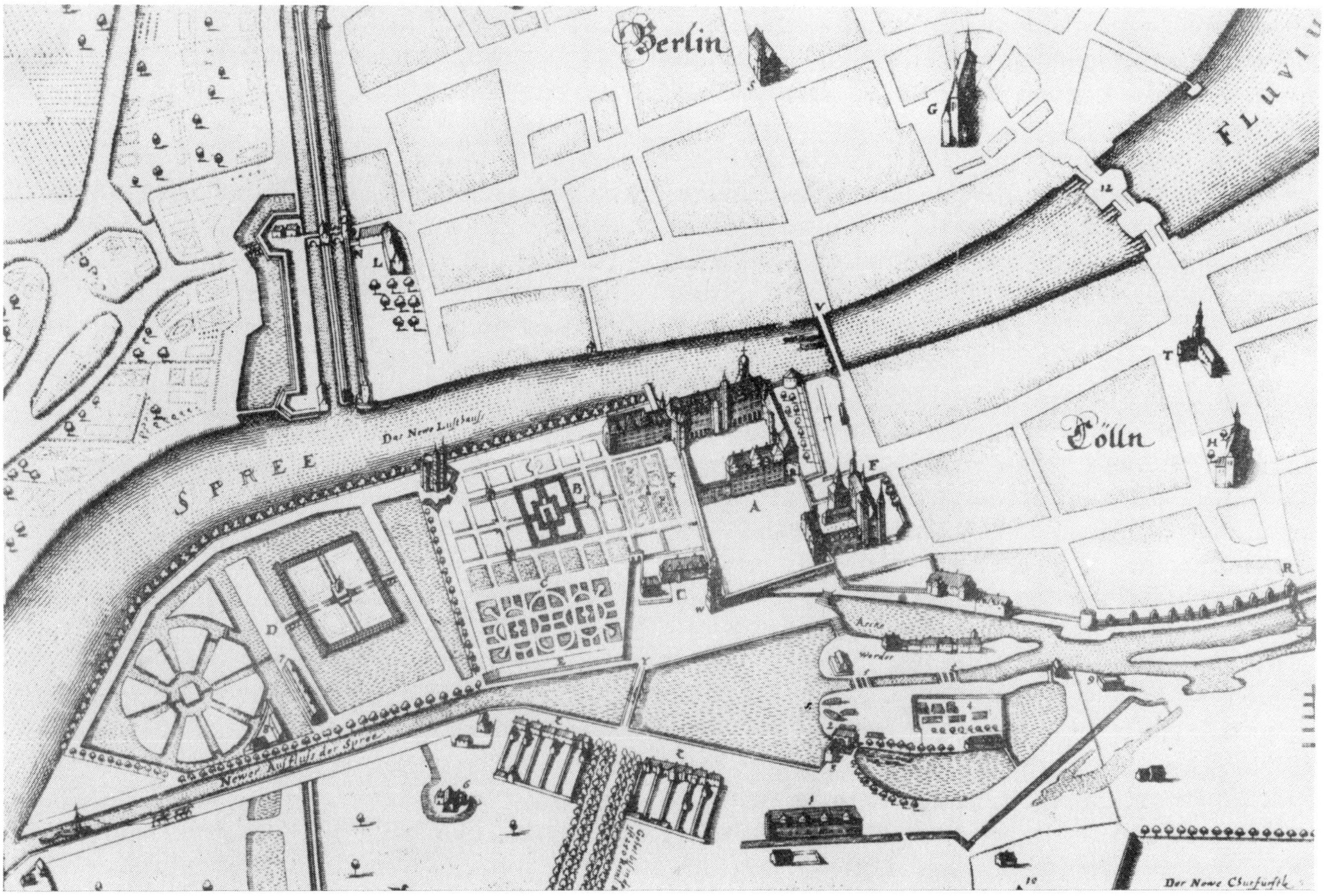

Die Werderschen Mühlen 1648 (Plan von Memhard; Ausschnitt)

dem Reithause (Werdersche Kirche) auf, . . . mit Geschütz bepflanzt« (von der Jungfernbrücke zur Kurstraße/Otto-Nuschke-Straße, zum Werderschen Markt bis zur Straße Hinter dem Gießhaus). [321] Hinzu kam die »furchtbare Pest des Jahres 1638, mit der eigentlich erst der Niedergang der Residenz begann«. [322]

In einer solch ungewöhnlich schweren Zeit sollte auf Befehl des Kurfürsten, im Schutze dieser Befestigung und unter der Leitung des »Ambtsrhat joachim Schultze, unser Kämmerer«, eine »Walk- undt Schneidemülle« errichtet werden. Wegen der Abwesenheit des Kämmerers hatte am 5. 1. 1639 Georg Wilhelm »die inspection (Aufsicht) über unser Walck- undt Schneidemühle auf dem Werder, unserm geheimbten Cammersecretario undt Pfennigmeister Herr Striege in gnaden committiert (anvertraut) undt anbefohlen«. Die »anschaffung des (zum Bau) benötigten Holtzes« als auch sonst notwendiger Materialien übertrug er am 4. 3. 1639 dem Oberförster Anton Freitag aus der Poststraße 4. Für die Rechnungen waren die Bauschreiber Matthias Schuhmann und Adam Stuhlmann zuständig.

Ursprünglich hatte der Kurfürst für den Mühlenbetrieb den »Lohnschnitt« unter dem Regiment der Amtskammer vorgesehen. Deren Schwierigkeit bestand jedoch im Fehlen an geeigneten Transportmitteln: »weil wir in mangelung der Städte Pferde (auf dem Stadthof; heute VEB Energiekombinat Berlin, Stralauer Straße/Rolandufer) und Unterthanen anspannung (Vorspanndienste), keine Sägeblöcke oder Bauhöltzer, ohne sonder uncosten, anführen lassen können, Sinthemal kein Geschirrhoff alhier, ufm Werder, nur noch drey alte abgetriebene Pferde vorhanden . . .« Deshalb sollte, nach einer Notiz vom 27. 6. 1639, die anscheinend noch im Bau befindliche Schneidemühle »zu Cölln an der Spree . . . verarrendiert« werden [323] Obwohl sich die Beamten der Amtskammer, Hans v. Waldow, Joachim Premnitz, Antonius Freitag und Johann Rohr, »mit fleiß umgethan (hatten), die Schneidemühle zu dero besten, ufs höchste . . . miete außzuthun, . . . hatt(e) sich aber Keiner dazu finden und verstehen wollen, biß endlich Christian Lamprecht, Bürger in Berlin, solche, außer der Walckmühlen, uf ein Jahr anzunehmen, undt wöchendlich vier Thaler, (uf ein höheres haben wir bey Ihm zu bringen nicht vermocht) zu geben, undt die Schneidemühle, in dem stande, wie sie Ihm itzo eingeräumet wurde, uf seine Kosten, in Bauliche Würden zu halten, sich vernehmen lassen«. Außerdem sollte Lamprecht jährlich »dreißigh Sageblögke, entweder zu latten, brettern, gartenstielen oder was man im Hofflager« benötigen würde, »ohne einiges endgelde, schneiden lassen«. Nach Meinung der genannten Beamten »were dieser Vorschlag, bey wehrenden verderblichen Kriegswesen, nicht außzuschlagen«. Der Vertrag wurde am 24. 10. 1640 vom Kurfürsten (gestorben am 21. 11. 1640) bestätigt. [324]

Als sich zu Neujahr 1641 der schwedische General Stolhanß näherte, ließ Graf Schwarzenberg zur besseren Verteidigung der Stadt durch den Obersten Dietrich v. Kracht am 17. 1. 1641 die Vorstädte der cöllnischen Seite einäschern. [325] Es ist bemerkenswert, daß dabei die kurfürstlichen Mühlen verschont wurden, obwohl 1639 wegen der bedrohlichen Truppenbewegung der Schweden Schwarzenberg bei den kurfürstlichen Gebäuden auf dem Werder mit dem Abbrennen selbst den Anfang hatte machen wollen. [326] Die Schneidemühle übernahm am 30. 9. 1642 der Pächter Andreas Idder (Ideler) für 100 Tlr. auf ein halbes Jahr. [327] Im gleichen Jahr wurde auf dem Werder ein Haus für den Walkmüller gebaut. [328] Die von Raul Nicolas (1937) auf dem Hintergrund des Reiterbildes des Kurfürsten Georg Wilhelm (um 1639) und auf Merians Prospekt vom Jahre 1652 links neben dem Reithaus (Werdersche Kirche) als »Scheunen« bezeichnete Gebäudegruppe ist die Walk- und Schneidemühle. [329] Auf Merians Prospekt, ebenso wie auf Memhards Plan, liegt die Walkmühle quer, die Schneidemühle am Graben längs.

Ab 1670 scheint, unter Abriß der Walk- und Schneidemühle [330], der westliche Arm des Stadtgrabens der bisher als Mühlgraben genutzt wurde, durch beiderseitige Aufschüttungen eingeengt worden zu sein. Nach E. Fidicin schon in diesem Jahr [331], nach Friedr. Nicolai erst 1688, baute Ludwig de Chieze, nördlich der Werderschen Straße auf dem ehemaligen Standort der Mühlen, das langgestreckte Akzise- und Zollhaus; quer dahinter lag der sogenannte alte Packhof mit seinem großen Kran an einem hafenartigen Becken, das durch den Zusammenfluß der drei Arme entstanden war. Obwohl auf den genannten Ansichten noch kein Packhof angegeben ist, muß nach E. Faden eine »Niederlage«, ein Packhof und Stapelplatz, schon vor 1651 bestanden haben; nach W. Natzschka ging man nach 1571 an den Bau eines Hafenbeckens und eines Packhauses. Im Cöllner Bürgerbuch findet sich 1608 ein Joachim Döring als kurfürstlicher Kranmeister. Auch sollen nach einem Bericht vom 29. 10. 1651 die Hamburger Schiffe früher an der Hundebrücke angelegt haben. Nur wegen der Kriegsunruhen wären sie zur Langen Brücke (Liebknechtbrücke) gefahren, die geschützter gelegen hätte. [332] 1835 baute Schinkel auf dem alten Packhofgelände die königliche Bauschule. Der schmale westliche Kanal mündete, erst schräg über den alten Packhof, später unmittelbar nördlich der Bauschule verlaufend, in das »Hafenbecken«. Der grabenaufwärtsliegende Teil war ursprünglich in der Art eines Flußsees erweitert. Durch die Bebauung an seinen Rändern entstand südlich der Holzgartenstraße ein von der Adlerstraße umschlossenes, unregelmäßiges Karree. Durch dieses zog der zum Kanal umgebaute Grabenarm in Richtung Packhofgelände. An diesen Kanal, zur Adlerstraße 10, verlegte man 1679 die Poliermühle vom Mühlendamm. [333]

Die eigentliche Wasserstraße für den Schiffsverkehr lag im Mittelarm, der als einziger noch erhalten ist und jetzt eine Flutschleuse besitzt. Die heutige Durchfahrt auf der Spree war damals durch den Mühlendamm gesperrt. Nach Friedr. Nicolai hatte hier Kurfürst Friedrich II. im 15. Jahrhundert eine »Arche oder Schleuse« angelegt. Beide Worte bezeichneten, ebenso wie der Begriff »Grundwerk«, nur die Wasserbauten, die ein Gerinne einfaßten und verschlossen. [334] Die erste Schiffsschleuse dürfte man in den Jahren 1550/56 eingerichtet haben. [335] 1578 erneuert, konnte sie nicht allzu leistungsfähig gewesen sein, denn nach der »Größe und Kleine des Wassers«, wenn also die Schleuse nicht benutzbar war, mußten 1583 die Güter auf andere Schiffe jenseits der Schleuse umgeladen werden. [336] 1657 erfolgte ein völliger Neubau aus Holz durch den Baumeister Johann Gregor Memhard(t) und den Hofzimmermann Michael Matthias Schmidt (Smid, Smidts, Schmieden; am 11. 7. 1626 zu Breda geboren, seit 1652 Hofzimmermann und Schleusenmeister, seit 1653 Hofbaumeister), 1694 ein Ausbau mit Werkstücken durch A. Nehring, zu jener Zeit Oberbaudirektor. [337]

Am 14. 12. 1664 erhielt Michael Matthias Schmidt, so unterschrieb er selber, vom Kurfürsten Friedrich Wilhelm den Befehl, auf der Schloßseite, an der Stelle der alten Freiarche, unter Verbreiterung des Grabens zu einem Mühlengraben [338], eine Kornmühle mit zwei Gängen zu bauen. Als Vorschuß wurden ihm 600 Tlr. in Form von 50 Wispel Roggen aus dem Magazin zugewiesen, deren Empfang er am 15. 3. 1665 quittierte. [339] Vom 16. 4. 1665 bis September 1667 hatte Schmidt »bey Erbauung und Verferrtigung der Newen Mahl-Mühle, Frey-Arche, Brücke und Schelung alhir aufm Friedrichswerder an bahrem Gelde laut Quittungen« 2229 Tlr., 13 Sgr., 9 Pf. aus eigenem Vermögen ausgegeben. 1670 bat er um Rückerstattung des restlichen Geldes. [340] Vermutlich um 1669 wurde ein dritter Gang angelegt. Weil diese Mühle 2 »Werkschuh« tiefer als die Damm-Mühlen angelegt worden war, konnte sie auch dann mahlen, wenn bei kleinem Wasser die Damm-Mühlengänge stehen mußten, die damals bei großem Wasser nicht immer voll aufzumahlen hatten. Andererseits hatte man bis 1669 kein Malz gemahlen, weil es zu beschwerlich war, die großen Malzsäcke in diese tiefgelegenen Mühle hinein und aus ihr heraus zu transportieren. Übrigens sehr zum Leidwesen der Helfer, die dadurch um ihr Freibier kamen.

Crucis (14. 9.) 1667 angelassen, brachte die Mühle, unter dem Kämmerer und Mühlenhauptmann Friedr. v. Götzen und dem Mühlenmeister Jürgen Mobus, in 9/4 Jahren bis Lucia (13. 12.) 1669 5 Wispel und 18 Scheffel Korn an Einnahmen. Bis 1680 gingen die Intraden (Gefälle, Einnahmen) teils an das Amt Mühlenhof, teils an das Magazin, danach als Mahlzins und Kriegsmetze an das Kommissariat. [341] Die Mühle wurde in einer Verordnung vom 20. 5. 1671 an den »ingenieurn Johann Gregor Memhardten« noch als

Die Werderschen Mühlen mit Wasserkunst und Packhof 1688 (Plan von J. B. Schultz; Ausschnitt)

»Newen Mühle« bezeichnet. [342] 1690 hatte das Proviantamt in der »Alt-Werderschen Mühle«, auch »Schloßmühle« oder »Mühle beym Schlosse« genannt, die Zahl der Gänge auf sechs erhöht. [343] Die erwähnte hölzerne Brücke über den Mühlgraben wurde später als »Kleine Jungfernbrücke« bezeichnet. [344]

Interpretieren wir die unterschiedlichen Baudaten des Akzise- und Zollhauses als zwei verschiedene Bauetappen bzw. als Bau- oder Umbau [345] – 1667/70 Einführung der Akzise –, so erfolgte nach 1670 die Verlegung der Tuchmacherwalke an die Südseite des von Schmidt angelegten Mühlengrabens. [346] Dies bestätigt eine Notiz vom 26. 7. 1670. Danach sollte das »Ambt Mühlenhof aus seinen eigenen mitteln eine Thuchmacher Walckmühle aufm Friedrichswerder bey der Mahl-Mühle boven«. [347] 1682 baute dann das »Kommissariat«, alles für 7000 Tlr., »nachdem dasselbe des Hof Bau Meisters Schmidts Haus gekaufet«, die Walke zu einer Getreidemühle mit fünf Mahlgängen um; die Tuchmacher erhielten dafür die neue Walke auf dem Mühlendamm. [348] Diese bisherige Walke wurde von nun an als die »Neue Werdersche Mühle« bezeichnet. 1685 »Den 13. April fiel die Foderstube an der neuen Mühle, weil kein gutes Fundament, plötzlich übern Haufen«, berichtet der Cöllner Stadtschreiber. [349] (In den Protokollen des Müllergewerks wird die Berlinische Mühle regelmäßig mit »Fodermühle« bezeichnet.) Unter einer »Foderstube« dürfte man die Förderstube mit den Gängen zu verstehen haben. Seit 1694 finden wir auf Ansichten der neuerbauten Schleuse bzw. auf dem Medaillon von R. Faltz Abbildungen dieser Mühle.

Um 1708 war die »Mühle beym Schlosse« nach Friedr. Nicolai neu gebaut worden. 1711 waren auf dem Werder insgesamt 14 Gänge vorhanden. Beide aus den »Militairgefällen« erbauten Mühlen gehörten dem »kgl. Proviant-Amt«. [350] Am 20. 5. 1713 wurden sie auf 4 Jahre an die königliche Amts-Kammer für 2450 Tlr., 21 Sgr. an Weizen-, Metz-, Mahl- und Steinmehlgeld, 152 Wispel, 20 Scheffel Roggen und 114 Wispel, 1 Scheffel Malz je Jahr verpachtet. Im Juni 1713 bewarb sich Stecher für 1000 Tlr. um die Pacht dieser Mühlen. Nach dem für die Pacht notwendigen Inventarverzeichnis vom 14. 9. 1713 gehörten in der alten Friedrichswerderschen Mühle zu den drei Wasserrädern zwei Gänge aus rheinischen und vier Gänge aus pirnaischen Steinen als Ziehpanster. Das Gebäude und das Grundwerk bzw. das »Pantzer«-Gerinne wurden als sehr alt bezeichnet. Die neue Friedrichswerdersche Mühle besaß für die sechs oberen Gänge drei Wasserrä-

Ansicht der Stadtschleuse 1694

der, unterwärts in dem »neuen Anhang« zwei Mahlgänge mit einem Wasserrad, außerdem als Pansterwerk vier Ziehwellen, vier Kumbtwellen und acht Getriebe. [351]

Nach einem vom Waagemeister G. Gabriel unterzeichneten Verzeichnis befanden sich am 15. 9. 1713 in der neuen Mühle eine Waage mit zwei Schalen und eine »Schnelle Waage mit 1 Schale und 1 Gewicht«; der Gewichtssatz für die erste Waage bestand aus 4 ganzen, 2 halben und 1 Viertelzentner bzw. an kleinen Gewichten: 1 bis 10 Pfund in 10 Stücken. Zur alten Mühle gehörten zwei Waagen mit je zwei Schalen. [352]

Am 1. 2. 1719 wurde das Inventar von Stecher an den Ober-Mühleninspektor Petrie und den Mühlenmeister Otto übergeben. [353]

»Die neue Mühle, nach der Freyheit« (»Freiheit auf dem Werder«, danach »Freiheit an der Schleuse« und dann Straße »An der Schleuse« [354]), »ließ König Friedr. Wilhelm, nachdem er zwey Häuser erkauft, 1720 neu bauen« (Friedr. Nicolai, 1779 [355]). Sie war »diejenige, welche nach der Schleuse liegt, und nach Einreißen der alten in die itzige Form (1756) gesetzt worden, ein zierlich Gebäude von 2 massiven Etagen, in deren anderen Etage 7 Fenster, nach der Passage (Straße) aber 5 anzutreffen sind. Es hat auch diese Mühle ein schönes Aussehen, und bequeme Zimmer, welche der Mühlen-Commissarius bewohnet. Auch ist die Carten-Cammer allhier etabliert.« [356] Nach den Angaben der Taxatoren (1801/02) war die Neuwerdersche Mühle an der Straße 56 Fuß breit, hinten 48 Fuß tief, 69 Fuß lang; auf dem Sackboden unten eingangs rechter Hand befand sich des Waagemeisters Wohnung, im zweiten Stock die des Ober-Mühleninspektors. Der »Anhang«, 43 Fuß tief, $35^1/_2$ Fuß lang, besaß zwei Stockwerke, das unterste massiv, die obere Etage, in der die königliche Registratur untergebracht war, bestand aus Holz; vier Wasserräder für acht Gänge arbeiteten in einem 105 Fuß langen, 12 Fuß breiten und 9 Fuß tiefen Gerinne; Taxwert für das Haus 12260 Tlr., für die Gänge und das Gerinne 17260 Tlr. [357]

Im Laufe der Jahre war die hölzerne Altwerdersche Mühle in einen solchen Zustand geraten, daß sie im August 1737 abgebrochen werden mußte. Auf drei Seiten, gegen die Schleuse, die Passage und das Schloß, legte man einen starken Rost mit Pfahlwerk und gegenüber dem Haudischen Hause ein festes Fundament an, auf das ein »schönes Gebäude gleichfalls von 2 Etagen, so gegen die Passage oberhalb 5 und gegen das Schloß 7 Fenster mit feinen Fensterzierathen und Thüren hat, angefertigt wurde. Der ganze Mühlenbau war im Dezember gedachten Jahres vollendet, so, daß man 2 Tage vor Weihnachten die Mühlen anlassen konnte. In dieser Mühle sind ebenfalls 6 Mahlgänge angelegt worden.« [358] »Den Raum der beiden anderen Gänge nimmt die Wasserkunst ein.« [359] Die Altwerdersche Mühle, 67 Fuß lang, 50 Fuß tief, war ganz massiv gebaut. Auf dem Sackboden befand sich die Mahlstube und das »Waage-Comptoir«; im zweiten Stock die Wohnung des Mühlenschreibers und des Waagekontrolleurs, unter dem Dach die Wohnung des Bescheiders; Taxwert für das

Haus 8500 Tlr., für das Gerinne, drei Räder und sechs Gänge 3650 Tlr. [360]

Carl Friedrich Zelter, Maurer, Musiker und Gründer der Berliner Singakademie, berichtet in seiner Selbstbiographie auch über einen musizierenden Mühlenbescheider namens Bruvill (um 1755). Dieser hatte sich selber eine Violine gemacht und ohne Anweisung darauf spielen gelernt. Das Instrument war einem schönen italienischen Muster vollkommen nachgearbeitet. Für seine 18jährige Tochter, die er im Klavierspielen unterrichten ließ, baute er einen dreitürigen Flügel mit zwei Klaviaturen. Als Muster diente ihm ein Orchesterflügel »vom alten Silbermann«. Er hatte sich unter dem Dach der Werderschen Mühle einen Raum, »so groß, wie möglich mit Bretterwänden eingerichtet und bald stand eine artige Concertstube da, deren Wände mit musikalischen Sinnbildern geziert waren«. Mit »fünf Violinen, zwei Bratschen, zwei Violoncellen, einem Contraviolon, zwei Flöten und dem Flügel (wurden) die schwersten Sinfonien, Concerte, Ouvertüren von Bach, Händel, Vivaldi... sicher und natürlich aufgeführt«. [361]

1786 hatten die Werderschen Mühlen »zusammen 14 Gänge zu Mehle« [362], von denen die Neuwerdersche Mühle sechs Gänge und zwei im Anbau besaß. [363] Beide Mühlen wurden 1853/54 einem Umbau unterzogen. [364]

1874 gingen unter Kündigung aller Verträge die Werderschen Mühlen in das Ressort des Ministeriums für Handel über. Am 13. 12. 1875 erfolgte die Versteigerung der bisher zum Mühlenbetrieb verwendeten Utensilien, wobei z. B. der Mühlenmeister Hänsch aus der Prenzlauer Allee aus jeder der beiden Mühlen je einen Mahlgang erwarb. Die Gebäude wurden für 3200 Mark auf Abbruch verkauft und 1876 abgerissen. [365] Sie mußten dem geschmacklosen Bau eines Kaffee- und Restaurationsbetriebes weichen, letzterer 1897 dem Denkmal für Kaiser Wilhelm I. [366] Heute erinnert noch ein überwölbter Kanal nordöstlich der Schleusenbrücke an den alten Zusammenfluß der beiden Arme. Auf dem ehemaligen Akzisehaus-Packhof-Komplex steht das Gebäude des Ministeriums für Auswärtige Angelegenheiten und des Ministeriums für Hoch- und Fachschulwesen der DDR. An den Geländern der Schleusenbrücke finden wir die beiden einzigen erhalten gebliebenen Arbeiten des Bildhauers Kurt Schuhmacher, eines antifaschistischen Widerstandskämpfers (geb. 6. 5. 1905, hingerichtet 22. 12. 1942). Medaillons zeigen den Friedrichswerder im Jahre 1657 nach Memhard und 1688 nach J. B. Schultz. [367]

Seit 1593 befand sich die kurfürstliche Münze in dem »sog. Münzturm«, einem Gebäude hinter der Schloßapotheke an der Spree. Sie besaß zur Münzprägung u. a. ein durch ein Wasserrad betriebenes Hammerwerk. [368] Folgen wir E. Fidicin, dann gelangte das von der Münze benötigte Wasser »durch einen Graben, der von der Stechbahn nach dem Lustgarten und der Gegend der Kavalierbrücke (Liebknechtbrücke) führte«. [369] Noch im Jahr 1606 mußte »an diesem Münzrad ein Pfeiler« instand gesetzt werden. [370] 1659 war der Münzkanal, der mit seinem Gefälle dem Antriebsrad das Wasser zuführte, eingefallen. [371] Um 1680 verlegte man die Münze auf die andere Seite des Schlosses in den Turm mit der sogenannten Wasserkunst bzw. in die Gebäude an seiner Ostseite. Ur-

Die Werderschen Mühlen hinter der Schloßfreiheit

sprünglich ein Wartturm, 12 m hoch, 14 1/2 m breit, mit 2,85 m starken Umfassungsmauern, stammte er wohl vom ersten Schloßbau des Kurfürsten Friedrichs II. [372] Unter dem Kurfürsten Johann Georg erhielt dieser Turm einen 18 m hohen, dreigeschossigen Aufsatz, der von einer Galerie umgeben und von einer Laterne gekrönt wurde. [373] Im Turm befand sich eine »Kunst«, ein Wasserwerk, das durch ein Wasserrad das Wasser in die »Wasserbottische« der oberen Geschosse hob. Das Wasser der Oberspree wurde durch einen Kanal über die spätere Schloßfreiheit, damals der »Gang an der neuen Wasserkunst« genannt, an den Turm zum Rad des Wasserhebewerks geführt und floß in die Spree ab. [374] Hölzerne Wasserleitungen, 1701 »ganz verfaulet«, dienten zur Versorgung des Schlosses und der Fontänen des Lustgartens [375], insgesamt eine technische Meisterleistung.

Der Turm wurde 1706 abgebrochen. [376] Am 9. 4. 1711 antwortete der Baudirektor v. Eosander auf ein »Magistrats petitum wegen Anlegung einer Walck Mühle«: Es sei »wegen der Wasser Kunst nöhtig, daß der Kunstmeister über die zu verfertigende Walck-Mühle die Disposition haben müsse, umb im Fall, wann dieselbe der Wasserkunst halber geschützet werden muß, er darunter keine obstacula finde«. [377] 1719 erfolgte die Anlage eines Reservoirs mit 3 großen Wasserbehältern über dem sogenannten Eosanderportal des Schlosses und die Verlegung bleierner Verteilungsröhren in alle Flügel des Bauwerks. [378]. Das dazugehörige »Kunstwerk« (Druckwerk) baute 1720 der Maler, Grottierer und Spritzenmacher Ebert neben der »Neuen Werderschen Mühle« [379] bzw. unterhalb der »Schloßmühle«. [380] Es besaß »ein besonderes Rad und Renne, welche anno 1738 neu gemacht worden« [381], und konnte das Wasser bis auf eine Höhe von 102 Fuß anheben [382] (120 Fuß nach Friedel [383]). In einem metertiefen Schacht zogen Wasserrohre zum Schloß. In dem Mauerpfeiler des Eosanderportals, nach dem Lustgarten zu, war »eine steinerne Wendeltreppe von 175 Stufen angebracht, welche aus dem Kellergeschosse bis aufs Dach führet, innerhalb welcher die Röhren von der Wasserkunst bey der Werderschen Mühle, bis zu den Wasserbehältern« gingen. So konnten bei einer »etwaigen Feuersgefahr« 7000 Tonnen Wasser durch die Röhren im Schloß überallhin verteilt werden. [384]

1670 sollte, nach Fertigstellung der Schneidemühle auf dem Mühldamm, dort noch eine zweite errichtet werden. Dazu war nach einer Anordnung vom 27. 6. 1670 »aller Vorrath an Eisen und Materialien, so auf der abgebrochenen Fried. werd. schneidemühle vorhanden gewesen, gegen Quittung (zu ver-) abfolgen«. [385] Die geforderte zweite Schneidemühle dürfte man an den 1664 von M. M. Schmidt zum Mühlengraben erweiterten östlichen Arm des Stadtgrabens errichtet haben. Als »Neuer Graben« führte er zwischen 1680 und 1701 dem »Münzturm« am Schloß das Wasser zu. Diese (hinter der Stechbahn/An den Werderschen Mühlen 8/9; s. Plan von La Vigne, 1685) »am Neuen Graben erbaute Schneidemühle besichtigen und was dieselbe werth, taxieren, jedoch das Holtz ausgenommen«, ist am 20. 9. 1673 dem Amtsschreiber und dem Mühlenmeister des Mühlenhofes befohlen worden. [386] Am 15. 1. 1682 bekam ein W. Hanower den Befehl zur Anlegung eines Mahlgangs in der »auf dem Münzgraben gelegenen Schneide und Walck Mühle«. [387] An dieser letztgenannten Mühle, »bey der Friedrichswerdersch Korn-undt Walck-Mühle, jedoch ohne die dabeiwohnenden Bürger zu schaden«, mußte nach einer Anordnung vom 22. 9. 1687 der Hofbaumeister Schmidt eine Schleifmühle für den kurfürstlichen Glasschneider anlegen. [388]

Nach dem Tod von Michael Matthias Schmidt, des Hofbaumeisters und Besitzers des Gutes Lichtenberg (gestorben am 24. 7. 1692 [389]), hatten die Erben dessen »Schneide undt Walck-Mühle, so am Neuen Graben bey dem Weißenberger lieget«, an einen Melchior Bang verkauft. »Weil aber diese Mühle gantz eingewohnet undt unbrauchbar ist, Euer Churf. Durchl. auch dem Seel. Hoff-Bau-Meister gnädigst erlaubet, aus der Walck eine Mahl Mühle zu bauen, nur daß es wegen seiner Abwesenheit und Krankheit nicht ausgeführet worden«, bat der Käufer »anstatt der Walckmühle eine Mahlmühle – gleich wie Sie auch von Anfang hergewesen – ausführen und eine Brücke zur Überfahrt, gleich wie Sie bey den Schleusen gemacht«, bauen zu dürfen. [390] Daraufhin wurde am 1. 5. 1693 befohlen, »in diesem Sommer noch eine Wassermühle mit verschiedenen Gängen auf dem Friedrichswerder anzulegen und dadurch dem Mangel abzuhelfen«. [391] Mit der Beseitigung des Münzkanals über der Schloßfreiheit 1706 erfolgte auch die Stillegung dieser Mühlenanlagen. [392] Auf ihrem ehemaligen Standort errichteten die Baumeister Ende und Böckmann 1866/67 ein großes Geschäftshaus, das sogenannte »Rote Schloß«. Der unter diesem Haus hindurchgeführte Mühlengraben war an seiner engsten Stelle 10,41 m weit. [393] Er ist 1962 zugeschüttet worden.

Um den ehemaligen Wasserturm durch Schlüter zu einem Glockenturm umgestalten zu können, hatte man 1701 die Münze auf das Grundstück Unterwasserstraße 2 verlegt. [394] Bekanntlich konnte der drohende Einsturz des »Münzturmes« 1706 nur durch einen schnellen Abbruch verhindert werden. Das vorgesehene kostbare Glockenspiel, für 20 000 Tlr. in Holland gekauft, kam in die Parochialkirche. Die Münze lag jetzt zwischen der Unterwasserstraße und dem ehemals westlichen Grabenarm, den Schlüter schon 1688 (oder 1701 [395]) als Münzkanal vorbereitet hatte. Zwischen Michaelis und Oktober 1739 erfolgte die Überwölbung desselben. [396] Beim Neubau der Preußischen Staats-Münze nach den Plänen von Friedrich August Stüler in den Jahren 1861 bis 1871 in der Unterwasserstraße 2/4 wurde der Münzkanal zugeschüttet und das Wasserrad durch Dampfmaschinen ersetzt. Damit verschwand der Rest des alten westlichen Mühlengrabens. 1936 fiel dieses charakteristische Stadtviertel, die Keimzelle des Gemeinwesens Friedrichswerder, dem Erweiterungsbau des Reichsbankgebäudes zum Opfer. [397] Heute befindet sich in diesem ausgedehnten Baukomplex das Zentralkomitee der Sozialistischen Einheitspartei Deutschlands.

MÜHLEN IN DEN FESTUNGSGRÄBEN

1681 hatte der Kurfürst Friedrich Wilhelm die beiden neuen Vorstädte, die Dorotheenstadt und die Friedrichsstadt (nördlich und südlich der Straße Unter den Linden), durch ein sogenanntes Hornwerk in die Berlin-Cöllner Befestigung mit einbeziehen lassen. Es bestand aus Wall und Graben, die, von der Bastion 2 (St.-Hedwigs-Kathedrale) ausgehend, parallel zur heutigen Behrenstraße lagen und im Zuge der Mauer- und der Schadowstraße die Spree erreichten. Auf der Nordseite der Dorotheenstadt befanden sich hinter der Letzten Straße (Clara-Zetkin-Straße), Wall und Graben ersetzend, die königlichen Wiesen, die völlig versumpft waren und bis zum Spreebogen reichten, im Plan von J. B. Schultz als »Neue Auslage« bezeichnet.

1702 hatte der Kurfürst Friedrich III. in Nachahmung einer holländischen Einrichtung eine Treckschuitenfahrt auf der Spree eingerichtet. Zweimal täglich zogen zwei Pferde auf einem Treideldamm zwischen Charlottenburg und Berlin eine Treckschuite für die Einwohner. Durch den Bau des Schönhauser Grabens 1704 wurde das Schloß Schönhausen diesem »Verkehrsnetz« angeschlossen. Zu seiner Erweiterung begannen 1708 die Arbeiten für einen Graben, der sich durch die königlichen Wiesen, zwischen dem »Kupfergraben« und der Spree, an einem Weg, der Katzenstieg genannt (Georgenstraße), hinziehen sollte.

1700 wurde die Akademie (Societät) der Wissenschaften gestiftet und Leibniz zu ihrem Präsidenten ernannt. Für die Akademie sollten Räume und eine Sternwarte im nördlichen Teil des damaligen Marstalls (Universitätsbibliothek) an der Letzten Straße eingerichtet werden. Aufgrund der königlichen Order vom 28. 4. 1707 mußte »ein Platz gleich gegen dem observatorio über, mit dem darauf stehenden Hinter-Gebäude ... für 2100 Rt. (gekauft werden zum Bau einer) Druckerey, auch wol unterirdisches Laboratorium und ... auch einige Zimmer ..., in welchem fremde und andere Standes-Personen bey der besichtigung geführet oder mit experimentis unterhalten werden können«. Das vom Kriegskommissarius Nicolai erworbene Grundstück, ein »hinter dem königl. Stall in der Dorotheen-Stadt, zwischen dem Königl. Hoff Maller Hr de Roije und dem konigl. Leib Kutscher gelegene(r) Platz und Gartten« war 70 Fuß breit und 200 Fuß tief. Auf dem hinteren Teil des »anmutigen« Gartens befand sich, neben einem Stall und einem Schuppen, ein kleines Haus, in welchem der diensttuende Astronom Gottfried Kirch wohnte. [398] Genau hinter diesem Grundstück (Clara-Zetkin-Straße 28) sollte nun eine der so übel riechenden Walkmühlen entstehen.

Am 19. 3. 1702, zwei Tage nach dem Tod Wilhelms III. von England, Herrscher auch über das Fürstentum Orange in Südfrankreich, hatte sich Ludwig XIV. rechtswidrig in den Besitz des kleinen Fürstentums gesetzt und befohlen, dort die Ketzerei auszurotten. Den calvinistischen Orangeois wurde erlaubt auszuwandern. Da König Friedrich I. von Preußen durch seine Mutter Louise Henriette von Oranien einen Anspruch auf das Fürstentum besaß, sahen die meisten Flüchtlinge in ihm ihren rechtmäßigen Herrscher und wollten sich in seine Staaten begeben. Dem kam Friedrich entgegen und schrieb zugunsten der Orangeois eine Kollekte in seinem Land aus; damit wurde, verbunden mit einer gleichartigen Sammlung in England, der Grundstock zur 1705 gestifteten Maison d' Orange (bis 1833, dann bis 1945 Hotel »Continental«, Neustädtische Kirchstraße 6/7/Clara-Zetkin-Straße) gelegt.

Zu den Flüchtlingen, die sich unter Zurücklassung ihrer Habe zunächst in die Schweiz begeben hatten, gehörte ein Jaques Alary (64 J.) mit seiner Frau Eve (72 J.) und ihrer Nichte. Alarys Tochter hatte den englischen Soldaten Richard Coulet geheiratet und war mit ihm nach England geflohen. [399] Am 30. 4. 1704 beauftragte Friedrich I. eine Kommission, für die Überführung und Ansiedlung der Oranger zu sorgen. So gelangte bis zum 2. 8. 1704 Alary mit seinen Angehörigen aus Bern nach Berlin. Hier erhielt er zum Aufbau einer Existenz zunächst 400 Rtlr., dazu 150 Rtlr. für Werkzeug, das nach seinem Tod an die Stiftung zurückfallen sollte. In einem Brief bat Alary den König um Unterstützung beim Bau eines Hauses, einer Tuchwalke und eines Stalls für zwei Pferde, die zum Drehen der Mühle notwendig wären. Er dächte dabei an das öffentliche Wohl, aber auch an seinen eigenen Unterhalt. Es bestand damals ein großer Mangel an Walkmühlen. Dies bestätigt ein Befehl des Königs vom 1. 12. 1704 zum Bau einer Walke. Sie sollte auf Bitten des »Deputierten zum Armen-Wesen ... der armuth zum Besten angerichtet werden«. [400] Eine entsprechende Walke ließ sich bisher nicht nachweisen. Auch nach Aussage des Barons de Lubieres, Kommissär der Maison d'Orange, hatte sich die Mehrzahl der Berliner Kaufleute Tuchwalkmühlen gewünscht.

Nach eingeholten Informationen über den Antragsteller war J. Alary in Südfrankreich, im Fürstentum Orange, geboren. Er galt als ein sehr guter Arbeiter, der seinen Beruf als Tuch- und Wollscherer bis zur Aufhebung des Ediktes von Nantes 1685 ausgeübt hatte, als ihn die Verfolgungen unter Ludwig XIV. zwangen, sein Vaterland zu verlassen. Ihm wurden deshalb der Bau und die Führung einer Walkmühle zugetraut. Die Kosten wurden auf über 2000 Rtlr. geschätzt. Am 29. 2. 1706 erließ der König ein Dekret, dem Alary einen Bauplatz und für die Walke Geld aus der Hof-Rentei anzuweisen, jedoch »daß Er gleich anderen die obverordneten Zwey Lust-Cabinetter (zur Treckschuitenfahrt) erbaue«. Daraufhin ließ Alary seine Kinder aus England kommen, ihm und seiner Frau zu helfen. Weiteres Geld sollte ihm mit der Auflage ausgezahlt werden, daß er wegen des sumpfigen Bodens Pfähle für das Gebäude einrammen läßt und der Maison d'Orange die erste Hypothek auf das Gebäude gibt. Vom König am 3. 9. 1706 beauftragt, hatte der Graf v. Wartensleben zwei Kommissare ernannt, einen geeigneten Bauplatz zu bestimmen. Dieser sollte, um weder den König noch den von der Charlottenburger Seite kommenden Verkehr zu belästigen, unterhalb der Langen Brücke bzw. auf der Hafenseite liegen.

Schon wenige Tage später protestierte der Sekretär der Societät der Wissenschaften Jablonski in einem Brief an den König. Er stellte darin fest, daß etwa 3 Ruten weit von den Grundstücken der Sozietät und der Nachbarn »ein neuer Graben vor die Treckschuit gezogen« werde und daß auf der dazwischenliegenden Wiese ein Franzose mit dem Graben von Fundamenten begonnen habe. Man sollte die Societät mit einem »so beschwerlichen Nachbarn« verschonen. Der Freiherr v. Bartoldi, der sich daraufhin eingeschaltet hatte, bestätigte am 2. 10. 1708 den Baubeginn mit dem Hinweis, daß Jablonski seinen Einspruch zurückgezogen hätte. Bei der Vernehmung habe Jaques Alary gebeten, ihm den angewiesenen Platz zu belassen, weil »in der Panco kein so starkes Wasser zur Treibung dieses Wercks als in der Spree sey, maßen sonsten der Herr Obrist Todt Ihm alda einen orth ausgesehen haben würde.« [401]

Doch mit dem Walkmühlenbau scheint Alary sich übernommen zu haben. Ebenso wie der Polierer Josue Fellin vom Mühlendamm war Alary auf Unterstützung angewiesen, wie es die Beschlüsse der Direktoren der Maison d'Orange belegen. Die Kinder waren nach England zurückgekehrt. Als 1711 seine altersschwache Frau erkrankte und vorübergehend in der Maison aufgenommen werden mußte, wurde er als faul bezeichnet. Wöchentlich erhielt Alary Brot als Externer. Nach dem Tod seiner Frau im Oktober 1712 besuchte er immer häufiger das Cabaret (Wirtshaus). Noch sagte der Mühlenhauptmann v. Kamecke für ihn gut, und am 25. 5. 1713 heiratete er die Witwe Susanne Vilard (gestorben am 26. 8. 1717). Doch als Alary begann, seine Umgebung mit rüden Ausdrücken zu sehr belästigen, sperrte man ihn im September 1718 ins Arbeitshaus, aus dem er im November wegen guter Führung aber wieder entlassen werden konnte. Arbeit wurde wegen seines Alters von ihm nicht mehr erwartet. Am 24. 2. 1720 ist der Flüchtling Jaques Alary gestorben (M. Welge, nach den Akten des Hugenottenmuseums, 1982).

Aufgrund seiner Wasserverhältnisse wurde der Festungsgraben auf der cöllnischen Seite auch »Grüner Graben« oder »Fauler Graben« genannt. In ihm arbeitete seit 1723 beim Unterbär an der Bastion 1 »am Bauhoff« (Bauhofstraße am Kupfergraben) die Walkmühle der Weißgerber. Das Ende der Mühle zeichnete sich ab, als um 1736 begonnen wurde, die Festung zur Friedrichs- und zur Dorotheenstadt hin zu öffnen. Dabei machten die Bauarbeiten eine zeitweilige Senkung des Wasserspiegels erforderlich, sehr zum Nachteil der Walke. Im Herbst 1737 war die »Jägerbrücke« vollendet, mit dem Bau der »Spittelbrücke« wurde begonnen. [402] Am 18. 11. 1737 klagten die »Sems- und Weißgerber«, daß sie seit dem 29. 9. 1737 in ihrer gemeinsam genutzten Walkmühle nicht einmal »mit 1 Loch« mehr arbeiten könnten, weil vor dem Köpenicker Tor die Mauern am Wall aus dem Grunde heraus »gemauert« würden. Der Gouverneur v. Glasenapp hatte nämlich Order geben lassen, den »Oberbaum am Cöpenicker Thor, wie auch auf der Neustadt (Dorotheenstadt) die freye Arcken«, welche die Weißgerber für ihre Walke haben mußten, aufzulassen. So lief »das Wasser umsonst hinweg«. Sie baten nicht nur um Pachterlaß, sondern auch um ihre alte Walke auf dem Mühlendamm, die damals den Tuchmachern überlassen werden mußte. Oder es sollte ihnen erlaubt werden, bei ihrer Walke eine »freye Arcke zu machen«, damit sie wenigstens »ein Loch recht ordentlich gebrauchen könnten«. [403]

1740 begann man unter Friedrich II. mit den Vorarbeiten zum Bau des Opernhauses. Dazu mußte der Graben von der Jägerbrücke bis unterhalb der Bastion 1 geradegezogen werden. Die alte Neustädtische Brücke blieb an ihrem Platz, dagegen verschwand der Bär vor der Bastion 1 und damit die am Bär gebaute Walke. [404]

Als der Weißgerber Maffé mangels einer Walke in seiner Arbeit sehr behindert war und um Hilfe bat, sollte er im April 1743 die 2 Jahre zuvor im Tiergarten angelegte Walkmühle übernehmen. Nur der »Walckkumm« bzw. die »Stampen« der Mühle müßten etwas geändert werden, damit »selbige zur Thauung seiner Leder« dienen könnten (engl. taw = weißgar bearbeiten, weißgerben; angels. tawian). Doch mit dieser Mühle waren die Weißgerber nicht zufrieden.

»Es ist die Walck-Mühle, so anstatt deren, die unsere Gewercke über 300. Jahre lang auf dem Mühlendamm und deren, so es nachhero im bauhoffe gehabt, vor einigen Jahren im Thiergarten... gebauet worden«, schrieb am 20. 4. 1746 das »Weißgerber-Gewerck hirselbst« und fügte hinzu, »entweder uns die vorhin so viele hundert Jahre lang gebrauchte Walck-Mühle auf dem Mühlendamm alhier wieder zu geben oder aber für uns eine bequemere neue Walck-Mühle hier an der Stadt, ohnmaßgeblich (eventuell) an dem Wusterhausenschen Bär, bauen zu lassen«.

Im Tiergarten war nämlich zu wenig Wasser, eine Walkmühle nur 3 Monate im Jahr nutzbar, »weil der Graben mit Sandbergen und anderem Unflat angefüllet, daß solches die force des Wassers... zurückhält«. Würde der Graben geräumt werden, wäre ein Bau am Wusterhausenschen Bären überflüssig. Am 22. 12. 1746 bekam das Gewerk die Erlaubnis, »eine neue Walck-Mühle an dem sogenannten Wusterhausenschen Baar alhier zu erbauen«. Damals schickten die Weißgerber jährlich über 1000 Felle u. a. nach Potsdam und Brandenburg.

Der Platz am Bär wurde von Feldmann wegen der starken Bebauung der Umgebung abgelehnt. Ein Bau wäre nur im Wasser selbst möglich, der aber wegen des vielen Holzes und der schwierigen laufenden Unterhaltung zu teuer käme. Feldmann schlug einen Platz »an der Pomeranzenbrücke«, dem Vorläufer der »Neuen Friedrichsbrücke« (am Friedrichsbär) vor. Daß »dort jedoch des Königs Frau Mutter im Sommer auf Mombiou würden incommodiert werden«, gab die Kriegs- und Domänenkammer zu. Man sollte darum erst die geplante Räumung des Landwehrgrabens abwarten.

Im Tiergarten machte jedoch der Mühlenbescheider Trautmann den Weißgerbern zusätzliche Schwierigkeiten, der vorgab, »für (die) Mundportion des Königs« bzw. »für den Königlichen Hoff Staat mahlen zu müssen, jedoch die meiste Zeit zu seinem eigenen Vorteil das Wasser verwendete«, indem er für Bäcker, Brauer und Branntweinbrenner arbeitete.

Man diskutierte die Anlegung einer Walkmühle vor dem Köpenicker oder Spandauer Tor, dachte auch an den »Fino Canal« oder an den Ausfluß der Spree aus dem Müggelsee und hatte bereits die Örtlichkeiten besichtigt. Auf keinen Fall sollte weiter »im Sächsischen« gewalkt werden.

Um unabhängig zu werden, hatte sich 1749 der Weißgerber Feige aus Potsdam eine »Walck-Mühle, welche mit einem Rad von Menschen getretten, erbauet, nachhero aber, weil ihm die Kosten zu hoch gefallen, er auch wegen der schweren Arbeit nicht Leute dazu bekommen können, dieselbe in eine Roß-Walck-Mühle verwandelt, ... so mit einem Pferde getrieben wird«. Bedenkt man die hohen Unterhaltungskosten für drei Pferde und einen Knecht, so war die Leistung mit 200 Stück Fellen in 7 Tagen auf dieser Roßwalke unbefriedigend. In einer Wasserwalkmühle konnten 500 bis 600 Stück Felle in bis zu 5 Tagen verarbeitet werden. [405]

1755, nachdem die Walke im Tiergarten schon 2 Jahre gestanden hatte, bekamen die Weißgerber auf ihre dringenden Bitten eine der beiden Damm-Lohmühlen angewiesen. Die andere sollten die Schuster auf 9 Jahre übernehmen. [406] Prompt protestierten die französischen Lohgerber: Ihnen sei schon einmal eine Lohmühle abgenommen und dem verstorbenen »Lievranten Simon« übergeben worden. [407]

Dieser Lieferant Peter Siegmund hatte 1753 eine Manufaktur für Sämischleder gegründet. Da er die »Fabrik« auf eigene Kosten gebaut hatte, wurde ihm nicht nur die bis dahin vom französischen Lohgerbergewerk gepachtete Mühle auf dem Mühlendamm »eigenthümlich accordiert (zugestanden)« [408], sondern auch zur Walkmühle eingerichtet und ihm ein ausschließliches Privileg für 20 Jahre verliehen. Nach Siegmunds Tod führte ein Verwandter, der 1741 aus Brandenburg zugezogene Sattler Peter Friedrich Damm, das Unternehmen fort. [409] Damm lehnte es ab, selbst gegen Bezahlung, die Weißgerber auf der ihm von König Friedrich II. »erb- und eigenthümlich allergnädigst geschenkten Walckmühle« auf dem Mühlendamm walken zu lassen, obwohl man ihm nachweisen konnte, daß seine Mühle oft 2 bis 3 Wochen stillgestanden hatte. Er behauptete sogar, wegen zu geringer Walkmöglichkeit zwei zusätzliche Walken errichten zu müssen. [410] Am 9. 7. 1755 erhielt er die Konzession, (in Dammsmühle) bei Mühlenbeck neben einer Mahlmühle eine Walke errichten zu dürfen, das Baumaterial, 12 Morgen Bruchland und die Erlaubnis, den Basdorfer Horstgraben durch die Zaunruten in das Fließ umzuleiten. [411] Laut Verordnung vom 26. 7. 1755 hatte Damm sogar das Recht, für seine Sämischledermanufaktur akzise- und zollfrei rohe Häute in die Mark Brandenburg ein- und die appretierten (zugerichteten) auszuführen. [412] Er verdiente so gut, daß er 1760 das »Ermeler«-Haus erwerben konnte.

Auch die Tuchmacher weigerten sich 1755, den Weißgerbern zwei Stampen abzugeben. [413] Umgekehrt hielten die Weißgerber ein Angebot des Amtes, die Hälfte der Tuchmachermühle zu übernehmen, für völlig unzureichend. Ihrer Meinung nach würden nämlich die Tuchmacher in »1 Tag und Nacht ihre Wahre durch die Walke verfertigen können . . ., weilen ein Tuch 5 bis 6 Stunden, der Flanell 2 Stunden« Walkzeit benötige. Ein Weißgerber dagegen müßte sein Leder »6 bis 8 Tage walken, ehe es fertig« wäre. So versuchte jeder die Notwendigkeit einer eigenen Walke nachzuweisen.

Als 1759 bei dem Brand auf dem Mühlendamm auch Walken verbrannt waren, machte der Oberbaudirektor Feldmann von der »Kgl. Kurmärk. Kriegs- und Domänen-Kammer« am 25. 7. 1759 den Vorschlag, vier Walken unterhalb des Wusterhausenschen Bären anzulegen. [414] Fast 10

Fauler Fortifikationsgraben mit »Wusterhausischer Bär« und Lederwalke (links), um 1875 (nach einem Foto von Oskar Roick)

Die Tuchwalkmühle an der Spandauer Brücke (von Leopold Ludwig Müller)

Jahre zogen sich die Verhandlungen hin. Die Tuchmacher lehnten dieses Projekt ab, da das an sich schon schlechte Wasser des verschlammten Grabens durch die Lohgerber noch mehr verschmutzt werden würde; sie benötigten zum Reinigen ihrer Tücher klares Wasser. Außerdem reichte das Wasser kaum für eine Walke. Am 25. 1. 1765 kam mit den Weißgerbern folgende Einigung zustande:

Mit königlicher Erlaubnis durften sich die Weißgerber bei freiem Bauholz und auf eigene Kosten eine Walkmühle unterhalb des Wusterhausenschen Bären bauen und am Wasser ein Haus kaufen. Dem dort dann wohnenden Müller würde es gestattet sein, drei Stück Rindvieh zu halten. Die Kosten für den Mühlenbau sollten 2500 Tlr., der Anteil zur Räumung des Grabens 2000 Tlr., die Erbpacht 200 Tlr. je Jahr an die Mühlenkasse betragen. Es war allerdings verboten, bei Wassermangel in den Monaten Juli bis Oktober zu walken. [415] Am 8. 12. 1770 erfolgte das Probewalken, am 3. 3. 1771 war der Bau völlig »fertig und das Mühlenwerk in gangbaren Stande«. Der Abschluß des Erbpachtkontraktes geschah am 2. 8. 1769/2. 10. 1772. [416] Später mußten die Weißgerber für ihre Lederwalkmühle 365 Tlr. halb in Gold, halb in Courant bezahlen. [417] 1844 hatten die Weißgerber »einen Theil ihrer Walkkumme zur Walke wollenen Zeugs eingerichtet«. [418] Als man 1883 den Festungsgraben zuschüttete, verschwand die Walke, und der sogenannte Wusterhausensche Bär kam auf dem Hof des Hauses Neue Jakobstraße 10 zu stehen. [419] 1893 erfolgte die Umsetzung auf seinen jetzigen Standort hinter dem Märkischen Museum.

Im Zuge der Verlagerung der Seidenwarenproduktion von Potsdam nach Berlin und zur weiteren Verarbeitung der Seide wurde 1784/86 auf königliche Kosten am Königsgraben unterhalb der Spandauer Brücke eine große Seidenzwirnerei (Moulinage) mit sechs durch ein Wasserrad getriebenen Zwirnmühlen angelegt und vom Moulinierer Jean Fonrobert geleitet. [420] Mit der Moulinieranstalt war eine von dem Mailänder Catena eingeführte Filosellspinnerei verbunden, für die man italienische Familien herangezogen hatte. [421] Beim Bau dieser Anstalt konnte der nun überflüssige Unterbär (Friedrichsbär) abgerissen werden. Gleichzeitig dämmte man den

Fuß breiten Graben auf 70 Fuß ein und nannte nach der Zwirnmühle den unteren Teil des Königsgrabens Zwirngraben. [422] Zu den beiden Häusern der Mühle führte von der Neuen Promenade die kleine Gasse »Am Zwirngraben« (an der Nordseite des S-Bahnhofs Marx-Engels-Platz).

Ab 1800 wurde die Einrichtung von einem Privatmann für eine Baumwollen-Maschinen-Spinnerei benutzt. Am 18. 8. 1809 gingen die Garn-Manufaktur-Gebäude in den Besitz der Kaufleute und Fabrikanten (der Gebrüder) Ludwig Philipp und Friedrich Bernhard Carl über. Am 6. 2. 1824 übernahm der Kommerzienrat Heinrich Conrad Carl diese Gebäude als Tuchfabrik mit Walkmühle. [423] 1834 wurde sie zur Spinnmühle der Tuchfabrik von Busse und Sohn. [424] 1837 entstand in der ehemaligen Zwirnerei eine Aktiengesellschaft zum Betrieb der Mehlfabrikation als Firma »Aktien-Mühle«, Zwirngraben 1, Direktion Keibel. [425] Unter Leitung des Ober-Mühleninspektors Schwahn, der als Techniker für die Gesellschaft arbeitete, erfolgten die Erneuerung des Grundwerks (mit Schwimmgerinne) und der Einbau eines neuen Wasserrades. [426] Dabei bewies Schwahn, daß auch schiffmühlenartig eingerichtete (Stelzen-) Räder in geschlossenen Gerinnen gebraucht werden können. Solch ein Rad (18 Fuß Höhe, 9 Fuß Breite, bei einer Kropfhöhe von nur 3 Fuß und einem Wasserstand vor der Schütze von 3 1/2 Fuß) betrieb mit seinen breiten Schaufeln sechs nach neuerer Art eingerichtete Mahlgänge mit allen Nebenmaschinerien. [427] Im folgenden Jahrzehnt versuchte man hier den Einsatz von gerade erfundenen Turbinen, um die geringe Fließgeschwindigkeit des Wassers im Königsgraben besser nutzen zu können. (Schon 1842 hatte man in Schwerin die Bischofsmühle mit einer Turbine ausgerüstet, eine der ersten Mühlenturbinen in Deutschland. [428]) Da sich die Turbine nicht bewährte, mußte wieder auf ein gewöhnliches, unterschlächtiges Wasserrad zurückgegriffen und später zur Aushilfe eine Dampfmaschine aufgestellt werden. [429] Das 250 Fuß lange Grundstück, das mit einem Stauwehr in der Mitte zu beiden Seiten des Zwirngrabens lag, begann 80 Fuß westlich der Spandauer Brücke. Zwischen dem Mühlengelände und der Herkulesbrücke bzw. zwischen der Neuen Promenade und dem Graben befanden sich Gartenanlagen mit zwei öffentlichen Wassertreppen. 1870 ging die Aktienmühle, ebenso wie die im südlichen Festungsgraben gelegene Lederwalkmühle, mit den Wasserrechten in den Besitz des Fiskus über. [430] Ende 1877 erfolgte der Abbruch der Gebäude durch die Eisenbahnverwaltung. [431] Die letzten Reste des Grabens verschwanden bis 1882 bei dem unter Leitung des Oberbaurates Ernst Dircksen durchgeführten Bau der S-Bahn. [432]

MÜHLEN IM LANDWEHRGRABEN

Um die Mitte des 15. Jh. ließ die Stadt Cölln zur Entwässerung ihrer Feldmark einen Abfluß- oder Flutgraben von Treptow nach der Unterspree anlegen, der im wesentlichen die Grenze der Feldmark bildete. 1705 verlegte man die Einmündung der Spree in diesen »Floßgraben« vor das »Schlesische Thor«. [433]

Nun war von jeher auf dem Mühlendamm die Brandgefahr besonders groß. Es mußten nämlich »die Walck-Mühlen Tag und Nacht Feuer halten«, während die Lohe benachbarter Mühlen »gleichsam als ein Zunder« wirkte. 1714, als »vor kurtzer Zeit die eine Loh-Mühle alhir auf dem Mühlendamm in vollem Feuer gestanden«, sollten die Loh- und die Walkmühlen »wegen besorgender Feuersgefahr« abgebrochen werden. Dagegen bat das »französische Loh-Gerber-Gewerck, ex adductis rationibus (aus angeführten Gründen), daß ihre hinter den Damm Mühlen innehabende Loh-Mühle nicht abgebrochen, vielmehr ... noch eine Loh-Mühle hinter der hiesigen Maltz-Mühle (= Berliner Mühle) angebaut werden solle«.

Am 16. 4. 1714 hatte der »kgl. Ambts Cammer Rath Herr von Stosch mit dem Ober Mühlen Inspector Stecher den neuen Graben an der Panckow (= Panckowscher Graben) befahren, umb die bey hiesige Damm Mühlen befindliche Tuchmacher und Weißgerber-Walck Mühle dahin zu bringen«. Es waren damals an der Panke drei Schleusen vorhanden und »an der 2. Schleuse eine Walckmühle erbauet für alle Zeugmacher« (Gesundbrunnen-Mühle!). Obwohl die deutschen und die refugierten französischen Lohgerber schon je eine Lohmühle besäßen und eine dritte wollten, könnten nach Stecher, »von 3 gedachter Loh und Walck-Mühlen ... (so) noch an diesen Fluß angelagert werden sollen, ... nicht mehr als zwo derselben dahin gebracht werden, da doch viere derselben anitzo (auf dem Mühlendamm) alhir vorhanden«. Man könnte zwei Mühlen, »an der Obersten Schleuse unterwerts Schönhausen, auch in der dritten Schleuse bey dem Wedding zwar wohl (anlegen, da) ... aber dieser Pancofluß kein beständig Wasser das gantze Jahr durch (habe), ... das Wasser im Sommer gantz austrocknet und im Winter ausfrühret, ... bey guten nassen Jahren etwa durch höchstens 20 Wochen Wasser vorhanden (sei), ... so müßte doch für jede Mühle an 400 Rthlr. Baukosten meist vergeblich angenommen (bzw. »in den Sand geschrieben«) werden«. [434]

In getrennten Gutachten vom 20. 4. und 24. 4. 1714 schlugen v. Stosch und Stecher vor, die genannten Mühlen »an der Landwehre bey des Herrn von Bartholdi Meyerey« anzulegen, wo »die beyden Schleusen Thüren an besagtem Graben zu nichts mehr gebraucht werden können, das kostbare Eisenwerk meist weggestohlen worden sei.« Der Landwehrgraben, viel zu eng angelegt, wäre fast gänzlich verfallen, doch müßten 600 Soldaten genügen, den 3000 Ruten langen Graben in 8 Wochen auf 3 Ruten zu erweitern und aufzuräumen. Die Räumungskosten würden 3500 Rtlr., die Baukosten ohne Holz 3200 Rtlr. betragen. Die Mühlen könnte man dann für 600 Rtlr. Arrende verpachten. Außerdem böte ein geräumter Graben Schutz gegen Hochwasser, das in den letzten drei Jahren hintereinander »fast alle Keller in der Stadt mit Wasser angefüllet«, einen Fuß höher, auch die königlichen Keller überschwemmt hätte.

Am 30. 7. 1715 wurde mit dem Ober-Mühleninspektor Stecher der Kontrakt geschlossen. Stecher hatte für 7000 Rtlr. und freies Bauholz den Landwehrgraben zu erweitern, je eine Walkmühle für das königliche Lager- und Manufakturhaus, für das Tuchmacher-, Zeug- und Raschmachergewerk, für das Weißgerbergewerk, je eine Lohmühle mit doppelter Leistung für das französische kombinierte Lohgerber- und Schustergewerk und für das deutsche kombinierte Lohgerber- und Schustergewerk zu errichten, außerdem dazu erforderliche Wohnungen für jeden Müller, »so im Strom auf Pfählen befestigt, auf der Land Seite aber untermauert, die Fächer mit Steinen ausgeflochten und mit Steinen gedecket, mit drey Gerönnen, nebst einem Wasserboden ... mit soviel Stampen ... damit (alle) zufrieden seyen«. Die Walkmühlen sollten bei Bartholdi, die Lohmühlen im Ausfluß des Landwehrgrabens eingerichtet werden, »weil die Lohe von unten herauf zu Wasser gebracht« würde.

Schon zwei Tage später, am 1. 8. 1715, machte Stecher den Vorschlag, »weil einige Städte und Dörfer im Teltowschen Creyse im mahlen öfter nicht befördert werden könnten und nach Anderlichen Mühlen fahren müßten, noch Vier Mahl Gänge (für 1000 Rthlr.) ... anzulegen und dergestalt zu vertheilen, daß oberhalb bey der Bartholdischen Meyerey 2 Mahl Gänge nebst drey Walck Mühlen und unterhalb in dem Thiergarten bey dem Einfluß des Grabens in die Spree gleichfalls 2 Mahl Gänge und zwey Loh Mühlen angeleget werden«.

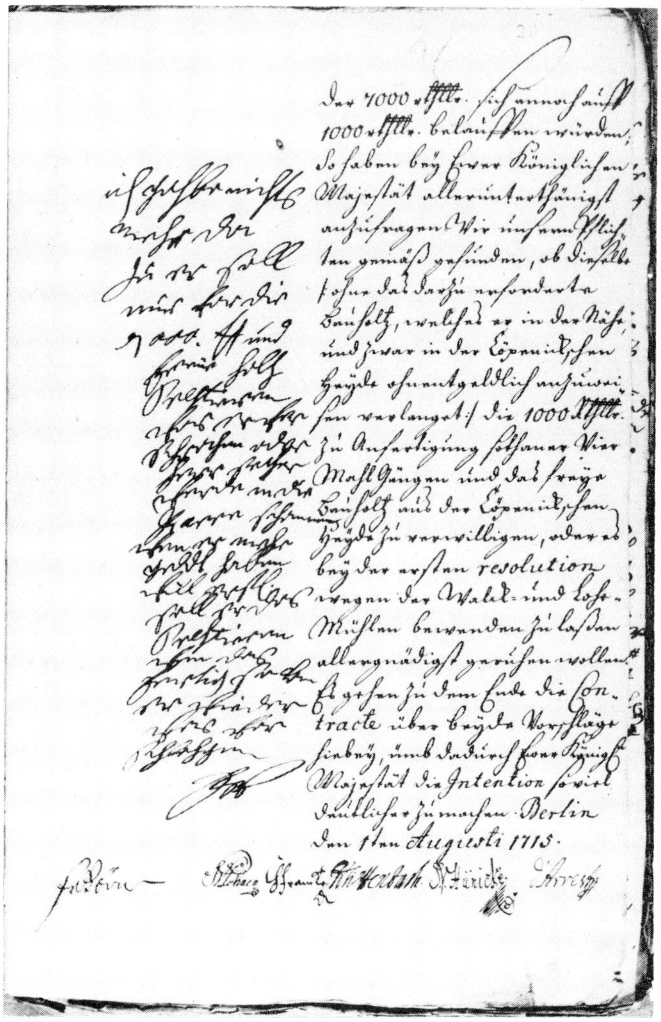

Randbemerkung König Friedrich Wilhelms I. vom 1. 8. 1715

Nun wurde es dem König zuviel. Wütend schrieb er: »ich gehbe nichts mehr da zu; er soll nur for die 7000 Taler und freye holtz Prestieren, was er fer sprochen oder herr stecher werde in die Karre spannen, wenn er mehr geldt haben will; erst soll er das Prestieren (lat. prästieren = etwas leisten, Schuld abtragen); wenn das fertich, so kann er wieder was vorschlagen.«

Trotz dieser massiven Drohung erhielt Stecher 1000 Tlr. für komplette vier Mahlgänge. Aber es reichte noch immer nicht. Stecher benötigte für die vier Gänge »2000 Rthlr. höchstens 2500«. Als ein Kostenüberschlag »für 2 Mühlen auf je 2 Gänge 1616 Rthlr. 8 Sgr.« ergab, wurde im Kontrakt vom 28. 2. 1716 auch diese Nachforderung bewilligt. Die Charlottenburger sollten der Tiergarten-Mühle als Zwangsgäste zugeteilt werden.

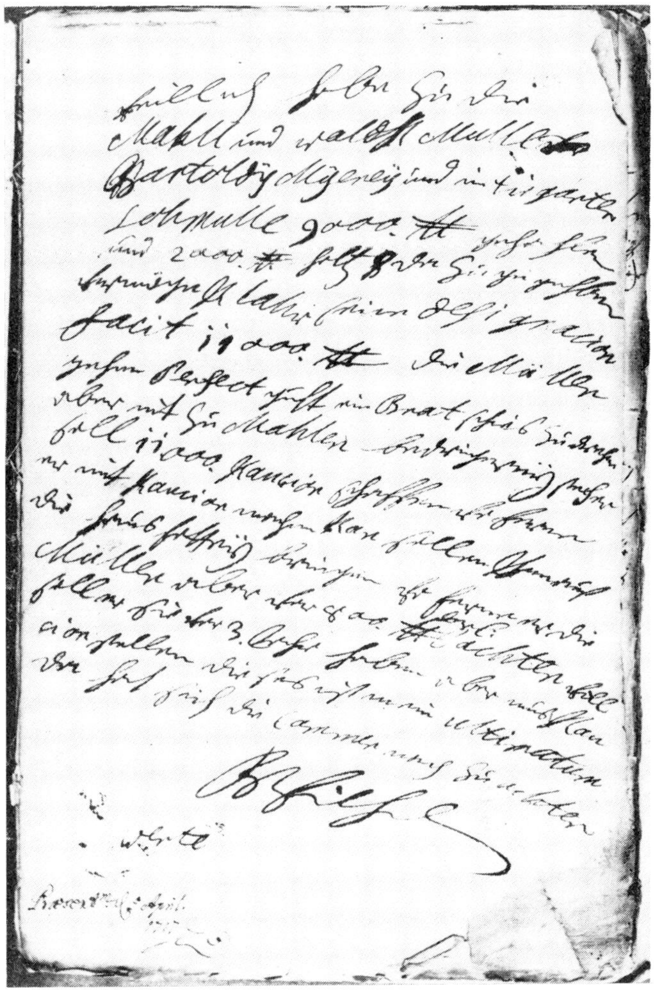

Anweisung des Königs vom 5. 4. 1717 an die Kammer

Nachdem Seine Königliche Majestät allergnädigst resolviret/ daß die bey der Bartholdischen Meyerey stehende Mühlen-Gebäude an den Meistbietenden verkauffet werden sollen/ und dann dazu Terminus Licitationis auff den 28. August. c. angesetzet; Als wird solches hierdurch Männiglich bekandt gemachet/ und können diejenigen/ welche dazu Beliebung tragen/ sich bemeldten Tages Morgens um 10. Uhr bey der hiesigen Ambts-Cammer melden/ alsdann ihnen der Vortrag geschehen/ ihre Offerten angehöret/ und mit dem/ welcher das Meiste geben wird/ ein Kauff-Contract soll geschlossen werden. Berlin/ den 30. Julii 1720.

Königl. Preuß. Chur-Märckische Ambts-Cammer.

Öffentlicher Anschlag zum Verkauf der Mühlen bei der Meierei von Bartholdi 1720

Während der Bauzeit hatte Stecher mit großen Schwierigkeiten zu kämpfen. So war der Graben tiefer als vorgesehen auszuheben. Aber auch gegen unqualifizierte Verleumdungen, z. B. durch einen gewissen Heinrich Volmer, mußte er sich zur Wehr setzen. Am 19. 10. 1716 wurde dem Ober-Mühleninspektor Johann Paul Stecher die Oberaufsicht über sämtliche königliche Mühlen bestätigt. Er besaß das königliche Vertrauen, denn er hatte durch die Kombination der Verwaltung der Damm- und der Werderschen Mühlen in drei Jahren das »versprochene Quantum auff 5000 Rthlr. erhöhet«.

Als jedoch der König Anfang April 1717 u. a. aus den Unterlagen des Holzschreibers Clare ersah, daß Stecher für 2000 Rtlr., 12 Sgr. Holz geliefert bekommen, außerdem 9200 Rtlr. empfangen hatte, konnte er »seinen Ingrimm nicht mehr bändigen«. Er schrieb am 5. 4. 1717 an die Kammer: »weill ich habe zu die Mahll- und walckmülle vor Bartholdy Meyerey und im tirgarten Lohmülle 9000 Taler gezahlet und 2000 Taler holtz dazu gegehben, vermöge Klahr seine Designation (Nachweisung), facit (es macht) 11 000 Taler; die Müllen gehen Perfekt guht, ein(en) Bratspies zu drehen, aber mit Mahlen bedricherey (Betrügerei). stecher soll 11 000 Kaucion schaffen; wofern er nit Kaucion machen kann, sollen ihn auf die hausvottey bringen; woferne er die Müllen aber vor 800 Taler jerlich Pachten will, soll er sie vor drei jahre haben, aber mus Kaucion stellen; dieses ist mein ultimatum, da hat sich die Cammer nach zu achten.«

Stecher pachtete die Mühlen für 3 Jahre, à 2400 Tlr. Kaution und 800 Tlr. Pension jährlich. Als Sicherheit stellte er ein Brauhaus mit 2 1/2 Hufen, einen Gasthof und eine zu Rothenburg gelegene Mahlmühle mit einem Gesamtwert von 13 500 Tlr. dem König zur Verfügung. Doch die Charlottenburger Einwohner ließen ihr Korn, statt in Berlin bzw. in der Tiergarten-Mühle, in Spandau abmahlen, so daß Dezember 1717 in den »hiesigen Residentz Mühlen nun schon 5 Wochen her manchen Tag und Nacht 10, 13, auch schon 17 Mahlgänge stille stehen mußten wegen das viele bißherige auswärtige mahlen«. Trinitatis (Sonntag nach Pfingsten) 1720 ging die Tiergarten-Mühle in die Verwaltung der Kammer über.

Von der Mahl- und Walkmühle bei der Bartholdischen Meierei berichteten die Akten: »da solche keine(r) bewohnen will« und alles weggestohlen wurde, erging am 25. 6. 1720 der Befehl: »gehendes Werck abbrechen und Gebäude käuflich anbieten«. Die Lohmühle im Tiergarten mußte 1730 abgebrochen werden, »weilen damit gar nicht auszukommen« (lt. Bericht vom 23. 1. 1730); nur die Mahlmühle blieb trotz ihrer geringen Leistungsfähigkeit bestehen, weil für den Gang einer Mahlmühle weniger Wasser und ein geringeres Gefälle als zum Treiben einer Lohmühle nötig sei. Um bei einer Lohmühle die wohl notwendigen acht Hämmer zu heben, müßte »das Wasser capable seyn, bey 40 Centner auf einmal zu heben«. [435]

Im Mai 1738 war die Mahlmühle in einem mit Ziegeln gedeckten Fachwerkhaus untergebracht. Sie besaß ein Pansterrad für zwei Gänge, ein weiteres für einen Mahlgang. Daneben lag eine Schneidemühle, 60 × 24 Fuß groß, von 17 Gebind (Gebindt, Gebund), mit einem Schindeldach und einem Fundament halb gemauert und halb auf Eichenpfählen. Ein Wasserrad nebst Welle und Sternrad betrieb die Säge. [436]

1748 lag die Weißgerberwalke in einem Haus von 16 Gebind, mit ausgemauerten Fächern, dessen stehendes Dach mit Ziegeln gedeckt war und auf einem durchgehenden Fundament stand. Im Walkraum befanden sich an gehendem Werk eine Welle mit 24 Daumen und acht Hämmern mit den vier dazugehörigen Scheiden und ein großer »Walck-Kumm mit 4 Löchern«, außen ein Wasserrad ($D = 17$ Fuß, mit 42 Schuchteln à 3 Fuß breit). [437]

Im Frühjahr 1748 wurde (u. a. nach W. Gundlach, 1905) ein Nürnberger Mühlenmeister, Johann Peter Trautmann, der von dem preußischen Residenten in Frankfurt a. M., dem Kriegsrat v. Freytag, angeworben war, beauftragt, in der Tiergarten-Mühle, obwohl sie sich noch bis Trinitatis in der Generalpacht des Ober-Mühleninspektors Otto befand, einen dritten Mahlgang einzurichten, auf dem feines Nürnberger Mehl gemahlen werden konnte. Die Anlage, die 1452 Tlr., 2 Sgr., 8 Pf. erforderte, gelang so gut, daß Trautmann dadurch die dauernde Gunst des Königs gewann. Bisher hatte das für den Hofhalt bestimmte feine Mehl mit großen Unkosten aus dem Ausland bezogen werden müssen. Im Juli 1749 verständigte der einflußreiche Oberkämmerer und Freund Friedrichs II. Fredersdorff die Kammer von dem Befehl des Königs, »daß das Mehl, das für höchstderoselben Tafel gebraucht wird, durch den Nürnberger Müller Jochim Trautmann zu Charlottenburg soll gemahlet werden«, und ersuchte sie sogleich, den Beschwerden des Müllers über die auf der Berliner Seite des Mühlgrabens seit 1743 in Betrieb befindliche Weißgerberwalkmühle, welche früher am Mühlendamm, dann in der Dorotheenstadt gestanden hatte, abzuhelfen, »damit Seiner Königlichen Majestät allergnädigste Ordre erfüllet und der Königlichen Tafel es niemals an Mehl fehlen möge«.

Seit dieser Zeit setzte sich bei dem Müller die Einbildung von seiner Unentbehrlichkeit fest; er entwickelte sich immer mehr zu einem wahren Kreuz für die Kammer, welche offen klagte, »daß, wenn dem Trautmann nicht alles gleich nach seinem Kopf geschieht, derselbe zur Erfüllung seines Eigensinns, wie er auch ganz deutlich sich abnehmen läßt, Euere Königliche Majestät immediate zu behelligen und uns ohne Not und Schuld eine ungnädige Resolution zu effectieren«, sofort bei der Hand sei.

Trautmann brachte es auch dahin, daß die Weißgerberwalkmühle, für die der Generalpächter eine jährliche Pacht von 100 Tlr. zahlte, nur Wasser erhielt, wenn er etwas übrig hatte. Am 19. 5. 1763, nachdem die Walke schon 10 Jahre gestanden hatte und verfallen war, wollte man sie zur Ölmühle und mit einem Gang zum Kornmahlen umbauen. [438] Dem Verfall preisgegeben, wurden ihre Trümmer 1770 an den Meistbietenden verkauft.

Anfangs auf Lohn angestellt, lieferte Trautmann in den ersten drei Jahren als Ertrag der Mühle immer weniger an die Kammer ab, so daß er schon im zweiten Jahr nicht einmal die geringe Jahrespacht des letzten Generalpächters von 350 Tlr. erreichte, obgleich diesem die Kammer allein von den Berliner Bäckern einen Verdienst von 850 Tlr. nachweisen konnte. Dazu kam, daß sich Trautmann eine amtliche Empfehlung zum Aufkauf des havelländischen Weizens zu erwirken verstanden hatte, den er dann mit hohem Aufschlag an die Bäcker weiterverkaufte. Die Kammer war bei allen diesen Umtrieben des Müllers zur Ohnmacht verurteilt, denn das Generaldirektorium nahm ihn nachdrücklich gegen die Sachverständigen in Schutz, welche nur »auf den Trautmann jaloux (eifersüchtig, neidisch) sind, weil er besser Mehl machen kann, als die anderen Müller und seine Mühle leichter eingerichtet ist«, und versagte, falls er sich einmal im Unrecht befand, der Kammer zwar nicht die Befugnis, ihn zurechtzuweisen, schrieb ihr aber vor: »jedoch alles mit Moderation!«

Als Trautmann 1750 einen Paß zu einer Reise nach Nürnberg verlangte, gab Fredersdorff der Kammer sogar den Wink, recht vorsichtig zu verfahren, damit in Trautmann nicht etwa eine kostbare Errungenschaft gänzlich verlorengehe, und die Kammer beruhigte sich erst darüber, daß Trautmann auch wirklich wiederkommen würde, als letzterer nachwies, daß er in den $1^1/_2$ Jahren seiner Tätigkeit in Preußen bereits ein Vermögen von 1000 Tlr. angesammelt habe, das er ebenso im Lande lasse wie etwa 200 Tlr. Forderungen an die Hofbäckerei. Durchdrungen von seiner Wichtigkeit und stolz auf den Erfolg, »daß das Nürnberger Mehl, für welches ehedem jährlich eine große Summa Geld aus dem Lande gezogen worden, der Zentner à 12 Taler bezahlet, anjetzo der Zentner à 6 Taler geliefert werden kann«, trat er im Oktober 1751 an die Kammer mit dem Ansinnen heran, ihm die Tiergarten-

Mühle in Erbpacht zu übertragen. Als er keinen Erfolg hatte, wandte er sich seiner Gewohnheit gemäß im April 1752 unmittelbar an den König, der auch wirklich durch Kabinettsorder vom 23. 5. befahl, Trautmann die Mühle als Erbzinsmühle »nach einem gewissen proportionierlichen und niemals zu erhöhenden Kanonem erb- und eigentümlich zu überlassen«. Nun aber ergab sich die Schwierigkeit, den »proportionierlichen« Kanon zu ermitteln. Die Kammer klagte, daß von Trautmann keine gewissenhafte Angabe über den Ertrag der Mühle zu erlangen sei, da »er nur von seinen großen Verdiensten und daß man ihn nur wieder dimittieren (den Abschied geben) möchte, spricht und, sobald ihm hierin nicht nachgegeben wird, sogleich droht, sich bei Euerer Königlichen Majestät zu beschweren«. Das tat er denn auch jetzt wieder, alle Verhandlungen damit abschneidend. Durch Kabinettsorder vom 1. August genehmigte Friedrich, »daß Trautmann in Ansehnung des feinen Mehls, so derselbe machet und welches sonsten aus anderen Landen genommen werden müssen, da es in hiesiger Provinz noch nicht gemachet worden, vorerwähnte Mühle nur vor die Pacht der jährlichen zweihundert Taler gelassen und auf so hoch die Erbpacht mit ihm reguliert werden möge«. Nachdem Trautmann die unter dem 16. 1./10. 2. 1753 vollzogene Erbverschreibung erhalten hatte, vermochte er nur »einige Jahre ziemlich gute Wirthschaft, gutes Einkommen« nachzuweisen; dann ergab er sich einer »üble(n) Lebens Arth«. Am 3. 2. 1757 klagte das Amt Mühlenhof, daß der »Thier Garthen Müller Joh. Peter Trautmann, welcher das Königliche Mundmehl nach Nürenberger Art zeithiero (fertigt) und die Thier Garthen Mühle dazu eingerichtet hat ... sich bey Lebzeiten seines Weibes bereits hier in Berlin an ein Liederliches Weibes Mensch gehangen, welche auf der Dorotheen Stadt ... gewohnet haben soll und mit welches Mensch er ein ansehnliches Geld hindurch gebracht«, seine Wirtschaft bunt übereck gehen lassen und, wo er Geld geborgt bekommen, solches genommen und verzehret. Aber selbst da ließ ihn sein königlicher Gönner noch nicht fallen. Als sich ein Gläubiger bei einer Wechselklage unmittelbar an Friedrich II. wandte, um Personalarrest gegen Trautmann auszuwirken, »kam er dabei nicht zum besten an«; er veranlaßte im Gegenteil nur die Entscheidung, daß »bei vorkommenden Umständen mit dem Personalarrest nicht verfahren werden könne« – eine Entscheidung, welche Trautmann in seinem Lebenswandel nur bestärkte. Er stellte sich fortan überhaupt bei keiner Klage mehr und entfloh schließlich im Februar 1757 unter Hinterlassung einer Schuldenlast von 2700 Tlr. nach Dresden, wo er nach kurzer Zeit starb. (Körner begann erst 1764 in Spandau zu mahlen;)

Einer noch größeren Langmut von seiten Friedrichs II. als Johann Peter Trautmann hatte sich sein Sohn Johann Albrecht zu erfreuen, der von Anfang an unter den väterlichen Schulden zu leiden hatte. Ihm bewilligte der aus dem Siebenjährigen Krieg heimgekehrte König durch Kabinettsorder vom 26. 8. 1763 ein Indultum moratorium auf drei Jahre. Als die Kammer nach mehreren Monaten anzeigte, daß der jüngere Trautmann bisher noch keinen Pfennig Zinsen bezahlt habe, und daraufhin die Zurücknahme der Vergünstigung beantragte, sagte Friedrich durch eine neue Kabinettsorder vom 14. 2. 1764 für die über 728 Tlr. betragenden rückständigen Zinsen gut mit der Verheißung, sie im März bezahlen zu lassen. Das Interesse des Königs für den Müller, der seiner Tafel das hochgeschätzte Feinmehl lieferte, ging so weit, daß er selber ihn besuchte. In einer Eingabe Trautmanns heißt es nämlich: »Euere Königliche Majestät sind so gnädig gewesen und haben, da Höchstdieselben die hiesige Wassermühle im Tiergarten selbst vor einiger Zeit in hohen Augenschein genommen, mir bei huldreicher Einsicht der Ursachen meines Verfalls die allergnädigste Versicherung gegeben, daß ich als ein Ausländer bei dem Besitz dieser in Erbpacht habenden Mühle geschützet und meinen gerechten Beschwerden abgeholfen werden sollte.« Da dies bis dahin noch nicht geschehen war, so veranlaßte Trautmann die Kabinettsorder vom 19. 1. 1769, die der Kammer die Räumung des Mühlengrabens aufgab. Weil aber diese Arbeit, bis zu deren Erledigung nur ein verminderter Betrieb der Mühle möglich war, jahrelang hinausgeschoben wurde, hat der jüngere Trautmann bis zu seinem im Mai 1783 erfolgten Tod überhaupt keine Erbpacht mehr bezahlt. Klagen wurden stets durch den »gnädigen König« in Anbetracht der verringerten Leistungsfähigkeit der Mühle niedergeschlagen. Damit nicht genug: Friedrich bezahlte auch, als die Gläubiger des Müllers zu ungestüm mit ihren Forderungen wurden, Ende 1771 dessen bis dahin auf 3523 Tlr. aufgelaufenen Schulden und ließ ihm in den folgenden Jahren Mühlen- und Wohngebäude mit einem Aufwand von mehreren hundert Talern wieder instand setzen, ohne damit jedoch den wirtschaftlichen Niedergang der Familie aufhalten zu können.

Als die Mühle nach Johann Albrecht Trautmanns Tod unter den Hammer kam – zu den Taxatoren gehörte der Mühlenmeister Johann Peter Müncheberg – [439] war die Erfüllung der Bitte, die die Witwe an den König richtete, abermals alle Schulden ihres Mannes zu bezahlen, um die Mühle schuldenfrei ihrem ältesten Sohn übergeben zu können, an sich nicht ganz aussichtslos. In der Kabinettsorder vom 4. 12. 1783 erklärte der König: »Wenn das Gemahl des feinen Nürnberger Mehls auf dieser Mühle fortgesetzet wird und ihr Sohn die Sache ordentlich versteht, wollen Sie das Gesuch in Ansehung der Königlichen Gelder wohl akkordieren« (bewilligen). Als aber die angeordnete Untersuchung dem hohen Gönner der Familie die Augen öffnete über den Wert der bisher Begünstigten, war auch seine Langmut erschöpft. Die Kammer berichtete nämlich: »Der Sohn der Witwe Trautmann hat das Müllerhandwerk garnicht gelernet, sondern ist ein Zimmermann von Profession und dabei von so schlechtem Betragen, daß er im vorigen Jahre durch ein bestätigtes Kriminalurteil wegen eines mit Einbruch begangenen Hammeldiebstahles zu sechsmonatlicher Zuchthausstrafe, seine Mutter aber wegen Verheimlichung des Diebstahls zu vierwöchentlichem Gefängnis verurteilt worden.« Nun erklärte der König in einer Kabinettsorder vom 1. 4. 1784, »daß das eine liederliche Wirtschaft ist, welche der Trautmann und dessen Witwe geführet haben, und muß die Kammer sich danach bemühen, einen anderen guten Müller von Nürnberg, der das feine Mehl zu mahlen recht gut verstehet, heranzuziehen und sodann auf diese Mühle zu setzen, das liederliche Zeug aber von der Mühle wegjagen«.

In dem Versteigerungstermin am 10. 4. 1784 erstand der Fiskus als Meistbietender die Mühle und ließ sie zunächst durch sachkundige Bescheider gegen Wochenlohn bewirtschaften, bis sie durch einen am 8. 7. 1804 bestätigten Erbvertrag in Höhe von 4000 Tlr. an den Ober-Mühleninspektor Vangerow überging. Der Wert des Grundstücks beruhte schon längst nicht mehr auf der durch ungünstige Wasserverhältnisse herabgesetzten Leistungsfähigkeit der Mühle, sondern lag in einer sich immer ertragreicher entwickelnden Gastwirtschaft, die schon von dem jüngeren Trautmann und den ihm folgenden Bescheidern betrieben worden war und nun dem neuen Erbpächter verbrieft wurde.

Nach den Beschreibungen (1788 und 1803) besaß der Mühlgraben zwei Mahl- und drei Freigerinne; die grabenaufwärts liegende Freiarche gab das Wasser in den Weidengraben ab. Auf der Westseite des Mühlengrabens befand sich das Mühlengebäude (45 × 35 Fuß, zwei Etagen, mit Walmdach), nördlich neben der Mühle ein Wohnhaus (39 × 20 Fuß, zwei Etagen).

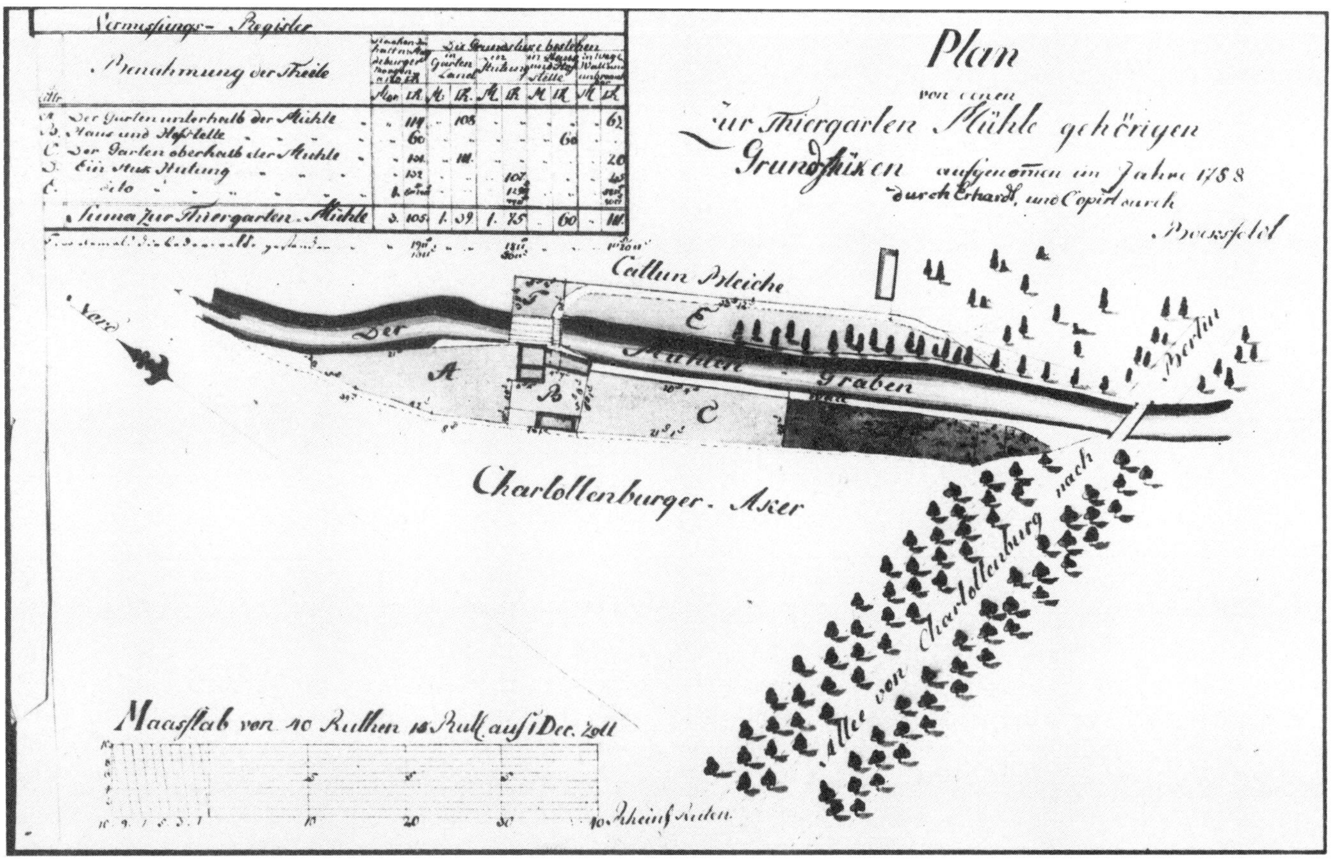

Die Tiergarten-Mühle (Situations-Plan aufgen. 1788)

Zum ersten Gang gehörten:
eine Schutzwelle, 5 Fuß lang, $D = 8$ Zoll; ein Wasserrad, $D = 16^1/_2$ Fuß, mit 28 Schaufeln, eine »Panzer-Welle«, $18^1/_2$ Fuß lang; ein Stirnrad, $D = 7$ Fuß, 2 Zoll, 60 Kämme, $4^1/_2$-Zoll-Teilung; ein Drehling, $D = 4\,^5/_6$ Fuß, 32 Stöcke, $4^3/_4$-Zoll-Teilung; ein Kammrad, $D = 7^1/_2$ Fuß, 61 Kämme, 4-Zoll-Teilung;
zum zweiten Gang:
ein Wasserrad, $D = 17^1/_6$ Fuß, mit 32 Schaufeln.

Auch 1806 besaß die Erbpachtmühle zwei Gänge. [440] An Feuergerätschaften waren drei blecherne Handspritzen mit hölzernen Rohren, zwei Feuerleitern zum Zusammensetzen und sechs lederne Feuereimer vorhanden. [441]

Da auch Vangerow seine Verpflichtungen nicht erfüllen konnte, fiel die Mühle wieder an den Fiskus zurück. Im Jahre 1826 nahm sie der Bauinspektor Cantian in Betrieb. Er nutzte die Wasserkraft des Mühlgrabens zur Bearbeitung harter Steinarten aus. Aber auch er gab die Pacht wieder auf, nachdem durch Anlegung von drei kleinen Wasserfällen im Tiergarten, die aus dem Graben gespeist wurden, die Leistungsfähigkeit der Mühle weiter gemindert worden war. [442]

Für die weitere Geschichte dieser Mühle ist bemerkenswert, daß 1751 Friedrich II. befohlen hatte, »daß dem Schutzjuden Benjamin Elias Wulff zum Behuf der zu Charlottenburg anzulegenden Parchent-Fabrique der von ihm ausgebetene, im Tiergarten bei der Walkmühle gelegene Platz, exklusive der Mühle, gegen einen proportionierlichen, jedoch leidlichen Erbzins zur Bleiche überlassen werden solle«. Wulff erbaute ein Haus an der Spree, bei dem er einen schönen Garten anlegte, und richtete eine Kattundruckerei ein. Wulffs Enkel Jakob Isaak gab 1806 die Fabrik auf und verkaufte den Grund und Boden an den Fiskus. Auf diesem Gelände wurde die 1817 von der Porzellan-Manufaktur getrennte Gesundheitsgeschirr-Manufaktur errichtet, dessen Erzeugnisse wegen ihrer bleifreien Glasur dem Steingut vorgezogen wurden. [443] Nach J. G. A. Ludwig Helling ist 1830 die Tiergartenmühle von der Manufaktur genutzt worden. [444] 1837 genehmigte Friedrich Wilhelm III. ihren Abbruch. [445] Unter Friedrich Wilhelm IV. ist dann die »kgl. Gesundheitsgeschirr-Manufaktur« als überflüssig eingegangen, dafür Ende der sechziger Jahre die »kgl. Porzellan-Manufaktur« hierher verlegt worden. [446] Eine zunehmende Verlandung des Mühlengrabens nach Verlegung der Mündungsstrecke des Landwehrkanals in den Jahren 1845/50 legte die Mühle 1873 endgültig still. [447] Sie lag dort, wo später die Wegelystraße vor der Porzellan-Manufaktur endete. [448]

Die Tiergarten-Mühle 1920

KAPITEL 5

Chronik der Pankemühlen

Über die Geschichte der Pankemühlen gibt es sehr widersprüchliche Angaben. So war nach E. Fidicin im Jahre 1843 »die jetzige Papiermühle an der Panke« jene a. a. O. erwähnte Weddingmühle von 1250, die 1540 nach der Reformation an den Kurfürsten kam. [449] Fr. Gottwald (1924) kannte nur eine schon 1251 vorhandene und 1891 stillgelegte »Weddingmühle«. [450] Nach R. Schmidt (1928) gab es ebenfalls nur eine Mühle; 1251 »auf der Panke beim Dorfe Wedding« als Getreidemühle, gegen 1735 zu einer Papiermühle eingerichtet, hätte sie »auf dem Wedding zwischen Oranienburger- und Rosenthalerlandwehre (im heutigen Bürgerpark)« gelegen. [451] Hier ist die eingeklammerte Bemerkung besonders irreführend. H. Klamfoth (1937) unterschied am Gesundbrunnen zwischen 1780 und 1790 neben der Papiermühle noch eine Luisenmühle als Kornmühle. [452] Br. Stephan (1951), der die Arbeit von H. Jahn (1940) [453] kannte, sah die Mühle von 1251 »als Traditionsträgerin der alten Weddinger Wassermühlentradition« und änderte ohne Erklärung u. a. angegebene Reihenfolgen der Besitzer, zu denen er auch den Pankower Kühn zählte. [454] Die Geschichte der Panke, ihrer Schleusen und Mühlen muß noch geschrieben werden. Somit ist das folgende ein Versuch, bekannte Tatsachen zu ordnen.

Die Panke, die auf den »Roten Ländern« oder dem »Roten Felde« am Krähenberg, etwa 1,8 bis 2 km vom Bahnhof Bernau, entspringt, ist bei einem Gefälle von 40 m (72 m bis 32 m über NN) 25 km lang. Durch Aufstauung hatte sie (um 1820) schon oberhalb von Pankow bei einer Breite von 4,7 m eine Tiefe von 2 m, wobei ihr Eisgang besonders gefürchtet war. [455]

Es ist heute kaum vorstellbar, daß die Panke einmal ein Forellengewässer war, in dem, neben Neunaugen und Steinbeißern, bis ins 19. Jh. schwere Hechte gefangen wurden. [456] 1909 fand A. Kiekebusch bei den Ausgrabungen in Buch einen etwa 3000 Jahre alten, 8 cm langen Angelhaken eines Anglers aus der Bronzezeit (Fundort jetzt Klinikum, Medizinischer Bereich I, Haus 119). Reste von Fischen hatte man auch 1971 bei archäologischen Grabungen an der Panke (Blankenburg, Burgwallstraße) geborgen. Unter diesen konnte von Zoologen ein Wels sicher bestimmt werden (H. Seyer, pers. Mitt., 1983).

An der Panke lag nach E. Fidicin (1857) »3/8 Meilen südwestlich von Bernau« eine Teichmühle, die der Rat von Bernau 1610 anstelle einer in der Stadt eingegangenen Roßmühle für 2251 Tlr., 11 Gr., 4 Pf. als eine zweigängige Mühle zum Malzschroten erbaut hatte. Bis 1697 vom Magistrat verwaltet, ist sie für einen Canon von 30 Tlr. jährlich von einem Erbpächter übernommen worden. [457] Nach L. Enders (1980) war 1745 nur ein Gang vorhanden; 1797 besaß das Etablissement »Malz- oder Piß-Mühle« (lat. bis = doppelt) eine »Wasser- und Windmühle, 1 Müller und 1 Feuerstelle«. [458] 1834 wurde sie als »Zepernicker Malz- und Paßmühle« [459], auch als Kleinmühle bezeichnet (nach Plan von Roeder 1839: »Malz- oder Biss-Mühle«). [460]

Die Papiermühle bei Pankow 1809 (Blei, Kreide von Christian Gottfried Matthes)

Die Mühle, die besonders nach der Separation unter Wassermangel gelitten hatte, ist zwar 1856 gründlich repariert und gangbar gemacht worden, doch bald stellte sie ihren Betrieb ein und verfiel mit der Zeit so sehr, daß sie 1888 abgebrochen werden mußte. [461] Es entstand das »Restaurant zur Malzmühle«, seit 1973 eine Konsumverkaufsstelle (Bernau/Eichwerder, Bernauer Chaussee, Ecke Theodor-Fontane-Straße.)

Eine zweite Mühle lag mit ihrem Mühlteich auf dem Gebiet des heutigen Schloßparks Buch, am Schnittpunkt der Panke mit dem Pölnitzweg. Dessen östlicher Teil bis zur Straße Alt-Buch hieß noch 1927 »Mühlenweg«. Erstmalig wird diese Mühle 1375 im Landbuch der Mark Brandenburg erwähnt: »Wendisch-Buch . . . Die Mühle zahlt 1 Wispel Roggen denen von Röbel, außerdem zahlt sie denen von Bredow 1 Scheffel Roggen, 1 Gerste und 2 Scheffel Hafer und 10 Schilling in Pfennigen« (Wentschen-Bug . . . Molendinum solvit 1 chorum siliginis dictis de Roebel, ultra hoc solvit . . .). 1624 wurde die Mühle mit zwei Wasserrädern betrieben. 1705 stand sie unter einem Erbmüller. 1745 besaß sie einen Schneidegang und eine Stampe. [462] Im Jahre 1725 wird ein Müller Jochim Rögnitz erwähnt; 1748 der Müller Joh. George Andreas Bruchmüller. [463] Nach den Sitzungsprotokollen des Gewerks arbeiteten hier: 1753 Ludwig Wiedig, 1755 Joh. Heinrich Kedlich, 1760 Mstr. Schreiber, 1764 Mstr. Schwarthal, 1771 Mstr. Würdig. 1811 hatte die Gutsherrschaft (Graf v. Voß) den »bey der dortigen Wassermühle befindlich gewesenen Gang zum Stampfen der Hirse und anderer Früchte in eine Oehlmühle umändern« lassen. Es erfolgte eine Kombination der Grützstampfe mit einer Ölstampfe »durch Umänderung des oberschlächtigen Wasserrades in ein unterschlächtiges mit Vorgelege« zum jeweils notwendigen Abrücken der Öl-, der Hirsestampfen oder beider Stampfmühlen. [464] Die Bucher Mühle hatte bis in die zweite Hälfte des 19. Jh. bestanden (In den Jahren um 1860 als Wasser-, Getreide- und Sägemühle). [465]

Auch »Bey der Lepel Brücke soll vor Zeiten eine Mühle gestanden haben«. Diese Notiz aus dem Jahre 1591 zitierte E. Rehfeldt (1920). Die Löffelbrücke über die Panke liegt am nördlichen Ende der Prenzlauer Chaussee zwischen der Galenusstraße und der Schloßallee. Eine weitere Mühle hätte an der »grotte Möhmenbrücke«

(Standort unbekannt) gestanden. Die »Lepel Mölle« wurde nochmals 1688 erwähnt. [466]

Eine sehr alte Pankemühle lag westlich des Dorfes Pankow. 1542 wurde die reichbegüterte Familie Brietzke mit weiteren Besitzungen in Pankow und auch mit dieser »Wassermühle belegen im Dorf« belehnt. [467] Vermutlich diente diese Mühle seit längerem als Papiermühle, denn Pankow war mindestens noch 1703 in Berlin mahlpflichtig. Eine eigene Kornwindmühle wird erst ab 1732 erwähnt. [468] In der Wassermühle arbeitete der 1741 aus Thüringen nach Berlin eingewanderte Papiermachergeselle Joh. Paul Ebart. Er stammte aus Obercrinitz bei Zwickau und hatte zunächst einen Lumpenhandel betrieben. [469] Nach seiner Heirat eröffnete er im Haus Mohrenstraße 57 einen bescheidenen Papierhandel. Unter Erwerbung des Berliner Bürgerrechtes kaufte Ebart 1746 das Haus Mohrenstraße 13, das fast 200 Jahre im Familienbesitz blieb. Nach dem Tod des Geschäftsgründers 1782 übernahm sein Sohn Joh. Gottlieb das Haus und siedelte nach dem Kauf der Papiermanufaktur in Spechthausen (Kontrakt vom 15. 3. 1787) dahin über. Die Leitung des Berliner Stammhauses hatte er seinem durch Sozietätsvertrag von 1789 verbundenen Teilhaber J. C. F. Stenz übergeben. Die Berliner Niederlage wurde unter der Firma Ebart und Stenz fortgeführt. [470] Laut Pankower Kirchenbuch besaß 1750 Michael Schwiegerlink die Mühle. [471] 1822 bat der Papierfabrikant Joseph Pickering (J. J. Pickering, John P. [472]) um die Erlaubnis zur Anlage einer Papiermühle. [473] Pickering konnte das Pankower Pankegefälle von 7 m auf 4 500 m Flußlänge für drei unterschlächtige Wasserräder nutzen. [474] Da sich oberhalb der Mühle kein Bassin befand, mußte die geringste weitere Aufstauung bzw. jedes Hochwasser zu Überschwemmungen führen. Diese Papiermühle bildete ein bedeutendes Unternehmen, das zeitweilig bis zu 60 Arbeiter beschäftigte. J. Pickering war der ehemalige Werkmeister der 1819 (oder 1816) in der Mühlenstraße gegründeten Patent-Papier-Fabrik. 1826 brannte Pickerings Papiermühle ab [475] (anders lautende Angaben: 1825 [476]; 1829 [477]). Die Baustelle wurde von dem Papiermacher und Buchbinder Carl Kühn aus der Breiten Straße 25 gekauft, der eine neue Fabrik anlegte, deren Hauptgebäude nach v. Zedlitz (1834) schon 1827 aufgeführt worden waren. 1828 erlitt der Wasserbau durch einen furchtbaren Gewitterregen, der die ganze Gegend überschwemmte, einen bedeutenden Schaden. Kaum war der Schaden behoben, trat nach dem kalten Winter von 1829 durch plötzliches Tauwetter eine noch weit verheerendere Überschwemmung ein und machte viele kostspielige Bauten, unter anderem die Anlegung einer neuen Sicherheitsschleuse, notwendig. [478] 1830 besaß die Papiermühle zwei Bütten. [479] Im Frühjahr 1839 vernichtete ein Hochwasser der Panke infolge der Schneeschmelze erneut die Mühle. Sie wurde zwar wieder aufgebaut, doch ihre Blütezeit war vorbei. [480] 1854 erwarb der Baron Killich v. Horn das Grundstück und legte darauf einen Park an, den heutigen Pankower Bürgerpark. [481] An Stelle des Mühlengebäudes errichtete er das sogenannte Herrenhaus, aus dem später ein Teil des Bürgerpark-Restaurants hervorging. [482]

Die Kühnsche Papiermühle bei Pankow um 1830

Die älteste uns bekannte Pankemühle ist die Weddingmühle (Standort nach Br. Stephan etwa Wiesen-, Ecke Ufer- und Orthstraße [483]). Am 22. 5. 1251 bekundeten die beiden markgräflichen Brüder Johannes und Otto in zwei gesonderten Urkunden, daß ihr getreuer Ritter Fredericus de Kare mit ihrer Zustimmung eine Mühle im Gebiet des Dorfes, das Weddinge hieß, an dem Pankow genannten Bach (»quoddam molendinum in terminis ville que Weddinge vocatur in

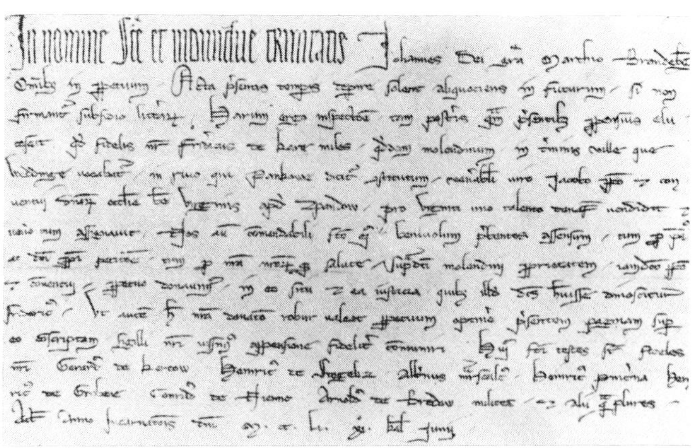

Urkunde vom 22. 5. 1251 über den Verkauf der Wedding-Mühle

riuo qui Pankowe dicitur«), dem Propst Jacobus und den Nonnen des Klosters der heiligen Jungfrau bei »Zpandow« für 21 Talente Denare verkauft hat (»pro viginti uno talento denariorum uendidit«). 21 Talente Denare als »Karlspfunde« = 5 040 Pfennig entsprachen 3 kg Silber bzw. etwa 20 Kühen bei den damaligen Preisen (H. Fengler, persönl. Mitt., 1980). Bei der Kirchenvisitation 1540, nach Einführung der Reformation, war die Mühle nicht mehr in Betrieb. [484]

In älterer Zeit hatte eine Verbindung zwischen der Panke und den damaligen Karpfenteichen (Seller- und Adlerteich) bestanden. Das von der Panke mittels einer Schleuse durch die Karpfenteiche geleitete Wasser floß am heutigen Lehrter Bahnhof in die Spree und wurde 1722 als »alte Panke« bezeichnet. Wahrscheinlich an diesem Graben sollte nach dem Willen der Kurfürstin Luise Henriette ein Haus für eine Papiermühle angelegt werden. Dazu hatte am 18. 9. 1662 der Kurfürst der Amtskammer zu Cölln befohlen: »Euch wird zum Teil bekannt sein, daß von unserer Herzeheliebsten eine Papiermühle in der Gegend Unseres Thiergartens bey Cölln an der Spree angeleget werden soll. Wann nun zu Behuf solcher Mühle und Machung des Pappiers darauf die Lumpen notwendig im Lande gehalten und nicht hinausgeführet werden müssen, so wollt Ihr die Vorsehung thun, damit keinem Fremden, als dem Papiermacher zu Damp, der gedachte Pappiermühle künftig annehmen soll, die Lumpen zu sammeln verstattet werden möge.« [485]

Von einem »Haus der Kurfürstin« im kleinen Tiergarten, das eine Papiermühle werden sollte, ist noch 1670, drei Jahre nach ihrem Tod, gesprochen worden. Als Nachweis für einen erfolgten Mühlenbau gilt eine Bemerkung der Jagdkanzlei vom 24. 6. 1702 über »die im Thiergarten ehemals gestandene Papiermühle und die bei dem Wedding schon vor undenklichen Zeiten angelegten Schleuse, vermittelst welcher das Wasser daselbst gehalten und durch die Karpfenteiche auf die Papiermühle geleitet worden«. [486] 1678 ließ der Kurfürst in diesem Hause durch zwei Holländer eine Delfter »Porzellanbäckerei« einrichten. Dieses »Porzellan Haus« sollte nach dem Vorschlag des Rates vom Friedrichswerder 1682 als Pesthaus für den Friedrichswerder und die Dorotheenstadt verwendet werden; es läge am Wasser, so daß Kranke und Verpflegung ohne Berührung eines Ortes hingeschafft werden könnten. Das Haus ist im Plan von La Vigne 1685 verzeichnet. [487] 1683 verlegte man die »Bäckerei« in das alte Salzhaus in der Stralauer Straße. [488]

Mehrfach in den vergangenen Jahrhunderten hatte die Panke ihren Lauf geändert. Vielleicht am eingreifendsten in die Feldmarkverhältnisse war 1704 die Anlage des Schönhauser Grabens, durch den König Friedrich I. eine bequeme Verbindung zwischen Niederschönhausen und Charlottenburg schaffen wollte. Friedrich I., dem die Schwierigkeiten der eingewanderten französischen »Manufakturiers« wegen einer ihnen fehlenden Walkmühle bekannt waren, beauftragte am 4. 12. 1708 die Freiherren v. Dankelmann [489] und v. Bartholdi und den Ober-Jägermeister v. Hertevel(dt) vom General-Commissarium, sich unverzüglich zusammenzusetzen, um eingegangene Vorschläge für eine Einrichtung zu prüfen und sie, wenn irgend möglich, zu verwirklichen. Schon am 13. 12. 1708 gab er den Befehl, »auf dem Neuen nach Schönhausen gehenden Canal« den Bau einer Walke durch den Spandauer Mühlenmeister Abraham Prötzsch ausführen zu lassen. »Sollten auch hiernegst noch andere Mühlen Werke daselbst können angebaut werden, so habt ihr solches gleich falls zu besorgen.« Das erforderliche Geld sollte »aus Unsern Scatull-Gefälle« genommen werden. Nach der »Specification der Bau-Materialien und der Bau-Kosten, zu einer neu auffzubauenden Walck-Mühle und einem Mahlgang (samt Wohnhaus)« vom Meister Prötzsch waren 976 Rtlr., 6 Sgr. notwendig. Im März 1709 hatte man schon das erforderliche Holz geschlagen, doch mußte das General-Kommissariat melden, daß »gedachter Mühlen-Meister neulich gestorben, wodurch dieser (wohl angefangene Mühlenbau) bis daher ausgestellt geblieben« sei. Weil dem Amt ein für diese Arbeiten »fähiger Mühlenbauer unbekannt« war, fragte es beim König an, ob er erlaube, durch Anschlag gedruckter Zettel in allen öffentlichen Orten eine Umfrage abzuhalten, »wer da Lust und belieben hätte, solche (Walke) auf seine Kosten zu erbauen«. Die Mühle sollte »per modum Auctionis anleget und dem (j)innigen, welcher plus offerens seyn wird, gegen einen jährlichen Grund Zins zu geschlagen werden«.

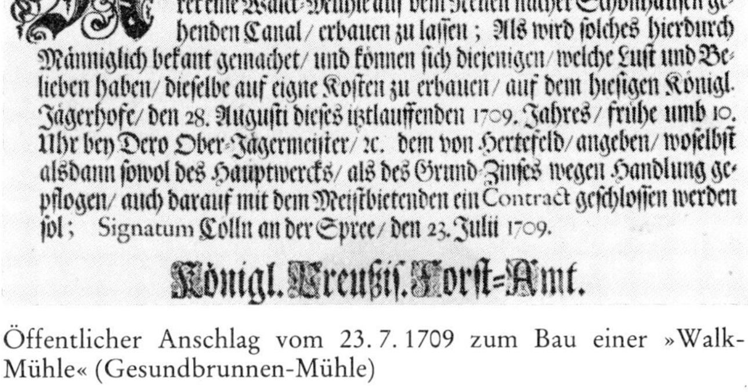
Nachdem Seine Königliche Majestät in Preussen/ 2c. Unser allergnädigster Herr/ gnädigst resolviret eine Walck-Mühle auf dem Neuen nacher Schönhausen gehenden Canal/ erbauen zu lassen; Als wird solches hierdurch Männiglich bekant gemachet/ und können sich diejenigen/ welche Lust und Belieben haben/ dieselbe auf eigne Kosten zu erbauen/ auf dem hiesigen Königl. Jägerhofe/ den 28. Augusti dieses itztlauffenden 1709. Jahres/ frühe umb 10. Uhr bey Dero Ober-Jägermeister/ 2c. dem von Hertefeld/ angeben/ woselbst alsdann sowol des Hauptwercks/ als des Grund-Zinses wegen Handlung gepflogen/ auch darauf mit dem Meistbietenden ein Contract geschlossen werden sol; Signatum Cölln an der Spree/ den 23. Julii 1709.

Königl. Preußis. Forst-Amt.

Öffentlicher Anschlag vom 23. 7. 1709 zum Bau einer »Walk-Mühle« (Gesundbrunnen-Mühle)

Als sich nach dem Anschlag vom 23. 7. 1709 niemand meldete, den Bau zu übernehmen, bat am 3. 9. 1709 das Amt den König, er möge durch einen weiteren »öffentl. Anschlag frey geben wollen, auch eine andere Art Mühlen dahin bauen zu lassen«. Für Mahl- und Pulvermühlen gäbe es schon Interessenten. So wollte am 9. 1. 1711 der Müller Joh. Märcker eine Mühle bauen. Im Kontrakt sollte u. a. festgelegt werden: »das, wann durch Gottes Wetter oder sonst Unvermuthen, da Gott vor behüten wolle, durch Feuer ein Unglück geschehe«, ihm geholfen würde, weiterhin ihm ein Platz für einen Garten angewiesen »Und zur Hülfe der Nahrung... der freye Bierschank... erlaubet werden möchte«. Auch aus diesem Plan wurde nichts. 1711 mußte die Schleuse schon repariert werden. Der Grund für das Stagnieren des Baus dürfte im Vordringen der Pest aus Rußland nach Preußen Ende 1709 gelegen haben, die ganze Provinzen entvölkert hatte. Damals war allen Städten befohlen worden, Pesthäuser zu errichten. Bei Berlin entstand auf dem Grundstück der heutigen Charité »ein Haus, in Fachwerk und ein geschlossenes Viereck darstellend«. [490]

In einer Dotation (Schenkung) vom 2. 3. 1712, vorliegend in Form der vom König nicht unterschriebenen Abschrift, wurde festgestellt, daß Friedrich I. nicht nur eine Walke hatte errichten wollen, »sondern auch ein (Walk-)Haus richten lassen; inzwischen aber (sei) das zum Lazareth erbaute Haus, da Gott diese Residentzien mit der bösen Seuche verschonet, zum Arbeitshaus gewidmet worden (und) . . . den zur Walck Mühle destinirten (bestimmten) Platz an und auff dem Wasser nebst allen . . . Materialien erwehnten neuen Arbeitshaus Allergnädst. geschenket«. Deren »Directores« sollten die angefangene Walke ausbauen lassen, was sie auch taten.

Am 6. 6. 1712 teilte der König dem Oberjägermeister v. Hertevel mit, daß »wir die unter Eurer Aufsicht gestandenen und an der Panco belegenen *neue* Walckmühle dem neuen Arbeits Hause . . . zugewendet und selbigen darüber (o. g.) abschriftlich beygehende Donation ausstellen lassen. (Es sollte) . . . sothane Walckmühle, dafern es noch nicht geschehen, erwehnten neuen Arbeits Hause abgetreten werden.« [491] Es wurde in dem »Remissiorale betreffs Schenkung« die Mühle als »die an der Panco belegene Krür Walck mühle« bezeichnet, [492] und in einer anderen Notiz von einem Krür-Graben gesprochen.

Aus dem Arbeitshaus wurde durch Verfügung vom 18. 11. 1726 ein Hospital. [493] Es erhielt, auf einem Schreiben über die Bezahlung von Roggen vom 9. 1. 1727, durch einen Randvermerk Friedrich Wilhelms I. seinen Namen: »Es soll das Haus die Charite heißen.« In diesem Zusammenhang dürfte die Walke dem Spandauer Zuchthaus unterstellt worden sein.

Somit könnte die häufig beschriebene »minnigliche Begegnung« zwischen dem König und der »schönen Müllerin« an der Quelle, dem späteren Friedrichsbrunnen, im Jahre 1701 nicht stattgefunden haben. [494] Östlich der Walke lag ein etwa 10 × 40 Ruten großer Mühlenteich, an dessen Nordseite sich ein Wehr befand, über welches das nicht benötigte Wasser um eine langgestreckte »Mühleninsel« abfließen konnte.

Laut Vertrag vom 10. 8. 1731 ging die Mühle in Privathand über und wurde zu einer Papiermühle umgebaut. [495] Nach einer Notiz vom 15. 9. 1731 hatte das »Directorium des Spandouschen Zucht- und Arbeit Hauses verschiedener Ursachen halber resolvieren (sich entschließen) müssen, die Weddingsche Walkmühle zu distrahieren (veräußern) und ist solche (am 12. 7. 1731) bey gehaltener Licitation (Versteigerung) dem Papiermacher zu Neudam Johan Heinrich Bleyer gegen 700 Taler Kaufgeld und 40 Taler pro canone jährlich zugeschlagen« worden. Beyer wollte wegen des Wassermangels die Mühle zu einer oberschlächtigen Papiermühle umbauen und das Recht erhalten, in 2 Meilen um Berlin die alten Lumpen zu kaufen. Der Umbau zur oberschlächtigen Mühle wurde wegen der zu hohen Aufstauung abgelehnt. [496] Durch das Edikt »De Dato Berlin, den 15. Februarii 1747« wurde den Papiermüllern, damit es ihnen nicht »an den erforderlichen, sondern feinen Lumpen ermangele . . ., (ein bestimmter) Destrikt zum privaten Lumpen-Samlen« angewiesen. [497] Nach dem Reglement von 1748 mußten sie ihr Recht, in Berlin Lumpen zu sammeln, mit anderen Papiermühlen in der Kurmark teilen, »damit es ihnen an keinen Lumpen nicht ermangeln möge und sie von Zeit zu Zeit ihre Papiere besser und feiner machen können«. [498]

Nach Beyers frühzeitigem Tode verkaufte die Witwe Anna Catharina am 20. 1. 1735 die Mühle an den Papiermacher Samuel Friedrich Schottler in Prenzlau; am 25. 5. 1735 ging die Mühle in das Eigentum des Papiermachers Christoph Schultze über, der 1730 Schottlers Tochter Maria Elisabeth geheiratet hatte. 1746 bekam Schultze die Erlaubnis zur Anlage einer Mahlmühle; er durfte jedoch die »zur Pankower Windmühle gewidmeten Mahlgäste« »unter keinerlei Prätext und Vorwand an sich ziehen«. Auch den Papiermahlgang sollte er »nicht eingehen lassen, sondern selbigen vielmehr bestmöglich betreiben«. Die neue Anlage überstieg Schultzes finanzielle Kräfte.

Am 11. 3. 1755 wurde vom Papiermüller Daniel Gottlieb Schottler aus der holländischen Papiermühle, von einem Mühlenmeister, einem Zimmermeister und dem Maurermeister Zelter, dem Vater des Musikers Zelter, die Taxe aufgestellt.

Danach hatte der Besitzer der Mühle die freie Verfügung über das Wasser der Panke, mußte aber im Frühjahr bei der Schneeschmelze die Freiarche aufziehen, um Beschädigungen zu vermeiden. Er hatte den Graben von der Pankebrücke oberhalb der Mühle bis zur Weddingbrücke unterhalb derselben zu räumen sowie die Archen nebst Brücken instand zu halten. In der Residenz hatte er das Recht, Lumpen zu sammeln und öffentlich ausrufen zu lassen. Er besaß das Braurecht ohne Schankrecht, das Fischereirecht zwischen den beiden Brücken und durfte Pferde, Kühe, Schweine und Federvieh halten. Zum Besitz gehörten zwei Obstgärten. In einem dritten Garten lag ein »Spring«, eine Quelle, die als Brunnen diente. Das Hauptgebäude (60 × 40 Fuß) enthielt die Mühle, ein Quergebäude (101 × 31 Fuß) den Mahlgang; zwei Anhänge (25 × 16 Fuß) waren für Vieh und Geräte bestimmt. Die Papiermühle besaß zwei Werke, jedes mit 20 Stampfen und einem Wasserrad, sowie ein drittes Werk, »der Holländer genannt«, mit drei großen Papierpressen und Schöpfbütten, ein eisernes Pochwerk zum Planieren, einen kupfernen Leimkessel, ein eisernes Werk zum Rühren; mit den auf dem Boden gezogenen Leinen zum Trocknen des Papiers betrug der Wert dieser Werke 1 295 Rtlr., 16 Sgr.; die Mahlmühle mit Wasserrad und Zubehör war 307 Rtlr. wert. Im Jahresdurchschnitt konnten 50 Ballen feines Herrenpapier, 50 Ballen Konzeptpapier und 100 Ballen einfaches Papier hergestellt werden.

Am 16. 3. 1756 erwarb Heinrich IX. Reuß, Graf und Herr zu Plauen p. p., die Mühle und verpachtete sie zunächst an den Vorbesitzer Schultze, 1762 an den Papiermüller Christoph Friedr. Gieseler. Unter Reuß wurde noch eine Lohmühle gebaut. 1764 übernahm sie der Tabakshändler Joh. Balthasar Targa, 1775 Joachim Friedr. Schwiegerling. Lohmühle und Mahlmühle wurden nun nicht mehr erwähnt. Schwiegerling, als Sohn eines Arbeiters im königlichen Messingwerk Eberswalde geboren, hatte sich erfolgreich emporgearbeitet und war durch seine Heirat mit Maria Charlotte Schottler, wie vorher Schultze, in enge Beziehungen mit dieser bedeutenden Papiermacherfamilie getreten. Nach Schwiegerlings Tod übernahm im März 1790 die Witwe die Mühle und ging eine zweite Ehe mit dem Papiermacher Karl Siegmund Giesele ein,

Alte Mühle an der Panke 1777 (Radierung von Christian Gottfried Matthes)

der den viel zu hoch belasteten Besitz nicht halten konnte. Er mußte September 1796 versteigert werden. [499]

Zwischen 1760 und 1790 wohnte hier der Bademeister und Inspektor des benachbarten Friedrichsbrunnen (seit 1809 Luisenbad). [500] Nach Bruno Stephan soll 1794 die Mühle abgebrannt sein. Ein 1951 noch vorhanden gewesenes Bild trug die Legende: »Die Mühle vor dem Brande 1794«. [501] Doch dürfte diese so zu deuten sein: Ansicht der Mühle aus dem Jahre 1794, vor einem Brande.

Nun ging die Mühle auf den Bankier Ephraim [502], 1797 aber schon auf den Papiermachermeister Johann Gottlieb Schottler über, einen Schwager Schwiegerlings. Schottler war vorher in der Papiermühle und -handlung von Ebart und Stenz tätig gewesen. [503] Kaum hatte er für über 1 000 Rtlr. das schadhafte Werk und alle Gebäude instand gesetzt, erlitt er durch eine Überschwemmung beträchtlichen Schaden. Hilferufe an den König und das Generaldirektorium blieben erfolglos. 1798 beschwerte sich Schottler auch über den Geheimen Rat Nöldechen wegen des Durchstichs eines Freigrabens zum Nachteil der Papiermühle. [504] Auch ein Hilferuf Ende 1801, als der

Die Gesundbrunnen-Mühle 1794, vor dem Brande

Fluß die Schleuse bei der Mühle durchbrochen und das Personal arbeitslos gemacht hatte, blieb erfolglos. Eigene Krankheit, dann Krankheit und Tod seiner Frau machten ihn »ganz unverschuldet zum armen Mann«. Er mußte 1804 an den Papierfabrikanten Fournier verkaufen. Nach Fourniers Tod führte dessen Witwe das Unternehmen weiter, bis es ihr gelang, es 1810 an den Mühlenmeister Rochow zu verkaufen. Es war ein Scheinkauf, denn am gleichen Tag ging die Mühle in den Besitz des Obermedizinalassessors Dr. Flittner über, der sie noch im Oktober des gleichen Jahres dem Mühlenmeister Andreas Friedr. Gebhardt überließ. [505]

Nach H. Rachel (1931) unterstand die Papiermühle dem Amte Mühlenhof. Ihr Betrieb hatte durch das unreine, zum Papiermachen wenig taugliche Wasser gelitten, das öfter auch ganz fehlte. Sie sei 1805 eingegangen [506], nach P. Torge (1939) wahrscheinlich zu einer Walkmühle umgebaut worden, nach F. Mayer (nach 1890) in der Nacht zum 2. 2. 1806 abgebrannt.

1813 bat der Mühlenmeister Gebhardt als Käufer der 1805 oder 1803 [507] »abgebrannten Papiermühle« beim Luisenbad [508], statt der Papiermühle eine Mahlmühle mit zwei Gängen anlegen zu dürfen. [509] Die Mahlmühle wurde gebaut, doch Gebhardt konnte sie nicht halten. Schon 1819 stand sie unter dem Administrator Schulte als Vertreter der Gläubiger und sollte versteigert werden. Nach Ansicht eines Sachverständigen sei (1822) der Grund für die unrentabel arbeitende Mühle das schlecht gebaute Grundwerk. Das »Wasserrad, beinahe halb unterschlächtig erbauet, mit geraden Schaufeln ohne alle Kröpfung; das Wasser schoß daher durch dieselben hindurch und leistete so kaum die Hälfte der Kraft«. [510] Gebhardt, der nun als Mühlenmeister und Gastwirt erscheint, wurde 1827 durch seine Gläubiger exmittiert und zog mit seiner Familie nach Berlin. Nach der Exmittierung hatte das Grundstück »wüste gestanden«, starkes Wasser die Arche fortgerissen; die teilweise durch die Flut zerstörten Häuser verschwanden allmählich durch Holzdiebe; der Rest wurde nach einem Einsturz der Mühle im Mai 1830 »von Polizei wegen gänzlich abgebrochen«. Bei einer Versteigerung am 12. 3. 1833 erwarb das Grundstück der Berliner Lohgerber Pallavicini, doch konnte (angeblich) auch er aus Geldmangel das Etablissement als Lohmühle nicht aufführen.

Von neuem versteigert, erwarb es am 12. 4. 1842 der Condukteur und Rentier Friedrich Richter, um eine Wassermühle mit drei Gängen anzulegen (Baubitte vom 5. 9. 1841). Wegen vieler Einsprüche ließ der Consens auf sich warten. Richter hatte sofort die Panke und die Freigräben räumen lassen. 1844 war das Haus schon fertig, desgleichen das Mühlenwerk mit einem sechsfüßigen Wasserstau, sogar das Wasserrad eingehängt, als der Consens vom 28. 9. 1844 eintraf. 1847 hatte sein Sohn, der Mühlenmeister Wilhelm Ferdinand Richter, ohne Erlaubnis die Mühle in eine Walkmühle umgebaut; er wurde zu einer Geldstrafe von 50 Tlr. verurteilt und stellte am 1. 1. 1848 den Betrieb vorübergehend ein. Am 30. 11. 1850 erhielt Richter die Erlaubnis zur Einrichtung eines Furnierschneidegangs mit zwei Kreissägen.

1852 legte der Mühlenmeister Ader »auf dem Luisenbad« (Reinickendorfer Straße 34) eine Bockwindmühle an, um durch sie am »Windmühlenberg« eine Schneidemühle zu betreiben.

Richters Nachfolger waren u. a. 1853 Johann Heinrich Neumann und 1875 der Kaufmann Moritz Guhrauer. [511] Es wurden eine Bäckerei im Keller eingerichtet, 1883 sogar ein »offener Pariser Tanzsaal« für sommerliche Vergnügungen. Daneben blieb die Mahlmühle trotz gelegentlicher Unterbrechungen in Betrieb. 1890 erwarb Carl Arnheim das Grundstück und führte im Hof das Gebäude der Geldschrankfabrik auf. 1891 ließ Arnheim aufgrund eines Vertrags mit der Stadt Berlin das Mühlrad herausnehmen und das Wehr entfernen. [512]

Die Gesundbrunnen-Mühle 1828

Die Gesundbrunnen-Mühle 1891 (Foto von F. Albert Schwartz)

Infolge Weiterverlegung der Münze zur Unterwasserstraße im Jahre 1701 wurde die Poliermühle Adler-, Ecke Unterwasserstraße abgerissen und am Mühlendamm erneut aufgebaut.

Als sich der Büchsenmacher, Polier- und Hammermeister Drude aus der Grafschaft Mark 1700 an der Panke, nahe der Hasenheide (Invalidenhausgebiet) zwischen der »Spandauischen und der Ouranienburgischen Brücke« (an der Invalidenstraße bzw. nördlich am Vorwerk Wedding), eine Polier-, Schleif- und Hammermühle einrichten wollte [513], mußte er sich verpflichten, »sich keines domini oder Disposition anzumaßen über die Oberschleuse am Wedding, durch welche das Wasser in die kurfürstlichen Karpfenteiche gezwungen wird«. Er hatte sich vielmehr mit dem Wasser zu begnügen, »das bei den Karpfenteichen nicht von nöten ist, so daß denjenigen, die dort die Aufsicht über die Teiche haben, die freie Hand wegen des Wasserlaufs gelassen wird«. [514]

Von Cramer (1875) wurden als Besitzer dieser Mühle u. a. der Oberinspektor der Hof- und Artilleriegießerei Jacobi, der Müllermeister Andrae und der Bankier Ephraim genannt. 1779 befand sich in der (nach Nicolai im Jahre 1702 erbauten) Schleif- und Poliermühle »eine Tobacksmühle und ein Streckwerk zu Tobacksbley. Zugleich ist daselbst ein Wirtshaus (ein »Kaffeegarten« von Lau). Alles lieget diesseits dem Invalidenhause an der Panke, worüber eine kleine Brücke geht, und welche hinter diesem Hause eine kleine angenehme Insel bildet.« [515] Das Streckwerk gehörte Joh. Balthasar Targa. Dieser hatte 1751 ein Privileg zur Anfertigung feinerer Tabake bekommen. Als 1765 alle preußischen Tabaksfabrikanten in der General-Pachtungsgesellschaft vereinigt wurden, erhielt er eine der Direktorenstellen, die er allerdings schon im nächsten Jahr bei der Verstaatlichung verlor. Targa wurde dadurch entschädigt, daß er eine Bleiplattenfabrik anlegen durfte, von der alle Fabrikanten die sogenannte Bleifolie für ihre Tabakpackungen beziehen mußten. [516]

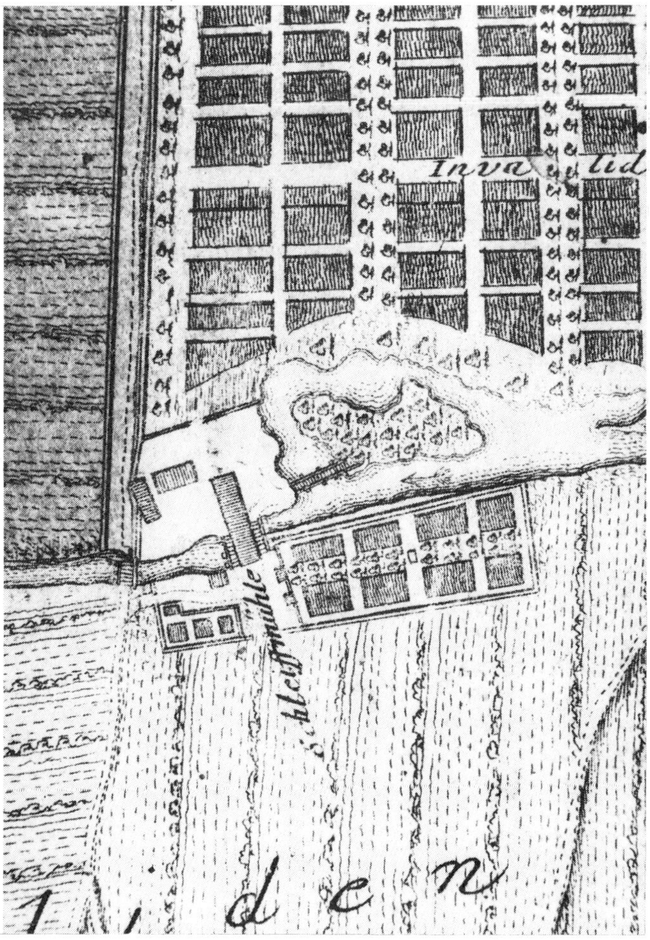

Die »Schleiffmühle« 1764 (Plan von Schmettau; Ausschnitt)

Die Schleifmühle ging 1788 in den Besitz des Schwertfegers Joh. Martin Voigt über. Voigt hatte 1755 ohne staatliche Unterstützung in der Französischen Straße bei der St.-Hedwigs-Kirche eine Stahlfabrik für alle Arten feiner englischer Arbeit, insbesondere für Galanteriewaren, eingerichtet. Um 1790 betrieben die Engländer Dutton und Whitehaus mit 80 Arbeitern, einem Buchhalter und 24 Lehrjungen in ihrer Fabrik für nichtschneidende Stahlwaren ein Streck-, Schleif- und Polierwerk über einen Pferdegöpel. [517] Anfang 1800 war Voigts Unternehmen, wie fast alle damaligen Metallfabriken, eingegangen. Der Rückgang des privaten Gewerbes veranlaßte den Minister Friedr. Wilh. Graf v. Reden, daß nach Genehmigung mittels Kabinettsorder vom 8. 2. 1803 die ehemalige Voigtsche Schleifmühle, mit einem Areal von etwa $7^{1}/_{2}$ Morgen Land, für 16 125 Tlr. in der Subhastation angekauft wurde. 1804 entstand hier die königliche Eisengießerei, verbunden mit einer Bohr-, Dreh- und Schleifanstalt.

Die vor dem Stauwerk liegende große »Cyclopeninsel« (»die Arche beim Werder in der Panke« [518]), bepflanzt und mit Ruhesitzen versehen, wurde im Sinne des gräflichen Paares ein Treffpunkt geistig und künstlerisch interessierter Zeitgenossen. Von Reden, der Napoleon zunächst den Treueid versagt hatte und entlassen wurde, war es, der den geächteten Reichsfreiherrn vom Stein bei sich aufnahm und 1810 die vielleicht entscheidende Zusammenkunft zwischen Stein und Hardenberg herbeiführte. Die stimmungsvolle Garteninsel wurde so zum Sammelpunkt von Persönlichkeiten der Reformepoche zwischen 1807 und 1813.

Die königliche Eisengießerei um 1810. In der Mitte die Flammöfen-Hütte, links die Bohrhütte (Aquatinta, anonym)

Die ersten Schmelzversuche sind 1804 noch in der von Voigt stammenden Eisenschmelze durchgeführt worden. Zugleich ging man an den Wasser- und Wehrbau. 1805 erfolgte am westlichen Ufer der Bau einer Gießhütte mit zwei Kupolöfen, deren Zylindergebläse bis nach 1830 von einem in der Panke angelegten Wasserrad betrieben wurde. 1806 wurde der Betrieb unter der Leitung des Hüttenfaktors Krigar erweitert, am anderen Ufer ein Schmiede- und Bohrwerk gebaut und das dazu nötige Wasserrad eingehängt. Zwischen 1813 und 1815 trat die Produktion von Artilleriematerial in den Vordergrund. [519] Hier bohrte man die Feldkanonen und goß die schweren Mörser, mit denen Spandau, Torgau und Wittenberg beschossen worden sind, stellte preußische, russische, englische, französische und sächsische Kartätschkugeln, Voll- und Hohlkugeln, Bomben und Granaten her. Nach Spandau mußten die 50pfündigen Bomben jeden Tag sofort nach dem Guß, oft noch ungeputzt und ganz warm, abgeliefert werden. Die Rohre der 6pfündigen leichten Kanonen wurden in einem interimistisch eingerichteten Bohrwerk in den Werderschen Mühlen gebohrt. Um 1819 hatte man schon »einige funfzig Stück Geschütz von verschiedenem Kaliber verfertigt«. Um 1820 kam eine neue Gießhütte dazu, deren Kupolöfen bzw. deren Gebläse mit einer von Freund aufgestellten Dampfmaschine verbunden waren. Hier erfolgte bis zum 5. 1. 1874 der bekannte Kunstguß. [520] Die Wasserräder mit dem Grundwerk standen etwa 60 m nördlich der Invalidenstraße. Das Pankebett liegt heute »eingerohrt« zwischen dem Zentralen Geologischen Institut und dem Museum für Naturkunde.

KAPITEL 6

Windmühlen – Typen und Funktionsweise

ALLGEMEINES

Die Konstruktion der Windmühle stammt nach allgemeiner Ansicht aus dem Orient. Die ersten »Mühlen, die mit Wind mahlen«, sollen in Seistan, einer Landschaft zwischen Persien (Iran) und Afghanistan, gestanden haben und nach dem arabischen Geschichtsschreiber Tabari schon 644 einem am Hof des Kalifen Omar I. lebenden persischen Sklaven Abu Lulu bekannt gewesen sein. [521]

Ausdrücklich wird die Verwendung von Windmühlen in Seistan erst für die Zeit um 944 vom Geographen und Historiker al-Mas'udi erwähnt. Nach dem arabischen Geographen Dimashqi (1256/7 bis 1326/7) errichteten die Seistanis auf einem Turm oder einer Anhöhe »ein Gebäude über dem anderen. Im oberen befindet sich die Mühle, die sich dreht und mahlt, in dem unteren befindet sich ein Rad, welches der dienstbargemachte Wind dreht. Dreht sich das Rad unten, so dreht sich die Mühle oben. Was für ein Wind auch wehen mag, so drehen sich jene Mühlen.« [522] Bei dieser Darstellung wird also, ergänzt durch eine Zeichnung, eine Horizontalmühle als älteste Windmühle beschrieben.

Beim getriebelosen Turbinenmahlgang mit horizontalem Wasserrad, der noch im 20. Jh. in der Türkei bis nach Afghanistan, aber auch in Mitteleuropa benutzt wurde, lag das Antriebsaggregat räumlich ebenfalls unter dem Mahlgang. Es hatte sich jedoch bei den Wind- und Wassermühlen nicht der Horizontal-, sondern der Vertikalantrieb durchgesetzt. Nur in den Wassermühlen erlebte der Horizontalantrieb durch die Erfindung der mit liegenden Antriebsrädern ausgestatteten Wasserturbinen, u. a. von Fourneyron (1833) und Francis (1849), eine Wiederentdeckung.

Der Übergang vom liegenden Windrad zum aufrecht gestellten Flügelkreuz erfolgte (nach H. Gleisberg, 1957) ebenfalls im Orient, etwa im 10. Jh. Es könne heute »kein Zweifel mehr bestehen, daß der Weg der Windmühle von Vorderasien über die Mittelmeerländer nach Europa (Rhonetal, Normandie) verlief«. [523] J. C. Notebaart (1972) neigte mit guten Gründen der Ansicht zu, daß Pilger oder Kreuzfahrer die Kenntnisse über die Technik zum Bau einer zylindrischen Turmwindmühle mit aufrecht gestelltem Flügelkreuz aus dem Orient mitgebracht und daß sich diese Kenntnisse nach dem 12. Jh. rückläufig von Südfrankreich aus in den Mittelmeerraum verbreitet hätten. Er hält, ebenso wie H. Gleisberg (1956), die Aussage von Léve-Provençal: Tarragona (Spanien) hätte schon im 10. Jh. die Windmühle gekannt, für nicht ausreichend zuverlässig. Was damals wirklich geschah? »Wir wissen es nicht.« [524]

In Deutschland besaßen nur sehr wenige Mühlen die damals übliche zylindrische Form des Mittelmeertyps, beispielsweise die »alt Windtmül ufm Haneberge« vor Dresden (1572 nach Torgau umgesetzt), auch die 1566 hinter der »Libe Frauenkirch« am »Zimmerhoff« in Dresden erbaute Windmühle (1634 Pulverturm) oder

Die Lindener Bergmühle. Erbaut 1651

die 1651 bei Hannover gebaute Lindener Bergmühle.

Allen sogenannten Turmwindmühlen war zunächst gemeinsam, daß sie – nur für eine Windrichtung oder, bedingt durch den Monsun, für zwei Windrichtungen gebaut – nicht nach dem Wind gedreht werden konnten. Diesen Mangel beseitigte erst die Bockwindmühle.

BOCKWINDMÜHLEN

W. Beyer (1971) hält die Bockwindmühle für eine in Mitteleuropa eigenständig entwickelte Mühlenform. [525] Ihre älteste zuverlässige Erwähnung erfolgte um 1180 in der Normandie. Nach Notebaart »könnte das Dreieck Normandie, Flandern (1197) und Südostengland (1191) als Ursprungsgebiet der Bockwindmühle bezeichnet werden«. [526]

Die älteste in Deutschland nachgewiesene, vielleicht schon aus Holz gebaute Windmühle stand 1222 auf der Burgmauer von Köln. [527] 1253 bekamen die Mönche der Zisterzienserabtei Kamp am Niederrhein vom Erzbischof zu Köln die Erlaubnis zum Windmühlenbau. [528] Die Markgrafen bestätigten am 3. 5. 1303 dem Kloster Zinna die Mühlengerechtigkeit und erwähnten dabei im Privileg ausdrücklich die »ventorum molendina«, allerdings nur im Sinn des Verbotes zugunsten vorhandener Wassermühlen »eine Windmühle oder dergleichen eine Meile weit im Umkreis von Briezen (Treuenbrietzen) neu zu erbauen«. [529]

Bei der für Bredow, Kreis Nauen, 1309 angegebenen Mühle dürfte es sich um eine Windmühle gehandelt haben. [530] 1315 erlaubte der Markgraf Woldemar dem Domkapitel von Brandenburg, eine Windmühle bei Garlitz (Kreis Rathenow) zu bauen. 1330 erhielt das Kloster Chorin vom Markgrafen Ludwig eine Windmühle bei Goltze (molendinum, quod pellitur vento). [531] 1375 sind in der Mark Brandenburg 41 Windmühlen erwähnt, von denen neun schon wieder »wüst lagen«. Um Berlin standen beispielsweise Mühlen in Großmachnow (ventimole), Blumberg (ventimolum) oder in Schwanebeck (ventimole). [532] Bei diesen Mühlen muß es sich um Bockwindmühlen gehandelt haben. Das war der auch in Flandern und Holland damals benutzte Mühlentyp.

Bockwindmühlen, auch als Kasten- oder sogenannte deutsche Windmühlen bezeichnet, eigneten sich wegen ihres beschränkten Raumes am besten zum Vermahlen des Getreides und der Lohe. Sie wurden bei uns aber auch zur Graupenfabrikation, zum Drechseln und Sägen, als Knochenmühle, für Stampfwerke usw. genutzt. Mit ganz geringen Abweichungen waren Bockwindmühlen um Berlin im Durchschnitt 13,5 m hoch, 5,2 m breit und 6,8 m tief, besaßen zwei Böden und ruhten auf dem sogenannten Bockstuhl, auf dem sie vor den Wind gedreht werden konnten.

Zum Bau einer Bockwindmühle wurden zunächst über Kreuz, oft nach den Himmelsrichtungen, zwei Gruben bis auf den festen Grund ausgehoben. Als Fundament dienten aufgemauerte Feldsteine, die Mitte des Kreuzes blieb frei, mit einem geglätteten oberen Rand (Kreuzmauern). Auf diese Mauern legte man, ebenfalls über Kreuz, zwei Schwellen (Kreuzschwellen, Kreuzbalken, Stützen, Kreuzstützen, Legden) aus Fichten- oder Eichenholz. Um die Festigkeit der Kreuzschwellen zu erhalten, hatte man sie höchstens zur Hälfte überblattet (ineinandergesenkt) und in der Mitte in den Winkeln so ausgeschoren, daß der eichene Hausbaum (Ständer, Suhl, Stenert, »Königsbalken«, »König«) mit seinen vier Klauenzapfen darüberweggreifen konnte. Den senkrecht aufgestellten Hausbaum stützten an den vier Schwellenenden je (ein oder) zwei schräge Kreuzbänder (Strebebänder, Streben, Kreuzstreben, schräge Stützbalken, Standfinken, Knie des Fußes) ab, die inneren oder kleinen und die äußeren oder großen Bänder. Sie wurden mit einer starken Versatzung in die Kreuzschwellen eingezapft, die inneren Bänder mit einem einfachen, die äußeren mit einem doppelten Versatz. Während man die inneren Bänder in den Hausbaum eingezapft hatte, schlossen (drückten) die äußeren mit ihren Klauen (Klauwen) die vier Sattelstücke an den Hausbaum. Der Hausbaum war bis zur Höhe des (unteren) Sattels viereckig, von da an rund gearbeitet (Ständerhals) und besaß auf seinem oberen Ende einen kräftigen Zapfen, um den der Mühlenkörper gedreht werden konnte.

Der Sattel hatte die gesamte Last des Mühlenkörpers zu tragen, denn in ihm »hing« der Hausbaum, und auf ihm drehten sich die Fugbalken (Kehrbänder, Monde, Wendeleisten, untere Trageriegel), die ebenfalls einen Lastanteil übernehmen mußten. Die ineinander greifenden Stücke des Sattels wurden in den bis dahin viereckigen Hausbaum etwa 2 Zoll tief eingelassen (Satz) und zur weiteren Vergrößerung der Auflagefläche an den Seiten mit Schwalbenschwänzen versehen. Doppelkeile (Dobben) in den Zapfen des Sattels zogen diesen so fest an den Hausbaum, als ob Sattel und Hausbaum aus einem Stück gefertigt worden wären; in gleichem Sinne wirkten die Klauen der äußeren Bänder, die aber auch den Sattel unterstützten. Um eine gleichmäßig breite Auflage auf dem Sattel zur Verminderung der Reibung beim Streichen (Drehen) der Fugbalken zu erhal-

Schema einer Bockwindmühle nach einem Entwurf des Zimmermeisters Sieg für Friedrich Ludwig Krüger, Berlin Ecke Löwe- und Auerstraße, 1823–1862; nach Wünsdorf versetzt, 1907 abgebrannt

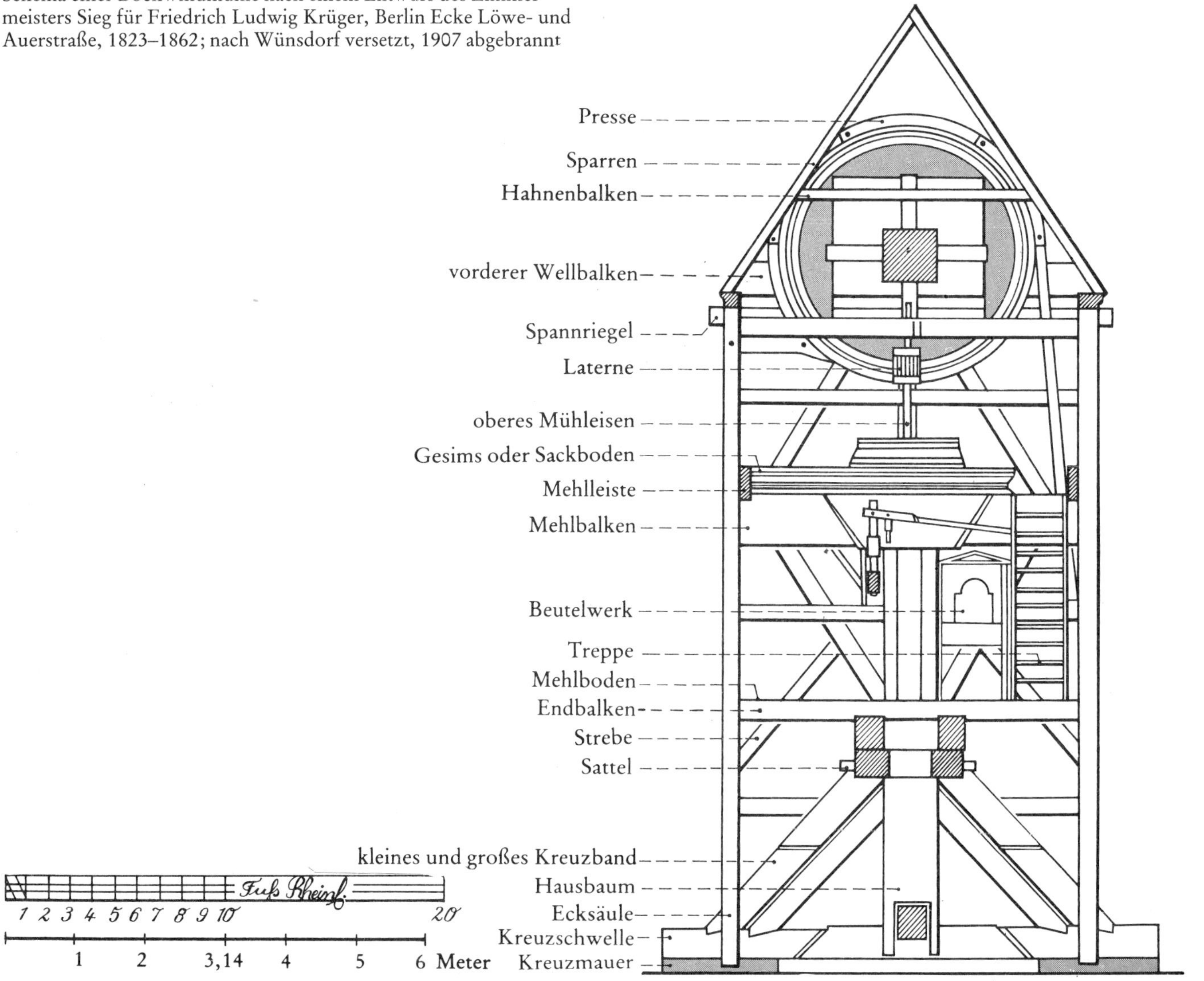

ten, waren die vollkantigen Enden des Sattels etwas abgesenkt (abgearbeitet) worden. Ein auch als oberster Sattel bezeichnetes besonderes Tafelwerk – in einem Schleifrahmen vier starke Bohlen um den Hausbaum zwischen Sattel und Fughölzer, um eine Abnutzung der letzteren zu verhüten – war bei den hiesigen Bockmühlen nicht üblich. Erst bei höherer Belastung, z. B. durch einen zweiten Gang, wurden die Fughölzer manchmal durch zwei untergelegte Sohlbalken aus härterem Holz verstärkt. Für den Sattel wurde jedoch unter allen Umständen das Holz der Eiche oder ein anderes hartes Holz gefordert.

Insgesamt war der Bockstuhl (Kreuz oder Kreuzwerk mit Ständer, Bock, Mühlenfuß, Stuhl, Grund) eine ganz aus Holz bestehende meisterliche Konstruktion, die in der Lage war, über 30 000 kg Last aufzunehmen und auf die Enden der Kreuzschwellen zu übertragen. Dabei wurde der Bockstuhl desto fester, je größer die Last war. Um die Sicherheit dieser Konstruktion nicht zu gefährden, durften weder der Hausbaum den Kreuzschwellen aufsitzen noch die Kreuzmauern bis zur Mitte ausgeführt werden. Es genügte, die Kreuzschwellenenden auf einzelne Steine, Mauerklötze, Balken oder Holzkeile zu stellen. So konnte auch die Luft zum Trocknen des Holzes vorbeiströmen. (Übrigens: Nur ein Zug am Hausbaum nach oben mittels eines Kranes, und schon zerfällt der Bockstuhl in seine Einzelteile.)

Daß dieses Konstruktionsprinzip im vorigen Jahrhundert kaum zum allgemeinen Wissen der Müller gehörte, beweisen uns nicht nur einige Mühlen aus dieser Zeit. Nach J. M. Beyer (1735) kamen ein unterer Mittelzapfen des Hausbaums in das Loch der oberen Schwelle und vier Klauenzapfen in den Winkeln der Schwellen zu stehen. Behrens (1789) waren das Schwellenkreuz und

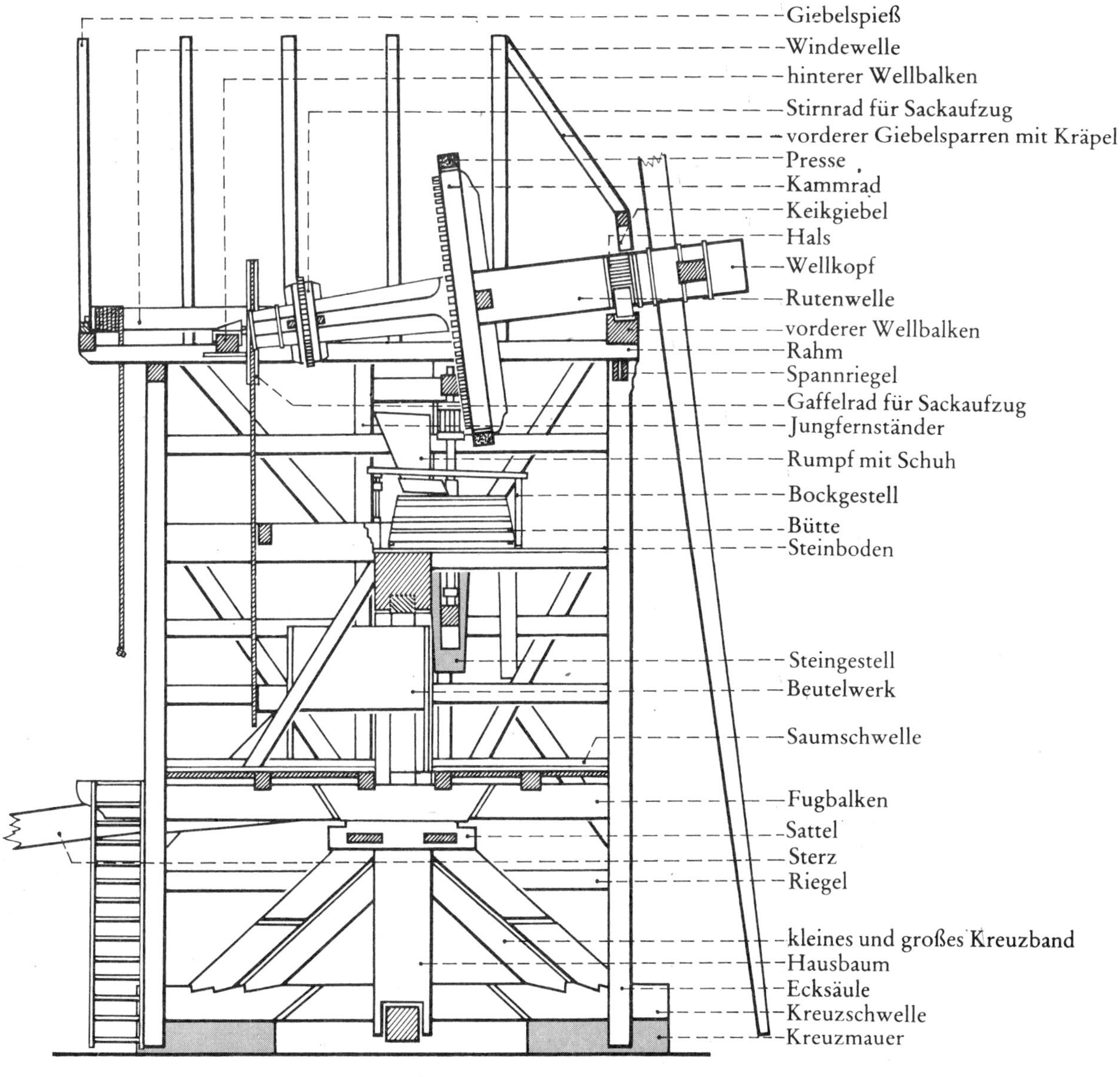

die Klauenzapfen natürlich bekannt. Doch hat man damals, wie er berichtet, ein doppeltes Schwellenkreuz, das den unteren Mittelzapfen des Hausbaums umschloß, und je vier schräge Bänder an Sattel und Hausbaum allgemein für sicherer gehalten. Nach Melzer (1800) blieben die Müller immer noch »bey ihrer alten Bauart . . . sie legen einfache Kreuzschwellen und wo diese Schwellen zusammenstoßen, da setzen sie den Ständer in der Mitte mit einem Zapfen, und in den Winkeln, welche die Schwellen machen, mit Klauen ein«. Er empfahl doppelte Kreuzschwellen, die den Hausbaum an allen Seiten umfaßten und in den sie 2 Zoll tief eingelassen waren. Unter den Schwellen sollte man den Ständer 3 bis 4 Ellen tief in die Erde gehen lassen und ihn zum Schutz vor Fäulung abbrennen. Weiterhin seien 16 schräge Bänder nötig. Erst Hoffmann (zitiert von K. Kuhnert, 1836) und G. G. Schwahn beschrieben klar das Konstruktionsprinzip. Würde man trotzdem »das Fundament größerer Solidität wegen aber dennoch ganz durchführen, was wohl auch zu geschehen pflegt«, so sollte der Hausbaum sich auf keinen Fall den Kreuzschwellen aufsetzen.

Die Basis des Mühlengebäudes (Kasten, Rumpf) wurde von den beiden Fugbalken gebildet, auf denen die End- und Zwischenbalken für den gedielten Fußboden des unteren Bodens (Mehlboden) lagen. Diese Fugbalken, die auf dem Sattel ruhten, umschlossen mit einem hinteren Riegel, oft durch Einschnitte (»Monde«), den Hausbaum so, daß ein Schwanken des Mühlenkörpers verhindert wurde, jedoch das Drehen möglich war. Häufig waren die Fugbalken am Hausbaum auch mit (ein bis) zwei Querriegeln verbunden. Die Balkenlagen des Fußbodens hatte man in der Mitte ebenso ausgearbeitet, damit auch sie, wie die darunterliegenden Fugbalken, den Hausbaum umfaßten und so zusätzlich die Stabilität der Mühle sicherten. Auf diesem Gebälk lagen an den langen Seiten der Mühle die Saumschwellen, auch Wasserleisten genannt.

Über den oberen Zapfen (Nocke) des Hausbaums legte man den besonders starken Mehlbalken (Mahlbalken, -block, -baum, Stein-, oberer Quer-, Haupt-, Tragebalken, Hammer). Auf ihm lag nach vorn, rutenwärts, in einem Falz der Steinboden mit dem Mahlgang. Dieser Steinboden aus starken Bohlen ruhte auf zwei Balken, den Steinriegeln, die ebenfalls dem Mehlbalken und einem zwischen beiden Riegeln aufgekämmten Steg auflagen. Zur Platzersparnis waren in diese Steinriegel oft die Hängedocken des Steingestells (Lichtewerk, Leichtgestell, Aufhelfezeug) eingezapft. Nach hinten stand auf dem Mehlbalken das Gesims, das als Erhöhung dem Müller das Einschütten des Mahlgutes in den Rumpf erleichterte und als Sackboden diente. Über eine Treppe gelangte dieser von unten auf den Sackboden.

Auf die Enden des Mehlbalkens hatte man, um ein Abrutschen zu verhindern, die Mehlleisten (Steinleisten, obere Querleiste, oberer Trageriegel) mit je einem Schwalbenschwanz gekämmt und an den Leistenenden wiederum die vier Ecksäulen mit ganz durchgehenden Zapfen gefestigt. Oft wurden die Ecksäulen (Ortständer, Eck-, Hukstiel, Hauptständer, Hauptsäule) zur Erhöhung ihrer Tragfähigkeit von innen noch mit Backen versehen, die dann auf den Blättern der breiteren Mehlleisten standen. Durch die Ecksäulen gingen außerdem die Zapfen der Wasserleisten, auch die Zapfen der sie mittragenden Vorder- und Hinterbalken des Fußbodengebälks. So bildeten die Ecksäulen das Hauptstielwerk des Mühlengebäudes.

Nach unten reichten insbesondere die hinteren Ecksäulen bis fast an den Erdboden und konnten bei Sturm zur Abstützung des Mühlengebäudes genutzt werden. Oben waren sie an der vorderen und hinteren Wand mit je einem Spannriegel (Querbalken) verbunden. Letztere gingen mit ihren Köpfen (Knöpfen) durch die Ecksäulen und wurden deshalb auch Kopf- oder Knopfbalken genannt. Oft hatte man die Köpfe mit Kupferblech als Wetterschutz abgedeckt. Spannriegel durften an diesen den stärksten Erschütterungen ausgesetzten Wänden nicht fehlen.

An den Längen- (Seiten-) Wänden lagen auf den Spannriegeln die Rahmen (Rahm, Rahmstück, Platte). Diese mußten kräftig sein, weil auf ihnen das Sparrwerk des Daches (Kappe) stand und sie den Längenwänden der Mühle auch ohne Querbalken die nötige Stabilität geben mußten. Weiterhin lag zwischen oder auf den Rahmstükken der Eisenbalken und fand an einem derselben die Presse ihr Widerlager. Auf die beiden Rahmen wurden der starke vordere (große) Wellbalken (Windbalken, vorderer Sattelbalken, Wetterbalken), der mit dem Lagerstein (Drehstein) die schwere Rutenwelle zu tragen hatte, eingekämmt und der hintere (kleine) Wellbalken (Ahn-Wellenschlüssel, Ahn-Wellenbalken, Pinnbalken) verschiebbar eingerichtet, um ihn entsprechend der Länge der Rutenwelle anpassen zu können. In den Längenwänden waren beiderseits je zwei Jungfernständer (-säulen, Mittelstiele) enthalten, die am Mehlbalken vorbei durch beide Etagen gingen und zum Mittragen des Fußbodens bzw. mittels Backen und Riegel zur Befestigung des Eisenbalkens und des Pressenschuhs dienten.

Die Sturm- oder Windwand (Vorderwand, Sturmseite) bestand aus Riegeln (quer) und Bändern (Streben, schräg), dem Knopfbalken und der mittleren, durch beide Etagen hindurchgehenden, oft etwas vorstehenden Sturm- oder Kronsäule (Sturmpfosten, Borstnald, Mittelhard, Trachtständer, Prehn). Letztere hatte den vorderen Well- (Wetter-) Balken, auf dem die Last des Rutenkreuzes ruhte, zu unterstützen.

In der Hinterwand (Kehrt-, Sterz-, Sturzwand) waren auf dem unteren Mehlboden die Eingangstür, daneben die Winde- oder Mehltür zum Herunterlassen des fertigen Mahlgutes und darüber eine weitere Tür zur Einnahme des aufgeförderten rohen Mahlgutes auf dem Sackboden angebracht. Neben der Eingangstür stand der gemauerte Kamin (ab 1819 verboten). Um die Festigkeit zu erhöhen und den rechten Winkel der Balken zu sichern, erhielten die Wände Riegel und Streben (Sturmbänder) bzw. Andreaskreuze.

Zwischen den Fugbalken hing der Sterz, der lange, oft stark gekrümmte Schwanzbaum (Schwanz, Sterdt, -baum, -balken, Stert, Sturz, Stürz, Stürtz, Kehrbaum, Drehschwanz, Krüsterz), der entweder in einem durch die Fugbalken gehenden Riegel (Kalbholz) eingezapft war oder mit einem eisernen Bolzen gegen ein Herausrutschen und beiderseits durch gegenstehende Klötze gegen ein Ausweichen zur Seite gesichert wurde.

Das Dach aus geradem oder gebogenem Sparrwerk war wegen des großen Kammrades hoch. Die Sparren hatte man gegenseitig mit (oberen und unteren) Hahnenbalken (Pfetten) und in der Längsrichtung durch die Nadel (Deckholm) verbunden. Hinten stand der senkrechte Giebelspieß. Beide Dachseiten waren durch Bänder nach vorn (oben), oft auch nach hinten (oben), verschwertet worden. Hinten stützte sich die Verschwertung am Gegenwindbalken ab. Der vordere Giebel wurde zur Abhaltung des Regens mit einem hinreichend steilen, halben Walm versehen, hier ausdrücklich Kräpel (Krepel) genannt, die Fläche darunter bis zum Kopfbalken hieß Spiegel oder Keikgiebel. Vorteilhaft war das Ausladen der Verdachung nach hinten, nicht nur wegen der Lagerung der Windewelle, sondern auch um das Seil und das Mahlgut möglichst im Trockenen zu halten.

Die Bekleidung des Mühlengebäudes aus Brettwerk (an der Windseite zusätzlich mit eichenen Holzschindeln) sollte möglichst tief hinabgehen, um auch dem Bockstuhl noch Schutz gegen die Witterung zu gewähren. Man bezeichnet (nach J. C. Notebaart, 1972) eine Mühle mit einem gegen Witterungseinflüsse ungeschützten Bock als sogenannte »offene Bockwindmühle«, eine Mühle mit einem Schutzdach auf dem Bock als »halbgeschlossene Bockwindmühle«, eine Mühle, bei der man den Bock in einem aus Stein gemauerten Fuß oder in einem kleinen Schutzhäuschen untergebracht hatte, als sogenannte »geschlossene Bockwindmühle« (besonders häufig im Berliner Norden). [533]

In den Längenwänden befanden sich Luken, an ihnen häufig lose Stoffbänder. An ihrer Bewegung konnte der Müller leicht eine Veränderung der Windrichtung erkennen. Meist waren an den Ecksäulen »Verzierungen«, Knaggen (Konsolen), angebracht, um die Rahmen zu unterstützen. Die Knagge der Kronsäule an der Vorderwand reichte bis unter den vorderen Wellbalken. Sofern die Holzstärke es gestattete, sollten die Säulen mit den Knaggen möglichst aus einem Stück gearbeitet sein.

Außerhalb der Mühle führte zum ersten Fußboden eine angehängte Treppe, die fast den Erdboden erreichte und oben, über die bis dahin verlängerten Fugbalken, mit einem Podest versehen war. Unten wurde die Treppe an der Ecksäule befestigt. Die letzte Marzahner Bockmühle besaß eine Feise (Stübchen) mit einer Treppe parallel zum Sterz. An den Türen fanden sich häufig alte Hufeisen, beispielweise in Berlin-Bohnsdorf an der Eingangstür oder in Zepernick an der Sacktür.

In manchen Punkten waren sich die Mühlenbauer uneinig. Weil sich das Mühlengebäude bei und nach dem Richten setzte, wurde außer dem Spielraum zwischen der (unteren) Brüstung des Ständers und den Kreuzschwellen noch ein besonderes Sackmaß zwischen den Fugbalken und dem Sattel gegeben, so daß die Fugbalken erst auf dem Sattel strichen, wenn das Setzen (Sacken) erfolgt war. Nahm man das Sackmaß zu groß, über $1^1/_2$ Zoll, so daß alle Last auf dem Mehlbalken ruhte und das Korpus gleichsam schwebte, dann mußte dieser Balken sich zumindest durchbiegen, Stein- und Sackboden aus ihrer waagerechten Lage kommen, er selbst eventuell sogar brechen. Ein gutes halbes Zoll wurde als hinreichend zum Sackmaß angenommen.

Umstritten wegen der Überwucht (Übergewicht) des Rutenkreuzes mit Welle, der Mühlsteine usw., war auch die Lage des Mehlbalkens. Nach einer alten Regel wurde dazu die Länge der Mühle in neun Teile geteilt. »Um Balance zu halten«, sollte der Mehlbalken beim vierten Teil von vorn stehen. Aber auch damals war je nach der Menge des gelagerten Mahlgutes oder bei nassem Wetter durch das schwerere Rutenzeug die Lage des Schwerpunktes veränderlich. Durch nachträglichen Einbau des eisernen Wellkopfes, von Klappenjalousien, von Müllereimaschinen oder eines weiteren Mahlgangs wurden die Gewichtsverhältnisse vollends gestört. Seit ungefähr hundert Jahren ist deshalb »in gewöhnlichen Fällen« empfohlen worden, den Schwerpunkt etwa 30 bis 50 cm nach vorn (windwärts) zu verlegen.

Um die Kraft von der liegenden Rutenwelle auf das stehende Mühleisen (eiserne Spille, Langeisen, Klaueisen) zu übertragen, wurde auf die Rutenwelle ein Kammrad (Kronrad) aufgesattelt. Das Mühleisen umfaßte unten mit seiner Klaue die Haue des Läufers. Es besaß oben eine Laterne. Die Kämme des Kronrades legten sich an die Triebstöcke und nahmen sie bei der Drehung mit.

In der Regel hatten die alten Bockwindmühlen nur einen Gang. A. Melzer (1800) berichtete, daß man ihm auf seinen Reisen in Polen bei Kunitz in Westpreußen eine zweigängige Bockwindmühle gezeigt hätte. Sie war von einem Holländer gefertigt worden.

In der Mühle befand sich am Kammrad als Vorgelege ein Drehling auf einer stehenden Welle, die hinter dem Mehlbalken hinunterführte und unten ein Stirnrad besaß. Dieses drehte über zwei weitere Laternen als Unter(trieb)werke die beiden Gänge oben auf dem Steinboden. Nach einem anderen Vorschlag drehten sich für die Gänge am Kammrad gleich zwei Laternen nebeneinander (Oberwerke). Um einen sicheren Eingriff der Kämme zu gewährleisten, hatte man hier die Stöcke in den Laternen schräg, jeweils in Richtung Rutenwelle (Stockkreuzgetriebe), angebracht. [534] Zweckentsprechender geschah die Anordnung mit einem Vorgelege als Oberwerk, wobei beide Steine in diagonaler Lage zur Mühle so weit dem Mehlbalken auflagen, daß an seiner Unterseite vorn und hinten die hängenden Steingestelle angeschlossen werden konnten (nach Schwahn). Eine bezüglich Statik und Raumausnutzung elegantere Variante bildete die 1826 von den beiden Zimmermeistern Damm und Sohn erbaute Bockwindmühle (12). Sie stellten die Mahlgänge nebeneinander auf, wobei sich die Steingestelle an den Hängedocken vor dem Mehlbalken befanden. Bei dieser Konstruktion besaß das Kronrad der Rutenwelle 60 Kämme, der ihm anliegende Drehling 32 Stöcke. Direkt unter dieser Laterne befand sich an einer vertikalen Welle (also einer Königswelle wie bei der Holländerwindmühle) ein Sternrad mit 68 Kämmen, die sich beiderseits in je eine Laterne mit 13 Stöcken legten (Obertriebwerk). Manche Müller hatten an die Vorderseite des großen Kammrades ein kleineres geschraubt und über eine lange, stehende Welle auf dem unteren Boden direkt einen Nebengang oder über eine Riementransmission Hilfsmaschinen [535] betrieben. Andere wiederum hatten mittels einer langen Nebenkönigswelle und einem Untertriebwerk zusätzlich einen kleineren Gang auf dem Steinboden eingerichtet. [536]

Ab 1840 waren um Berlin die Bockwindmühlen (z. B. Nr. 10 oder 21) regelmäßig mit zwei Gängen ausgestattet, wobei eine Laterne eines jeden der voreinander stehenden Gänge auf der Rutenwelle ihr eigenes Kronrad besaß.

WIPPMÜHLEN

Um das Triebwerk der drehbaren Bockwindmühle zum Wasserschöpfen benutzen zu können, stellte man um 1414 in den Niederlanden den Mühlenkörper auf einen hohlen Hausbaum.

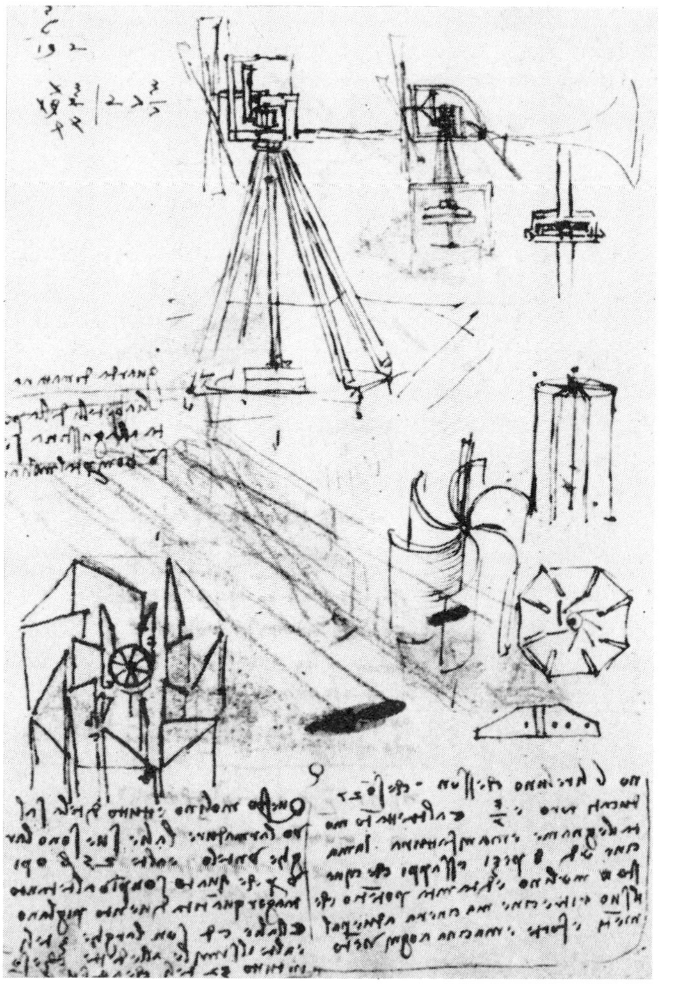

Die Wipp-Mühlen von Leonardo da Vinci um 1500. Links oben mit Windfahne, rechts oben mit Sterz

Die Köhlersche Schrotmühle (Wipp-Mühle) in Lichtenberg um 1910, Müllerstr. 8

Letzterer bestand aus köcherförmig zusammengesetzten eichenen Stielen (Köcher = holl. Koker). Durch diesen hohlen Zylinder führte man eine vertikale Welle, um die Kraft von der Rutenwelle auf das Schöpfwerk zu übertragen. Der Mühlenkörper konnte nun kleiner gehalten werden, weil er nur noch die Rutenwelle, das Kronrad mit der Presse und den Drehling für die Königswelle aufzunehmen hatte.

Die älteste Abbildung einer Wippmühle finden wir im schon erwähnten Codex Madrid II (fol. 43v). In diesem Merkbuch hatte Leonardo da Vinci neben einer Wippmühle mit einer langen Steuerfahne eine Wippmühle mit einem Sterz skizziert.

Ein anderer Weg ist im 17. Jh. im heutigen Belgien beschritten worden. Hier vergrößerte man die Räumlichkeiten am Fuß der sogenannten »geschlossenen Bockwindmühle« zu einem festen Haus und stellte dann auf dieses Haus, das die Mahlgänge aufnahm, über einen Köcher den Mühlenkörper mit dem Triebwerk. [537]

Das Wippen des hochgestellten Mühlenkörpers unter dem Winddruck hat dieser Mühle den Namen gegeben. Die starke »Einschnürung« unterhalb des Mühlenkörpers führte zur Bezeichnung »Holländische Jungfer«.

Eine Wipp-Mühle (Windschnecke) im Havelländischen Luch 1911 (Wilhelm Reichner)

Natürlich wurde hier die archimedische Schraube zum Wasserschöpfen genutzt. Davon zeugt auch eine Bekanntmachung im Amtsblatt der Königlichen Regierung in Potsdam und der Stadt Berlin vom 11. 2. 1859, die die Erbauung einer »Windschnecke« durch den Bäckermeister Danker »in seinem, auf Briester Feldmark belegenem Torfstich« betraf. Nach Grimms Deutschem Wörterbuch (Bd. 9) war eine »Schnecke im west- und ostpreußischen eine Windmühle, welche vermittelst einer Schneckenschraube das Wasser aus niedrigen Stellen« schöpfte.

Auf der Briester Feldmark, westlich von Brandenburg, dürfte es sich zur Trockenlegung eines Torfstichs allerdings kaum um ein dauerhaftes Schöpfwerk mit einer größeren Leistung gehandelt haben, wie es die Wipp- oder Holländermühlen darstellen. Eher ist bei dieser Windschnecke an den niederländischen Tjasker zu denken, der in Schleswig-Holstein Schrickmühle genannt wurde. Beim Tjasker, auch als Tonnenmühle bezeichnet, befindet sich in einem Holzzylinder (Tonne) die Wasserschraube (Schnekke), an deren nach vorn verlängerter Welle die Windruten befestigt sind. Dieses einfache Mühlwerk ruhte entweder auf einem Bock oder auf zwei gekreuzten Balken, dem Schreck.

In den größten Torfstichen des preußischen Staates, westlich von Spandau im Osthavelland gelegen, diente die Holländische Jungfer zur Entwässerung des sumpfigen havelländischen Luchs. Sie wurde u. a. durch den Einsatz von Dampfschneckmühlen überflüssig. Mindestens eine Holländische Jungfer war hier noch 1900 in Betrieb. [538]

Auch in Lichtenberg an der Müllerstraße [539] (zwischen Frankfurter Allee und Normannenstraße, südwestlich der Neuapostolischen Kirche) stand eine der bei uns seltenen Wippmühlen. Interessanterweise besaß sie eine Form, wie sie hauptsächlich in Schweden und Finnland anzutreffen war: Bei ihr hatte man nämlich zur Beseitigung des Wippens einen gestreckten Mühlenkörper um den Koker gefertigt. [540]

HOLLÄNDERMÜHLEN

Nach Op de Hipt (1937) sowie nach einer Hypothese R. Wadströms (1952) führt ein direkter Weg von der Bockwindmühle über die Wippmühle zur Mühle mit drehbarer Haube (Kopfwindmühle). [541]

Folgen wir W. Beyer (1958, 1971), so konnte bei der Wippmühle nach Lösung des Problems der Kraftübertragung der Mühlenkörper weiter bis zur Größe einer Haube bzw. Kappe verkleinert werden. Dabei wurde aus dem »Schleiftragring« (Sattel) eine feste Tragbahn, auf der sich der Roll(en)ring befand. Um Raum für die Mahlgänge zu gewinnen, stellte man die acht Stiele, auf denen der Schleiftragring und der Koker ruhten, auseinander und verlängerte sie. »Die Verdrehung der Haube mit dem Flügelkreuz erfolgte zunächst noch genau wie bei der Kokerwindmühle mit einem steil nach unten gerichteten Sterz.« So ließe sich, indem die acht schrägstehenden Ständer noch an die Streben des »Bockes« erinnern würden, »einwandfrei die Achtkantständerwindmühle auf die Bockwindmühle zurückführen«. Auch hätte man bei den in Holland (unabhängig vom bekannten Mittelmeertyp) entstandenen massiven konischen Turmwindmühlen »den feststehenden Bau der Achtkantständerwindmühle aus Stein errichtet(e) und ihm dann in den meisten Fällen eine runde Form« gegeben. [542]

Dieser Entwicklungsweg wurde von J. C. Notebaart bestritten. Er hält (ohne Beweis) den konischen, runden Holländer aus Stein für älter als den Achtkantständer aus Holz: Eben weil die in den Niederlanden erfundenen, aus Stein gebauten konischen Turmwindmühlen zur Entwässerung des sumpfigen Westens des Landes zu schwer gewesen wären, hätte man die leichtere »eckige Turmmühle« aus Holz entwickelt. 1526 erteilte das Hohe Deichamt in Delfland die Genehmigung, eine Wippmühle durch eine achteckige Mühle zu ersetzen.

Die erste Holländermühle in Deutschland, in Schleswig-Holstein, damals »under der Krohn(e) Dennemark« stehend, hatte »Abraham de Vos, aus Kön: May: zu Denm:Norw: & Privilegii, Ao 1670 zu Altona an der Elbseiten gebauwet, Welche aber leider Ao 1676 den 18 Febr: durch ein unvermutlich unglück abgebrandt« war. Nach einem Prospekt von 1677 ist es eine sogenannte achteckige Dachwindmühle gewesen. [543]

Es ist deshalb bemerkenswert, daß die seit 1685/86 bei Berlin-Cölln gebauten Holländer ebenfalls achteckige, taillierte Dachwindmühlen waren. Sie sind aufgrund der bekannten Verbindungen des Kurfürsten Friedrich Wilhelm von Niederländern gebaut worden. Später bevorzugten die Berliner Mühlenbauer die achteckige, taillierte Kopfwindmühle als Galerie- oder Bockholländer.

Unterschieden wurden die holländischen Mühlen also nach dem Baumaterial des eigentli-

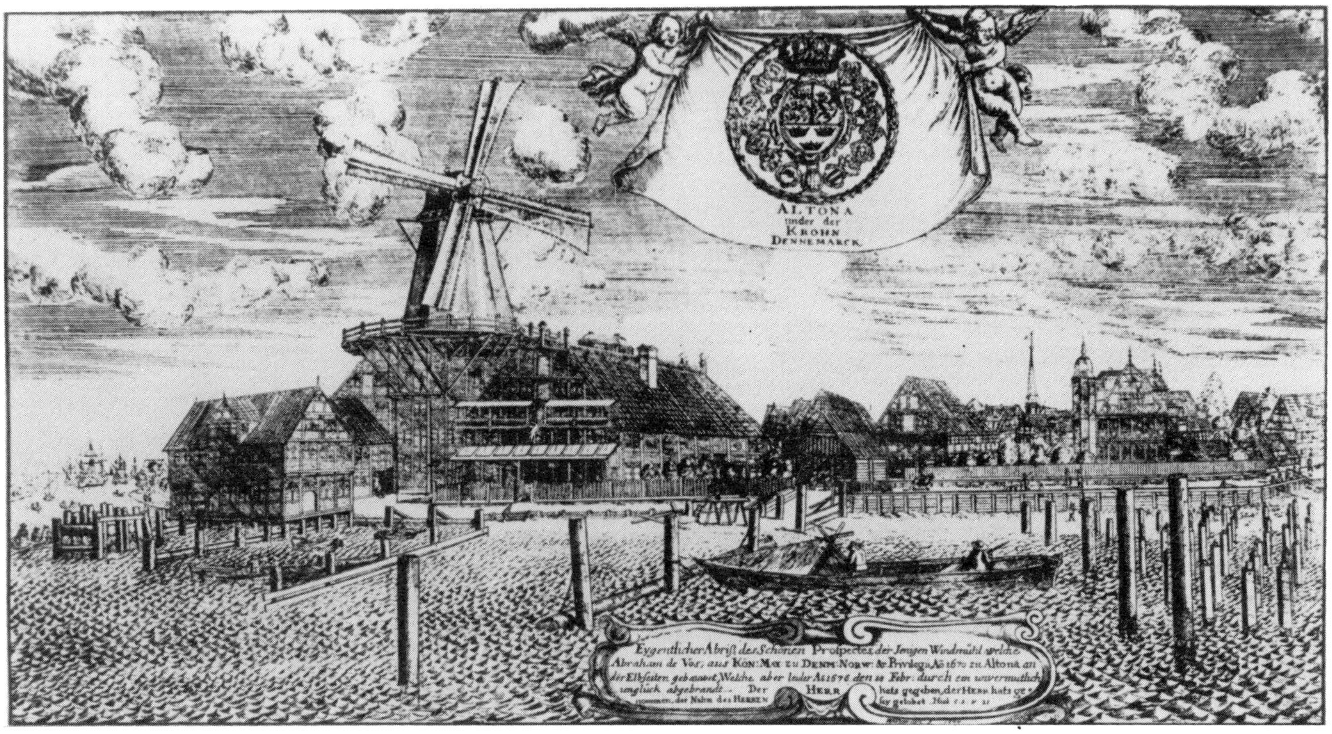

Der Galerieholländer an der Elbe zu Altona 1670 bis 1676

chen Mühlenkörpers (Corpus, Mühlenturm) in massive (gemauerte) konische Mühlen und in hölzerne Achtkantständer. Für die massiven zylindrischen und konischen Mühlen hat sich leider die indifferente Bezeichnung Turmmühle eingebürgert, obwohl unter dem Begriff Turm grundsätzlich nur ein Bauwerk von geringer Grundfläche und großer Höhe, unabhängig vom Baumaterial, zu verstehen ist.

Um 1850 wurde von den Müllern als massive Mühle allein der aus Stein gebaute »Mühlenturm (das Achteck des Holzbaus)« bezeichnet. Dabei war man noch in der ersten Hälfte des 19. Jh. der Ansicht, »runde massive Thürme« würden bei gleichem Außendurchmesser, neben einer geringeren Festigkeit, »wegen der Mauerdicken, inwendig zu wenig Raum« bieten. [544] Das schienen »auch massive Mühlen bei Paris zu beweisen, die (man) bei unten sehr beschränkter Weite senkrecht aufgeführt« hatte. Dies war der Grund, »dem Thurm die verjüngte Form zu geben« abzulehnen bzw. den »Massivbau . . . nur wenig« anzuwenden. Trotzdem habe die Erfahrung gelehrt, »daß sich dergleichen Thürme sehr gut erhalten«. [545] Es ist somit anzunehmen, daß die Mehrzahl der konischen Mühlen südlich von Berlin aus der zweiten Hälfte des 19. Jh. stammt.

Einen achteckig aus Holzwerk aufgeführten Mühlenturm pflegten die Müller Erdholländer oder kurz Achteck (Achtkant) zu nennen, falls die acht Säulen (Hauptständer, Orthruten) durchgehend bis auf die Erde reichten. Stand das Schwellenwerk des Achtecks auf einem Unterbau und reichten die Flügel ebenfalls bis zur Erde, sprachen sie auch von einem (massiven) Bockholländer. Der Achtkant, auf einen (auch künstlichen) Mühlenberg gestellt, war ein Bergholländer. Hatte man seinen massiven Unterbau, um eine dem Wetter ausgesetzte Galerie zu vermeiden, mit einem Erdwall umgeben, diesen abgeböscht oder wieder mit einer Brustmauer eingefaßt, dann bezeichnete man eine solche Mühle als Kellerholländer (häufig mit einer Ein- oder Durchfahrt). Beliebt war für diese Mühlen wegen der Haubenform auch die Bezeichnung Eulenkopf (Eule). Der Begriff Stapel für den gesamten Mühlenkörper bis zum Kranz war wohl mehr im Nordwesten Deutschlands üblich. [546]

Höhere Mühlen benötigten zum Erreichen der Flügel eine Galerie (Zwickstelle, Zwickstellung, Zwickgestell), die man am einfachsten von der Erde aus durch Stiele mit Winkelbändern unterstützte. Die Holländermühlen vom Prenzlauer Berg besaßen zu diesem Zweck etwa bis 1795 dicke, runde Holzsäulen mit Kapitell und Basis. Für Galerien in größeren Höhen wählte man die gefälliger wirkenden Streben. Der Unterbau dieser Mühlen konnte aus Fachwerk bestehen – letzteres mit Brettwerk bekleidet oder mit Strohlehm oder Ziegeln ausgefacht –, aber auch bis zur Galerie (und höher) gemauert sein.

Der Achtkant bildete den *Mühlenkörper*, auf dem der Kranz lag. Dieser trug die zum Drehen eingerichtete Haube (Kopf, Kappe). In ihr befanden sich die Rutenwelle, die Presse und das hierhergehörende Triebwerk.

Zum Bau eines einfachen Holländers stellte man auf das achteckig liegende Schwellenwerk (unteres Tafelment, Mauerplatte, Zulage) die Achtecksäulen und verband je zwei einander gegenüberstehende Säulen mit Spannriegeln (Tragbalken, Fest- bzw. Losgebinde), also je vier in jeder der erforderlichen Etagen. Diese Riegel dienten zugleich den Fußböden als Unterzüge und Gebälk. Die Unterzüge wurden abgestützt durch Ständerdocken. Die Verriegelungen der Seitenwände, auch die Anzahl ihrer Kreuzverbände (Andreaskreuze) richtete sich nach der Höhe des Achtecks und den benötigten Tür- und Fensteröffnungen. Einen starken Einfluß auf die Festigkeit des Verbandes hatten das Profil und die Stellung der Achtecksäulen. Bei den Holländermühlen waren sie auf den Mittelpunkt der Mühle ausgerichtet, so daß sich Spannriegel und Kreuzverband den Ecksäulen etwas anschmiegten, d. h., daß sie winklig verbunden werden mußten. Als sogenannte Bundwand bezeichnete man eine (gedachte) Fläche zwischen zwei durch Spannriegel vereinigten, sich gegenüberstehenden Ecksäulen.

Es gab zweierlei Auffassungen, den Verband durchzuführen. Dabei bot ein jeder die gehörige Festigkeit, »wenn er scharf und genau genug vollführt« war.

Nach der ersten wurden in die acht Feldwände, ohne jeglichen Zapfen, die schrägen Bänder mit Versatzung und die Riegel mit Überblattung eingebunden. Hatte man alle acht Seiten gleichmäßig vorgerichtet, so konnten zunächst die sogenannten Bundwände mit den Spannriegeln aufgerichtet, dann die Feldwände durch das Einbringen von Bändern und Riegeln gebildet werden. Beispiel: der Galerieholländer im Museum für Verkehr und Technik, Berlin (West); 1911 erbaut vom Mühlenbauer Mönck; bis 1986 in Poghausen, Kreis Leer, Ostfriesland, BRD.

Bei der zweiten Methode hatte man für die vier rechtwinklig zu den Spannriegeln stehenden Vollwände die Bänder beiderseits mit einfacher Versatzung und Zapfen, die Riegel beiderseits mit Zapfen versehen. Bei den vier Eckwänden zwischen den Vollwänden wurde an je einer der Ecksäulen statt der Einzapfung nur überblattet. Zum Richten stellte man zunächst mittels Spannriegeln zwei Bundwände mit den zugehörigen Vollwänden, dann mittels quer darüberliegenden Spannriegeln weitere zwei Bundwände mit deren Vollwänden auf. Anschließend wurden durch das Einbringen von Bändern und Riegeln – einseitig ohne Zapfen – die Eckwände gebildet. Da bei der achteckigen Form des Mühlenturms jeder Kreuzverband die Wände auseinanderzudrängen sucht, mußten Ecksäulen und Spannriegel durch eiserne Klammern oder Anker verbunden werden. Auf die Ecksäulen kamen Balkenköpfe.

Der *Kranz*, auf dem sich die Haube drehte, bestand aus der Sohle (oberes Tafelment), dem Flur, dem Rollring mit den Rollen (Wanderkranz), dem Oberring, auf dem die sogenannten Fugbalken (Sattel) lagen, und der Kiepe (Kiepring, Küp, Kiepe nd. = Tragekorb, Außen- oder Kappenring).

Sogenannte Sohlstücke, die an beiden Enden so in die Balkenköpfe eingezapft waren, daß sie oberhalb mit ihnen bündig lagen, bildeten die *Sohle*. Auf diese wurde der *Flur* genagelt, ein nach außen etwas abgeschrägter Ring (abgeschrägt entsprechend der wegen des Kreislaufs notwendigen konischen Form der Rollen). Der *Rollring* bestand aus starken, durch eiserne Schienen miteinander verbundenen Bohlstücken; er diente (mittels Bolzen) zur Führung der zwischen den Eisenschienen liegenden, meist gußeisernen Rollen. Besser war ein eiserner Rollring, weil er breitere Rollen aufnehmen konnte. Der *Oberring* (Kroy-, Kapp-, Kehrring, Kehr), wegen der Rollen ebenfalls abgeschrägt, war aus teuren Krümmlingen, d. h. krummgewachsenen Hölzern, zusammengezapft und hatte die Fugbalken (-hölzer, Wasser-, Trachtleisten, Kapp-, Hausbalken) zu tragen. Ein ebenfalls aus Krümmlingen bestehender *Kiepring* umfaßte, wie ein breiter Korbrand, die Ringe und sollte das Herunterschieben (Abwehen) der Haube durch Sturmwinde verhüten. Seine acht Holzstücke wurden auf den Stößen mit eisernen Schienen verbunden und am Flur verankert. Um die waagerechte Lage des Flurs bzw. des Kranzes zu erhalten, sollten Winkelbänder an beiden Seiten jeder Ecksäule möglichst ausladen, d. h. die Sohle mehr außen an der Peripherie stützen. Häufig ist bei Rollringen die Oberfläche des Flurs bzw. die Unterfläche des Oberrings mit eisernen Schienen belegt worden. Um ein Klemmen der beiden beweglichen Ringe, des Roll- und des Oberrings, mit dem Kiepring zu verhüten, waren an der Innenseite des letzteren kleine Streichklötze angebracht. (Soweit nach Schwahn die ursprüngliche Einrichtung des Kranzes bei den holländischen Mühlen.)

Später sparte man die Balkenköpfe ein, fertigte Kiepe und Sohle aus Felgenstücken und ließ zur weiteren Vereinfachung auch den Rollring mit

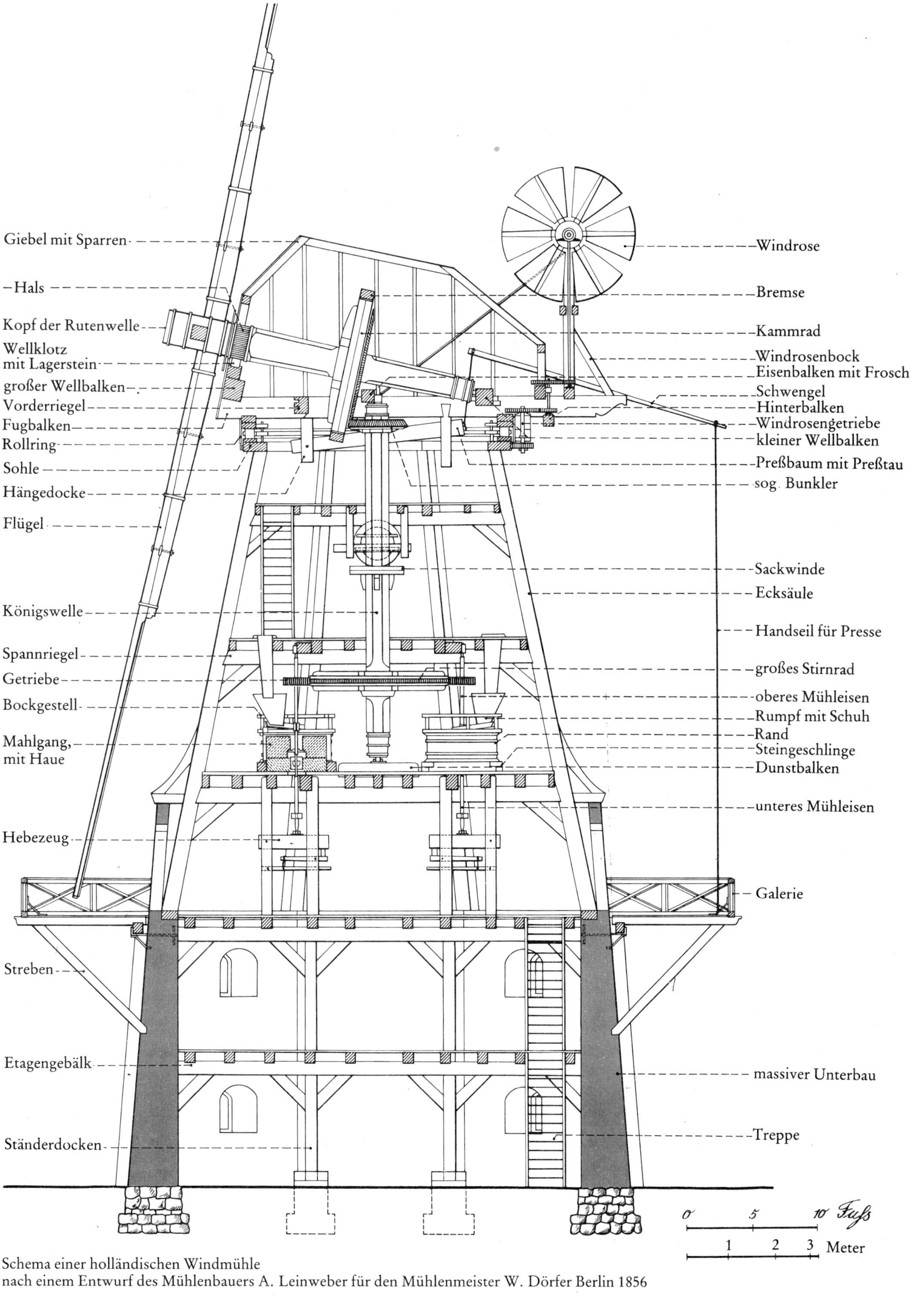

Schema einer holländischen Windmühle
nach einem Entwurf des Mühlenbauers A. Leinweber für den Mühlenmeister W. Dörfer Berlin 1856

den Rollen weg, so daß der Oberring auf dem Flur strich, allerdings unter Zwischenschaltung breiter Streichklötze (Streiche, Klotze, Schmierklötze, Schleifböcke, Flöten). Der Holländer (3) vom Spandauer Tor besaß um 1750 32 hölzerne Streiche. Um die sich reibenden Flächen gut in Schmiere halten zu können, waren die Streichklötze im Oberring befestigt. Aber auch der Kiepring konnte entfallen, wenn man zum Schutz gegen das Herabschieben der Haube größere Klötze (Knaggen) an der Innenseite der Sohlenstücke bzw. an den Achtecksäulen anbrachte, eventuell jede mit einer Rolle versehen. Eine einfache Brettereinfassung anstelle des Kieprings mußte als Wetterschutz dienen. Diese Einfassung konnte durch einen Kranz verstärkt werden und dieser als Gesims (Bart-, Namensbrett) verziert sein.

Zuletzt wurde auch der Oberring als entbehrlich angesehen, und man ließ die Fugbalken, anstatt diese in den Oberring einzukämmen, unmittelbar auf dem Flur streichen. Von dem ziemlich kostspieligen, zusammengesetzten Kranz waren nichts als die Sohle und der Flur geblieben. Um 1850 wurden im Berliner Raum die meisten Mühlen so eingerichtet und nur dort, wo man die Kosten nicht scheute, diese noch mit dem vollständigen Kranz versehen. Ohne Rollring ließen sich die Mühlen allerdings etwas schwerer vor den Wind drehen, doch wenn sie gut geschmiert waren, konnte diese Arbeit ein Mann, eventuell mit Hilfe eines Flaschenzugs oder einer Haspel, bequem durchführen. Zur Erleichterung des Drehens und zur Schonung der Fugbalken wurden diese vorn, d. h. dort, wo die Last lag, mit starken, glattgeschliffenen Eisenblechtafeln oder zwei Streichklötzen versehen, eventuell letztere mit je einer Rolle (Stuhlrolle) zusätzlich.

Den *Grund* (Basis) *zur Haube* bildete der Oberring mit den beiden von vorn nach hinten durchgehenden *Fugbalken,* falls die Balken nicht selbst auf dem Flur strichen. Für diese Fugbalken wurden häufig gerade Balken genommen; die besseren waren krumm (gewachsen) oder gesprengt (zusammengesetzt), weil sie vorn weniger überhingen, also sicherer auflagen, in der Mitte aber dennoch den nötigen Raum für das Kammrad mit Zubehör gewährten. Die Krümmung ergab gleichzeitig einen kleineren Kopf oder Vordergiebel. Auf den Fugbalken (Sattel) lagen zunächst der große oder vordere Wellbalken (Wind-, Wetterbalken, Halsblock, -balken), dahinter ein starker Wechsel (Riegel, Vorderriegel, Nadelbalken) und mitten zwischen den beiden letzteren der Kopf- (Stich- oder Raß-) Balken (Nadel). Am Zentrum des Sattels befand sich der große Schwertbalken (Spreuz-, Spreutbalken, Spret, Spreit), an dessen Rückseite als Zapfenlager der Königswelle (Kronwelle, Königsspindel, König) der Frosch (Küssen), ein kurzer Holzbalken, mittels Schraubenbolzen befestigt war. Hatte man eine Windrose vorgesehen oder den großen Schwertbalken etwas weiter vorn angebracht, trat an die Stelle des letztgenannten Balkens der kurze Eisen- (Königs-, Bunkler-, Schloß- oder Spill-) Balken. Nach hinten zu folgten der kleine Wellbalken mit dem Stoßzapfenlager (Pinnbalken mit Pennstein), dem Lager (Anwelle) für den hinteren Zapfen der Rutenwelle und dem sogenannten Ochsenkopf, einer eisernen Spur- (Stoß-) Platte, gegen den sich der Zapfen abstützte, und als letzter kam auf die Enden beider Fugbalken der kleine Schwertbalken oder ein kurzer Hinter- (Achter-) Balken.

Beiderseits der Fugbalken lagen je drei bis sieben kleine Stichbalken (Rosthölzer, Kortlinge) als Traghölzer für die Dachsparren bzw. für das Kappwerk, entweder auf den Oberring gekämmt oder zusammen mit dem Fugbalken auf dem Flur streichend. Die Stichbalken waren außen mit je einem Spann- oder Kappring verbunden. Dadurch sollte ein seitliches Abrutschen der Kappe verhindert werden. Zur Abhaltung des Wetters hatte man die Stichbalken über dem Flur mit Stülpbrettern versehen und bis zum Spannring gedielt. Eine hängende Sprossentreppe führte in die Haube.

Auf dem vorderen Wellbalken stand, um die Rutenwelle stärker anzuheben, zusätzlich ein Wellklotz, auf diesem das Lager der Rutenwelle. An den beiden Schwertbalken waren zur Abstützung des Schwanzes (Schwanz-, Kehrbaum, Steertbalken, Krüsterz) die großen und kleinen Schwerter (Scheren, Scharen) befestigt. Der kleine Schwertbalken diente zur Aufsattelung des Schwanzbaumes und eventuell zum Aufhängen der oft durchsackenden großen Schwerter mittels Ketten oder eiserner Ankerstangen. Weil die Wellbalken im Trockenen lagen, durfte für sie nie Eichenholz genommen werden.

Der vordere Giebel der Haube, ebenfalls Kräpel genannt, wurde zur besseren Ableitung des Regenwassers gewöhnlich mit einem sehr steilen, der hintere Giebel dagegen mit einem flachen halben Walm versehen und der First meist gleichlaufend mit der Lage der Rutenwelle gelegt. Zur besseren Eindeckung konnte der Kräpel auch abgerundet sein. Zwischen den geraden Stielen dieses Giebels lag der genannte Wellklotz mit dem Lagerstein. Der zwischen den senkrechten (Kehr-) und den äußeren schrägen (Huck-) Stielen verbleibende Raum diente zum Hinaussteigen nach der Rutenwelle. Er durfte deshalb auch nicht zu eng sein und wurde bei der Bekleidung der Haube mit Lukentüren (Sturmfenster) versehen. Auf der Hinterseite hatte man des Lichtes wegen Fensteröffnungen angebracht, falls nicht ein Ausstieg benötigt wurde, um zu einer Windrose oder auf einen Umgang (Galerie, Balkon) zu gelangen. Die größere mittlere Weite des Daches entstand aus der runden Form der Haube. Sie war aber auch wegen des Kammrades erforderlich.

Neben dieser üblichen Haubenform gab es in der Berliner Gegend auch Hauben, bei denen der Kräpel als voller Walm in gerader Linie bis zum First hinaufging und die Lukentür über der Welle angebracht war, oder Hauben, die eine halbtonnen-kuppelartige Form besaßen, die vorn und hinten je eine Dachluke erforderlich machte. Die Holländermühle der Gebrüder Dannenberg im Berliner Friedrichshain hatte die Zwiebelform der sogenannten Welschenhauben (Pickel-, Spitzhaube). Sehr weite Mühlen erhielten eine mehr bootsförmige Haube mit einem gebrochenen First. Seit wann begonnen wurde, die Hauben drehbar einzurichten, ist unbekannt. Sie könnten – vielleicht auch bei der um 1500 von Leonardo da Vinci gezeichneten Turmwindmühle vom Mittelmeertyp – zunächst von innen gegen den Wind gedreht worden sein. [547] Dazu hatte man unterhalb des Kranzes in regelmäßigen Abständen Krammen angebracht. In diese wurde der Seilhaken einer kleinen Winde (Haspel) gehängt und so die Haube von innen gegen den Wind gedreht.

Mit der Wipp-Mühle als Vorläufer ist jedoch bei den ersten Holländern die Anwendung des Sterzes wahrscheinlicher. Die Technik, die Haube von außen zu drehen, benutzte wohl (vor Ramellis 1588, vgl. Kap. 16) Lief Jansz Andries van Moerbeke, der 1573 »den Sterz mit der Haube« verbunden haben soll. [548] Der Schwanzbaum oder Sterz war auf dem kleinen Schwertbalken aufgeklaut, beiderseits durch die großen und kleinen Schwerter mit dem großen und kleinen Schwertbalken verbunden und bildete so einen festen Verbund zum Umdrehen der Haube mittels einer unten am Sterz befindlichen Haspel (Schwanzwinde). Statt einer Haspel bediente man sich auch einer leichten Erdwinde, die dann von einem bis zum Kopf eingegrabenen Wind(e)pfahl (Krühpfahl) zum nächsten getragen oder geschleift wurde. Auf einer Galerie waren für diesen Zweck Haken oder Ring-Bolzen angebracht. Nach jedem Drehen sollte der Sterz mit einem Gestell aus zwei gekreuzten Latten (Schrick, Schreck, Schrag, Schraag) abgesteift werden, um sein Versacken zu verhüten, aber auch um ein »Aus-dem-Wind-Drehen« der Mühle durch den Wind selbst zu verhindern; denn oft trafen Windstöße nur Teile der Mühle. Stand dabei der Flügel horizontal, wirkte dieser wie ein langer Hebel, der ansonsten nur schwer drehbare Hauben sehr schnell so wegdrehen konnte, daß die Flügel sogar nach hinten zu stehen kamen und, sich rückwärts drehend, nicht nur das Getriebe zerbrachen.

Um den Müller beim Haubendrehen vor den Unbilden des Wetters zu schützen oder ihm weite Wege zu ersparen, wurde am Oberring der Haube ein inneres (Roll-) Stirnrad angebracht, in das die Getriebe einer oder zweier stehender Wellen eingriffen.

Benutzte man nur eine stehende Welle (Windewelle), dann dienten zwei durch den dickeren Teil der Welle gesteckte Hebel (Hebebäume) zum Drehen. Bei Verwendung zweier stehender Wellen – jede unten mit einer weiteren Laterne

Der Erdholländer von C. F. Dannenberg 1811 (Friedrichshain, S. 222)

versehen und beide als Getriebe durch eine liegende Welle miteinander verbunden – konnten die stehenden mittels Zielscheibe an der liegenden Welle gleichzeitig gedreht werden. Der Holländer vom Friedrichshain z. B. besaß zum Drehen der Haube nur eine stehende Welle, die über ein Vorgelege (ähnlich dem Sackaufzug) von der Königswelle getrieben werden konnte. Da diese Einrichtungen nur aus Holz bestanden, waren sie recht störanfällig. Später erst wurden sie durch eiserne Getriebe oder, wie bei diesem Holländer, durch den üblichen Sterz ersetzt, vielleicht auch nur ergänzt.

Häufig (seit wann?) hatten die Mühlenbauer an der Kranzsohle statt der Kiepe ein äußeres Stirnrad und hinten an der Haube ein sogenanntes Gaffelrad (Gabelrad) angebracht, dessen Getriebe sich am gezahnten Ring fortbewegte. Mit einem Seil, sicherer mit einer Kette ohne Ende, ließ sich somit die Haube bequem drehen.

Folgt man Rex Wailes (1971), dann hatte 1745 Edmund Lee in England ein Patent für die Windrose bekommen. Nach Krünitz (1812) soll der Mühlen- und Wasserbaumeister Reiche zu Wermsdorf bei Hubertusburg (östlich Grimma) »Windmühlen, welche sich selbst nach dem Winde drehen müssen«, angefertigt haben. Etwa seit 1840 begann man bei Berlin das Gaffelrad so »einzurichten, daß die Mühlen sich mittels eines Regulators . . . von selbst vor (den) Wind drehen«. Um 1850 wurde eine Mühle nachträglich mit einem solchen Windrad (Windrose, D = 9 Fuß, sechs Flügel) ausgestattet. Um auch bei schwachem oder liegendem Wind die Haube drehen zu können, war an der schrägliegenden Welle zur Rose eine Kurbel angebracht worden. Sonst hatte der Müller am Windrad selbst drehen müssen. Beides machte für ihn ein Hinaufsteigen auf die Galerie zum Bock der Windrose erforderlich. Als eleganter galt deshalb die Befestigung einer Seilscheibe mit einem Seil (Kette) ohne Ende direkt am Windrad oder außer dem Windrad ein zusätzliches Gaffelrad an der Haube. Den Rat, trotz der Windrose einen Sterz zu führen, haben skeptische Müller bis Anfang der dreißiger Jahre dieses Jahrhunderts befolgt, wobei der Sterz natürlich nicht abgestützt werden durfte. In Deutschland war die Windrose sehr häufig anzutreffen. In den Niederlanden dagegen blieb ihre Anwendung auf den Norden des Landes beschränkt.

Die *innere Einrichtung* der Holländermühlen war, abgesehen von Rutenkreuz, -welle, Kammrad und Presse in der Haube, sehr unterschiedlich. Sie war insbesondere abhängig von der Höhe der Mühle, den betriebenen Maschinen oder der Transmission. Um die Kraft der liegenden Rutenwelle über das Kammrad auf die in der Mitte der Mühle stehende Königswelle (König, Kronwelle) zu übertragen, befand sich an deren oberen Ende, noch um 1750 z. B. in den Holländern vom Prenzlauer Berg, ein Räntzel (Drehling). Im Gegensatz zu diesem Drehling an einer Königswelle war der Drehling am Kammrad einer Bockwindmühle länger brauchbar. Weil dieser, vorsorglich möglichst hoch genommene Drehling sich mit dem Mühleisen entsprechend der Abnutzung des Läufers absenkte, wurden seine Stöcke auf ihrer ganzen Länge an den Kämmen abgearbeitet. Gingen dagegen an der Königswelle Stöcke des Drehlings entzwei, so mußte man entweder mit großem Aufwand den Räntzel auseinandernehmen oder Notstöcke einsetzen. Weil diese aber an ihrem unteren Ende verjüngt waren, wurde beim Durchschlagen der Notstöcke immer die obere Scheibe verdorben. Später ersetzte man den Räntzel durch einen halben Drehling.

Unterhalb des halben Drehlings befanden sich an der Königswelle für den Sackaufzug ein Kronrad (Loyerie-, Loyery-, Leierrad), später eine Friktionsscheibe, und am unteren Ende ein großes Stirnrad, von dem die Drehlinge der Mühleisen getrieben wurden. Dabei konnte sich das Stirnrad ober- oder unterhalb der Mahlgänge befinden. War bei einer hohen Mühle die Königswelle kurz (lange Wellen wurden mit der Zeit immer seltener und teurer), das Stirnrad also sehr hoch gelegen, dann benötigte man lange Nebenkönigswellen, sogenannte Spilleisen (Steinspillen) aus gedrehtem Kiefernholz, oben mit einem Zapfen im Eisenbalken (Spillbalken) und einer Laterne für das Stirnrad, unten mit der eisernen Klaue für die Haue des Gangs versehen. Bei einer langen Königswelle genügte für ein Obertriebwerk das obere oder große Mühleisen (Klau-, Klüver-, Gabeleisen). Die Drehbewegung konnte um 1800 auch mittels Seilscheiben und Seil ohne Ende, um 1850 mittels »Ri(e)m(en)-scheiben« auf Nebenmaschinen übertragen werden. Der untere (Brust-, Fleen-) Zapfen der Königswelle drehte sich im Spurlager des starken Haupttrage- oder Dunstbalkens.

Die einzelnen Böden wurden in den Inventarien numeriert, sonst nach ihrer besonderen Funktion bezeichnet. Bei Berliner Galerieholländern um 1750 folgten auf den *untersten Boden* mit dem Eingang der *Mehl- und Absackboden* (-söller) mit dem Hebezeug und Beutelwerk, der *Steinboden* (Mahlsaal, Steinsöller) mit den Gängen und der Galerie, der *Sack- oder Spillboden* (-söller) mit der Aufzugseinrichtung, zuletzt der oberste oder Kappboden (-söller) mit dem Räntzel bzw. dem Kammrad usw. in der Kappe. Folgerichtig besaßen höhere Mühlen beispielsweise einen eigenen Stirn(rad)boden oder sogenannte stille Böden.

Aus dem Befühlen des aus dem Beutel fallenden Schrots konnte der Müller den richtigen Gang der Mühle erkennen und entsprechend regeln. Am Beutelwerk war deshalb sein Platz. Um sich vieles Laufen zu ersparen, leitete er möglichst alles, was zum Umstellen der Mühle gehörte, mittels Schnüren, Ketten usw. in die Nähe eben dieses Beutelkastens. Die Mühlenkonstruktion von Kleinau (1844) oder von Wiebe (1856) berücksichtigten dies, indem sie u. a. Beutelwerk und Hebezeug in Höhe der Galerie anordneten.

PALTROCKMÜHLEN

Die Paltrock-Windmühle (»Peltonmühle«) hatte zwar die Bauart und die innere Einrichtung einer gewöhnlichen Bockwindmühle, war aber nicht auf einem Bock, sondern auf etwa 30 unter dem Mühlenkörper angebrachten Rollen drehbar, die auf einem Schienenkranz liefen, der einem massiven, etwa 1 m hohen Unterbau auflag. Sie wurde deshalb auch »Eisenbahnmühle« genannt.

Der Paltrock suchte die Vorzüge der Bockwindmühle und des Holländers zu vereinen: Aus Holz gebaut, war er billiger herzustellen als ein Holländer, während er diesem in der Stabilität nicht nachstand. Der entfallende Bock ermöglichte die Anlegung eines weiteren Bodens.

Der Paltrock von Christ. Aug. Kleinau 1883 bis 1907, Ecke Prenzlauer Promenade und Treskowstr.

Anfangs noch mit einem Sterz gegen den Wind zu drehen, wie bei der Mühle (1883 bis 1907) des Mühlenmeisters Johann Christian August Kleinau, Prenzlauer Promenade 48, oder der Adler-Mühle (1856 bis 1975) des Meisters Gleichen zu Schönefeld (G. Solle, pers. Mitt., 1980), erhielten Paltrockmühlen später ein Windrad »zum selbst vor (den) Wind (zu) ziehen«.

Der Name stammt von Palte = langer grobwollener Rock, einem Pilgerkleid, her.

RUTENZEUG-PRESSE

Gewöhnlich führten unsere Windmühlen vier Flügel (Rutenspitzen), von denen je zwei eine Rute bildeten. Zwei Flügel allein an einer Welle bildeten den sogenannten Schlagbaum. Die kürzeren Ruten z. B. kleinerer Bockmühlen, etwa bis 64 Fuß Länge, wurden aus einem Stück gefertigt. Sonst setzte man sie aus drei (bis fünf, mit zwei Mittel-) Stücken zusammen, dem zentralen Bruststück und beiden Spitzen (Anschärfer). Nach ihrer Lage zum Mühlenkörper unterschied man die Haus- von der Feldrute. Beim deutschen Rutenkreuz (Geflucht) befanden sich die Flächen, auf die der Wind wirkte, beiderseits der Ruten. Sie waren seitengleich. Oft wurden diese Flügel nach der Spitze zu etwas breiter. Beim holländischen Rutenzeug lag die größere Windfläche auf einer Rutenseite (Hinter- oder Achterheck); auf der schmalen anderen Seite (Vorderheck) befand sich (auf Böcken) das Wind- oder Bordbrett, dessen abnehmbarer Teil an der Rutenspitze (aber nicht einheitlich) das Sturmbrett hieß. Die Windflächen bestanden aus Quer- und Längslatten, auch Scheiden (Scheiten, Sprossen, Heckscheiden; Heck = Einzäunung) und Saumlatten (-leisten; Säumer; vordere und hintere Bordlatten; Bord, d. h. Rand) genannt. Das Ganze wurde als Heckzeug einer Rute bezeichnet.

Auf der Bockwindmühle erfolgte beim deutschen Rutenzeug die Bedeckung jedes Flügels durch ein Segel oder durch je eine Segeltuchbahn zu beiden Seiten der Rutenspitze, aber auch durch ein Ausflechten mit Schilf, eventuell nur mit Stroh. Falls die Ruten nicht zu lang waren, benutzte man statt der Segel aus dünnen Splissen (Splinde) gefertigte und durch Knebel befestigte sogenannte Türen (meist 24). Letztere konnten

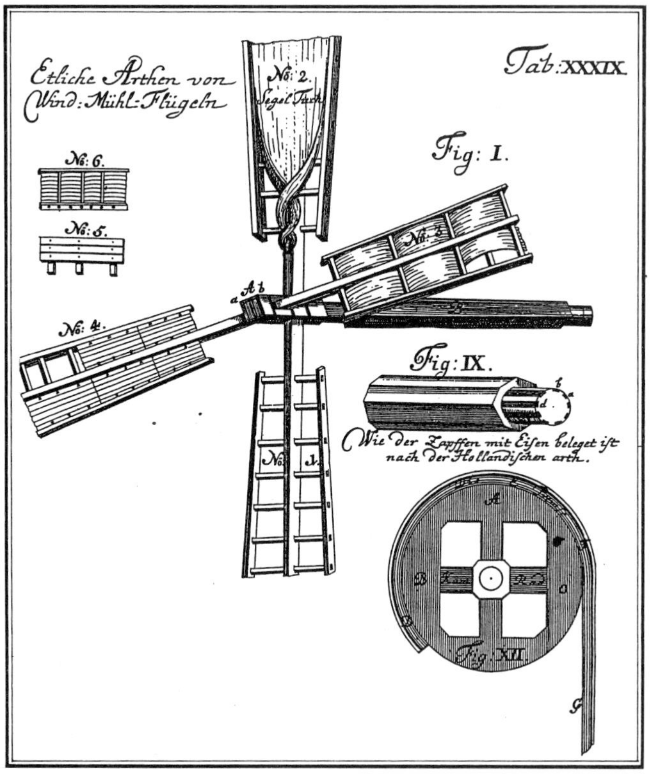

Rutenzeug und Presse (J. Leupold, 1724)

auch aus ausgeflochtenen Rahmen (Horten) bestehen. [549] Die unterste hieß beim holländischen Zeug die Unter- oder Zugtür, dann folgten die Mittel-, die Sturm- und nahe dem Wellkopf die sogenannte Jungferntür (»weil sie unberührt blieb« [550]). Im Berliner Raum lag neben der Mitteltür zunächst die Jungferntür, dann die festgenagelte Sturmtür, die somit auch bei grobem Wetter an der Rute verblieb. [551] Bei einer Flügellänge von 64 Fuß und 22 Scheiden hatte die Untertür sieben, die Mitteltür sechs, die Jungferntür fünf und die Sturmtür drei Scheidefelder. [552] Das Ausflechten auch holländischer Ruten belegt das Bild der Bockwindmühle von Prötzel bei Strausberg (nordöstlich Berlins) aus dem Jahre 1790. [553]

Die Flügel der Holländermühlen wurden besegelt. Zur besseren Auflage der Segel vermehrte man die Anzahl der Scheiden und brachte zwischen der Rutenspitze und der hinteren Saumlatte zwei bis drei Folgelatten an. Diese verhinderten das Durchhängen der Segel zwischen den Scheiden, so daß sie beim Aufspannen dem Zug des Müllers besser folgten.

Um ein »Schlottern oder Schlagen der Segel zu vermeiden und um den Wind einzufangen«, ihn zur Verbesserung der Leistung gleichsam einzusacken, legte man der »Erfahrung zufolge« die Scheiden in einem Bogen an, den man Busen (Scheppung, Schöpfung, Sack) zu nennen pflegte. Aus dem gleichen Grund sollte durch einen sogenannten »Knick« an der Spitze (am Topp) – und die »alten Mühlenbauer wußten das« – der Wind vom sich drehenden Flügelkreuz nach Art eines Trichters eingefangen und auf die Windfläche geführt werden. [554] Auf den hiesigen Mühlen bevorzugte man für die Segel statt grober Sackleinwand oder Zwillich russisches Segeltuch (Bramtuch), das man mit einer geteerten Leine (Liek) einfaßte, wobei man das Vorder- und Hinter- sowie das Ober- und Unterliek unterschied. Zur Ausbreitung der Segel (Auf-, Einsegeln, Ausspannen) bzw. zum Spitzenmachen (Spitzen) oder zum Einbinden (Aus-, Absegeln, Reffen) dienten zwei Schwungleinen am Vorderliek. Der sogenannte Klüver, eine Verlängerung der Ruten mit einem dreieckigen Segel, war in der Berliner Gegend unbekannt. »Daß das Aus- und Einthüren, in sofern es die mittleren und oberen Thüren betrifft, beschwerlicher als das Aus- und Einsegeln ist, ist begreiflich, weil der Arbeiter, um an diese Thüren zu gelangen, in die Scheiden steigen, die Thüren beim Wiedereinsetzen auch auf der Brust vor sich herschieben muß, während er sich mit den Händen hält, . . . dennoch werden die Thüren wegen ihrer minder kostspieligen Beschaffung und Unterhaltung jetzt (1850) bei Berlin sogar auch bei holländischen Mühlen geführt, obwohl sie bei der Herausnahme nicht immer gut und um so schwieriger zu placieren sind, wenn die Mühle mit einer Galerie versehen ist.« [555] Um 1872 besaß die Jungfernmühle in Rixdorf das alte Türenzeug. [556]

Zur Befestigung der Ruten hatte man bei den älteren Mühlen in den Kopf der Rutenwelle (Windflügelwelle, Walze, Axe) über Kreuz zwei (Ruten-) Löcher gestemmt und diese gegen ein Aufplatzen mittels dreier eiserner Joche gesichert. Etwa ab 1840 wurde dieser (Achsen-) Kopf häufig durch eine gußeiserne Muffe mit vier Armen (Rosette) ersetzt, an denen die Rutenspitzen angeschraubt werden konnten. Die Spitzen lagen dann in einer Ebene und wurden in der Mitte von einer Scheibe bedeckt. Durch Einbeziehung des Halses entwickelte sich der Wellkopf in der Form zweier voreinander gekreuzt liegender quadratischer Hülsen oder als Rosette mit der Möglichkeit, die Anzahl der Flügel zu vermehren. So stammen aus dieser Zeit viele der fünf- und mehrflügeligen Mühlen in Deutschland. Der erste eiserne Wellkopf wurde 1754 von Smeaton in England eingeführt. [557] Widerpotten (Holzkeile) in den Rutenlöchern verhinderten eine Verschiebung der Ruten bzw. in den quadratischen Hülsen ein Abfliegen der Flügel. [558]

Ausgeflochtene Ruten. Bockwindmühle bei Schloß Prötzel 1790 (Gouache auf Papier)

Dort, wo der Hals des Wellkopfes aus dem Gebäude trat, wurde zum Verschließen der Öffnung im Keikgiebel eine hölzerne Scheibe oder ein zweiteiliger Gußring, der »Wetterring« (Kragen, Regenscheibe), angebracht. [559]

Zur Frage, ob es vorteilhaft wäre, mehr als vier Flügel zu führen, hatte man (wie vorher schon Smeaton) um 1850 folgende Erfahrung gemacht: Es »leistet eine hier (bei Berlin) in der Nähe befindliche Mühle von der Zeit ab, wo sie statt der 6 wieder mit 4 Flügeln versehen worden ist, mehr als vorher, weil der Wind durch solche besser hindurch streichen und ausweichen kann; dagegen erscheinen 5 Flügel noch vorteilhaft, wie dies ein ebenfalls ausgeführtes Ruthenzeug bekundet«.

Erste Vorschläge zum Bau von »Vorrichtungen zum Selbststellen der Ruthen« stammen von den Engländern. Nach Rex Wailes (1971) soll 1772 der schottische Mühlenbauer Andrew Meikle in Heddingstonshire anstelle der üblichen Segel auf jedem Flügel eine Klappenjalousie angebracht haben. Die Klappen bestanden aus Holz oder aus Leinwand, letztere in kleine Rahmen aus Holz oder Eisen gespannt. Eine hölzerne Schiebestange verband die Klappen untereinander, so daß diese durch eine feststellbare Hebelvorrichtung an der Rutenspitze (Topp) wie eine Jalousie geöffnet und geschlossen werden konnten. Zur Feineinstellung der Klappen entsprechend dem Winddruck dienten Blatt- oder Spiralfedern (sogenannte Klappenjalousieflügel mit Federzug). 1789 nahm der Captain Stephen Hooper ein Patent auf einen sogenannten Rolljalousieflügel mit Zugstange. Auf jedem dieser Flügel waren nebeneinander kleine Rolljalousien angebracht. Das Auf- und Abrollen der Jalousien aus Segeltuch erfolgte über eine sogenannte Spinne, d. h. über kleine Hebel am Kopf der Rutenwelle und mittels einer Zugstange, die er durch die längs durchbohrte Rutenwelle geführt hatte. 1792 empfahl der dänische Mühlenbauer Lorenz Claußen aus Düppelberg bei Sonderburg auf der Insel Alsen, hinter dem Flügelbalken eine lange Welle (Walze) mit Zahnrad und Sperrklinke zum Aufrollen nur eines großen Segels anzubringen. An die Vorderseite des Segels sollte eine Leiste genagelt werden. So konnte das Segel mit vier an der Leiste befestigten und über Rollen geführten Leinen aufgezogen werden. Das Reffen erfolgte mittels eines Schlüssels von der Rutenspitze aus.

1802 hatte man bei Berlin nach dem englischen Vorschlag die Rutenwelle einer Mühle durchbohrt und vor jedem Flügelbalken eine Welle angebracht, die ein auf »deutsche Art«, also seitengleich, angeordnetes Heckzeug erhielt. Dabei war dessen Windschiefe verlorengegangen. Mittels einer durch die Rutenwelle geführten eisernen Zugstange (Regulierstange) und einer am Kopf der Rutenwelle befindlichen Spinne konnte das Heckzeug mehr oder minder bis auf den Schnitt gestellt werden. Dazu endete die Zugstange in einer hohlen Nuß, die mit einer gezahnten Stange (Zahnstange) verbunden war. Über ein Getriebe (Zahnrad) und ein über eine Scheibe gehendes Seil ohne Ende ließ sich die Zugstange außerhalb der Mühle verschieben. Mittels angehängter Gewichte sollte der Müller – ohne Stillegung der Mühle – die Leistungsabgabe des Flügelzeugs regulieren. (Diese Einrichtung wurde damals als »automatisch« bezeichnet.) Die Vorrichtung mußte wegen Unbrauchbarkeit aber bald wieder verworfen werden. So erging es mehreren für die preußische Monarchie patentierten Einrichtungen ähnlicher Art. [560]

1804 ließ sich ein Bywater aus Nottingham das Patent auf einen Flügel geben, welcher der Beschreibung nach dem Rollenjalousieflügel von L. Claußen entsprach. Nach K. Kuhnert war es damals (1841) in England bei den neueren Windmühlen die »gebräuchliche Methode«, nach Bremsung des Flügelkreuzes die Segel vom Innern der Mühle her aufzurollen. Dazu wurden durch Drehen einer Stange in der durchbohrten Rutenwelle und über ein Räderwerk am Wellkopf die Segel auf- und ihre Zugschnüre von konischen Schrauben (Schnecken) abgewickelt. Um die Ruten zu entlasten, empfahl Kuhnert, die Walze der Rolljalousie in Nähe des Wellkopfes, zwischen Rute und Saumlatte, anzubringen. [561]

Den technologischen Durchbruch hatte jedoch William Cubitt erzielt, als er bereits 1807 die Klappen, über Hebel (Spinne) am Kopf der Rutenwelle, mit der Zugstange verband. [562] Nach diesem Grundprinzip werden bis heute Klappenjalousien angefertigt.

Um 1850 wurde eine derartige Einrichtung »(außer bei Hamburg und bei Magdeburg) jetzt auch bei Berlin ausgeführt, das Heckzeug aber dennoch auf deutsche Art zu beiden Seiten des Flügels so angeordnet, daß die Jalousien durch die Ruthe geteilt sind«. Bei dieser Mühle, einem Holländer, waren an der hohlen, gußeisernen Rutenwelle fünf Flügel à 40 Fuß lang, 9½ Fuß breit befestigt. Die Neigung des Heckzeugs gegen die Windebene betrug am Ende des Flügels 5°. Die Jalousien bestanden aus »Rähmen, mit gefirnißtem starkem russischen Segeltuch (Bramtuch) bezogen«. Zur gleichen Zeit hatte man bei einer zweiten Mühle »hierselbst« die hölzerne Welle nebst Bruststücken der Flügel durchbohrt und »die vier Flügel auf diese neuere Art eingerichtet«, mit Klappen »aus geöltem schwachem Brettwerk«. Ausdrücklich wurde vermerkt, daß die Einstellung durch »Menschenhände« erfolgen müsse. [563] Später brachte man auf der Zahnstange (innerhalb der Mühle) ein Zahnradsegment mit einem einarmigen Hebel an. An diesem Hebel war eine Jalousiekette für Gewichte zum Verschließen der Klappen befestigt. Durch Änderung der Gewichtsgröße entsprechend dem jeweiligen Winddruck konnte der Müller, ohne die Mühle zu verlassen, das Rutenkreuz schneller oder langsamer gehen lassen bzw. durch Abnehmen des Gewichts und Ziehen am anderen Kettenende die Klappen öffnen, falls die Mühle nicht arbeiten sollte. Als Vorteil wurden der gleichmäßige Gang und die Sicherheit bei Stoßwinden hervorgehoben, deshalb 1902 die Besegelung »neu nicht mehr ausgeführt«. [564]

Etwa ab 1890 begann man um Berlin die Windmühlen mit den bequemeren Jalousieeinrichtungen zu versehen, zunächst auf holländische Art (einseitig) wie in Rosenthal, später, vor dem ersten Weltkrieg, auch als Vollzeug (zu beiden Seiten der Flügel, z. B. mit eisernen Simsonruten), wie beim Windbock in Marzahn. Schon in den zwanziger Jahren erkannte man deutlich die Schwächen dieser Einrichtungen. Abgesehen von ihrem hohen Gewicht, der Änderung der Statik, der größeren Bruchgefahr der Ruten, der anfälligen Mechanik oder den hohen Kosten bei Anschaffung und Unterhaltung, war die Leistung eindeutig geringer als bei der Besegelung der Flügel. So begann man um 1930 erst zwei Flügel, dann zunehmend ganze Rutenkreuze wieder zu besegeln. [565]

Zwischen 1920 und 1924 hatte Kurt Bilau (Berlin) in Göttingen und England durch Versuche festgestellt, daß Leistung und Drehzahl bei einem dreiflügeligen Windrad am günstigsten sind. Mit einer Umkleidung der Vorderkante üblicher Windmühlenflügel – die Umkleidung nannte er Ventikante – erzielte Bilau einen günstigen aerodynamischen Querschnitt. Eine Regelmöglichkeit der Flügel gelang ihm durch sein sogenanntes Drehheck. Die Drehung des Hecks, in der Achse parallel zur Rute, hatte eine bremsende Wirkung (»Bilausche Windbremse«). 1936 konnte man auf dem Ausstellungsgelände, gut 50 m neben dem Berliner Funkturm, eine Bockwindmühle mit Ventikanten bei der Arbeit sehen. Sie wurde nach 1½ Jahren wieder abgerissen. [566]

Um der Kraft des Windes auch dann zu widerstehen, wenn die Flügel im stärksten Umschwunge waren und dennoch die Mühle zum Stillstand gebracht werden sollte, mußte die Rutenwelle bis zum Kammrad viereckig und bei einem 80füßigen Rutenzeug schon 30 Zoll im Quadrat stark sein. Hinter dem Kopf befand sich der Hals (Schleet, Schläthe, Krips, Schlot) der Welle. Er war, um ihn gegen Abnutzung zu schützen, mit nebeneinander eingelegten eisernen Schienen

Kurt Bilaus Ventikanten. Bockwindmühle am Funkturm 1936

(Schäne, Schinne, Sahlinge, Fleten) belegt. Diese wurden durch zwei eiserne Bänder, die sogenannten Schloß- oder Schle(e)tringe, gesichert.

Mit Hilfe eines Richtbaums (eines durch Feldtaue gehaltenen, aufrecht stehenden Balkens, der am oberen Ende einen versteiften Querbalken besaß) und eines »Fahrzeuges« (Flaschenzug) konnte die Rutenwelle hochgezogen und auf zwei feste Balken an der Wind- und an der Kehrtwand, genau über dem Hausbaum, gelagert werden. Das Lager des Halses bildete der sogenannte Schleetstein (Drehstein, Achsenstein) – aus Feldwacken oder feinem grauem Granit, aber auch aus Marmor oder Basalt –, der in den Wellbalken oder einem besonderen Sattelstück eingelegt war. Seit Mitte des vorigen Jahrhunderts bediente man sich des sogenannten Katzensteins, einer Art Kalkstein (Stinkstein), der unweit von Nordhausen gebrochen und wegen seines eigentümlichen Geruchs nach Katzenurin so bezeichnet wurde. Dieser Stein enthielt eine Masse, welche die Welle bei der durch die Drehung entstehenden Reibungswärme höchstens lauwarm werden ließ. Kehrsteine oder Schutzbügel an Kehrstielen zu beiden Seiten des Halses sollten ein seitliches Herausspringen des Steins verhüten.

Um eine Windmühle zum Stillstand zu bringen, benötigte man die Presse (Bremse, Bremsring, Premse, Kranz, Bremskranz, Preßring, Passe, Pram, Umschweif, Paß, Fang). Sie bestand aus krumm gewachsenen Hölzern, Krümmlingen (Krümme), von Birkenholz oder sonst einer weichen Holzart (Linde, Weide, Schwarzpappel). Die Enden der Krümmlinge wurden mit eingeschlitzten hölzernen Zapfen (Dobben) und beiderseits mit eisernen Schienen (Platten) verbunden und durch Bolzen zusammengesetzt. Die Presse konnte gehoben (gelöst, gelüftet, losgemacht) und gesenkt (angezogen, angezwungen, geschlossen, festgemacht, geklemmt) werden.

In der Bockwindmühle stand, in die Mehlleiste gezapft bzw. neben einem der Jungfernständer, eine Docke (Preßstiel, Klotz, kleiner kräftiger Balken), die sich oben am Rahm(en) abstützte. In der Docke war mit Zapfenschlitz und Bolzen der sogenannte Schuh (Preßdaumen, -schutz) angebracht, der sich am Kammrad unten abstützte und in dessen Mitte das eine Ende der Presse befestigt war. Weil das Kammrad der Bockwindmühle relativ groß war, umfaßte die Presse kaum 3/4 desselben. Sie wurde an ihrem anderen, gabelförmigen Ende mittels einer Preßstange durch das Gewicht des als Hebel wirkenden Preßbaums (Preßhebel, Brems-, Paß-, Prambalken) angezogen. Zum Lösen der Presse mußte dieser schwere Baum mit einer Trommel- oder Paßwinde gehoben und gegen ein unbeabsichtigtes Abrutschen gesichert werden.

Nach dem gleichen Prinzip arbeitete die sogenannte holländische Presse bei den Kopfwindmühlen, die das hier kleinere Kammrad in seinem unteren Bereich ebenfalls nur teilweise umfaßt hatte. Sie war an einem Ende mit dem Schuh oder zwei gleichartig wirkenden eisernen Stangen an dem danebenliegenden Fugbalken befestigt. Um 1850 wurde im Berliner Raum fast allgemein eine kräftiger wirkende Presse eingeführt, von den Holländern als »flamändischer Vang« (flämische Presse) bezeichnet. Um die Reibung zu vergrößern, mußte das Kammrad möglichst breiter genommen werden. Die Presse, die das Kammrad jetzt wie eine Schlaufe fast vollständig umfaßte, war bei dieser Einrichtung mit zwei Eisenschienen an den einen Fugbalken gehängt worden. Auf der Gegenseite befand sich an der Presse eine Knagge, die sich bei der Lüftung auf den danebenliegenden anderen Fugbalken setzte, so daß sich der obere Teil der Presse heben konnte. Das Anziehen der Presse erfolgte durch die Hebelwirkung des schweren Preßbaums (Paß-, Leichtbaum; Preß-, Fangbalken), der mit einer Eisenschiene, zwischen den genannten Schienen der

Gegenseite hindurch, am anderen Pressenende befestigt war. Den Preßbaum hatte man drehbar an einer Hängedocke (Preßbaumschere) unter dem großen Riegel angebracht, der vorn die beiden Fughölzer verband. Er konnte über ein Preßtau und einen Schwengel (Wippe, Wippschwengel, Fangstock) an der Hinterseite der Haube durch Zug an einem Handseil (Fangtau) von außen gehoben werden. Sicherer war die Benutzung einer leichten (Preß-) Kette. Diese wurde dann am Sterz befestigt und der Paßbaum gegen ein unbeabsichtigtes plötzliches Abrutschen zusätzlich gesichert. Jedes Anziehen der Presse mußte nämlich sehr vorsichtig geschehen, um die im Schwung befindlichen Flügel oder den Kopf der Welle nicht zu zerbrechen.

EINE SCHEUNENMÜHLE BEI BERLIN

Die Scheunen-Mühle des Joh. Fr. Leb. Schubert um 1970

Eine *nicht drehbare* sogenannte Scheunenmühle wird z. Z. südlich von Berlin in Saalow, Kreis Zossen, wieder aufgerichtet, eine wohl einmalige Konstruktion. Sie war 1864 vom Kleinbauern und Zimmermann Johann Traugott Leberecht Schubert (1820/1889) in Podemus bei Dresden erbaut worden. Schuberts Mühlengebäude war dreigeschossig, hatte einen Grundriß von 4,55 × 4,45 m und stand in NS-Richtung. In der Westwand lag ein achteckiges Tor mit Torflügeln; dahinter befanden sich auf einer Windradwelle zwei Kammräder; am ersten vorn war ein Windrad (*D* = 4,70 m, 24 Flügel) aufgeschraubt, dahinter lag ein Stockgetriebe als Unterwerk für den Mahlgang im Obergeschoß. Das Getriebe des zweiten Kammrades diente einem Beutelwerk; der einströmende Wind konnte den Innenraum durch Wandöffnungen verlassen. In der Südwand war hinter einem achteckigen Tor mit Torflügeln ein weiteres Windrad (*D* = 3,85 m) mit Kammrad angebracht (Verwendungszweck?). In Podemus wurde die Mühle bis etwa 1914 mit Wind betrieben und bis 1957 durch einen Elektromotor. 1974 erfolgte der Abbruch und die Umsetzung nach Saalow (nach Kl. Fuchs, ohne nähere Angabe).

SONDERFÄLLE DER WINDKRAFTNUTZUNG

Neben den ständigen Bemühungen, die Maschinerie der üblichen Windmühlentypen zu verbessern, gab es auch immer wieder Versuche, Konstruktionen zu schaffen, die diesen Rahmen sprengten.

Insbesondere seit der industriellen Revolution und der Entdeckung und Nutzung neuer Energiequellen sind bemerkenswerte Sonderfälle der Windkraftnutzung auch in Berlin zu verzeichnen. Ungewöhnlich war beispielsweise der Weg, der zur Konstruktion einer neuartigen Horizontal-Windmühle (ohne Windöffnung wie bei den Seistanis) führte.

1811 hatte der Wachstuchfabrikant Carl Friedrich Claudius ein sogenanntes »Flugwerk« erfunden, das er zunächst im Exerzierhaus vor dem Königstor (Keibelstraße) einer Prüfungskommission vorstellte und anschließend mit einem Freiballon kombinierte. Unterhalb des Ballons befand sich über und unter dem Korb an einer langen senkrechten Stange je ein breiter, zusammengefalteter Schirm. Den Schirmbezug bildeten Streifen oder Klappen aus gefirnißtem Papier.

Beim Heben z. B. des oberen Schirmes öffneten sich die Klappen. Sie standen dann senkrecht nach unten, so daß die hindurchstreichende Luft kaum einen Widerstand fand. Bei schnellem Senken des Schirmes jedoch schlossen sich die Klappen und drückten dabei den schwebenden Ballon nach oben. Der untere Schirm arbeitete im umgekehrten Sinne. So konnte Claudius, ohne Ballast abwerfen oder Gas ablassen zu müssen, mit dem Ballon steigen und sinken, um günstige Windschichten aufzusuchen. Am 5. 5. 1811 startete er im Garten der Königlichen Tierarzneischule (in der heutigen Hermann-Matern-Straße) mit seinem Ballon »Claudiante« und landete, nach einer zweistündigen, abenteuerlichen Sturmfahrt über 18 Meilen hinweg, in der Nähe Stettins.

1834 kam Claudius auf die Idee, diese »jalousieartigen Klappen zu einer durch den Wind zu treibenden Bewegungs-Vorrichtung« anzuwenden. In ein achteckiges, 16 Fuß hohes und 20 Fuß im Lichten weites Mühlengebäude wurde eine Zwischendecke eingezogen. Im oberen Stockwerk errichtete man zwei Mahlgänge; im unteren befanden sich das Getriebe und das Beutelwerk. In der Mitte des Gebäudes stand die Königswelle, die durch eine Dachöffnung hindurchging. An dem oberen Ende der Welle hatte man einen Wellkranz zur Aufnahme von acht 17 Fuß langen Armen befestigt, die ihrerseits sogenannte Flügel trugen. Jeder Flügel bestand aus einem Rahmen, in dem sechzehn 9 bis 10 Zoll breite und 3 Fuß hohe Klappen drehbar angebracht waren. Durch den Winddruck wurden die Klappen geschlossen und die Flügel »wie die Schaufeln eines Mühlrades« gedreht. Beim Gang gegen den Wind öffneten sich die Klappen. Auf Claudius' Gut in Lichtenberg trieb eine solche Horizontal-Windmühle die Farbenmahlgänge der Wachstuchfabrik. [567]

Diese Windmühle ist nach der Mühle der Bergfestung Hohentwiel (1641), einer Mühle im Harz und einer Holzsägemühle in Augsburg (1714) eine der wenigen wirklich in Betrieb gesetzten horizontalen Windmühlen Deutschlands. [568,569]

Gegen Ende des vorigen Jahrhunderts begann man die Windkraft zur Erzeugung von Elektrizität zu nutzen. Der erste bekannt gewordene Versuch betraf 1890 einen Leuchtturm an der Nordküste Frankreichs. »Das Verdienst, die Windkraftanlage zur Elektrizitätserzeugung endgültig ins Leben gerufen zu haben« (H. Witte, 1950), steht jedoch dem dänischen Professor Paul la Cour zu. Dieser hatte 1890 mit seiner Versuchs-

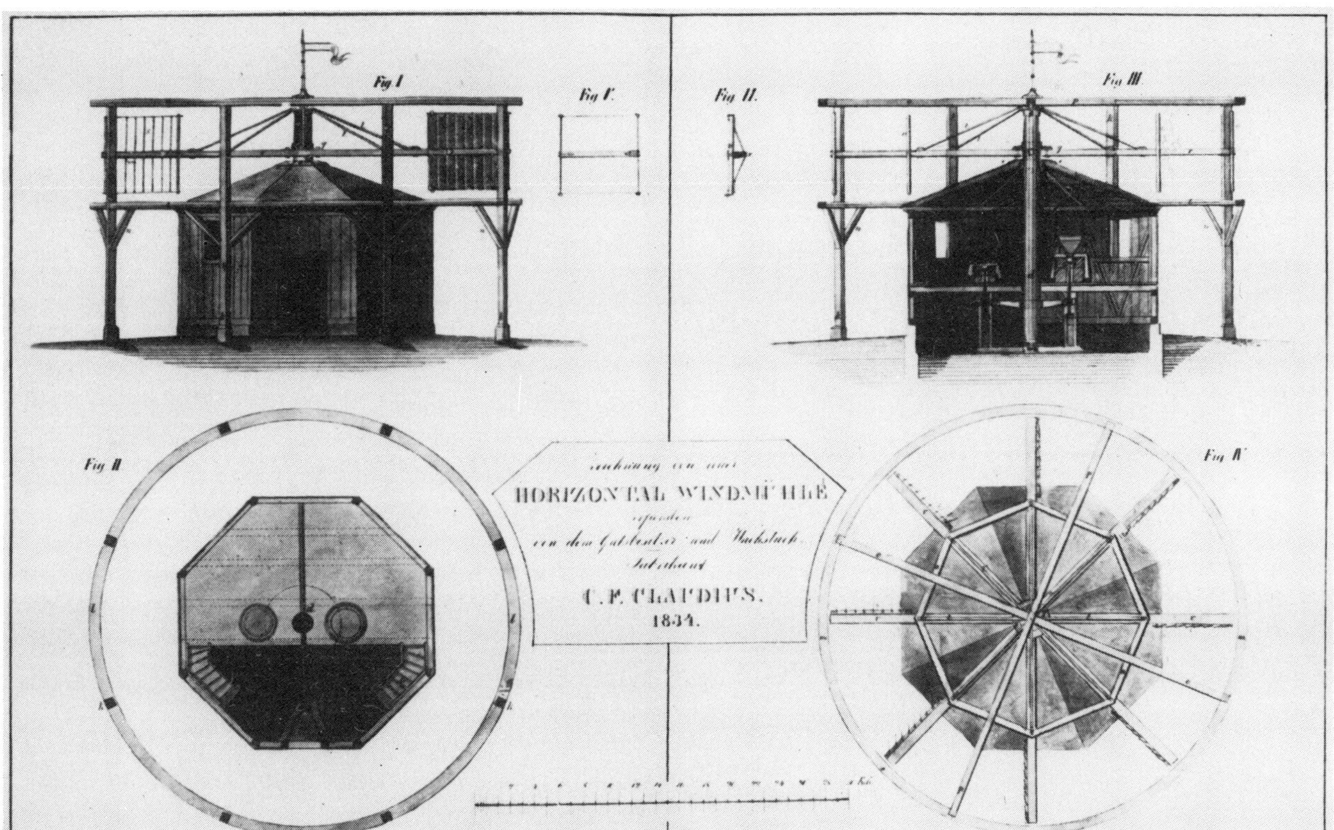

Die Horizontal-Windmühle von C. F. Claudius in Lichtenberg 1834

anlage in Askov bei Vejen sämtliche damals auftretenden Fragen der Windkraft untersucht: etwa die Optimierung der Wirkungsgrade durch Teilformgebung der Windmühlenflügel oder die elektrische Stromerzeugung aus der Windkraft. Die Ergebnisse dieser Arbeit (Die Versuchsmühle 1900 und 1903) sind als »System la Cour« (vgl. Kap. 16) bekannt geworden.

Um gegenüber den mit Dampf oder rein elektrisch betriebenen Mühlen konkurrenzfähig zu bleiben, hatte man schon vor dem ersten Weltkrieg auch in Berlin Versuche unternommen, elektrische Energie mit Hilfe des Windes zu erzeugen, sie zu speichern und für den Mühlenbedarf zu nutzen.

In Weißensee fabrizierte um 1910 die Elektrizitätsgesellschaft m. b. H. Ziehl-Abegg sogenannte Windmotoren nach dem La-Courschen System mit vier Flügeln »in Fachwerkkonstruktion«. Die Leistung der neun gelieferten Typen, Flügellänge 3 bis 20 m, reichte zum Betrieb von 20 bis 800 Glühlampen à 16 NK. Bei den kleineren Windmotoren bestand jeder Flügel aus einer entsprechend gewölbten, gleichmäßigen Fläche. Durch den Zug an einem Seil konnten die einzelnen Flügel in den Schnitt, d. h. senkrecht, gestellt bzw. der Motor abgeschaltet werden. Hinter den Flügeln war eine Steuerfahne angebracht. Die größeren Typen besaßen zur Erhöhung der Sturmsicherheit Klappenjalousien, die durch Zugstangen und Hebel mit Regulatorgewichten verbunden waren. Für die Einstellung gegen den Wind sorgten zwei Windrosen. [570]

Wasserschnecke und Windmotor nach dem La-Courschen System um 1910

Die Versuche, in Berlin den Wind für die Stromerzeugung zu verwenden, sind in besonderem Maße mit dem Namen der Müllerfamilie Triller verbunden. Um 1905 hatte der Mühlenmeister Maximilian Triller eine Bockwindmühle bei Bernau, nach dem alten Einbrand auf einer Holzschwelle 1791 erbaut, erworben und nach Marzahn umgesetzt (östlich der Allee der Kosmonauten, westlich der Kinderkombination bzw. 10 m südlich vom Mehrzweckgebäude). Der Standort befand sich etwa 150 m südlich des Standortes der ersten, 1805 auf einem Pfälzer Kolonistengut errichteten Bockwindmühle. [571]

1912 errichtete Triller in der Nähe seines Windbocks einen 15 m hohen eisernen Turm mit einem Windrad (Lieferant: Vereinigte Windturbinenwerke Meißen). 1931 erhielt der Turm einen Repeller mit vier Flügeln ($D = 5{,}8$ m) nach dem Verfahren von Bilau, der am 4. 1. 1931 von Triller 50 RM Honorar für einen Satz Zeichnungen und die Lizenzgebühr erhalten hatte. Mit dieser Einrichtung wurde über einen Dynamo (3 kW; etwa 3 000 Kilowattstunden im Jahr) eine Batterie gespeist (Reservekraft: 25-PS-Dieselmotor) und der Strom für den Haushalt Trillers genutzt. [572] 1944 stellte M. Trillers Sohn, Müllermeister Richard Triller, dicht vor seiner (1950 ummauerten) Bockwindmühle einen 25,8 m hohen Turm aus Winkeleisen mit einem dreiflügeligen Windrad ($D = 11{,}20$ m) auf. Bei diesem Repeller, nach Angaben von Bilau nunmehr mit Drehhecks gefertigt, war die Hälfte des Flügels um die Längsachse drehbar.

In dieser zweiten Anlage betrieb der Repeller eine Gleichstrommaschine als Generator bzw. als Motor. Bei *schwachem Wind* diente der Generator zum Aufladen der Batterien. Die ausgekuppelte Mühlenanlage konnte an das Netz der märkischen Elektrizitätswerke angeschlossen werden. Bei *stärkerem Wind* wurde die Mühlenanlage direkt vom Repeller betrieben; u. U. konnten noch zusätzlich die Batterien geladen werden. *Windschwankungen* oder kurzzeitige *Windstille* waren durch die als Elektromotor arbeitende Maschine im Batteriebetrieb ausgeglichen worden. Umgekehrt konnte sogar Strom an das Netz abgegeben werden. [573]

Noch 1958 ist in Trillers Mühle für den Tierpark geschrotet worden. Erst 1978, bei der Neugestaltung Marzahns, wurde der Mühlenkörper umgeworfen und zusammen mit den alten Mühlsteinen beseitigt.

Die Bockwindmühle von Triller in Marzahn um 1920

Die Mühlenanlage von Triller um 1950

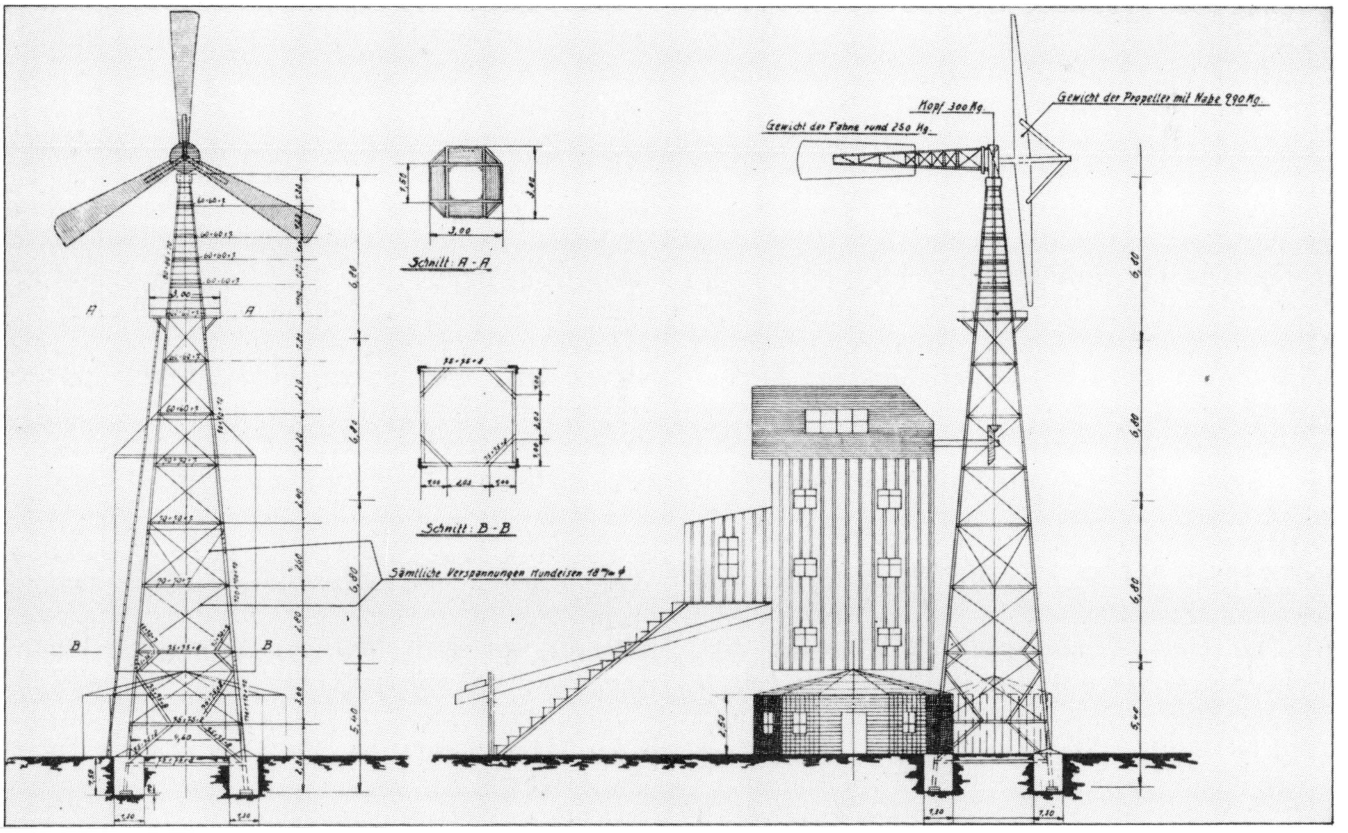

Konstruktionszeichnug der Trillerschen Anlage 1944

KAPITEL 7

Chroniken der Berlin/Cöllner Windmühlenstandorte

WINDMÜHLEN UM BERLIN/CÖLLN

Obwohl schon 1375 im Landbuch Kaiser Karls IV. von (Bockwind-) Mühlen in der Umgebung Berlins berichtet wird – so in Schwanebeck, Blumberg, Hellersdorf [574], Rudow, Buckow (»Item est ibi ventimolum«) –, fehlt uns über Windmühlen im Weichbilde Berlins, d. h. im Bereich der alten Feldmarken, bis nach 1648 jegliche Nachricht. Die Wasserkraft der Spree reichte zunächst aus, trotz stetiger Vergrößerung der Mühlenanlagen, den steigenden Bedarf der Bevölkerung von Berlin-Cölln, aber auch der 32 ebenfalls mahlpflichtigen Dörfer zu decken.

Nach dem Dreißigjährigen Krieg wurde die Doppelstadt ab 1658 unter Memhards Leitung nach der sogenannten Niederländischen Manier mit 13 Bastionen, 8 m hohen Courtinen (Zwischenwällen) und einem davorliegenden Graben befestigt. [575] 1661 zählte die entstehende Festung über 10000 Einwohner. [576]

Weit vor dem damaligen Berlin, an der Oberspree, dem Anlandeplatz für die Güter aus den östlichen Provinzen [577], wurde 1685/86 eine holländische »Windtschneide-Mühle« auf dem Acker von Johann Cra(h)mer und Kinder gebaut (Mühlenstraße 59, westlich vom Rummelsburger Platz, wo sich die Straße in einem Knick mehr zur Spree hinzog, bzw. gegenüber dem Grundstück Nr. 31). Am 16. 12. 1685 hatte der Kurfürst einem Beamten befohlen, »zu erbauung des Sägemühlenhauses vor Berlin noch fünfhundert Rthl. aus deren Geldern, wovon Er bereits zu vermeldeten behuff 200 Rthl. (hat) auszahlen müssen«, einem Raulé anzuweisen. Die Sägeeinrichtung in einem Wert von 375 Tlr. wurde aus Holland bezogen. Für ihren Transport bis Hamburg mußten 14, bis Berlin weitere 12 Tlr. gezahlt werden. Die Gesamtsumme betrug laut »Spezifikation der Unkosten« 1447 Tlr., 15 Sgr. Crahmers Erben bekamen erst am 4./14. 4. 1694 für den Acker 150 Tlr. ausgezahlt. [578]

Dieser Raulé war der Generaldirektor der Marine des Kurfürsten Benjamin Raulé (Raule, Roule, Roullé) aus Holland. »Perfectioniert« (vollendet) wurde ihm die Mühle von dem bereits mehrfach genannten Michael Matthias Schmidt, einem gelernten Zimmermann. Raulé war an Schnittholz, u. a. zum Bau seiner Kriegsschiffe, interessiert. Schmidt seinerseits, der Raulé die Schiffsbauwerft in der Hintergasse (Letzte Straße, Dorotheenstraße, jetzige Clara-Zetkin-Straße 84) angelegt hatte, besaß als Schiffsbaumeister auch von Bau und Betrieb von Sägemühlen Erfahrung. [579] So hatte er beispielsweise 1662 zwei Schneidemühlen zu Fürstenwalde gepachtet [580] bzw. 1668 bekanntlich die Schneidemühle auf dem Mühlendamm gebaut (vgl. Kap. 16). In diesem Zusammenhang wurde er als Schneidemühlenmeister bezeichnet. Daß der Erbauer einer Mühle ihr erster Pächter wird, ist häufig belegt.

Da nach holländischem Muster gebaute Windmühlen in Deutschland erst im Laufe des 18. Jh.

Die Sägemühle an der Spree um 1699. Erbaut 1685/86 von M. M. Schmidt (Stich von M. Madderfregh; Ausschnitt)

aufgetaucht sein sollen [581], dürfte dieser Holländer nicht nur die erste Berliner Windmühle sein, sondern auch zu den ältesten deutschen Achtkantständern gehören; als eine ältere holländische Windmühle kennen wir bisher nur die zu Altona (1670 bis 1676).

Diese »Vorm Strahlow'schen Thore aufgebawete Newe Schneidemühle« hatte M. M Schmidt am 6. 9. 1686 für 300 Tlr. Arrende (Pacht) jährlich selbst gepachtet. Doch die Pacht war ihm zu hoch. Nach drei Jahren trat Schmidt vom Vertrag zurück. Als sich unter dieser Bedingung kein Nachfolger fand, übernahm, »damit die Mühle nicht gar stille stehen mocht«, der Mühlenbursche und Schneidemüller Pieter Sieemann [582] aus Sardam vom 1. 7. 1690 die Mühle auf 80 Tlr. Arrende jährlich. [583]

Eine Beschreibung dieser Mühle aus dem Jahre 1696 besitzen wir vom Malteserritter Alessandro Bicki-Ruspoli aus Siena: »Vor dem Stralauer Tor ist eine große Windmühle beachtenswert, welche einige Räder in Bewegung setzt, vermittelst deren wieder drei Maschinen getrieben werden, ähnlich wie bei den Wassermühlen. Jede dieser Maschinen hat wieder 12 Sägen in einer Reihe, um die Breite eines Brettes von einander entfernt, so daß 3 Balken in einer Viertelstunde in 36 Bretter zersägt werden können. Dieselbe Maschine bewegt in derselben Zeit, in der sie die Balken zersägt, noch ein anderes Rad, über dessen sich herumdrehende Axe ein Strick läuft, welche die Balken an die Säge heranbringt. Auf diese Weise wird in kurzer Zeit ohne viele Mühe viel Arbeit verrichtet. Übrigens kommt das Holz zu Wasser in Flößen und wird sofort von diesen an die Sägen gebracht, welche sich an dem Ende eines am Ufer von der Spree gebildeten Teiches (Aufschwämme) befinden, wo der Wind leicht ankommt, und so dessen Kraft und Druck am größten ist. Äußerst sehenswert ist es, auf die Mühle zu gehen und die Einrichtung zu betrachten, durch welche sich die Flügel drehen; man glaubt in dem Sausen des Windes und dem Lärm der Sägen die entfesselte Hölle zu hören . . . Auf der Straße, welche dorthin führt, bemerkt man große Mengen von Brennholz angehäuft, welches mit Flößen und Kähnen dorthin geschafft wird und wegen der Feuersgefahr so weit von der Stadt bleiben muß« (Holzmarktstraße). [584]

Dieser damals in Sardam und Amsterdam gebräuchliche, in Deutschland einmalige Holländer dürfte mit seiner Technologie bzw. hohen Produktivität den weitgereisten Malteserritter schon beeindruckt haben. Noch 40 Jahre später war »bei unseren gemeinen Säge-Mühlen«, die alle Wassermühlen waren, ein Sägeblatt je Wasserrad üblich, im Gegensatz zur »Holländische(n) Säge-Mühle, mit viel Sägen, wie . . . zu Berlin«. Ein Sägeblatt einer üblichen Wassermühle würde »vier mahl durchschneiden können, bevor besagte Holländische es einmahl verrichte«. [585]

Der Leistungszuwachs durch die eingeführte holländische Technologie ist unverkennbar. Die Wind-Schneidemühle, ein Galerieholländer (Maße nach Linperch: von Galerie bis Spitze etwa 50 Fuß, Rutenzeug etwa 82 Fuß lang, 8 Fuß breit) auf einer »Scheune« (etwa 25 Fuß hoch, zwei Etagen, drei Gatterstraßen, Blockwinden und Schiebezeug), arbeitete langsamer, aber mit mehr Kraft und dünneren, festeren, d. h. besseren (bis 8 Fuß langen) Sägen. [586]

Am 1. 9. 1699 bat Sieemann den Kurfürsten Friedrich III. in einem »Untertänigsten Memorial«, ihm für 1 000 Tlr. und 100 Tlr. »zur jährlichen Pension« (Abgabe) die Schneidemühle zu überlassen. Die Mühle könnte nach seinem Tode und einer dreijährigen Nutzung durch seine Hinterbliebenen an den Kurfürsten zurückfallen. Dafür bat er um die Erlaubnis, neben der Schneidemühle auf eigene Kosten eine »Perlgraupen und Grützmühle, welche, wie in Amsterdam, mit Pferden gezogen wird, mit allem Fleiß erbauen und daneben ein Kornhaus aufstellen zu dürfen«. Außerdem sollte »Sr. Churf. Durchlaucht ihm wegen solcher Perlgraupen und Grütz-Mühle ein großes privilegium dergestalt privative ertheilen, daß niemand dergleichen vor Sechs Meilen bey Berlin anzulegen befugt sein solle«. Bei steigendem Bedarf würde er dann selbst weitere Mühlen bauen. Dieses Recht wurde ihm mit anderen Freiheiten gewährt.

Wind-Schneide-Mühle aus Sardam
von Pieter Linperch. Erbaut vor 1727;
a) Schnitt, b) Aufsicht

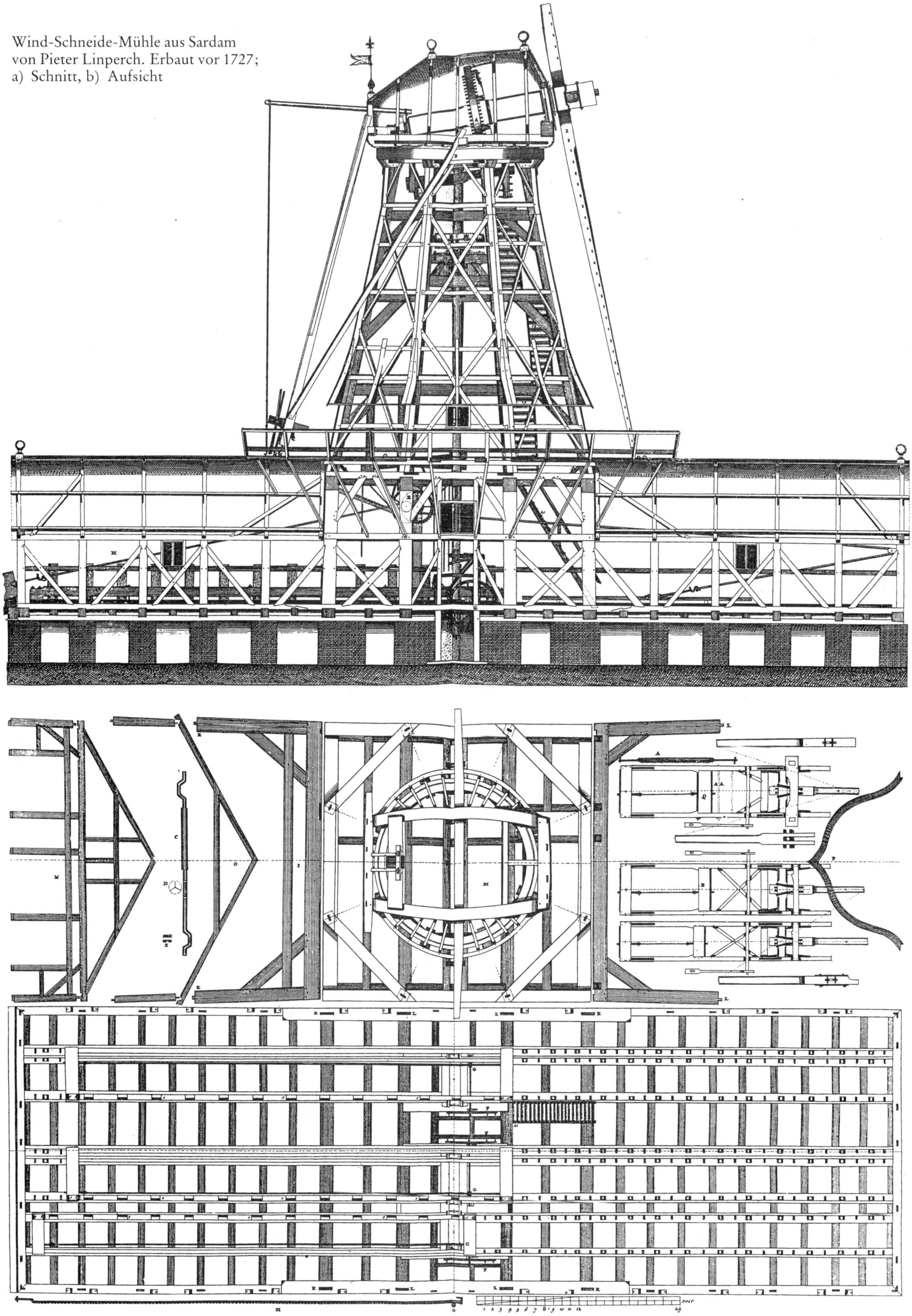

»Holländische Wind-Mühlen-Straße« um 1766 (vermutl. Plan von J. E. Gericken; Ausschnitt). Links die Wind-Schneide-Mühle, rechts die Perlgraupenmühle als Wind- und Roßmühle

So baute er sich westlich der Schneidemühle einen Holländer, kombiniert mit einem Roßwerk (Mühlenstraße 54/55). Auf dieser Mühle produzierte er »Gemeine Graupen, Perl-Graupen, Haber Grütze, Buchweitzen-Grütze, Weizen fein Mehl, Gersten-Mehl, Gritz-Mehl« und was man sonst auf Mühlen zu machen pflegte. Seemann, wie er später genannt wurde, war der Gerichtsbarkeit des Berliner Magistrats entzogen und von den »Bürgerlichen Oneribus (Lasten, wie) . . . bürgerliche Wachen, Servisen und Einquartierungen« befreit. Er unterstand »nebst allen seinen Domestiquen auf den Mühlen oder in der Stadt befindlich (nur der) . . . Hauß Vogts juristiction«, dem Hofgericht. Neben Vergünstigungen beim Ein- und Verkauf von Holz und Getreide, auch »außerhalb denen Residentzien«, besaß er das Recht zur Schweinemästung, wodurch er seinen größten Gewinn (80 %) erzielte; er hatte außerdem das Recht zum Brauen (bis 180 Wispel, Verkauf nur en gros) und die unbeschränkte Brenngerechtigkeit. In der ganzen Stadt durfte er seinen Branntwein verkaufen [587]; eigene Läden, die er eröffnete, führten eine Windmühle als Zeichen.

Um 1780 gab es Destillen, die die »Mühle« als Empfehlung beibehalten hatten. Noch 1880 war in der Oranienstraße ein solches Lokal mit einer »Mühle« zu finden, das »mit dieser alten Berliner Tradition in Zusammenhang« gestanden haben dürfte. [588]

1720 ist Seemann gestorben. Trotz der genannten Vergünstigungen hinterließ er gegenüber 38 Gläubigern eine Schuldenlast von 40 000 Tlr. Am 7. 6. 1721 ging der Besitz durch eine Konzession Friedrich Wilhelms I. auf die Erben über. 1756 standen hier an der Spree »2 große und künstliche Windmühlen, . . . deren eine 60 Bretter auf einmal schneidet, in der anderen aber, welche bei stillen Wetter durch Pferde gezogen wird, Grüze und andere Sachen gemahlen werden«. Die zweite Mühle war also eine sogenannte Wind- und Roßmühle (vgl. Kap. 12). [589] Um 1759 ist in beiden Mühlen Lohe hergestellt worden. Im Frühjahr 1766 entstand durch einen Mühlenbrand ein Feuerschaden von 2 800 Tlr. Der völlig verschuldete Betrieb wurde stillgelegt. Als sich nach jahrelangem Bemühen kein Käufer für das »holländische Mühlenwerk« gefunden hatte, mußte es, um wenigstens einen Teil der Schulden zu decken, auf »kgl. Spezial-Befehl« vom 21. 10. 1769 »stückweise« verkauft werden. 1773 erfolgte nach E. Fidicin die Einrichtung einer Meierei. Im »Neuer Geometr. Plan . . .« von

J. C. Rhoden 1772 ist auch die Mühle (Mühlenstraße 59) nicht mehr vorhanden. In ihren alten Gebäuden befanden sich 1830 Berlins einzige Stärkefabrik von H. Köbel [590] und später Einrichtungen einer schon 1816 in der Mühlenstraße 75 erwähnten, auf Aktien gegründeten Patent-Papiermühle, die als dritte des Kontinents »Papier ohne Ende« fertigte. Sie besaß zwei Hochdruck-Dampfmaschinen zu 24 bzw. 6 Pferdestärken, eine eigene Schmiede, Schlosserei, Tischlerei und Leimsiederei. Ein Nebenbetrieb in Guben mahlte Lumpen zum benötigten Halbzeug. [591] 1887 erwarb die Gebäude Mühlenstraße 59 für 2,1 Mill. Mark ein Färbereibesitzer, 1910 der Fiskus. Danach konnte der 11 m breite Fahrdamm auf 30 m verbreitert werden.

Eine dritte holländische Windmühle ist spreeaufwärts am Mühlentor, dem späteren Stralauer Tor (Mühlenstraße, Ecke Warschauer Straße), aufgestellt worden. [592] Es müßte die Graupenmühle gewesen sein, für deren Erbauung »vor dem Stralow'schen Thor« (»benötigte Baumaterialien muß Supplicent selbst anschaffen«) Friedrich III. einem Simon Simensen am 17. 5. 1699 ein Privileg erteilt hatte. [593]

Nach den Mühlen wurde die Straße an der Spree zunächst »Holländische Wind-Mühlenstraße« genannt.

Die ältesten, flüchtigen Abbildungen der ersten Mühle finden wir auf den Stichen von »M. Madderfregh, pinx. und A. Oldenburgh, sculp.« (handschriftlich datiert 1699) »Berolinum Residentia Electoralis Brandenburgica« bzw. von Peter Schenk »ex. Amst. 1702 Berlin aen de Spree«. Sehr gut erkennbar ist solch ein Galerieholländer in der Radierung von F. Calau 1795: »Mühle und Meyerey der Johannistisch genannt vor dem Hallischen Thor«. Am 12. 5. 1765 wollten »Ephraim Joseph, Zacharias, Benjamin und Aaron, Kinder des Hoff Jouvelliers Veitel Ephraim« als »Entrepreneurs« (Unternehmer), nachdem »wir das vor dem Hallischen Thor dem Bürger Creutzberg zuständig gewesene Haus und Garten, der Johannis Tisch genanndt, an uns gekaufet, eine dem königl. Lande so nützliche und einträgliche Feine Graupen Mühle daselbst« erbauen. Der Bau sollte auf eigene Kosten erfolgen, jedoch baten sie um »alle Freyheiten«, die das gekaufte Haus und der Garten besessen hatten. Sie versprachen »200 Pfd. allerfeinste Graupen jährlich für die kgl. Küche und 100 Pfd. Mittel-Graupen zum (Potsdamer Großen) Waysenhaus als ein beständiger Canon« abzuliefern. Friedrich II., dem der Johannis Tisch unbekannt war, lehnte für sich die Graupen ab. Er gab jedoch durch Kabinettsorder vom 18./19. 5. 1765 die Bauerlaubnis. 1768 wurde die Mühle von Veitel Ephraim und Consorten (Aaron Mayer) betrieben. Wegen des sommerlichen Windmangels bei gleichbleibenden Personalkosten lohnte eine alleinige Perlgraupenproduktion nicht. Die beiden wollten deshalb feines Wiener und Nürnberger Mehl für das Publikum mahlen, aber auch schroten und Bäckergetreide verarbeiten. Dazu bekamen sie am 24. 3. 1769 den Consens. 1780 wurde der Bäcker Christian Goldammer als Besitzer genannt. [594]

Zur bekanntesten Windmühle Berlins ist wohl die vom Schiffbauerdamm (Nordwestecke der Albrechtstraße) durch die »Prospecte von Berlin« geworden.

Ende des 17. Jh. wurde ein Teil der »Bullenwiese« (zwischen der Panke und der Hermann-Matern-Straße) an den Grafen von Wartenberg und an mehrere Schiffbauer und Lohgerber zur Errichtung von Häusern und Gärten abgetreten. Im Jahre 1698 veräußerte der Rat den nördlich hinter den Grundstücken Schiffbauerdamm 7 bis 17 gelegenen Heidereiter-Acker nebst einer Spitze der Bullenwiese (nach E. Fidicin [1843] an den »Hofmaurer und Steinmetzger Braun«) zur Anlage einer Schneidemühle. [595] Diese dürfte mit der Schneidemühle identisch sein, zu deren Erbauung der Kurfürst durch Patent vom 13. 5. 1698 dem »qualifizierten Bürger Michel Keutel einen Platz angewiesen und allergnädigst geschenkt« hatte. [596]

Weil die in der Stadt vorhandenen Sägen »nicht suffisant« (imstande) waren, den Bedarf zu dekken, hatte sich »Michael Keutell, Bürger . . . an der Dorotheen Stadt«, am 1. 10. 1697 an Friedrich III. in einem Schreiben gewandt, in dem es hieß: »weil ich ein zünftiger Tischler und Maurer zugleich bin und einiger Wissenschaft, ohne ruhm zu melden, von bauten (besitze, habe ich mich entschlossen), Eine Windt Schneide-Mühle auf meine eigenen Kosten, der Dorotheen- und Friedrichs Stadt, in sonderheit aber deren Tischlern zum besten und nicht weit von Brückthor, wenn man von hier nach Spandau reysen will, bey dies wässer, die so genannte Banke anzulegen«. [597]

Das von Keutel errichtete Gebäude, auf dem der Galerieholländer stand, war »von Holtz mit Fachwerk gemauert, zwey Stock-Werck hoch und mit starken Fundament Mauern versehen; 81 Fuß lang und 47 Fuß tief, worinnen außer den Platz unter der Mühle«, wo das Schneidewerk stand, »ein Fluhr, eine Stube und eine Küche« sich befanden. Dem Hauptgebäude schlossen sich zwei Seitenflügel an, jeder 27 Fuß lang und 10 Fuß tief. Zum Betrieb gehörte ein massives

Der Galerieholländer vom Johannistisch 1795 (F. Calau)

Wohnhaus (26 × 36 Fuß) mit einem gewölbten Souterrain und einem holländischen Dach. Am Ufer befanden sich zwei Aufschwemmen zur Landung des Floßholzes. Das Grundstück war mit einer Abgabe von jährlich 15 Sägeblöcken belastet.

Wahrscheinlich erst um 1705 hatte Braun diese Schneidemühle übernommen. Als seine Erben die Mühle 1715 an den Schneidemüller Wilhelm Nohmen übergeben wollten, waren sie noch den Canon (Grundzins) für 10 Jahre schuldig. Sie sollten deshalb 2 Schock und 2 Stück geschnittene Sägeblöcke für den Schloßbau liefern oder den Schneidelohn von 200 Rtlr., 1 Sgr., 5 Pf. zahlen. Der Rest würde ihnen dann in Gnaden erlassen werden. [598]

1742 hatte sich der Mühlenmeister Joachim Herms »entschlossen, seine alhier auf dem Schiff-Bauerdamm stehende Eigenthümliche Holländische Schneide-Wind-Mühle zu verkaufen«. Der Wert der Mühle und Gebäude betrug 3 500 Rtlr., der Wert des Platzes von 351 □R 526 Rtlr., 12 Sgr. Das Ensemble wurde vom königlichen Kammerdiener und Oberkastellan J. H. Brandhorst übernommen. Mit einem Kostenaufwand von etwa 400 Rtlr. baute er die Sägemühle zu einer zweigängigen Mahlmühle um (Konzession

Die Wind-Schneide-Mühle am Schiffbauerdamm 1717. Erbaut 1697/98 (A. M. Werner; Ausschnitt)

vom 6. 2. 1743). Der eine Mahlgang war »auf ordinaire Arth zum Sichten eingerichtet, der zweyte auf Holländische Arth mit einem langen, runden Sicht-Beutel, welcher sich beständig rundherum dreht, auf ein mahl dreyerley Mehl durchsichtet und mit ein paar rheinische(n) Mühl-Steine(n) versehen, so daß auf solchem Gang fast drey mahl so viel als auf einem anderen gemahlen werden« konnte.

Der Bescheider Siebicke hatte diese Kopfwindmühle 3 Jahre lang, für 220 Rtlr. jährlich, in Pacht gehabt. Weil die Mühle aber als eine »Außen-Mühle« behandelt wurde und von dem dorthin gebrachten Getreide deshalb die »doppelte Metze und Mahlgeld« gezahlt werden mußte, »so sey leicht zu urtheilen, daß er im Winter und Früh-Jahr, wenn das Gemahl am stärksten ginge und die mehrste Zeith hinlänglicher Wind sey, (jedoch) die Consumenten so dann auf den königl. Mühlen wohlfeiler gefördert, er bei dieser Pacht« nicht habe bestehen können. Auf einer solchen Mühle »könnte schon ein vieles darauf abgemahlen werden, weil bei mäßigem Wind beyde Gänge zugleich sichten könnten und da besonders der eine Gang auf Holländische Arth mit einem langen Sicht-Beutel, welcher auf einmal dreyerley Mehl gebe, angelegt sei, mithin das Korn nur einmal aufgeschüttet werden müßte, so können bey gutem Wind eventuell 3 Winspel und noch einiges mehres darauf abgemahlen werden«. Das Mehl wäre »allerdings nicht in so guter Qualität wie auf ordinairen Sichtebeutel, deshalb die Bäcker nicht gern darauf mahlen, es wäre denn, daß sie aus Noth dazu angesetzet werden«. Nach Siebicke, der es wohl wissen mußte, konnten auf dieser Mühle im Durchschnitt bis zu 300 Wispel Sichtekorn im Jahr gefördert werden. Eine erstaunliche Leistung! Die Mühle brannte, zur Lohmühle umgebaut, am 19. 8. 1758 ab. [599]

1760 wurde von dem königlichen Lederzeug- und Monturenfabrikanten bzw. Armeelieferanten Peter Friedrich Damm, der am Besitz der Lohmühle beteiligt war, eine neue Wind-Lohmühle an der Spree auf den Charlottenburger Sechsmetzenenden (Fürstenbrunner Weg, S-Bahnhof Siemensstadt) errichtet. Letztere brannte nach Dressel (1813) »vor etlichen zwanzig Jahren« nieder. [600]

1704 befand sich auf dem Schiffbauerdamm, am Grundstück der Schneidemühle, eine neue »Kunstmühle«, in der alles Blei zum Decken des Schlosses und des Zeughauses bereitet wurde. [601]

Um 1733 verlegte Veitel Ephraim eine kurz zuvor von seinem Gesellschafter Itzig beim Mühlendamm angelegte Silber-Scheideanstalt auf sein umfangreiches Gartengelände am Schiffbauerdamm (Nr. 26/27), wo nun zwei Roßmühlen je sechs mächtige Blasebälge für die Schmelzöfen bewegten. [602] Hinter dem Hause Friedrichstraße 136 lag 1771 bis 1809 die Roß-Lohmühle des Lohgerbermeisters Fröhlich. In seiner Nachbarschaft waren in diesen Jahren neben weiteren »Roß-Stampf-Lohmühlen« auch Hand-Lohmühlen im Gebrauch. [603]

Nach einer Konzession vom 14. 11. 1709 durfte der Sohn des Cöllner Bürgermeisters Christian Heinrich Bartholdi, der »Wirkl. Geh. Rath Christian Friderich Freyherr von Bartholdi bey seiner vor dem Cöpenickeschen Thore (Wendisches oder Schlesisches Tor) innerhalb der Landwehre alhier gelegenen Meyerey eine Wind- oder Roß Mühle oder nach befinden beydes zugleich auf seine Kosten anbauen lassen, um Maltz, Brandwein-Schrott, Getreide« für den eigenen Bedarf zu fördern. Johanni (24. 6.) 1722 abgebrannt, wurde der Holländer erneut aufgebaut. [604] 1733 wurde aus der ehemals Bartholdischen eine »nunmehro Rathäußliche Meyerey«, die Windmühle eine »Magistrats-Wind-Mühle«. [605] Nach 1800 gehörte dagegen eine Bockwindmühle zur ehemals Bartholdischen Meierei. [606]

Im Frühjahr 1710 ließ König Friedrich I. durch den holländischen Baumeister Willich auf dem »altteichischen Felde« zwischen Lützow und dem Tiergarten eine holländische Windmühle, die spätere Mühle (7) vom Windmühlenberg, errichten. Der Kostenvoranschlag des Baumeisters, ohne Bauholz 1 100 Tlr. einschließlich des Müllerhauses, wurde am 23. 3. 1710 genehmigt, aber (nach W. Gundlach, 1905) etwa um dieselbe Summe überschritten. Von der Mühlenpacht hatte man u. a. dem Charlottenburger Prediger zunächst 50 Tlr., am 28. 8. 1711 dann 1 Wispel Roggen zugewiesen, allerdings erst nach Tilgung der Baukosten [607].

Paul Stecher meinte 1716 ebenfalls: »Die Baukosten solcher Mühle nebst allen befindlichen Gebäuden werden sich über 4 000 Tal. belauffen.« Dazu sollte die Windmühle »jährlich 5 Winspel Pacht geben, was nicht möglich sei«.

Weil die Mühle zuwenig Wind bekam, konnte kein Müller die vereinbarte Pacht erarbeiten. In der ältesten Charlottenburger Bürgerliste vom 30. 9. 1711 wird ein Grützmüller Johann Konsky genannt. Als zweiter Pächter tritt das Brüderpaar Peter und Jacob Wiedig auf. Im Herbst 1715 hatte die Mühle schon einen vierten Pächter, im Januar 1716 den »Pächter Nahmens Hempel«. 1717 findet sich in der Bürgerliste der Windmüller Christoph Tietze.

Ein Galerieholländer an der Spree: die »Magistrats-Wind-Mühle« vor dem Schlesischen Tor 1801 (Kupferstich von Chr. J. W. Haller v. Hallerstein)

Die Ursachen für die schlechten Verdienstmöglichkeiten hatte schon ein Sachverständigengutachten vom 6. 9. 1712 gezeigt: »Die Mühle ist zu tief angeleget, welches die größte faute . . .; dem Morgenwind stehet der Tiergarten und dem Westwind die Lietzowburgische Heide entgegen . . .; wegen des Nord- und Südwindes aber ist kein Obstaculum und hat solchen frei, es entstehen aber daher die wenigsten Winde.«

Als das Generalkommissariat, dem die Mühle unterstand, im Oktober 1715, nur um einen Pächter zu gewinnen, einen erneuten Pachtnachlaß beantragte, rief es beim neuen König, dem sparsamen Friedrich Wilhelm I., Mißtrauen gegenüber seiner Verwaltungstüchtigkeit hervor. Friedrich Wilhelm I. schrieb auf die Rückseite des Antrages: »Die Mülle gehöret zur Cammer, soll an die Kurmerckische Cammer abgegeben werden die Mülle.« Als das Generalkommissariat dagegen einwandte, daß die Mühle niemals unter der Kammer gestanden, auch Erträge zugunsten der Charlottenburger Schule und Kirche abgeworfen habe, ließ der König seinen Unwillen in dem Randbescheide aus: »Die Mülle hehret mein; weiß das Commissariat mit Verpachten nit umbzugehen, lehge Mülle zur Cammer; die werden schon verpachten und die Revenuen ad Cassam.« Aber auch die Kammer konnte die Schwierigkeiten nicht meistern. Sie erwirkte jedoch durch ihre sachliche Darlegung am 10. 2. 1716 den Befehl, daß die Windmühle abgebrochen und nach Berlin vor das Spandauer Tor verlegt wurde: »Was aber die Wind-Mülle vor Charlottenburg anbelanget, deshalb habet ihr euch mit unserem General Feld Marschall, dem Grafen von Wartensleben, zu vernehmen und mit demselben zu concertiren (disputieren), wie selbige Wind Mülle abgebrochen und alhir auf dem Walle an einen bequemen Ort gesetzet werden könne.«

Im Jahre 1780 beabsichtigte der »Colonist und Windmüller des Invalidenhauses Samuel Francke, gebürtig aus Groß-Pohlen«, vor der Rosenthaler Landwehr eine Bockwindmühle zu erbauen. Francke hatte 350 Tlr. aus seiner Heimat mitgebracht und 100 Tlr. erspart. Die Mühle sollte am »alten Feldweg« (Brunnenstraße) neben dem Holländer des Kolonisten und Müllers Hannemann aufgestellt werden. Francke bat, so wie es Hannemann erhalten hatte, um Holz und Steine für die Mühle und ein massives Haus, »frey Land wie nötig«, dazu die »gewöhnlichen Freyjahre«, in Erbpacht für jährlich 15 Rtlr., jedoch ohne Zwangsgäste. Dagegen erhob der Bescheider Martini vom königlichen Windmühlenberg

Einspruch, der »kaum zu tun, weil der Colonist Hannemann das Gemahl vermindert« hätte. Franckes Gesuch wurde abgelehnt und ihm eine zum Kauf stehende Mühle angeboten. [608]

Christian Ludwig Hannemann war aufgrund des »renovierten Edikts vom 8. 4. 1764« aus Sachsen nach Berlin gekommen, um als Ausländer das Edikt zu nutzen. Für den beabsichtigten Mühlenbau wurde ihm am 6. 3. 1765 eine wüste Stelle auf einem dem »Heiliggeist und Georgen-Hospital zugehörigen Weinbergsacker« vor der Rosenthaler Landwehr angewiesen. [609]

Die von ihm 1774 dort aufgestellte holländische Windmühle hatte ursprünglich am Stralauer Tor (Mühlenstraße 59), »da wo jetzt (1830, d. Verf.) die Stärkefabrik« gestanden. Dieses Zitat aus den Akten beweist, daß es sich um die umgesetzte und umgebaute Mühle von Raulé bzw. M. M. Schmidt handelt. Aus steuerlichen Gründen mußte man damals den Nachweis ihres hohen Alters führen bzw. die Ursache für ihre schlechte Beschaffenheit erklären. Ihre Förderleistung sollte nämlich nur 481 1/2 Wispel Branntweinschrot betragen haben im Gegensatz zu den 734 Wispeln eines der ehemals königlichen Holländer.

Durch eine Zeichnung von Carl Beek, die nach 1800 gern als Kopfschmuck auf Meisterbriefen, Gesellenkundschaften u. ä. genutzt wurde, ist dieser Holländer bekannt geworden. Eine große Zeichnung hängt heute im Foyer der modernen Klubgaststätte »Zur Mühle« in der Greifswalder Straße 90.

Der abgebildete Holländer (ehemaliger Standort: Bezirk Mitte, etwa südlich des Hauses Fehrbelliner Straße 50) wurde 1802 »Rosenthaler Mühle« genannt, 1804 von J. C. Selter »Mehl-Mühle« und von J. Chr. Gädicke 1806 als »Hempen'sche Mahl-Windmühle vor dem Rosenthaler Thore, am Voigtland mit 1 Gang« bezeichnet.

In dieser Mühle hatten die Söhne des Branntweinbrenners Fielicke die Müllerprofession erlernt. Joachim Simon F. heiratete die Tochter seines Lehrherren, Hanna Christina (sic.). [610]

Ein Plan Friedrich Fielickes, der in Französisch-Buchholz für den Hausmann Broseck die erste Mahlmühle gebaut hatte, 1806 auf einem ihm von seinem Bruder überlassenen Ackerstück eine holländische Graupen- und Ölmühle zu errichten, kam nicht zur Ausführung. In dieser Mühle sollte ein Gang als Graupengang, »Gerste abzuschruppen«, dienen, ein zweiter Gang auf dem unteren Boden das Stampfwerk und die Ölpresse betreiben.

Am 3. 1. 1811 hatte man Joachim Simon Fielicke mit Handschlag auf das Mühlenedikt verpflichtet. Nach einem Immediatgesuch vom 4. 1. 1811 wurde für ihn um freies Bauholz zur Wiederherstellung des Holländers und des Wohnhauses gebeten. [611] Im Dezember 1824 mußte er zur Ablösung für sein freies Gemahl 554 Rtlr., 5 Sgr. zahlen. [612] Vor 1827 kam westlich des Holländers noch eine Bockwindmühle dazu. Als Wilhelm »Fielickes Mühlen« haben sie bis um 1860 gestanden.

Es ist bemerkenswert, wie Friedrich Wilhelm I. immer wieder versuchte, die begrenzte Wasserkraft der Berliner Gewässer zu ersetzen. So hatte er sich 1723 durch den »Envoye« (Gesandten) von Meinertzhagen in Haag einen Riß und das hölzerne Modell einer Wind-Walkmühle bestellt, die, gegen den Wind gestellt, akkurat alle Bewegungen einer großen Walke durchzuführen erlaubte. Gegen dieses Projekt meldete der Geheime Rat v. Schindler Bedenken an, weil der benötigte »egale Gang« nicht zu erwarten wäre und z. B. ein starker Wind die Tücher zerstoßen könnte. Darauf antwortete v. Meinertzhagen, daß in den Niederlanden nur Windwalken in Gebrauch seien, letzthin die einzige Wasserwalke, in

Die »Rosenthaler Mühle« um 1800 (Zeichnung von Carl Beek), zwischen Brunnenstr. und Fehrbelliner Str.

Schiedam, auch noch zu einer Kornmühle »aptieret« (hergerichtet) worden sei. Wäre der Wind schwach, so daß die »Mühle nicht force genug hätte, die Stampe gehen zu machen«, so ließe man statt 16 eben nur 8 oder noch weniger gehen. Die anderen könnten arretiert werden. Bei zu starkem Wind würden die Segel gekürzt. Den Tüchern geschähe kein Schaden, weil die »Stamper darunter nicht härter, wohl aber öfter niederfallen als sonsten«. Das hölzerne Modell gelangte wegen seiner Größe auf dem Wassserwege nach Potsdam. Für den Bau der Windwalke in Berlin hatte man den Meisterknecht Peter von der Wiele aus Leyden angeworben. Eine solche Windwalke ließ sich bislang in Berlin nicht nachweisen. [613]

Nachdem Friedrich Wilhelm I. 1735 die Französische Kirche, 1738 die Neue Kirche auf dem Mittelmarkt (der sogenannte Deutsche Dom auf dem Platz der Akademie) mit Ställen für das Regiment Gensdarmes umgeben hatte, wollte er nach dem Vorschlag des Kriegsrates Staffelstein eine steinerne Turmwindmühle mit drei Gängen auf die Mitte des Platzes stellen, »à la Hollandoise |: welche auf dem Marckte der neuen Friedrichs-Stadt stehen könnt :| «. Sie sollte 2 000 Rtlr. Gewinn je Jahr abwerfen. [614]

Schwierig gestaltete sich in diesen Jahren für die Lohgerber die Umstellung von Wasser- auf Windenergie. Um 1750 wurden von den Berliner Gewerken je Jahr durchschnittlich 30 440 Sack Lohe, der Sack zu 3 Scheffeln, 8 Säcke zu 1 Wispel, benötigt. [615] Wegen des Mangels an Lohmühlen mußten die Lohgerber die gestampfte Lohe in Brandenburg, Zehdenick, Fürstenwalde oder Neustadt kaufen. Vieles sprach zugunsten einer Wassermühle, die mit 6 834 Sack Lohe/Jahr eindeutig leistungsfähiger war als jede der drei damals vorhandenen Loh-Windmühlen, auf denen zwischen 2 500 und 4 000 Sack/Jahr erzeugt werden konnten. Hinzu kam, daß jeder der Windmühlenbesitzer den größten Teil der Lohe für den eigenen Bedarf benötigte. [616] Nach Meinung der Schuster und Lohgerber würde bei einer Windmühle die »beste Kraft der Lohe durch den Wind verstäubet werden, so daß 1½ Sack Lohe soviel wie 1 Sack Lohe von der Wasser-Stampfmühle wert sei« [617] und es außerdem »eine bekanndte Sache ist, daß eine Bircken-Borke, da solche viele Schwefel und Salpeter bey sich führet, nicht auf einer Wind=Mühle gemahlen, sondern auf einer Wasser-Mühlen gestampet werden muß« [618] wegen »der besonders hohen Brandgefahr, falls Eisen zwischen die Steine gerät«. [619]

Trotz allen Sträubens der Gewerke erfolgte seit Mitte des 18. Jahrhunderts eine schrittweise Verlagerung der Loheproduktion von den Wasser- auf die Windmühlen. Dabei spielte, abgesehen von der Gefährlichkeit der anscheinend wie Schießpulver wirkenden Birkenlohe, die begrenzte Wasserenergie bei steigendem Lohebedarf die Hauptrolle.

1748 wollten die Lohgerber Caspar Fischer und Stephan Henninger auf eigene Kosten, gegen Erhalt freien Bauholzes und eines freien Platzes, vor dem »Riecksdorffer Thore« am Rollberg eine Windmühle zum Lohestampfen bauen. Ein kleines Häuschen auf dem Rollberg sollte ihnen erblich überlassen werden. [620] Nach W. Schmidt (1960) mußten sie sich die benötigten Parzellen selbst kaufen (Karl-Marx-Straße 34 und 36). [621] 1750 bat der Lohgerber Johann Kaspar Fischer erneut um die Erlaubnis, für 800 Tlr. eine »Windt Loh- und Block-Mühle« am Rixdorfer Damm-Krug erbauen zu dürfen. [622]

1749 kauften sich einige Gerber, unter ihnen Friedrich Peter Damm und die Gebrüder Vall, die zur Lohmühle umgebaute Kornmühle auf dem Schiffbauerdamm. Nach den Brand dieser Mühle 1758 bauten sich noch im gleichen Jahr die Gebrüder Anthoine und Abraham Vall, zusammen mit Paul Claude, eine Loh-Windmühle auf dem Rixdorfer Acker vor dem Schlesischen Tor. Die 10 Rtlr. Canon der Schiffbauerdamm-Mühle sollten auf diese Mühle übergehen (Karl-Marx-Straße 64/74). [623]

1750 beabsichtigte der Kolonist Carl August Rousset eine Wind-Lohmühle zu errichten. Erst nach mehreren Eingaben an Friedrich II. konnte entsprechend der Kabinettsorder vom 18. 2. 1752 der Mühlenbaumeister Müncheberg die Bockwindmühle am Kohlhorstweg, der heutigen Lohmühlenstraße, vor dem Köpenicker Tor aufstellen. Sie stand in der Nähe des Floß- bzw. Landwehrgrabens. [624] 1759 erfolgte auf dem Rixdorfer Territorium (Karl-Marx-Straße 12 und 14) [625] die Anlage einer Lohmühle durch die Lohgerber Johann Fr. Göhring und Johann Jacob Zincke. [626]

WINDMÜHLEN AUF DEN FESTUNGSWERKEN

Bald nach Beginn der Befestigungsarbeiten um die Doppelstadt kam man aufgrund neuer Erkenntnisse in der Befestigungskunst zur Überzeugung, daß Werke im Graben unerläßlich seien, um die Bastionsspitzen durch Kreuzfeuer schützen zu können. So wurden zwischen 1675 und 1700 nördlich von Berlin fünf Ravelins angelegt. Eines von ihnen diente als Brückenkopf zur unmittelbaren Deckung der Toreinfahrt vor dem Spandauer Tor. Auf der westlichen Face (Stirnseite) dieses Ravelins senkte sich der Weg ins Vorland ab. Westlich vom Spandauer Tor befand sich an der Spree das »Ravelin am Unterbär«. Aufgrund der Vergrößerung der Stadt, u. a. durch die Einwanderung der französischen Refugies, fand ein ähnlicher Umbau der Festung auf der cöllnischen Seite nicht mehr statt, denn die entstehenden Vorstädte machten die großen Befestigungsanlagen militärisch praktisch wertlos. Besaßen im 17. Jh. die Bastionen in der Regel je sechs auf Holzbettungen gelagerte Geschütze, die aus Scharten feuern konnten, so war 1714 die Bastion 7, »Daß Bollwerk im Moraß« (Märkisches Museum) nicht mehr armiert. Dort befand sich lediglich ein Blockhaus. Im selben Jahr standen auf der Bastion 12, dem »Uffel'schen Bollwerk« westlich vom Spandauer Tor, noch ein Achtzehnpfünder und fünf Zwölfpfünder; die vier Vierpfünder für das »Spandower-Ravelin« am Unterbär sollen sich nur auf dem Etat befunden haben. Gerade diese hohen, frei stehenden und nicht mehr armierten Festungswerke boten sich zur Aufstellung von Windmühlen an.

1717 finden wir auf dem von Anna Maria Werner gezeichneten »Prospect von Berlin« eine holländische Windmühle auf dem Ravelin am Unterbär angegeben. Es ist der Holländer, den man 1710 vor dem Dorfe Lützow aufgestellt hatte. Die Mühle scheint am 12. 8. 1720 bei der Explosion des Pulverturms am Spandauer Tor zerstört worden zu sein. Auf einem Stich von J. D. Schleuen (spätere Littenstraße mit Blick nach Westen) ist links hinter der eingestürzten Garnisonskirche noch ein Windmühlenflügel sichtbar. Diese holländische Windmühle wurde bis 1724 wieder aufgebaut.

Als am 20. 7. 1720 der Architekt Andrae Terlinde König Friedrich Wilhelm I. den Riß einer in der Stadt Kleve gelegenen Korn-Windmühle beschrieben hatte, wollte letzterer ebenfalls eine Mühle »nach rechter holländischer Manir für 2, 3 oder mehr paar Steinen«. [627] Im Oktober 1723 verlangte der König die Anlegung von zwei Holländern mit je zwei Gängen. Der königliche Schloßbaumeister Böhmen, der Ober-Mühleninspektor Eger und der Mühlenmeister Stecher zu Spandau mußten à part einen Riß mit Kostenan-

Der Holländer (7) auf dem »Ravelin am Unterbär« 1717. Erbaut 1710 vor Lützow bei Charlottenburg (A. M. Werner; Ausschnitt)

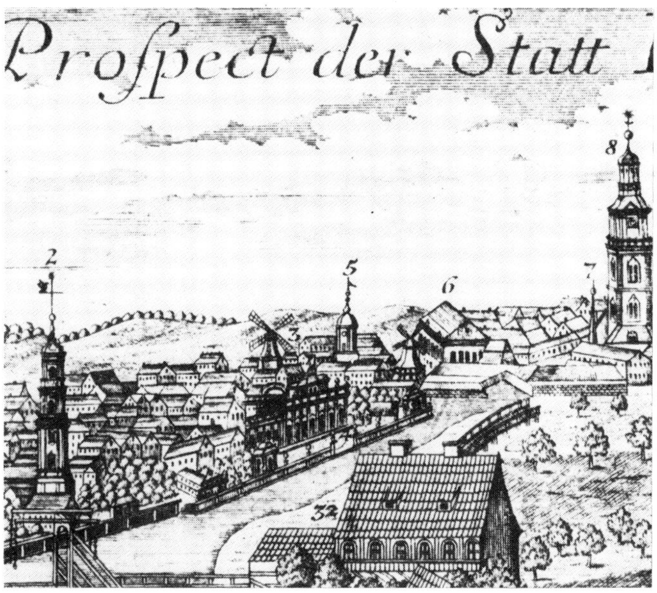

Die holländischen Mühlen (2, 7) vor dem Spandauer Tor 1740 (Tobias Conrad Lotter; Ausschnitt)

schlag vorlegen. Dazu hatte Sieemanns Erbe Wegener Maas (o. ä.) seine Mühle »in und auswendig genau in Augenschein nehmen« zu lassen. Den Bauauftrag erhielt Eger, der als Standort das Ravelin am Spandauer Tor und die Bastion »am sogenandten Holtz Garten« (»am Blockhause«) vorgeschlagen hatte. In einer Spezialorder vom 14. 7. 1724 wurde dem Rentmeister Albrecht befohlen, für den Bau einer jeden Mühle 2 699 Tlr., dazu Holz und Material anzuweisen. Nach dem Vertrag mit Eger vom 8. 10. 1724 hatten die Bauten unter Hinzuziehung des Baudirektors Nuglisch zu erfolgen.

Am 17. 8. 1725 berichtete der Ober-Mühleninspektor Eger, »daß nunmehro die eine Holländische Windt Mühle Vorm Spandauschem Thore fertig und im Stande sey, daß damit Körner gemahlen werden; Es wird der Ober Ambtmann Berendes hiermit befehliget Vor dieselbe einen Maltztubben à Vierscheffel Vorfertigen zu lassen, auch den Mühlen Schreiber Lehmann dahin anzuweisen, daß er das Brandtweinschrott, einzelnes Sichtekorn, und Maltz, welches vor den Thoren herein kommt, nach dieser und der alten Windt Mühle (am Unterbär) verweisen und den Mahlzettel dahin verschreiben soll«. Der genannte Tubben war eine »geeichte Maltzthiene, zur Nachmessung des Maltzes, falls die Visitatores wegen Übermaß Argwohn haben«.

Bis zum 19. 11. 1725 war auch die Mühle auf der Bastion 7 mit dem Müllerhaus fertig. Bei der Abnahme am 18. 12. 1725 konnte testiert werden: »Gebäude und das gehende Werk tüchtig gebauet und angerichtet.« [628] Nach einer Meldung der »Neuen Zeit« vom 18. 5. 1971 fand man im Sommer 1970 bei den ersten Ausgrabungsarbeiten zur Anlage eines Lapidariums hinter dem Märkischen Museum einen »mehr als 250jährigen Überrest einer ehemaligen Festungsanlage«. Der »mittelalterliche Turm« sollte »nach einer bewegten Vergangenheit als Teil der Festungsmauer, als Windmühlenstumpf und als erste Eisdiele Berlins« gedient haben. Gewichtiger und nachhaltiger waren andere Aussagen: H. Hampe und Mitarbeiter (Das Märkische Museum, 1978) bezeichneten den Mauerring als »Rundmauer einer alten Windmühle«, nach 1700 auf einer Bastion der Stadtbefestigung aufgestellt. Diese Deutung wurde 1983 von H. Trost übernommen. [629] Nach F. Rothstein (persönl. Mitt., 1978) sei der lose gemauerte, aus Kalksteinbrocken bestehende, dünnwandige Bau für eine Mahlmühle ungeeignet. Er vermutete ein durch Windkraft betriebenes Hebewerk der alten Festungsanlage, wie solche, seiner Meinung nach, auch auf zwei anderen Ravelins gestanden haben sollen. F. Wendland (1979) sah in dem Mauerring das in eine volle Bastion eingegrabene Fundament eines Wasserhebewerkes. Eine Aufschüttung hielt er für zu teuer (persönl. Mitt., 1980). Es sei »das Fundament einer Holländer-Mühle, die Anfang des 18. Jahrhunderts auf dem Wall gestanden hatte und das sicherlich dem ›chinesischen Lusthaus‹ als Unterbau gedient hat«. Dazu zitierte er Friedrich Nicolai (1779): »ein ovales chinesisches Lusthaus auf einer kleinen, aber mit hohen Bäumen bewachsenen Anhöhe«. [630] Dieses ovale Lusthaus hätte wiederum, so F. Wendland (1979), »wohl einem klassizistischen runden ›Tempel‹ weichen müssen«. [631] H. Mauter, der den Verfasser auf die Anlage aufmerksam gemacht hatte, glaubte ebenfalls an den Stumpf einer »Mühle«, die zur Wasserhaltung innerhalb der Festungsanlage, zum Abpumpen des Grundwassers gedient habe. Zu Schicklers Zeiten sei der Hügel, um die Temperatur tief zu halten, aufgeschüttet und der Bau als Eisgrube oder Eiskeller genutzt worden. Als Beleg wies Mauter auf einen im Märkischen Museum vorhandenen Plan hin.

Gibt es also doch noch einen Rest des Holländers (2) vom Windmühlenberg? Die für uns wichtige Antwort fiel komplexer und interessanter aus, als erwartet wurde.

Um die bei einer damaligen Festung nötigen »Wassermanöver« durchführen, d. h., um durch willkürliches Heben und Senken des Wasserspiegels ein Gefrieren des Wassers verzögern und feindliche Übergangsarbeiten durch Windeis hindern zu können, benötigte man keine durch

A Windmühle 1738 (Plan von Joh. Friedr. Walter; Ausschnitt)

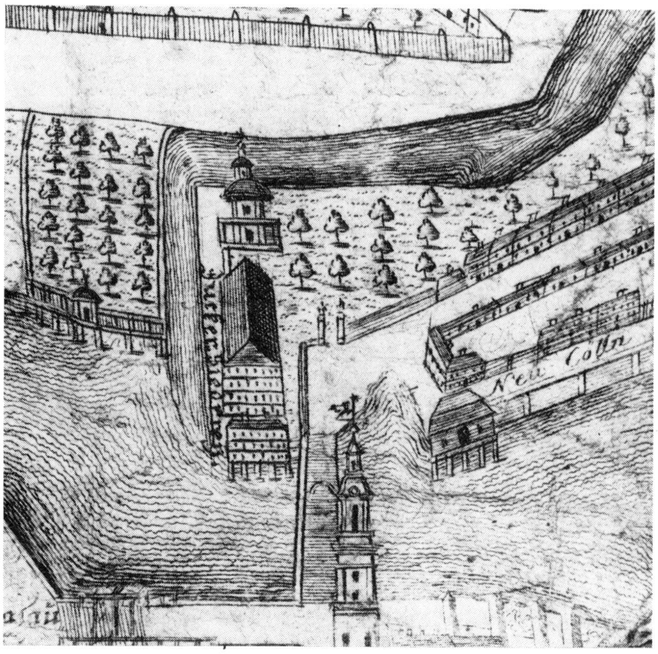

C Pagode um 1766

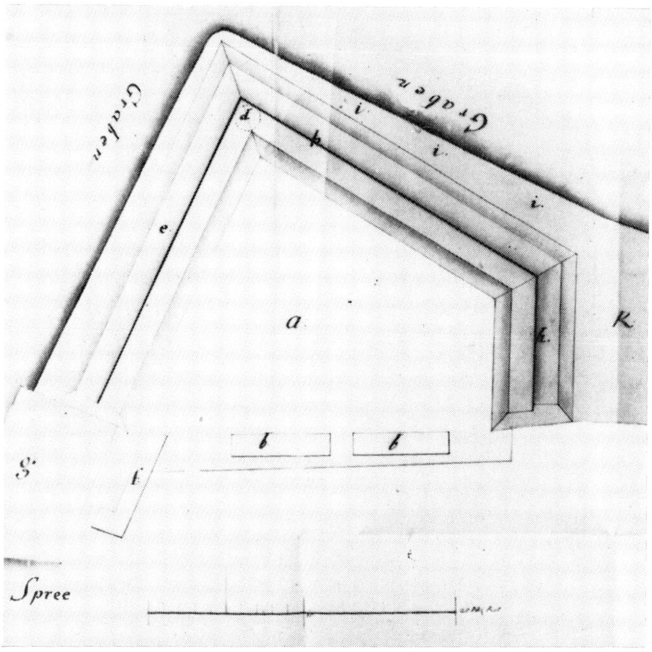

B Wallanlage 1753

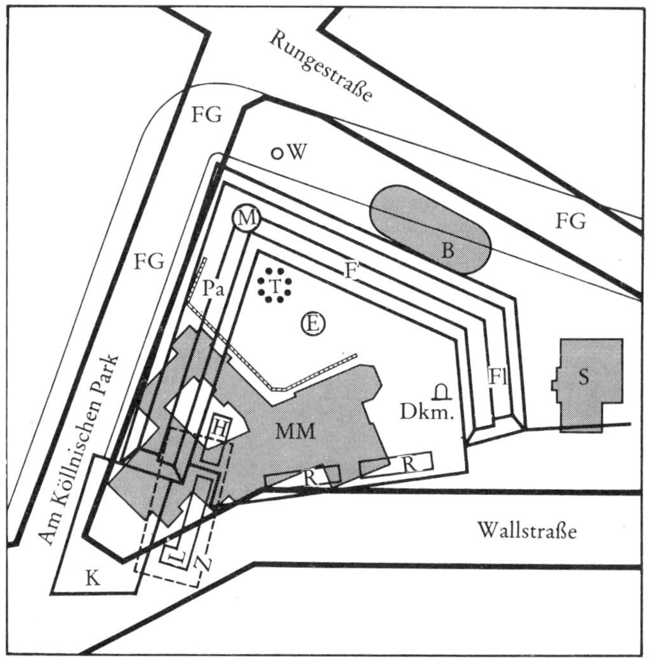

Die Bastion 7 mit Details zwischen 1737 und 1980: MM Märkisches Museum, W Turmaufsatz vom Wusterhausenschen Bären, B Bärenzwinger, S VEB Stadtwirtschaft, FG Festungsgraben, F Face, Fl Flanke, M achteckiger Holländer bis 1748 (Standort: vor dem Herkules m. d. Löwen), H Müllerhaus 1748, R Holzremise 1748, K Kattunbleiche 1748, L Lazarett 1753, Z Zuckersiederei um 1766, Pa Pagode um 1766 (Standort: klassizist. VAse m. d. Bacchantenfries), E Eisgrube 1798, T Tempel 1825 (Standort: Putte m. Schlange), Denkmal Friedrichs II. (»Dem Einzigen«)

Windkraft betriebene Hebewerke. Dafür hatte man Bären (Batardeaus) gebaut. Das waren quer durch den Festungsgraben gemauerte Staudämme, die als Oberbär dicht über der Grabensohle einen kleinen, durch Schützen verschließbaren Kanal besaßen, den sogenannten Grundzapfen. An einem Unterbär, z. B. dem Friedrichsbär am Ende des späteren Zwirngrabens, war zusätzlich ein Überlaufwehr mit Schützen angebracht. Auf jedem Bär stand ein kleiner Turm, in dem sich die Einrichtung zur Bedienung der Schützen befand. Außerdem verhinderte dieser Turm durch seine Breite ein Überqueren des Wallgrabens auf dem Bär. Nicht der »Wuster-

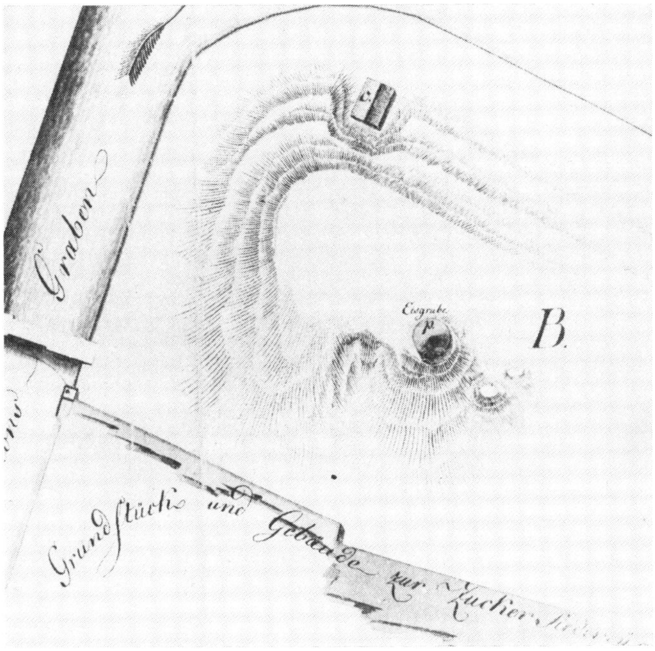

D Eisgrube 1798

E »Wusterhausenscher Bär« und freigelegte Eisgrube 1980

hausensche Bär«, sondern nur sein Turm ist seinerzeit Rungestraße, Ecke Am Köllnischen Park aufgestellt worden.

Obwohl nach dem Profil des sogenannten »Dresdener Planes« das Bodenniveau des Bastionshofs nur 1 bis 2 m über dem damaligen Wasserspiegel der Spree lag, erscheint auch ein Abpumpen von Grundwasser auf der Bastion kaum nötig gewesen zu sein. Allein durch die Anlage der Festungsgräben hatte sich der Wasserspiegel so weit gesenkt, daß sogar ein »Eiland« aus der Spree auftauchte, später als »Insel« bezeichnet, das vom Amt Mühlenhof, dem es unterstand, als Bleichplatz genutzt wurde. Schon 1687 baute man darauf ein Zucht- und Spinnhaus.

Anfang 1700 stand nach E. Fidicin (1843) auf der Bastion 7 ein kurfürstliches Waschhaus, dessen nächste Umgebung »der Holzgarten« hieß. [632] Aus diesem Waschhaus muß, falls man der Angabe folgt, später ein Lazarett hervorgegangen sein. Der 1724 auf dieser Bastion aufgestellte Holländer war ein Achtkantständer aus gemauertem Fachwerk, wie auf zeitgenössischen Stichen zu erkennen ist, mit einem unteren Durchmesser fast doppelt so groß wie der des genannten »Mühlenstumpfes«. Gegen den Rest einer alten Windmühle sprechen auch die zu leichte Bauweise sowie das Fehlen eines Eingangs und der Luken.

1736 schenkte Wilhelm I. dem Grafen Truchseß von Waldburg [633] »die Reviere, so zur Fortifikation gehörig gewesen, längs dem Stadtgraben vom Köpenicker Thore an bis an die Spitze der Bastion, bey der Windmühle am Strahlauer Thore«. [634] Den Wall der Courtine hatte der König auf eigene Kosten abtragen lassen. Truchseß wandelte das ihm überlassene Gelände in einen Garten um. Hier im Garten ist die Gründung einer Freimaurerloge beschlossen worden. Sie erhielt 1740 von Friedrich II., am 14. 8. 1738 in Braunschweig selbst unter die Freimaurer aufgenommen, den Namen »Loge aux trois globes«. 1744 ernannte er, »der Einzige«, diese Loge zur »Königl. Mutterloge zu den drey Weltkugeln«. [635] Zu ihren ersten Mitgliedern gehörte auch der Graf Truchseß.

1748 ging der Garten von den Truchseßschen Erben durch Kauf in den Besitz Splittgerbers über, der ihn seinerseits verschönerte. [636] Nach zwei Situationsplänen aus dem Jahr 1748, ergänzt und »coupiert durch J. D. Kellner ao 53«, stand die holländische Windmühle auf dem Gang des Hauptwalls, direkt oberhalb der Bastionsspitze. Im Bereich des ehemaligen Flankenwalls an der Spree besaß der Kaufmann Simon eine »Cattunbleiche«. Der Wall der östlichen Face gehörte zur Mühle, wurde aber mit Erlaubnis des »Commedanten zum Zeuch trock(n)en« benutzt. Der Wall der südlichen Face war ein Teil des ehemals Truchseßschen Gartens. Der Bastionshof diente als »Königl. Holtz-Platz«. In seiner Mitte findet sich auf den Plänen kein Anhalt für ein Gebäude oder einen Turm. In der Kehle der Bastion stand neben der Kattunbleiche das ehemals »v. Meyering'sche Lazareth, welches das Regiment an den Hoff Bu(ch)drucker (Christian Albrecht) Ga(e)bert verkaufet hat(te)«. Südlich hinter dem Lazarett lag am Wall das »Kleine Müller Haus« (Märkisches Museum). Außerdem befanden sich in der Kehle noch »zwey alte Holtz-Remisen, welche Herr Splittgerber auf seine Kosten gantz neu in den Thiergarten aufbauen müssen«.

Auf einem nur unvollkommen erhaltenen Plan nach 1754, vermutlich ein Nachstich des Plans von Johann Friedrich Walther durch J. E. Gerikken um 1766, ist zwischen (!) der »Zucker Siederey« und der ehemaligen Bastionsspitze ein zweigeschossig gegliederter Bau eingezeichnet. Über seinem Erdgeschoß befindet sich eine Umgangsgalerie um einen zurückgenommenen Baukörper als erstem Obergeschoß, darüber ein Gesims mit einer Laterne. F. Rothstein (persönl. Mitt., 1981) hält es für eine echte Überraschung, daß hier vom Verfasser eine Pagode entdeckt wurde. Er wies auf die 1763 von William Chambers in Kew Gardens (England) gebaute Pagode, u. a. auch auf das 1770/72 von K. Gontard erbaute Drachenhaus in Potsdam hin. Im ausgehenden 18. Jh. war in vielen Gärten eine Pagode, ein chinesischer Pavillon, als Prunkstück zu sehen. Somit haben wir hier das von Friedrich Nicolai erwähnte »chinesische Lusthaus« vor uns. Jedoch kann nach dem angegebenen Plan, weder vom Standort noch von der Größe her, der zudem runde »Mühlenstumpf« diesem ovalen Lusthaus als Fundament gedient haben.

1797 erfolgte der Verkauf der Zuckerraffinerie. [637] 1798 dienten die Gebäude als Tabakmagazin. [638] 1799 entstand im Hauptgebäude das Neue Hospital, Wallstraße 55, eine »Stiftung Sr. Maj. des Königs, zur Aufnahme unverheiratheter, arbeitsunfähiger und hülfloser Personen bestimmt« [639], 380 Patienten, »die durch frühere Immoralität sich dieser Wohltat nicht unwürdig gemacht« hatten. 1820 wurde das Hospital von der Stadt übernommen; ab 1851 Arbeitshaus, seit 1862 Irrenanstalt, mußte es (1899/1908) dem Neubau des Märkischen Museums weichen.

Um 1793 ging der Garten in den Besitz von v. Gräbe über. Auf dem von H. Mauter verwiesenen »Plan von denen, den Erben des Edlen Herrn von Gräbe zugehörige bey der Syrops Gasse belegene zwey Grundstücke«, »Vermessen und gezeichnet von G. Viegola, 1798«, findet sich im Bereich unseres vermeintlichen Mühlenstumpfes eingezeichnet »eine aus massiven Wänden und Gewölbe bestehende Eisgrube, welche im lichten 23 1/2 Fuß hoch oder tief, und 14 1/2 Fuß breit im Durchmesser ist«.

Am 5. 9. 1799 wurde das Grundstück Splittgerbergasse Nr. 3 mit dem Garten, in dem man 60 Jahre zuvor die Gründung der Loge beschlossen hatte, von derselben erworben. Die feierliche Einweihung des völlig neu eingerichteten Logengebäudes fand am 19. 12. 1800 statt. Auf dem »Plan der Grundbesitzung der großen National-Mutter-Loge zu den drei Weltkugeln . . . Allen Brüdern in Liebe gewidmet . . . aufgen. im Juny 1825 durch Kühne, Mitgl. der Loge zu den drei Seraphinen im Orient Berlin«, ist im Bereich des Stumpfes ein als Tempel bezeichneter Bau eingezeichnet. Von diesem Tempel (im Grundriß ähnlich K. Gontards Freundschafts- und Antikentempel, Potsdam-Sanssouci), der in der Mitte auf dem Boden des Bastionhofs und nicht auf einer Anhöhe stand und zusätzlich von den Resten des Walls umgeben war, führte ein breiter Weg zum Logengebäude. 1833/35 verlegte man den »großen Arbeitssaal«, den »Tempel«, in das Obergeschoß des Logengebäudes. 1857 mußte die größere östliche Hälfte des Logengartens wegen Durchlegung der Inselstraße an die Stadtgemeinde verkauft werden. [640]

Erst mit Hilfe der beiden letztgenannten Pläne waren Messungen möglich, um nachzuweisen, daß alle genannten Bauten einen voneinander unabhängigen Standort gehabt hatten.

Unser Holländer (2) selbst war nach den Inventarien ein Achteckständer, bis an die Galerie mit Steinen ausgefacht und von der Galerie bis zur Haube mit hölzernem Spohn bedeckt. Nur die Eichenpfosten, welche die Galerie trugen, waren »mit Steinen untermauert«. Die Fächer hatte man mit Kalk überputzt, alles Holz mit einem teerhaltigen Anstrich versehen. Durch eine gefütterte Tür gelangte man in die Mühle. Zwei Luken, die, wie übrigens alle Fensteröffnungen, mit Läden oder Türen verschlossen werden konnten, spendeten Licht. An der Seite stand der hölzerne Metzkasten mit dem Vorhängeschloß. Treppen verbanden die einzelnen Etagen. Der erste Boden besaß zwei Luken und zwei Fenster, jedes von vier Fach. Hier drehten sich die beiden Mühleisen in den Pfannen, die durch je eine eiserne Hebeschiene eine Änderung der Steinstellung erlaubten. Daneben wurden zwei Beutelkästen betrieben. Über eine weitere Treppe gelangte man auf den zweiten Boden. Auch hier die gleiche Anzahl von Fenstern und Luken. Zwischen ihnen führten vier Türen auf die von einem Geländer umgebene Galerie. An dieser dienten acht eiserne Bolzen mit Ringen zur Befestigung einer Winde. Mit ihrer Hilfe konnte am Sterz die Haube mit dem Rutenzeug gegen den Wind gedreht werden. Für die Ruten waren Segeltücher vorhanden. Um vier Segel neu anzustreichen, hatte man »12 Pfd. rother Bolus und 16 Pfd. weißer Trahn« benötigt. (Man benutzte Bolus auch in den Farben Gelblichweiß bis Braun.) Auf dem Boden betrieb ein liegendes Sternrad an der stehenden (Königs-) Welle zwei Gänge mit je einem

Läufer von 18 Zoll und je einem Bodenstein von 17 Zoll, »zusammen 58 Zoll an Mühlensteinen«. Außerdem befanden sich hier neben dem Zeug zum Aufziehen der Steine (Steintau und zwei Kloben, mit Eisen beschlagen) zwei hölzerne Tubben. Auf dem dritten Boden, vier kleine Fenster mit je acht Scheiben, war an der stehenden Welle ein liegendes Kammrad aufgekeilt und befand sich eine Ziehwelle mit dem Sackträger zum Transport des Mahlgutes zu den einzelnen Böden. Auf dem vierten Boden bzw. in der Haube war das Flügelwerk mit der Presse untergebracht. Die Auffahrt zur Windmühle konnte durch einen 8 Fuß hohen »Gatter-Thorweg« verschlossen werden.

Das Müllerhaus lag im Bastionshof am Wall, etwa 48 × 16 Fuß, ein Stockwerk hoch, mit Ziegeln gedeckt, die Wände mit Steinen ausgefacht. In diesem Haus befanden sich zwei Wohnungen mit je einer Stube und einer Kammer daneben. Jeder Raum besaß zwei Fenster mit je zwei Flügeln und Laden. Zur Wohnung gehörte eine kleine Küche mit einem gemauerten Feuerherd. Während in der »Stube rechter Hand« auf dem üblichen, mit Steinen gepflasterten Fußboden ein schwarzer Kachelofen auf hölzernen Füßen stand, war in der »Stube linker Hand« der Fußboden gedielt, stand der »Ofen von schwarzen Kacheln auf gedrechselten Füßen«. [641]

Ein Rest des alten Holländers ist also nicht mehr vorhanden. Übrig bleibt die »erste Eisdiele Berlins«.

KAPITEL 8

Chroniken der Windmühlen im heutigen Stadtbezirk Prenzlauer Berg

Der wichtigste Windmühlenstandort Berlins war der heutige Stadtbezirk Prenzlauer Berg. [642] Hier befand sich der bekannteste Windmühlenberg, und hier arbeiteten Mitte des vergangenen Jahrhunderts mindestens 30 Windmühlen. Eine selten gute Quellenlage gestattet eine ausführliche Chronik, die die Geschichte der einzelnen Mühlen, ihrer Standorte und Eigentümer einschließlich einiger bedeutender Mühlenbesitzerdynastien umfaßt. Markante Punkte bzw. Einschnitte dieser Entwicklung – das soll hier vorweggenommen werden – sind

– die Aufstellung der ersten »königlichen Windmühlen« 1748
– das Edikt über die Gewerbefreiheit vom 28. 10. 1810
– der Verkauf der königlichen Windmühlen 1826
– das Aufkommen der Dampfmühlen als Konkurrenz ab 1822
– der Ausbau des späteren Stadtbezirks zum Wohnstandort nach 1871 (vgl. Notiz Wedding S. 406)
– die Einstellung des Betriebs der letzten Mühle im Prenzlauer Berg 1968.

Die in Klammern gesetzten Zahlen geben die Numerierung der Mühlen an (vgl. Abb. S. 153).

DIE KÖNIGLICHEN WINDMÜHLEN

Nr. 1 Bockwindmühle/Holländische Windmühle
Standort der Mühle: Grundstück Metzer Straße 16
Standzeit: November 1749 bis 1855, von 1860 bis 1861, als Holländer nach 1861 bis 1872
Besitzer: Königliches Amt Mühlenhof:
Bescheider Christoph Müncheberg, ab 1750
Bescheider Siebicke, ab 1751
Bescheider Neyendanck, ab 1752
Bescheider Joh. Heinrich Martini, 1754
Bescheider Johann Carl Passow, ab 1781
Gutsbesitzer Christian Friedrich Bötzow und Stadtgerichts-Kanzleisekretär Carl Friedrich Gerber, ab 1826
Mühlenmeister Bernhard Leberecht (Lebrecht) und Charlotte Louise, geb. Krüger, 1832
Mühlenmeister Carl Traugott Herrmann, ab 1841
Gutsbesitzer Christian Friedrich Bötzow und Buchhalter Ernst Rudolph Alexander Gerber, ab 1851
Mühlenmeister Christian Friedrich Rothfahn, ab 1853
Mühlenmeister Ferdinand Leopold Rothfahn, ab 1854
Mühlenmeister Johann Gottlieb (Gottlob) Wilhelm Dörfer, ab 1855
Mühlenmeister Johann August Dörfer, 1872

Nr. 2 Holländische Windmühle/ Bockwindmühle
Standort der Mühle: etwa 80 m südlich des Hauses Metzer Straße 15
Standzeit: (von Bastion 7) April 1749 bis nach 1834
als Bockwindmühle 1840 bis 1842/43
Besitzer: Königliches Amt Mühlenhof:
Bescheider Johann Gottlieb Siebicke, ab 1750 (Siebecke, Sibecke, Sivecke; Liebicke, Liebeke)
Bescheider Neyendanck, ab 1752
Bescheider Heinrich Martini, 1754
Bescheider Johann Carl Passow, ab 1781
Gutsbesitzer Christian Friedrich Bötzow und Stadtgerichts-Kanzleisekretär Carl Friedrich Gerber, ab 1826
»Leberecht'sche Eheleute«, 1832
N. N.
Charlotte Louise Leberecht, geb. Krüger, ab 1840

Nr. 3 Holländische Windmühle
Standort der Mühle: etwa 40 m nördlich des Hauses Saarbrücker Straße 2
Standzeit: (vom Spandauer Tor) Oktober 1751 bis 1832
Besitzer: bis nach 1826 s. Nr. 2
Mühlenmeister und Zimmermann Johann August Bergmeier, 1830
Mühlenmeister Bernhard Leberecht, 1832

Nr. 4 Bockwindmühle
Standort der Mühle: zwischen den Häusern Saarbrücker Straße 7 und 8
Standzeit: Oktober 1748 bis 1832
Besitzer: bis nach 1826 s. Nr. 1 (Bescheider Jacob Berlin, ab 1735, bzw. Pächter Mühlenmeister Gottfried Heinrich Schröder, ab 1827)
Mühlenmeister Carl August Leopold Prillwitz, ab 1828

Die Windmühlenstandorte auf der Feldmark (Stadtbezirk Prenzlauer Berg)

Nr. 5 Bockwindmühle
Standort der Mühle: zwischen den Häusern Saarbrücker Straße 8/9 und dem Haus Straßburger Straße 15
Standzeit: Oktober 1748 bis 1867/68
Besitzer: Bis nach 1826 s. Nr. 4
Mühlenmeister Carl August Leopold Prillwitz, ab 1828
Mühlenmeister Johann Christian Preuß, ab 1834
Mühlenmeister Johann Ehrenfried Seibt, ab 1842 (Seipt, Seippt, Seybt, Seypt)
Gutsbesitzer Bötzow, ab 1867

Nr. 6 Bockwindmühle (Privatmühle)
Standort der Mühle: am Haus Straßburger Straße 18
Standzeit: Oktober 1749 bis 1872
Besitzer: Windmüller Johann Friedrich Lehmann, ab 1749
Mühlenmeister Andreas Friedrich Hampe, ab 1784
Louise Hampe, geb. Valet, 1810 (Bescheider Johann Sievert)
»Joh. Friedrich Valet, genannt Hampe«, ab 1816
Mühlenmeister Johann Friedrich Dedlow, ab 1821
(Daedlow, Detloff, Dettloff, Ditloff, Ditlof)
Witwe Dedlow, 1866
Mühlenmeister Carl Dedlow, ab 1866

Nr. 7 Holländische Windmühle
Standort der Mühle: am Haus Metzer Straße 9
Standzeit: (aus Charlottenburg; Kleine Präsidentenstraße 7) September 1749 bis 1844
Besitzer: bis nach 1826 s. Nr. 2
N. N. (Pächter Mühlenmeister Johann Gottlieb Kleinau, ab 1838)
Mühlenmeister Johann Gottlieb Kleinau, ab 1840

Nr. 8 Bockwindmühle
Standort der Mühle: Grundstück Metzer Straße 13, nördlich vor dem Haus
Standzeit: November 1749 bis 1840/41
Besitzer: bis nach 1826 s. Nr. 1 (Bescheider Joh. Lehmann, ab 1761; Bescheider Joh. Heinr. Martini, ab 1763; Pächter Mühlenmeister Gottfried Heinrich Schröder, ab 1827)
Mühlenmeister Carl August Leopold Prillwitz, ab 1828 (Pächter Mühlenmeister Gottfried Heinrich Schröder)
Mühlenmeister Gottfried Heinrich Schröder, ab 1836
und/oder
Mühlenmeister Carl Louis Emil Schröder, 1841

Geschichte
Nachdem zu Beginn des 18. Jh. aus Gründen der Feuersicherheit alle Scheunen aus der Innenstadt entfernt werden mußten und innerhalb der neuen Stadtmauer (Palisaden) zwischen dem Schönhauser und dem Prenzlauer Tor das Scheunenviertel mit sechs Scheunengassen errichtet wurde, ergab sich auch die Notwendigkeit zum Bau einer neuen Mühlenanlage. Die vorhandenen Windmühlen und die Spreemühlen reichten nicht aus, eine Bevölkerung, die sich zwischen 1700 und 1740 fast verdoppelt hatte, zu versorgen.

Wegen des Mangels an Gängen mußten jährlich einige hundert Scheffel Getreide auswärts gemahlen werden. Dies bedeutete außer dem Verlust an Metze und Mahlgeld, das außerhalb zu zahlen war, einen zusätzlichen Fuhrlohn von durchschnittlich 3 Rtlr. für jeden Wispel. [643] Waren im Winter die Flußmühlen eingefroren, mußte man zufrieden sein, wenn das Getreide nur geschrotet wurde. Dann wurde sogar der Mahlzwang für die Berliner Bäcker aufgehoben, und sie durften mahlen lassen, wo sie wollten. [644]

Um diesem Notstand abzuhelfen, befahl Friedrich II. Anfang 1748 den Bau von fünf Windmühlen außerhalb der Stadt in der Nähe des Scheunenviertels, von diesem durch die Stadtmauer getrennt. Es bekamen die königlichen Kriegs- und Domänenräte Dieterich und von Haerlem den Auftrag, am 3. 3. 1748 »die Mahlörter zu judicieren«, d. h. Plätze für die Windmühlen ausfindig zu machen. Sie wurden jedoch durch den stark gefallenen Schnee behindert. Erst »Vermöge gnädigen Befehls des wirkl. Geh. Etats-Krieges-Rath und dirigirenden Ministri Herrn von Boden, Excell., (hatten) Dieterich und von Haerlem am 20. Marty 1748 die Gegend zwischen dem Bernauer und Prentzloer Thor allhier recognisciret und daselbst sonderlich nahe vor dem Prentzloer Thore die beste Gelegenheit zur Placierung der Windmühlen gefunden, davon (sie) sonderlich 4 Örter mit Stangen abgestecket, welche ohngefähr 3 bis 500 Schritt von der Landwehre« entfernt lagen. Das abgesteckte Land für die Mühlen und den Mühlenweg befand sich (südlich der Saarbrücker Straße) fast ganz auf dem Abhang des Barnims und gehörte »1. dem Rathmann Wurst (= Würst), Commissarius von der Königs-Stadt, 2. dem Bürger und Ackersmann Martin Krohn, welcher derer Engelchen Erben aus Spandau ihren Acker, wo die Stange linker Hand des Weges stehet, in Pacht hat, 3. dem Bürger Johann Naucke, auf dessen Acker die mittelste Stange linker Hand des Weges steht, 4. dem Bürger Schröder, 5. dem Schulzen Linemann zu Reinickendorf«.

Abgesehen davon, daß es nicht möglich war, mit allen Besitzern gleichzeitig zu verhandeln, erfolgten viele Einwände, um den Preis für das Land in die Höhe zu treiben: Es sei der beste Boden rings um Berlin, ein gutes Weizenland, das »niemals Brache« liege. Obwohl von den sparsam planenden Beamten nur 36 □R für eine Windmühle gerechnet wurden, glaubten die Ackerbesitzer, daß der ganze sogenannte Weinberg unbrauchbar werde. Die Fuhren würden der Bequemlichkeit halber kürzere Wege als vorgesehen zwischen den Mühlen ausfahren, welche dann durch das Vorbeifahren von zwei Fuhren aneinander, abgesehen vom »Muthwillen« der Mühlenburschen, noch mehr verbreitert würden. Weil wohl acht bis zehn Mühlen hingebaut werden könnten, wäre es besser, gleich den ganzen Fleck zu kaufen.

Die Diskussion beendete am 27. 3. 1748 der König: »Wir befehlen Euch hiermit in Gnaden . . . den Acker beidseits der Stangen abschätzen zu lassen . . . und zwar einzig und allein auf dem Hospital Acker hinter den Engelchen Erben.« Schon am 6. 4. 1748 konnte gemeldet werden, der Kriegsrat Feldmann habe am Ende des Hufenlandes (südlich der Metzer Straße) für acht Windmühlen ein Viereck, 25 Ruten breit, 36 Ruten lang, insgesamt 900 □R, abgesteckt und dazu 97½ □R für den Weg. [645]

Der größte Teil des neuen Mühlengeländes, das einst zu den Weinbergstücken der Berliner Feldmark zählte, gehörte im 18. Jh. als Erbpachtland dem Dorotheenhospital, dessen Stadtgrundstück am Georgenkirchhof bis zur Bernauer Straße (Hans-Beimler-Straße) reichte. Bereits 1718 wurde es von Georg Friedrich Bötzow als Zeitpächter erworben, während sein Sohn Martin am 10. 7. 1773 mit der »Kgl. Preuß. Armendirektion« den Erbpachtvertrag abschloß, in dem es hieß:

»Es überläßt nehmlich das Armen-Directorium Nahmens des Dorotheen-Hospitals und der Armen-Casse an bemeldeten Martin Boetzow die zum hiesigen Armen-Wesen gehörige, alhier auf der Königsstadt in der Bernauer Straße belegene sogenannte Dorotheen-Hospital-Meyerey, bestehend in Hauss, Hof, Garten, Scheunen, und Ställen, wie solche in angehefteten Inventario mit mehreren beschrieben worden, nebst den dazu gehörigen Vier Hufen Landes in dreyen Feldern Vierzehn Wein-Bergs-Stücke. Drey Stücken Cavel-Länder und Sieben Stücken Kleinen Wiesen, so wie er solche bisher in Zeit-Pacht inne gehabt, besessen und genutzet hat nunmehro Trinitatis

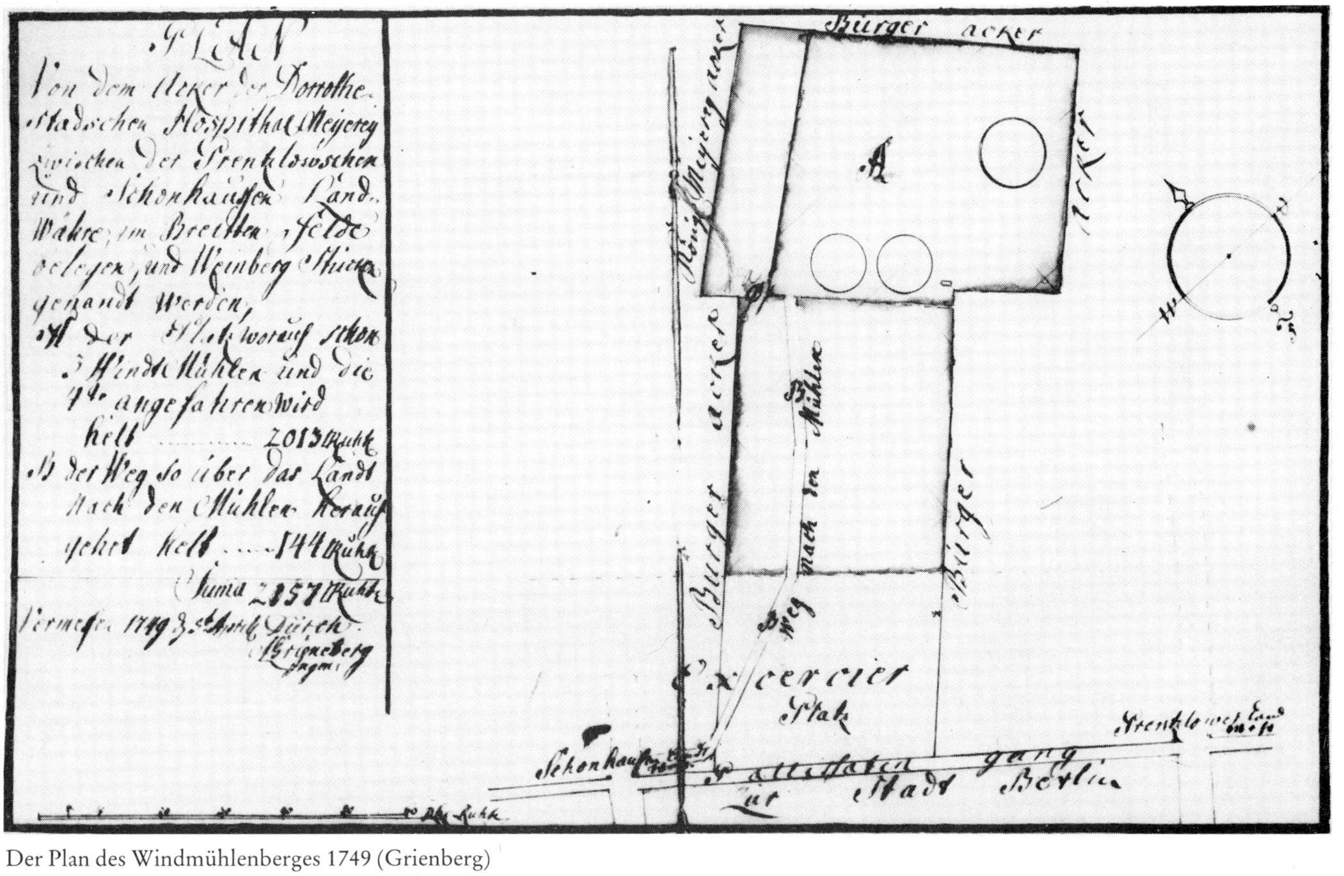

Der Plan des Windmühlenberges 1749 (Grienberg)

a. c. an, da die bisherige Zeit-Pacht ihre Endschaft erreichet für ihn, seine Erben und Erbnehmen in eine beständige unwiederrufliche Erb-Pacht dergestalt daß er und nach ihm seine Erben und Erbnehmen, solche Grund Stücke nach seinen und respectivia ihren Besten Wissen und Gewissen jedoch wirklich nutzen, genüssen und gebrauchen, dieses Recht auch jedoch unter denen unten zu bestimmenden Bedingungen an andre abtreten, veräußern und übertragen mögen und verspricht das Armen-Directorium ihn und dieselben bey dem Besitz und Genuß solcher verpachteter Grund-Stücke nach Maßgabe dieses Erb-Pacht-Contracts gegen jedermanns Ansprüche wie Rechtens zu schützen und solches denenselben zu gewähren.« [646]

Ein kleineres Stück des zum Mühlenaufbau bestimmten Landes gehörte dem Vorwerk am Schönhauser Tor, das vom Zeitpächter Gottfried Voigt bewirtschaftet wurde. Voigt, zu keiner Mühle zwangspflichtig, hatte meist auf der Ruppiner Mühle mahlen lassen. Übrigens waren er, seine Frau, ein Kind von 13 Jahren, sechs Knechte und zwei Mädchen 1749 die einzigen Bewohner des Gebietes vom heutigen Stadtbezirk Prenzlauer Berg.

Nachdem als Taxatoren die Wröhherren Martin Krause und Martin Bachmann und die Schulzen Jacob Krüger, Joachim Rosentreter und Christian Saltmann das Land für die Windmühlen abgeschätzt hatten, erhielt im Ringtausch das Dorotheenhospital, bzw. der Ackerbürger Martin Bötzow, zur Entschädigung 9 Morgen, 58 □R des danebenliegenden Vorwerksackers und ein Stück in der Lehmkute (zwischen den Bunkerbergen im Friedrichshain). Dem Vorwerk wurden 6 Morgen von der Eichelhufe (Remise) im Lichtenbergischen Felde vom Landsbergischen Weg an und etwa 2 Morgen von der Eichelhufe im Mittelfelde zugewiesen.

Der Oberförster von Knobelsdorf, nach seiner Meinung über die »mit Eich-Graß bewachsenen« Remisen befragt, schrieb: »Hierauf habe ich die Ehre in schuldiger Antwort zu vermelden, daß, wenn die königl. Küchen fernerhin, so wie es an jetzo von mir verlanget und mir allergnädigst anbefohlen worden, mit Wildpret versehen werden sollen, ich Ursach habe, eher mehrere Remisen zur Anziehung der Haasen und Rephühner zu formieren, als vorhandene abzugeben.« Die Remisen waren von den Jägern um 1700 zur Aufzucht von Kleinwild angelegt worden.

Im Kontrakt vom 7. 5. 1748 hatte man den Zimmer- und Müllermeister Christoph Müncheberg verpflichtet, bis Michaelis auf Kosten des Königs für 1 000 Tlr. zwei Windmühlen zu errichten. Nach dem Anschlag betrugen für eine Bockmühle die Kosten: Material und Fuhrlohn 163 Tlr., 17 Sgr., 5 Pf.; der Arbeitslohn 369 Tlr., 11 Sgr.

Nach den vorliegenden Inventarien hatte man die (insgesamt vier) Bockwindmühlen einheitlich gebaut und ausgestattet: jede Mühle durchgehend von oben bis unten mit Kiefernholz, an der Windseite aber mit Eichenholz verbunden; die vier Wände mit Kiefernbrettern beschlagen; den Bock (»Creutz samt Ständer«) mit Steinen untermauert; Dach und Giebel mit Tischlerbrettern, die beiden Böden aber mit Spundbrettern belegt; zum Aufgang eine Treppe mit Handlehne; neben dem Eingang die sogenannte Mehltür für den Transport des Mahlgutes; auf dem ersten Boden der übliche Ofen (»Cammien mit einer Blechern Röhre«), ein Beutelkasten nebst Sichtebeutel (à 10 Sgr.), eine Sichtewelle, ein Schrotkasten; das Lichtewerk mit Pfanne für das kleine Mühleisen unterhalb der Haue; eine Preßwinde; eine Treppe führte auf den zweiten Boden: an seiner Außenwand die sogenannte Sacktür, darüber die Sackwinde; weiterhin die große oder Hauptwelle mit Kammrad (»Camp=Radt«) und Presse, zwei Ruten mit 24 Türen; oberhalb des Ganges das Mühleisen mit Klaue, am Mühleisen ein Getriebe mit neun Stecken, »1Rumpf mit Schu und Letter (Rumpfleiter)« mit Stricken und Haken zur Befestigung des Schuhs, ein Rand um die Mühlsteine; am Sterdt eine eiserne Kette, dazu ein Windestuhl mit Schraubenschlüssel; zu jeder Mühle gehörten eine Spitz-, drei Breitpicken (Kraushämmer) und eine Brechstange.

Am 8. 10. 1748 wurde auf den beiden »ordinairen Windmühlen zur Probe . . . nunmehr zu mahlen angefangen«. Bei der technischen Abnahme durch den Bauinspektor Berger konnte bestätigt werden, daß alles »tüchtig, gangbar und dauerhaft« sei. Nur der »Schwanz von beiden Mühlen (wäre) statt aus Eich von Kienen«. Das Müllerhaus (24 × 24 Fuß, 8½ Fuß im Stiel, stehender Dachstuhl mit Ziegeln gedeckt, ausgemauerte Fächer, mit Küche, Kammer, Stube und Flur [647]) hatte der Zimmermeister Johann Richter für 294 Tlr., 14 Sgr., 7 Pf. aufzuführen.

Als ersten Müllerburschen auf diesen Mühlen nahm man am 5. 12. 1748 Joh. Michael Müller auf sein Supplicatum (Bittschrift) hin an. Am 15. 12. 1748 bat Chr. Müncheberg, ihm die Mühlen zu überlassen, da er sie als Erbauer doch am besten kenne.

Der Müller Johann Friedrich Lehmann hatte am 26. 10. 1748 auf sein Ersuchen von Friedrich II. die Erlaubnis erhalten, auf eigene Kosten eine Bockwindmühle (6) auf dem Berg vor dem

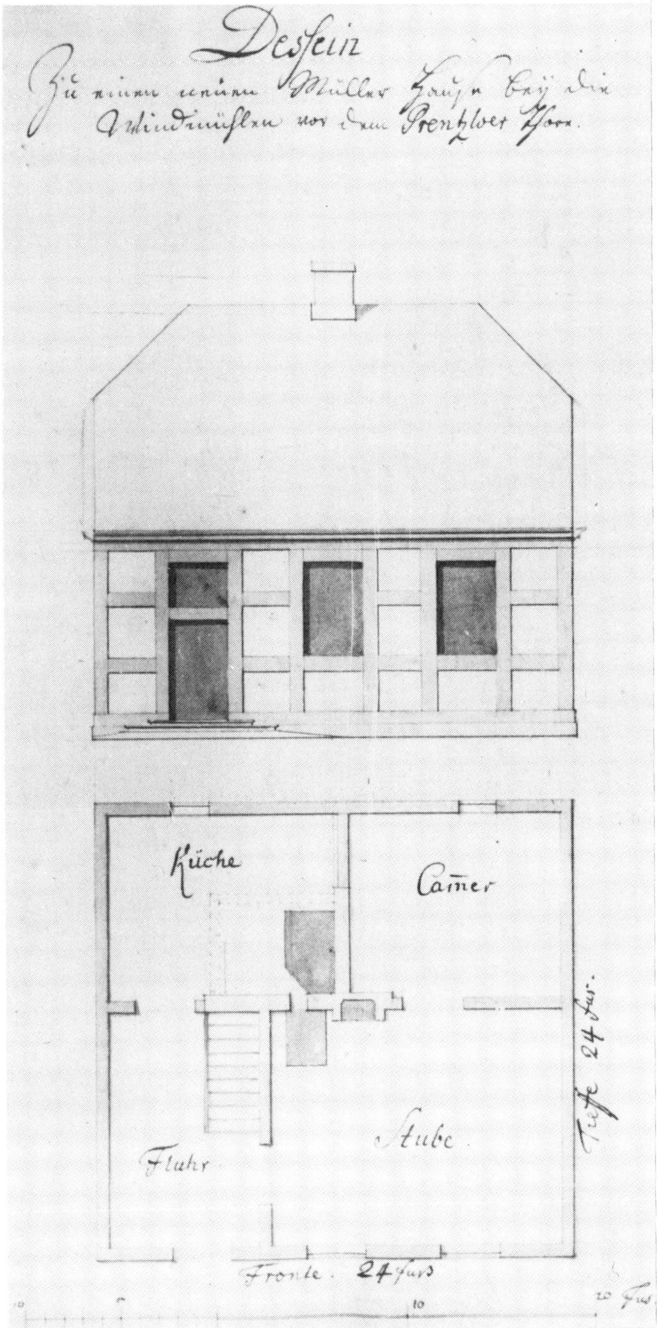

Das Müllerhaus 1748

Prenzlauer Tor zu erbauen. Sie konnte Mitte Oktober 1749 ihre Arbeit aufnehmen.

Anfang November 1748 erklärte sich der Kaufmann und Bankier David Splittgerber Friedrich II. gegenüber bereit, eine Zuckerraffinerie anzulegen, »wenn ihm der Platz dazu am Strahloer Thore hinter seinen jetzigen den ehemaligen Truchseßschen Garthen nebst den Wall zu seiner freyen und erblichen Disposition gäntzlich überlassen würde, wogegen er die Verlegung der auf dem Walle stehenden Windmühle und der kleinen Remisen übernehmen wollte«. Daraufhin schrieb aus Potsdam Friedrich II. am 5. 11. 1748: »Nach dem die Kaufleuthe Splittgerber und Daum auf mein Verlangen entschlossen seyn, bevorstehendes Frühjahr den Bau zu einer Zucker-Siederey anzufangen, die alda stehende Bau fällige Mühle . . . solches verhindert . . . So befehle ich hierdurch, daß . . . obdachte Wind Mühle sogleich von da weggenommen und anderweitig aufgesetzet werden könne.« Und am 17. 11. 1748: ». . . So bin ich gantz geneigt, gedachten Splittgerber sothanen Platz frey und eigenthümlich zu überlassen . . . sofern Splittgerber die Kosten übernehmen will.«

Letztere hatte der Kriegsrat Feldmann berechnet: »Windmühle abbrechen, alles stück vor stück ordentlich auseinander nehmen, zu zeichnen und herunter zu lassen, 75 Rthlr., 142 Fuhren Holz und was sonst an Eisen, Mühlsteine dazugehört, vor dem Prenzloer Thore den Berg hinauffahren . . ., Arbeitslohn zum Aufrichten 501 Rthlr., insgesamt 671 Rthlr. 58 Sgr.« Allerdings hatte Splittgerber diese Mühle vor dem Umsetzen für 292 Rtlr., 5 Sgr. noch völlig überholen müssen. Der König verfügte darauf am 15. 12. 1748 die Abtragung des Walls und die Vorlage der Erbverschreibung zum Vollzug. 1749 begann Splittgerber mit dem Bau der Zuckersiederei in der östlichen Face und Flanke der Bastion. [648] 1750 erfolgte der Abriß des Lazaretts. [649] Die Mühle (2) hatte der Hofzimmermeister Büring zum Mühlenberg gebracht und dort aufgerichtet; im Plan von Grienberg vom 5. 4. 1749 wurde sie als umgesetzt vermerkt.

An Büring ging am 17. 4. 1749 der Befehl, am Schönhauser Tor, zwischen dem Torschreiberhaus und dem Schlagbaum, für 231 Rtlr., 22 Sgr., 1 Pf. eine neue Waageanstalt einzurichten.

Durch Kontrakt vom 24. 4. 1749 wurde Müncheberg verpflichtet, weitere zwei Bockwindmühlen »gleichvorigen« zu bauen. Die Finanzierung dieses Bauvorhabens hatte der König in einem Spezialbefehl vom 30. 5. 1749 geregelt: »Da ihr vor die Panckowsche Mühle an Baugeld 600 Taler und vor die Lichtenbergsche entweder von dem Bruchmüller oder dem Palm 700 Taler erhalten werdet, so habt ihr sofort alle . . . Anstalt zu machen, daß annoch zwey Windmühlen . . . vor dem Herbst fertig sein müßten.« Nach der Legende auf dem »Plan von dem Acker der Dorothestadtschen Hospital Meierey im Breitten Felde belegen und Weinberg Stücke genannt«, durch den Ingenieur Grienberg vermessen, waren am 5. 4. 1749 zwei Bockwindmühlen und ein Holländer fertig aufgestellt; eine vierte Mühle wurde angefahren. In diesem Plan hatte man 2013 □R für die Mühlen und 144 □R für den Weg vorgesehen. [650] Nach Aussage des Ober-Mühleninspektors A. Stecher waren die beiden Münche-

Die Mühlen auf dem Windmühlenberg 1748/51 (Joh. Friederich Probst; Ausschnitt)

bergschen Bockwindmühlen Mitte November 1749 fertig.

Auf der Suche nach einem geeigneten Grundstück zur Anlage einer Kattunbleicherei hatte der Kattunfabrikant David Simon eine Eingabe gemacht. Daraufhin bot ihm 1747 Friedrich II. den Platz vor der Bastion 13 mit dem Graben an. Weil sich aber 10 Fuß tief kein fester Grund fand, lehnte Simon das Geschenk ab. Am 23. 2. 1749 wurde ihm vom »General-Lieutenant« Graf von Hacke und dem Präsidenten Kircheisen »das vor dem Spandauer Thore linker Hand liegende Ravelin« zur Kattunbleiche angewiesen. Auf diesem Ravelin am Unterbär, von der Kammer bisher als Bauhof genutzt, befand sich ein Holländer, in dem der Mühlenbescheider Siebicke arbeitete. Simon erbot sich, die Mühle, »so dem Vernehmen nach wegen ihrer Baufälligkeit abgebrochen werden soll«, nebst zwei kleinen Schauern auf seine Kosten beseitigen zu lassen.

Zwei Tage nach seiner Zusage zur Kostenübernahme des Abbruchs bekam Simon den königlichen Befehl, statt des Abbruchs die Mühle auf den Mühlenberg umsetzen zu lassen. Die Kosten seien, wie beim Splittgerber, auch ihm zumutbar (Schenkungsurkunde vom 24. 5. 1749). [651] Am 26. 9. 1749 war der Aufbau dieses Holländers, den Siebicke transportiert hatte, beendet.

Auf dem Grundstück der Simonschen Bleiche wurde später der Aktienspeicher von Langerhans errichtet. Der Standort des Holländers (7), »nach dem Inventario . . . so ehemalen an der Spree gestanden«, befand sich also in der Kleinen Präsidentenstraße 7 (an der S-Bahn, südwestlich vom Bahnhof Marx-Engels-Platz). Nach einem Bericht im Grundstein des Speichers vom 29. 6. 1836 hatte Simon das Grundstück gegen eines in der Splittgerbergasse eingetauscht, nach der Legende im J.-D.-Krügerschen Plan von 1753 hatte er jedoch die Kattunbleiche auf der Bastion 7 an Splittgerber verkauft.

Am 1. 2. 1749 wurde dem König der Vorschlag unterbreitet, auch die Mühle »rechter Hand vor dem Spandauer Thore« auf den Windmühlenberg umsetzen zu lassen. Doch mißtrauisch, wie er war, wollte Friedrich, der Ausgaben scheute, erst abwarten, welche finanziellen Ergebnisse auf den neuerbauten Windmühlen erzielt würden. Es sollte an dieser Mühle zunächst nur die Galerie repariert werden, damit sie, »solange bis sie außerhalb der Stadt transportieret, . . . gebraucht werden kann«. Neben der Mühle stand ein kleines Müllerhaus (45 × 15 Fuß, mit zwei Stuben, Kammer und Küche). Doch die Argumente, die für eine Umsetzung sprachen, waren überzeugend. Es seien »in den Monaten Oktober, November, December, da die zwei Bockmühlen am Gange gekommen, 150 Winspel Sichte-Korn darauf abgemahlen worden, da im Gegentheil auf alle drei holländischen Windmühlen in einem gantzen Jahre nicht so viel abgemahlen worden ist«. Auf dem Berge habe »dort der Situation halber der Wind mehr Effect«. Man wies darauf hin, daß »in der Stadt auch leichter unversteuertes Getreide abgemahlen werden als wenn solches das Thor einpassieren müsste. . . . über dies könne man den eigenen Thorschreiber zur Mühlenaufsicht am Spandauer Thore cassieren.«

Erst als am 22. 7. 1750 der »Bürger und Schuster Curth willens (war), das Ravelin vor dem Spandauer Thore zu bebauen und die daselbst stehende Windmühle auf eigene Kosten« umsetzen zu lassen, gab Friedrich nach. Den Transport sollte der Bescheider Siebicke durchführen und dabei die Mühle für 575 Rtlr. völlig überholen. Der Schuhmachermeister Curth sei nur mit 133 Rtlr. zu belasten. Am 2. 8. 1751 war die Mühle umgesetzt. Den Standort hatte ihm, im Beisein des Müncheberg, der Ober-Mühleninspektor Stecher angewiesen. Am 27. 10. 1751 konnte Johann Siebicke melden: »Mühle völlig wieder aufgerichtet, so daß auch darauf schon bereits gemahlen worden.« Das Attest bei der Abnahme am 20. 11. 1751 bestätigte es: Die Mühle (3) sei »gangbar und tüchtig angefertigt«. Das Müllerhaus stellte man dem Vorwerk Schöneberg zur Verfügung. Schon im Jahre 1750 wurde unter Abriß des Spandauer Tores mit dem Bau einer Straße über die westliche Ecke des Ravelins zum Hackeschen Markt begonnen, der Rest der Festungsanlage zu Höfen und Gärten verschenkt. [652] (Ehemaliger Standort der Mühle: Dircksenstraße, kurz vor der östlichen Einmündung in die Straße An der Spandauer Brücke.)

Die vier Bockwindmühlen unterstellte der König dem Mühlenbescheider Christoph Müncheberg, die drei Holländer dem Mühlenbescheider Johann Gottlieb Siebicke, nachdem am 28. 2. 1750 beide »gehörig in Eyd und Pflicht genommen und auf das Mühlen-Reglement instruiert worden«. Im April 1745 wird erstmals Joh. Heinrich Martini als Bescheider auf dem königlichen Windmühlenberg erwähnt. [653]

Das Schicksal der Mühlen in den folgenden Jahren liegt bisher noch im dunklen. Es ist z. B. unklar, wann die Mühle (7) vom Spandauer Tor-Ravelin als Bockholländer aufgestellt worden ist. Der Stich von J. G. Rosenberg, »Berlin vom Windmühlenberg aus gesehen, um 1780«, auf dem sich der Holländer (3) im Bau befindet, kann nicht zurückdatiert werden, da Rosenberg als Theatermaler 1767 in Hamburg, 1772 in Braunschweig tätig war, erst 1775 nach längerer Krankheit zurückkehrte und in Berlin als Architekturmaler arbeitete. Es ist bemerkenswert, daß er u. a. den Holländer (7), den uns bekannten Bockholländer, nicht gezeichnet hat.

Folgt man den Angaben der Taxatoren vom 24. 1. 1809, dann muß der Holländer (7), »in dem der untere Theil massiv erbauet und bis jetzt 12 Jahre gestanden hat«, 1796/97 aufgestellt worden sein. Die weiteren Angaben wären dann so zu deuten, daß bei den Mühlen (1) 1796, (2) 1769, (3) 1764, (4) 1796, (5) 1766 der Wiederaufbau nach einem Sturm oder Brand bzw. nach einer Rekonstruktion durchgeführt wurde. Dieses bestätigt eine Notiz, nach der 1796 zwei Windmühlen niedergelegt und unter Verwendung des alten Materials erneut aufgebaut worden sind. Bei der Mühle (8) hatten die Taxatoren betont: »diese Mühle ist durch beständige Reparaturen erhalten«.

In der Regel war seit Oktober 1751 auf dem Windmühlenberg ein Kranz von 8 Windmühlen vorhanden. Zu diesem führte 1795 von der äußeren »Communication« – so hieß der Weg außerhalb der Stadtmauer zwischen dem Schönhauser und dem Prenzlauer Tor – zwischen zwei Scheunen im Verlauf der jetzigen Straßburger Straße ein schmaler Weg, der mit runden Feldsteinen bepflastert war und oben als Hohlweg weiterlief. Er verband in Schleifen die einzelnen Windmühlen. Den nördlichen Abschluß bildete der Verbindungsweg zwischen der Pankower und Prenzlauer Chaussee, der später zur Metzer Straße erweitert wurde. Aus dem alten Müllerhaus (24 × 24 Fuß) wurde ein Stall, ein neues Bescheiderhaus (wann?) östlich der Bockwindmühle (4) errichtet. In letzterem entstand nach Umbauten später das »Würst'sche Etablissement« (Saarbrücker Straße 5 bis 6), in dem dann auch der Mühlenmeister Seibt wohnte. Von diesem Haus führte ein Fußsteig im Verlauf der jetzigen Saarbrücker Straße zur Prenzlauer Chaussee, an dessen Einmündung der Meilenstein »1/4 Meile« stand. [654]

Das Grundstück war 9 Morgen, 112 □R groß. Davon wurden als Acker 4 Morgen, 135,73 □R genutzt, 4 Morgen, 29,9 □R von Passow, 105,83 □R von Hampe. Auf den Garten und den Hof entfielen 111,79 □R, auf Wege und Mühlenflecke 4 Morgen, 44,48 □R (nach L. Gerber, 1817).

Bis 1810 hatte der Mahlzwang, dem die Konsumenten, d. h. die Branntweinbrenner, Bäcker und »Particuliers«, unterworfen waren, die Rentabilität der königlichen Windmühlen gesichert.

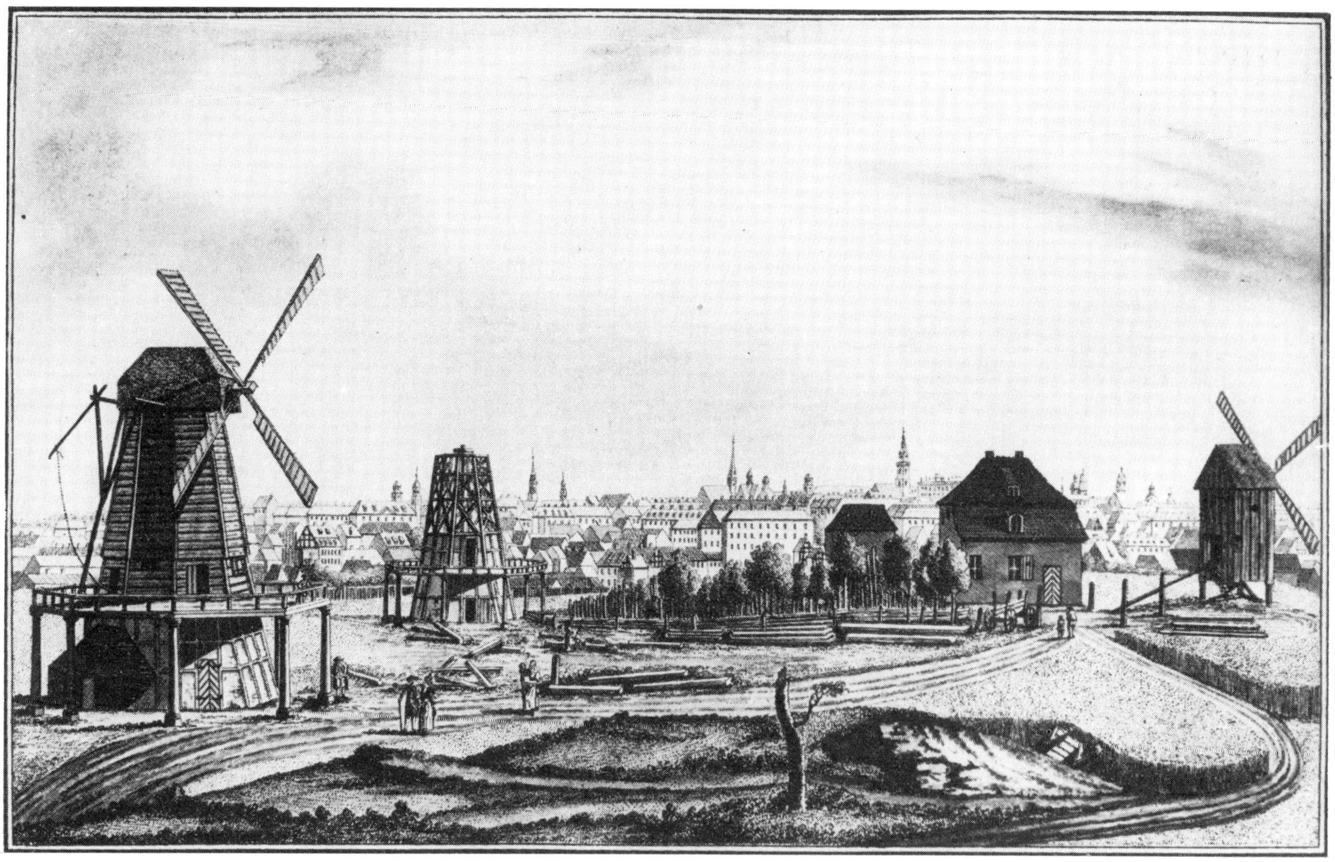

Berlin vom Mühlenberg aus gesehen. Um 1780 (Stich von J. G. Rosenberg)

Der Mühlenberg mit der Aussicht über Berlin . Um 1800 (Aquatinta, anonym)

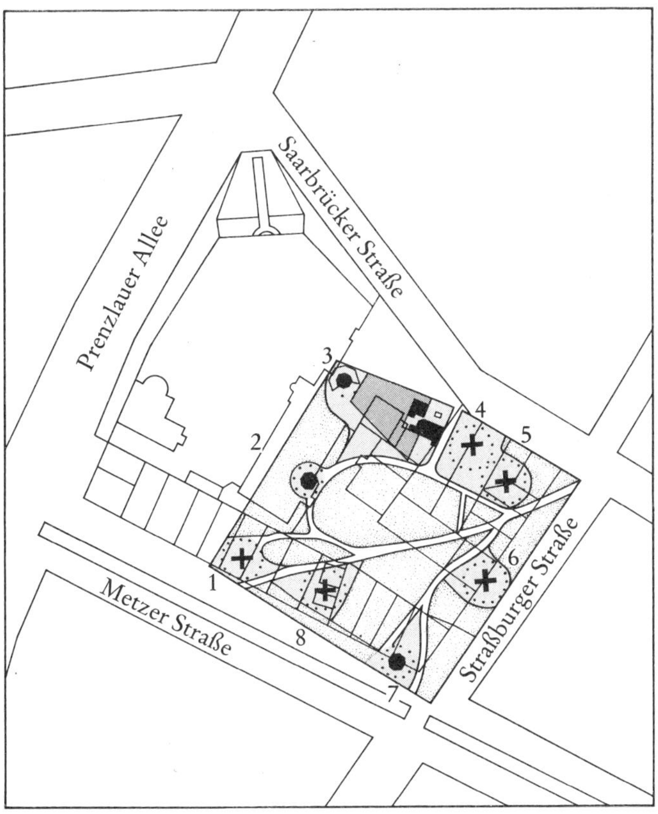

Standorte der königlichen Windmühlen (nach einer Zeichnung von L. Gerber, 1817; übertragen auf einen Plan von 1950)

Als der Mühlenmeister und Bescheider Passow 1809 die Mühlen auf eigene (Teil-) Rechnung übernahm, [655] konnte er somit die berechtigte Hoffnung hegen, nach Normalisierung der Verhältnisse ein gutes Einkommen zu finden.

Diese Erwartung erfüllte sich nicht. 1817 klagte er rückblickend: »Ich habe (deswegen) in den schweren Kriegszeiten alles getragen, was in meinen Kräften stand.« Ab 1806 mußte »ich an Kriegs-Contributionen, Requisition, Laagersteuern, Tischgelder usw., auch was ich durch Plünderung verlohren habe, alles zu Gelde berechnet«, 3 000 Rtlr. zahlen, »wofür ich keine Vergütung erhalten habe«. Er wies dabei auf die »einsame Lage der Mühlen vor der Stadt « hin.

Dem Passow, »seit 40 Jahren Mühlen-Bescheider«, drohte im Alter die Gefahr, das Einkommen zu verlieren. Die Ursache lag bei den Privatmühlen, die mehr als die Hälfte »wohlfeiler« arbeiteten. Privatmüller bekamen außer dem Abmahlgeld die Mahlmetze, abgesehen davon, daß ihre Mühlen leistungsfähiger waren, denn sie standen »besser zu Winde« als die königlichen, »wo immer drei durch die anderen gedeckt« wurden. Es befanden sich 1817 zwischen dem Landsberger und dem Rosentaler Tor bereits elf Privatmühlen, zum Teil Holländer, neun erst seit dem

Jahre 1810 angelegt. (Welche meinte Passow?) Von diesen wollte der Besitzer der Lohmühle (9) vor dem Schönhauser Tor, Joh. Siewert, sogar »seine Mühle in eine Mehlmühle verwandeln und eine weitere zubauen«.

Die Konsumenten wanderten ab. Die Bäcker gingen zu den Wassermühlen, weil dort ihr »Sichte-Korn«, bei gleichem Preis, durch die stetige Wasserkraft regelmäßiger abgemahlen wurde. Härter traf Passow die Abwanderung der Branntweinbrenner, von denen in der Regel jeder täglich 1 Wispel Getreide (etwa 10 Doppelzentner) zur Verarbeitung benötigte, waren doch die Mühlen auf dem Windmühlenberg »ursprünglich zur Abmahlung des Branntweinschrotes erbaut worden«. Die für die königlichen Mühlen behördlich festgelegten »Abmahle-Kosten« lagen »mehr als doppelt so hoch«. Allein der Branntweinbrenner Pistorius sparte durch das Mahlen auf einer Privatmühle jährlich 700 Rtlr.; Passows Einnahmen dagegen fielen »fast auf die Hälfte«.

Die Mühlenadministration ihrerseits hatte von den sieben königlichen Mühlen in den sechs Jahren nach Aufhebung des Mahlzwangs 24 882 Rtlr., 4 Sgr., 6 Pf. weniger eingenommen als in den sechs Jahren zuvor.

Passow stellte 1817 folgende Rechnung nach den vorhandenen Unterlagen über sein Einkommen auf:

Es ergaben »182½ Tage Wind im Jahr bei 7 Mühlen 1 277 Tage Wind, 1 Wispel pro Tag und Mühle = 1 277 Wispel.

Einnahme:
an Tantiemen pro Wispel Roggen 5 Sgr. 4 Pf. =
jährlich 283 Rthlr. 18 Sgr. 8 Pf.
an Abmahlgeld pro Wispel Roggen 1 Rthlr. =
jährlich 1 277 Rthlr.
in Summa 1 560 Rthlr. 18 Sgr. 8 Pf.

Hiervon als Ausgaben:
für Sichtetücher, Talg etc. jährlich im Durchschnitt 300 Rthlr.
für Gesellenlohn, wenn ein Geselle 5 Rthlr. wöchentlich Lohn und Kostgeld erhält auf 52 Wochen 260 Rthlr., auf jeder Mühle einen Gesellen, also für 7 Gesellen 1 820 Rthlr.
in Summa 2 120 Rthlr.

Der Mühlenbescheider würde also jährlich 560 Rthlr. zusetzen müssen.«

Tatsächlich beschäftigte Passow, der seine Leute kaum noch entlohnen konnte, zu dieser Zeit nur zwei Gesellen, weil wegen der Abwanderung der Konsumenten regelmäßig mehrere Mühlen stillstanden. Allerdings waren durch den Personalmangel die Sicherheit und die Unterhaltung der Mühlen nicht mehr gewährleistet, »die Windmühlen folglich bei jedem starken Wind oder Sturm der Gefahr des Umsturzes ausgesetzt . . ., indem (Passow) mit diesen beiden Gesellen und mit Hilfe seines Sohnes bei jeder Veränderung des Windes nur eine nach der anderen gehörig vor den Wind drehen konnte. [656]

Die Entwicklung auf dem Windmühlenberg wurde seit Jahren anhand der sinkenden Einnahmen von der königlichen Mühlen-Administration bzw. dem Amte Mühlenhof (Ober-Mühleninspektor Schwahn, Mühlensekretär Eggert) mit großer Sorge verfolgt. Die Ursachen waren allen nur zu gut bekannt.

Passow wünschte sich, in seiner Situation verständlich, die alten Zeiten vor der Einführung der Gewerbefreiheit zurück. Er schlug vor, den Hebel bei der den königlichen Windmühlen zugeordneten Waageanstalt anzusetzen, um so die Konsumenten zu zwingen, bei den königlichen Mühlen abmahlen zu lassen, und erst, wenn diese ausgelastet wären, dürften Privatmühlen frequentiert werden. Letztere bräuchten zwar nicht abgerissen werden, jedoch sollte man zusätzlich die Bauerlaubnis für neue Privatmühlen beschränken. Am wichtigsten sei eine drastische Senkung der Abmahlkosten auf den königlichen Mühlen.

Als daraufhin die Waageanstalt am Schönhauser Tor begann, die Konsumenten der königlichen Mühlen vorzuziehen, erhob sich ein stürmischer Protest. Die Gewerke der Bäcker und Branntweinbrenner schrieben, daß sie nun 1 bis 2 Tage an der Waage auf dem königlichen Packhof warten müßten. Dadurch würden, abgesehen vom Zeitverlust, sowohl die Gespanne leiden als auch das Getreide von Regen durchnäßt werden können. Auf einer Zusammenkunft der Privatmüller am 21. 1. 1818 in der Brunnenstraße 24 (alte Zählung) beim Mühlenmeister E. Francke betonte beispielsweise der Lohmüller Siewert, »zur Mühlen-Waage am Schönhauser Thor mit der landesherrlichen Zusicherung express angewiesen (zu sein), daß uns niemahlen dabey Beschränkungen gemacht« werden sollten. Die Behinderungen wurden beseitigt.

Um weitere Einbußen für die Staatskasse zu verhüten und Passow »zur Ermunterung«, wies man in den Zeitungen durch eine Bekanntmachung »alle Interessenten« darauf hin, daß die königlichen Mühlen vor dem Schönhauser Tor nebst Branntweinschrot auch Sichtekorn fördern würden.

Als im Hungerjahr 1816/17 die Produktion besonders tief gesunken war, tauchten im August 1817 wieder Gedanken über einen eventuellen

Verkauf der königlichen Windmühlen auf. Rentabilitätsberechnungen wurden durchgeführt, um den Wert der Mühlen zu bestimmen, Gutachten erstellt, ein Plan von der Lage der Mühlen im Herbst 1817 durch den »Conducteur« Dieme angefertigt, auf dem die bekannten vier Haupt- und zwölf Nebenwinde verzeichnet waren. Die Grenzen des Grundstücks selbst waren nur schwer zu bestimmen, weil Passow, dem auch das umliegende Land gehörte, sie umgepflügt hatte.

Es wehte der Wind nach einem Gutachten

	»von der nördl. Halbkugel	zwischen S und O	zwischen S und W
1815	55	76	203 Tage
1816	63	89	182 Tage
1817	49	51	234 Tage«

Im Ergebnis der Gutachten schlug man vor, die Bockwindmühle Nr. 2 (4) abzubrechen. Sie hätte schon vorher bedeutend weniger als die übrigen abgemahlen und würde den anderen besonders stark den Wind wegnehmen. Ihre Kapazität wäre auf die anderen Mühlen zu verteilen. Eventuell könnte man sie später durch einen Holländer ersetzen. Ein Verkauf der Mühlen sei bei der ungünstigen Lage der Standorte und bei deren baulichem Zustand unvorteilhaft. Für den Neubau einer Bockwindmühlenanlage müsse man derzeit nur 3 000 Rtlr. aufwenden: 2 000 Rtlr. für die Mühle, 1 000 Rtlr. für den Boden. Das Verhältnis der Baukosten einer Bockwindmühle zu denen eines Holländers würde 2 : 5 betragen. Außerdem wären neue Mühlen durch einen freien Standort leistungsfähiger.

Als ab 1819 die Mühlen wieder ertragreicher arbeiteten, ließ man die genannten Erwägungen fallen und nahm die Renovierung der Mühlen in Angriff.

Während und nach den Kriegswirren zwischen 1805 und 1815 hatten nur die dringendsten laufenden Reparaturen durchgeführt werden können. Ein- bis zweimal jährlich brach bei fast jeder Mühle eine Rute; die Hauben und Mühlenkörper waren regendurchlässig, die Bretter der Galerien morsch, die Wellen schadhaft oder »desolat« (trostlos). Zur Reparatur der Ruten, »wegen ihrer sehr großen Länge bestehen die Ruthen aus drei Stücken«, wurden Kiefern »im Thiergarten« gefällt. Wellen bezog man »von der Niederlage zu Pichelsdorf bei Spandau«. Alle diese Rechnungen bezahlte die »Mühlen-Gefälle-Casse«. 1820 mußten, nach einem Unfall mit tödlichem Ausgang, an den vier Bockwindmühlen die Treppen über dem Sterz mit einem Geländer versehen werden (Kosten: 58 Rtlr., 15 Sgr., 6 Pf.). 1821 erfolgte endlich die Generalüberholung aller Windmühlen (Kosten: 1 002 Rtlr., 23 Sgr., 1 Pf.).

Als nach der Separation (vgl. Anm. 642) die Windmühlen wie Pilze aus dem Boden schossen, wurde 1823 der endgültige Beschluß zum Verkauf der königlichen Windmühlen gefaßt und eine Bestandsaufnahme durchgeführt. [657]

In der »Beschreibung der hiesigen kgl. Windmühlen und deren Zubehör« und ergänzt nach der »Beschreibung bei der Taxierung sämtlicher kgl. Mühlen in Berlin« vom 24. 1. 1809 wurde aufgeführt (Auszug): Das Grundstück wird »auf der Mitternachtsseite von den sog. Berliner Hufen«, ansonsten vom Boetzowschen Ackerland umschlossen. Das Privatgrundstück, 171 □R, 39 □F, gehört jetzt dem Mühlenmeister Dedlow. Auf dem Gehöft befinden sich das Haus mit der Wohnung des Mühlenbescheiders (40 × 30 Fuß, eine Etage, Mansardendach mit zwei Stuben, drei Kammern und eine Rauchkammer), ein Stall (30 × 11 Fuß), ein früher als Wohnhaus benutztes Stallgebäude (24 × 24 Fuß, eine Etage, Fachwerk), weitere Pferde-, Kuh- und Schweineställe, ein Appartement, außerdem ein 72 Fuß tiefer Brunnen, $D = 4$ Fuß, aus Klinkern gemauert, ein Brunnengehäuse, $D = 6$ Fuß, 8 Fuß hoch, mit Brettern verkleidet.

Die Holländer haben je zwei Gänge, die Bockwindmühlen je einen Gang.

Die holländische Windmühle I (3) besitzt einen »30 Fuß im unteren Durchmesser haltenden achteckigen Unterbau von Fachwerk«, eine 16 Fuß hohe Galerie, 75 Fuß langes Rutenzeug; der Korpus (Mühlenkörper) ist mit Brettern verkleidet, die Haube mit Schindeln bedeckt; unter der Galerie befinden sich zwei Anbauten, die länglich sind und zur Aufbewahrung von Nutz- und Schirrhölzern dienen; ein dritter Anbau, Eigentum des Bescheiders, dient zur Unterbringung von Akkergerät. »Diese Mühle ist jetzt ganz unbrauchbar.« Taxwert 800 Rtlr.

Die holländische Windmühle II (2) ist, »wie I«, ein Achteck, jede Seite 12 Fuß, 2 Zoll lang; bis zur 14½ Fuß breiten Galerie 16 Fuß hoch; sie ist von der Galerie bis zum Stoppbalken 25 Fuß, bis unter die Haube 44 Fuß hoch; mit 72 Fuß langem Rutenzeug; der große Wellbalken 12 Fuß lang, $D = 18$ Zoll, ist aus einem Eichenstamm von 16 Fuß Länge und 2 Fuß im Geviert gearbeitet; die Mühle befindet sich »in ziemlich brauchbarem Zustande«, Taxwert 2 500 Rtlr., bei der Taxierung 1809 »bereits 40 Jahre gestanden«.

Die holländische Windmühle III (7), ein »massiver Bockholländer ohne Galerie«, $D = 32$ Fuß, im Lichten 25 Fuß, hat einen 8 Fuß hohen Unterbau. »Auf dieses massive Corpus ist das hölzerne

Gebäude auf Schwellen gelegt«; in der senkrechten Höhe sind es 26 Fuß bis zum Kranz der Haube (etwa 43 Fuß bis zur Haubenspitze); der Kranz hat $D = 18$ Fuß; das Dach ist mit Span, die Seiten sind mit Brettern verkleidet; das Rutenzeug 83 Fuß lang; der Taxwert 3 000 Rtlr.; bis 1809 »12 Jahre gestanden«.

Außerdem vier Bockwindmühlen, jede 20 Fuß lang, 16 Fuß, 4 Zoll tief, auf Fundamenten von Kalkstein. Als Lager ihrer Rutenwellen diente »Schwartzer Marmor Stein«. Am hinteren Ende jeder Welle befand sich ein »marmornes Zapfenlager«.

Der Bodenwert auf dem Windmühlenberg betrug im Juli 1825 je □R 1 Tlr., 15 Sgr. 1825 zeichnete Schaede einen Plan, in welchem auch das 1748 angekaufte »halbe sog. Weinbergs-Stück« vermerkt war. Im gleichen Jahr ging der Mühlenbescheider Passow in Pension und zog nach Berlin.

Mit der Bekanntmachung vom 26. 9. 1825 durch das »kgl. Rent-Amt Berlin« wurde der Verkauf der Mühlen eingeleitet: »Die sieben königlichen Windmühlen vor dem Schönhauser Thore hierselbst, nämlich die holländische(n) und 4 Bockwindmühlen, nebst Wohnhaus und Wirtschaftsgebäuden und mit dem dazu gehörigen Fundus (ohne Wege) von 8 Morgen 52 QRuthen Inhalt, sollen öffentlich an den Meistbietenden verkauft werden. Der Bietungstermin ist auf den 16ten Dezember d. J. Vormittag 10 Uhr angesetzt und wird an Ort und Stelle in der Bescheider Wohnung auf dem Windmühlenberge abgehalten werden. Die Bedingungen des Verkaufs und die Berechnung des geringsten Kaufpreises können, Sonntags ausgenommen, täglich auf dem Amte Mühlenhoff, Mühlendamm No 32, eingesehen werden.« [658]

Der Grund, warum dieser Termin nicht der endgültige war, ist unklar. Es fand sich nur ein schriftliches Angebot des königlichen Mühlenmeisters Müller von der Mittelmühle über 15 000 Rtlr., das später nicht mehr auftauchte.

ALS PRIVATMÜLLER AUF DEM WINDMÜHLENBERG

Am 24. 4. 1748 bat der Windmüller Johann Friedrich Lehmann um die Erlaubnis zum Bau einer Bockwindmühle ohne gewidmete Mahlgäste, bei freiem Holz. Letzteres hatte lt. Verzeichnis einen Wert von 108 Rtlr., 12 Sgr. Am 26. 10. 1748 bekam er von Friedrich II. die Erlaubnis, »vor der Rosenthaler oder einer anderen Landwehre hierselbst eine Windmühle auf seine Kosten erbauen und darin zugleich eine Grützstampe anlegen zu dürfen«. Als Vergünstigung wurde ihm die »Freiheit« zugestanden, »20 Winspel Roggen jährlich auf dieser Mühle abzumahlen und, ohne Entrichtung der zweiten Metze und Mahlgeld, jedoch gegen Erlegung aller übrigen auf dem Mehlhandel haftenden Imposten (Lasten)« nach Berlin einzubringen. Alle weiteren Einnahmen von gemahlenem Gut hatte er an die Mühlenkasse abzuliefern, wovon ihm »monatlich ein Drittel des Mahlgeldes wieder vergütet werden solle«. [659] Der Taxwert der erbauten Mühle betrug 900 Rtlr. Die Erbverschreibung erfolgte am 31. 3. 1759. Im siebenjährigen Krieg, am 7. 10. 1760, ist diese Mühle »von den Russen angezündet und gäntzlich verbrandt worden, wodurch er (Lehmann; vom 10. 11. 1760) mit einmahl in einen armseligen Zustand geraten sey«. Der gesamte Schaden betrug 1 064 Rtlr., 17 Sgr., 6 Pf. Daraufhin mußte ihm »das kleine Schäferhaus vor der Schönhauser Landwehren miethweise überlassen werden«, »daß bey der Königl. Schäferey vor dem Schönhauser Thor, gantz am Ende befindliche kleine Haus, so seit 2 Jahren gentzlich wüste gestanden«. [660] Den Mehlhandel betrieb Lehmann bis um 1767. Nach Aufgabe der Vergünstigungen zahlte ihm die Mühlenkasse zum Ausgleich jährlich 35 Rtlr.

Als Lehmann hörte, daß der königliche Bescheider Martini sich außerhalb eine Wassermühle für 4 000 Rtlr. gekauft hatte – es handelte sich um die Ragoeser Mahl- und Schneidemühle [661] –, bat er in einer »bey dem königl. General-Directorio eingereichten Vorstellung« vom 24. 1. 1769, ihm »entweder die vor dem Prentzlower Thor belegenen 4 sog. Bock-Mühlen käuflich zu überlassen« oder ihn zum Bescheider der königlichen sieben Windmühlen zu bestellen. Er schrieb: »Mit Sr. M. allergnäd. ertheilter Erlaubnis und Concession habe ich a(nn)o 1748 alhier vor dem Prentzlauer Thore auf meine eigenen Kosten eine Windmühle erbauet, welche 1760 durch die Russische(n) Trouppen bekanntermaßen abgebrandt wurde, so daß (ich) solchemnach genötigt war, sie zum zweiten mahle auf meine Kosten wieder aufzubauen. . . . Nun befinden sich außer der meinigen noch 7 kgl. Mühlen auf dem Platze, da es denn gar öfter geschieht, daß eine Mühle der anderen große Hindernis verursacht.« [662]

Wenn bei entsprechendem Wind seine Mühle stehen mußte, wandten sich die Mahlgäste an den Bescheider Johann Heinrich Martini, »welcher, weil er 7 kgl. Mühlen hat, so viel eher abfertigen kann«. Drehte sich endlich der Wind, so hatte er trotzdem nichts zu tun, weil die Mahlgäste durch Martini schon abgefertigt waren.

Zum Nachweis seiner Qualifikation wies Lehmann auf anscheinend bekannte, von ihm durchgeführte größere Mühlenreparaturen bzw. auf seine eigenen Mühlenbauten hin. »An Metz und Mahlgeld« sollte in Zukunft nichts mehr verlorengehen. Er wollte als Bescheider für die völlige Instandhaltung der Mühlen garantieren. Als Kaution würde er 400 Tlr. stellen »mit seiner eigenen Mühle, worauff er nicht mehr als 350 Thaler schuldig wäre«.

Bei der Bearbeitung der Eingabe stellte man fest, daß Lehmann schon vor zwei Jahren ein Gesuch eingereicht hatte. Nach Ansicht des Ober-Mühleninspektors Siebicke hatte jede der Mühlen, welche »an die 500 Thaler zu erbauen gekostet«, einen Wert von 200 Tlr.; somit war der Kaufpreis bzw. die Kaution mit 800 Tlr. festzusetzen.

Martinis Antwort fiel ziemlich grob aus. Nachdem er schon 16 Jahre »treu und redlich« als Mühlenbescheider tätig gewesen sei, habe er nicht die Absicht, sich zu verändern. Lehmann und sein Sohn würden ihn nur verdrängen wollen. Was den Standort der Lehmannschen Mühle betreffe, so müsse sich dieser die Schuld selbst zuschreiben. Die königlichen Mühlen wären nämlich vor dessen Mühle erbaut worden. Lehmann hätte sich damals den Standort selber ausgesucht, obwohl »der Kriegsrath Feldmann eine andere Gegend dazu ausersehen« hatte. Martini war bereit, die Mühlen unter den gleichen Bedingungen zu übernehmen mit dem Hinweis, daß »er bey der Russischen Invasion die gesambten kgl. Mühlen conserviert, . . . er durch Plünderung einen Schaden von 300 Thalern eingebüßt und erlitten, wofür er aber nichts von Vergüthung bekommen (habe)«.

Am 23. 10. 1769 sollte Martini (gest. 1781) »gegen Bestellung hinlänglicher Sicherheit bey den qu. Mühlen zum beständigen Bescheider angenommen werden« (Ober-Mühleninspektor Siebicke, Mühlenschreiber Wibeke). Die Bestallung erfolgte am 10. 1. 1772 auf Lebenszeit und durfte dann auf seinen Schwiegersohn Joh. Carl Passow übergehen.

Lehmann »als ein alter 83jähriger Mann« bat am 19. 2. 1784 seinen Schwiegersohn, den Mühlenmeister Andreas Friedrich Hampe, an den er die Bockwindmühle für »950 Thaler in jetzigen Courants verkauft und sich den Nutzen bis zu seinem Tode vorbehalten« hatte, »als Adjunctus (Helfer) bey seinen Lebzeiten und nach seinem Tode als Besitzer zu approbieren (bestätigen)«. Ab sofort wurden Hampe die »gewöhnlichen Tantiemen, die er von allem auf seiner Mühle abgemahlenen Brandtwein-Schrodt« zu bekommen hatte, ausgezahlt. Außerdem bestätigte ihm das königliche Amt die von Friedrich II. seinem Schwiegervater gewährte Vergünstigung. Letztere mußte nach Aufhebung des Mahlzwangs vom Amt besonders abgelöst werden.

Um 1810 dürfte der Witwer Andreas Friedrich Hampe die Mitbesitzerin Louise Valet geheiratet haben und kurz darauf gestorben sein. Auf der Mühle der Witwe Hampe arbeitete als Bescheider Johann Sievert, den man am 3. 1. 1811 durch Handschlag auf das neue Mühlenedikt verpflichtete. [663]

Am 3. 3. 1812 bekam die Witwe Hampe eine »wegen Ablösung des reservirten Gemahls geschlossenen Receß« übersandt:

»§ 1 Die kgl. Regierung entbindet die Besitzerin der genannten Mühle . . . von der durch die Concession vom 26. 10. 1748 übernommenen Verbindlichkeit des reservirten Gemahls vom 1. 4. 1812, dergestalt, daß dieselbe von diesem Zeitpunkt an die uneingeschränkte Benutzung ihrer Mühle erhält, . . . die volle Mahlfreiheit.

§ 2 Umgekehrt leistet die p. Valet Verzicht auf Freiholz, so wie auf alle Entschädigung bei Unglücksfällen, wären es auch die allerungewöhnlichsten, in Sonderheit bei Kriegsschäden.

§ 3 Für die Ablösung verspricht die p. Valet 375 Thaler an die Kurmärkische Regierungs-Casse zu zahlen . . . nach dem Münzfuß von 1764.«

Dem Vertrag stimmte als Vormund der Hampeschen Kinder der Mühlenmeister Fielicke zu.

1816 erwarb »Joh. Friedrich Valet, genannt Hampe« das Grundstück für 4 000 Rtlr. Courant (gangbarer Münze), der es für den gleichen Preis 1821, nach dem Kaufvertrag vom 23. 5. 1823, an Johann Friedrich Dedlow weiterverkaufte. [664] 1827 baute sich Dedlow ein kleines Haus in der heutigen Schönhauser Allee 21 (49 × 33 Fuß, eine Etage, mit zweiseichtigem Dach; Consens vom 1. 5. 1827).

Ältester Hinweis (aus dem Jahr 1826) darauf, daß der Windmühlenberg auch der Prenzlauer Berg ist (vgl. Anm. 669, dort S.54)

WINDMÜHLEN IN DER FELDMARK

Zum ausgeschriebenen Versteigerungstermin, am 28. 1. 1826, hatte sich eine Menge Kauflustiger eingefunden, u. a. die Grundbesitzer Büttner, Griebenow und Bötzow. Bemerkenswert war die große Anzahl der Mühlenmeister, die zu dieser außergewöhnlichen Versteigerung erschienen waren, erstaunlich auch die finanziellen Möglichkeiten einzelner; Fielicke beispielsweise erhöhte seine Angebote von 7000 bis auf 14150 Rtlr. Meister Bölke ging bis 14750 und wurde von Griebenow mit 15150 Rtlr. überboten. Den Zuschlag bekam Bötzow zusammen mit seinem Freund Gerber. Für das Grundstück, die Gebäude und das Zubehör, »mit Ausnahme der Jagd und jeder gutsherrlichen Gerechtsame, namentlich der Jurisdiction«, die auf das Stadtgericht übergingen, mußten sie 15175 Tlr. nebst einer jährlichen Grundsteuer von 8 Tlr. zahlen. [665] Dem Vertragsabschluß vom 20. 2. 1826 folgten, nach Eintragung des Besitztitels des Fiskus in das Hypothekenbuch am 11. 4. 1826, die Vertragsbestätigung am 16. 5. 1826 und die Eintragung des Vertrags in das Hypothekenbuch am 9. 12. 1826.

Um Verluste durch Stillstand der Mühlen zu vermeiden, wurden sie von Bötzow zunächst verpachtet. Die Bockwindmühlen (4), (5) und (8) übernahm für die Zeit vom 13. 7. 1827 bis zum 30. 6. 1830 der Kaufmann und Mühlenmeister Gottfried Heinrich Schröder. Durch Vertrag vom 3. 7. 1828 (Consens vom 18. 3. 1830) gingen für 5500 Tlr. diese drei Mühlen, nebst 131 □R, 3 □F Boden, in den Besitz des Mühlenmeisters Carl August Leopold Prillwitz über – für Bötzow ein gutes Geschäft: Er erhielt für die Mühle (5) 2000 Tlr., für die Mühlen (4) und (8) wegen deren ungünstigerer Lage je 1750 Tlr. Courant. Schröder arbeitete in der Mühle (8) zunächst als Pächter weiter.

Den Holländer (3) nebst 14 □R, 100½ □F kaufte der Mühlenmeister und Zimmermann Johann August Bergmeyer (Consens vom 18. 3. 1830), den wir zugleich als Besitzer der Bockwindmühle (23) in der Prenzlauer Allee finden.

Die Bockwindmühle (1) und den Holländer (2) erwarben als »Eheleute« der Mühlenmeister Bernhard Leberecht und seine Frau Charlotte Louise, geb. Krüger (Consens vom 21. 11. 1832). Nach 1830 kam der Holländer (3) dazu. Das Geld scheint aus dem Vermögen der Ehefrau zu stammen.

In den nun folgenden Jahren verschwand eine Mühle nach der anderen, zuerst die Mühlen (3) und (4), sie brannten ab. Meldung vom 6. 11. 1832: »Gestern Abend gegen 7 Uhr brach in der auf dem Windmühlenberge vor dem Prenzlauer Thore belegenem, dem Mühlenmeister Prillwitz, Schönhauser Allee Nr. 6 wohnhaft, gehörige Bockwindmühle Feuer aus, wodurch selbige ganz und gar abbrannte. Über die Entstehung des Feuers, welches in dem mittleren Raum der Mühle zuerst ausgebrochen sein sollte, ist nichts zu ermitteln gewesen, und will der p. Prillwitz die quaest. Mühle schon um 2 Uhr nachmittags verlassen haben und zur Zeit des Feuers im Königstädter Theater gewesen sein, während seine beiden Lehrlinge 1. Joh. Gottlieb Lüdicke, 17 Jahre alt, aus Berlin gebürtig, 2. Wilh. Sterbeck, 15 Jahre alt, aus Berlin gebürtig und 3. sein Geselle, namens Schütze, in der Wohnung ihres Meisters gewesen sind, um angeblich Abendbrod zu essen, . . . (Es betrug der) Feuerversicherungswert 1800 Rthlr. . . . (außerdem waren) 2 Wispel Mehl mitverbrannt. Es kamen die Spritzen Nr. 33, 37 und 36. . . . am Tage (war) Windstille. Die beiden ersten Feuertienen haben die beiden Knechte Voss und Dietrich von der Straßenreinigungsanstalt gefahren, den ersten Leiterwagen der Knecht Haberecht, . . . zur Stelle geschafft, den ersten Utensilienwagen der Knecht Hennig, ebenfalls von der Reinigungsanstalt. Den ersten Feuerlärm haben 1. der Tambour Schrammeck von der 1. Komp. des Kaiser Alex. Gren. Rgt. und die beiden Nachtwächter 2. Pfeiffer, Prenzl. Str. No 50 und 3. Lange, Prenzl. Str. No 3 wohnhaft, gleichzeitig gemacht.« [666]

Kurz nach dem Mühlenbrand gab Prillwitz den Bau einer neuen Mühle in Auftrag. Aus einer Protestation des Mühlenbaumeisters J. Edelmann vom 9. 3. 1833: »Der Mühlenbesitzer H. Bergmeier, hierselbst, vor dem Prenzlauer Thore wohnhaft, hat den Neubau einer Bockwindmühle für den Mühlenmeister H. Prillwitz, vor dem Schönhauser Thor Nr. 6 wohnend, vor einigen Wochen bis zum Aufstellen desselben beendet und liegt dieselbe auf dem Grundstück des Bergemeier.« Prillwitz schrieb am 16. 3. 1833 in seiner Baubitte: »Ich bin nicht gesonnen Mühle am alten Ort aufzubauen: 1. weil Mühlen zu nah aneinander stehen und es wegen Feuer Schaden gefährlich ist. 2. wegen die so große Lebhaftigkeit sind schon mehrere Kinder bedeutend beschädigt. Ich habe mir daher ein Stück Land von dem Amtmann Griebenow erkauft, deren Inhalt 3 Morgen betragen zur Erbauung einer Mühle, wie beiliegende Pläne besagen, an Schönhauser Chassé auf der rechten Seite; ich bitte mir dort zu erlauben, die benannte Mühle, Wohnhaus und Stall zu erbauen. . . . Es ist schwer in der bedrängten Zeit durchzukommen.«

Noch im Bau befand sich am 5. 6. 1833 der Holländer »für den Mühlenbesitzer H. Lebrecht bestimmt und wird von dem H. Bergmeier auf der Brandstelle der alten Mühle des H. Leberecht auf dem Windmühlenberg verbunden«.

Prillwitz hatte sich das Land zur Verlegung seiner Windmühle ohne den Consensus der Feuerversicherung und des Polizeipräsidiums gekauft. Er ging dabei ein für jene Zeit erstaunliches finanzielles Risiko ein. Nach den Bestimmungen der Feuerversicherung konnte der »abgebrannte Besitzer von den Feuerherren« sein Geld nur erhalten, wenn er seine Mühle am alten Standort wieder aufbaute. In seiner Baubitte wies Prillwitz dann auf die Gefahr für die Mühlen durch Feuer und auf die Gefährdung von Kindern durch Mühlen hin. [667]

Beide Gründe allein hätten damals jedoch zur Erlangung des Consensus schwerlich ausgereicht. Daß Prillwitz trotzdem relativ leicht zu seinem Geld kam, ist nur im Rahmen der einst vorhandenen Besitz- und Rechtsverhältnisse auf dem Mühlenberg verständlich, die es darzulegen gilt.

In der Regel betrug auf dem Windmühlenberg der Abstand der Mühlen voneinander 15$^1/_2$ Ruten. Besonders ungünstig lagen die Standorte der Mühlen (4) und (5). Prillwitz' Mühle (5) stand 11$^1/_2$ Ruten vom Bescheiderhaus entfernt, dazwischen, auf einer künstlichen Anhöhe, befand sich seine Mühle (4) mit nur 4$^1/_2$ Ruten Abstand vom Westgiebel.

Bekanntlich hatte die Sparsamkeit des Königs diese enge Aufstellung erzwungen; hinzu kam später die Aufstellung eines neuen Bescheiderhauses. Die Zeiten hatten sich jedoch geändert. Jetzt galt das ergänzte Mühlenedikt vom 28. 10. 1810, das einen Mindestabstand von 10 Ruten zum Nachbargrundstück bzw. zwischen den Mühlenstellen, die von den Windpfählen (den Pfählen zum Drehen der Bockwindmühlen) umgeben waren, vorschrieb. Zusätzlich war der Abstand von den Höhen benachbarter Baulichkeiten abhängig.

Zwischen dem Westgiebel und den Windpfählen des Prillwitzschen Mühlenstücks befand sich ein »Weg«, der vom Prenzlauer Tor zur Schönhauser Allee (Nr. 20) führte. Bötzow hielt den südlichen Teil dieses Weges, die spätere Saarbrücker Straße, für sein Privateigentum, den er zur Demonstration seiner Besitzansprüche jährlich umpflügte, und (wie er schrieb) »nur aus meinem Interesse und der Interesse meines Miethers gestatte ich die Benutzung desselben«. Bötzow bzw. sein Mieter Würst wollten seit Jahren im ehemaligen Bescheiderhaus eine Gastwirtschaft einrichten, wünschten als Voraussetzung dafür die Beseitigung der Mühle (4), den Kauf des dazugehörigen Prillwitzschen Grundstücks und die Verlegung des Weges an die Westgrenze des letzteren.

Außerdem beabsichtigte Bötzow auf dem ihm »zugehörigen, vormals Dahmes'schen und Passow'schen Ackerstück |: Nr. 18–20 der Neubert'-schen Karte de 1773 :| ein Wirtschaftsgehöft« anzulegen. Dieses Grundstück, 2 Morgen 100 □R groß, für ein Wohnhaus (63 × 40 Fuß) mit Brennerei, Stall- und Remisengebäude bestimmt, lag neben dem Exerzierhaus (Prenzlauer Allee 249). Und gerade über dieses kleine Ackerstück verlief das südliche Ende des Fußsteigs. Auch hier wollte Bötzow den Weg einige Meter zur Seite verlegen, gehörte ihm doch das ganze umliegende Land.

Das Rentamt Berlin, zuständig für Straßen und Wege, hielt diesen Weg dagegen (ein Trampelpfad! – d. Verf.) für einen öffentlichen Weg. Die Soldaten des Kaiser-Alexander-Regiments benutzten ihn als »Communicationsweg« vom Exerzierhaus zum Exerzierplatz an der Schönhauser Allee. Nach Aussage des alten Mühlenbescheiders David Wilhelm Franz bei einer amtlichen Vernehmung am 14. 4. 1823 hatte der Weg bereits über 60 Jahre bestanden. Auf der Karte von 1773 war der Weg jedoch nicht eingezeichnet. Nach Aussage des »Reg. Conduct. Mencelius« vom Rentamt hätte er 1822 bei der Separation der Berliner Feldflur die Weinbergstücke nicht vermessen. Wem gehörte der Fußsteig?

Weiter kompliziert wurde die Lage dadurch, daß der Windmühlenberg eben ein alter Weinberg war, für den 1833/34 die Separation zwar vorgesehen, aber noch nicht durchgeführt war. Kein Besitzer konnte frei über sein Ackerstück verfügen. Alte Verpflichtungen waren mit dem Ackerboden verbunden (sog. »Ackerpflichtigkeit«), z. B. die Hütungsgerechtigkeit. Diese stellte einen beträchtlichen Wert dar, abhängig von der Bonität (Güte) der jeweiligen Hufen. Die Inhaber der Hütungsberechtigung hatten bei allen Veränderungen ein Mitspracherecht, z. B. als Schäfereiberechtigte der Magistrat, der Meiereibesitzer Büttner, Alte Schönhauser Straße 4, die »verehelichte Gutsbesitzer Griebenow geborene Zernickow« als Besitzerin der Zernickowschen Meierei, Bernauer Straße 71 (Neue Königstraße, jetzige NO-Ecke der Kreuzung Mollstraße/Hans-Beimler-Straße): »Ich bin mit 1 100 Schaafen zur Hütung auf den Berliner Weinbergstükken berechtigt«, oder der Gutsbesitzer Griebenow von der »Domäne Nieder-Schönhausen« (Schönhauser Allee 186a): »Wir besitzen auf dem Weinbergsstücke das Hütungsrecht mit unseren Schaafen.« Letzterer wollte die Ablösung der Hütungsberechtigung im ganzen von Bötzow erreichen, und zwar durch Landabtretung.

Griebenow hatte als »Grenznachbar an dem Windmühlenberg« ein besonderes Interesse an der »Erhaltung der Wege und Fußsteige über den Windmühlenberg zur Communication zwischen der Prenzlauer und Pankower Chaussee«, allerdings ohne die Absicht, selbst Verpflichtungen zu übernehmen. Er wies darauf hin, daß »auch beim Verkauf der Mühlen und des Ackers, bei welchem ich vor dem Bötzow Meistbietender war, die Bedingung gestellt wurde, daß die Fuß- und Feldwege nicht verändert werden dürften, weshalb ich von dem Ankauf derselben abstand . . .«. Nach § 6 des Kaufvertrags vom 9. 12. 1826 waren »vom Amte die bestehenden Wege als öffentliche Wege *über* den Mühlenberg und nicht bloß als Zugänge *zu* dem Berge vorbehalten«.

Am 29. 9. 1834 bekam Bötzow den Consens zum Bau eines Wohngebäudes (63 × 40 Fuß, zwei Etagen, mit zweiseitigem geradem Dach, »in 4 Ruthen gesetzlicher Entfernung von der Chaussee«; Prenzlauer Allee 248), eines Appartementgebäudes, eines Kuhstalls und eines Quergebäudes mit Remise und Scheune. Das Consensverfahren für die Brennerei (Kessel mit »3 1/2 PS Kraft«) wurde zur Beschleunigung des erstgenannten abgetrennt.

Außerdem fand am 18. 10. 1834 in Anwesenheit aller genannten Einspruchsberechtigten ein Lokaltermin statt. Weitere Teilnehmer waren der »Stadtgerichts Kanzlei-Secretair Carl Friedr. Gerber, welcher gemeinschaftlich mit Christ. Friedr. Boetzow die Mühlengrundstücke auf dem Berge vor dem Prenzlauer Thor von dem fiscus erkauft« hatte (ausgewiesen durch den Hypothekenschein »von der Windmühlenbesitzung vom 9. 12. 1826«), und Vertreter der Aktiengesellschaft zum Bau der Chausseen vor dem Prenzlauer und Schönhauser Tor.

Im Ergebnis dieses Lokaltermins verpflichtete sich das königliche Rentamt Berlin, die Ablösung der Hütungsberechtigung nach dem Menceliusschen Bonitäts-Register durchzuführen. Bötzow mußte den Fußsteig als öffentlichen Weg aner-

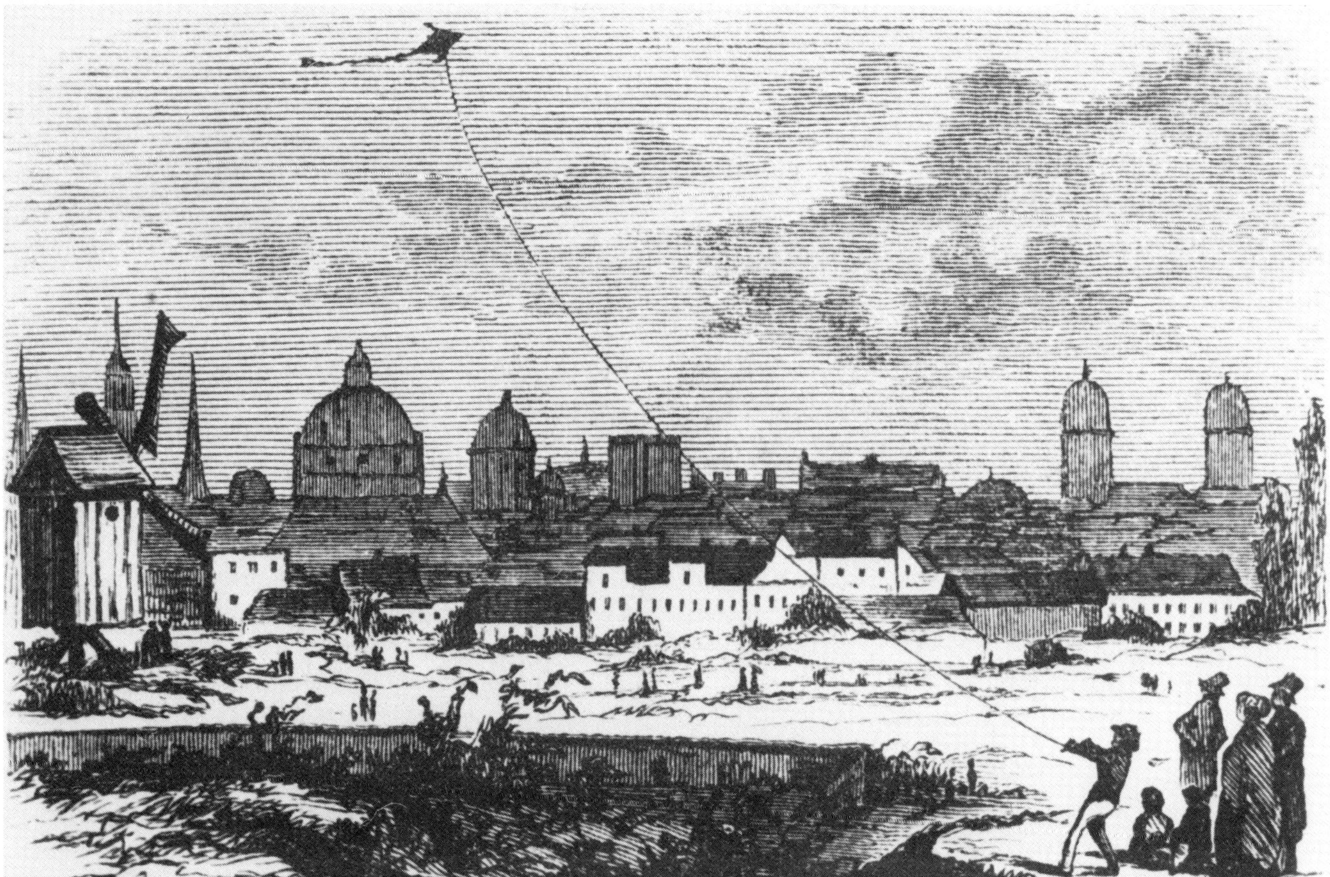

Drachensteigen auf dem Windmühlenberg 1854 (Zeichnung von Ludwig Löffler)

kennen, ihn auf 6 Fuß verbreitern und durfte dafür den Weg nach seinen Wünschen verlegen, das Prillwitzsche Grundstück (4) – später auch das Leberechtsche Grundstück (3) – erwerben und das »Gasthaus auf dem Mühlenberg« eröffnen.

Die Mühlen (3) und (4) durften wegen der zu geringen Entfernung zum ehemaligen Müllerhaus bzw. der Mühle (5) nicht wieder aufgebaut werden, obwohl die Nähe des Müllerhauses seinerzeit nicht als Ursache der Brände angesehen wurde.

»Die in Bewegung befindlichen Mühlen brannten, wenn angeblich der Müller vergessen hatte, frisches Getreide aufzuschütten, durch die zwischen den harten Mühlensteinen entstehenden Funken beim Gehen der Mühle ohne Körner zwischen den Steinen hin und wieder ab. Ich habe vier Mühlen, eine zweimal in Brand gesehen, – gewöhnlich abends zwischen 10 und 11 Uhr, wenn des Müllers Knecht, der Gehilfe, nicht von seinem, noch in der Gaststube sitzenden Meister abgelöst worden war . . . Solche brennenden Mühlen, die sich im Winde drehen, bieten ein großartiges Feuerwerk, welches wir von den Hinterfenstern unserer Wohnung in der Linienstraße über die Stadtmauer hinweg bequem betrachten konnten. Jedesmal, wenn ein Sack Getreide neu in Brand geriet, sprühten, ein glühendes Rad bildend, die brennenden Körner hoch in den dunklen Himmel empor.« (Nach C. L. Zeitler, 1909.)

Die Mühle (8) ging am 24. 3. 1836 in das Eigentum Schröders oder in das seines Sohnes über. Nach dem Brand 1840/41 legte sich sein Sohn Carl Louis Emil in der späteren Greifswalder Straße ein neues Mühlengrundstück (22) zu.

Die Mühle (5) kaufte am 16. 8. 1834 der Mühlenmeister Johann Christian Preuß, am 29. 9. 1842 der Mühlenmeister Johann Ehrenfried Seibt. Preuß zog als Bockwindmüller (19) zur Prenzlauer Allee.

1834 mußte Leberechts Holländer (2), geschätzt auf 3 067 Rtlr., 17 Sgr., schuldenhalber versteigert werden. Sein weiteres Schicksal ist noch unbekannt. Vermutlich brannte er ab. Jedenfalls verkaufte diese Parzelle (2), jetzt ein Kreis von 44 □R, 22 □F Größe, am 3. 10. 1839 Bötzow an die Ehefrau des Mühlenmeisters Leberecht, »wohnhaft Pankower Chaussee am Judenkirchhof«, zum Bau einer Windmühle für 300 Tlr. in Courants. Die auf diesem Grundstück erbaute Bockwindmühle wurde am 21. 11. 1840 »zu 1 650 Thlr. versichert«. Nach einer Notiz vom 25. 4. 1841 hatten die Leberechts zu dulden, daß »das jetzt abgerissene Gebäude auf dem Stammgrundstücke mittels neuen Anbaus mit dem Wohnhause, jedoch nach der Seite der (ehemaligen) holländischen Windmühle Nr. I (3) zu, verbunden werde« und »dort, wo eine abgerissene Mühle (3?) gestanden, ein sog. Lusthaus, 12 Fuß (!) hoch, angelegt werden kann«. Dieses Lusthaus dürfte mit dem u. a. von J. C. Selter (1841) erwähnten »Belvedere« identisch sein. 1842/43 brannte Leberechts Bockwindmühle ab.

Die holländische Windmühle (7) scheint Bötzow nur verpachtet zu haben. Nach der Familiengeschichte Kleinau war seit 1838 der Mühlenmeister Johann Gottlieb Kleinau Pächter dieser Mühle. Letztere brannte am 1. 2. 1844 ab. Weil diese Mühle wegen der zu geringen Entfernung zum neuerbauten Herrmannschen Hause nicht wieder errichtet werden durfte, baute sich Kleinau 1844 eine neue holländische Windmühle (16) (S-Bhf. Prenzlauer Allee).

Nichts war für den Mahlbetrieb auf dem Mühlenberg so hinderlich wie der Windmangel, wurden doch acht Windmühlen und ein Müllerhaus in Abständen von 15 1/2 Ruten (etwa 60 m) auf einer Bodenfläche von knapp 200 m im Durchmesser aufgestellt, so daß eine Windmühle der anderen den Wind wegnahm. Dieser Windmangel im Windschatten ist der eigentliche Grund für die steten Versuche der Mühlenmeister, sich dem Wiederaufbau einer abgebrannten Mühle oder einem Hausneubau zu widersetzen. Auch als der Mühlenmeister Herrmann aus der Schönhauser Allee 181 sich neben seiner Mühle (1) ein Haus bauen wollte, protestierten die anderen Meister und beriefen sich auf alte verbriefte Rechte und Verträge. Schließlich war genügend Wind zum Betrieb der Mühlen die Grundlage ihres Broterwerbs.

Carl Traugott Herrmann hatte sich am 8. 8. 1841 die Mühle (1) und eine alte Mühlenstelle (8) gekauft, um ein Haus mit einem niedrigen Dornschen Dach aufzuführen, und in einer Eingabe (1844) schrieb er:

»Das nur kleine Gebäude wird so placiert werden, daß dessen Mitte von meiner Bockwindmühle 15 1/2 Ruthen und von der massiven holländischen Windmühle des Meisters Kleinod ebenfalls 15 1/2 Ruthen entfernt seyn wird, eine Entfernung, durch welche die Feuersgefahr für die genannten Windmühlen durchaus nicht vergrößert wird, indem das Wohnhaus des Caffetiers Würst von der Bockwindmühle des Meisters Seibt nur 11 1/2 Ruthen entfernt steht und dasselbe dennoch, soviel bekannt, nicht die Ursache der hier stattgefundenen Mühlenbrände gewesen ist.«

Am 3. 5. 1844 erwiderte der Mühlenmeister Dedlow in einem Protest: ». . . Meine auf dem

Würstschen Windmühlenberge belegene Windmühle steht notorisch seit mindestens hundert Jahren und ich befinde mich seit 1821 in deren Besitz und soviel mir bekannt, steht denjenigen Windmühlen, welche vor dem Jahre 1819 erbaut, die Berechtigung zu, den Aufbau von Gebäuden oder Anlegung von Waldungen, resp. Verheegungen in einer solchen Nähe, wie das von dem Mühlenmeister Herrmann auszuführende Gebäude, zu inhibieren, von welchem Rechte ich hierdurch Gebrauch mache. Aber auch abgesehen hiervon, so halte ich mich auch deshalb zur Protestation für berechtigt, weil mir durch das von dem Mühlenmeister Herrmann aufzuführende Grundstück unbedingt von der Süd-Ost Seite der Wind benommen und somit mir der Broderwerb entzogen wird. . . .«

Trotz Dedlows Einspruch erhielt Herrmann sogar die Erlaubnis zum Bau eines »Wohngebäudes mit 2 Etagen, einem flachen Zinkdach, 40 Fuß lang, 34 Fuß tief, im Souterrain eine Bäckerei, eines Stall- und Remisengebäudes, eine Etage hoch, 40 Fuß lang, 15 Fuß tief, mit Bogendache . . .«. Doch mußte der Bau des größeren Hauses seine finanziellen Kräfte erschöpft haben. Wegen der Hypothekenforderungen der »verehelichten Doktor phil. Noth« wurden Mühle und Grundstück gerichtlich abgeschätzt und erstere zum halben Taxwert für 615 Tlr. vom Ackerbürger Christian Friedrich Bötzow, dem Schwiegersohn des Mühlenmeisters Passow, und dem Buchhalter Ernst Rudolph Alexander Gerber am 3. 10. 1851 gekauft und am 20. 9. 1853 an den Mühlenmeister Christoph Friedrich Rothfahn bzw. am 8. 9. 1854 an den Mühlenmeister Ferdinand Leopold Rothfahn weiterverkauft.

Am 5. 2. 1855, morgens 4.16 auf der Feuerwache gemeldet, wurde auch die Bockwindmühle von Ferdinand Leopold Rothfahn (1) ein Opfer der Flammen. Von der Feuerwehr wurde sofort Brandstiftung vermutet und der Mühlenmeister Rothfahn und sein Geselle »zum Isolier-Gewahrsam befördert«, denn nach Angabe des Besitzers sollten sich 4¹/2 Wispel Getreide in der Mühle befunden haben, doch seien im Schutt nur einige Sack Kleie zu erkennen gewesen. Nach der Entlassung aus der Untersuchungshaft, in der Rothfahns Unschuld erwiesen werden konnte, stellte dieser sogleich einen Antrag zur Genehmigung eines Mühlenneubaus.

Die erteilte Genehmigung und das Grundstück verkaufte er jedoch im September 1855 dem

Standrohr und Hochbehälter der Berliner Wasserwerke 1856 (nach einer Zeichnung von Th. Dethmers)

Mühlenmeister Johann Gottlieb Wilhelm Dörfer, der einen Holländer errichten wollte (20 Fuß bis zur Galerie, 70 Fuß Höhe, zwei Mahlgänge, mit 86 Fuß langen Ruten und »zum selbst vor Wind ziehen«; entworfen vom Mühlenbauer A. Leinweber).

Schärfste Proteste von Seibt, Dedlow und Bötzow (letzterer wollte sich das Recht nehmen, neben der Mühle Häuser von beliebiger Höhe aufzuführen) veranlaßten laut Protokoll Dörfer, sich mit dem Bau einer Bockwindmühle zu begnügen. Die Mühle wurde Ende der 50er Jahre aufgerichtet und nach 1861 durch den geplanten Holländer (1) ersetzt. Bis 1872 ist Dörfers Holländer in allen Situationsplänen eingezeichnet, auf dem Meßtischblatt vom Jahre 1872 mit der Höhenangabe 172 Fuß versehen.

Johann Gottlieb Wilhelm Dörfer hatte nach 1849 in der Schönhauser Allee 168 einen zur Wohnung umgebauten Stall des Mühlenmeisters Friedrich Boelke gemietet. Da er die behördliche Erlaubnis für den Mehlverkauf besaß, richtete er sich in dem Häuschen einen Laden ein. 1861 stellte der »Mühlenbesitzer« den Bauantrag für das noch heute vorhandene Vorderhaus und einen Seitenflügel. 1862 ging das kleine Wohnhaus mit einem Teil des Grundstücks (Schönhauser Allee 167c) in seinen Besitz über. Den Weg vor seinem Haus zum Chausseegraben verbesserte er durch Mühlsteinabgänge.

1863 und 1865 war Dörfer der III. Stellvertreter der drei Altmeister der Innung, 1864 und 1866 lt. Statut II. Stellvertreter. (Der III. Stellvertreter wurde jährlich neu gewählt.)

1865 übernahm der Bäckermeister Heinrich Gregor, wohnhaft in Steglitz in der Rabeschen Windmühle, den genannten Seitenflügel und legte darin eine Bäckerei an.

Am 13. 9. 1865 erwarb Dörfer in Britz das jetzige Grundstück Buckower Damm 130,132,134 und baute (nach W. Schmidt, 1960) »eine holländische Windmühle, die sich als einzige der 6 Britzer Mühlen bis heute erhalten hat. . . . mit großer Wahrscheinlichkeit ist sie . . . schon 1865, spätestens 1866 gebaut worden. Am 17. 10. 1874 überließ Dörfer das Mühlengrundstück dem Mühlenmeister Karl Albert August Stechan für 1 900 Taler . . .«

Dörfer scheint »ein sehr wanderlustiger Müller« gewesen zu sein. Wir finden ihn 1876 in Sägemühle bei Deutsch-Krone, 1877 in Berlin, Lausitzer Platz 3, 1878 in Neumühle bei Friedeberg, 1879 (lt. Innungsakten II. Stellvertreter der Altmeister) in Berlin, Friedenau, Rheinstraße 40, und 1882 (lt. Mitgliederverzeichnis der Kreis-Müller-Innung) in Torgau.

Seibtsche Mühle (5) und Würsts Lokal um 1865

Nach W. Schmidt dürfte er auch derjenige Mühlenmeister Dörfer gewesen sein, der 1860 die »Absicht hatte, auf der Feldmark Alt-Steglitz eine Bockwindmühle mit 2 Mahlgängen zu erbauen« (Teltower Kreisblatt 1860, Nr. 203, S. 59). Es könnte sich bei dieser Mühle um die als Interimslösung aufgestellte Bockwindmühle (1) handeln, deren Verbleib nach 1861 unbekannt ist.

Um 1872 ging der Besitz in der Schönhauser Allee 167c auf Dörfers Sohn, den Mühlenmeister Johann August Dörfer, über. Am 26. 2. 1872 verkaufte dieser das Grundstück (1) auf dem Windmühlenberg »ohne Räumlichkeiten« an den Kaufmann und Gutsbesitzer Dom. 1875 wurde an dieser Stelle das Haus Metzer Straße 16 errichtet.

Die Seibtsche (5) und die Dedlowsche (6) Mühle sind zusammen mit dem bekannten Würstschen Lokal (vgl. die folgenden Seiten) auf einer photographischen Aufnahme zu sehen, die 1865 vom Turm des Bötzowschen Ausschanklokals in der Saarbrücker Straße gemacht worden ist.

Seibt mußte seine Mühle (5) 1867/68 schuldenhalber nach einer Versteigerung (Taxwert 670 Tlr., 8 Sgr., 4 Pf.) Bötzow übergeben. Am 28. 2. 1872 verkaufte Carl Dedlow sein Grundstück (6) an die Boden-Credit-Gesellschaft Königsstadt; schon am 20. 3. 1872 ist die Aktienbrauerei Königsstadt neuer Besitzer.

Schönhauser Allee und Würsts Lokal 1865

Nach Behrendt und Malbranc (1928) sollen diese beiden Windmühlen als letzte Mühlen im Jahre 1865 abgebrannt sein. Ihrem übernommenen sogenannten Augenzeugenbericht steht jedoch der Rapport der Feuerwehr über das erst am 8. 7. 1872, abends 21.19, gemeldete Feuer auf dem Windmühlenberg entgegen: »Die Dedlow'sche Windmühle brannte herunter. Löschung durch direkten Angriff mit zwei Spritzen. Entstehungsursache nicht ermittelt.«

Nachdem, wie eingangs des Kapitels beschrieben, Christian Friedrich Bötzow im Frühjahr 1826 die »Königl. Windmühlen auf dem Prenzlauer Berg« erworben hatte, ließ er dort in dem ehemaligen Bescheiderhaus zwei Dachwohnungen einrichten. Als er am 26. 8. 1826 die »gehorsamste Bitte« an das königliche Polizeipräsidium richtete, in diesem Haus »ein Caffeehaus rücksichtlich der schönen Aussicht wegen zu arrangieren«, wurde ihm das nicht gestattet, »da dieses Haus in einem engen Umkreis von 8 Windmühlen begrenzt wird und es daher feuergefährlich scheint, ein Kaffeehaus, welches binnen Kürze in eine gewöhnliche Tabagie auszuarten pflegt, dort stattfinden zu lassen«. Auch eine Resolution beim Innenministerium hatte keinen Erfolg.

1835 übernahm der 28jährige Theodor Würst das Grundstück. Da Würst eine interessante Persönlichkeit in der Geschichte des Prenzlauer Bergs im vorigen Jahrhundert gewesen ist, soll über ihn etwas ausführlicher berichtet werden. Er war 1807 im schon genannten Bescheiderhaus geboren worden. Dieses stand zwischen den Mühlen (3) und (4), war 40 Fuß breit, 32 Fuß tief und hatte eine massive Etage. Es besaß nach Norden einen Eingang und zwei Fenster, nach Süden einen weiteren Eingang und vier Fenster. Im Inneren befanden sich zwei Wohnungen, bestehend aus je 1 1/2 Stuben und Küche. In einer handschriftlichen Widmung an seinen Sohn Gustav bezeichnete der spätere Cafetier dieses Haus als sein »Geburts- und Vaterhaus bis Ende Juni 1866«. Als sechsjähriger erlebte Würst von seinem Vaterhaus aus große Geschichte: den Kampf zwischen Franzosen und Kosaken um Berlin 1813. [668]

Nach dem Kauf des genannten Grundstücks stellte Würst dort mit polizeilicher Erlaubnis ein Karussell, eine Schaukel und im nächsten Jahr eine Kegelbahn auf. Das Restaurant entwickelte sich rasch zu einem bekannten und beliebten Ausflugslokal. Eine erste Beschreibung des Etablissements findet sich in den Gerichtsakten von 1837 über einen Unfall mit tödlichem Ausgang. Der »Schlächter Eduard Barschel unternahm am 25. Juli in Begleitung einiger Freunde abends 8 Uhr einen Spaziergang vor das Prenzlauer Tor, um den Zurückgang des Publikums von Pankow, welches dort an diesem Tage zu dem sog. Fliegenfeste anwesend war, mitanzusehen.« Um ihren Durst zu stillen, kehrten sie bei Würst ein. Barschel, der einen Streifzug durch den nachtdunklen Garten machte, fiel in eine Glasgrube, verletzte sich und wurde in die Charité gebracht. Statt dort zu bleiben, ließ er sich in Friedrichsfelde von einem Schäfer behandeln. Ein hinzugekommener Brand führte zum Tode.

Die Beschreibung des Restaurants stammt aus dem Protokoll der diesem Ereignis folgenden Lokalbesichtigung. Sie soll in aller Ausführlichkeit zitiert werden, da sie uns eine genaue Beschreibung eines um 1840 beliebten Ausflugslokals gibt:

»Das Etablissement des Caffetier Würst ist von allen Seiten mit einem Lattenzaun umschlossen; innerhalb desselben sind wieder verschiedene Räume durch dergleichen Zäune abgeteilt. Der Haupteingang befindet sich an der vorderen (= südl.) Seite des Etablissements und ist in der anliegenden Handzeichnung durch den Buchstaben *A* angedeutet. Hat man diesen Eingang passiert, so kommt man auf den Platz *B*, welches der eigentliche Aufenthalt der Gäste zu sein scheint. Er ist mit Bäumen, Lauben und Sträuchern besetzt, auch befindet sich rechts neben dem Gasthause die Kegelbahn. . . . Der Teil *C* des Würst'schen Etablissements, welcher links vom Haupteingange liegt, ist ebenfalls mit Bäumen, Blumen und Sträuchern bepflanzt, von Gängen durchkreuzt und zur Promenade eingerichtet. In der Mitte dieses Gartenteiles befindet sich eine hohe Stange *a* (mit ›leuchtenden Ballons‹), welche nach Angabe des Würst's bei festlichen Gelegenheiten zur Illumination benutzt wird und dadurch die ganze Umgebung hell erleuchtet. Im hintersten Teil fanden die Unterzeichneten zwei Glasgruben *b, c* im Gebüsch. In diesem Teil des Gartens ist kein Ausgang, und um das Etablissement nach hinten hinaus zu verlassen, muß man eine Tür *D* unmittelbar neben dem Gasthaus passieren. Man gelangt so wiederum in eine andere Abteilung *E*, in welcher sich das Karussell und eine Schaukel

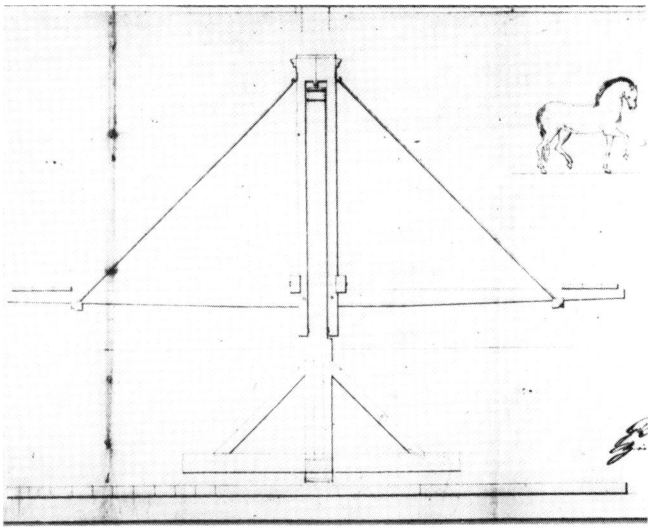

Das Karussell in Würsts Garten 1835

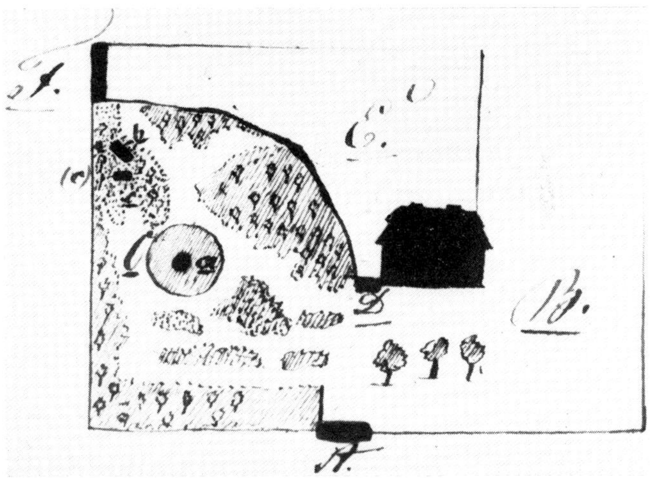

Würsts Etablissement 1837

befinden. Von hier gelangt man durch eine Tür *F* ins Freie.« Zwischen *a* und der Abteilung *E* befanden sich am Zaun entlang Lauben. [669]

Die Ausführungen über das Würstsche Ausflugslokal auf dem damaligen Mühlenstandort sind auch deshalb interessant, weil Theodor Fontane in seinem Buch »Vor dem Sturm. Roman aus dem Winter 1812 und 13« einen »Wieseckeschen Saal auf dem Windmühlenberge« beschreibt, in dem »wohl an hundert Stammgäste mit ihren Frauen und Kindern versammelt (waren). Alles war wieder an seinem alten Platz, und auf derselben Stelle, wo sich vor kaum vierundzwanzig Stunden die Paare gedreht hatten, standen jetzt, als ob der Ball nie stattgefunden hätte, die grüngestrichenen, etwas wackligen Tische mit den vier Stühlen drum herum; und zwischen den Stühlen und Tischen, hin und her und auf und ab, preßte sich eine Schar von Verkäufern, die hier seit vielen Jahren heimisch und fast ein zugehöri-

Der Meilenstein (Aquarell von Ludwig Löffler), Ecke Prenzlauer Allee und Saarbrücker Str.

ger Teil des Lokals geworden waren: alte Mütterchen mit Schaumkringeln und Zimmetbrezeln, primitive Tabulettkrämer, in deren vorgebundenen Kästchen Stahl und Schwamm, Schwefelfäden und blaue Glasperlen zum Verkaufe lagen, endlich Stelzfüße, die neben beiden Berliner Zeitungen allerhand Flugblätter feilboten. . . . An einem dieser Tische, der schon halb unter der Musikempore stand, saßen vier Berliner Bürger . . . Es waren Nachbarn aus der Prenzlauer Straße.« Beim Heimweg hielten sich diese Bürger »auf dem ziemlich breiten Fußwege, den die zahlreichen Gäste des Wieseckeschen Lokals nach dem Prenzlauer Tor hin in dem dichtliegenden Schnee gestapft hatten. . . . Vor ihnen lag die Stadt mit ihren tausend Lichtern, bis endlich ein Hohlweg, der vom Plateau aus nach dem Tor hinunterführte, ihnen den Anblick der Lichter entzog.«

Der Beschreibung nach handelt es sich mit Sicherheit um unseren Windmühlenberg. Der »ziemlich breite Fußweg«, der in einen »Hohlweg« mündete, ist die jetzige Saarbrücker Straße bzw. die Prenzlauer Allee.

Fontane schildert hier präzise das Milieu – allerdings nicht aus der Zeit von 1812/13, sondern um 1840. Einen solch großen Saal hat es jedoch bis zum Neubau des Bötzowschen Ausschanklokals 1865 auf dem Prenzlauer Berg nicht gegeben.

Nr. 9 Bockwindmühle (Lohmühle)
Standort der Mühle: Fehrbelliner Straße 88 (Hof)
Standzeit: 1801 bis um 1850
Standort des Müllerhauses: Zehdenicker Straße 6
Besitzer: Lohgerbermeister Christian Gottlieb Herz, ab 1801
Mühlenmeister Johann Friedrich Theodor Siewert (Siebert, Sievert), ab 1817
Mühlenmeister Schindler, 1831

Geschichte
Am 30. 11. 1786 baten die beiden Brüder Johann Christ. und Johann Georg Felix Arnold, Lohgerber, um die Erlaubnis, ihre am 1. 2. 1786 vor Charlottenburg abgebrannte Wind-Lohmühle vor dem Hamburger Tor wieder aufbauen zu dürfen.

Im Oktober 1800 wollte als neuer Besitzer der Lohgerbermeister Christian Gottlieb Herz, wohnhaft Mühlenstraße 68, die Mühle nebst Müllerhaus vom Wedding auf ein von dem Akkerbürger Michael Friedrich Schulze gekauftes, zwischen dem Rosenthaler und Schönhauser Tor gelegenes Weinbergsstück verlegen. Als Grund gab er an, daß seiner Mühle vor dem Hamburger Tor, bei deren niedriger Lage, durch zunehmendes Anbauen der nötige Mahlwind entzogen werde. [670]

Herz wurde daraufhin am 21. 5. 1801 die Erlaubnis erteilt, 24 Fuß vom Feldweg (Zehdenikker Straße) ein massives Haus (43 × 27 Fuß, eine Etage) zu bauen, und am 2. 6. 1801 erhielt er die zusätzliche Genehmigung, eine Lohmühle, zwei Scheunen und ein Stall- und Abtrittsgebäude »unter der Direction von Maurer- und Zimmer-Meister« zu errichten. Das ehemalige Weinbergsstück hatte die Größe von 9 × 40 Ruten.

Anscheinend hatte Herz zunächst mit dem Mühlenbau begonnen, denn 1802 erwähnte J. F. Schneider in seinem »Plan von Berlin . . .« diese »Loh-Mühle«, dicht am Südrand des Barnims.

Wie günstig der Standort für die Mühle gewählt war, wird bei einem Gang von der heutigen Christinenstraße auf das Grundstück zu erkennbar. Deutlich sichtbar zieht ein Geländerücken im Verlauf der Templiner Straße zu den Häusern Fehrbelliner Straße 88 und 89 (50,15 m über NN). Betritt man durch den Hauseingang (z. B. Nr. 88) den Hof, verblüfft der plötzliche Abfall des Geländes zur Lottumstraße hin. Dieser steile

Hang dürfte allerdings auf die Ausschachtungsarbeiten bei der Bebauung zurückzuführen sein.

Nach dem »Plan de Berlin« (Selter, 1804) lag das Grundstück am »Verlorenen Weg«, parallel zum Rest einer Eichelhufe oder Remise. Dieses Gehölz zog sich einst von der jetzigen Kreuzung Fehrbelliner/Choriner Straße, in gleicher Richtung mit der Kastanienallee, bis zur Weißenseer Grenze hin. Der »Verlorene Weg« begann zu dieser Zeit an der heutigen Christinenstraße. Sein südlicher Abschnitt, der »Hohlweg«, wurde die Zehdenicker Straße.

1804 waren ein Wohnhaus und (östlich) ein Seitenflügel verzeichnet. Vom Hof des Grundstücks führte ein Weg durch die Mitte des dahinterliegenden Gartens bergauf zur »Loh-Mühle«.

Laut Kontrakt vom 1. 9. 1817 kaufte der Bürger und Müller Johann Friedrich Theodor Siewert für 9500 Rtlr. die zwei Weinbergsstücke (5 Morgen, 23 □R), auf denen »die S. Kgl. M. zustehende(n) Mittel und kleine Jagdgerechtigkeit vom 28. 2. 1797« lastete. Damit besaß Siewert auch den Rest des ehemaligen Berliner Bürgerakkers, der bis zum »Fußweg« (später Schwedter Straße 259) reichte. Sein Mühlenweg führte jetzt an der westlichen Grundstücksgrenze vom »Verlorenen Weg« zur Bockwindmühle. Der »Fußweg« war eine alte Ackergrenze zwischen den schmalen Bürger-Caveln der Berliner Ackerflur, die spätere Schwedter Straße.

Noch 1827 wurde die Mühle als »Siebertsche Loh-Mühle vor dem Schönhauser Thor bei dem Wollangschen Weinberge« bezeichnet, in der, bis zum Bau eines eigenen Wohnhauses, der bereits genannte Mühlenmeister Dedlow wohnte. Am 2. 2. 1831 wird in einem Aktenvermerk vom »Schindler'schen Hause« am »sog. verlorenen Wege« gesprochen. Eine weitere Erwähnung findet sich in den Innungsakten: Als sich am 4. Juli 1850 der Müller Heinrich Vetter, wohnhaft »vor dem Schönhauser Thore in der Schindler'schen Mühle«, zur Meisterprüfung meldete, mußte er erstens 5 Tlr. Gebühren zahlen, zweitens nachweisen, daß er laut Taufschein das 24. Lebensjahr zurückgelegt . . . Es dürfte wohl der letzte Müllergeselle gewesen sein, der in dieser Mühle seine Ausbildung beendet hatte. 1852 ist die Mühle nur im (bezüglich Mühlen ungenau gezeichneten) Plan von J. C. Selter, jedoch nicht mehr im Plan von F. Boehm eingetragen.

Blick über die Stadtmauer 1861

Nr. 10 Bockwindmühle

Standort der Mühle: Christinenstraße, auf der westlichen Bauflu̇chtlinie (Teutoburger Platz), gegenüber der Grenze zwischen den Häusern 15 und 16

Standzeit: 1818 bis 1858

Nr. 11 Bockwindmühle

Standort der Mühle: Christinenstraße, auf der westlichen Baufluchtlinie, an der Grenze zwischen den Häusern 27 und 28

Standzeit: 1823 bis 1858

Standort des Müllerhauses: Christinenstraße 37

Besitzer: Mühlenmeister und Mühlenbaumeister Johann Friedrich Wüsthof (Wüsthoff, Wuesthoff; lt. Unterschrift auch Johan Friedrig Wüsthof), ab 1818

Mühlenmeister Christian Friedrich Müller, ab 1821

Mühlenmeister Friedrich Boelke (Bölke, Bölcke, lt. Unterschrift auch Bölike), ab 1824

»Gastwirth Lorentz'sche Eheleute«, ab 1831

Witwe Lorenz (Lorentz), ab 1831

»Mühlenmeisterwitwe Lorenz«, ab 1838

Geschichte

Von der »Communication zwischen dem Rosenthaler und dem Schönhauser Thor« verlief zu diesen Windmühlen ein alter Mühlenweg, der ab 1860 Christinenstraße hieß. Der Überlieferung zufolge soll er seinen Namen nach der Frau des Grafen von Lottum erhalten haben, dem ein Teil der dortigen Ländereien gehörte.

Die erste Mühle (10) wurde vom Mühlenmeister Wüsthof 1818 auf einem Weinbergsstück errichtet. Nach den »Acta der Polizey-Intendantur vom 18. Mrz. 1818«: »Der zu Herzberg im Amte Alt-Ruppin wohnende Mühlenmeister Johann Friedrich Wüsthoff beabsichtigt bei Berlin zwischen dem Rosenthaler und Schönhauser Thore auf einem, von dem hiesigen Ackerbürger Haase dazu erkauften Weinbergsstücke (4 Morgen, 68

□R) eine Bock-Windmühle nebst dem erforderlichen Wohnhause und Stallung zu erbauen.«

Am 1. 4. 1818 erhoben der Mühlenbesitzer Johann Siewert, ebenso »wie der Ackersmann Johan Gottfried Haase keine Einwände gegen den Bau des geplanten Mühlen=Etablissement«.

Entsprechend den Paragraphen 6 und 7 des Mühlenediktes wurde die Bauabsicht u. a. am 5. 5. 1818 in der königlich privilegierten »Vossischen Zeitung« bekanntgemacht. Der Consens erfolgte am 21. 9. 1818; die Consensgebühren für die Mühle betrugen 3 Tlr., 4 Sgr.

Übrigens besaß Wüsthof als Mühlenbauer ein interessantes Siegel mit dem Bild eines Stockgetriebes: Auf dem Bock einer Windmühle steht eine Laterne, die von einem halben Kammrad umgeben ist, wahrscheinlich von Ähren umkränzt.

1821 kaufte diese Bockwindmühle der Mühlenmeister Christian Friedrich Müller vom Mühlendamm Nr. 9. Als zweite Mühle wollte er sich am 9. 2. 1821 einen Holländer bauen.

Bei der vorgeschriebenen Bekanntmachung im Berliner »Intelligenz=Blatt« vom 13. 4. 1821 wurde als beabsichtigter Bau irrtümlich eine Bockwindmühle angegeben; bei der zweiten Bekanntmachung korrigierte man den »Error« in eine »zweyte holländische Windmühle«. Nun ließ man den neuen Fehler bestehen.

Aufgrund der Bekanntmachung wurde der Mühlenmeister Müller am »22. Juny 1821 . . . bey der heutigen Versammlung der Ackerschaft, berlinischer Seits«, vor einem Mühlenneubau gewarnt, denn »bei der bevorstehenden Separation ist es wahrscheinlich, daß der Fußsteig (spätere Schwedter Straße – d. Verf.) in einen bedeutenden Communicationsweg umgewandelt wird, um darauf zu den einzelnen Parzellen zu gelangen«.

Nur der Mühlenmeister Siewert protestierte, und zwar wegen der Größe der geplanten holländischen Windmühle (42 Fuß Höhe, 37 Fuß Breite, 74 bis 75 Fuß Rutenzeug) im Verhältnis zur vorgesehenen Entfernung.

In seiner Entgegnung vom 17. 5. 1822 schrieb Müller, daß die »beabsichtigte Mühlen Anlage von der Sievertschen Mühle nordöstlich zu stehen kommt und ihm in Ansehung seiner Mühle durchaus nicht nachteilig ist, indem der Wind aus dieser Himmelsgegend im Laufe des ganzen Jahres nicht 4 Wochen weht«. Müller bat um ein Gutachten »durch sachkundige Männer an Ort und Stelle« und schlug dazu den Stadtbaurat Langerhans und den Ober-Mühleninspektor Schwahn vor. Weiter: »Sollte mir jedoch wider

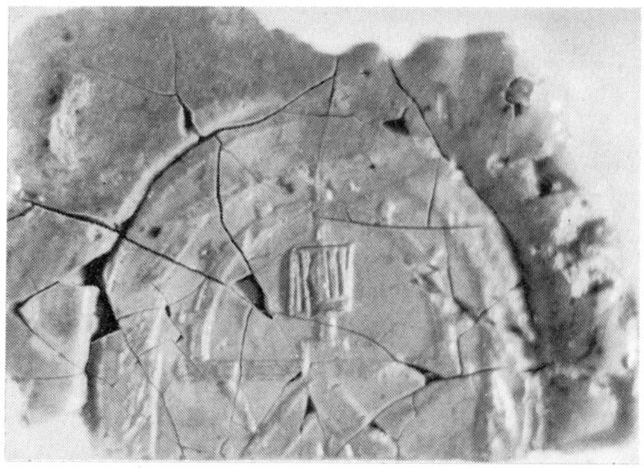

Siegel des Mühlenbaumeisters Joh. Fried. Wüsthof 1818

Erwarten die Erbauung eines Holländers in gesetzlicher Hinsicht nicht verstattet werden können, so trage ich gehorsamst darauf an, auf dem bemerkten Punkt (im Situationsplan – d. Verf.) eine Bock-Windmühle erbauen zu dürfen, indem diese in Ansehung der Höhe nur 40 Fuß, der Breite 18 Fuß und des Ruthenzeugs 64 bis 65 Fuß erreicht.«

Nach den gesetzlichen Bestimmungen sollte »der windfangende Gegenstand von einer vorhandenen Mühle 10–12mal so weit entfernt bleiben, als der windfangende Gegenstand hoch ist. Zweifelhaft bleibt bey dieser Bestimmung, ob die Windmühlenflügel oder der Körper der Windmühle, die erbaut werden soll, als der Windfangende Gegenstand zu betrachten ist.« Zur Sicherheit nahm man die Höhe der lotrecht gestellten Flügel = 76¾ Fuß; die Entfernung zur Siewertschen Mühle betrug 64 Ruten, 21 Fuß. Es wurde gemessen, gerechnet, ein Nivellementsprofil erstellt, Zusatzgutachter herangezogen . . . Am 31. 3. 1823 resignierte Müller und begnügte sich mit einer Bockwindmühle (11) (Consens vom 31. 7. 1823).

In der Zwischenzeit errichtete Müller ein massives Wohnhaus (41 Fuß breit, 15 Fuß tief, eine Etage mit zweiseitigem geradem Dach) nebst Stallung. Damals nannte man ein »Appartementsgebäude«, den Abtritt, noch »Commodite«.

1824 waren der Fuhrherr und Mühlenmeister Boelke aus Charlottenburg und seit 1831 das »Gastwirtsehepaar Lorentz« Besitzer der Mühlen. Letzteres richtete in dem kleinen Haus, von dem man einen herrlichen Blick über die Stadt hatte, eine Gastwirtschaft ein.

Noch im gleichen Jahr muß der Gastwirt gestorben sein. Aktennotiz (1831): »Dies Haus gehört mit einer Mühle der Wittwe Lorenz. Es liegt am sog. verlorenen Wege, der vom Schönhauser Thor hinter der Wollankstraße (seit 1874 Lothringer Straße, seit 1952 Wilhelm-Pieck-Straße) nach dem Weinberg führt.« 1829, Januar 1830 und

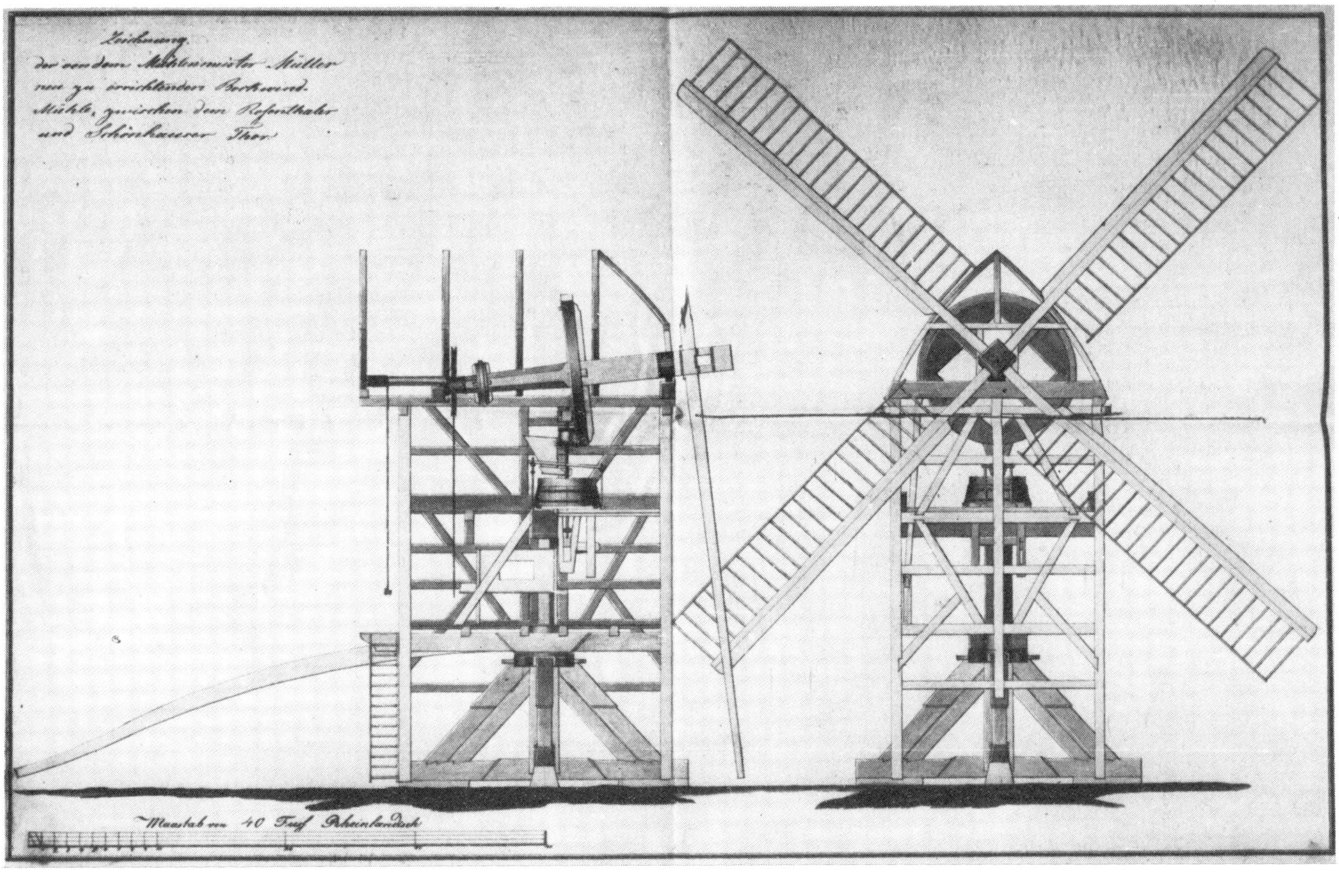

Bockwindmühle (11) 1822, Christinenstr.

1831 hieß es »Weg nach den Mühlen«. Es dürfte sich deshalb eher um einen Schreibfehler oder im Sinne einer Mühlenanlage als um einen Brand gehandelt haben. Den Betrieb der Mühlen übernahm der Sohn, der gelernter Müller war. 1836 sprach man vom »Haus des Mühlen-Meisters Lorenz auf dem Wollank'schen Weinberg«. Das Haus wurde zu einem Begriff; dies hatte auch behördlicherseits Konsequenzen. In der Prenzlauer Chaussee (später Allee) bekamen bei der ersten Numerierung solche Häuser keine der fortlaufenden Hausnummern, sondern hießen nur »Runzler'sches« oder »Radecke'sches Haus«. Die Akten gerade dieser Häuser sind leider oft verschollen.

Zwei Jahre später, 1838, starb auch der junge Mühlenmeister. Um den Unterhalt der Familie zu erhalten, übergab die Witwe des alten Lorenz den Besitz der nunmehr auch verwitweten Schwiegertocher: »neuer Besitzer Wittwe Lorenz, geb. Begerow (Begrow, Pegrow), Dorothea Marie Louise«. Ihre Stellung war durch altes Gewerksrecht geregelt: »Eines Meisters Wittwe soll berechtiget seyn, nach ihres Mannes Tode das Mühlenwesen mit so viel Gesellen zu treiben als ein anderer Meister, doch das sie keinen Lehr-Jungen halte. Es hat auch eine Wittwe aller denen übrigen Meistern zukommenden Rechte und Gerechtigkeiten zu geniessen.« Allerdings mußte sie auch für alle entstehenden Schäden und Unterschleife aufkommen.

Bemerkenswert ist die folgende Bestimmung aus dem Generalprivilegium des Müllergewerks: »Wenn die Wittwe keinen tüchtigen Gesellen hätte, soll das Gewerck ihr einen zu verschaffen gehalten seyn, ihr soll auch frey stehen, einen auszulesen, welcher ihr gefolget werden soll, da-

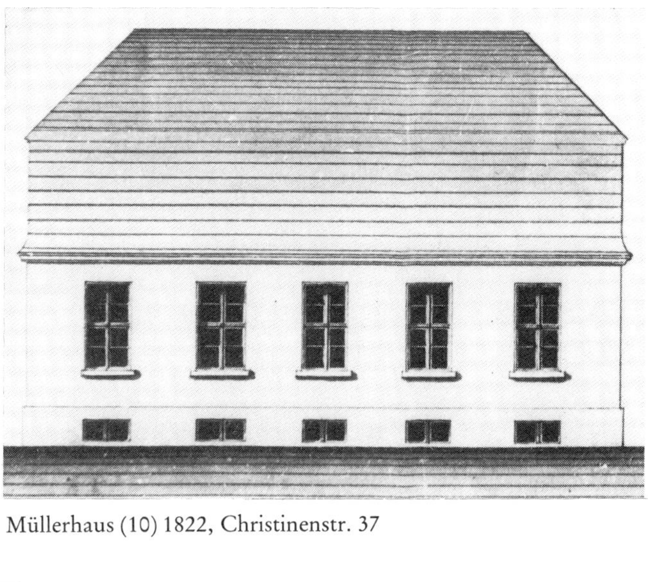

Müllerhaus (10) 1822, Christinenstr. 37

fern nicht erhebliche Ursachen, über welche die Obrigkeit zu urtheilen, solches verhinderten, oder der Meister, dessen Gesellen dergleichen Wittwe verlangte, nur einen Gesellen hätte; Jedoch soll ihr dieses letztere beneficium nur ein- oder höchstens dreymal zu statten kommen: Nachdem aber muß sie sich gleich anderen Meistern die Gesellen selbst anschaffen und verschreiben. Daferne aber eines Meisters Wittwe ausser dem Gewercke wieder heyrathet, so verstehet sich von selbsten, daß sie sich aller Mühlen-Arbeit enthalten, und sie von ihres anderen Mannes Nahrung leben müsse.«

In der Nacht vom 1. zum 2. März 1843 brannte die Mühle (10) ab. Beim Wiederaufbau beabsichtigte die Mühlenbesitzerin, die Mühle zu vergrößern und einen zweiten Mahlgang einzubauen. Diese Veränderung hätte nach dem Gesetz öffentlich bekanntgemacht werden müssen. Frau Lorenz bekam jedoch am 2. 5. 1844 die Erlaubnis mit der erstaunlichen Begründung, »daß die hiesigen Mühlen zum Bedürfnis nicht genügen« und

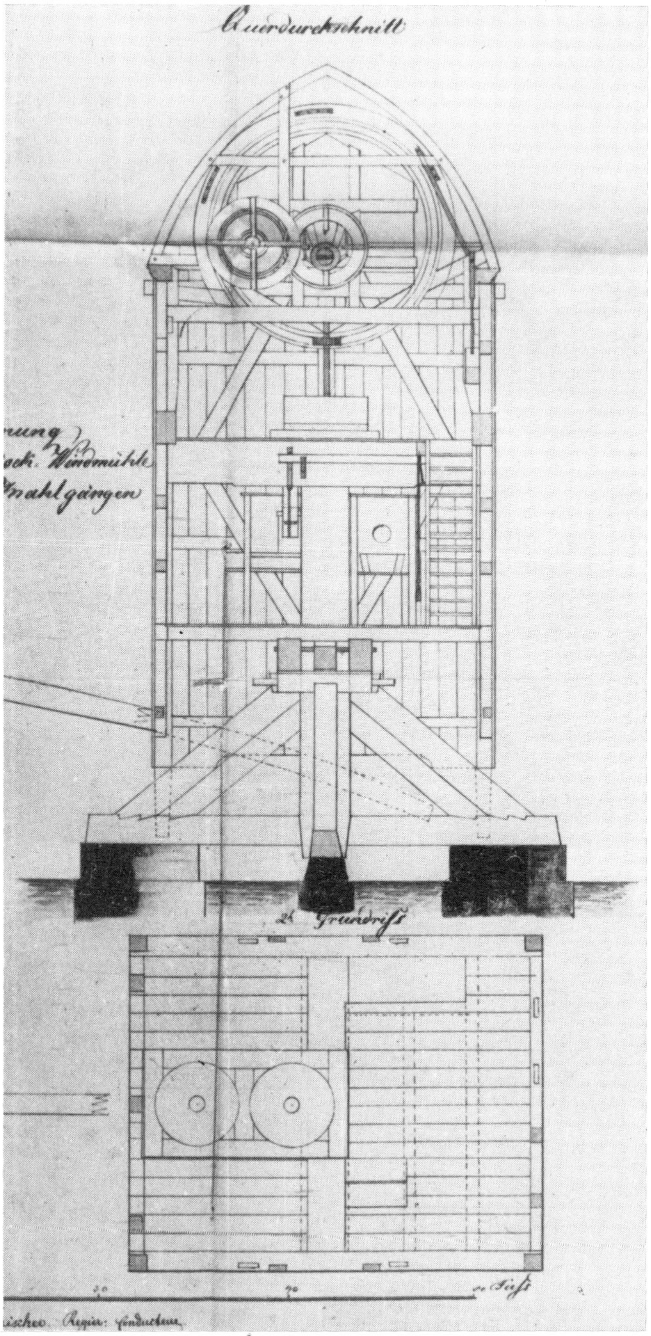

Bockwindmühle (10) mit 2 Gängen 1843. Querdurchschnitt (gez. von Fleischer), Christinenstr.

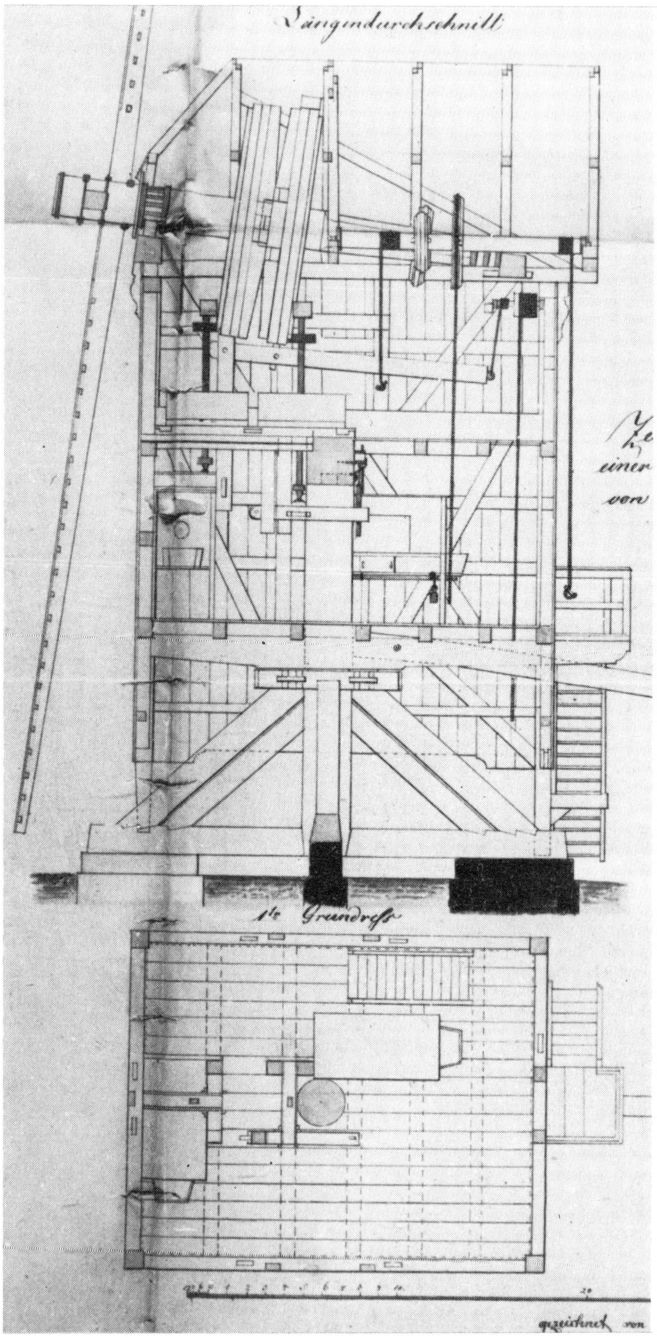

Bockwindmühle (10). Längendurchschnitt (Zeichnung der Mühle (10) ist identisch mit der der Bockwindmühle (21) 1840; gez. von v. Möllendorf; Greifswalder Str. 168)

somit »kein Grund zur Einleitung einer Untersuchung vorhanden« sei.

1858 wollte die Witwe Lorenz eine Parzelle für einen Hausbau verkaufen. Jedoch mußte nach einem Beschluß des »kgl. Polizei-Präsidii« vom 29. 12. 1844 zwischen einem Gebäude und einer Windmühle »aus Rücksicht der Feuersicherheit ein Abstand von mindestens 10 Ruthen bleiben«. Deshalb schrieb sie am 20. 3. 1858: »Die zunächst dem ‚Verlorenen Weg' belegene Windmühle wird schon in der nächsten Woche abgetragen.« [671] Weitere Angaben über das Schicksal der Mühlen sind nicht bekannt.

Nr. 12 Bockwindmühle
Standort der Mühle: Schnittpunkt der Grundstücksgrenzen Choriner Straße 23/24 und Schwedter Straße 15/16
Standzeit: 1827 bis vor 1856
Standort des Müllerhauses: Schönhauser Allee 168
Besitzer: Mühlenmeister Johann Christian Lehmann, ab 1824
Mühlenmeister Friedrich Boelke, ab 1831

Geschichte
Nach den Akten der Polizei-Intendantur (1824 bis 1827) stellte am 18. 3. 1824 der Mühlenmeister Johann Christian Lehmann, 36 J., aus Spandau den Antrag für den Consens »zur Erbauung einer Bock-Windmühle auf dem von dem Acker-Gutsbesitzer Friedrich Wilhelm Boetzow (Linienstraße 33) erkauften« Land. Nördlich und parallel zur heutigen Schwedter Straße lag der 60 Ruten lange Mühlenweg, der am Grundstück Schönhauser Allee 168a begann. Für den Weg hatte Lehmann 1 Rute, 5 Fuß Breite vorgesehen, doch gefordert wurden für Wege als gesetzliche Mindestbreite 2 Ruten, zusätzlich 1/2 Rute für die Mitbenutzung durch künftige Anlieger. Die Entfernung der geplanten Mühle zur neuerbauten des Mühlenmeisters Boelke (11) betrug 60 Ruten, 5 Fuß, die Entfernung bis zur nächsten königlichen Windmühle (7) auf dem Windmühlenberg 154 Ruten. Der Verlauf des ehemaligen Mühlenwegs ist noch heute zwischen den Häusern erkennbar.

Griebenow verlangte daraufhin am 12. 4. 1824 von den Mühlenmeistern Lehmann und Haubner, daß er die Freiheit behalte, Häuser und Bäume auf seinem benachbarten Grundstück aufführen zu können. Als Nachbar auf der Südseite forderte am 13. 4. 1824 der »kgl. Erbpächter und Gärtner Harder« aus der »Schönhauser Allee Nr. 5« (alter Zählung, später Nr. 6), daß Lehmann kein Federvieh halten dürfte bzw. nur in einem Verschlag. Lehmann mußte auf die Forderungen eingehen und erhielt nach Abschluß der Verhandlungen am 5. 9. 1824 den Bauconsens. Doch der Baubeginn verzögerte sich. Als Anfang 1827 Lehmann mit dem Mühlenbau beginnen wollte, erhoben seine Innungsgenossen Einspruch bei der Polizei-Intendantur:

»Der zu Spandow wohnhafte Mühlenmeister Lehmann kaufte sich einige Morgen Land« (mit der Erlaubnis vom Juli 1824). Jetzt will Lehmann bauen und verpachten und damit »die in der Umgebung stehenden Mühlen an Gemahl nochmehr beschränken. Hierzu müßte nun unserer Meinung nach, die vor 2 1/2 Jahren ertheilte und verjährte polizeyliche Erlaubnis erneuert werden; diese Erneuerung bitten wir aber ... nicht geschehen zu lassen, weil wir gegen den Aufbau einer Mühle gegenwärtigen Einspruch hiermit anbringen wollen und nehmen Bezug auf die Allerhöchste Cab.-Order v. 23. Okt., Gesetz Sammlung Nr. 15, 1826, Nr. 1033, durch welche der Landes-Pol.-Behörde den Bau und die Veränderung einer jeden Mühle, die nicht auf das eigene Bedürfnis des Eigenthümers derselben beschränkt, sondern gleichzeitig, oder ausschließlich auf fremde Mahlgäste berechnet ist, zu versagen verpflichtet sein soll ...«, falls die »in der Gegend schon vorhandene Mühlen hinreichen, um das Bedürfnis der Anwohner vollständig zu befriedigen«. »Dies Gesetz bitten wir hiermit ergebenst in Anwendung zu bringen, wir versichern hiermit bei unserem Bürgereid, nicht hinreichende Beschäftigung für unsere Mühlen zu haben, welche in der Umgegend vom Rosenthaler bis Frankfurter Thor sich befinden, sondern sehr oft bey dem besten Winde mehrere Tage nichts zu Mahlen haben und uns Mahlgäste fehlen. ... ergebenst die Mühlenmeister und Besitzer Filicke, Franke, Bölike, Haubner, Krüger, Dedlow, Treskow, Dannenberg, Bötzow.«

Welche Wirkung die Eingabe hatte, wissen wir nicht; Lehmann jedenfalls durfte seine Mühle bauen: 42 Fuß hoch, 25 Fuß tief, mit 28 1/2 Fuß Flügellänge und 2 Gängen. Das Räderwerk hatte folgende Dimensionen:

»Kammrad hat 60 Kamm 5 Zoll Theilung,
Drehling hat 32 Stöcke 5 Zoll Theilung,
Stirnrad hat 68 Kamm 3 1/2 Zoll Theilung,
Getriebe hat 13 Stöcke 3 1/2 Zoll Theilung,
Berlin, den 16 ten Dezember 1826, Damm & Sn Zimmer Meister.«

Der geplante Bau zweier Wohngebäude als Restaurant mit einer Kegelbahn durfte nicht ausgeführt werden, denn der »Stadtwachtmeister« Wendler erhob auf Befragen Einspruch und schrieb am 29. 5. 1828 an den Rand einer Eingabe

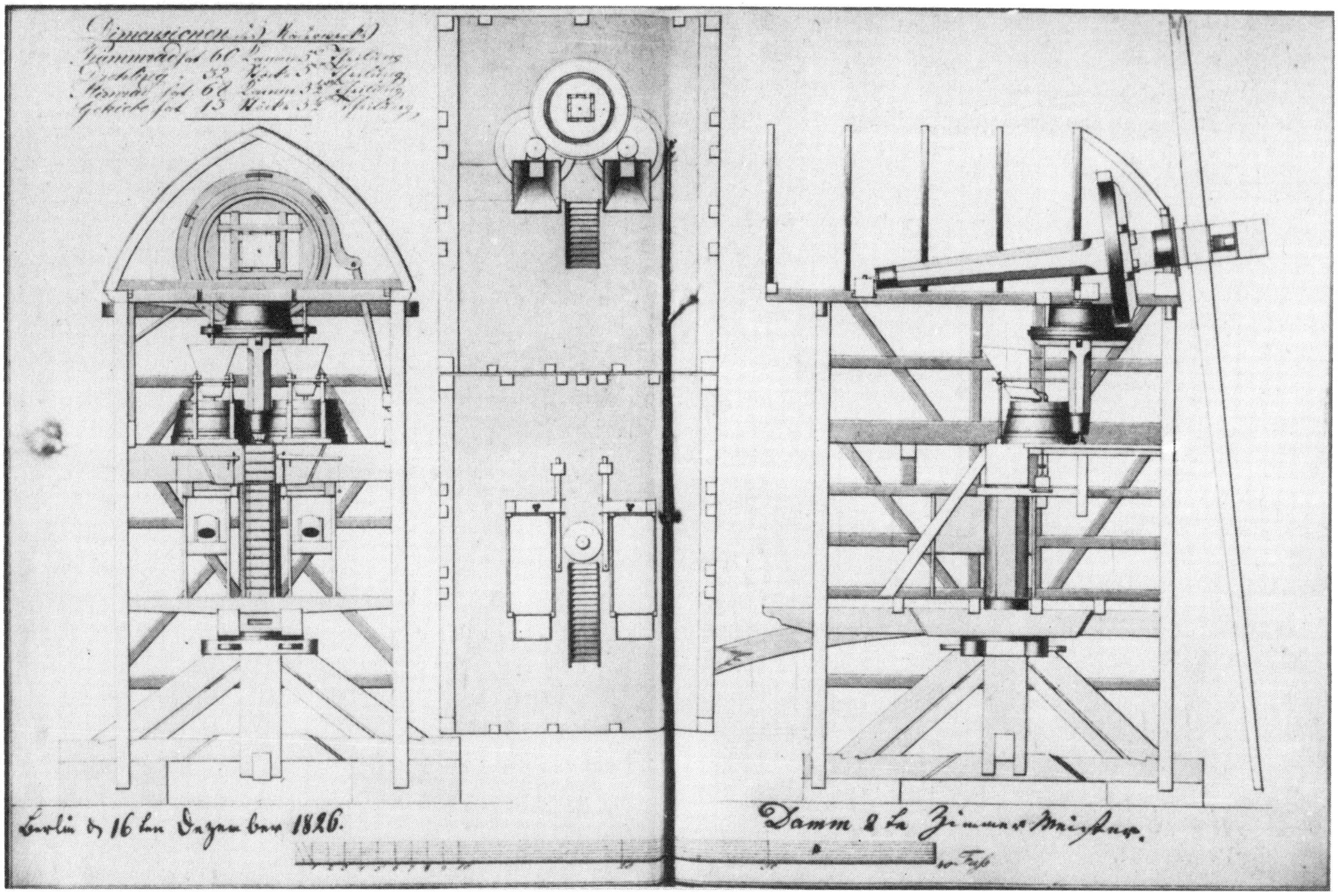

Bockwindmühle (12) 1826, Schönhauser Allee 168

des Mühlenmeisters Lehmann u. a.: »Es ist nicht allein im 22. Pol. Revier ein Überfluß an solchen Orten, z. B. auf dieser Straße 5 Tabagien bei (ausgelassen) Häusern, sondern die Entfernung (von der Stadt) ist auch zu bedeutend, um Freche gehörig kontrollieren zu können und das ganze Revier würde beinahe nur eine Tabagie nur werden, ich muß daher ehrerbietigst anheim stellen, ob der Bauherr nicht anzuhalten wäre, auf die Anlegung einer Tabagie Verzicht zu leisten.«

1831 übernahm Friedrich Boelke, noch »wohnhaft vor dem Schönhauser Thore in der Straße nach den Mühlen« (d. h. Christinenstraße 37), nach dem Verkauf der Windmühlen (10) und (11) diese Bockwindmühle und baute sich ein Wohnhaus (55 × 32 Fuß) und einen Stall. Letzterer wurde 1849 zu Wohnungen umgebaut und später an den genannten Johann Gottlieb Wilhelm Dörfer vermietet. 1856 bestand die Mühle nicht mehr, doch war Boelke noch 1857 der Besitzer des Grundstücks Schönhauser Allee 168. 1856 ging das Grundstück Schönhauser Allee 168a mit dem Mühlenweg an Scherzer über, der sich dort ein Haus baute. Dörfer hat die Windmühle (12) nie besessen, sondern sich im September 1855 auf dem Windmühlenberg den alten Rothfahnschen Mühlenplatz (1) gekauft.

1876 übernahm der Mühlenmeister Ernst Albrecht Schulze das Grundstück 167c. In dem daraufhin neuerbauten Hause wurde bis zum zweiten Weltkrieg Mehl verkauft.

1890 mußte das alte Müllerhaus Schönhauser Allee 168 einer Villa weichen, die sich der Zimmermeister und spätere Baumeister Rudolph Mücke erbaute und die im zweiten Weltkrieg ein Opfer der Flammen wurde. Heute erinnern uns noch die Steine des Zauns und die Bäume des Vorgartens an diese eigenwillige rote Villa aus Sandstein. [672]

Nr. 13 Bockwindmühle

Standort der Mühle: Choriner Straße 33 (Hof)
Standzeit: 1824 bis um 1860
Standort des Müllerhauses: Schönhauser Allee 161a
Besitzer: Mühlenmeister Johann Haubner, (Hauptner, Haupner, Haumner), ab 1824

Geschichte

1823 baute Haubner den Holländer (29) (Greifswalder Straße 24/25).

Nach den Akten der Polizei-Intendantur stellte am 12. 3. 1824 der »Mühlenmeister Haubner, vor dem Neuen Königsthore«, den Antrag, auf seinem von Friedrich Wilhelm Bötzow gekauften, »vor dem Schönhauser Thore an der Allee nach Pankow belegenem« Ackerstück ($1^1/_2$ Morgen), 36 Ruten von der damaligen Chausseemitte, eine Bockwindmühle (41 Fuß hoch, 20 Fuß tief, 16 Fuß, 6 Zoll breit, 32 Fuß Flügellänge, Länge des geschwungenen Sterzes 38 Fuß, von der Mitte der Mühle gerechnet, ein Gang) und ein Haus errichten zu dürfen. Die Steine wollte er selbst brennen. Den Mühlenweg legte Haubner südlich vom Hause an. Die Bockwindmühle sollte auf einer künstlichen Anhöhe aufgestellt werden. Die Bekanntmachung vom 29. 3. 1824 wurde am 9. 4. 1824 in den »Berl. Nachrichten von Staats- und gelehrten Sachen« veröffentlicht. [673]

Auf der Karte »Grundriß von Berlin mit nächster Umgebung, des Kön. Pr. großen Generalstabes, 1827« findet sich der Vermerk »Haumner'sche Mühle und Tabagie«. Letztere hatte im Müllerhaus ein Johann Friedrich Schulz betrieben, der nach einem Schreiben vom 10. 2. 1827

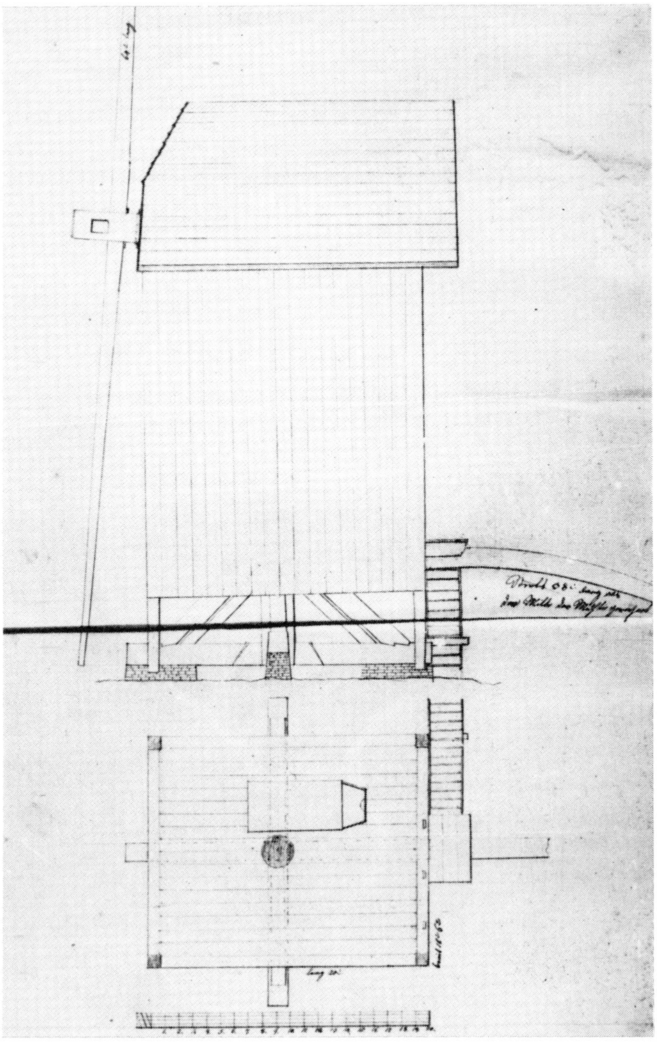

Bockwindmühle (13) 1824, Schönhauser Allee 161a

diese »seine Tabagie« aber in einen Neubau (Schönhauser Allee 142) verlegen wollte.

1852 hat F. Boehm in seiner Karte nur den sog. »Mühlenberg« eingezeichnet. Hatte ein Brand die Mühle zerstört? Jedenfalls ist auf der Generalstabskarte von 1857 die Mühle wieder vorhanden.

1858 war J. Haubner, zusammen mit Dedlow und »Würst vor dem Neuen Königs Thor Nr. 7«, Mitglied der Kreisprüfungskommission der Innung.

Die ehemaligen Grundstücksgrenzen sind durch die weitere Bebauung stark verändert. [674]

Nr. 14 Bockwindmühle

Standort der Mühle: Wisbyer Straße 7 (auf der Fahrbahn vor der Paul-Gerhardt-Kirche)
Standzeit: 1841 bis 1869
Standort des Müllerhauses: Schönhauser Allee 94 (Anfang der Promenade Wisbyer Straße)
Besitzer: Mühlenmeister Johann David Fielicke (Filicke, Fillicke, Filike), ab 1840

Geschichte

Es dürfte sich bei dem Mühlenmeister Johann David Fielicke um den Sohn des bereits genannten Mühlenmeister Wilhelm Fielicke aus der Brunnenstraße 18/19 handeln. Beide unterschrieben übrigens zeitweise mit »Filicke«.

Johann David Fielicke, am 17. 10. 1806 zu Berlin geboren, scheint nicht allzu vermögend gewesen zu sein. Eigenkapital und aufgenommene Hypothekengelder reichten offensichtlich für einen soliden Start, jedoch brachten ihn städtische Bebauungspläne 1840 und 1872 in finanzielle Schwierigkeiten.

Er selber schrieb später: »Im Jahre 1840 kaufte ich von dem Gutsbesitzer Griebenow an der Weichbildgrenze an der Pankower Feldmark 2 Morgen Acker, um daselbst ein Wohnhaus und eine Bockwindmühle aufzubauen; der Bauconsens wurde mir nicht erteilt, weil es im Projekt lag, dort eine Straße (später Schonensche Straße – d. Verf.) anzulegen; der Kauf mußte deshalb zurückgehen und ich war gezwungen von dem p. Griebenow ein anderes, was ich jetzt inne habe, zu kaufen, aber mit dem Unterschiede, daß ich für den Morgen 100 Reichsthaler mehr bezahlen mußte.«

Daß das neue Grundstück auch für ihn als Müller einen größeren Wert hatte, den sich Griebenow verständlicherweise bezahlen ließ, verschwieg Fielicke. Der Mühlenflecken lag nämlich jetzt auf einem Plateau, das leicht nach Norden, aber relativ steil nach Süden abfiel, also auf dem fast höchsten Punkt des jetzigen Stadtbezirks Prenzlauer Berg. Im Meßtischblatt von 1872 ist die Höhe mit 182 Fuß, d. h. 57 m, angegeben. (Zum Vergleich: Wasserturmanhöhe 55 m, Windmühlenberg 54 m, Schönhauser Tor 39 m)

Nach Aufstellung eines Bretterschuppens als Werkstatt errichtete er eine Bockwindmühle, ungefähr 50 Ruten von der Chausseemitte entfernt. Nach einer Notiz vom 21. 12. 1841 war die Windmühle »erst vor ohngefähr 4 Monat neu erbaut« worden. Fielicke wohnte zu dieser Zeit als Mieter in dem wenige Jahre zuvor erbauten Haus Pankower Chaussee (Schönhauser Allee) Nr. 103, das später als Restaurant unter dem Namen »Jägerhäuschen« bekannt wurde.

Den genannten provisorischen Schuppen (20 × 20 Fuß, Umzäunung 20 × 30 Fuß) nutzte er nach Fertigstellung der Mühle als Stall für ein Pferd und zwei Kühe. Dadurch bekam er Schwierigkeiten mit der Polizei, weil der Bretterschuppen erstens von der Chaussee her schlecht aussähe und zweitens ohne Genehmigung aufgestellt war. Bitten half nichts. Fielicke sollte den Schuppen abreißen. Nachdem er mehrere Aufschub gewährende Termine ungenutzt hatte verstreichen lassen, belegte man ihn mit 5 Rtlr. Strafe; als er trotz wiederholter Mahnung nicht zahlte, schritt man zur Pfändung. Ein Aktenvermerk vom 7. 2. 1843 besagte: »Die Execution ist fruchtlos, der Fielicke hatt kein Geld und kein Objekt; solches zeige ich gehorsamst an Hannert Executor.«

Daraufhin bekam der Rats-Zimmermeister Atzpodien, Chausseestraße 81, den amtlichen Auftrag zum Abriß. Fielicke, der davon erfahren hatte, entfernte nachts den Schuppen; drei Zimmerleute mußten am nächsten Morgen unverrichteterdinge wieder abziehen. Trotzdem erhielt er eine gepfefferte Rechnung (vom 24. 2. 1843): für »einige Stück Bretter und Stiele«, von ihm »in einer Stunde abgebrochen«, sollte er 29 Silbergroschen zahlen. Doch er protestierte, er könne schließlich nichts dafür, daß die »Arbeiter auf einem Weg, der höchstens 3/4 Std. beträgt, vier Stunden zugebracht« hätten, auch sei »10 Uhr Vormittags noch nicht Mittag und die 3 Gesellen haben zusammen ihrem Meister noch 1/2 Tag gearbeitet, was mir nicht in Rechnung gestellt werden kann«. Handwerkerpreise, selbst für nicht ausgeführte Arbeiten, waren hoch. Fielicke mußte zahlen.

Trotz chronischen Geldmangels begann er 1845, sich ein eigenes Haus zu bauen. Anstelle von zwei vorgesehenen größeren Objekten errichtete er einen schon früher geplanten Seitenflügel, allerdings bescheidener, als Hauptgebäude (44 1/6 × 16 1/6 Fuß, massiv, eine Etage, mit Keller) und einen Stall. Vor dem Haus legte er den vorgeschriebenen Brunnen an, »3 1/2 Fuß im Lichten weit mit 10 Fuß Wasserstandshöhe bei mittlerem Wasserstande«. Südlich vom Haus, etwa an der jetzigen Bauflucht der Wisbyer Straße, führte ein 14 Fuß breiter Feldweg zur Windmühle. 1859 erhielt Fielicke die Erlaubnis zum Bau einer großen massiven Scheune als Quergebäude, in der er später Wohnungen anlegen wollte.

Am 26. 7. 1862 wurde »durch Allerhöchste Cabinetts-Order« der bekannte Hobrecht-Plan genehmigt. (Die darin vorgesehene »sog. äußere Gürtelstraße«, Straße 31 in Abtlg. XII des Bebauungsplanes, die spätere Wisbyer Straße, war allerdings selbst 1872 noch nicht in alle veröffentlichten Pläne eingezeichnet.) Grundstücksflächen, durch »Allerhöchste Ordre« zur Straße bestimmt, wurden für den Besitzer wertlos, denn sie mußten gepflastert werden, verursachten ihm also Kosten. Meist waren die Besitzer sehr zufrieden, 6 2/3 Rtlr. je Quadratrute Abfindung zu erhalten. In der Regel erfolgte die Abtretung ohne Entgelt.

Nach Abbruch der Mühle (»von der ich früher lebte«) wollte Fielicke in die nun leerstehende Scheune die geplanten Wohnungen einbauen. Das Mietgeld sollte ihm, wie es bei Grundeigentümern damals verbreitet war, als Altersrente dienen. Doch die Bauerlaubnis wurde ihm verweigert mit der gleichzeitigen Eröffnung, daß sein gesamtes Land zum Straßenbau vorgesehen sei. Ein harter Schlag. Sein Besitz war plötzlich wertlos, während zur gleichen Zeit (1873) Bauern in Schöneberg durch die beginnende Bodenspekulation schon 3000 Goldmark je Morgen erhielten. In welch schwindelnde Höhen die Bodenpreise in seiner Umgebung steigen sollten, konnte er nicht ahnen. Er schrieb in seiner Eingabe: »Durch ein Straßenobjekt, das nicht zur Ausführung gelangt, habe ich also 200 Reichsthaler verloren und jetzt soll ich durch ein anderes Projekt, dessen Ausführung noch in weiter Ferne, überhaupt sehr fraglich, um Tausende geschädigt werden.« Es kam zu einem Kompromiß, weil die Ausbauabsicht schon 1859, also vor dem Hobrecht-Plan, bestanden hatte.

Fielicke durfte die Scheune zum Wohnhaus umbauen, mußte sich aber verpflichten, bei einer künftigen Durchlegung der sogenannten Gürtelstraße sämtliche Baulichkeiten entschädigungslos abzubrechen. Dies erfolgte dann aber erst durch den nächsten Besitzer im März 1904. Reste der Windmühle waren nach W. Ratthey noch 1907 zu Beginn des Baus der Paul-Gerhardt-Kirche zu sehen.

Nr. 15 Bockwindmühle
Standort der Mühle: auf dem Nordrand des S-Bahn-Geländes, in Höhe der verlängerten Grenze zwischen den Häusern Wisbyer Straße 14 und 15
Standzeit: vor 1835 bis 1886
Standort des Müllerhauses: Schönhauser Allee 73
Besitzer: Mühlenmeister und Bäcker Carl August Leopold Prillwitz (Prilwitz) (d. Ä.), ab 1833
Ehefrau Caroline Juliane Auguste Prillwitz, geborene Buckow, ab 1845
Mühlenmeister Carl August Leopold Prillwitz (d. J.), ab 1869
Witwe Marie Elisabeth Clara Prillwitz, geb. Schulze, ab 1877
Pächter Mühlenmeister Wilhelm Ehrich, 1878
Mühlenmeister Carl Louis Emil Schröder, ab 1879
Mühlenmeister und Mühlenbaumeister Johann Theodor Karl Prillwitz, ab 1900
Clara Magda Häberer, geb. Prillwitz, in Erbengemeinschaft, ab 1941

Geschichte
Carl August Leopold Prillwitz, 1806 geboren, erwarb 1827 das Berliner Bürgerrecht und 1828 das Meisterrecht beim Müllergewerk. Am 21. 3. 1829 heiratete er im Pfarramt Sophien Auguste Luise Berta Bock. Prillwitz, dessen Bruder C. W. G. Prillwitz aus der Laufgasse Nr. 31 »Mühlenbescheider« war, galt als ein »renitenter« Mann, der es nach den vorhandenen Unterlagen mit der Wahrheit nicht allzu genau nahm und die Behörden immer wieder vor vollendete Tatsachen stellte.

Nach dem Brand seiner Mühle (4) auf dem Windmühlenberg am 5. 11. 1832 erhielt Prillwitz, jetzt »im Hause des Ackerbürgers Damm (Dahmes, Dam) wohnhaft« (Schönhauser Allee 116, Ecke Dänenstraße), den Consens zum Aufbau einer Bockwindmühle in der Schönhauser Allee. Dieser Consens machte die Auszahlung der Feuerversicherung für die abgebrannte Mühle (4) möglich. Durch den Verkauf des Mühlengrundstücks (4) an Bötzow und den Verkauf des Grundstücks (5) mit der Bockwindmühle an Preuß kam Prillwitz zum nötigen Kapital. Nun ließ er die in Auftrag gegebene Mühle (42 Fuß hoch, 17 Fuß breit, 22 3/4 Fuß tief, 33 1/2 Fuß Flügellänge, ein Mahlgang, Consens vom 19. 5. 1833) vom Bergmeyerschen Grundstück (Prenzlauer Allee 44) holen und aufstellen. 1835, nach Vergrößerung des Grundstücks (Schönhauser Allee 73) auf 4 Morgen, baute er sich ein kleines,

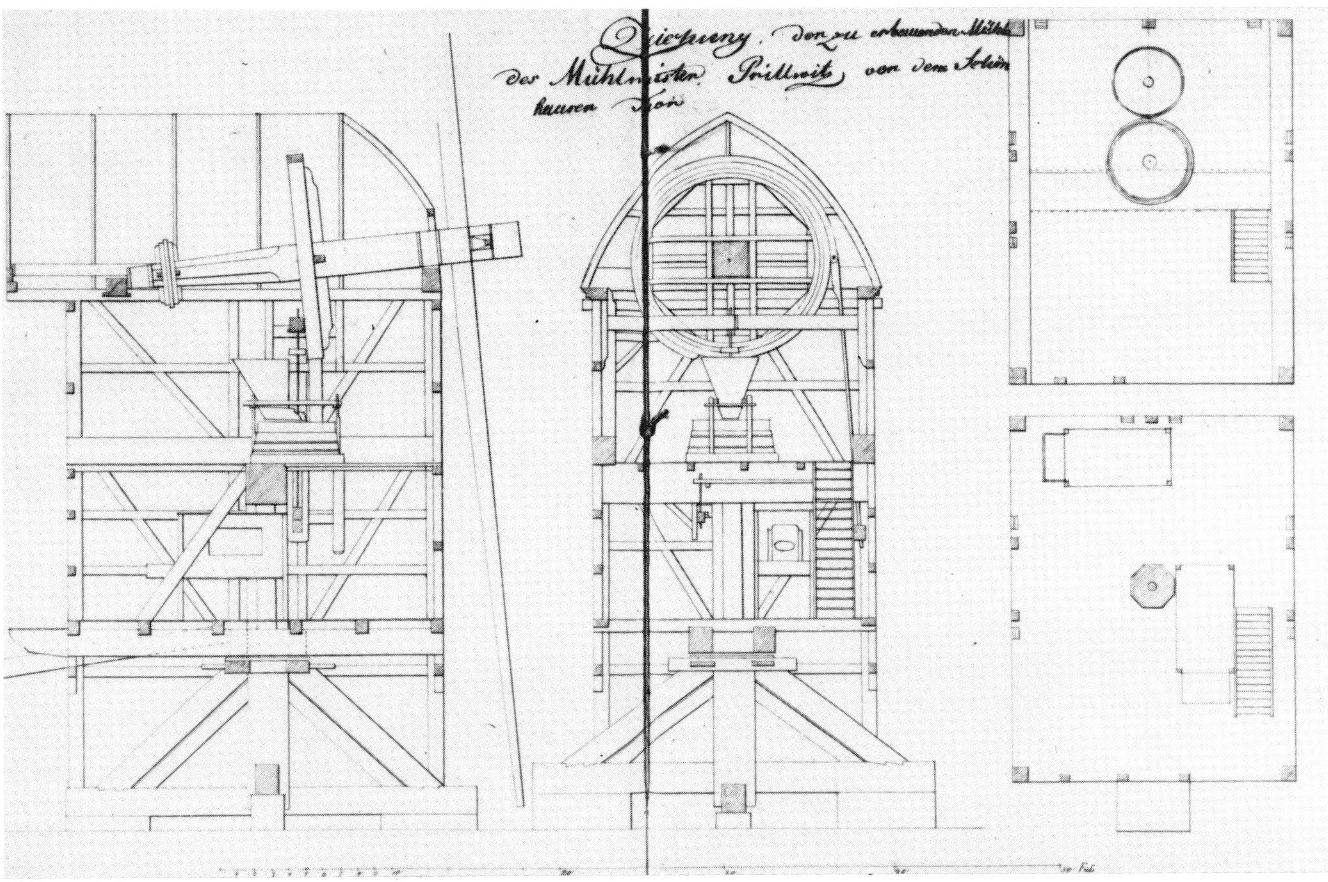

Bockwindmühle (15) 1833, Schönhauser Allee 73

einstöckiges Wohnhaus (36 × 29 1/2 Fuß), in dem er 1837 eine Bäckerei und ein Mehlgeschäft anlegte.

Im Frühjahr 1839 errichtete Prillwitz wiederum ohne polizeiliche Genehmigung, 120 Schritt von der Mühle, 250 Schritt vom Wohnhaus entfernt, einen »Ziegelofen in der Erde zum brennen ... mehrerer Tausend Mauersteine«, angeblich nur für ein von ihm geplantes Quergebäude. Die heimliche Ziegelbrennerei in einer tiefen Grube, nach Angaben eines befragten Wachtmeisters von der Chaussee aus nicht zu sehen, kam durch den Verkauf der Mauersteine »zu dem sehr geringen Preis von $1^1/_2$ Reichsthalern pro mille« heraus, denn die Steine waren »von schlechter Beschaffenheit«. Weil es kein Gesetz gegen den Verkauf minderwertiger Steine gab, beanstandete die Behörde den ohne Erlaubnis und dazu auch schlecht gebauten Ofen des Müllers. Er sollte ihn abreißen.

In seinem Protest wies Prillwitz auf andere ohne Erlaubnis gebaute Öfen hin: den Ofen des Gastwirts Spiegelberg »vor dem Prenzlauer Thor«, den des Mühlenmeisters Neumann »vor dem Neuen Königsthor«, den des Gutsbesitzers Wollank »vor dem Rosenthaler Thor«. Griebenow hatte sogar vier Öfen ohne Erlaubnis eingerichtet: »3 Öfen rechts zwischen der Pankower und Prenzlauer Chaussee«. Der erste Ofen aus gemauerten Steinen stand bereits seit 15 Jahren; zwei weitere »ziemlich entfernt« waren »Erdöfen seit dem vorigen Frühjahr«, »der vierte Ofen, links der Pankower Chaussee am sog. Wüstenwege (= Verlorener Weg, spätere Schwedter Straße), ebenfalls ein Erdofen und im vorigen Frühjahr angelegt« (nach Angaben »des Lehrers Dahlheim, der alle schriftlichen Arbeiten für den p. Griebenow bearbeitet«); des Mühlenmeister »Runzlers Grube lag nahe der Grenze vom Dollinsky«. 1840 reichte Prillwitz den Antrag auf Bauerlaubnis für den Ofen nach. 1844 erfolgte der Bau des geplanten Quergebäudes.

Am 2. 12. 1845 überschrieb der Mühlenmeister Carl August Leopold Prillwitz wegen zunehmender Erblindung, verbunden mit einem Hirnleiden, den Besitz an seine zweite Ehefrau, Caroline Juliane Auguste, geb. Buckow. Seit 1854 völlig erblindet, wurde er 1858 von Blattern befallen.

Wie unglaublich groß damals (1857; vgl. auch Zeitler, S. 126) die Wohnungsnot war, zeigt uns ein Aktenvorgang: Auf dem nicht heizbaren Dachboden des Vorderhauses (36 × $29^1/_2$ Fuß, d. h. 11 × 9 m, »in der Mitte nur eine Höhe von $7^1/_2$ Fuß«) hausten unter den unverputzten Dachziegeln fünf Parteien, darunter Familien mit Kindern; zwei Webstühle klapperten bis tief in die Nacht. Wegen dieser erschreckenden Zustände verlangte die Polizei den sofortigen Umzug der Mieter oder deren Einweisung ins Arbeitshaus. Welch eine Alternative! Prillwitz, wegen der ohne Genehmigung erfolgten Vermietung zur Rede gestellt, gab an, nur aus »reinster Mildtätigkeit« und »Menschlichkeit« die Mieter unentgeltlich aufgenommen zu haben. Verhöre zeigten jedoch, daß er, zumindest von einzelnen Mietern, 10 Sgr./Woche verlangt und bekommen hatte.

Zur Anlegung der »neuen Berliner Verbindungsbahn«, quer über das Grundstück, mußte eine etwa 1 Morgen, 70 □ R große Parzelle verkauft werden. Am 20. 11. 1867 erfolgte ihre Übergabe lt. Vertrag vom 12. 10./8. 11. 1867 »an den Königlichen Fiskus, vertreten durch die Königliche Direktion der Niederschlesisch Märkischen Eisenbahn hierselbst«. Die Mühle stand nun nördlich des Eisenbahngeländes.

Am 25. 2. 1869 verkaufte die Witwe Prillwitz den Besitz an ihren Stiefsohn, den Mühlenmeister Karl August Leopold Prillwitz (d. J., 1830 bis 1877). Ihm folgte als Eigentümerin seine Witwe Marie Elisabeth Clara, geb. Schulze.

Nach einem Brief vom 28. 2. 1879 aus den »Acta des kgl. Pol.-Präsidii zu Berlin« hatte der Mühlenmeister Wilhelm Ehrich von der Witwe des jüngeren Prillwitz zu dieser Zeit die Mühle gepachtet und an der Mühlenanlage schon ein Jahr gearbeitet. Der Zustand der Mühle war mittlerweile für Passanten lebensgefährlich geworden, so daß viele Reparaturen notwendig waren. Im Holz, besonders in dem des Hauptständers, saß der Holzwurm, und die Mühle hatte sich unter der Last nach vorn verzogen. Deshalb brauchte Ehrich zwei Jahre lang keine Pacht zu bezahlen, ja, er bekam noch 450 Mark dazu. In dieser Zeit heiratete die verwitwete Prillwitz den Witwer Carl Louis Emil Schröder, Mühlenmeister und Besitzer der Mühle (22), der am 17. 4. 1879 Eigentümer wurde und 1882 als zweites Quergebäude eine Pianofabrik baute. Im August 1879 war die Mühle noch in Betrieb. Bald kam ihr Ende: »Rapport über das am 18. Juli 1886, vormittags 9.49, gemeldete Feuer auf dem Grundstück Schönhauser Allee 73. Auf dem zum genannten Grundstück gehörigen Hinterlande brannte eine außer Betrieb befindliche Windmühle. Löschmaßregel: Mit einer großen Handspritze. Ursache: Vermutlich Brandstiftung.«

Der Sohn des verstorbenen Carl August Leopold Prillwitz, Johann Theodor Karl, errichtete im südlichen Seitenflügel des zweiten Hofs des mittlerweile umfassend bebauten Grundstücks eine Schrotmühle, die um 1900 elektrifiziert wurde. Zwei Gasmotoren zu je 45 und 90 PS lie-

Die Schrotmühle von Prillwitz um 1900, Schönhauser Allee 73

Die Gasmotoren der Schrotmühle (45 und 90 PS)

ferten die Energie. Mit diesem Strom wurden auch die Häuser im Bereich Schönhauser Allee/ Stargarder Straße versorgt. Im alten Müllerhaus befand sich zu dieser Zeit eine Gastwirtschaft, deren Wirt Reichstagsabgeordneter der SPD war. Hier kehrten die Maurer und Handwerksgesellen der umliegenden Großbauten ein, pflegten sie ihren Mitgliedsbeitrag zu bezahlen und hielten auch ihre Versammlungen ab (Cl. Häberer, persönl. Mitt.). 1898 mußte das Vorderhaus einem Neubau weichen, der Ende des zweiten Weltkrieges, am 24. 4. 1945, abbrannte. [675]

Der unter der Leitung von Pächtern, den Mühlenmeistern Kirmse, Vogt, Kahlow, weitergeführte Betrieb »Schrot- und Quetschmühle und Verkauf von Futtermitteln« wurde am 30. 4. 1968 geschlossen.

Die Geschichte der Familie Prillwitz weist auf einen weiteren interessanten Aspekt hin; sie zeigt, wie stark sich die großen Müller- und Akkerbürgerfamilien verschwägert hatten. Das betrifft vorzüglich die Familien Prillwitz, Mack, Rothenbach, Bachmann und Hase. So war die letzte Besitzerin (in Erbengemeinschaft) des Grundstücks, Clara Magda Häberer (1899 bis 20. 3. 1978), eine geborene *Prillwitz*, ihre Mutter Anna Martha (1871 bis 1934) eine geborene *Rothenbach*, deren Mutter Emilie Martha (oder Emilie Dorothee Luise) (1836 bis 1915) eine geborene *Mack*, deren Mutter Christina Dorothea (1805 geb.) eine geborene *Bachmann*, deren Mutter Friederike Christine eine geborene *Hase*.

Die Geschichte der Macks beginnt damit, daß Georg Friedrich Mack, 1772 geboren, Sohn eines armen Schulmeisters, als Schneider auf seiner Wanderschaft aus Rummelshausen im Württembergischen nach Berlin kam und Dorothee Sophie, Tochter des 1773 verstorbenen Ackerbürgers Hase, ehelichte. Beider Sohn, Carl Friedrich (1803 bis 1848), heiratete, zunächst widerstrebend, seine Cousine Christine Dorothea, Tochter des Martin Friedrich Bachmann, aus einer anderen bekannten Ackerbürgerfamilie. Für diese Heirat bekamen beide als Hochzeitsgabe den Grundbesitz eines gemeinsamen Onkels namens Goetzke, der kinderlos geblieben war. Goetzke hatte die Heirat zur Bedingung gemacht, um sein Vermögen der Familie zu erhalten. (Carl Friedrich hatte eine Braut in Oranienburg. Weil beide aber arm waren, konnte an Heirat nicht gedacht werden.)

Die Ländereien aller drei Familien, die Carl Friedrich Mack beerbte – von Hase, wohnhaft Brunnenstraße, am späteren Humboldthain, von Goetzke, Dragonerstraße 19, und von Martin Friedrich Bachmann, Linienstraße – lagen 1822 beiderseits der Brunnenstraße.

Aus der Ehe Mack-Bachmann gingen zwei Kinder hervor: Carl Friedrich Gustav Mack (1833 bis 1903) und Emilie Martha Mack (1836 bis 1915). Hier ist bemerkenswert, daß beide in die gleiche Familie, die Familie Rothenbach, einheirateten; er nahm Auguste Emilie Rothenbach zur Frau, sie heiratete den Mühlenmeister und Gutsbesitzer Herrmann Albert Rothenbach (1828 bis 1903) aus Heinersdorf bei Berlin.

Carl Friedrich Gustav Mack, der zunächst noch seinen Acker selbst bestellt hatte, führte seit 1870, nachdem er durch Bodenspekulation ein Millionenvermögen erworben hatte, das Leben eines wohlhabenden Rentiers. Er »machte Reisen; sehr gern fuhr er nach Warnemünde, angelte dort oder ließ sich von einem Fischer segeln«. Nun richtete er sich am Fuß des Windmühlenbergs in der Schönhauser Allee 5 ein »Patrizierhaus« ein, kaufte später das Haus Nr. 4 hinzu und verband beide Häuser durch einen Mauerdurchbruch miteinander.

Im Haus »Nr. 3 befand sich die Mühlsteinfabrik von Schulze (lt. Mitgliederverzeichnis 1879 Mühlen-Mstr. Wilh. u. Aug. Schulze). Der helle Ton dieser durch die Arbeiter beklopften Mühlsteine hatte die Ohren der Umwohner so an sich gewöhnt, daß er während der Mittagspause der Arbeiter durch sein Vermißtwerden auffiel. Dieser Mühlsteinfabrikant Schulze war der Typ des witzigen, fixen Berliners. Gustav M. erzählte von ihm, daß er einmal ein Buch zur Ansicht zugeschickt erhalten hatte, das er, da es nicht bestellt und von ihm gewünscht war, gar nicht beachtete und fortgeworfen hatte. Das hatte eine Klage zur Folge auf Grund der Bestimmung, daß auch unerwünschte Zusendungen zur Wiederabholung aufbewahrt werden müssen. Schulze rächte sich an dem Buchhändler dadurch, daß er einen alten Mühlstein in seinen Laden bringen ließ.«

Gustav, wie der Millionär genannt wurde, hatte einen erheblichen Teil seiner Landwirtschaft westlich der Brunnenstraße (Humboldthain bis zur Gartenstraße) an die Stadt Berlin verkauft, nur den östlich davon gelegenen Teil, den heute die Lortzingstraße durchzieht, behalten. Für diesen Rest wollte die Deutsche Bank 1 Million Goldmark zahlen. Statt dessen übernahm sein Sohn Carl Gottlieb Gustav (geb. 1868) als gelernter Bankfachmann 1893 die Verwertung des noch vorhandenen väterlichen Grundbesitzes und die Verwaltung des Vermögens. In drei Jahren (1896) hatte er aus »... Millionen Mark eine fünffach vervielfachte Summe« herausgewirtschaftet.

Nach dem 1903 erfolgten Tod seines Vaters Gustav kam es im Verlauf der Besitzaufteilung zur »gänzlichen Entfremdung« zwischen allen Familienmitgliedern. Die dem ersten Weltkrieg folgende Inflation zerstörte das Macksche Vermögen. Carl Gottlieb Gustav Mack, einst mehrfacher Millionär, fiel der öffentlichen Wohlfahrt anheim.

Auf dic ebenfalls bemerkenswerte Familiengeschichte der Rothenbachs soll hier ergänzend nur kurz eingegangen werden: Als erstes Berliner Glied hatte der 1748 in Frankfurt (O.) geborene Wilhelm Ludwig Rothenbach das Berliner Bürgerrecht erworben und war Gastwirt und »Kreisausreuter« geworden. Sein Sohn Gottlieb Heinrich (1796 bis 1860) erlernte das Müllerhandwerk, und dessen Sohn Herrmann Albert (1828 bis 1903) wurde Mühlenmeister in Heinersdorf (Rothenbachstraße 1). Er heiratete, wie oben beschrieben, Emilie Martha Mack. Von den acht Kindern aus dieser Ehe gingen zwei eine Verbindung mit der alten Mühlenbesitzerfamilie Prillwitz ein: Otto Albert Rothenbach nahm sich Agnes Prillwitz zur Frau, seine Schwester Anna Martha (1871 bis 1934) heiratete Johannes Theodor Karl Prillwitz (fünf Töchter.) [676]

Nr. 16 Holländische Windmühle

Standort der Mühle: an der Nordseite des S-Bahnhofs Prenzlauer Allee auf dem vorspringenden, aus Klinkern gemauerten Unterbau (Kanzowstraße 15)

Standzeit: 1844 bis 1873

1. Mühle von 1844 bis zum 10. 1. 1852
2. Mühle von 1852 bis zum 22. 6. 1861
3. Mühle von 1861 bis zum 11. 12. 1863
4. Mühle von 1864 bis zum 26. 5. 1869
5. Mühle von 1869 bis zum 7. 2. 1873

Der massive Unterbau als »Turm« brannte nach O. Behrendt 1904 aus.

Standort des Müllerhauses: Prenzlauer Allee, zwischen Nr. 177 und 178 (Kanzowstraße)

Besitzer: Mühlenmeister Johannes Gottlieb Kleinau (Kleinert), ab 1844

»verehelichte Mühlenmeister« Anna Luise Bertha Schmaltz (Schmalz), geb. Martini, ab 1871

Geschichte:

Nach den »Acta des kgl. Polizei-Präsidii zu Berlin betreffend den Mühlenneubau des Mühlenmeisters Gottl. Joh. Kleinau an der linken Seite der Chaussee vor dem Prenzlauer Thore« wollte Kleinau, wohnhaft Schönhauser Allee 179, am 18. 8. 1843 seine holländische Windmühle (7) auf dem Windmühlenberg abbrechen und an der Prenzlauer Chaussee am Chausseestein Nr. 50 neu errichten.

Dazu wurde ihm die Genehmigung verweigert, weil sein Grundstück an der Prenzlauer Chaussee nur eine Breite von insgesamt 6 1/2 Ruten besaß, während je 5 1/2 Ruten nach den Seiten vorgeschrieben waren. In seiner Eingabe wies Kleinau darauf hin, daß bei Hänsch (20), Preuß (19) und Schröder (22) die Grundstücke nur 8 Ruten, bei Bobbe (21) sogar nur 7 Ruten, 8 Fuß breit wären. Deren Mühlen besäßen als Bockmühlen mit dem Sterz einen Durchmesser von 84 Fuß, ein Holländer dagegen 30 Fuß, zusätzlich 2 × 5 Fuß für den Sterz, d. h. insgesamt nur einen Durchmesser von 40 Fuß. Deshalb wäre für seine geplante Mühle viel weniger Raum nötig. Außerdem würde der Boden »in der Nähe der Residenz« immer kostbarer, so daß überall nur das zum Bau notwendigste Land gekauft werde. Diese Begründung hatte Erfolg. Am 28. 12. 1843 erteilte man ihm die Bauerlaubnis; doch am 1. 2. 1844 brannte diese Windmühle, deren Abbruch schon begonnen hatte, »unter Umständen, die den Kleinau verdächtigten«, ab. Im Vertrauen auf das von der Feuerversicherung zu erwartende Geld bat er am 30. 5. 1844 um die Erlaubnis zum Bau eines Wohnhauses und eines Stalls. Außerdem wollte er die geplante Mühle um eine Etage erhöhen. Die Mühle sollte also wie bisher zwei massive Unteretagen, jedoch eine Hochetage mehr, und die untere massive Etage einen eine Einfahrt bildenden Flügelanbau in Richtung der Chaussee sowie eine ringsherumlaufende Erdanschüttung erhalten. In der Bauzeichnung waren vier Mahlgänge angedeutet, aber es sollten zunächst nur drei Gänge gebaut werden. Für das Wohnhaus (33 × 30 Fuß) waren eine Etage mit zweiseitigem geradem Dach und vier Fenster vorgesehen.

Kleinau fing an zu bauen, und am 15. 11. 1844 war der Holländer an der heutigen Prenzlauer Allee fertig. In der Zwischenzeit entstand nun folgende Situation: Wie schon berichtet, hatte sich C. T. Herrmann 1841 auf dem Mühlenberg die alte Mühlenstelle (8) gekauft, um neben seiner Mühle ein kleines Haus zu bauen. Zunächst bekam er Schwierigkeiten wegen der zu geringen Entfernung des geplanten Neubaus zu den benachbarten Mühlen, d. h. zu seiner eigenen (1) und der des Meisters Kleinau (7), hatte dann aber das Glück, daß Kleinau seine Mühle an die Prenzlauer Chaussee versetzen wollte.

Als am 1. 2. 1844 Kleinaus Mühle abbrannte, bestand also keine Absicht zum Wiederaufbau der Mühle (7) am alten Standort, wie auch aus einer Anzeige vom 16. 8. 1844 in den Herrmannschen Akten hervorgeht. Herrmann bekam die Bauerlaubnis und baute sein Haus und den Stall (8) in der Metzer Straße 13.

Jetzt kam Kleinau in arge Bedrängnis. Er hatte nämlich eine Kleinigkeit übersehen: Das Brandentschädigungsgeld vom Magistrat konnte er nur erhalten, wenn er die abgebrannte Mühle wieder auf der *alten* Stelle errichten würde. Also legte er am 23. 10. 1844 seine Bauzeichnung zur Genehmigung vor, jedoch in erweiterter Form, u. a. mit einer Windrose an einer auf Rollen gelagerten Haube, vier Mahlgängen mit je einem Sechskantzylinder, wobei jeder dieser Sichter eine größere Mehlausbeute von höherer Qualität liefern sollte.

Prompt erfolgte eine doppelte Reaktion, und zwar aufgrund des Mühlenediktes vom 28. 10. 1810: Nach § 6 des Mühlenediktes mußte ein Mühlenbau usw. den Nachbarn bekanntgegeben werden, und sofort protestierten Seibt, Herrmann und Dedlow: Ihnen würde nicht nur der Wind abgeschnitten, sondern es würde auch Gefahr für ihre Mühlen, namentlich für das Wohnhaus des Herrmann, drohen. (Hier drehte Herrmann den Spieß um und verwendete die seinerzeit gegen ihn erhobenen Gründe.) Gegen den Aufbau der alten Mühle hätte keiner etwas einzuwenden. Jedoch durch die von Kleinau geplante Galerie würde die Mühle mindestens 10 Fuß höher werden, wodurch die anderen unbedingt an Wind verlieren müßten. Ebenso würde beim Abfliegen eine Flügels, sowohl für die anderen Mühlen als auch für das Wohnhaus Herrmanns, Gefahr herbeigeführt, da sämtliche Baulichkeiten niedriger liegen würden als die von Kleinau zu erbauende Windmühle. Die drei Mühlenmeister schrieben: »Wir sind sämtlich Familienväter, die bei den gegenwärtigen gedrückten Handels-Conjuncturen mit schweren Sorgen zu kämpfen haben, um außer der Unterhaltung unserer Familien, auch unsere sonstigen Pflichten zu erfüllen und die mit unserem Gewerbebetriebe verbundenen drückenden Lasten ... zu erschwingen.

Wieviel schwerer muß uns dies werden, wenn durch die neue Anlage einer Mühle in unserer nächsten Nachbarschaft unser bisheriger Verdienst noch geschmälert wird. Gleichwohl sehen wir ein, daß bei der jetzt geltenden Gewerbefreiheit, der uns durch diese neue Anlage in gewerblicher Beziehung entstehende große Nachteil, nicht Berücksichtigung bei der Behörde finden wird; indessen halten wir uns im Interesse unseres Eigentums verpflichtet, einen anderen Umstand zur Sprache zu bringen, der die Anlage der Mühle in der beabsichtigten Konstruktion als gefährlich erscheinen läßt.

Der Windmühlenberg, auf welchem unsere Mühlen stehen und wohin auch die Mühle des Kleinau gebaut werden soll, ist bekanntlich von nicht unbeträchtlicher Höhe. Der Kleinau will nun seine neue Mühle noch auf einer 24 Fuß hohen Galerie erbauen, was wir, als für unsere Gebäude sowohl, so wie für unsere Familien und andere Vorübergehende für lebensgefährlich halten, und deshalb dagegen protestieren müßten.

Es liegt bei keiner Mühle außer der Möglichkeit, daß bei starkem Winde eine Rute sich lösen kann und herabgeschleudert wird. Bei gewöhnlichen Mühlen, wie die unseren, kann dadurch bei der geringen Höhe, kein großer Schaden entstehen. Bei der von Kleinau beabsichtigten Bauart, auf einer Galerie von 24 Fuß (auf der Zeichnung waren sogar 27 Fuß, bei einer Gesamthöhe von 76 Fuß, vorgesehen), würde das Herabfliegen einer Rute aber, sowohl für Menschen, als auch für die nahestehenden Gebäude – das Wohnhaus des unterzeichneten Herrmann ist nur circa 60 Schritt von dem Bauplatz der neuen Mühle entfernt – gefährlich sein, weil die Kraft des Fluges sich bei der bedeutend größeren Höhe ungemein verstärkt und eine so hoch herabgeschleuderte Rute alles zerschmettern würde, was es trifft.

Wir finden aber, daß der Kleinau für jeden uns durch solches Unglück zugefügten Schaden, keine Garantie leisten kann, sondern halten uns in unserem Gewissen verpflichtet, uns, unsere Familien und unser Eigentum vor Schaden zu bewahren. ...« Unterschrieben von Herrmann, Dedlow und Seibt.

Wie wir sehen, legten die drei Meister das Hauptgewicht in ihrer Eingabe auf die Gefahr, bedingt durch die Bauhöhe. Bekanntlich war der Mühlenberg zu dieser Zeit ein beliebtes und stark frequentiertes Ausflugsziel der Berliner. Wegen der bestehenden Gewerbefreiheit konnten sie der Behörde gegenüber die eigentlichen Argumente für ihren Widerstand gegen den geplanten Mühlenbau nicht nennen.

Ein *moderner Holländer* war nämlich *bei kleinerem Raumbedarf* an kostbarem Boden *stabiler und geräumiger* als eine Bockwindmühle, konnte als Getreidemühle eine *größere Anzahl von Mahlgängen und sonstigen Müllereimaschinen aufnehmen,* durch eine höhere Bauweise den *Wind besser ausnützen* und damit den *gestiegenen Energiebedarf decken,* verbunden mit einer *Steigerung der Produktion* auf das mehr als Vierfache. Es gab durch den Einsatz der Sechskantzylinder eine *höhere Qualität des Produktes,* durch automatische Einstellung der Mühle gegen den Wind eine *Zeitersparnis* und den Wegfall eines Teils der schweren körperlichen Arbeit, somit *erleichterte Arbeitsbedingungen* bzw. eine *Personaleinsparung.*

Dies alles müssen wir uns ganz klar machen, um die Angst der Mühlenmeister zu verstehen. Durch diesen technischen Fortschritt wären sie nicht mehr konkurrenzfähig gewesen.

Doch das Schicksal von Kleinaus großem Entwurf wurde durch den § 5 des obengenannten Mühlenediktes besiegelt: Mühlen außerhalb der Ringmauern mußten mindestens 10 Ruten vom Nachbargrundstück entfernt sein. Infolgedessen konnte keine Baugenehmigung erteilt werden.

In seiner Eingabe betonte Kleinau, auch er lebe »in dürftigen Verhältnissen mit einer starken Familie«. Außerdem hätte er Hypothekengelder auf

Altes Familienwappen Kleinau

Familienwappen Kleinau 1917

dem abgebrannten Grundstück, deren Zinsen mit jedem Quartal wachsen. Er wäre zugrunde gerichtet, wenn ihm nicht geholfen würde, denn was die eine Behörde (Polizeipräsidium) verbiete, verlange die andere (Magistrat). Da seine alte Mühlenstelle die gleiche Entfernung zum Wohnhaus des Herrmanns wie dessen Mühle habe, so wäre wohl wegen des Entfernung nichts einzuwenden. Er würde auch die zu erbauende Mühle eine Etage niedriger halten.

Trotzdem wollte das Polizeipräsidium keinen Mühlenbau zulassen. Kleinau könne doch vielleicht ein Haus statt einer Mühle errichten, um zu seinem Geld zu kommen. Aber Kleinau kämpfte weiter, erhielt endlich durch eine Marginalverfügung des Ministeriums des Innern am 6. 6. 1845 die Erlaubnis zum Aufbau der Mühle und kam doch nicht zur Ruhe: Wie zum Beweis der angeführten Eingabe flogen Mitte September 1845 die Flügel der Mühle des Mühlenmeister Pfahl (Pfuhl), »vor dem Landsberger Thore«, ab und wurden beinahe 10 Ruten (d. h. 50 Schritt) vom Wind fortgeschleudert.

Kleinau, an der Prenzlauer Chaussee mit dem Bau seiner Mühle (16) und den anderen Baulichkeiten (Wohnhaus und Stall) beschäftigt, fast zum Bau eines weiteren Wohnhauses auf dem Mühlenberg entschlossen, bekam zwar vom Magistrat Geld bewilligt, aber nur die Hypothekengelder. So wollte er am 1. 12. 1845 »wegen der schlechten Geldverhältnisse, die im Laufe der Zeit entstanden« waren, doch die Mühle (7) aufbauen.

Wie die Geschichte weiterging, davon wissen wir nur wenig. Der Mühlenbau (7) auf dem Windmühlenberg jedenfalls fand bis auf wenige Fuß Mauerwerk nicht statt. Wir wissen auch nicht, wie Kleinau seine hochfliegenden Pläne neben seinen Bauarbeiten an der Prenzlauer Chaussee finanzieren wollte. Für uns sind diese Aktennotizen jedoch wertvoll, denn sie zeigen uns den Existenzkampf in aller Härte, den Konkurrenzkampf der selbständigen Mühlenmeister untereinander und ihren Kampf mit den Behörden. Außerdem verdanken wir diesen Akten die Konstruktionspläne der Mühlen, auch zur Rekonstruktion der holländischen Windmühle (7).

Übrigens erging es dem Mühlenmeister Dörfer zehn Jahre später nicht anders. Auch er stieß mit seinen Plänen bei den Nachbarn auf erbitterten Widerstand und mußte sich zunächst mit dem Bau einer Bockwindmühle begnügen, die er erst nach 1861 durch einen modernen Holländer ersetzen konnte.

Doch wer war nun dieser Gottlieb Kleinau mit seinem ungewöhnlichen Drang zu immer neuen und moderneren Mühlen? Woher hatte er die Konzeption für den Großholländer, bzw. wer hatte diesen entworfen? Eine Antwort fand sich in der Familiengeschichte der Kleinaus, die seit über 300 Jahren Müller bzw. Mühlenärzte waren. Gottlieb Kleinau war Müller in der neunten Generation. Abgesehen von vielen fehlenden Berufsbezeichnungen, konnten über 90 Müller in dem Geschlecht nachgewiesen werden.

Als selbständige Mühlenbesitzer führten sie ein Müller-Berufswappen, das im grünen Felde einen Zirkel mit einer Mühlsteinpicke zeigt. Die älteste

Abbildung stammt von einem Leichenstein aus dem Jahre 1675. »Die Mühlsteinpicke ist das Sinnbild des Müllers. ... Der Zirkel das Sinnbild des Zimmerers, weil der Müller in früheren Zeiten zugleich Zimmerer war, um etwaige Schäden an der Mühle selbst auszubessern. Das Wappen ist über 300 Jahre in der Familie geführt worden und damit zum Familienwappen im heutigen Sinn geworden.« Dem Geschmack der wilhelminischen Zeit entsprechend, wurde es verändert und von Andreas Kleinau durch Urkunde vom 21. 12. 1917 erneuert: »In Grün eine schräglinks gelegte goldene Mühlsteinpicke, durch deren Öffnung der rechte Schenkel eines schrägrechts gelegten goldenen Zirkels gesteckt ist; Helmzier: 3 goldene Kornähren mit Blättern; Helmdecken: grüngold.« [677] Der Entwurf und die Ausführung erfolgten durch Otto, den Hofgraveur des Kaisers. [678]

Nach Hermann Kleinau sind die Kleinaus (Kleinov, Kleinow, Klenau, Klenow), deren Name wohl vom Herkunftsort, dem Dorfe Kleinau, Kreis Osterburg, stammt, vermutlich in der zweiten Hälfte des 15. Jahrhunderts aus der Altmark in die Magdeburger Börde eingewandert.

Da sie beispielhaft für die Genealogie einer alten Müllerfamilie ist, wird diese hier aufgeführt:

I. *Jacob (d. Ä.):* geb. um 1535, gest. 1599; vor 1568 Halbspänner und Windmüller in Dahlenwarsleben, hatte einen Wohnhof und als Erbmüller eine Windmühle vor dem Dorf zum Erbzins vom Magdeburger Domkapitel; am 29. 9. 1595 erfolgte die Erneuerung seiner Belehnung.

(Ein Halbspänner war der Besitzer eines halben Gespanns bzw. einer halben Hufe, auch Halbhufer oder Halbbauer genannt, und als sogenannter Pferdebauer spanndienstpflichtig. Dem Erbmüller gehörte die Windmühle, die er vererben durfte, als sogenanntes Untereigentum. Dem Obereigentümer, dem Besitzer des Vorkaufrechtes, war er erbzinspflichtig.)

II. *Jacob (d. J.):* geb. um 1575, gest. vor 1635; 1635 (1631 Magdeburgs Zerstörung im Dreißigjährigen Krieg) war sein Hof wüst; er besaß 1/2 Hufe Land, eine wüste Stätte (Garten), ein Wohnhaus und eine Windmühle in Dahlenwarsleben.

III. *Nicolaus:* geb. um 1620, gest. 1683; Müllermeister und Halbspänner; Erbe des Jacob (d. J.), mit dessen Besitz er am 3. 7. 1673 vom Magdeburger Domkapitel belehnt wurde; Ehefrau starb am 10. 9. 1682 an der Pest. Mindestens 9 Kinder.

IV. *Palm*: geb. um 1654, gest. 1716; ältester Sohn; Windmüllermeister und Anspänner, Kirchvater; heiratete 1679 nach Irxleben und wurde dadurch Besitzer des Kossätenhofs mit 1 Hufe Land und der Windmühle seines Schwiegervaters; ab 1707 Besitzer eines gekauften Halbspännerhofs am Mühlentor und der Windmühle. 7 Kinder.

V. *Andreas:* geb. 1680, gest. 1741; ältester Sohn; Halbspänner, Dorfrichter und Krüger in Irxleben. 3 Kinder aus erster und 8 Kinder aus zweiter Ehe.

VI. *Joachim:* geb. 1717, gest. 1787; 3. Sohn; 1742 Mühlenbursche in Irxleben; nach der Hochzeit 1743 bis 1753 Pachtmüller in Bardeleben; seit 1754 in Diesdorf; ab 4. 12. 1764 Mühlenmeister (»Innungsverwandter wie auch Ober-, Wind- und Wasser-Müller«), *Mühlenbauer,* Eigentümer der obersten Wassermühle Klein Ottersleben und der Windmühle vor dem Dorf. 10 Söhne aus erster und 7 Kinder aus zweiter Ehe.

VII. *Johann Samuel:* geb. 1757, gest. 1813; 7. Sohn; 1778 Müllerbursche in Lemsdorf; 1783 Müllergeselle in Kloster Berge bei seinem Bruder Christian, 1784 Mühlenknappe, Mehlhändler, 1786 Kossät und Müllerbursche, schließlich Kossät, Mehlhändler, *Mühlenbauer* und Zimmermeister. 5 Kinder.

VIII. *Johann Andreas Samuel:* geb. 1789, gest. 1860; ältester Sohn; Kossät, *Mühlenbauer* und Zimmermeister. 8 Kinder aus erster und 2 Kinder aus zweiter Ehe.

Johann Andreas Samuel Kleinaus drei älteste Söhne kamen nach Berlin. Der erste Sohn, *Johannes Friedrich Samuel,* studierte. Er ist der Konstrukteur des Großholländers. *Johannes Gottlieb* zog als Müller auf den Prenzlauer Berg, *Johannes Christian Andreas* nach Heinersdorf. *Johannes Palm,* das 10. Kind, ging als Zimmermann und Mühlenbauer nach Rußland, wurde Mühlenbesitzer an der Wolga und bei Moskau und kehrte Anfang 1860 zurück. Der Jüngste, *Konrad Wilhelm Julius Robert,* geb. 17. 8. 1846 in Möckern, gest. 2. 11. 1921 in Zehlendorf, wo die an der Wannseebahn gelegene Kleinaustraße nach ihm benannt ist. Als königlicher Baurat gehörte er zur Leitung beim Bau des Berliner Doms.

IX. *Johannes Friedrich Samuel:* geb. 29. 6. 1811 in Beneckenbeck, gest. nach 1875 in Berlin; ältester Sohn; *Mühlenbaumeister,* 1844 bis 1848 Lehrer am Gewerbeinstitut in Berlin, Klosterstraße 36, einem Vorläufer der heutigen Technischen Universität; wohnhaft in Berlin, Neue Königstraße 5 und 3a, 1846 zusammen mit seinem Bruder Gottlieb; dann Magdeburg-Neustadt; 1859 Hamburger Bürger und Maschinenmeister; 1860 »Mechaniker und Civil-Ingenieur«; 1862 »Architekt und Civil-Ingenieur« in Hamburg; 1875 Ingenieur und Baumeister in Berlin, Linienstraße 80. Kinderlos.

Siegel des Mühlenbaumeisters Joh. Friedr. Kleinau 1848

IX. *Johannes Gottlieb:* geb. 3. 9. 1813 in Lemsdorf, gest. 3. 5. 1875 in Lindenberg bei Berlin an Magenkrebs; zweitältester Sohn; nach der Meisterprüfung 1838 bis 1840 Pächter der holländischen Windmühle (7) auf dem Windmühlenberg, 1840 Besitzer, 1844 Windmühlenmeister an der Prenzlauer Allee im »Kleinau'schen Hause«; 1863, 1865 und 1866 als 2. Altmeister im Vorstand der Innung; 1871 wohnhaft in Heinersdorf. 10 Kinder aus erster Ehe, zweite und dritte Ehe kinderlos.

X. *Julius:* geb. 1838, gest. 1918; ältester Sohn; Mühlenmeister; 1866 bis 1880 Besitzer einer Lohmühle vor dem Schlesischen Tor, Inhaber eines Fourage-Geschäftes.

X. *Eduard:* geb. 1840, gest. um 1878; 3. Kind; Vertreter einer Mühlsteinfirma in Berlin, Schönhauser Allee 3, wohnhaft Schönhauser Allee 4, später Lottumstraße.

X. *Adolf:* geb. 1853, 9. Kind; Müller, sehr wanderlustig, keine weiteren Angaben.

IX. *Johann Christian Andreas:* geb. 1. 3. 1818 in Groß Ottersleben, gest. 17. 3. 1898 in Heinersdorf; Mühlenmeister in Heinersdorf, Prenzlauer Promenade 69; Besitzer eines mit Backstein untermauerten Bock-Holländers, in dem seine Söhne das väterliche Handwerk erlernten. 5 Söhne und 1 Tochter.

X. *Gustav:* geb. 1. 6. 1852 in Heinersdorf, gest. 6. 4. 1930 in Schönerlinde; Mühlenmeister und Besitzer einer Windmühle in Karow, östlich der Blankenburger Chaussee/(nördl.) Straße 42.

X. *Wilhelm August Herrmann:* geb. 30. 6. 1854 in Heinersdorf, gest. in der Nacht vom 13. zum 14. 3. 1937; Müller und Besitzer einer Windmühle in Weißensee, Falkenberger Straße; später übernahm er die väterliche Mühle.

X. *Johann Christian August:* geb. 13. 1. 1856 in Heinersdorf, gest. 10. 3. 1908 in Pankow, 1872 bis 1874 bei seinem Vater das Müllerhandwerk erlernt, Gesellenbrief vom 29. 6. 1874, seit dem 5. 4. 1886 Mühlenmeister der Berliner Müller-Innung; 1883 bis 1907 Besitzer eines Paltrocks in der Prenzlauer Promenade 48; Mühle wurde 1907 nach Zerpenschleuse verkauft und ist dort abgebrannt; 1923 Verkauf des Grundstücks, Verlust des Vermögens durch die Inflation; bis zum Krieg befand sich im Wohnhaus das Gasthaus »Zur alten Mühle«; im Eckgrundstück Treskowstraße war die Brotfabrik Engel, jetzt Ausbildungsstätte des VEB Backkombinat.

X. *Wilhelm:* geb. 9. 4. 1858 in Heinersdorf, gest. 17. 11. 1888 daselbst; Müller.

X. *Robert:* geb. 28. 6. 1859 in Heinersdorf, gest. 13. 4. 1918 in Eberswalde; Mühlenmeister und Besitzer eines Holländers in Heinersdorf, Berliner Straße, Mündung Straße 49. 5 Kinder, Tochter Lieschen Oberschwester im Altersheim Buch, Hufeland-Hospital.

Die Bedeutung einer solchen Familientradition wird offensichtlich, wenn man bedenkt, daß technische Verbesserungen als Erfahrungswerte nur innerhalb der Familie weitergegeben wurden. So hatte man auch die Kunst der Anfertigung eines Windmühlenflügels immer geheimgehalten. »In jeder Mühlenbauerfamilie wurde das sog. Rutenmaß sorgsam verwahrt. ... Hier glaubte jede Familie ihre eigene Erfahrung als maßgebend«, z. B. bei der windschiefen Fläche des Flügels zur Erhöhung der Leistung bzw. die entgegengesetzt schiefe Stellung der Spitze (Topp) bei Benutzung des Segelzeugs. [679]

Anhand der Geschichte dieser Mühle am heutigen S-Bahnhof Prenzlauer Allee ist es aber auch interessant, die Entwicklung des Holländers zur sogenannten Turmwindmühle zu verfolgen: Ursprünglich sollte die Mühle (7) vom Windmühlenberg hierher umgesetzt werden: ein massiver Bockholländer, bis zur Haubenspitze etwa 16 m hoch (errechnete Werte) mit fünf Böden. Der Brand vom 1. 2. 1844 vereitelte die Umsetzung. Die Chronik der Mühlen an diesem Standort:

1. Mühle
Kellerholländer, Bauantrag: 30. 5. 1844, Bauerlaubnis 10. 6. 1844.

Durch den Bau einer Hochetage als neuem Abfüllraum und einer Erdaufschüttung wurde aus dem untersten Boden der Keller, in den man durch den als Einfahrt dienenden Flügelanbau gelangte.

Die Mühle besaß vier Mahlgänge, sechs Böden, etwa 19 m Höhe.

Die Konstruktionszeichnung war vom Mühlenbaumeister Friedrich Kleinau.

Der Brand wurde am 10. 1. 1852 um 22.30 Uhr gemeldet (aus den Rapporten der Feuerwehr): »Die Windmühle liegt etwa 1/4 Meile vor dem Prenzlauer Tor, ca. 150 Schritt links von der nach Prenzlau führenden Chaussee auf einem freien

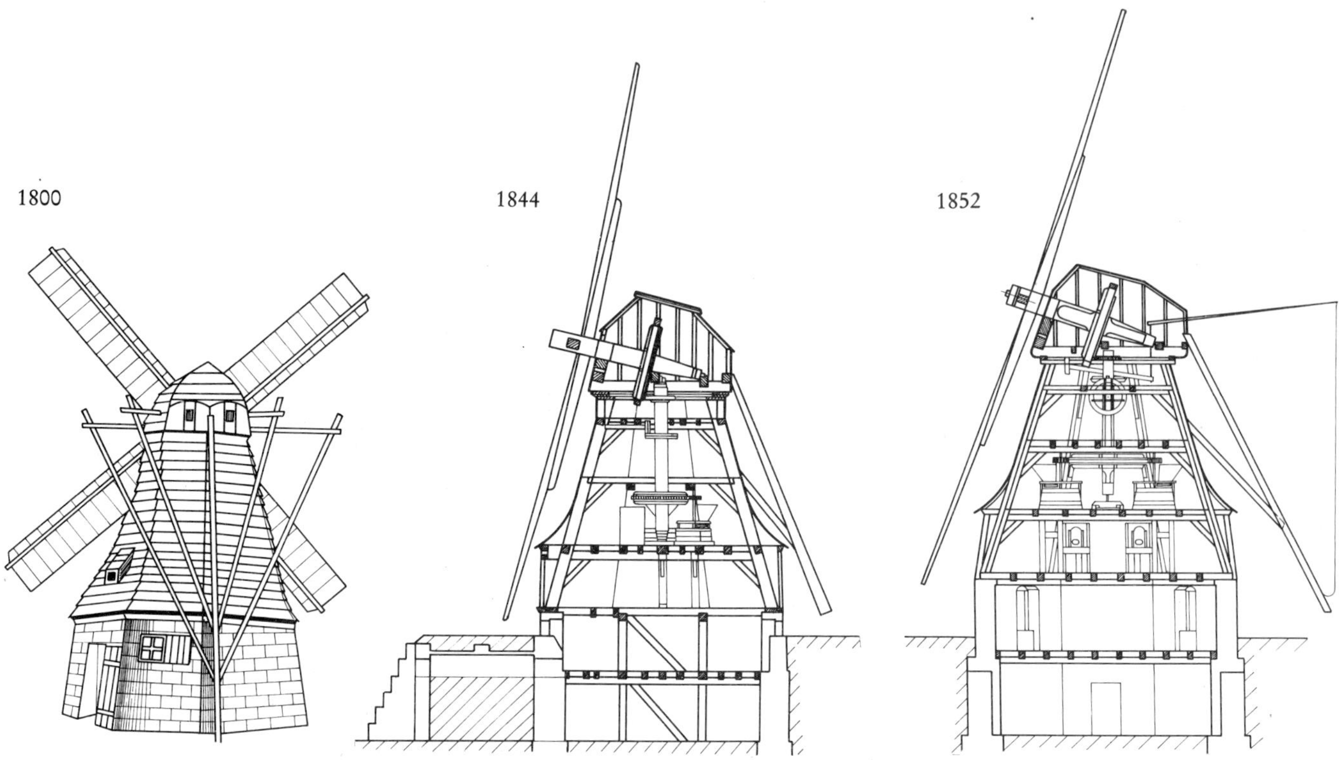

Vom massiven Bockholländer (7) zur »Turmwindmühle« (16) (Neuzeichnung von Birgit Volkmann 1985), Prenzlauer Allee 178, am S-Bahnhof Prenzlauer Allee

Platz. Das ganze Werk brannte. Die Löschung erfolgte durch die Mannschaften der kgl. Feuerwehr durch Abbrechen der hölzernen Verbindungsstücke und deren Ablöschen und Bedecken mit Boden. Das Feuer entstand durch zu schnelle Bewegung des Werkes bei dem statthabenden Winde. Der Branddirektor (Scabell), der Inspektor, 3 Brandmeister und der größte Teil der Mannschaften der kgl. Feuerwehr war mit ihren Löschgeräten zu Stelle; es kamen 4 Spritzen zur Tätigkeit.«

2. Mühle:
Kellerholländer, Bauantrag: 6. 2. 1852,
Bauerlaubnis: 24. 2. 1852.

Für diesen Bau waren zwei Mahlgänge vorgesehen. Die Mühle wurde im ganzen stabiler gebaut und die massive Unteretage bis zur Fußbodenhöhe des Sackbodens hochgezogen, mit zusätzlicher Anlage einer überwölbten Geschirrkammer im Kellergeschoß. Deutlich ist auf der Bauzeichnung die Bremsvorrichtung zu erkennen; sechs Böden, etwa 20 m Höhe.

Die Konstruktionszeichnung war vom Rats-Maurermeister Gottfried Andreas Christian Lindner.

Der Brand wurde am 22. 6. 1861 um 17.06 Uhr gemeldet: »Holländische Windmühle brannte vollständig nieder. 2 Spritzen waren im Einsatz. Angeblich hat der Blitz in die Mühle geschlagen und dieselbe entzündet.«

3. Mühle:
Zwickstell- oder Galerieholländer,
Bauantrag: 2. 7. 1861,
Bauerlaubnis 13. 7. 1861.

Mit diesem Bau verwirklichte Kleinau seine 1844 geplante »Großwindmühle«. Den Mehlboden mit den Müllereimaschinen führte er als dritte Unteretage massiv aus. Dadurch standen die (wahrscheinlich) vier Mahlgänge auf einem festen Fundament. Außerdem erhöhte er die Mühle um eine Hochetage. Durch Verlängerung der Königswelle befanden sich die Mahlgänge auf dem vierten Boden. In Höhe dieses Steinbodens wurde eine Galerie angebracht. Durch einen Anbau, zwei Stock hoch mit einem Erdgeschoß, entstand das Treppenhaus. An diesem Holländer konnte Kleinau auch seine lange geplante Windrose anbringen, die Vorrichtung »zum selbst vor Wind ziehen«. Die Mühle hatte sieben Böden, etwa 25 m Höhe. Die Konstruktionszeichnung war vom Rats-Maurermeister G. A. C. Lindner.

Der Brand der Mühle wurde am 11. Dezember 1863 um 10.40 Uhr gemeldet: »Holländische Windmühle war in vollen Flammen und wurde bei der Heftigkeit des vorhandenen Sturmes völlig zerstört, so daß ein Ablöschen der einzelnen Teile erst nach dem Zusammensturz bewirkt und weiterer Schaden verhütet werden konnte. Löschung durch 2 Spritzen. Entstehung nicht ermittelt.«

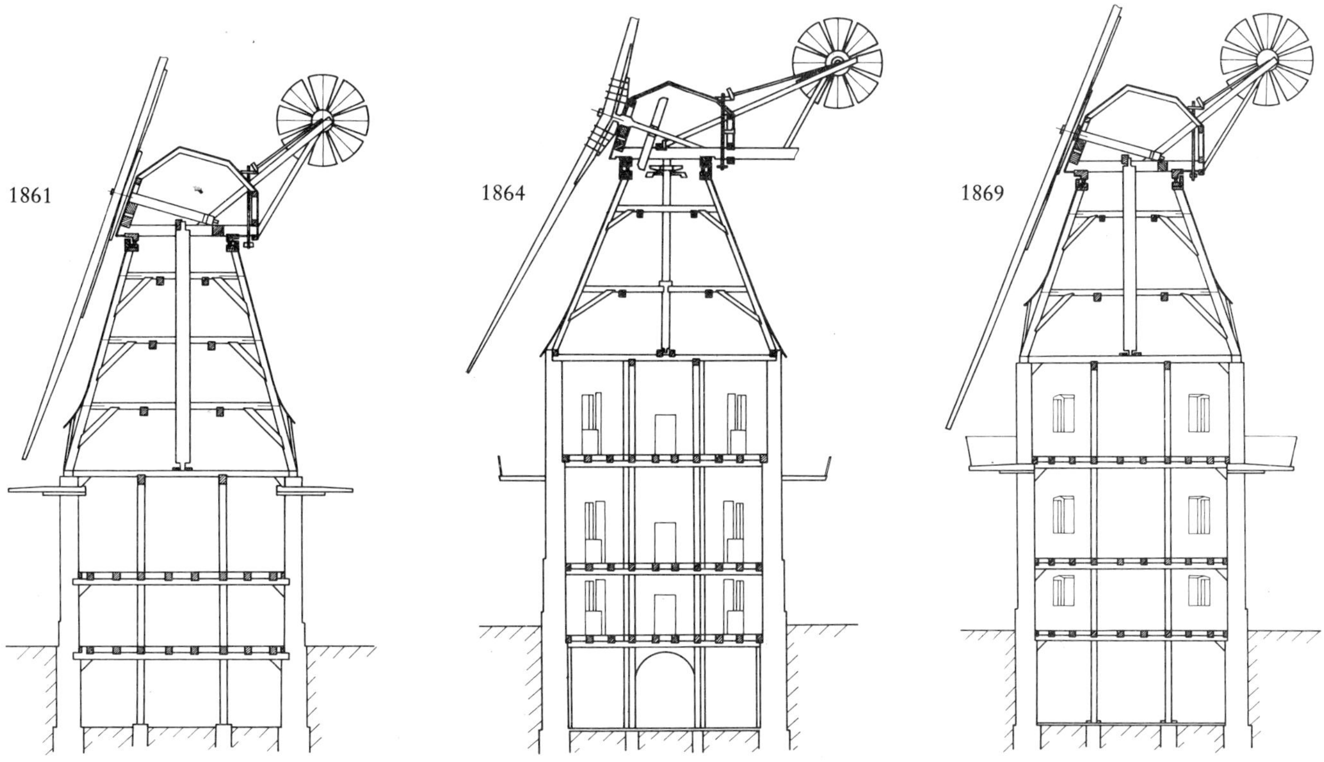

4. Mühle:
Turmwindmühle, Bauantrag: 8. 1. 1864, Bauerlaubnis: 21. 1. 1864.

Durch eine weitere massive Unteretage, unter Weglassen einer Hochetage, wird der Galerieholländer zur sogenannten Turmwindmühle; die Mühle hatte sieben Böden, etwa 28 m Höhe, ein Flügel die Länge von fast 10 m.

Die Konstruktionszeichnung war vom Maurermeister C. Lindner.

Der Brand wurde am 26. 5. 1869 um 15.48 Uhr gemeldet: »Holländische Windmühle brannte bis auf 2 Balkenlagen, die gehalten werden konnten, gänzlich nieder. Löschung durch 2 Spritzen. Ursachen diesseits nicht ermittelt.«

5. Mühle:
Turmwindmühle, Bauantrag: 16. 7. 1869, Bauerlaubnis: 19. 7. 1869.

Die äußere Anlage entsprach dem Mühlenbau vom Jahre 1864 in bezug auf die Höhe und die Zahl der Böden. Es erfolgte jedoch eine weitere Modernisierung, indem Kleinau die schweren und dicken Eichenstämme der Ruten- und Königswelle durch schlankere, eiserne Wellen mit einem leichteren Getriebe ersetzte. Beim Flügelwerk wurden die Bruststücke kürzer gehalten, die Stellung der Flügel zur senkrechten Königswelle schräger usw. In dieser Zeit scheint das Treppenhaus bis zum vierten Boden hochgezogen worden zu sein.

Die Konstruktionszeichnung war vom Maurermeister C. Lindner.

Der Brand wurde am 7. 2. 1873 um 23.30 Uhr gemeldet: »Windmühle, Holländer, nordwestlich der Prenzlauer Chaussee hinter der Verbindungsbahn. Das 4. und 5. Stockwerk (Haube), sowie das 3. Stockwerk brannten aus, im 2. Stock brannte ein Teil des Holzwerks und einige Sack Mehl. Eine eiserne Welle und ein Mühlstein sind bis in den 1. Stock herabgestürzt und zerstörten hierbei einen Teil der Decken. Löschung durch direkten Angriff einer Spritze. Entstehungsart ist nicht festgestellt. Der Kopf der Haube hat zuerst gebrannt; es wird deshalb vermutet, daß das Lager für die Rutenwelle durch die Reibung sehr heiß geworden ist und schließlich die Lagerhölzer entzündet hat.«

Am 10. 9. 1871 hatte Kleinau die Mühle mit dem dazugehörigen Wohnhaus an die Frau des Mühlenmeisters Schmaltz, eine geborene Martini, verkauft. Schmaltz ersetzte im folgenden Jahr den alten Backofen im Wohnhaus durch einen neuen; er scheint jedoch keine behördliche Erlaubnis zum Backen besessen zu haben. Jedenfalls zeigte ihn der Mühlenmeister August Schulze bei der Polizei wegen der Bäckerei an. Nach dem Mühlenbrand vom 7. 2. 1873 bekam Schmaltz auf seinen Antrag hin die Genehmigung zum Aufbau eines Stockwerks auf das Wohnhaus und zum Umbau der abgebrannten Mühle zu Wohnungen. In den Turm wurden neue Zwischenwände und Schornsteine eingezogen; jedes der drei Stockwerke erhielt zwei »Wohnungen«, mit Stube (etwa 15 m^2) und Küche (10 m^2).

Als Beauftragter einer Volkszählung war O. Behrendt (1928) selbst in dem »Turm«, wie das Gebäude damals allgemein im Volke hieß, und sah mit eigenen Augen, wie armselig die Leute darin wohnten. In den kleinen Kammern waren in den Bettstellen keine Betten, sondern nur Strohsäcke oder auch nur Stroh; in manchen Räumen war ein Strohlager auf dem Fußboden bereitet.

Mühlenmeister Schmaltz, nach den Akten von vielen Seiten angefeindet, hatte „die Stänkereien satt, ist doch seine Frau Besitzerin«. So ging am 4. 7. 1877 das Grundstück auf den Bruder, den Kaufmann Ernst Martini, dann 1878 auf den Schankwirt Forper über. Es entstand das »Forper'sche Gartenlokal«.

Ein Sohn dieses Forpers erzählte Behrendt später, wie die Mühle als Wohnhaus ein Ende fand: »In dem Turm wohnte auch ein alter Mann, der täglich nach dem Wirtshaus kam, um seine recht schmale Kost zu holen. Eines Tages blieb der Alte aus. Als er auch am zweiten Tage noch nicht erschien, machte sich Vater Forper mit seinem Sohne auf, um nach dem Alten zu sehen. Da sie fürchteten, der Alte könnte erkrankt sein und Not leiden, nahmen sie Lebens- und Stärkungsmittel mit nach dem Turm, um den Alten zu besuchen. In einem engen Raum mit vier kahlen Wänden sahen sie einen alten, wackligen Tisch, als Stuhl eine dünnwandige Kiste davor und ein Bettgestell mit einem Strohsack. Das war die ganze Einrichtung. Auf dem Strohsack aber lag der Alte als – Leiche. Wie die ärztliche Untersuchung ergab, war der Alte verhungert. In dem

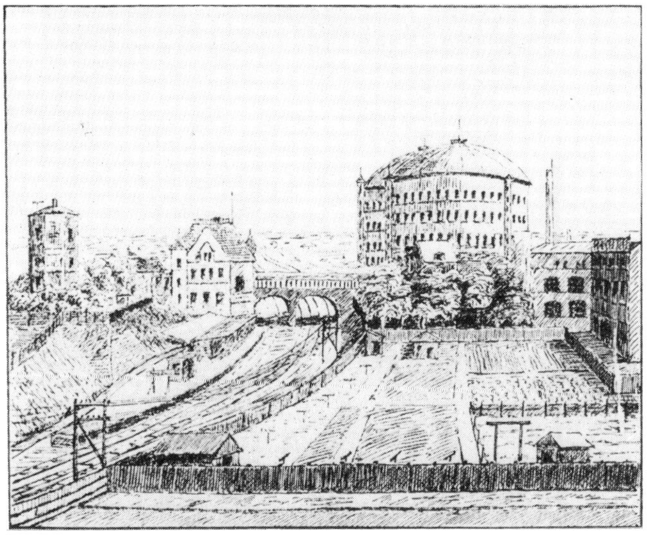

Der Hungerturm (16) und die Spinne um 1900

fauligen Stroh unter der Leiche fand man aber eine große Summe Geldes in Gold- und Silbermünzen vor, von der niemand als der Alte etwas wußte. So war also der Verstorbene aus schmutzigstem Geiz auf seinen Schätzen verhungert. Fortan hieß das alte Gebäude der ›Hungerturm‹. Er hat seit jener Zeit nie wieder Bewohner gehabt.«[680]

1899 wurde im Turm die Fabrik für Kohlenanzünder und bengalische Zündhölzer Wilhelm Israel u. Co. eingerichtet. Wohl im Jahre 1904 brannte der »Hungerturm« aus. Im Zuge der Bebauung der Kanzowstraße riß man Turm und Wohnhaus ab, womit der zu seiner Zeit größte Holländer Berlins ein unrühmliches Ende fand. An ihn erinnert nur noch der gemauerte Unterbau an der Nordseite des S-Bahnhofs Prenzlauer Allee.

Nr. 17 Holländische Windmühle/Bockwindmühle

Standort der Mühle: Stubbenkammerstraße 5 (Hof)
Standzeit: 1833 bis 1868
Standort des Müllerhauses: Prenzlauer Allee 186
Besitzer: Mühlenmeister Friedrich Wilhelm Runzler (Rundsler), ab 1832
Mühlenmeister Friedrich Wilhelm Zumpe (Zumpel), ab 1845

Geschichte:
1832 kaufte sich »der Mühlenmeister Herr Friedrich Wilhelm Runzler zu einer Mühlenanlage, links an der Prenzlauer Chaussée aus dem Acker-Tractu des Gutsbesitzers Hr. Wilh. G. Büttner (Lit. M. Nr. 50 der Separations-Charte v. den Berliner Hufen)« eine »Parzelle von 1 Morgen Fläche« (Prenzlauer Allee 183). Die Entfernung des Grundstücks zum »Communicationsweg« (Dimitroffstraße) betrug 113 Ruten, die Entfernung der geplanten Bockwindmühle zur Mühle des Bergmeyer 218 Ruten.

Am 7. 11. 1832 bat Runzler um die Erlaubnis, auf seinem »acquirierten« (erworbenen) Grundstück eine Bockwindmühle mit zwei Gängen, ein Wohnhaus (33 × 30 Fuß, eine Etage) und einen Stall errichten zu dürfen. Als ihm eröffnet wurde, daß durch dieses Grundstück eine Straße gelegt werden sollte, erwarb er von Büttner weiter südlich eine neue Parzelle von 2 Morgen, 73 Ruten vom »Communicationsweg« entfernt. Die Entfernung der geplanten Mühle zur Mühle des Bergmeyer betrug 186,2 Ruten.

Jetzt wollte Runzler einen Holländer aufstellen (49 Fuß Höhe vom Kellerboden, 35 Fuß Breite an der Basis, 40 Fuß Flügellänge, zwei Gänge). Un-

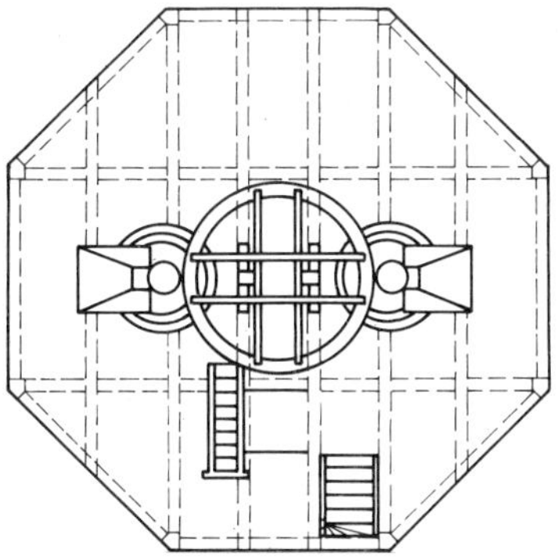

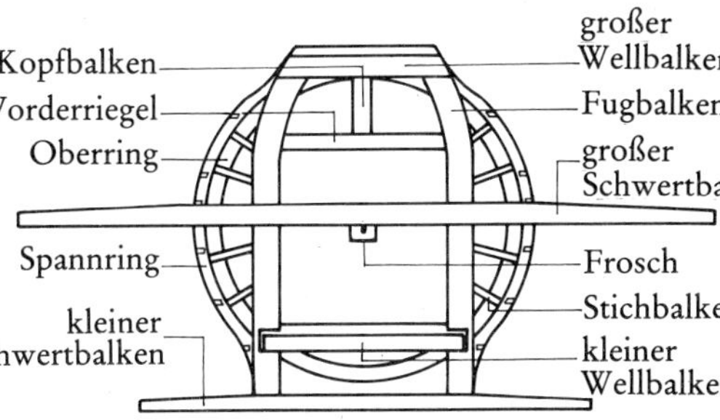

Die Haubenbasis

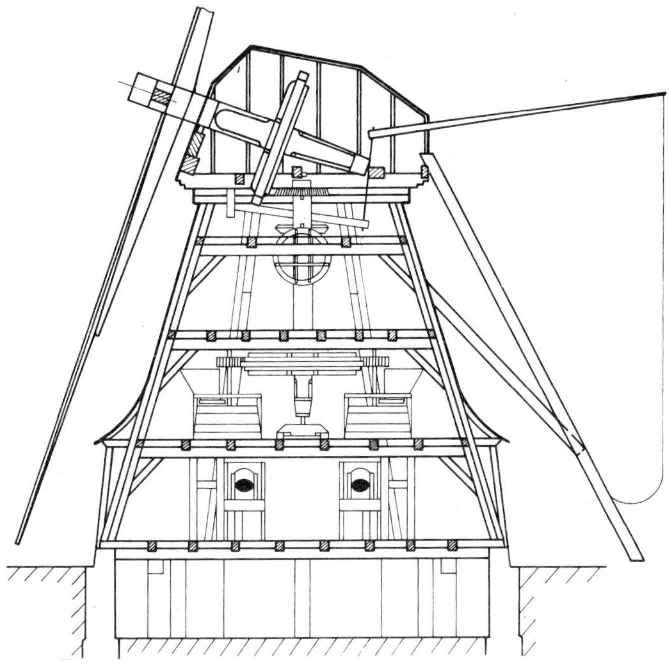

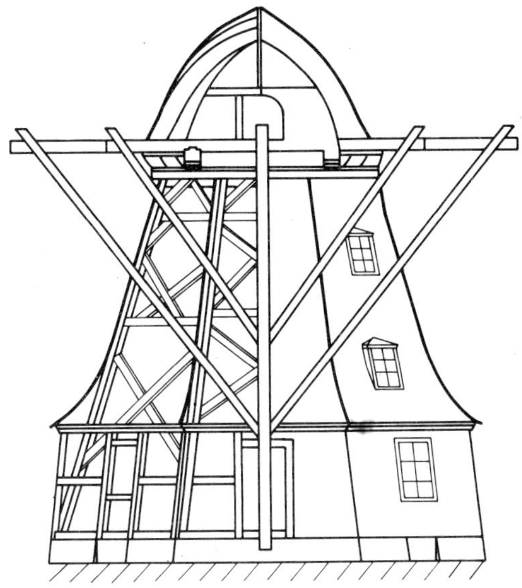

Bockholländer mit Keller (17) 1833 (Neuzeichnung von Birgit Volkmann 1985), Prenzlauer Allee 186. a) Grundriß, Schnitt; b) Aufriß,

terschrieben hatten die Konstruktionszeichnung »G. Fr. Metzing als Schutz Meister der Frau Wittwe Krause« und »Sommer Zimmermeister«. Tatsächlich baute nach einer Aktennotiz vom 5. 6. 1833 der Mühlenmeister und Zimmermann Bergmeyer aus der Prenzlauer Allee 44 den Holländer für Runzler. Hier scheint sich die Anschuldigung des Mühlenbaumeisters J. Edelmann zu bestätigen, daß Bergmeyer wegen des ihm fehlenden Zimmermeisterrechtes mit »allerlei Winkelzügen« arbeite und Strohmänner vorschiebe.

Der Holländer wurde auf einer künstlich angelegten Anhöhe, einem sogenannten »Mühlenberg«, aufgestellt. Runzler wohnte während der Bauzeit im »Müller Frankschen Hause«, dessen Standort bisher nicht ermittelt werden konnte.

1838 kaufte Runzler die Mühlen (24) und (25) dieses Mühlenmeisters Franke hinzu. Nachdem sein Holländer (17) »unlängst abgebrannt« war, stellte er am 30. 4. 1842 einen Bauantrag für eine Bockwindmühle mit zwei Gängen, einen Hausanbau und einen Getreideschuppen. Der Hausanbau scheint jedoch nicht erfolgt zu sein. Zu dieser Zeit lag der Mühlenweg an der Südseite des Wohnhauses.

Runzler verkaufte am 5. 9. 1845 das Grundstück an den Müller Wilhelm Zumpe. Nach dem Rapport der Feuerwehr brannte »Am 24. 8. 1868, nachts 1.02 gemeldet: ... die Zumpe'sche Windmühle ganz nieder«.

Am 12. 11. 1868 erfolgte der Verkauf an den Schlächtermeister Heinrich Gottlob Hoffmann. Nach dem Mitgliederverzeichnis der Innung wohnte Zumpe noch 1879 in der Prenzlauer Allee. [681]

Nr. 18 Bockwindmühle

Standort der Mühle: Dimitroffstraße 65 (2. Hof)
Standzeit: 1833 bis um 1885
Standort des Müllerhauses: Prenzlauer Allee 195 (Ecke Dimitroffstraße 71)
Besitzer: Mühlenmeister Ernst Radke (Radtke, Radike, Radicke, Radeke, Radecke, Radeck), ab 1833

Geschichte

Anfang des 19. Jh. zogen zwei Söhne eines Gutspächters Erdmann Christoph Radke aus Voßberg (Pommern) nach Rixdorf bei Berlin. Einer der beiden, der Mühlenmeister August Radke, erwarb am 14. 11. 1832 die vom Mühlenmeister Toepfer 1826 gebaute Bockwindmühle am Mittelweg. Nach August Radkes Tod 1864 übernahm sein Sohn Julius August Wilhelm die Mühle, der sie 1867 zum Britzer Damm 12 umsetzte. 1876 erging an ihn ein Strafmandat, weil er des Windes wegen während des Gottesdienstes mahlen ließ. In Absprache mit der »Kreis-Müller-Innung zu Berlin« beantragte er eine richterliche Entscheidung, doch wurde er mit seinem Anspruch abgewiesen. Auch auf die Petition der Innung an den Oberpräsidenten wegen einer »Declaration« (Auslegung) der Polizeiverordnung vom 8. 7. 1859 erfolgte ein abschlägiger Bescheid (Grigat, 1932).

Auch er verkaufte die Mühle an seinen Sohn, den Mühlenmeister August David (Adalbert) Radke, für 9000 Mark. Im Dezember 1893 wurde die Mühle in den Spreewald weiterverkauft (W. Schmidt, 1960). [682]

Der Mühlenmeister Ernst Radke, der zweite Sohn des Gutspächters, erst wohnhaft »Rücksdorf, Bergstr. 1«, dann »Ricksdorff, aus dem Akkerplan des Amtmannes W. G. Büttner« (»Lit. M. Nr. 50 der Berliner Sep. Ch.«) 2 Morgen Land. Am 13. 4. 1833 bat er um die Erlaubnis, 29 Ruten von der Mitte der Prenzlauer Chaussee und 17 Ruten von der Mitte des »Communicationsweges« (Dimitroffstraße) entfernt, eine Bockwindmühle (43 Fuß hoch, 16 Fuß breit, 20 Fuß tief, $31^{1}/_{2}$ Fuß Flügellänge, ein Mahlgang), ein Wohnhaus (30 × 28 Fuß, zwei Etagen) und ein Stallgebäude errichten zu dürfen. Nach 1846 finden wir in den Karten noch einen Seitenflügel eingezeichnet.

Um 1875 scheint die Mühle stillgelegt worden zu sein. 1878 wird die Radkesche Mühle bei der »provisorischen Durchzählung« der Grundstücke ausdrücklich erwähnt: »Radeke'sches Haus, jetzt Mühlenmeister R. in Eberswalde ... Windmühle.« Am 19. 2. 1879 wurde die Prenz-

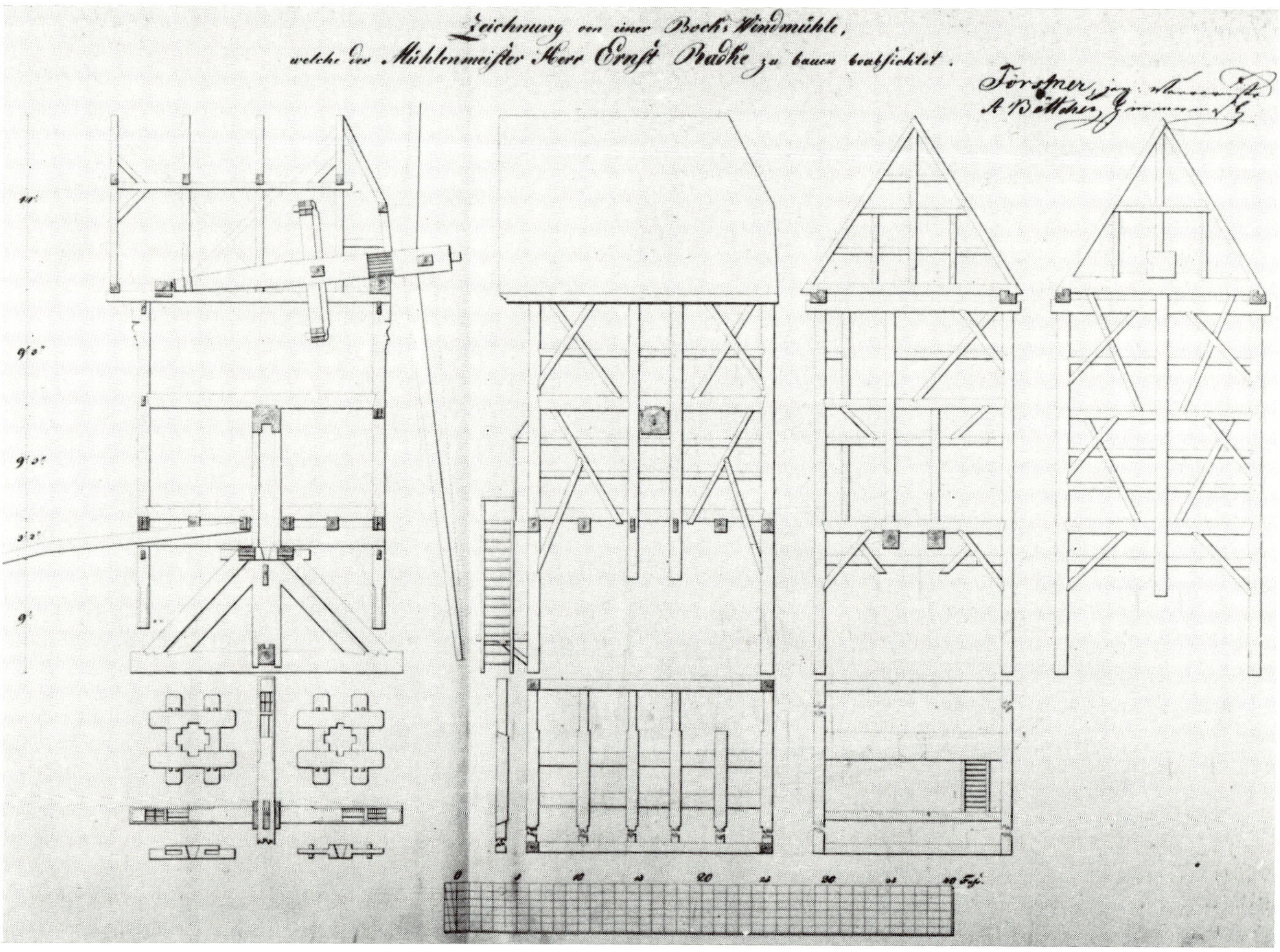

Bockwindmühle (18) 1833, Prenzlauer Allee 195

lauer Chaussee in Prenzlauer Allee umbenannt. Laut Mitgliederverzeichnis der Innung aus dem Jahre 1879 gehörte ihr noch ein »Radike, Eberswalde« an.

Letztmalig erscheint diese Windmühle, mit drei anderen Mühlen, (15, 20 und 22), im Bereich unseres jetzigen Stadtbezirks, 1885 in der »Geolog. Karte der Stadt Berlin«. [683]

Nr. 19 Bockwindmühle
Standort der Mühle: Prenzlauer Allee 86b (85 m östlich der Bauflucht und parallel zur S-Bahn)
Standzeit: 1841 bis um 1860
Standort des Müllerhauses: Prenzlauer Allee 86a, 86b
Besitzer: Mühlenmeister Johann Christian Preuß, ab 1840

Geschichte
Vom 16. 8. 1834 bis zum 29. 9. 1842 war Preuß Besitzer der Mühle (5) auf dem Windmühlenberg.

1840/41 baute er wie sein Nachbar Hänsch zunächst eine Bockwindmühle. Am 16. 9. 1840 stellte er den Bauantrag für ein Wohnhaus (38 × 34 Fuß, mit zweiseitigem Ziegeldach) und einen Schuppen.

Weil er sich seine Ziegel selber herstellen wollte, errichtete er im Sommer 1841 (54 Ruten vom Wohnhaus, 16 Ruten von der Windmühle entfernt) einen Feldziegelofen und bat am 1. 7. 1841 um die Erlaubnis zum Ziegelbrennen: »... innerhalb von 14 Tagen werden die Ziegel wieder ausgekarrt sein, danach soll der Ofen abgetragen werden ...« Doch der Mühlenmeister fand Gefallen an der Ziegelei. Er wurde zum »Schwarzbrenner«, um seinen Verdienst aufzubessern. Ohne Erlaubnis stellte er im März 1842 einen zweiten Ofen auf. Im Mai waren beide Öfen in Betrieb. Und schon zeigte den »Mühlen-Meister und Ziegeleibesitzer«, wie Preuß sich jetzt nannte, ein »Anonymus« an, wahrscheinlich ein in der Nähe wohnender »Ziegeller«.

Es begann ein jahrelanger Kampf zwischen Preuß, »wohnhaft an der Prenzlauer Chaussee unweit dem Chausseestein Nr. 50, und den Behörden. Diese verlangten mit Recht den Abriß des – inzwischen schadhaft gewordenen – provisorischen Feldofens, den Preuß mit einem hölzernen Joch umspannt hatte, um ein Auseinanderfallen zu verhindern.

Preuß hatte nicht nur einen Ziegeleiarbeiter eingestellt, sondern sich auch beiderseits von seinem Grundstück je 90 □ R vom Grundbesitzer Bartel hinzugekauft und für diesen Morgen 600 Rtlr. gezahlt. Ackerbau könnte er nicht treiben, weil er »Lehm zum Ziegelstreichen« gegraben hatte. »Ich bin«, so schrieb er am 26. 9. 1843 an die Behörde, »... hauptsächlich auf die Einnahmen angewiesen, welche ich durch das Brennen der Steine erlange, denn die Müllerei ist jetzt von der Art, daß kein Müller in der Nähe Berlins wegen der vorhandenen Dampfmühlen von seinem Geschäft als Müller existieren kann; ich würde also unbedingt fast außer Nahrungsstand gesetzt werden, da ich in Betracht der geringen Einnahmen außer Stande sein werde, einen neuen Ofen zu bauen. ... durch Abtragung des Ofens meinen Haupt-Brod-Erwerb verlieren und sonach ruiniert werden würde ...« Um ein Unglück zu vermeiden, wollte er seinen Ofen mit Erde bedecken, wie es die anderen getan hatten, denn »Brennöfen hätten die Bäckermeister Müller und Pöhlig, Mühlen-Meister Prillwitz, sämtlich an der Pankower Chaussee, überhaupt alle ...«

1847 mußte Preuß nachgeben und die Öfen abreißen. Er stellte sich um, bezeichnete sich als »Bäckermeister« und baute einen Backofen, eine Kornremise, einen Stall und einen Wagenschuppen. 1858 zog er nach »französisch Buchholz«. Im alten Müllerhaus wohnte nun als Pächter der Bäckermeister Johann Christian Größt. Verhandlungen führte als »Vertreter der Müllergeselle Preuß«. 1867 ging das Grundstück in den Besitz des Kaufmanns A. Konski über.

Preuß hatte sich mit seinem Sohn Wilhelm in Französisch-Buchholz einen kleinen Bauernhof gekauft (Mühlenstraße 1). 100 m nordöstlich vom einstöckigen Haus stellte er auf einer kleinen Anhöhe die Mühle aus der Prenzlauer Allee auf. Die Mühle übernahm nach seinem Tod der Sohn. Dieser legte sich auf dem Friedhof, auf der anderen Straßenseite und gegenüber dem Wohnhaus, ein Erbbegräbnis an. Die Mühle ging dann in den Besitz des Mühlenmeisters Andreas Scherf, später auf dessen Sohn Willi über, der sie um 1950 abreißen ließ. 1954 kaufte der Mühlenbauer Paul Monkowius das Anwesen (persönl. Mitt. 1980).

Nur wenige Schritte neben dem Erbbegräbnis liegt das Grab des Mühlenmeisters August Krüger (25. 4. 1822 bis 1. 1. 1893), dessen Wohnhaus in der Bahnhofstraße 21 und dessen Mühle in der Pasewalker Straße 81 standen. Das genaue Alter dieser Mühle ist unbekannt. 1850 wurde sie von Staaken bei Spandau nach Buchholz umgesetzt und 1925, da das umliegende Gelände immer mehr bebaut wurde, stillgelegt. Von den Flügeln waren 1937 nur noch Stümpfe übrig. Holzwürmer, Wind und Wetter vernichteten das Holzbauwerk vollends, so daß es um 1966 umgeworfen werden mußte, um den entstandenen Gefahrenherd zu beseitigen.

Nr. 20 Bockwindmühle (»Adler-Mühle«)
Standort der Mühle: Prenzlauer Allee 81 (50 m südlich der Eisenbahnbrücke und 100 m östlich der Bauflucht)
Standzeit: 1841 bis 1900
Standort des Müllerhauses: Prenzlauer Allee 81
Besitzer: Mühlenmeister Johann Wilhelm Hänsch (Haensch, Haensche, Hensche, Höhnsch, Hönsch), ab 1840
Mühlenmeister und Bäcker Gottfried Friedrich Wilhelm Hänsch, ab 1879

Geschichte
Der Berliner Fabrikant Johann Gottfried Hänsch erwarb (nach W. Schmidt, 1960) am 9. 9. 1825 ein Ackerstück in Rixdorf (Karl-Marx-Straße 92 und 94), auf dem er 1826 eine Bockwindmühle errichtete.

Eines seiner fünf Kinder, der Mühlenmeister Johann Heinrich Hänsch, hatte 1837 Wilhelmine Karoline Stuhlmann geheiratet, deren Bruder Johann Friedrich Wilhelm Stuhlmann (sen.) viele Jahre I. Altmeister der Müllerinnung war. Nach dem Tod seines Vaters, 1839, übernahm J. H. Hänsch die Mühle, die er 1853 an seinen Schwager, den Mühlenmeister Christian Friedrich Stuhlmann, weiterverkaufte. Als dieser 1863 gestorben war, ging die Mühle in den Besitz des Schwiegersohns, des Mühlenmeisters Carl Albert Friedrich Radke, über, eines Neffen des Mühlenmeisters Ernst Radke aus der Prenzlauer Allee (Mühle 18). Um 1871 wurde von C. A. Friedrich Radke die Mühle abgerissen und nach Schlagenthin bei Genthin verkauft.

Ein zweiter Sohn des genannten Fabrikanten, der Mühlenmeister Friedrich Ferdinand Hänsch, war von 1838 bis 1862 Besitzer der Klundtschen Mühle in Rixdorf (Hermannstraße 224). In den Innungsakten finden sich die Namen folgender Mühlenmeister; alle in Mariendorf wohnhaft: 1879 Friedr. Ferd. Hänsch, Chausseestraße 18; K. Hänsch (III. Altmeister); Hänsch sen. und jun.; 1882 W. Hänsch (II. Altmeister).

Ein dritter Sohn des Fabrikanten, der Mühlenmeister Johann Wilhelm Hänsch, wohnhaft »Ricksdorf, Bergstr. 45«, beabsichtigte [684] an der Prenzlauer Chaussee bei Berlin eine Mühle zu errichten. Er hatte dazu »vor dem Prenzlauer Thor auf der rechten Seite der Chaussee«, etwa 15 Ruten vom Chausseehaus entfernt, ein »1 Morgen 90 Quadrat-Ruthen großes, 8 Ruthen breites« Grundstück vom Gutsbesitzer F. W. Bartel, Kurze Scheunengasse Nr. 9, erworben.

1840 begann Hänsch sen., wie damals üblich, mit der Aufstellung seiner Windmühle. Die Mühlenvorakten mit der Mühlenkonstruktionszeichnung und den Situationsplänen wurden schon im März 1840 vermißt.

Am 19. 6. 1841, jetzt wohnhaft »an der Prenzlauer Chaussee im Dolinskyschen Hause« (»Goldener Hirsch«), bat Hänsch um die Bauerlaubnis für ein Wohnhaus (18 × 30 Fuß, eine Etage, 6 1/2 Ruten von der Chausseemitte entfernt, südlich vom Mühlenweg). Der Consens wurde am 5. 7. 1841 erteilte.

Seine Schwierigkeiten zeigt ein Brief vom 4. 6. 1858: »Unser(e) Einkünfte und Mahlgut sind so geschmälert, ... indem die Actien-Mühle Rummelsburger, ohne das viele per Eisenbahn kommende Mehl, es sehr verringern. ... Noch füge ich hinzu, daß (die Kosten für) Lebensmittel und Reparatur zur Mühle seither bedeutend gestiegen sind, obwohl unser Mahllohn, pro Wispel 3 Thaler, derselbe geblieben ist.« Außerdem hatte Hänsch bis »zum 1. July d. J. an das Haupt-Steuer-Amt wegen Gewichtsveränderung schon 24 Taler anzuwenden«. An diesem Tag wurde nämlich durch Gesetz das Zollpfund zu 500 Gramm eingeführt (vorher 1 Pfund = 467,7 Gramm).

1870 richtete sein Sohn, der Mühlenmeister und Bäcker Gottfried Friedrich Wilhelm Hänsch jun. (geb. am 21. 3. 1838 in Rixdorf, gest. 1915, 7 Kinder), im Wohnhaus einen Mehlladen ein. Es folgten 1875 ein Hausanbau (nördlich) mit einer Durchfahrt zur Mühle und 1876 die Anlage eines Backofens im Keller des neuen Hauses. Nach dem Tod des Vaters, 1879, übernahm er den gesamten Besitz.

Durch Bauten der Stadt Berlin, wie das Städtische Gaswerk 1872/73 und das Friedrich-Wilhelm-Hospital 1886/88, wurde der Betrieb der Adler-Mühle, wie Wilhelm Hänsch sen. seine Bockwindmühle genannt hatte [685], stark eingeschränkt.

Die Errichtung des vierten Gasometers an der Ringbahn legte die Mühle endgültig still. Der Wind fegte um den runden Gasbehälter, brach sich an den Windmühlenflügeln, die unruhig in Gang kamen, so daß die Getriebe zerbrachen. Allerdings hätte Wilhelm Hänsch jun. nach Angaben seines Sohnes Max das Mühlengrundstück, dessen Wert seit Jahrzehnten ständig gewachsen war, gut verkaufen können. Kostete nämlich in der Mark um 1800 ein Morgen Ackerland je nach Lage und Bodenbeschaffenheit noch zwischen 10 und 100 Rtlr., so mußte um 1840 Hänschs Nachbar Preuß (Mühle 19) an den Gutsbesitzer Bartel für einen preußischen Morgen schon 600 Rtlr. zahlen. Im Westen Berlins hatten 1880/82 die Grundstückspreise sogar das 600fache des reinen Ackerwertes der 60er Jahre erreicht.

An dem »besonders wertvollen« Mühlenflekken Hänschs hatte die Stadt Berlin das »allergrößte Interesse«, weil es »in das Gasanstaltsgrundstück wie ein Finger« einschnitt, dadurch »den Betrieb der Berliner Städtischen Werke aufs schwerste stört(e) und sogar die Innehaltung von Betriebssicherheitsvorschriften unmöglich macht(e)«, z. B. die Anlegung der »behördlich vorgeschriebenen Freizone für den Gasbehälter«.

»750000 Mark wurden geboten, in reinem Gold sollte gezahlt werden«, aber Hänsch lehnte immer ab. Er wollte eine Million haben. Dies war wiederum der Stadt zuviel. Schließlich war die Prenzlauer Allee nicht der Kurfürstendamm. Hänsch behielt sein Anwesen und ließ die Mühle ungenutzt stehen, »als Zeichen der Ungerechtigkeit des Berliner Magistrates im Gegensatz zu der Gerechtigkeit Friedrich des Großen«. Er spielte damit auf die bekannte Sage von Müller und König an. Ganz abgesehen von der fragwürdigen »Gerechtigkeit« Friedrichs II. hatte in Wirklichkeit der Müller von Sanssouci seine Bockwindmühle abbrechen wollen. Friedrich II. wünschte dagegen die Mühle zu erhalten, »weil sie dem Schlosse eine Zierde mache« bzw. damit der ländliche Charakter seines Ruhesitzes gewahrt bliebe.

Erst nach seinem Tod wurde der Windbock 1791 wegen eines angeblichen Windmangels, u. a. hervorgerufen durch das Schloß, auf Kosten König Friedrich Wilhelms II. durch einen Galerieholländer, so wie man ihn zuletzt noch als sogenannte »Historische Mühle« sehen konnte, ersetzt. [686]

Die Adler-Mühle (20) von Hänsch, am 1. 12. 1900 nach dem Brande. (Aus einem Zeitungsbericht von 1936)

Die Bockwindmühle in der Prenzlauer Allee brannte nach O. Behrendt (1928) im Jahre 1902, „durch Funken einer Lokomotive entzündet, ab«. Die gleiche Ursache gab 1937 auch Max Hänsch an, für das Datum allerdings den »August 1900«.

In einer Aktennotiz der Polizei steht dazu: Die Windmühle »gerieth in der Nacht zum 30. November auf unaufgeklärte Weise in Brand. Dieselbe brannte nicht vollständig nieder.« Der Rapport der Feuerwehr ergänzt die Notiz: »Meldung über das am 30ten November 1900 Vormit-

Historische Postkarte zur Anekdote des Müllers von Sanssouci

tags 12 Uhr 20 Min. (nach der Aktennotiz also um 0.20 Uhr) gemeldete Feuer auf dem Grundstücke Prenzlauer Allee Nr. 81. Lage des Gebäudes auf dem Grundstücke: Auf freiem Felde. Nähere Bezeichnung der Brandstelle: Eine außer Betrieb befindliche Windmühle. Löschmaßregeln: Mit 3 Rohren. Angabe der Entstehungsart des Feuers. ... Nicht ermittelt. Doch ist als einziger Grund Unvorsichtigkeit resp. Muthwille daselbst nächtigender Obdachloser anzunehmen.«

Nach Ansicht des Verfassers dürfte die letzte Version am wahrscheinlichsten sein, weil ähnliche Vorkommnisse nicht selten waren.

»Da eine Inbetriebnahme der Mühle nicht mehr stattfinden und auch von dem Besitzer Wilhelm Hänsch nicht aufgebaut bzw. restauriert werden konnte, wurde dieselbe auf Antrag des Besitzers am Vormittag des 1. 12. (1900) durch die Feuerwehr niedergelegt.« Vor dem Abriß hatte man die Adler-Mühle ein letztes Mal photographiert: »Da steht der Feuerwehrhauptmann mit seine Frau und die beeden Spitze; die Feuerwehrmänner haben sich uff die olle Mühle gesetzt, und dann wurde det Bild jemacht.« So erzählte es Max Hänsch 1937 einem Reporter. Im Müllerhaus geboren und aufgewachsen, konnte er sich noch gut an die ländlichen Zustände, die hier geherrscht hatten, erinnern, an die Kartoffel- und Roggenfelder, auch an die vielen Hasen. »Hier sind se wie Schafe so friedlich rumgehopst.« Damals nahm der alte Hänsch seinen letzten Mahlstein und baute sich aus ihm einen Tisch, der mit drei Birnbäumen bis zum Abriß im kleinen Straßengarten (1,5 m unterhalb des Straßenniveaus) stand. Max Hänsch arbeitete bis zuletzt im Keller des 1875 erbauten Anbaus am Backofen, den schon sein Vater benutzt hatte. »Je älter der Backofen, um so besser det Brot, sagen die Leute, und darum kommen hier immer noch alte Kunden zu uns, die schon meinen Vater gekannt haben. So wild is det Jeschäft ja nu nich wie früher, wo wir vier- und fünfhundert Brote verkauft haben. Sonnabends war'n det manchmal ooch siebenhundert. Die kooften immer gleich für een janzet Haus, sammelten die Gelder ein, rückten mit een kleen' Handwagen hier an und schoben mit die Ladung wieder ab. Sehn'se, det is nu aber ooch schon bald vierzich Jahre her.«

Auch nach der Inflationszeit und später waren Agenten und Makler hier ein und aus gegangen und wollten dieses schöne Grundstück, das so vorteilhaft an der Straße lag, kaufen. Das wiederum wollte der Sohn Max nicht. Erst nach massivem Druck seitens des Bezirksamtes konnte im Januar 1937 die Stadt Berlin das Grundstück von der Erbengemeinschaft erwerben. Das Mietverhältnis des »Bäckermeisters Max und dessen Ehefrau Amanda, geb. Iserhot« wurde nach einer Klage des Bezirksbürgermeisters durch Gerichtsbeschluß vom 20. 2. 1937 aufgelöst und mit dem Abbruch der Gebäude am 1. 10. 1937 begonnen.

Nr. 21 Bockwindmühle

Standort der Mühle: Greifswalder Straße 168 (südlich der Grenze zwischen den Häusern Grellstraße 30/31)

Standzeit: 1841 bis 1871

Standort des Müllerhauses: Greifswalder Straße 168

Besitzer: Mühlenmeister Friedrich Wilhelm August Bobbe, ab 1840

Friedericke Sophie Amalia Bobbe, geb. Schröder, ab 1851

Mühlenmeister und Mehlhändler Wilhelm Friedrich Adolph Schumacher (Schuhmacher), ab 1853

Mühlenmeister Johann Carl Weimann, ab 1858

Geschichte:

Aus den »Acta des kgl. Pol.-Präsidii zu Berlin, betreffend Mühlensachen«: Am 16. 9. 1840 stellte der Ackerbürger Bobbe, zweiter Sohn der Mühlenmeisterwitwe Bobbe, aus Lützows Feld Nr. 13 bei Charlottenburg, unweit der Potsdamer Chaussee, den Antrag, »auf seinem vom Gutsbesitzer Bartel erkauften Grundstück (zwei Morgen) vor dem Königsthore an der linken Seite der (Stettin-Danziger) Chaussee (Stein 49/50) etwa 100 Ruthen oder 500 Schritte jenseits von dem sog. Saupfuhl entfernt, eine Bockwindmühle nebst Wohngebäude und Stallgebäude von Fachwerk zu erbauen«.

Für die Bockwindmühle (42 Fuß hoch, 18 Fuß breit, 22 1/2 Fuß tief, 42 Fuß vom Hauptständer bis Sterzende, 33 Fuß Flügellänge) waren zwei Mahlgänge festgelegt (lt. der Zeichnung »v. Möllendorf, Kön. Cond.«). Der zum Mühlenbau vorgesehene Platz lag auf einer Anhöhe, »von der Chaussee nach der Höhe in gerader Linie aufwärts 47 Ruthen« entfernt. Zu dieser Zeit wurde an den Bockwindmühlen von Preuß und Hänsch ebenfalls gebaut.

Der Saupfuhl galt als wichtiger Bezugspunkt bei den Vermessungen der Mühlenstandorte. Er lag 124 Fuß über NN (Schönhauser Tor 125 Fuß; etwa im Umkreis des jetzigen Hauses Olga Benario Prestes-Straße 7). Etwa 30 Ruten südöstlich stand das Gutshaus Stachows, dem das Land nördlich der Dimitroffstraße, zwischen Greifswalder und Kniprodestraße, um 1840 gehörte.

1841 war der Rohbau des Wohnhauses beendet. Bobbe wohnte bis dahin im »Göritz'schen Hause vor dem neuen Königsthor«. Im Juni 1850 baute sich Bobbe, erneut wohnhaft »vor dem Königsthor Nr. 9« (wegen einer Scheidung?), ein weiteres Wohnhaus auf dem Grundstück Greifswalder Straße 168, das er im folgenden Jahr an den Mühlenmeister Schumacher verkaufte. Letzterer legte in diesem Hause eine Backstube an. Am 24. 10. 1851 ging das Grundstück von Bobbe auf seine Ehefrau über; diese verkaufte es am 23. 7. 1853 an den Mühlenmeister und Mehlhändler Wilhelm Friedrich Adolph Schumacher; der nächste Käufer war am 24. 3. 1858 der Mühlenmeister Joh. Carl Weimann.

Aus dem Rapport der Feuerwehr über das am 27. 8. 1871, 14.35 Uhr, gemeldete »Feuer auf dem Weimann'schen Grundstück«: »Es brannte die Windmühle nebst einem Teil der darin befindlichen Vorräthen an Getreide. Löschung erfolgte durch direkten Angriff mit einer Spritze. Ursache nicht genau ermittelt, wahrscheinlich, weil kein Getreide aufgeschüttet worden war.«

1871/72 erfolgte der Anbau des Vorderhauses, 1874 wurde auf dem Grundstück die Jalousiefabrik und Seilerei von Gustav Wels errichtet, 1889/90 die 1821 gegründete Seifenfabrik Nobiling hierher verlegt und 1892 mit der Herstellung von Mühlsteinen begonnen.

Nr. 22 Bockwindmühle
Standort der Mühle: Greifswalder Straße 169 (jetzt Thälmannpark), 200 m von der Promenadenmitte, 120 m von Mühle (21) oder 45 m von der Böschung der Eisenbahn entfernt
Standzeit: 1843 bis 1888
Standort des Müllerhauses: Greifswalder Straße 169
Besitzer: Mühlenmeister Carl Louis Emil Schröder, ab 1842
Mühlenmeister und Bäcker Gustav Carl Schröder und Mühlenscharwerker und Holzhändler Julius Carl Schröder, ab 1879
Stadt Berlin, ab 1887
Mühlenbesitzer Fiedler, 1888

Geschichte
Der »Mühlenbesitzer« Carl Schröder wohnte 1832 beim Mühlenmeister Lorenz, 1842 in der Schönhauser Allee 173, also in dem Teil der Schönhauser Allee um den späteren Senefelderplatz, in dem in der Regel die Mühlenbesitzer vom Windmühlenberg ihre Wohnungen hatten: Prillwitz Nr. 5, Dedlow Nr. 21, Dörfer Nr. 167c, Kleinau Nr. 179 oder Herrmann Nr. 181. Später befanden sich hier fünf Schulen.

Schröder schrieb in seinem Bauantrag am 21. 3. 1842: »Ich beabsichtige auf mein Grundstück (54 Ruthen 7 Fuß × 8 Ruthen = 2 Morgen 74 □ R), welches ich von dem Gutsbesitzer Bartel gekauft habe, welches an Königs Chaussee schreg über den Saupful liegt, eine Bockwind-Mühle mit zwei Mahlgänge zu erbauen.«

Am 16. 4. 1842 erfolgte die Bekanntmachung: »... In Gemäßheit der Bestimmungen des Edikts vom 28. Oktober 1810 wird dies hiermit zur öffentlichen Kenntnis gebracht und Jeder, der gegen diese Anlage ein begründetes Widerspruchsrecht zu haben behauptet, aufgefordert, dasselbe binnen acht Wochen präklusivischer Frist (nach deren Ablauf jedermann seiner Ansprüche verlustig wird) bei dem Polizei-Präsidium sowohl, als bei dem Bauherrn ... geltend zu machen und zu begründen. ... Köhler.«

Daraufhin protestierte am 5. 5. 1842 Schröders Schwager, der Mühlenmeister August Bobbe, wohnhaft beim Mühlenmeister Göritz, um diesen Neubau in seiner Nachbarschaft zu verhindern: Er habe ebenfalls ein »Acker-Ende« vom Gutsbesitzer A. W. Bartel (Kurze Scheunengasse Nr. 9) gekauft, um eine Bockwindmühle zu erbauen, und sei schon mit dem »inneren Ausbau« beschäftigt. Schröders Windmühle würde auf einem höheren Standort aufgestellt werden, und deshalb sei die vorgesehene Entfernung bis zu seiner Mühle zu gering und somit der Bau gesetzlich unzulässig. Aufgrund dieser Eingabe erfolgte eine Nachmessung und die Anfertigung eines »Nivellements-Profils«: Die Entfernung zwischen den beiden Mühlen betrug 32 Ruten (wie die zwischen Preuß und Hänsch), und Schröders Mühle stand nur 2 Fuß, 4 Zoll höher als Bobbes Mühle.

Bobbe, zwar kleinlich, hatte aber recht; nur seine Begründung war falsch: »Wenn ich die Höhe meiner Mühle ohne Flügel (er rechnete mit dem Maß des eigenen Mühlenkörpers – d. Verf.) nur 36 Fuß rechne, so ergiebt sich, daß die Schrödersche Mühle nach dem Grundsatz, daß die Entfernung die 12fache Größe oder Weite des windfangenden Gegenstandes betragen soll – 36 Ruthen von der meinigen entfernt bleiben muß, die derzeitige Entfernung also unter allen Umständen zu gering ist.«

Bobbe wurde von einem Beamten korrigiert: »Der Windfangende Gegenstand für die Bobbesche Mühle ist die Schrödersche Mühle. Diese soll ohne die Flügel 43 Fuß hoch werden. Rechnet man 2 Fuß 4 Zoll höhere Lage hinzu, so beträgt das 45 Fuß 4 Zoll. Es beträgt demnach die 12fache Entfernung 544 Fuß oder 45 Ruthen 4 Fuß, so daß die Entfernung von 32 Ruthen um 13 Ruthen zu gering ist.«

Doch man einigte sich en famille. Bobbe zog seine Eingabe zurück. Schröder, jetzt wohnhaft im »Dollinschky'schen Hause«, bekam am 8. 8. 1842 den Consens.

Aber auch eine andere Berufsgruppe stand in einem harten Existenzkampf. Dazu folgendes Beispiel:

»Gefahr im Verzug«, stand auf dem Kuvert einer Eingabe des »I. A. Edelmann, Mühlenbaumeister hier, Linienstr. 65«, vom 10. 8. 1843 an das Polizeipräsidium. Im Brief war folgender Text zu lesen: »Gehorsamstes Gesuch!«

Der ungeprüfte Mühlenwerkverfertiger Werner aus Lüchen, welcher schon im vergangenen Winter vor dem Dorfe Malchow hier, eine schlechte Bockwindmühle erbaut hat, ist gegenwärtig mit dem Erbauen einer neuen Bockwindmühle für den Mühlenmeister Schröder hierselbst, vor dem neuen Königs-Thor an der Chaussee linker Hand, mit seinen 7 Gesellen beschäftigt.

Bei der schlechten Arbeit der Pfuscher und dem daraus folgenden billigen Preis derselben, ist es nicht möglich, mit den letzteren zu konkurrieren; den Müllern aber ist die schlechte Arbeit des billigen Preises wegen lieb, ob die Mühle lange steht und brauchbar bleibt, gleich viel; die Hauptsache bleibt immer eine nachherige gute Feuerversicherung.

Ein kgl. hochlöbl. Pol-Präsidium wollte ich daher ganz ergebenst bitten, den oben bezeichneten Werner das Fortbauen mit seinen Leuten zu untersagen und desweiteren gegen denselben eine Ordnungs- und Gewerbesteuerstrafe zu veranlassen.

Wenn derartiges Exempel stattgefunden hat, läßt sich voller Gewißheit hoffen, daß die fortwährenden Pfuscher-Bauten vor Berlin gestört sein werden und wir geprüften Meister mit gleichem Recht wie die Maurer- und Zimmermeister dastehen werden.«

Die Anmerkung der Polizei auf diese Beschwerde lautet: »Zimmer-Meister Werner zu Templin von Schröder in Contract genommen, wonach derselbe verpflichtet ist, die äußere Hülle einer Bockwindmühle aufzubauen«, und »Schröder die Anfertigung der inneren Theile des Räderwerkes, der Ruthen pp. selbst (übernimmt), da er als gelernter Müller hierzu die nöthigen Kenntnisse besitzen will.«

Übrigens fügte der Mühlenbaumeister Edelmann seinem Gesuch folgende Anlage bei:

»Gutachten über die noch nicht vollendete, dem Mühlenmeister Schröder zugehörige vor dem neuen Königs-Thor belegene Bockwindmühle.

1. Der Verband der Mühle ist locker und schlecht gearbeitet, so daß derselbe bei der Größe und zwei Mahlgängen sich bald verhängen, das heißt, nach dem Winde zu heruntersenken wird, wodurch, außer dem Baufälligwerden, für den Betrieb der Nachtheil entsteht, daß, so oft die Mühle gegen den Wind gewendet wird, auch die gegenseitige richtige Stellung der Steinflächen sich verändern, daher jedesmal die Mühle angehalten und die Steine erst wieder in Ordnung gebracht werden müssen.

2. Der große Wellbalken ist zu schwach genommen worden.

3. Ist das Dach nicht hinreichend genug nach hinten überstehend gebaut worden, wordurch beim Aufwinden des Getreides, die Säcke, an der Kehrtwand gedrängt, Reibung erleiden.

4. Sind die beiden Kammräder schlecht gearbeitet, die Arme derselben zu schwach; aber noch schlechter und unrichtig ist die Befestigung derselben auf der Welle, welche sogar nur mit kiefern Holz geschehen ist, daher die Räder bei mäßigem Winde auch nicht 8 Tage fest bleiben werden.

Beim Schützen der Mühle im Sturmwinde (d. h. dem Bremsen, um ein »Durchgehen« der Mühle zu verhindern – d. Verf.) können die Räder, besonders das, worauf die Presse ruht, am ersten loswerden und Erfahrung zufolge, die Presse herunter geschleudert, wodurch das Dach zertrümmert und noch andere Theile in der Mühle zerstört werden können.

5. Das Lüftezeug, worauf die Mühlensteine mit ihren Pfannen ruhen und erstere dadurch gestellt werden, ist von schlechtem Holze genommen und leicht gearbeitet, wird daher durch dem vielen hin und herkeilen der Stege bald verwerflich werden.

Da das sämtliche übrige Werk noch in der Mühle fehlt, so kann ich nur bis hier mein Gutachten geben; daß das fehlende aber mindestens ebenso schlecht geliefert werden wird, läßt sich aus dem vorhandenen bestimmt erwarten.
Berlin, den 8. 8. 1843 I. Edelmann, Mühlenbaumeister«

Dies ist das vernichtende Urteil eines, allerdings in eigener Sache befangenen Sachverständigen – auch eine Folge der Gewerbefreiheit. Wir wissen nicht, ob dieses Gutachten beim Abschluß der Feuerversicherung eine Rolle gespielt hat. Fest steht, daß diese »schlecht gearbeitete Mühle« fast 50 Jahre bestanden und erst als vorletzte im heutigen Stadtbezirk ihren Betrieb eingestellt hat.

Es folgten 1844 der Bau eines Wohnhauses (26 × 30 Fuß, eine Etage) und eines Stalls. Der Weg zur Mühle befand sich südlich vom Haus.

Am 15. 4. 1858 wurde Gustav Carl Schröder, geb. am 7. 11. 1837, nach sechsjähriger Lehrzeit von seinem Vater zur Gesellenprüfung angemeldet; die Ausfertigung des »Gesellen-Attestes« erfolgte am 24. 4. 1858. Gustav Carl übernahm später die Mühle und arbeitete außerdem als Bäcker am Backofen im Keller des Wohnhauses. Sein Bruder Julius Carl wurde Mühlenscharwerker (Mühlensteinschärfer) und Holzhändler, nachdem er sich auf dem Grundstück einen großen Lagerplatz eingerichtet hatte.

Als 1858 der Vater mit dem Bau eines Seitenflügels begann, war das Geld knapp. Er begründet es in einem Schreiben vom 21. 6. 1858: »Unser Geschäft geht schwach jetzt wegen Mehl von außerhalb und die neuen großartigen Bäckereien in Berlin.« Außerdem mußte auch Schröder »wegen Gewichte verenderung« bis zum 1. 7. 1858 24 Rtlr. aufwenden. Um Nebeneinnahmen zu erhalten, legte er im folgenden Jahr eine »Küche zum Auskochen von Ochsenpfotenfett« an. Die Produktion betrug 1860 10 Zentner Knochen je Tag. Die ausgekochten Knochen verkaufte er an die Knochenbrennereien vor dem Königstor.

Mit dem Anwachsen der Bautätigkeit rund um die neue Reichshauptstadt Berlin nach 1871 begann der Kampf der Müller ums Überleben. Der folgende Brief Schröders spricht für sich:

»Berlin, den 12. 5. 1873

Der gehorsamst Unterzeichnete, Windmühlen-Besitzer hierselbst; ich besitze in der Greifswalder Straße ein Grundstück, auf welchem links neben der Chaussee nach Weißensee, etwa 250 Schritt von derselben entfernt, meine Windmühle steht, welche ich seit dem Jahre 1843 im Betriebe habe. Durch die Anlage der Verbindungsbahn (7 m Böschungshöhe – d. Verf.) ist mir bereits zum großen Theile der *Ostwind* abgeschnitten, desgleichen durch die jetzt im Bau befindliche städtische Gas-Anstalt der *Südwestwind*. Hierdurch bin ich in meinem Gewerbe als Müller bereits in höchstem Grade gestört.

Wie ich nun in gewisse Erfahrung gebracht habe, steht der hiesige Magistrat im Begriffe, noch fernere Hochbauten (Ammoniakfabrik von Dr. Jaffe-Darmstädter) in der Nähe meiner Windmühle aufzuführen, durch welche mir auch der *Westwind* und ein *Theil des Nordwestwindes* entzogen wird. Wenn mir nun auch der *Nord*- und ein *Theil des Ostwindes* verblieben ist, so ist mir auch hier nicht mehr der ungestörte Betrieb meiner Windmühle möglich, weil der Rückstau der Luftströmung die Mühlenflügel von hinten erfaßt.

Fährt nun der Magistrat mit den angedeuteten Hochbauten fort, so unterliegt es keinem Zweifel, daß mein Müllergewerbe binnem kurzem gänzlich lahm gelegt wird. Hiergegen gestatte ich mir nun ganz gehorsamst, den Schutz des hohen Polizei-Präsidiums inständigst anzurufen. Ich bitte angelegentlichst, die Ausführung weiterer Hochbauten nicht gestatten zu wollen, bis sich die betreffenden Unternehmer zu denjenigen Garantien verstanden haben, welche ich billigerweise zur Sicherung meines Nahrungserwerbes verlangen kann. ... ganz gehorsamst Carl Schröder, Mühlen-Mstr.«

Natürlich konnte bei der damaligen Rechtslage diese Eingabe nicht berücksichtigt werden. Die Ammoniakfabrik wurde gebaut. Schröder suchte neue Verdienstmöglichkeiten. Um einen Mehlhandel aufzuziehen, errichtete er 1877 ein Quergebäude mit einem Mehlladen, dem dazugehörigen Mehllager und für die notwendigen Transportmittel einem Pferdestall. Der Versuch schlug fehl.

Nun hatte man 1876 an der Stelle des heutigen Güterbahnhofs den Perronbahnhof Weißensee angelegt. Der 15 m breite Streifen zwischen der Böschung und dem Schröderschen Grundstück diente als Zugang zum Bahnhof. Wegen des ständig steigenden Publikumsverkehrs richtete Schröder im Quergebäude eine Restauration unter dem Restaurateur Beicht ein. Aus dem Mehlladen wurde ein Lokal, aus dem Stall ein Tanzsaal. 1880 legte er neben dem Zugangsweg zum damaligen Bahnhof noch eine Kegelbahn an.

1879 dann heiratete Carl Louis Emil Schröder die Witwe des Mühlenmeisters Prillwitz, Marie Elisabeth Clara, geb. Schulze, aus der Schönhauser Allee 73 und überschrieb zwei Tage nach der Übernahme des dortigen Besitzes, am 19. 4. 1879, das eigene Grundstück Greifswalder Straße seinen Söhnen.

Der Sohn Carl Louis Emil Schröders, Carl Gustav, ist nur durch eine Anekdote in die Akten eingegangen, die ein Schlaglicht auf die Bürokratie des Wilhelminischen Kaiserreiches wirft. Am 19. 2. 1887 vermeldet ein »Pol.-Lieutenandt« vom 68. Pol.-Revier seinen Vorgesetzten:

»Der Müller- und Bäckermeister Carl Gustav Schröder, Greifswalder Straße 39 wohnhaft, besitzt auf seinem dortigen Grundstück eine Windmühle. Neben derselben hat er vor längerer Zeit eine kleine Modellmühle zur Belustigung seiner Kinder aufgestellt, welche durch ihr scharfes und weithin hörbares Klappern ein störendes Geräusch verursacht und zu Klagen in der Nachbarschaft Veranlassung gegeben hat. In ganz unmittelbarer Nähe dieser Mühle befindet sich der Bahnhof Weißensee und die Ammoniakfabrik von Jaffe und Darmstädter.

Der Bahnhofvorsteher Haaß, sowie der Inspektor Burand der qu. Fabrik (qu. = quästioniert, in Frage stehend, betreffend) welche durch das Geräusch der Mühle in ihren schriftlichen Arbeiten gestört werden, haben sich hier über diese fortgesetzte Störung beschwert. Trotz diesseitiger mehrfacher Aufforderung zur Beseitigung der Klapper in der kleinen Mühle hat der p. Schröder kein Gehör gegeben und dauert der Übelstand noch weiter fort. Nach Angabe des Bahnhofsvorsteher Haaß soll sich auch das auf dem Bahnhof verkehrende Publikum schon mißliebig über das Klappern der betreffenden Mühle ausgesprochen haben. Im öffentlichen Interesse zur Erhaltung der Ruhe dürfte der p. Schröder zur Beseitigung der Klapper in der kleinen Mühle anzuhalten sein.«

Mehrfache Untersuchungen folgten, auch durch den »Kreisphysicus« (Amtsarzt), der am 12. 3. 1887 schrieb: »... laufendes Mühlchen ist ein Spielzeug«, welches »wohl kaum die Gesundheit gefährden kann« (»Liquidation liegt bei«).

Der Papierkrieg hatte da den Stein des Anstoßes bereits überlebt, denn am 26. 2. 1887 war »die betr. kleine Mühle schon durch das Wetter zerstört und außer Thätigkeit gesetzt«.

Am 24. 3. 1887 ging das Grundstück in das Eigentum der Stadt Berlin über und wurde der Städtischen Gasanstalt als »Bestandteil III« zugeschrieben. Die Bockwindmühle scheint in den Kreis Zossen verkauft worden zu sein: Ab Mitte Juni 1888 ließ der »Mühlenbesitzer Herr Fiedler« die Mühle durch den Maurermeister Heinrich Sels aus Zossen abbrechen. Eine Aktennotiz vom 22. 9. 1888 stellte fest: »Die Windmühle ist vollständig beseitigt.«

Nr. 23 Bockwindmühle

Standort der Mühle: Prenzlauer Allee 44 (125 m nach Osten)
Standzeit: um 1830 bis um 1875
Standort des Müllerhauses: Prenzlauer Allee 44
Besitzer: Mühlenmeister und Zimmermann Johann August Bergmeyer (Bergemeier, Bergmeier), um 1830
Mühlenmeister Emil Eduard Ehling (Ehlert), 1862

Geschichte

Laut »Fähigkeits-Zeugnis« ging Johann August Bergmeyer, gebürtig aus Zenz, Kreis Calbe, zunächst »drey Jahre hinter einander, nämlich vom 20. 4. 1818 bis dahin 1821«, beim Zimmermeister A. C. Klapperstück zu Uelnitz in die Lehre. Anschließend erlernte er »zwei Jahre hinter einander, nämlich vom 10. 12. 1820 bis dahin (Mai) 1822«, beim Müllermeister A. F. Zimmermann zu Eickendorf die Müllerprofession. Nach der Wanderschaft erwarb Bergmeyer am 18. 6. 1828 das Berliner Bürgerrecht und im Johannis-Quartal 1829 beim »Nieder-Barnimschen Müller-Gewerk« das Meisterrecht. Somit ist die Aufstellung der Mühle (23) nach 1829 anzusetzen. Eine Abbildung der Bockwindmühle fand der Verfasser 1960 auf einem Ölgemälde in Familienbesitz neben der fast lebensgroßen Figur des Mühlenmeisters.

Um 1830 war Bergmeyer auch Besitzer des Holländers (3) auf dem Mühlenberg. Mühlenakten waren bisher nicht auffindbar, jedoch geben zwei Briefe des bereits mehrfach genannten Mühlenbaumeisters J. Edelmann einen guten Überblick, wie sich Bergmeyer als Mühlenbauer betätigte. Der erste Brief lautet:

»Hospitalstr. Nr. 31, 9. 3. 1833
Gehorsamstes Gesuch! Einem hochlöbl. Pol. Präs. erlaube ich mir unterthänigst nachstehenden unbefugten Mühlenverfertiger, so wie den unter unbestimmter Leitung, nicht aber unter einem geprüften Mühlenbaumeister stehenden Bau einer neuen Bockwindmühle, anzuzeigen.

Der Mühlenbesitzer H. Bergemeier, hierselbst, vor dem Prenzlauer Thore wohnhaft, hat den Neubau einer Bockwindmühle für den Mühlenmeister H. Prillwitz, vor dem Schönhauser Thor Nr. 6 wohnend, vor einigen Wochen bis zum Aufstellen desselben beendet und liegt dieselbe auf dem Grundstück des Bergemeier. Gegenwärtig ist der q. Bergemeier mit Anfertigung einer neuen Bockwindmühle für den Mühlenmeister H. Franke, vor dem Prenzlauer Thore wohnhaft (Nachbar des q. Bergemeier) beschäftigt und mit demselben auch schon bedeutend fortgeschritten. Das Verbinden derselben geschieht auf dem Holzplatze des H. Sala vor dem Brandenburger Thore. (Die Dampf-Schneide-Mühle des Sala Tarone lag am Exerzierplatz, in Höhe des Unterbaums – d. Verf.)

Ferner der Bau einer neuen Bockwindmühle, des Mühlenmeisters H. Lange auf dem Wedding hieselbst, unter der Leitung eines von mir noch nicht in Erfahrung zu bringen gewesenen Schaarwerkers, bitte ich ganz unterth. zu untersuchen und den Fortbau derselben, so wie den des q. Bergemeier geneigest baldigst zu untersagen.

Da ich mich der vom Staate vorgeschriebenen Prüfung bei einer wohllöblichen Prüfungskommission hierselbst unterworfen und abgelegt habe, so kann ich wohl nicht länger ruhiger Zuschauer (sein) bei den Winkelpfuschern, welche sich jetzt zu Dutzenden in und um Berlin aufhalten und Bauten derart ausführen, und sehe mich deshalb veranlaßt Ein hochlöbl. Pol. Präs. unterth. zu bitten, mir Beistand zu leisten und solchen Pfuschern, besonders aber obengenannten

Beiden das Handwerk zu legen. J. Edelmann, Mühlenbaumeister.«

(Die erwähnte Prüfung der Mühlenwerk-Verfertiger, auch Mühlenzeugmacher, Mühlenschirr-Verfertiger oder Mühlenärzte genannt, erfolgte nach der Instruktion vom 25. 4. 1821) [687]
Auch der zweite Brief betrifft wiederum einen seines Erachtens ungesetzlichen Bau:

»Berlin, den 5. 6. 1833
Wohllöb. Polizey-Präsidium! Ein Kgl. Wohllöbliches Polizey-Präsidium ersuche ich ergebenst, den Mühlenbesitzer Bergemeier, vor dem Prenzlauer Thore, am Chaussé rechts, welcher sich schon seit längerer Zeit mit dem Neubau von Windmühlen beschäftigt und gegenwärtig wieder ungehindert mit der Erbauung zweier neuen holländischen Windmühlen begriffen ist: denselben den Fortbau der beiden von ihm angefangenen holländischen Windmühlen (zu untersagen), welche für den Mühlenmeister Herrn Runzler, wohnhaft vor dem Prenzlauer Thore erbaut und binnen kurzer Zeit zum Richten fertig sein wird, wird jetzt auf dem Grundstück des q. Bergemeier, von demselben verbunden. Die letztere der beiden Mühlen ist für den Mühlenbesitzer H. Lebrecht bestimmt und wird von dem H. Bergmeier auf der Brandstelle der alten Mühle des H. Leberecht auf dem Windmühlenberg verbunden.

Auch erlaube ich mir, ein Kgl. Wohllöbl. Polizey-Präsidium darauf aufmerksam zu machen, daß der q. Bergemeier, die beiden von ihm früher angefertigten Bockwindmühlen, für die Mühlenmeister Franke und Prillwitz, zu welchem ihm der Fortbau von einer Wohllöbl. Polizey-Behörde kürzlich untersagt worden, dennoch unter allerlei Winkelgängen und Unwahrheiten fertig gebaut hat. Bei der ersteren gab der q. Franke vor, daß er die Mühle sich selbst erbaue; jedoch nach Aussage der Mitarbeiter hat dieselbe der q. Bergemeier verbunden.

Die Zweite für den q. Prillwitz, hat der q. Bergemeier nach seiner Aussage, für seinen Stiefsohn verbunden, gleich darauf aber dennoch für den q. Prillwitz aufgestellt.

Auf Grund dessen glaubt der q. Bergemeier nun ungehindert fortbauen zu können, da er jedesmal den Bauherrn als Baumeister vorschiebt.

Sollte der q. Bergemeier dennoch den Fortbau der jetzt in Arbeit habenden Mühlen bezwecken, so würde ich mich genöthigt sehen, Ein Kgl. Hohes Pol. Ministerium zu ersuchen, den unbefugten Mühlenbauern das Handwerk zu legen; indem alle von solchen Pfuschern für einen Schleuderpreis erbauten Mühlen, von der Art sind, daß sie in kurzer Zeit fast unbrauchbar sind und bald

J. A. Bergmeyer um 1859 (n. altem Repro einer Daguerrotype)

darauf ein Raub der Flammen werden; wozu ich nöthigen Falls den Herrn Stadtbau-Rath Langerhans und den Herrn Ober-Mühlen-Inspector Schwan als Sachverständige zum Beweis vorschlagen würde. Ich ersuche ein Kgl. Pol. Präsidium unterth., die Untersuchung zu beschleunigen, indem erstgenannte Mühle in einigen Tagen zum Aufstellen fertig ist. ... unterthänigster I. A. Edelmann.«

Der Brief weist die Randbemerkung eines Beamten auf: »Die Mühle des q. Runzler vom Zimmer-Mstr. Seegers erbaut!«

Bergmeyer starb am 7. 10. 1859, 55 Jahre, 6 Monate, 18 Tage alt, an den Masern. 1862 wird der Mühlenmeister E. E. Ehling als Besitzer genannt. Ehling war 1863, 1865, 1882 II. und 1879 III. Altmeister-Stellvertreter der Innung, im letztgenannten Jahr wohnhaft Neue Königsstraße 90.

Nr. 24 Bockwindmühle
(nach Situationsplan von 1840 Mühle b)
Standort der Mühle: Marienburger Straße 9 (2. Hof)
Standzeit: 1830/33 bis um 1855

Nr. 25 Bockwindmühle
(nach Situationsplan von 1840 Mühle a)
Standort der Mühle: Winsstraße 57 (Quergebäude)
Standzeit: 1830/33 bis um 1870
Standort des Müllerhauses: Prenzlauer Allee 37
Besitzer: Mühlenmeister Wilhelm Franke, ab 1830
Mühlenmeister Friedrich Runzler, ab 1838
Kunstgärtner Carl Taraschwitz, ab 1859
Pächter Oesterling, 1859
Mühlenmeister Johann Friedrich Ludwig Hochbaum, 1862

Geschichte
Mühlenbauten des Mühlenmeisters Wilhelm Franke sind auf dem Wedding (vgl. Kap. 9) seit 1813 beschrieben.

Der Standort eines erwähnten Mühlenmeisters »Frank'schen Hauses« ist im Bereich der Prenzlauer Allee nicht bekannt. 1859 wurden die Akten des Mühlenmeisters Franke vermißt. Daraufhin angestellte Ermittlungen durch das zuständige Polizeirevier ergaben, daß die Mühlen (24) und (25) »in den Jahren 1830 – 33 gebaut, von da ab benutzt« und 1838 an Runzler (vgl. Text zu Mühle 17) verkauft worden sind. Da am 6. 3. 1833 eine Bockwindmühle für Franke in Arbeit war, dürfte die andere um 1830 aufgestellt worden sein.

Am 29. 12. 1838 beabsichtigte »der Mühlenmeister Friedrich Runzler, wohnhaft vor dem Prenzlauer Thor, letzte Mühle links, auf seinem Grundstück vor dem Prenzlauer Thor rechts, zwischen dem Mühlenmeister Dolinsky und dem Gastwirth Spiegelberg, zu bauen ein massives Gastwirtschaftsgebäude von 70 Fuß Länge und 40 Fuß Tiefe, eine Etage, $11^1/_2$ Fuß im Lichten hoch«. Dazu legte er sich einen eigenen Ziegelbrennofen an.

Südlich neben dem neuzuerbauenden Haus verlief der Mühlenweg, dann folgte auf dem Nachbargrundstück das Gasthaus von Spiegelberg (Prenzlauer Allee 35), das nach einem Situationsplan etwa doppelt so groß wie das von Runzler geplante gewesen sein dürfte. Bei Spiegelberg wohnte um 1854 der Mühlenmeister Ferdinand Leopold Rothfahn(1). Nach A. Streckfuß galt »Spiegelberg's Tanzsaal vor dem Prenzlauer Thor« ebenso als einer »der Sammelpunkte für das Gaunergesindel der Residenz« wie der »Schmoortopf« in der Mulacksgasse 3 oder der Patzkopf, Linienstraße 35/36.

1838 war das Haus von Schröder (Prenzlauer Allee 33) ebenfalls schon vorhanden. Nördlich von Runzlers Grundstück stand das »Wohn- und Gastwirtschaftsgebäude des Mühlenmeisters Dolinsky«, »Zum goldenen Hirsch«.

Runzler, im Nebenberuf Bäckermeister, richtete zunächst eine Backstube im neuerbauten Haus ein, später, neben dem Wohnhaus, eine eigene Bäckerei.

Am 15. 9. 1859 stellte man fest, daß die Mühle (24) »nicht mehr vorhanden, sondern vor mehreren Jahren durch Feuer zerstört« war. Sie stand 20 Ruten von der »Thier-Mühle« (Roßwerk) Schröders entfernt. Die Mühle (25) hatte in diesem Jahr Runzler an Taraschwitz verkauft. Der Grund für die angestellten Untersuchungen war der Wunsch eines »p. Oesterling, die Konzession zum Müllereibetrieb und derjenigen Bockwindmühle zu erhalten«.

1852 wohnte lt. Mitgliederverzeichnis der Mühlenmeister Joh. Friedrich Ludwig Hochbaum »vor dem Prenzlauer Thor«. Ihm gehörte nach dem Bebauungsplan vom 26. 7. 1862 die Mühle (25). Sie stand im Taraschwitzschen Gebiet, jedoch auf einem eigenen Grundstück. Bis um 1870 ist sie in den Karten verzeichnet. [688]

Nr. 26 Bockwindmühle
Standort der Mühle: Marienburger Straße 30 (Quergebäude, 85 m von der Bauflucht in Verlängerung der Grenze zwischen den Häusern Greifswalder Straße 203 und 204
Standzeit: 1827 bis 1846
Standort des Müllerhauses: Greifswalder Straße 204
Besitzer: Mühlenmeister und Gastwirt Johann George Dolinsky (Dolinski, Dollinsky, Dollinschky), ab 1822

Geschichte
Der Müller Johann George Dolinsky wurde als Sohn eines Schmiedemeisters am 14. 4. 1777 zu Mietau in Kurland geboren. 1822 hatte sich Dolinsky, wohnhaft »vor dem Frankfurter Thor«, eine Parzelle linker Hand an der Chaussee nach Weißensee gekauft; am 7. 12. 1822 bat er um die Bauerlaubnis für zwei Windmühlen und ein Wohnhaus. Die Bekanntmachung dazu lautet [689]:»Der Mühlen-Meister Dolinsky, jetzt bey Lichtenberg wohnhaft, hat die Absicht, auf einer von der Ackerbürger-Wittwe Friedrich erkauften, in der hiesigen Feldmark vor dem neuen Königsthore belegenen, und von dem anderseitigen, der Verkäuferin zugehörigen Ackerlande, dem Grundstück des Ackerbürgers Schindler, so wie der nach Freyenwalde führenden Kunststraße unmittelbar begrenzten Zwey-Morgen-Stelle zwey neue Bockwindmühlen zu erbauen. v. Esebeck.« Am 3. 6. 1823 erhielt Dolinsky dafür den Bauconsens. [690]

Nach dem Berliner Bürgerprotokollbuch aus dem Jahre 1825 hatte Dolinsky bereits das Bürgerrecht in Spandau (vgl. Kap. 9, Windmühle 13) und Charlottenburg besessen, als er am 13. 12. 1825 »zum Betriebe seines Gewerbe als Müller u. einer Gastwirtschaft« um die Erteilung des Berliner Bürgerrechtes bat.

Von Anfang an scheint sich Dolinsky hauptsächlich als Tabagist (Schankwirt) betätigt zu haben. Bis zum Jahre 1826 errichtete er sein Wohnhaus – zugleich als Gasthaus »Zu den drei Linden». Zwar war inzwischen die Erlaubnis für den Mühlenbau verfallen, seinen Plan, zwei Mühlen

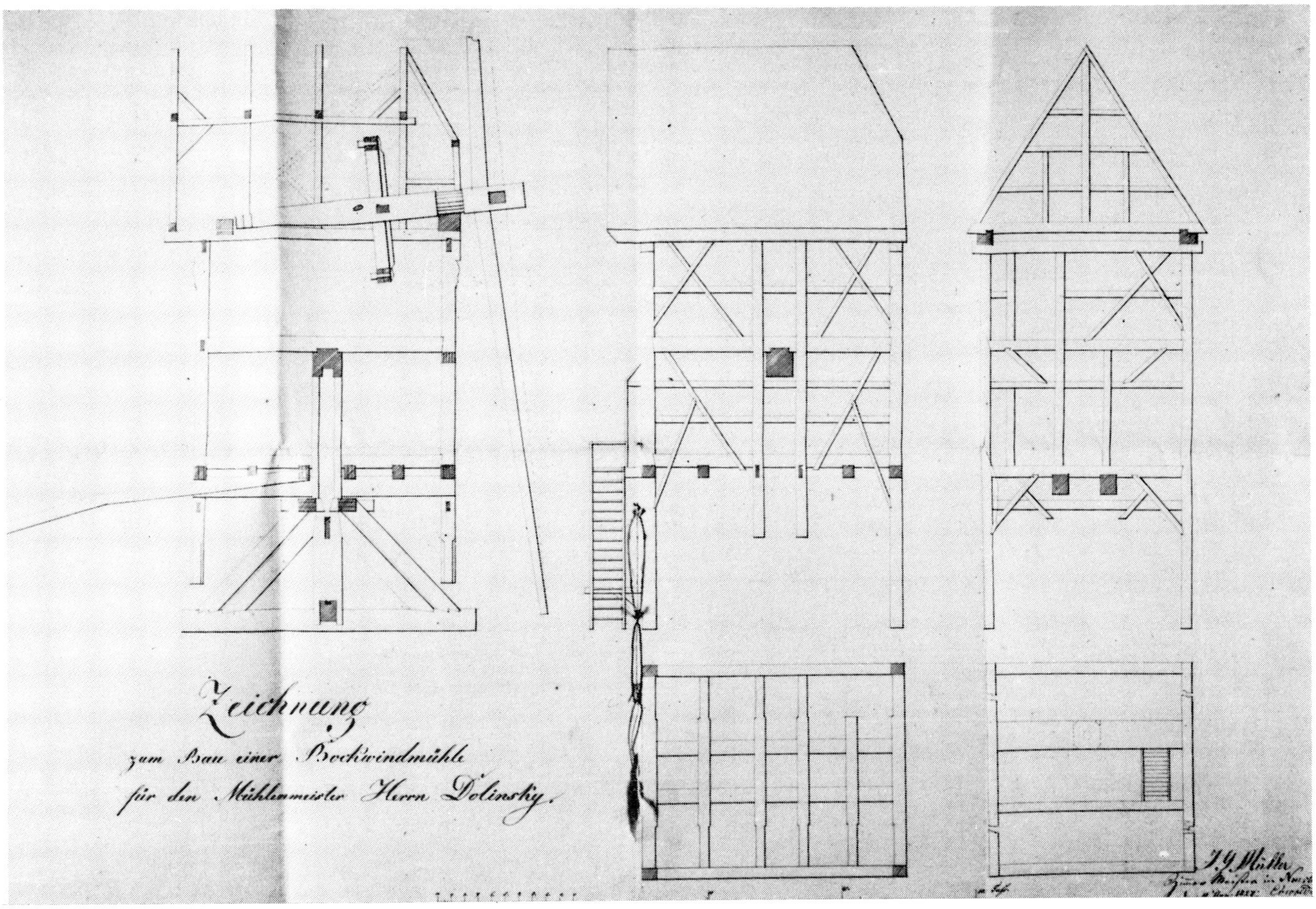

Bockwindmühle (26) 1827, Greifswalder Str. 204

aufzustellen, hatte er jedoch noch nicht aufgegeben: »gedenke ihn mit der Gotteshilfe jetzt durch zu setzen und auf meinem Lande die Mühlen zu erbauen.« So schrieb er noch am 11. 12. 1826. Doch schon am folgenden Tag bat er um die Bauerlaubnis für nur eine Bockwindmühle.

Eine mögliche Erklärung finden wie bei C. L. Zeitler: »Die zum Alexanderplatz führenden Straßen waren oft voller Meßfuhrleute. Es gab noch keine Eisenbahnen, alle Güter nach Berlin wurden in großen, planbedeckten, mit 3 bis 4 Pferden bespannten Lastwagen herangebracht und in die Provinzen wieder weggefahren. Die in blaue Leinwandkittel gekleideten Führer und Gehilfen trugen um den Hals türkisch-rote, mit weiß oder gelben Mustern bedruckte, sogenannte Schweizertücher. ... Zu diesen regelmäßig verkehrenden Frachtern kamen im Frühjahre zum Wollmarkt die Wollwagen und, namentlich im Herbste, die Getreidewagen der mecklenburgischen und uckermärkischen Güter, deren Führer mit nur einem Sporen am rechten Stiefel, den mit mehreren Pferden bespannten Wagen, auf dem Stangenpferd reitend, leitete. Dazu kamen wöchentlich 2 oder 4 mal mit ganz elenden Pferden bespannte Wagen der Landleute, Bauern, die oft aus 4 bis 6 meiliger Entfernung ihre wenigen Erzeugnisse zu den offenen Märkten auf den Alexanderplatz, Dönhofsplatz oder dem Neuen Markt brachten, aber des Nachmittags schon wieder nach Hause fuhren. Während der Marktzeit wurden die Pferde gegen ein kleines Entgeld ... in den zahlreichen Ausspannungen, Gasthäusern der Torstraßen, in denen jedes zweite Haus mit seinem großen Hofe dazu eingerichtet war, eingestellt.«

Wer allerdings nach 22 Uhr an der Berliner Stadtmauer eintraf, mußte vor den meist verschlossenen Toren im Freien übernachten. Für diesen Personenkreis baute Köppen 1824 zwei Häuser neben dem Georgen-Friedhof (Das südliche Vorderhaus, Greifswalder Straße 228, ist das älteste Haus im Stadtbezirk.) mit einer heute ebenfalls noch vorhandenen großen Hofanlage als Ausspannung: das bekannte Gasthaus »Zur grünen Tanne« (später »Goldener Stern«). Damit hatte Dolinsky eine »Marktlücke« erkannt und genutzt.

Im Frühjahr 1827 legte er an der südlichen Grenze seines Grundstücks einen Mühlenweg an, stellte daneben eine Kegelbahn auf und errichtete am vorgesehenen Mühlenbauplatz ein kleines, bei Berliner Mühlen sonst nicht bekanntes »dazu gehöriges Mühlen-Wohngebäude«, anscheinend für einen Gesellen oder Pächter bestimmt. Der Consens für die Bockwindmühle (43 Fuß hoch, 15½ Fuß breit, 20 Fuß tief, 31 Fuß Flügellänge, ein Mahlgang) wurde ihm dann am 24. 9. 1827 ausgestellt.

Im gleichen Jahr verkaufte er eine Parzelle, jetzt Greifswalder Straße 203, an die Witwe Schaum aus der Kurzen Scheunengasse 9, die sich 1827/28 ein Wohnhaus und ein Scheunengebäude anlegte. Um 1829 errichtete Dolinsky an der zweiten wichtigen Verkehrsader des jetzigen Stadtbezirks, an der heutigen Prenzlauer Allee 40, Ecke Marienburger Straße, das Gasthaus »Zum goldenen Hirsch«. Aus dem ebenfalls geplanten Bau eines Holländers auf dem Hinterlande des »Goldenen Hirschen« ist nichts geworden. Laut Bekanntmachung vom 26. 6. 1829 war eine »achteckige holländische Bockwindmühle« (ähnlich dem Holländer 7 vom Windmühlenberg) vorgesehen. In den dazwischenliegenden Jahren hatte Dolinsky das bis zur Prenzlauer Chaussee reichende Land aus dem Besitz »Erdmanns Friedrich« erworben und seinen Gasthof »Zu den drei Linden« südlich durch einen Neubau (Greifswalder Straße 204, Ecke Marienburger Straße) erweitert. Die Marienburger Straße entstand aus dem ehemaligen Verbindungsweg zwischen den beiden Gasthäusern. Dieser Weg führte zwischendurch den Namen Taraschwitzscher Weg nach dem Kunstgärtner Taraschwitz, dem das südlich angrenzende Land gehörte. Dessen Haus stand auf dem Grundstück Prenzlauer Allee 39.

Das ehemals Schaumsche Wohnhaus wurde 1840 als Mühlenmeister »Göritz'sches Haus« bezeichnet. 1841/42 wohnte hier der Mühlenmeister Bobbe, 1852 der Mühlenmeister Carl Göritz.

Als im Januar 1841 die neue Besitzerin der Parzelle, Caroline Göritz, an der hinteren Grenze ihres Grundstücks ein sechsgeschossiges Quergebäude anlegen wollte – die Entfernung bis zum Hauptständer der Windmühle sollte 124 Fuß betragen – kam es zum Streit. Am 14. 2. 1841 protestierte »George Dolinsky, Mühlenmeister und Gastwirth vorm Königs-Thore in den drei Linden«, gegen den Bau dieses Hinterhauses, »da durch denselben mir der Morgenwind, der beste und einträglichste, gänzlich von der Mühle weggefangen werden würde, so daß dieselbe ihre Gangkraft, den Werth und ich an meinem Vermögen und Rechten verlöre«. Ein erneuter Protest erfolgte am 29. 3. 1841, weil der Hausbau der »Mühle den Morgenwind und dadurch Gangbarkeit und Werth abgeschnitten« hätte.

Greifswalder Str., Ecke Marienburger Str., nach 1827!

Am 20. 7. 1841 machte auch sein Pächter, der Mühlenmeister August Otto, eine Eingabe. (Dolinsky hatte nämlich, weil er selbst das Gasthaus führte, die Mühle verpachtet.) Dieser schrieb: »Seit dem 1. 7. 1839 pachtete ich auf den Zeitraum von 4 Jahren ... die Bockwindmühle für den Pachtzins von 180 Reichsthalern. Bei Antritt des Pachtkontraktes war die Lage der Mühle von der Art, daß ich als Pächter bestehen konnte.« Die Entfernung zum hohen Neubau der Caroline Göritz betrüge nur 95 Fuß, »... wodurch ich die Hälfte des Jahres fast behindert bin, anderen Mühlenbesitzern gleich mahlen zu können... Von den Pachtbedingungen will mich der Verpächter nicht freisprechen, und die zu halten, bin ich beim besten Willen nicht vermögend; nun bleibt mir weiter keine Aussicht, als die dem Verpächter geleistete Kaution, die nicht einmal mein ganzes Eigentum ist, zu verlieren, wodurch ich denn außer Stande gesetzt sein werde, als ehrlicher Mann fortbestehen zu können.« Otto bat, allerdings vergeblich, um Hilfe »zur Wiedererlangung seiner Rechte«.

Die Mühle scheint um 1846 abgebrochen worden zu sein. Der Neubau in der Greifswalder Straße 203 erfolgte 1889, der in Nummer 204 1900. [691]

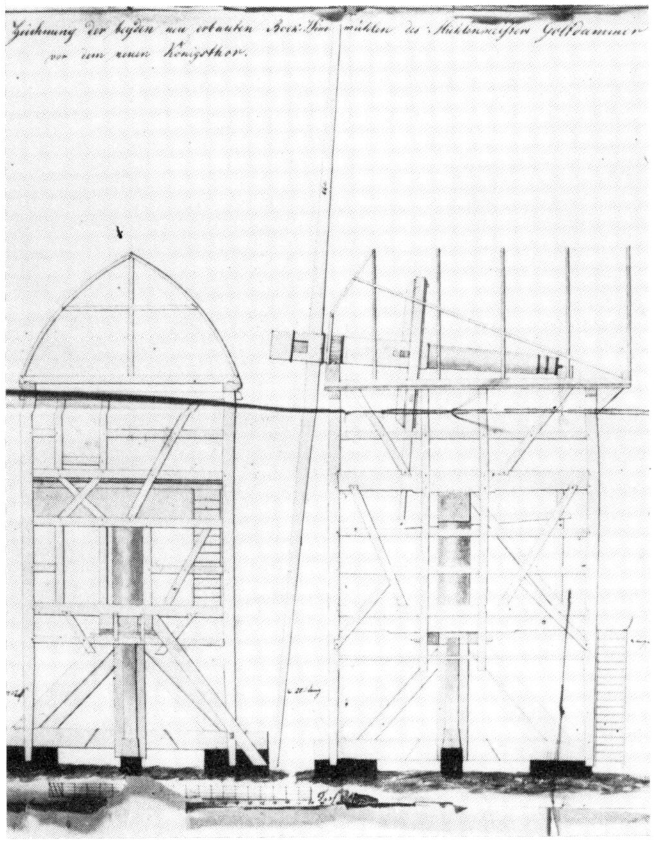

Bockwindmühle (27) 1829, Greifswalder Str. 212/213

Nr. 27 Bockwindmühle (Lohmühle)
Standort der Mühle: Greifswalder Straße 212/213 (vor dem zweiten Quergebäude, 100 m von der Bauflucht)
Standzeit: 1829 bis 1856
Standort des Müllerhauses: Greifswalder Straße 212/213
Besitzer: Mühlenmeister Johann Friedrich Goltdammer (Goldtdaimer, Golddammer, Goldtamer, Goldtdammer, Golldammer, Goldammer, Goldhammer), ab 1823
Mühlenmeister und Bäcker Franz Goltdammer, 1842

Geschichte
Nach dem »Situations-Plan der von Hr. Goltdammer bei a und b zu erbauenden Windmühlen« (Mencelius vom 4. 7. 1823) beabsichtigte Goltdammer zwei Windmühlen auf einem von J. G. Bachmann erkauften Ackerende zu errichten. Die Entfernung zur »nächsten königlichen Mühle« auf dem Windmühlenberg sollte 170 Ruten betragen. Zur Zeit seines Bauantrags war Johann Friedrich Goltdammer 28 Jahre alt; er wohnte in der Bollengasse Nr. 4 (Molkenstraße, zwischen Poststraße und Molkenmarkt). [692]

Obwohl sogar eine Zeichnung »der beyden neu erbauten Bock-Windmühlen« vorliegt, ist dem Verfasser nur der Bau einer Bockwindmühle (42 Fuß hoch, 17 Fuß breit, 21 Fuß tief, 33 Fuß Flügellänge, ein Gang; Consens vom 19. 11. 1829) sicher bezeugt. Auch im »Grundriß von Berlin ... d. kön. Preuß. großen Generalstabes« 1827 ist nur eine Mühle eingezeichnet.

Bis 1832 wohnte der Mühlenmeister Goltdammer im »Peters'schen Hause«, dessen Standort noch unbekannt ist. In diesem Jahr baute er sich ein Wohnhaus (38 x 34 Fuß, eine Etage, von ausgemauertem Fachwerk) und einen Stall. 1842 richtete sein Sohn Franz eine Bäckerei ein. 1849 erfolgte ein Anbau an das Wohnhaus.

Vermutlich ab 1850 wurde in der Windmühle Lohe gemahlen, 1852 der Betrieb völlig umgestellt: Im »Backhaus« baute man den Backofen zu einem Knochenofen um und stellte eine durch ein Roßwerk angetriebene Knochenmühle auf. Später kam noch ein zweiter Knochenbrennofen hinzu, 1854 die Anlage eines Backofens im Wohnhaus.

Am 3. 4. 1856, früh um 5 Uhr gemeldet, brannte in Goltdammers Anwesen nach dem Rapport der Feuerwehr »die auf dem vorverzeichneten Grundstück befindliche, dem Bäcker Goldhammer gehörige Lohmühle ab. Ursache unbekannt.«

1856 erwarb der »Fabrikbesitzer« Gustav Magnus das Grundstück, der 1858 einen Neubau der Knochenofenanlage und der Knochenmühle aufführte.

Als am 10. 8. 1859 Gustav Magnus eine »Wind-Mahl-Mehl-Mühle« errichten wollte, wurde ihm dieser Bockwindmühlenbau (42 Fuß hoch, 18 Fuß breit, 22 Fuß tief, 34 Fuß Flügellänge, ein Gang) nicht genehmigt, »weil bei einer Breite des Grundstücks von nur 121 Fuß die Mühle nicht, was das sicherheitspolizeiliche Interesse fordert, von allen Nachbargrenzen in einer Entfernung von 120 Fuß aufgeführt werden kann«, abgesehen davon, »daß die Herstellung von Windmühlen ganz außer allem Bedürfnis liegt«.

1879 stellte Gustav Magnus als Inhaber der »Patent-Hartgummi und Celluloidwaaren-Fabrik, G. Magnus u. Co.« Billardbälle, Kegelkugeln, Feldflaschen aus Hartgummi und Knochenkohlen her. [693]

Im gleichen Jahr verstarb der inzwischen nach Potsdam verzogene ehemalige Mühlenbesitzer Franz Goltdammer. Ihn ehrte in einer Sitzung der Innung der Mühlenmeister W. Wurst. [694]

Nr. 28 Bockwindmühle

Standort der Mühle: Greifswalder Straße 30
Standzeit: wahrscheinlich nach 1825 bis wahrscheinlich vor 1829
Standort des Müllerhauses: unbekannt
Besitzer: Mühlenmeister Specht, ab 1825

Geschichte

Für diese Mühle ist die Quellenlage besonders ungünstig. Bei der Suche nach den Unterlagen des Mühlenmeisters Dolinsky fand der Verfasser den »verhefteten« Brief des Mühlenmeisters Specht aus Posen mit einem beiliegenden, undatierten Situationsplan. In diesem Brief vom 8. 3. 1825 an die Polizei erinnert dieser Mühlenmeister daran, daß er auf einem vom Gutsbesitzer »Carl Ludwig Boetzow, Neue Königs-Straße 53«, gekauften Acker eine Bockwindmühle erbauen will. Akten und Zeichnungen würden zu dieser Zeit beim zuständigen Stadtbaurat Langerhans liegen. Am 25. 3. 1825 erschien in der Beilage zum 71. Stück der »Berliner Nachrichten von Staats- und gelehrten Sachen« die poizeiliche Bekanntmachung vom 14. 3. 1825 mit dem Baubegehren Spechts. [695]

Nach dem Situationsplan ist das genannte Grundstück - etwa 26 x 7 Ruten gleich 1 preußischer Morgen groß - »zur Mühle verkauft«, mit dem jetzigen Grundstück Greifswalder Straße 30 identisch. Die Entfernung des Mühlenfleckens zu den von »Ludwig Betzow« 1823 erbauten zwei Wohnhäusern (später Knochenbrennerei von Bade, 1843 an Sydow verkauft, Greifswalder Straße 43/44) betrug 68 Ruten, die Entfernung Bade–Wurst (nach zwei verschiedenen Plänen) 100 bis 110 Ruten. Für die Richtigkeit der genannten Zeichnung unterschrieb der bekannte »Reg. Conducteur« Mencelius. Jedoch im »Grundriß von Berlin ...« 1827 ist die Mühle nicht verzeichnet.

Möglicherweise ähnelt das Schicksal dieser Bockwindmühle dem der Steinschen Mühle in Britz (Nr. 22 bei W. Schmidt). Diese wurde 1860 vom »Wege an den Rehbergen« (Wedding) nach Britz umgesetzt, knapp vier Jahre später, Ende 1864, durch einen Brand zerstört und nicht wieder aufgebaut.

Nr. 29 Holländische Windmühle (Bockwindmühle)

Standort der Mühle: Greifswalder Straße 24/25 (in der NO-Ecke des Grundstücks, 120 m von der Bauflucht)
Standzeit: 1823 bis um 1870
Standort des Müllerhauses: Greifswalder Straße 24/25
Besitzer: Mühlenmeister Johann Haubner (s. Mühle 13), ab 1823
Mühlenmeister (Samuel Gottfried?) Wurst, 1827
Witwe D. Wurst (Wuerst, Würst, Wirst), 1840
Mühlenmeister Friedrich (?) Wilhelm Wurst, 1858

Geschichte

Nach einer sogenannten Mühlenvorakte bat am 9. 3. 1823 der Mühlenmeister Johann Haubner, 38 Jahre, aus Rosenthal um die Erlaubnis, eine holländische Windmühle »vor dem Berliner Thore« bzw. »auf (der) Berliner Feldmark vor dem neuen Königs-Thore an der Chaussee nach Freyenwalde, auf dem mir von dem Ackerbürger Boetzow gekauften 2 Magdeburger Morgen Akker anzubauen«. [696]

Ohne den Consens abzuwarten, begann er mit dem Mühlenbau, wie eine Aktennotiz vom 5. 5. 1823 es beweist: »... da ich schon mehrere Arbeiter an der Anlage beschäftige ...«. 5 Ruten vom Chausseeweg errichtete er ein Wohnhaus (40 x 30 Fuß). Den Consens erhielt Haubner erst am 26. 8. 1823. Der Mühlenweg, 2 Ruten breit, lag an der südlichen Grundstücksgrenze. Sein nächster Mühlennachbar, Carl Ferdinand Passow, hatte gegen den Mühlenbau keine Einwände erhoben. [697]

Wie lange Haubner diese Mühle besessen hatte, ist bisher nicht bekannt. Da er sich schon Anfang 1824 mit dem neuen Mühlenbau (Mühle

13) in der Schönhauser Allee beschäftigte, ist ein frühzeitiger Besitzerwechsel wahrscheinlich.

Im Zusammenhang mit diesem Grundstück taucht der Name Wurst erstmals 1827 im »Grundriß von Berlin ...« auf. In den folgenden Jahren findet sich fast gleich häufig die Schreibweise Würst, bis sich der Name Wurst durchsetzt. [698]

1840 ist eine Witwe D. Wurst Besitzerin; ihr südlicher Nachbar ist der Zimmermann und spätere Gastwirt Boelke. Auf zwei Situationsplänen aus diesem Jahr sind die Mühlen von »Würst« und Neumann (Mühle 30) als Holländer gezeichnet.

1849 erscheint die »Würstsche Mühle« auf einem Situationsplan als Bockwindmühle.

1858 wurde diese Mühle wieder als Holländer gezeichnet. Ihr Eigentümer ist jetzt der Mühlenmeister Friedrich Wilhelm Wurst, ein gesellschaftlich engagierter Bürger: Im genannten Jahr kämpft er gegen eine frühe Form von »Umweltverschmutzung«, den »Gestank« der Knochenbrennereien, und ist Mitglied in der Kreisprüfungskommission der Innung. 1863 erscheint er als »Bezirksvorsteher vor dem Königsthor Nr. 7«. 1866 sowie 1882 ist er III. Altmeister, 1879 II. Altmeister und Kassenführer der Innung. Als ein Blitz den Turm der Bartholomäuskirche am Königstor zerstörte, ließ er einen neuen Turm bauen und bezahlte die 20 000 Goldmark betragenden Baukosten (W. Ratthey, Notizen, 1950). »Nach dem Tode seiner einzigen, etwas verwachsenen Tochter, alleinstehend« (C. L. Zeitler), errichtete der alte Mühlenmeister die noch heute bestehende »Wurst–Stiftung«, in der er ein Grundstück mit Haus in der Neuen Königstraße (Hans-Beimler-Straße) der Bartholomäuskirche, zu deren Gemeinde er gehörte, vermachte. (Das Haus brannte im zweiten Weltkrieg ab.) Das Mühlengrundstück Greifswalder Straße erhielt per Testament die Stadt Berlin, die darauf das aus dem Kaulschen Privat-Lyzeum entstandene Königstädtische Oberlyzeum errichtete. An der Giebelwand des Seitenflügels befindet sich eine Tafel:

»Der Grund und Boden / für dieses Schulgebäude / ist der Stadt Berlin von / dem am 15. Mai 1907 / verstorbenen Rentier / Wilhelm Wurst / zur Errichtung / einer höheren Lehranstalt / geschenkt worden. / Dem Andenken des / hochherzigen Gebers und / treuen Bürgers / die Stadt Berlin 1914.«

Nachdem die Gebäude ein Waisenhaus und die Heinrich-Schliemann-Schule (EOS) beherbergt hatten, befinden sich heute die 17. Oberschule und eine Betriebsberufsschule auf dem Gelände.

Nr. 30 Holländische Windmühle

Standort der Mühle: Greifswalder Straße 11 (50 m von Bauflucht)
Standzeit: 1823 bis nach 1858
Standort des Müllerhauses: Greifswalder Straße 5
Besitzer: Mühlenmeister Carl Ferdinand Passow, ab 1823
Mühlenmeister Ludwig Ferdinand Neumann, ab 1828

Geschichte

Bei dem C. F. Passow dürfte es sich um den Sohn des königlichen Bescheiders vom Windmühlenberg handeln. Außerdem hatte vermutlich ein Grundstückstausch zwischen Passow und seinem Schwager Bötzow stattgefunden.

Passow, wohnhaft Linienstraße 156, Baubitte vom 16. 5. 1822, errichtete 1823 auf einem Weinberggrundstück (Greifswalder Straße 11) eine holländische Windmühle. [699] Nach einer Aktennotiz vom 15. 7. 1823 würde »in 2 Monaten ... die Mühle wohl ganz fertig sein«, nach einer anderen vom 21. 9. 1823 sei »Die Mühle ... bereits im Gange«.

1824 baute er sich auf dem südlichen Teil seines Grundstücks, »5 Ruthen von der nach Weißensee führenden Chaussee entfernt«, ein Wohnhaus (44 x 36 1/2 Fuß, beiderseits der Tür je zwei Fenster, zwei Etagen). Die Ziegel wurden in einem Feldziegelofen hergestellt.

Im November 1828 übernahm der Mühlenmeister L. F. Neumann das große Grundstück, das nördlich bis an das Grundstück des Zimmermanns Boelke (später »Tabatier«) reichte. Es ist bemerkenswert, wie sparsam Neumann in den folgenden Jahren mit seinem Boden umging bzw. wieviel er an Maschinen, Öfen, Remisen usw. auf dem Grundstück Nr. 5 unterbrachte.

1835 erfolgte die Aufstellung eines Kohlen-Glühofens für »Gypssteine« an der Hinterfront seines Geländes. 1839 verkaufte er südlich seines Hauses eine Parzelle an den »Todtengräber Pfeiffer«, der sich ein Wohnhaus und ein Quergebäude anlegte. Neumann selbst erweiterte mit dem so gewonnenen Kapital seinen Betrieb zur Knochenbrennerei (d.h. zur Verkohlung von Tierknochen) durch den Aufbau eines Brennofens und eines Roßwerks mit Stall, um von der unzuverlässigen Energiequelle Wind unabhängig zu werden. 1844 kamen zwei neue Brennöfen dazu; einer der beiden war ein Zement-Brennofen.

1847 ersetzte Neumann Wind- und Pferdekraft durch die Dampfmaschine. Damit begann ein neues Zeitalter auch im Bereich des jetzigen Stadtbezirks Prenzlauer Berg. Es handelt sich

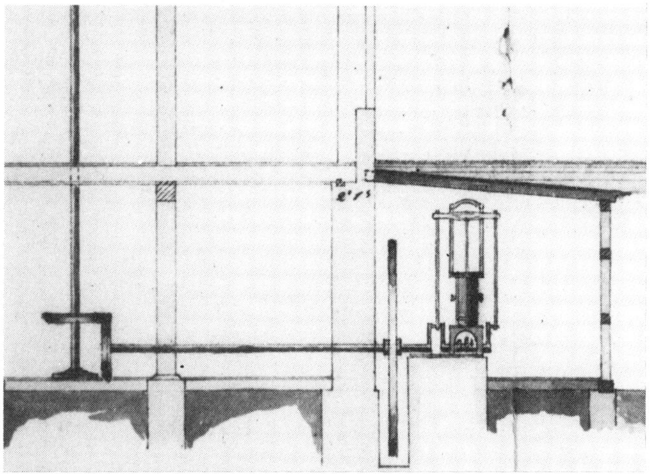

Dampfmaschine von F. A. Egells mit »6–8 Pferdekraft«, 2,8 Fuß hoch; 1847. Greifswalder Str. 5

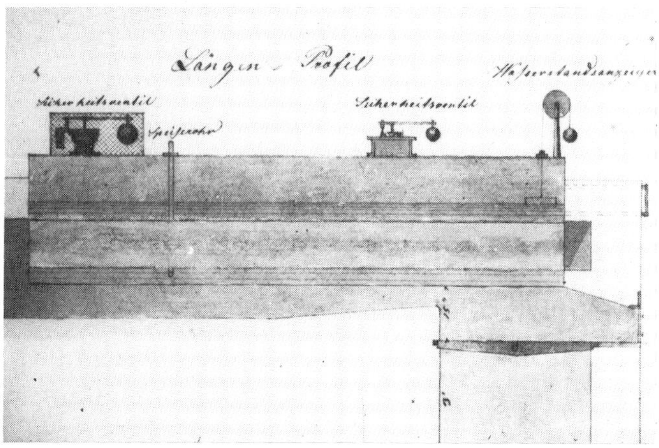

Dampfkessel, 14 Fuß lang; 1847

hier um die erste im Stadtbezirk aufgestellte (zumindest dem Verfasser bekannt gewordene) Dampfmaschine. Dazu baute sich der nunmehrige »Gipsfabrikant« ein Fabrikgebäude mit einem Dampfkesselhaus zur Anlegung von zwei Gips-Mahlgängen mit »aufrechtstehenden Steinen«, die durch eine »verticale Einzylinder-Hochdruck-Dampfmaschine von 6 bis 8 Pferdekraft« der Firma »Neue Berliner Eisengießerei und Maschinenfabrik von F. A. Egells« betrieben wurden; außerdem errichtete er weitere Öfen für Gips und Zement. Schon 1848 erfolgte die Aufstellung einer Mitteldruck-Dampfmaschine (»14 bis 16 Pferdekraft«) zum Betrieb von zwei französischen Mahlgängen.

Am 12. 9. 1850 gehörte neben dem Altmeister Richter der Mühlenmeister Neumann »vor dem Königsthor, Besitzer der dortigen Windmühle«, zur Kreisprüfungskommission für die Prüfung von Müllerlehrlingen, -gesellen oder -meisterkandidaten.

1859 scheint der Holländer seinen Betrieb eingestellt zu haben. In diesem Jahr bezeichnete sich Neumann noch als Mühlenbesitzer; die Mehl-Mahlgänge wurden von den Müllerknechten in der Fabrik bedient. 1863 ist aus dem Mühlenmeister endgültig ein »Fabrikant« geworden, der sich allerdings nicht mit der Glut der Brennöfen zufriedengab: 1866 kam ein großer Eiskeller hinzu.

Am 15. 2. 1873 wurde der Kaufmann Leopold Krause neuer Grundstücksbesitzer.

Mühle mit Roßwerk

Standort der Mühle: Prenzlauer Allee 33
Standzeit: 1843 bis nach 1875
Standort des Müllerhauses: Prenzlauer Allee 33
Besitzer: Mühlenmeister Louis Wilhelm Heinrich Schröder, ab 1837
Kramer, ab 1873

Geschichte

Problematisch ist die Frage nach einer Windmühle auf dem Gelände Prenzlauer Allee 33. Dieses Grundstück, in Form und Länge typisch, hat bis heute seine ursprüngliche Größe behalten. Damals besaß es eine natürliche Anhöhe auf dem Hinterland, war also wohl geeignet zum Aufbau einer Windmühle. Der Besitzer Schröder wurde 1838 auch als Mühlenmeister ausgewiesen, doch ist auf keinem Situationsplan eine Brandstelle o. ä. eingezeichnet.

Der Grund dafür, daß ein Windmühlenbau wahrscheinlich nicht ausgeführt wurde, dürfte in der Grundstücksbreite von nur 5 Ruten liegen. Die Forderung nach einer Mindestgröße wurde von den Behörden zeitweilig sehr ernst genommen.
Kleinau bekam bekanntlich mit $6^1/_2$ Ruten Breite gerade noch die Bauerlaubnis.

1837 hatte sich der »Kaufmann« Schröder vom Gastwirt Carl Friedrich Spiegelberg einen Morgen Land gekauft; mit selbstgefertigten Ziegeln aus einem Feldziegelofen wollte er sich (5. 6. 1838) ein Wohnhaus und einen Stall errichten. Nach dem Bau der Gebäude arbeitete er als Bäcker. Sein Backofen stand im Keller des Wohnhauses.

1842 erweiterte er den Betrieb und baute sich auf dem hinteren Teil des Grundstücks einen neuen Backofen an einen Schuppen, der fast die ganze Grundstücksbreite einnahm (50 x 30 Fuß). Bereits im nächsten Jahr stellte er seinen Betrieb um: Im alten Müllerhaus wurde weiter Brot gebacken, den neuen Backofen richtete er als Brennofen für »Gyps« ein. Im Schuppen legte er »einen Mahl- und einen Gypsgang« an, »durch ein Roßwerk in Trieb zu setzen«, um »für eigene Rechnung zu mahlen«. Schon nach einem Monat brannte die »Gipsfabrik« aus. Schröder stellte einen neuen Brennofen auf, außerdem ein Göpelwerk mit je einem »Mahlgang zum Pulverisieren des gebrannten Gipses und zur Vermehlung von Weizen- und Medizinal-Waaren«.

Dieses war nun dem zuständigen »kgl. Haupt-Steueramt für inländische Gegenstände« aus »Rücksichten der Gesundheitspflege« zuviel. »Der feine Staub des Gipses und der Medizinal-Waaren würde sich durch den ganzen Mühlenraum ziehen und es unvermeidlich sein, daß Teile davon sich dem Getreide und den daraus zu fertigenden Fabrikaten anhingen, welches dann noch um so mehr geschehen müßte, wenn nach der Bereitung von Medizinal-Waaren auf demselben Gange Getreide geschüttet würde, da eine vorgängige ganz vollkommene Reinigung desselben kaum denkbar ist, sich auch nicht beaufsichtigen ließe.«

So mußte Schröder den Plan zur Fabrikation von »Medizinal-Waaren« aufgeben. Anfang 1850 stellte der »Bäckermeister« seine Produktion erneut um. Aus dem Gipsbrennofen wurde ein »Knochen-Brennofen«, der nach einer Klage des August Dolinsky vom 8. 7. 1851 »einen unerträglich stinkenden und ungesunden Rauch mindestens eine viertel Meile weit verbreitet«. Nebenbei befaßte sich Schröder verbotenerweise mit der Leimherstellung, wie wir aus der Anzeige eines »Anonymus«, ein »Leimkocher, der sich die Erlaubnis nimmt«, erfahren. Schröder wurde zum »Materialwarenhändler«. 1875 erfolgte unter dem neuen Besitzer Kramer die Anlegung eines neuen Gipsofens mit neuem Roßwerk.

Windmühlen zu Lichtenberg. 1874 (Heinrich Zille)

KAPITEL 9

Chronik der Windmühlen auf dem Wedding

Der Wedding war einst die Feldflur eines wüst gewordenen Dorfes gleichen Namens, das 1289 an die Stadt Berlin gekommen war, aber auch die Kämmereiheide der Stadt. In diesem Gebiet lagen die wichtigsten Ausfallstraßen nach Oranienburg und Hamburg. Hier standen die ältesten Pankemühlen: die Weddingmühle in Nähe der Schönstedtstraße aus dem 13. Jh., die Schleifmühle für Schwertfeger, Zirkel- und Messerschmiede nördlich der Invalidenstraße aus dem 17. Jh. sowie ab 1708/12 die Walkmühle am Schönhauser Graben. Dort ist in der Badstraße 40 heute noch das letzte Mühlenhaus zu sehen. Rücksichtsloses Abholzen des Baumbestandes in der Kämmereiheide, besonders für den Bau der Palisaden um die Vorstädte Berlins (1705/16), ließ das Land, dessen Flugsand zunehmend gefürchtet wurde, veröden. Dieser billige Boden wurde später zum Standort großer Industriebetriebe.

Die älteste Windmühle in der Nähe des Weddinghofs war die Invalidenhaus-Mühle (W 1). [700] Nach einer Instruktion vom 31. 8. 1747 sollte das in der Nähe der Pulvermühle (Kleiner Tiergarten) eingerichtete Invalidenhaus, weil es außerhalb der Stadt lag, selbständig wirtschaften, u. a. das Getreide auf einer eigenen Windmühle und, wenn kein Wind wehte, auf einer eigenen Roßmühle abmahlen. Letztere richtete man im Fuß eines Holländers ein. [701] Die Mühle, nördlich vom Invalidenkirchhof (an der Scharnhorststraße) gelegen, war jedoch mit zu frischem Holz und in den Verbänden nicht sorgfältig genug gebaut worden. Sie mußte deswegen laufend repariert werden, was nicht nur Geld kostete, sondern eben wegen dieser Kosten zu ständigem Streit mit den jeweiligen Generalpächtern führte. Als 1772 eines der Pulvermagazine, das westlich des Schönhauser Grabens lag, explodierte, wurde die Mühle derart erschüttert, daß die Reparaturen immer umfangreicher wurden. Der damalige Kriegsminister v. Wedell erwog sogar, die Mühle ganz abbrechen und durch zwei Bockwindmühlen ersetzen zu lassen. Dieser Plan kam jedoch nicht zur Ausführung. Man hielt eine Roßmühle für unentbehrlich, um auch bei Windstille jeden Augenblick das zum Bierbrauen erforderliche angefeuchtete Malz »kleinen zu können; sonst müsse man es theurer in der Stadt mahlen lassen«. 1773 übernahm der Generalpächter Jouin diese »Holländische Wind- und Roßmühle« für 162 Tlr. jährlich, der seinerseits einen ihm verpflichteten Pächter einsetzte. Von 1766 bis 1781 erforderte die Mühle wegen der mangelhaften Bauausführung 1600 Tlr. Reparaturkosten, später noch mehr. Der Holländer wurde 1823 verkauft, 1856 abgebrochen. [702]

Nach Verkündigung des Mühlenedikts vom 28. 10. 1810 kam es zu einem Mühlenbauboom. In Preußen stieg die Zahl der Mühlenbetriebe zwischen 1811 und 1819 um 20 %. [703] Auf dem Wedding wurden 1811 3, 1827 20, 1838 27 und 1846 24 Windmühlen gezählt [704], doch hatten alle nur eine kurze Lebensdauer. 1877 existierten noch Franckes Mühle und die ehemalige Lehmann-Mühle unter dem Besitzer Ast, die um 1880 ebenfalls verschwanden. Die Ursachen für

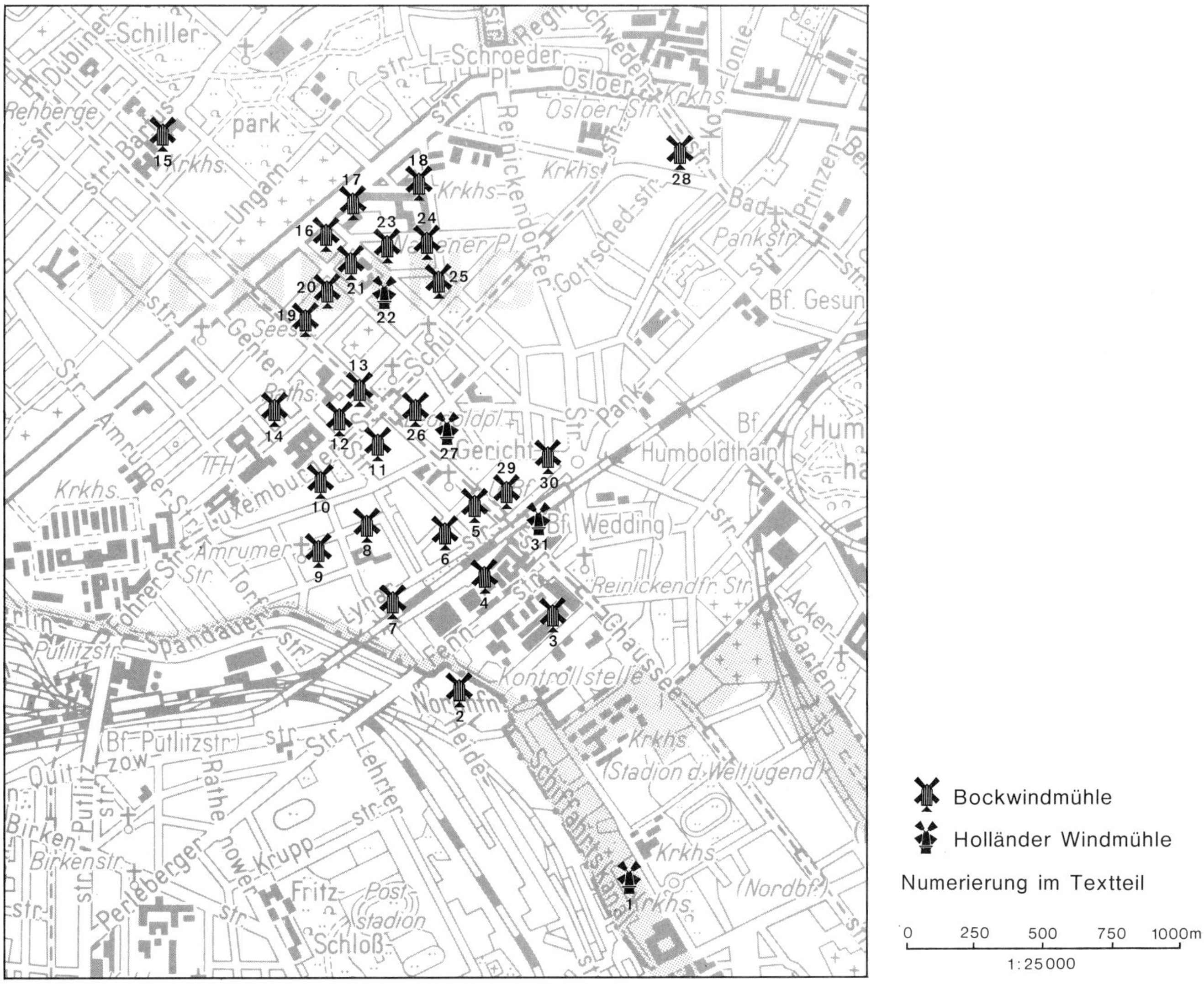

Die Windmühlenstandorte auf dem Wedding

ihren Untergang gleichen denen vom benachbarten Prenzlauer Berg. Im Wedding kam als gravierendes Moment die starke Ansiedlung von Industriebetrieben hinzu. Die »Kgl. Eisengießerei« an der Panke, die bis 1826 die größte war und als Musterbetrieb galt, bildete den Ausgangspunkt für die Ansiedlung weiterer Betriebe, wie Borsig, Pflug, Schwartzkopf, Egells und Hoppe. Dadurch gerieten u. a. ehemalige Mühlengrundstücke weiter nördlich in den Besitz von Fabrikanten; beispielsweise baute Schakow auf dem ehemaligen Lange-Grundstück eine Feilenhauerei, Schleif- und Polieranstalt; auf Schmiedeckes Mühlengrundstück befindet sich seit 1874 die Firma Schering. [705] Das Vordringen der städtisch-industriellen Agglomeration führte also auch hier zum Mühlensterben.

Doch zurück zum Mühlenbauboom, durch den die später nach ihren Bewohnern genannte Müllerstraße und die angrenzenden Straßenzüge zu einem herausragenden Mühlenstandort wurden. Der erste Müller auf der Müllerstraße war der Lohgerber-Meister Johann Heinrich Kloß (Kloos, Kloose, Klooß), dessen Gerberei sich am Königsgraben, Neue Schönhauser Straße 17, befand. Ihm gehörte ein Mühlenensemble (W 26, 27) auf dem Wedding (Müllerstraße 22/23), das 1809 zur Aufnahme in die Feuersozietät taxiert wurde. Dabei zeigte sich, daß diese »Lohmühle ganz gegen alle Feuerordnung und von Grunde aus von Brettern erbauet« war. Nach dem Gutachten des Stadtbaurats Langerhans wäre die Feuergefährlichkeit nicht unbedeutend; auch sei zur Erbauung der Mühle eine Erlaubnis weder nachgesucht noch erteilt worden, »da es zweifelhaft war, ob das Territorium zur Stadt oder zum platten Lande gehören würde«. Die Mühle sollte abgerissen werden. Es muß sich hier also um eine ungewöhnliche Anlage gehandelt haben.

Ursprünglich hatte die Lohmühle als holländische Schneidemühle »bey Schwienemünde« gestanden. Als der Holzhandel dort endete, war sie abgebrochen und zur hiesigen Niederlage »bey Pichelsdorff« transportiert worden. Ihr Wiederaufbau erfolgte durch den Baumeister Samuel Erdmann aus Stargard und durch seine beiden Söhne zwischen dem 21. März und November 1791. Die Mühle »hatte 27 Sägen in drey Gängen, jeden von 9 Sägen«, und kostete einschließlich Wohnhaus an 10000 Tlr. »Samuel Erdmann war mit 360 Thlrn., wofür er doch zwei Gesellen halten muste, ihr Schneide Müller«. 1802 wurde »für den Fleck bey Pickelsdorf, worauf die Wind Schneide Mühle erbauet worden, welche jezt zu einer Loh Mühle aptirt ist, vom Lohgerber Meister Klooß (zu Berlin) jährlich 1 Thlr.« gezahlt. [706] Nach dessen Angaben im Juni 1819 sei die Loh- und Mahlmühle, ein Galerieholländer mit Durchfahrt, »auf Befehl Sr. Königl. Majestät . . . vor ohngefähr 30 Jahr bei Pickelsdorff (»bei Pichelsberg am Wege von Spandau, nahe dem Wildgatter des Grunewalds«) mit dem Bork-Schauer und der Schirrkammer verbunden erbauet worden und auf eben dem hohen Befehl (vom 26. 8. 1808) in derselben Verfaßung auf der gegenwärtigen Stelle aufgebaut worden«. Der Holländer besaß »5 Böden, mit einem Unterbau von 22 □Fuß Größe (?, s. u.), welcher die Jallerie bildet, von wo die Mühle 35 Fuß Höhe bis zur Haube hat«. Nach einer Faustskizze kamen in den folgenden Jahren als Anbauten linker Hand vor die Schirrkammer ein Kuhstall (28 Fuß lang, 25 Fuß tief) und eine Scheune, auf der anderen Seite der Durchfahrt hinter der Borkenscheune ein Loheschuppen (33 Fuß lang, 25 Fuß tief) hinzu.

Zur Wirtschaft gehörten 83 Morgen Kämmereiacker in Erbpacht, die Kloß 1816 seinem Bruder, dem Ökonomen August Kloß, in Afterpacht gegeben hatte. Mit ihm, der ihn prügelte und vor dem er Angst hatte, lag Kloß in Streit. Von jenem war die mit dem Holländer verbundene Schirrkammer zu einer Futterkammer, sogar mit Schornstein, umgebaut worden. Weiterhin bestand eine unmittelbare Verbindung von der Mühle zur Borkenscheune und zum Stall für 10 Stück Vieh, letzterer »zum Theil in die Mühle mit eingebauet . . . (dazu) alles mit Brettern gedecket«. Die Anbauten wurden eingerissen (bis zum 26. 10. 1820 die Borkenscheune, bis zum 15. 9. 1821 die Schirrkammer und Scheune, danach Stall und Lohschuppen) und so der Holländer ohne den befürchteten Einsturz freigelegt. Er stand 10 Ruten vom massiven Wohnhaus entfernt. Übrigens mußten für den Holländer 4950 Rtlr., als Lohmühle der sechsfache Betrag, zur Feuerversicherung gezahlt werden. Nach dem Brand am 25. 6. 1830 ist an der gleichen Stelle, wahrscheinlich unter Verwendung des alten Unterbaus, eine neue holländische Loh-Windmühle (60 Fuß hoch, einschließlich des 22 Fuß hohen Unterbaus, zwei Gänge; Consens vom 6. 8./ 22. 11. 1831) gebaut worden. [707]

Seine Gerberei am Königsgraben hatte Kloß einem Schwiegersohn, dem Gerber Berger, verkauft, der kurz danach verstarb. Die Gerberei wurde von der Witwe weitergeführt. 1821 baute sich Kloß, ebenfalls zum Lohemahlen, auf der anderen Seite seines Wohnhauses, von diesem 7 Ruten, 9 Fuß entfernt, eine Bockwindmühle (28 Fuß lang, 21 Fuß breit, 30 Fuß hoch; bei der Feuersocietät am 31. 3. 1821 »assecuriert«, am 1. 10. 1832 gelöscht). Nach Kloß' Tod übernahm ein anderer Schwiegersohn, der Drechslermeister C. G. Naumann, den Betrieb. Die Bockwindmühle (Neubau?, Umbau?) hatte der Mühlenmeister Kurth gepachtet, »ein in Dürftigkeit lebender Mann«. 1836 durfte Naumann diese Mühle wegen Windmangels durch die hohen Chausseebäume 20 Ruten in Richtung Schulhaus versetzen (Consens vom 31. 10. 1836). Sie stand nun von letzterem und von der Nazareth-Kirche je 30 Ruten entfernt. Später nutzte Naumann, inzwischen Altmeister des Drechslergewerks, den Windbock als Schneidemühle zur Herstellung von Stöcken, aus denen er Rohre für billige Tabakspfeifen fertigte. [708] Beide Mühlen wurden durch eine Zeichnung des Malers A. Pape (1858/ 59 von der Gerichtsstraße aus, Nähe Müllerstraße), zu den bekanntesten Windmühlen des Weddings.

Eine besondere Rolle spielte die Müllerfamilie Streichhan (Streichan, Streichhahn), der es gelang, zeitweilig sechs Windmühlen in ihren Besitz zu bringen. Der 34jährige Mühlenmeister Friedrich Streichhan aus Blankenfelde bei Berlin »im Teltowischen Kreise«, ein sehr ordentlicher, unbescholtener Mann, hatte am 3. 10. 1809 um die Erlaubnis zum Bau einer Bockwindmühle mit einem Mahl- und einem Stampfgang vor dem Frankfurter Tor nachgesucht. Streichhans Vater war bereits Besitzer einer Bockwindmühle in Blankenfelde gewesen, hatte diese aber für 200 Taler verkauft. Friedrich Streichhan arbeitete daraufhin in Zahzewo bei Flatow (Westpreußen) zehn Jahre als Meister, bis er aufgrund von Kriegsunruhen in das damalige Herzogtum Warschau übersiedelte. Zum Zeitpunkt seines Antrags wohnte Friedrich mit seiner Frau und sechs Söhnen erst seit drei Monaten in Berlin vor dem Frankfurter Tor beim Gärtner Chone. Auf dessen Gelände wollte er die Bockwindmühle auf eigene Kosten, aber mit Freiholz errichten. Sein Vermögen betrug durch eine Erbschaft 600 Rtlr.

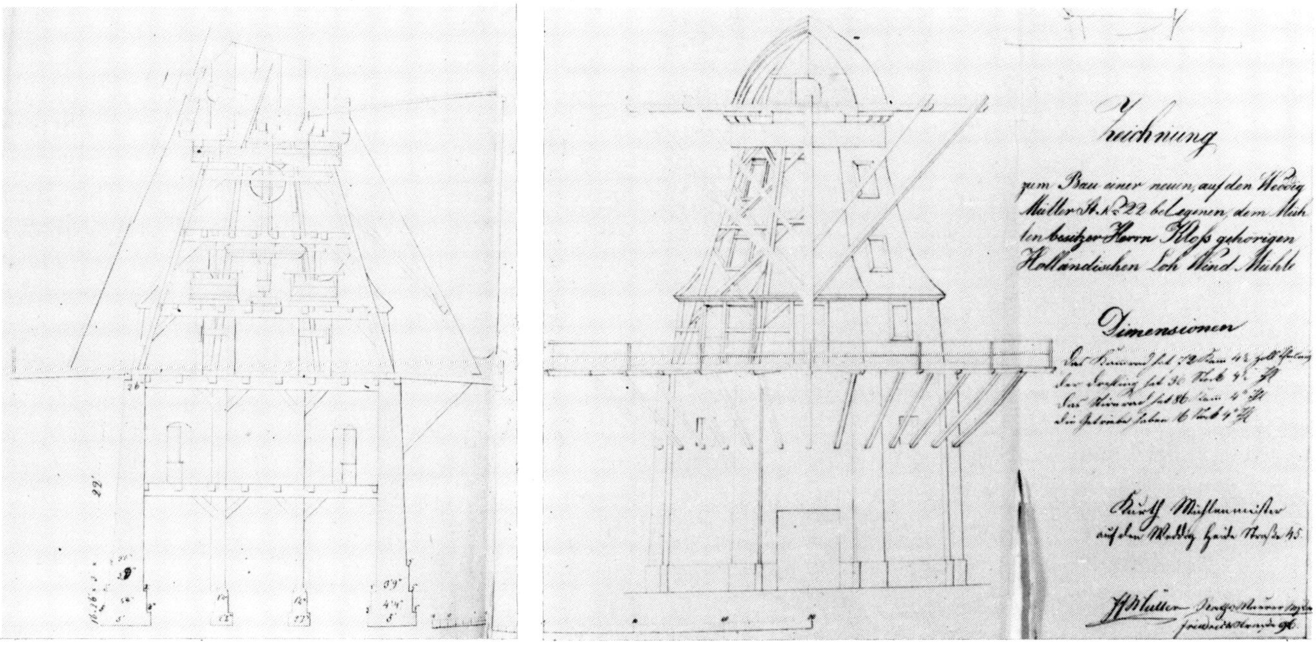

Der Galerieholländer von Kloß (W 26) 1831, Müllerstr. 22. a) Schnitt; b) Aufriß

Nach einem »kgl. Spezial-Befehl« aus Königsberg vom 19. 11. 1809 sollte die Baubitte geprüft werden. [709]

Gegen diese Baupläne erhob der Mühlenmeister Carl Schreiber aus Pankow Einspruch, denn schon jetzt wäre sein Mahlaufkommen sehr gering. Viele Höfe im Dorf Pankow seien von Bauern und Kossäten an vornehme Herrschaften verkauft worden, die zwar im Sommer »ihre Lust-Wohnung alda« hätten, aber alle »Victualien« (Lebensmittel) aus Berlin mitbrächten. [710] Wegen des noch bestehenden Mahlzwangs fürchtete

Das Mühlenensemble von Kloß (W 26, 27) 1858/59 (A. Pape), Müllerstr. 22

die Behörde ihrerseits unfruchtbare Prozesse mit eben diesen einspruchsberechtigten Müllern. Dabei war man gerade mit einem Gutachten über die Aufhebung des Mahlzwangs beschäftigt und hoffte damit bis zum 1. 12. 1809 fertig zu werden. Außerdem sollten die königlichen Mühlen in Berlin verkauft werden. Man befürchtete, daß sie im Wert sänken, wenn es zu viele Privatmühlen gäbe. Da in der Gegend genügend Mahlgänge vorhanden waren, empfahl die Kurmärkische Regierung Potsdam, den Bauauftrag abzulehnen. [711] Aus heute nicht mehr nachprüfbaren Gründen erhielt Streichhan dennoch im Mai 1810 die Genehmigung für eine Mühle mit »Freygemahl«, d. h. ohne zugewiesene Mahlgäste. Der Mühlenbau kam jedoch nicht zustande. Im Oktober 1810 beantragte Friedrich Streichhan schließlich, auf einer kleinen Anhöhe westlich der Chaussee nach Tegel in der Müllerstraße 152 [712] eine Bockwindmühle (W 12) mit Wohnhaus bauen zu dürfen. Das nötige Bauholz hatte er schon am 31. 8. 1810 anfahren lassen. 1857 kann die Mühle das letzte Mal nachgewiesen werden. Sie befand sich zu diesem Zeitpunkt im Besitz Ludwig Streichhans. [713]

Am 8. 7. 1815 bat Friedrich Streichhan, eine zweite Bockwindmühle nebenan in der Müllerstraße 150 (W 13) errichten zu dürfen (Consens v. 17. 5. 1816) [714], die mindestens bis 1867 in Familienbesitz blieb. [715] 1834 erhielt das Grundstück eine Gartenlaube, 1852 eine Bäckerei mit Backstube und Backofen. 1820 kam eine dritte Bockwindmühle in der Müllerstraße 155 (W 11) hinzu (Bauantrag vom 28. 8. 1819; Consens vom

10. 1. 1820). [716] Sie gehörte 1857 Ludwig Streichhan und war um 1870 verschwunden. [717]

Ein anderes Mitglied der Streichhanfamilie, Christian Friedrich Streichhan, errichtete 1819 Müllerstraße 165 eine Bockwindmühle (W 5) und 1820 eine zweite (21 Fuß lang, 17 Fuß tief, 31 Fuß hoch) (W 6), die beide 1832 verschwunden waren. [718] Streichhan stellte auf dem gleichen Grundstück wieder eine Mühle auf, die mindestens bis 1867 existierte. [719] 1831 erwarb er auch das Mühlengrundstück (W 31) Müllerstraße 10. [720]

Die erste Holländermühle auf diesem Grundstück wurde seit 1819 vom Mechanikus und Müllermeister Friedrich Wilhelm Knaack (Knack, Knake) betrieben. Dieser hatte 1822 begonnen, ein Roßwerk im Erdgeschoß seiner Mühle einzubauen, um den Mahlgang »in Bewegung zu setzen, wenn dies durch Wind nicht geschieht«. Es sollte 1827 von seinem Nachfolger, dem »Kgl. Regierungskondukteur« Blaeck (Bleek, Bleck), vollendet werden (Consens v. 1. 1. 1828). Blaecks finanzielle Situation erlaubte jedoch die Realisierung dieses Vorhabens nicht. Er lag mit Gläubigern im Rechtsstreit, und es wird berichtet, daß er mit seiner kranken Frau in einer möblierten Stube gewohnt und »nicht das Geringste« besessen hätte. Eine Pfändung wurde als fruchtlos angesehen. [721] Blaeck soll sogar verhaftet worden sein. [722] 1828 brannte der Holländer ab. Da die Akten sich widersprechen, ist es schwierig, die Besitzerfolge nachzuzeichnen. Offensichtlich hatte Blaeck die Verfügung über die Mühle verloren, denn im Dezember 1828 tauchten Korne und Arndt als Besitzer auf. [723] 1829 kehrte jedoch Blaeck zurück und beantragte einen Neubau, der aber erst mit Nachbesserungen genehmigungsreif war. Blaeck wurde als ein säumiger Gebührenzahler bezeichnet. [724]

Anstelle von Blaeck errichtete Christian Friedrich Streichhan auf diesem 1831 erworbenen Grundstück einen Holländer (Basis-D = 38 Fuß, 73 1/2 Fuß hoch, Konstruktionszeichnung von G. G. Schwahn). Doch ist über dessen weiteres Schicksal bisher nichts bekannt. [725]

Auf Streichhan folgte 1840 Kaufmann, der sich wieder einen Bauplan für einen Galerieholländer mit drei Gängen (und 1845 eine Bäckerei) genehmigen ließ. [726]

Die »Gallerie Lohe Windmühle« hatte einen achteckigen Unterbau (D = 36,2 Fuß, 29,6 Fuß hoch, also 3 Etagen). Laut Feuerversicherungsakte war »die eigentliche Mühle darüber ebenfalls ein Achteck von Holz gezimmert, mit geschmiegten Brettern bekleidet 30,6 Fuß hoch mit runder Haube. Die Ruthen 78 Fuß mit 42 Fuß langen Bruststücken 12 bis 15 Zoll stark, von Kiefernholz sowie die übrigen Teile mit Ausnahme die beiden Fugbalken des Kammrades, des Stirnrades, Flures und der Getriebe für 3 Mahlgänge und für das Kammrad, die von Eichenholz und der Presse von Birken«. [727] 1864 erfolgte der Abriß der Mühle. [728]

In unmittelbarer Nähe, nördlich der Knaackschen Mühle in der Müllerstraße 12, befand sich eine Bockwindmühle mit zwei Gängen (W 29), die der Mühlenmeister Friedrich Wilhelm Lange seit 1818 betrieb. Die Mühle bestand bis 1825, ist dann vielleicht abgebrannt, denn am 18. 2. 1825 wurde am gleichen Standort eine neue Bockwindmühle (20 Fuß lang, 17 Fuß tief, 30 Fuß hoch, zwei Gänge) versichert. [729] Lange wollte 1832 eine weitere Mühle auf dem Grundstück errichten (W 30) und schrieb am 23. 10. 1832 an den Polizeipräsidenten [730]: »Auf meinem Grundstück

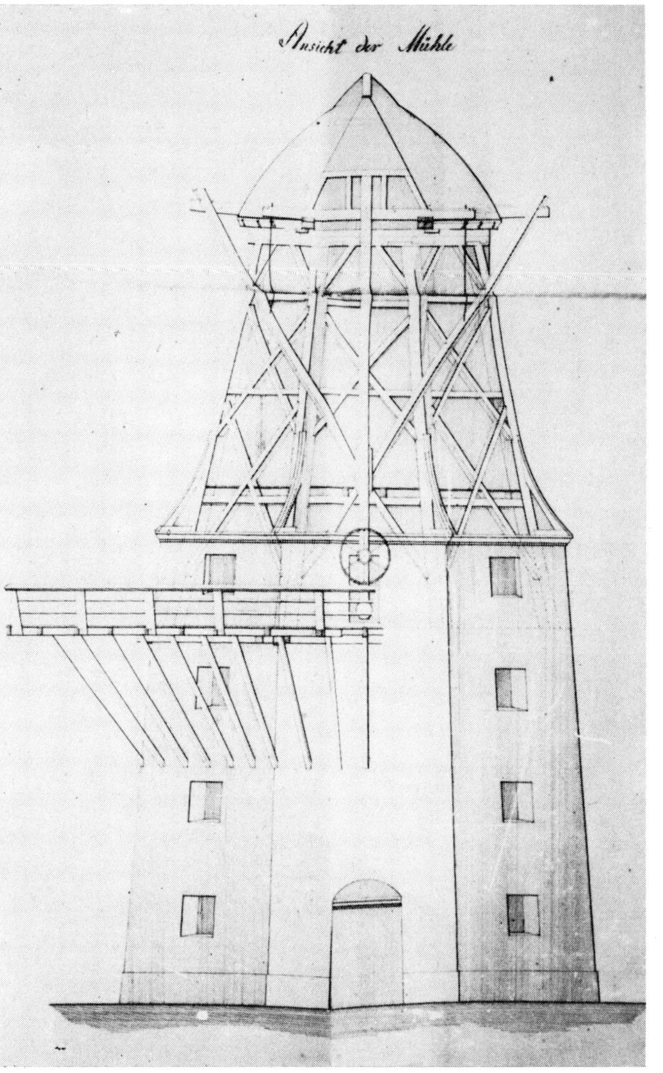

Der Galerieholländer von Christian Friedrich Streichhan (W 31) 1831, gez. von G. G. Schwahn (Müllerstr. 10/11)

Müllerstr. N. 12. befindet sich eine Bockwindmühle mit zwei Gängen, welche ich im Jahre 1818, unter Genehmigung der vormaligen hiesigen Königl: Regierung, nach Ausweis der deshalb angelegten Acten, erbaut habe. Nachdem in letzterer Zeit durch Anlage von Grundstücken und Bäumen in hiesiger Gegend, meiner Mühle dermaßen der Wind benom̃en worden, daß der 2ᵗ Mahlgang außer Tätigkeit gesetzt worden ist, bin ich jetzt Willens, gedachten zweiten Mahlgang von der Mühle zu nehmen und denselben auf eine auf meinem Grundstück, unter verhofter gnädiger Genehmigung Eines Königl: Hochlöbl: Polizei – Präsidii, anzulegende neue Windmühle zu verlegen, damit der gedachte Mahlgang wieder in Thätigkeit kom̃en und zur Erhaltung meiner Wirthschaft das Seinige beitrage.«

Lange durfte die Mühle bauen, geriet allerdings ab 1836 mit der Polizei in Konflikt, weil er seine Mühle als Lohmühle betrieb und einen Lagerschuppen für Borke ohne Genehmigung errichtet hatte. Auch diese Auseinandersetzung beleuchtet beispielhaft die ökonomische Situation der Müller. Lange schrieb am 7. 7. 1836 an den Polizeipräsidenten:

»Der Schuppen soll bloss zur Aufbewahrung von Borke dienen, welche ich zum Vermahlen auf meiner Mühle von hiesigen Lohgerbern erhalte. Zur Feststellung meiner Subsistenz ist dieser Schuppen durchaus erforderlich, weil ich sonst keine Mahlgäste erhalten kann.«

Die Polizei bestand jedoch auch weiterhin auf dem Abriß des Gebäudes, für dessen Erhaltung Lange immer wieder eintrat. Schließlich erreichte er 1838 zwar, daß er den Schuppen an einer anderen Stelle wiederaufbauen durfte, aber dazu war er finanziell nicht in der Lage.

»... Nach Bestreitung aller, schwer zu erschwingender Abgabekosten bin ich, als Familien-Vater, bei nur sehr geringem Verdienste wegen Geld-Mangels auch in diesem Jahr zu meinem größten Bedauern nicht im Stande, den auf meinem in der Müllerstraße No 12 belegenen Grundstück befindlichen Schuppen niederreißen und von Fachwerk wieder aufzubauen; ich habe mir zur Erfüllung der mir auferlegten Verpflichtung alle erdenkliche Mühe gegeben, eine Summe aufzunehmen, habe aber nichts erhalten können. Um nicht in Wucherhände zu fallen, vielmehr noch ferner als ein ordentlicher und rechtschaffener Mann – der bisher stets bemüht war, seine Abgaben pünktlich abzuführen – mein Plätzchen zu behaupten, wage ich, gestützt auf die mir schon zu Theil gewordene nachsichtsvolle Güte Eines Königlichen Hochlöblichen Polizei-Präsidiums Wohldasselbe ganz gehorsamst und dringenst zu bitten: (den Abriß) bis nächstes Jahr hinauszuschieben.« (Eingabe vom 10. 5. 1838)

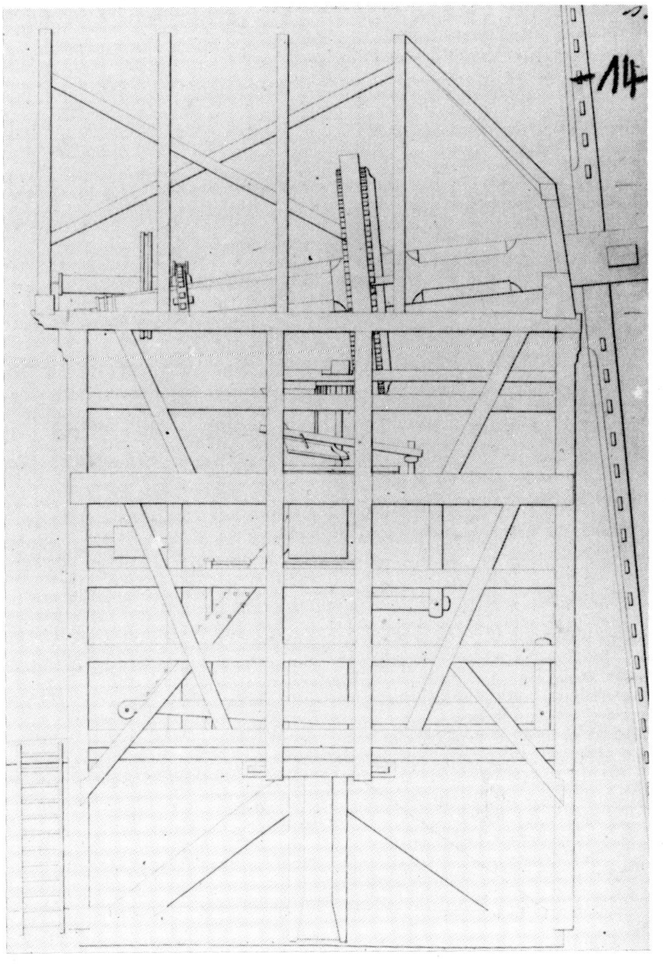

Bockwindmühle (W30) 1832, Müllerstr. 12/13

Am 13. 6. 1838 schrieb Lange erneut: » Ich habe eigentlich zwei Getreide-Mahlmühlen; weil aber durch das Anlegen der Mahl- Dampfmühlen hierselbst die Berliner Windmüller größtenteils um ihr Brodt gekommen sind, so mußte ich zur Erhaltung meiner und meiner Familie Existenz, und zur Herbeischaffung der schweren Lasten und Abgaben, die eine meiner Mühlen zur Lohmühle umschaffen. Zur Aufbewahrung der Lohgerber Borke war die augenblickliche Errichtung des fraglichen Schuppens dringend nothwendig. Dies kostete mich über 200 Rtlr. welche bis jetzt aus dem Geschäft nicht ersetzt worden. Da nun dermalen die Lohmüllerei auch nur sehr traurig geht, und ich werde veranlaßt werden diese Mühle wieder zum Mehlmalen für den eigenen Bedarf umzuschaffen, es mithin späterhin des fraglichen Schuppens nicht weiter bedürfen wird, so erscheint es gewiß billig, daß mir zur Erhaltung meiner Subsistenz der fragliche Schuppen noch gebetenermaßen belassen werden (d. h. noch ein Jahr), und bitte ich hiermit hochgeneigt verfügen zu wollen ...«

Im Juni 1839 mußte Lange den Schuppen jedoch abreißen. Verärgert über diese Niederlage, zeigte Lange am 21. 12. 1843 den Müller Neumann an, dessen Holzschuppen noch näher an der Mühle als sein früherer stand. Die Auseinandersetzung, die Lange um sein Grundstück mit der Polizei hatte, ging weiter; am 25. 1. 1844 wurde er wegen der offenen Lagerung von Borke verwarnt. 1845 brannte Langes ältere Mühle ab, an deren Stelle ein Wohnhaus mit Backofen entstand. Am 15. 5. 1847 kaufte der Maschinenbauer Schakow einen Teil des Grundstücks für einen Maschinenbaubetrieb, für den Egells die Dampfmaschinenkessel herstellte. 1854 brannte auch Langes zweite Mühle ab.

Im Rapport der Feuerwehr vom 28. 3. 1854 findet sich u. a. folgender Passus: »... Die Mühle und die darin enthaltenen Vorräte an Lohe sind größtenteils ein Raub der Flammen geworden.

Nachdem die Mühle zusammengestürzt war, wurde das brennende Holz abgelöscht und hierdurch dasselbe mittelst großen Feuerhaken auseinander gezogen, mit Erde erstickt oder mittelst Wasser ausgegossen. Die Entstehungsart des Feuers ist nicht ermittelt worden, da bei Ankunft der Feuerwehr auf der Brandstelle (die Mühle) bereits zum größten Theil vom Feuer zerstört war.«

Lange beantragte zwar den Consens für einen Lohmühlenneubau, realisierte ihn aber nicht mehr, sondern verschwand nach einem Streit um eine Treppe. 1859 [731] tauchte er in der Heidestraße 51 auf und betrieb mit Mühlenmeister Röwer die dortige Mühle. 1861 verschwand Lange endgültig.

Über die anderen Mühlen kann kürzer berichtet werden. Auf dem Grundstück Müllerstraße 30 stand die am 15. 1. 1823 versicherte Bockwindmühle (W 25) (12 Fuß lang, 17 Fuß tief, 33 Fuß hoch, ein Gang) des Johann Friedrich Lehmann, die an seinen Schwiegersohn J. F. Jänicke vererbt wurde und 1832 nicht mehr bestand. [732] Bis 1838 erfolgte ein Neubau. Mühlenmeister Ast übernahm 1846 das Grundstück, auf dem noch 1880 ein Mühlenbetrieb existierte. [733] Ab 1882 war die Firma Hirsch u. Co. Besitzer des Grundstücks; sie wollte hier eine Maschinenfabrik errichten. [734]

Stach betrieb 1820 eine Bockwindmühle (17 Fuß lang, 14 Fuß tief, 24 Fuß »im Kiel« hoch, ein Gang) in der Müllerstraße 32 (W 24). [735] Die erste Mühle war 1832 verschwunden, ein Neubau bestand noch 1857. [736]

Nach einer Bekanntmachung vom 24. 9. 1813 wollte der Mühlenmeister Francke »auf einem Grundstück des neuen Weddings, welches an die übrigen Grundstücke des Etablissements, und in der Nähe des Johannisberges an die Chaussee an der Hamburgerstraße anstößt, eine Bockwindmühle« erbauen. [737] Obwohl 1813 angekündigt, versicherte Mühlenmeister Wilhelm Francke die Bockwindmühle (W 22) in der Mühlenstraße 33 erst im November 1817. Sie stürzte 1824 bei einem Sturm um und wurde abgetragen. [738]

1826 wollte Wilhelm Francke vor dem Oranienburger Tor, 12 bis 15 Ruten vom Weg nach Tegel entfernt, zwei holländische Windmühlen bauen. [739] Nachzuweisen ist ein Achtkanterdholländer (W 23) ($D \doteq 32$ Fuß, 33 Fuß bis an die Haube) mit zwei Gängen, der von 1823 bis 1832 bestand. [740] Am 4. 5. 1831 beabsichtigte Wilhelm Francke vor dem Oranienburger Tor den Neubau einer Bockwindmühle auf seinem vom Viehhalter Schnitzer gekauften Grundstück, an der Chaussee nach Tegel (Müllerstraße) zwischen dem Breitkopf- und dem Lieckeschen Grundstück. [741]

Bis 1867 betrieben Francke bzw. sein Sohn abwechselnd ein bis zwei Mühlen, darunter von 1861 bis 1874 einen Achtkant (Unterbau im Kalksteinfundament $D = 30$ Fuß, Kranz-$D = 17$ Fuß, Ruten 80 Fuß lang, drei Mahlgänge). [742]

Nach dem Abbau der letzten (?) Mühle 1874 hat Francke offensichtlich versucht, als Landwirt oder Gärtner sein Auskommen zu finden, da er Gewächshaus, Ställe und Schuppen baute. [743] 1888 wurde das Grundstück an den Bankier Albert Schappach verkauft (vgl. Schappachstraße in Karolinenhof, Stadtbezirk Köpenick). [744]

Um 1827 betrieb Müller Neumann in der Müllerstraße 39/40, Ecke Seestraße zunächst eine Bockwindmühle (W 16), um 1840 eine zweite (W 17) in der Seestraße 29, die nach Niederschönhausen versetzt wurde. [745] Das Grundstück Müllerstraße 39/40 wurde von dem Apotheker Dr. Schaeffer gekauft, der hier eine »Droguenmühle« bauen lassen wollte. [746]

Ein Mühlenmeister Kurth versicherte am 5. 12. 1822 seine Bockwindmühle (W 10) (21 Fuß lang, 17 Fuß tief, 31 Fuß »im Stiel« hoch, verbrettert, mit einem Gang und einem »Grieswerk«), die in der Müllerstraße 157 stand. Die Mühle verschwand 1832 [747], wurde dann aber wiedererrichtet und gehörte dem Mühlenmeister Johann Gottlieb Werner. Am 8. 4. 1861 war dessen Witwe Besitzerin des Grundstücks, auf dem keine Mühle mehr vorhanden war. [748] Ebenfalls in der Müllerstraße betrieb auch Bäckermeister Fasquel seit 1823 eine Bockwindmühle (W 14). [749] In der Müllerstraße 172 mahlte von 1825 bis mindestens 1840 Mühlenmeister

Schmiedecke (W 3). [750] Oberhalb der Fennstraße, in Schmiedeckes Nähe, stand 1845 eine weitere Mühle (W 4) [751]; drei andere befanden sich in der Müllerstraße 35/37 (W 19, 20, 21). [752]

Rechter Hand vor den Rehbergen war außerdem die Mühle (W 15) des Mühlenmeisters Robert Stiller, wohnhaft in der Müllerstraße 138, die 1860 mit Inventar für 1400 Rtlr. nach Britz an Mühlenmeister Stein verkauft wurde. [753]

In der parallelen Heidestraße, der heutigen Tegeler Straße, gab es drei Mühlen. Die Bockwindmühlen Heidestraße 34 und 45 gehörten dem Müller Adolf Joachim Jaedicke (Jedicke, Jadke), der aus Marwitz bei Kremmen zugereist war. Eine Bockwindmühle (W 7) mit zwei Gängen (21 Fuß lang, 17 Fuß tief, 31 Fuß in der lichten Höhe) wurde am 1. 11. 1820 versichert, eine zweite (W 8) 1821 fertiggestellt. [754] 1829/30 ging die Mühle in der Heidestraße 34 an den Lehnschulzengutsbesitzer Friedrich Ernst Klein über; sie brannte am 19. 1. 1831 ab. Mühlenmeister Kurth, inzwischen auch Besitzer der Heidestraße 45, plante auf Nr. 34 zunächst einen Holländer, ließ dann aber nur eine Bockwindmühle errichten. Beide Mühlen existierten noch 1867. [755]

Müller Röwer befand sich in der Heidestraße 51 mit seiner Bockwindmühle (W 9), die bis 1867 verzeichnet ist. [756] Er selber oder ein Familienmitglied betrieb auch eine Bäckerei in der Gartenstraße 44. 1868 wird nur noch ein Bäcker Röwer in der Heidestraße aufgefunden. [757] Auf der Höhe der Sellerstraße mahlte Mühlenmeister Andreas Wutke (ab 1827 Mühlenmeister Kreitsch, der die Witwe Wutke geheiratet hatte). Die Bockwindmühle (W 2) (21 Fuß lang, 18½ Fuß tief, 34 Fuß hoch, ein Mahl- und ein Spitzgang) bestand von 1822 bis 1833. [758] Eine neue Mühle wurde auf dem Grundstück errichtet, die aber nach 1852 dem Bau des Berlin-Spandauer Schiffahrtskanals, der durch das Grundstück lief, zum Opfer fiel. [759] Joh. Gottlieb Heilmann hatte in einem Bauantrag vom 12. 3. 1821 darum gebeten, in der Seestraße 32 (W 18) eine Bockwindmühle errichten zu dürfen. Er war seit einigen Jahren Zeitpächter der Mühle des Lohgerbers Kloß gewesen und hatte hier zehn Morgen Land erworben. Er bezahlte für den Consens vom 8. 7. 1821 zwei Reichsthaler und 12 Groschen. [760] Die Mühle stand mindestens bis 1846. [761]

Westlich der Wollstraße stellte Mühlenmeister Johann Heinrich Gebhard aus Bad Sotrasch, Vater von zehn Kindern, 1826 eine Bockwindmühle (W 28) auf, die er vom Kammerherrn v. Wülknitz zu Lanke, dem Erbauer der berüchtigten Wülknitzschen Familienhäuser vor dem Oranienburger Tor, erworben hatte. Auch die nahe gelegene Artillerie stimmte zu (Baubitte vom 18. 7. 1826, Bekanntmachung vom 17. 8. 1826), da die Entfernung groß genug sei. [762]

Innerhalb von 60 Jahren veränderte der Wedding sein Gesicht. Von einem landwirtschaftlich genutzten Raum wird er zu einem industriell geprägten Vorort Berlins, in dem Mühlenbetriebe als Vorläufer für Industriebetriebe fungierten. Außer einem Foto der Kloß-Mühle auf einem verschollenem Gemälde zeigen nur die Bilder Theodor Hosemanns den Wedding mit seinen Mühlen und geben damit Einblick in eine Landschaft, die vielen Betrachtern als genrehafte Idylle erscheint, eine Sichtweise, die sich nur durch den zeitlichen Abstand und die Veränderungen erklärt, die uns diese Bilder als Romantizismen erscheinen lassen. Hosemanns Darstellungen sind nämlich nicht Ergebnis einer vorgestellten Idylle, sondern spiegeln die märkische Kulturlandschaft wider, in der z. B. die Sandfuhrleute und Kinder – ärmlich und abgerissen – ihr mühseliges Leben fristeten, indem sie aus den Rehbergen, z. T. sogar mit Hundefuhrwerken, Scheuersand nach Berlin brachten. Die Mühlen sind dabei keine romantischen Versatzstücke einer ländlichen Ideallandschaft, sondern auch Zeugen der beginnenden Industrialisierung des Weddings. [763]

»Die Todtenfeier auf der Friedrichshöhe zu Berlin am 4. Juni (1848)«. Mit dem Holländer von C. F. Dannenberg im Hintergrund (Holzstich)

Die Jungfernmühle in Rixdorf 1880 (Gemälde)

Die gemeinschaftliche Laube. 1856 (Theodor Hosemann)

Der Ochsenkopf, Alexanderplatz 1883 (abgebrochen 1884), gez. von Müller v. Sondermühlen

KAPITEL 10

Zur Geschichte der letzten Berliner Windmühlen

Als die letzten Berliner Windmühlen sind die Mühle in Bohnsdorf (errichtet dort 1872), die Mühle in Marzahn (vgl. Kap. 6), die Stechansche Mühle in Britz (errichtet dort 1865), die »Jungfernmühle« in Buckow (errichtet dort 1892), die Adlermühle in Mariendorf (errichtet dort 1889) und der massive Holländer in Zehlendorf (errichtet dort 1881) zu nennen. Im folgenden kurze Chroniken dieser Mühlen:

DIE BOHNSDORFER BOCKWINDMÜHLE

Bis 1872 stand diese Mühle bei Köpenick (hinter den Häusern Grünauer Straße 103/105) auf der sogenannten Müllerecke, einem Ufervorsprung an der Dahme, südlich des Vollkropfgrabens, etwa 80 m vom Ufer entfernt.

Nach der alten Kerbinschrift auf dem Mehlbalken hatte diesen Windbock im Auftrag des *B*(au)*H*(errn)*M*(eister) *C. H. Borchart* der *B*(au)*M*(eister) *I. G. Döbler +MDCCCXX+* (im Jahre 1820) gebaut.

Beim Meister Borchart dürfte es sich um einen Nachkommen des Mühlenmeisters Gottlieb Borchert handeln, dessen Bockwindmühle auf dem alten Köpenicker Amtsweinberg, nördlich der alten Spree (südlich Friedrichshagener Straße), am 10. 6. 1769 durch die Nachlässigkeit des Gesellen beim Umgang mit dem Kaminfeuer »von Grund aus« abgebrannt war. Letztere gehörte zu den drei sogenannten Sandmühlen nördlich der Bauminsel bei Köpenick und hatte ursprünglich »auf der Spreeseite bei Grünau« gestanden.

Auf einer Zeichnung »Die Müller-Ecke 1860« an der Dahme, von Otto Hansmann, hieß sie »Staberow's Mühle«. Ein nach diesem Vorwurf 1948 von dem Maler Krause angefertigtes Ölgemälde, 1962 vom Werbemaler Putlitz farbig aufgefrischt und gerahmt, befindet sich in der heutigen Gaststätte Müllerecke (1887 erbaut), Grünauer Straße 106.

1872 wurde die »Vollkropfmühle« von einem gewissen Urner aus Bohnsdorf gekauft und mit 25 bis 30 Pferdefuhren zur Glienicker Straße 508 transportiert. Für 1200 Goldmark ging die Mühle 1876 in den Besitz der Familie Gustav Solle über.

Noch 1938 ist hier von Paul, Sohn des Gustav Solle, gemahlen worden. Als nach Beendigung des zweiten Weltkrieges, Anfang September 1945, ein ganz in der Nähe stehender Eisenbahnzug, in dessen Waggons Panzerfäuste und Flakmunition lagerten, Feuer fing und explodierte, erlitt auch die Windmühle erheblichen Schaden (Georg Solle, persönl. Mitt., 1980).

Nach dem Krieg bestand weithin der Wunsch zur Erhaltung dieser Bockwindmühle. Sie wurde 1958 unter Denkmalschutz gestellt und im September 1959 im Auftrag des Magistrats von Groß-Berlin von F. Herrschaft (1:25) aufgemessen (Mühlenkörper 5,50 m breit, 6,50 m tief

Staberow Mühle an der Dahme bei Köpernick 1860 (Otto Hansmann)

Die Bohnsdorfer Bockwindmühle um 1940

Die Bohnsdorfer Bockwindmühle (aus Berliner Zeitung vom 9. 11. 1980)

Die Stechansche Mühle in Britz 1985

9,80 m hoch, Flügel 10 m lang, seit 1904 Jalousieflügel; vor 1900 zwei Gänge). In diesem Jahr war das Dach schon zerstört; es wären über 300000 Mark zum Wiederaufbau notwendig gewesen. Bemühungen, die nun schnell verfallende Mühle auf die Oderbruchkippe, den jetzigen Volkspark Prenzlauer Berg, umzusetzen, scheiterten. Am 10. 8. 1970 mußte, weil die Mühle inzwischen ein Gefahrenherd geworden war, die Staatliche Bauaufsicht Treptow ihren Abriß fordern. Die Mühle wurde jedoch nicht abgerissen, sondern durch einen Zaun gesichert.

Probleme für die Weiterexistenz der Mühle ergaben sich daraus, daß diese Mühle Privatbesitz war. So wollte beispielsweise der Müller die Mühle zwar von der Stadt restauriert haben, sie jedoch selber im Rahmen eines Gartenlokals nutzen. Bei der Aufstellung der Denkmallisten 1976 in der Folge des Denkmalpflegegesetzes vom 19. 6. 1975 konnte die Mühle infolge ihres schlechten Bauzustandes nicht mehr in diese Liste aufgenommen werden. Der Abbau dieser letzten Berliner Bockwindmühle erfolgte zwischen dem 5. und 12. 12. 1983.

DIE STECHANSCHE MÜHLE IN BRITZ

Wie schon in Kapitel 8 berichtet, erwarb der Mühlenmeister Johann Gottlieb Wilhelm Dörfer aus der Schönhauser Allee 167c 1865 in Britz das jetzige Grundstück Buckower Damm 130/134 und baute sich eine Mühle. Diese wurde 1874 vom Mühlenmeister Karl Albert August Stechan erworben und ist unter seinem Namen bekannt geworden. Die Mühle war ein Galerieholländer, ein Zwölfkantständer, wahrscheinlich damals schon mit einer Windrose. Mit ursprünglich vier Mahlgängen gehörte die Windmühle zu den leistungsfähigsten in Berlin. Erst 1936 wurde die Kraft des Windes durch einen Dieselmotor ersetzt. Nach einer Teilzerstörung Ende 1943 durch Bombeneinwirkung ist zwischen 1947 und 1953 nochmals geschrotet worden. In den Jahren 1958/59 erfolgte eine Restaurierung von Flügelkreuz, Haube, Korpus und Galerie. 30800 Schindeln aus imprägniertem Fichtenholz hatte man dazu aus Württemberg bezogen. Seit 1959 ist die Mühle im Besitz des Senats von Berlin (West). [764]

DIE JUNGFERNMÜHLE IN BUCKOW

Die bekannteste und älteste noch existierende Windmühle Berlins ist die Jungfernmühle. Sie wurde 1753 vom holländischen Zimmermann Adrian den Ouden, den Friedrich Wilhelm I. hatte holen lassen, in Potsdam vor dem Nauener Tor als Erdholländer mit vier Gängen errichtet. 1858 ging sie in den Besitz des Müllers Blankenburg über, der sie nach Rixdorf umsetzte. Als hier die fortschreitende Bebauung der Mühle den Wind nahm, erwarb 1892 der damalige Besitzer Otto Wienicke im Buckower »Buschfeld« (Neukölln, Ortsteil Buckow, Rudower Straße 142) einen Acker und ließ hier seinen in Rixdorf abgerissenen Holländer vom Maurermeister Becker wieder aufbauen. »Durch den steinernen Unterbau wurde die Mühle um ein Stockwerk erhöht, so daß sie jetzt eine Höhe von 24 Metern und unten einen Durchmesser von 10 bis 12 Meter hat.« 1926 erfolgte die Umstellung auf den elektrischen Betrieb. [765]

»Der Name Jungfernmühle geht auf ein Ereignis zurück, das sich noch am alten Standort in

Die Jungfernmühle in Buckow 1980

Die Jungfernmühle in Rixdorf 1872 (Foto von F. Albert Schwartz)

Die Jungfernmühle in Buckow 1925

Potsdam zugetragen haben soll: Die Tochter eines Müllers sei gegen die sich drehenden Flügel gelaufen und erschlagen worden. Der Müller ließ daraufhin eine Darstellung des Unglücks (einen Mädchenkopf) in Eiche schnitzen, die sowohl nach Rixdorf als auch später nach Buckow mitgenommen wurde. 1958 schuf der Bildhauer Otto Eichwald aus Gatow ein neues Bild, wofür er aber kein Eichenholz verwendete, so daß das Bild heute bereits nicht mehr existiert.« [766]

DIE ADLER-MÜHLE IN MARIENDORF

1752 [767] oder 1754 [768] hatte sich der Loh- und Weißgerber und spätere Stadtverordnete Johann Gottlob Lutze in der Alten Jacobstraße eine Manufaktur zur Herstellung von ungarischem, englischem, aber auch »couleurtem« Schuh- und Sämischleder (»gemahlte Westen«) eingerichtet und zu hoher Vollkommenheit gebracht. Bei dem ungarischen Sohlleder wurden dazu die Felle wie beim deutschen Verfahren (vgl. Kap. 2) behandelt, jedoch statt mit eichener Lohe mit Knoppern [769] rotgar gemacht. Bei diesem Verfahren legte man die Häute in eine aus Knoppern hergestellte Lauge ein. Mit den Knoppern konnte eine Kuhhaut in 24 Stunden gar gemacht werden. Man benötigte kleinere Mengen Gerbmittel, streute nur mit den Händen ein wenig über jede Haut.

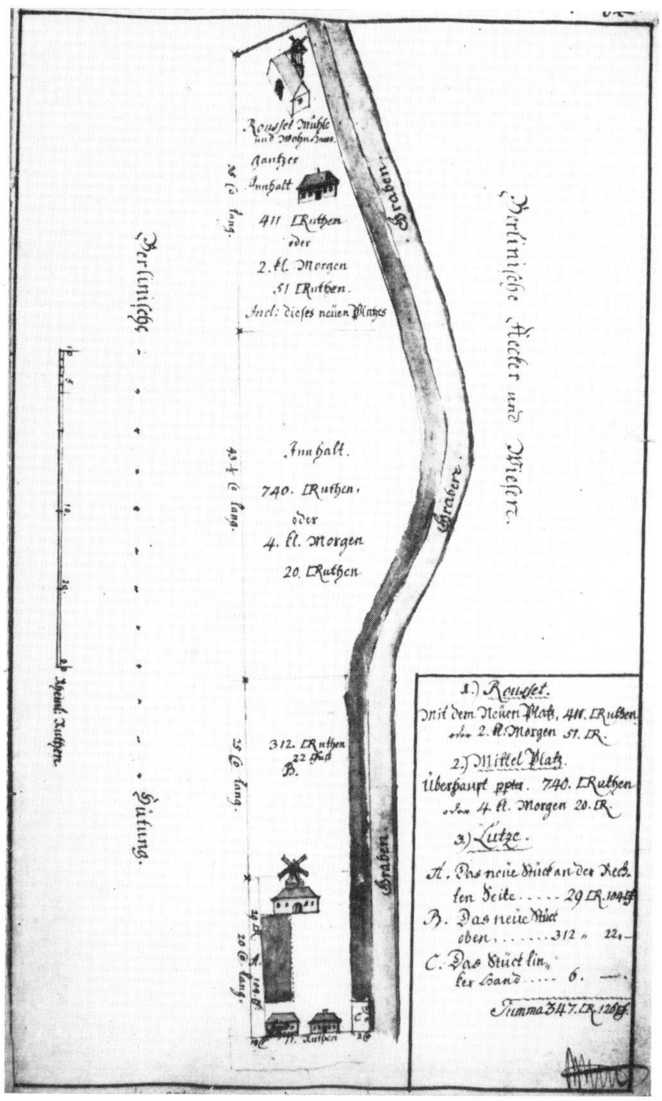

Situationsplan mit den Mühlenstandorten von Rousset und Lutze um 1752, Lohmühlenstr.

Die holländische Lohmühle von Lutze am Landwehrgraben (Zeichnung von Bonte)

Selbst für bestes Leder dauerte das Garmachen höchstens 9 Monate. [770]

Um seinen Betrieb zu vergrößern, hatte sich Lutze vom König 1759 einen »wüsten Platz bey der Ellerschen Meyerey ohnweit dem Schlesischen Thore« (an der Spree, etwa in Höhe Zeughofstraße) erbeten. [771] Doch noch im gleichen Jahr legte sich Lutze für seine »ungarische Sohl-Leder Fabrique« vor dem Köpenicker Tor, jenseits des Floßgrabens, 104 ½ Ruten von der Roussetschen Mühle (Lohmühlenstraße, in Höhe der Isingstraße) entfernt, eine »holländische Loh- und Knopper-Mühle« mit zwei Gängen an. [772] Zum Betrieb gehörte auch eine Walkmühle. Nach seinem Tod um 1790 beschäftigte die Witwe 17 Arbeiter. [773] 1791 brannte die »Loh-Windmühle und Borcke Scheuer« ab. Im März 1792 wollte die »verwitwete Frau Stadtverordnete Lutzen ... Dicht am Graben eine Holländische Loh Wind Mühle mit einem 25 Fuß hohen massiven Fundament« und vier Scheunen errichten (Maurermeister Giete und Zimmermeister Wilhelm Borgmann).

Um 1817 erscheinen die Gebrüder Schröpfer als Besitzer. Die beiden Lohgerbermeister wohnten in der Neuen Schönhauser Straße 18, neben der ehemaligen Gerberei von Kloß (Nr. 17). Damals sollte die Mühle, nach der Konstruktionszeichnung ein Galerieholländer ($D = 37$ Fuß an der Basis, 75 Fuß bis Haubenspitze, 30 Fuß bis Galerie, 74 Fuß Rutenlänge, zwei Gänge), aus feuerpolizeilichen Gründen versetzt werden. Doch am 3. 8. 1818 war die Mühle abgebrannt (Consens für den Aufbau vom 5. 12. 1818). Am 28. 2. 1819 ging sie in das Eigentum der Lohgerbermeister Johann Conrad Schröpfer und Johann Wilhelm Moser über. Nach einem erneuten Brand beantragten im Juli 1831 der Maurermeister Günther und der Mühlenbauer und »Mechanicus« Strömer den Wiederaufbau der Mühle. Über ihre nunmehrige Nutzung gibt es Unklarheiten. Um 1834 findet sich dort ein Mühlenbescheider Gabriel. Zwischen 1866 und 1880 dürfte Julius Kleinau, danach Paul Hänsch Besitzer oder Pächter der »Lohmühle« gewesen sein. Als Eigentümer war 1887 die Erbengemeinschaft

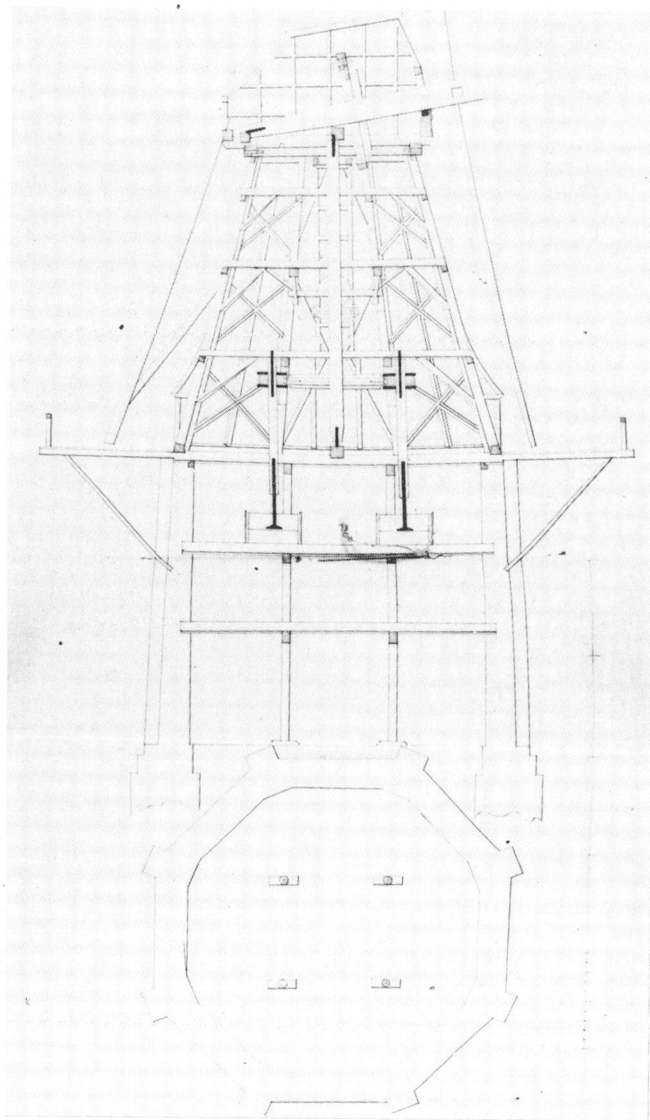

Eine Konstruktionszeichnung der ehemals Lutzeschen Lohmühle 1818 (heute Adlermühle Mariendorf)

Schröpfer und Moser eingetragen. Aus dem Grundstück selbst war ein Lagerplatz geworden. Am 22. 6. 1888 zeigte der Mühlenbaumeister G. Schlehahn aus Bergholz bei Potsdam dem Polizeipräsidium an, daß er »unter heutigem Datum mit dem Abbruch der alten Lohmühle vor dem Schlesischen Thor an der Schlesischen Brücke« beginnen werde. Bis zum 25. 8. 1888 hatte er dann den Mühlenkorpus (Achtkant) abgetragen. [774]

1932 diente der »gewaltige 8-eckige und mehrere Stockwerk hohe Massiv(unter)bau der ehemals Hänsch'schen Lohmühle« in der Lohmühlenstraße 5, inmitten eines Kohlenplatzes, als Kohlenkontor. [775]

Dieser Achtkant »am Schlesischen Busch« wurde um 1889 von Paul Hänsch aus Mariendorf erworben und dort in der Nähe der Rennbahn (Tempelhof, Ortsteil Mariendorf, Säntisstraße 2 bis 16 bzw. Buchensteinweg 32/34) von Friedrich Wilhelm Hänsch aus der Prenzlauer Allee auf den vom Architekten Hillerkuß aus Friedenau gestalteten massiven Unterbau gesetzt (so wie es mit dem Achtkant des Dachholländers Mühlenstraße 59 auf einen Unterbau vor dem Rosenthaler Tor geschehen war). 1889/90 erfolgte die Inbetriebnahme. Mit 23 m bis zur Haubenspitze (6,70 m bis zur Galerie, Flügel 12,75 m lang, 2,50 m breit, Gewicht der Haube mit Rutenwelle 500 dz) war die Mühle nicht höher als die Mühle aus dem Jahre 1817, und sie ist selbst im Berliner Raum nicht die größte gewesen. Immerhin sollte sie bei »Halbsturm« in 24 Stunden 50 dz vermahlen haben. Dem Neubau hatte Friedrich Wilhelm Hänsch den Namen seiner eigenen, damals gerade stillgelegten Bockwindmühle gegeben: »Adler-Mühle« (vgl. Kap. 8, Mühle 20). Später wurde über der Einfahrt ein gußeiserner Preußenadler angebracht, dem nach K. Pomplun (1972) eine »Skizze Schinkels zugrunde (lag), die er dem Sokkelschmuck der Denkmäler für die Feldherren der Freiheitskriege Unter den Linden« gewidmet hatte. Bis 1931 ist in der Adlermühle mit Wind-

Die Adlermühle in Mariendorf 1982

kraft, bis 1938 noch mit elektrischem Antrieb gemahlen worden. Im zweiten Weltkrieg wurden Flügel, Windrose und Galerie zerstört. Noch einmal setzte man die Mahleinrichtung instand: Zwischen 1950 und 1959 arbeitete hier der Müllergeselle Siegfried Friese. 1964 ging die Mühle der Familie Hänsch in das Eigentum des Senats von Berlin (West) über. 1968/69 wurde die »flügellahme« Mühle vom Schwimmverein »Friesen 1895« gepachtet und zum Jugend- und Freizeitzentrum »Adlermühle« ausgebaut. Mit über 1,3 Mill. DM aus Lottomitteln erneuerte man 1975 zunächst die Galerie; 1982 bekam die Mühle statt der Windrose einen Sterz, im Dezember die beiden letzten noch fehlenden Flügel zurück.

Die Zehlendorfer Mühle 1968

DER HOLLÄNDER IN ZEHLENDORF

Auf dem Standort einer abgebrannten Bockwindmühle auf dem Zehlendorfer »Mühlenberg« [776] ließ sich 1881 der Müller Franz Rattlow von dem Architekten August Andres einen etwa 15 m hohen massiven Holländer aus gelben Ziegeln errichten. Bemerkenswert an dieser Mühle, die nach O. Bohn (1932) schon in Hoherlehme (bei Wildau) gestanden haben soll, ist ihr Korpus. »Der Bau steht in der Tradition der preußischen Backsteinbauten und ist ganz in der Art eines Wasserturms mit klassizistischen Elementen gebaut. Hätte er keine Haube, so wäre er von außen her nicht ohne weiteres als Mühle zu identifizieren, die als einmaliges Gebäude unter den Mühlen anzusehen ist. Es gibt zwar eine Menge runder konischer Mühlen, aber keine, die so gedrungen und deren Baukörper so plastisch mit Backstein gestaltet worden ist. Die Etagen sind außen ablesbar angezeigt; die Statik der einzelnen Turmelemente ist deutlich gegeneinander abgetragen. Die Fenster und Türen sind geometrisch in das Gebäude eingefügt und in sauberer Mauerwerksarbeit in den nach oben konischen Turm eingearbeitet. Der umlaufende Mauerfries wiederholt das Stilelement des Haubenkranzes.« [777]

Schon vor 1914 waren die Steine und die Walzengänge nicht mehr vom Wind, sondern von einem in einem kleinen Gebäude neben der Mühle stehenden Sauggasmotor von 30 PS betrieben worden. Die Flügel und die Windrose hatten die Besitzer jedoch pietätvoll gepflegt. [778] Sie wurden während des zweiten Weltkriegs auf Bitten der umliegenden Bewohner abgetragen, damit die Mühle kein Ziel für die Fliegerangriffe bildete. 1948 sollen hier noch 5 bis 6 Tonnen Getreide täglich vermahlen worden sein. Danach hatte man mit den Maschinen Kunststoffe zerkleinert.

KAPITEL 11

Spandauer Mühlengeschichte

Spandau nimmt innerhalb der Berliner Geschichte eine Sonderstellung ein, da es seit dem 13. Jh. als Stadt neben Berlin existiert hat. Bis zur Eingemeindung nach Groß-Berlin im Jahre 1920 hat die Stadt Spandau sich sowohl in gesellschaftlicher als auch ökonomischer Hinsicht anders als Berlin entwickelt. Dieses Bewußtsein der Eigenständigkeit hat sich in der Spandauer Bevölkerung auch nach der Eingemeindung erhalten. Es drückte sich u. a. in dem Ausspruch »Spandau bei Berlin« oder aber in der Wiedereinsetzung eines Nachtwächters in der Spandauer Altstadt aus.

Die oben bereits erwähnte Eingemeindung nach Berlin 1920 erfolgte zu einem Zeitpunkt, als die Mühlengeschichte Spandaus bis auf wenige Ausnahmen – z. B. die Klostermühle – zu Ende gegangen war und die Mühlen nur noch geringe Bedeutung für die industrielle Entwicklung der Stadt hatten.

Darüber hinaus unterscheidet sich Spandau von den anderen Berliner Bezirken auch dadurch, daß Mühlen unterschiedlichster Art in Spandauer Rüstungsbetrieben verwendet worden sind. Insofern nimmt Spandau eine Sonderstellung ein, die sich auch in der Darstellungsweise ausdrückt.

Bei dem Versuch, die Spandauer Mühlengeschichte zusammenhängend darzustellen, haben sich Quellen- und Materialprobleme ergeben, die sich beispielsweise darin zeigen, daß die historische Kontinuität nicht immer gewahrt werden konnte.

BESITZVERHÄLTNISSE UND VERWALTUNG DER MÜHLEN IN SPANDAU

Eine Urkunde der Markgrafen Johann I. und Otto III. vom Jahre 1232, die in der Abschrift aus dem 15. Jh. überliefert ist, wird allgemein als Spandauer Stadtgründungsurkunde angesehen, obwohl sie zweifelhafte oder verfälschte Teile enthält. [779] Spandau erhielt damit Selbstverwaltungsrechte; es ist der Stadt aber nie ganz gelungen, sich der unmittelbaren landesherrlichen Gewalt zu entziehen, denn neben dem Magistrat existierte das Amt Spandau als Verwaltungsinstitution des Landesherrn. Insbesondere die Geschichte der Spandauer Mühlen zeigt, wie sich die spezifische Macht dieser konkurrierenden Einrichtungen politisch und ökonomisch konkret äußerte.

Das Amt Spandau gehörte zu den ältesten der Kurmark. Ihm unterstanden die Gerichtsbarkeit in der 1. und 2. Instanz, Polizei- und Finanzangelegenheiten sowie folgende Befugnisse: »Der advocatus von Spandow hatte unter seiner Aufsicht die Orbede, die Mühlen, Gewässer, Fischerey in denselben, die Forsten, den Churfürstlichen Antheil vom Zoll, die Gerichtsgebühren und die Straffgefälle.« [780]

Der Magistrat der Stadt war nun daran interessiert, seine Rechte auf Kosten des Landesherrn zu erweitern, und hat in der Folgezeit beharrlich um die Übernahme landesherrlicher Befugnisse gekämpft. 1320 bestätigte Herzog Rudolph zwar die Bürgerrechte und Besitzungen, nahm aber ausdrücklich die Große Mühle an der Havel, den Mühlenhof und den Damm zwischen Burg und Stadt davon aus und behielt sie seiner Gerichtsbarkeit vor. [781]

Mit einer weiteren Urkunde von Markgraf Ludwig d. Ä. (1324 bis 1351) und Herzog Ludwig dem Römer (Herzog in Bayern und Kärnten) erhielt Spandau 1349 die Mühlengerechtigkeit: »so dat sie den (Behnitz – H. J. R.) hebben scholen und dat Gerichte dar uppe Wente an die Molen, und dun en ock die Gnade, dat si eine Walckmole buwen mögen up der Wenigen Vlutrene, di up deme Kolcke licht, und der Molen geniten...« [782]

Daß der Landesherr einen Teil seiner Rechte der Stadt Spandau übertrug, ist Ausdruck des Machtverfalls der Markgrafen während der Wittelsbacher-Herrschaft (1324 bis 1373). Spandau konnte nun eine eigene Mühle bauen, erhielt aber nicht die vollständige Mühlengerechtigkeit, d. h. alle Rechte, die mit dem Betrieb einer Mühle zusammenhängen, denn die Markgrafen konnten z. B. bereits 1351 die Mühleneinkünfte Spandaus (»an den Möllenpechten«) [783] bzw. die Mühlen verpfänden.

Da zu diesem Zeitpunkt nur die Große und die städtische Walkmühle existierten, verfügte der Landesherr auch über letztere. Allgemein sind seit dem 14. Jh. Rechtsverhältnisse bekannt, durch die die Landesherren entweder fremden Mühlen den Charakter von Bannmühlen verliehen, den Bau neuer Mühlen nur gegen Konzessionen zuließen oder festlegten, daß eine »neue Mühle nach einer bestimmten Frist in das Eigentum des Landesherrn übergehen soll«. [784] Ob bzw. inwieweit derartige Bestimmungen die Verpfändung der städtischen Walkmühle ermöglicht haben, kann hier nicht beantwortet werden. Ähnliches gilt auch für die zweite städtische Mühle, die 1521 errichtete Ratsschneidemühle, für die der Landesherr, z. B. 1590 belegt, die Gerichtsbarkeit besaß: »In der Raths Schneide Mühle hat der Churfürst die Gerichte.« [785]

Auch nachdem aus dem mittelalterlichen Ständestaat ein absolutistisch regiertes Staatswesen geworden war, verblieben weiterhin die städtischen Mühlen z. T. in der Hand des Landesherrn. So konnte z. B. König Friedrich I. 1709 den Verkauf der Ratsschneidemühle zugunsten einer königlichen Proviantmühle erzwingen. [786]

Alle diese Beispiele deuten darauf hin, daß Spandau nur eine eingeschränkte Mühlengerechtigkeit erhalten hat. Der Magistrat bemühte sich von Anfang an, landesherrliche Rechte an sich zu ziehen, und erreichte dabei auch Fortschritte. 1584 wurde z. B. das Gerichtsgebiet neu verteilt. Zwei Drittel verblieben dem Kurfürsten, ein Drittel erhielt der Magistrat, jedoch mit Ausnahme der Mühlen: »Auch solle dem Rath der Stadt Spandow der Ort, die Behniz genannt, jedoch die Schneidemühle ausgenommen, darauf dem Churfürsten u. seinem Amte die Gerichte gleichergestalt allein zukommen, wie sie die bis auf die Zeit gehabt habenden Brief u. Siegel, allein zustehen.« [787]

1631 konnte der Rat die Gerichtsbarkeit gegen Entgelt für zehn Jahre pachten, jedoch wieder ohne die Mühlen: »Es verblieben aber Sr. Churfürstl. Durchlauchten die Gerichte vor den Mühlen- u. neuen oder Berlinschen Thore u. auf dem Damme ebenso auf dem Kloster Hof u. den Freyheiten, so von der Brücke, die über des heil. Geistes Graben vor dem Kloster Thor sich anfängt, u. allen dessen Zubehörungen, Vorwerken, Schäfereyen, Äckern u. Wiesen; wie auch auf der Schneide Mühle, ob sie gleich auf dem Behniz gelegen, oder auch auf den anderen dem Churfürsten zustehenden Mühlen.« [788] Bis 1810 gelang es der Stadt nicht, die Verwaltung der Mühlen zu übernehmen.

Was machte die Mühlen für den Besitzer des Mühlenregals so interessant, daß er seine Rechte daran nicht bzw. nur wenig beschneiden ließ? Jede Mühle war eine stetige Einnahmequelle und insofern für ihn von großer wirtschaftlicher Bedeutung. Spandauer Mühlen mußten häufig als Bürgschaften herhalten. Zum Beispiel lieh sich Markgraf Ludwig am 26. 4. 1351 Geld [789] von der Stadt und bürgte dafür mit den Mühleneinkünften Spandaus. Am 26. 12. 1352 versetzte er dem Rat für 146 Pfund und 4 Schillinge die »hiesigen Mühlen« bis zur Rückzahlung des Geldes. [790] 1355 wies er »dem Johann von Buch für vorgeschossene Summen Geldes 24 Stück in den Wassern und 16 Stück in den Mühlen zu Spandow an, bis er die ihm geliehenen 250 Mark wiederhätte«. [791] 1356, schon wieder in Geldnot, verpfändete er 200 Mark »auf die halbe Mühle zu Spandow« für Johann und Friedrich von Slywen und 100 Mark für Thilo von Brugghe, Münzmeister von Berlin, »aus der halben Mühle zu Spandow, 100 Mark aus dem Zoll zu Lebus u. 30 Mark aus den Schoß u. Urbeden zu Berlin«. [792] Am 8. 9. 1356 erhielt sein jüdischer Kammerherr »das Thurm Amt zu Spandow mit allen seinen Nuzen, Früchten, Ehren, Gemachen, Renten u. Gerechtigkeiten in Münze und Mühlen« als Pfand. [793] Ein weiterer Hinweis auf die wirtschaftliche Bedeutung der Mühlen sind die Zwangsmahlgäste, die den Mühlen zugewiesen waren und die Mahlgeld entrichten mußten. 1710 waren folgende Ortschaften als Zwangsmahlgäste der Amtsmühlen (Große Mühle, Kleine Weizenmühle, Schneidemühle, Klostermühle, Lohmühle) verpflichtet: »Gatow, Kladow, Seeburg, Staken, Rohrbeck, Dalgow, Segefeld, Falkenhagen, Schoenenwalde, Wansdorff, Sacrow u. Groß Glienicke.« [794]

1780 gehörten zur Großen und zur Klostermühle »die Stadt Spandow, der Kiez u. die Dämmer, die Dörffer Streesow, Pichelsdorff, Dalgow, Wustermarck, Rohrbeck, Glienicke, Carpzow, Henningsdorff, Ferbiz, Hoppenrahde, Wansdorff, Paaren an der Wubliz, Neuendorff, Zeestow, Seeburg, Staken, Seegefelde, Dyraz, Gathow, Kladow, Falkenhagen, Sazkorn, Buchow, Priort, Kozeband, Schoenwalde, Doebriz, Sacrow, Scharin. Die drey Dörffer Markee, Markau u. Falkenrehde mögen, wegen der Entlegenheit, von jeder Hufe jährlich 1 Schffl. Roggen u. 1 Schffl. Hafer ins Amt entrichten, u. dann mahlen, wo sie wollen.« [795]

Die Schneidemühle an der Schleuse übte einen Schneidezwang aus: »Eine Schneide Mühle neben der neuen Mühle gehört dem Churfürsten. Die Sägeblöcke führen die Dörffer aus der Probstey u. die Amts Dörffer aus dem Havellande ans Wasser an die Havel. Probsteydörffer sind Tremmen, Wachow, Zachow, Goliz, Müzeliz, Barnewiz, Bukow u. Garliz. Diese Dörffer müssen auch Bau Holz u. Brenn Holz zur Festung führen. Die von Henningsdorff verbinden die Sägeblöcke u. bringen sie bis zur Schneide Mühle; darüber bekommen sie Essen und Trinken. Die Kiezer müssen alsdann die Blöcke aufziehen u. die von Pichelsdorf die Dielen wieder herabbringen.« [796]

Eine weitere wichtige Einnahmequelle aus den Mühlen war neben dem Mahlgeld auch die Pacht.

Die Mühlenpacht betrug z. B. 1739/40:

Große, Kleine u. Klostermühle	3667 Thlr.	14 Gr.	6 Pfg
Schneidemühle	1000 Thlr.		
Walkmühle	80 Thlr.		
Lohmühle	50 Thlr.		
Pacht aus Kezin	36 Thlr.		
Windm. Doebriz	22 Thlr.	22 Gr.	
Summe	4856 Thlr.	2 Gr.	6 Pfg [797]

Die Mühlen brachten zu diesem Zeitpunkt 19 % der Gesamteinnahmen des Amtes in Höhe von 24536 Talern ein.

1747/48:

Große, Kleine und Klostermühle incl. der Öl- u. Walkmühle	4166 Thlr.	19 Gr.	1 Pfg
Schneidemühle	1300 Thlr.		
Lohmühle	50 Thlr.		
Kezin	36 Thlr.		
Doebriz	22 Thlr.	12 Gr.	
Summe	5735 Thlr.	7 Gr.	1 Pfg [798]

Der Pachtanteil der Mühlen betrug jetzt 37 % der Gesamteinnahmen des Amtes von 17735 Talern. Davon erhielten der Mühlenschreiber 60 Taler und der »Mühlenbereuther« 44 Taler als Entgelt. [799] 1761/62 hatte sich die Mühlenpacht auf 6896 Taler, 13 Gr., 10 Pf. erhöht; das waren 38 % der Gesamteinnahmen von 17735 Talern. [800] Die Zahlen belegen, daß die Mühlenpacht wie andere grund- und landesherrliche Abgaben stark gestiegen war. Da die Müller die jeweilige Pacht an die Zwangsmahlgäste in Form einer erhöhten Mahlziese weitergegeben haben, ist die Mühle ein nicht unerhebliches Element der feudalen Ausbeutung gewesen.

Zur Aufgabe des Spandauer Amtes gehörte auch die Einstellung der Mühlenmeister und Bediensteten. Der erste bekannte Mühlenmeister war 1306 Frater Johannes, offensichtlich ein Mönch. [801]

Wie im Königlichen Amt Mühlenhof in Berlin existierte auch beim Amt Spandau eine Differenzierung des Müllerberufs. 1731 wurden folgende genannt: Mühleninspektor A. Stecher, Mühlenmeister H. Wulff, »Mühlenbereuther« Heinrich Roesicke, drei Bescheider in der Großen Mühle, der Kleinen Mühle und in der Klostermühle, ein Lohmüller auf der Windmühle, ein Schneidemüller, ein Sackführer, ein Mühlenschreiber. [802] Seit Beginn des 15. Jh. gab es bereits einen »Korn Schreiber« als direkten Untergebenen des Amtmanns. [803]

1810 endeten in Spandau – wie überall – mit der Gewerbefreiheit die Regalien und Sonderrechte. Reste der königliche Instanz des Amtes Spandau erhielten sich aber bis weit ins 19. Jh., denn »das ehemalige Mühlengrundstück an der Schleuse, die Klostermühle, die einstigen Besitzungen des Marienklosters, Klosterhof und Klosterfelde und die Götelwiesen (wurden) mit dem 1. Oktober 1872, der Damm und die Körnersche Schneidemühle mit dem 1. Oktober 1875« der Stadt Spandau einverleibt. [804]

MÜHLENSTANDORTE DER SPANDAUER ALTSTADT

DIE FLUTRINNE

Im Jahre 1232 gewährten die Markgrafen Johann I. und Otto III. den Spandauern das Recht, »auf ihre eigenen Kosten einen Kanal, der auf Deutsch eine Flutrinne (canale fluvium quod vulgari nomine Fluttrenne!) heißt, zu bauen«. [805] Ein derartiger Begriff taucht – allerdings in unterschiedlichen Schreibweisen – auch in anderen Gegenden auf, so z. B. 1282 in der Uckermark als »vlütrenne«, in Perleberg als »vlutrenne« und in Königsberg als »waterfloth oder flythe«. [806] Daß es sich bei dieser Flutrinne um einen künstliche Kanal handelt, ist in der Forschung unbestritten; uneinig ist man sich aber über ihren Zweck und ihre Lage. Schulze identifiziert 1784 die Flutrinne als Durchstich zwischen Altstadt und Behnitz (dem heutigen Kolk) [807], eine Erklärung, die Kuntzemüller (1928) teilt: »Dies ist der Kanal, dessen Anlage den Bürgern Spandaus im Jahre 1232 gestattet wurde. Diese Flutrinne sollte einmal der Stadt zur Befestigung dienen und ferner dem Wasser des Kolks Abfluß zur Unterhavel verschaffen und dadurch die Spektewiesen, welche sich ursprünglich bis zum Kolke hin erstreckten, vor schädlichen Überschwemmungen schützen.« [808]

Wasserbauinspektor Klehment (1908) dagegen hält Flutrinnen für Schiffahrtskanäle und verursacht damit eine bis heute andauernde Konfusion: »Ähnliche Bauwerke nun muß man sehr bald nach der Erbauung der Mühlendämme hergestellt haben, bewegliche Wehre, die, schnell geöffnet, eine Flut durch den Graben rinnen ließen, auf der dann die Schiffe, die sich vorher vielleicht oberhalb und unterhalb gesammelt hatten, verkehren konnten. Waren die Schiffe durchgelassen, so wurde das Wehr wieder geschlossen. Solche Bauwerke nannte man im Mittelalter in der Mark ›Flutrinnen‹«. [809] Klehment widerspricht sich, wenn er auch gleichzeitig den Umflutgraben – was zutreffend wäre – für einen Schiffahrtsweg hält: »In allen Fällen hatte man also für die Schiffahrt einen besonderen Graben angelegt, der den eigentlichen Stau in weitem Bogen umging. Dadurch wurde das Gefälle im Kanal nach Oeffnung der Flutrinne gemildert und die Gefahren für Schiff, Ufer und Bauwerke verringert.« [810] Unabhängig davon, daß man sich die Fahrt in der Flutrinne bei geöffnetem Wehr wie eine Wildwasserfahrt vorstellen muß, kann es auch ökonomisch nicht vertretbar gewesen sein, den Stau abzulassen und den Mühlenbetrieb so lange ruhen zu lassen, bis wieder genug Wasser angestaut war. [811]

A. v. Müller hat den Schleusenbereich zwischen Behnitz und Zitadelle 1978 untersucht und bewiesen, daß es sich um einen künstlichen Durchstich handelt. Er vermutet, daß auch Altstadt und Behnitz künstlich getrennt worden seien. [812] Probleme ergeben sich, wenn man wie Schich u. a. ältere Erklärungsversuche mit diesen Grabungsergebnissen verknüpft. Schich (1983) glaubt wie Klehment, daß Flutrinnen Schiffahrtskanäle zur Umgehung eines Mühlenstaus seien, kann aber nicht erklären, wo die Schiffe gefahren sind. [813] In weiteren Erklärungsansätzen werden die künstliche Verlegung der Spreemündung und die Grabung einer Schiffahrtsrinne östlich der Altstadt als Flutrinne bezeichnet [814] oder aber der Stadtgraben dafür gehalten. [815]

Aufgrund der Parzellierungsstruktur des Behnitz, der gekrümmten Führung des Wasserlaufs und der Havelstraße sowie der Grabungsergebnisse, die Uferbefestigungen aus der zweiten Hälfte des 13. Jh. ans Tageslicht gebracht haben, geht Biller (1980) von einem natürlichen Havelarm zwischen Altstadt und Behnitz aus, der im Laufe der Zeit zunächst künstlich verengt und schließlich 1911 ganz zugeschüttet wurde. [816] Der Durchstich zwischen Behnitz und Zitadelle wird als jene Flutrinne identifiziert, die in der Urkunde erwähnt worden ist. Diese Argumentation erscheint schlüssig, da sie überdies mit dem aus der Mühlenbaukunde bekannten Begriff übereinstimmt; eine Flutrinne ist nämlich der Wasserlauf, der eine Mühle speist. [817] An dieser Flutrinne auf dem Gelände der heutigen Schleuse wurde auch die erste Spandauer Mühle, die sogenannte Große oder Markgräfliche Mühle, errichtet. [818] Um den Norden des Behnitz vor Überschwemmungen bzw. vor dem Havelstau zu schützen, wurde ein Damm an der Nordseite des Behnitz aufgeschüttet, der mit einer Brücke den Havelarm überquerte und in die Klosterstraße(C.-Schurz-Straße) führte. [819] Die Schiffahrt konnte weiterhin diesen Havelarm zwischen Altstadt und Behnitz benutzen. Erst nachdem hier 1349 ein neuer Mühlenstau für den Betrieb der Walkmühle angelegt worden war, entfiel diese Wasserstraße, so daß eine Umflutrinne, der Stadtgraben, der zwischen 1319 und 1338 fertiggestellt wurde [820], benutzt werden mußte. Insofern erscheint es auch logisch, daß der Havelarm, der nur noch zum Mühlenbetrieb diente, nun künstlich verkleinert werden konnte.

Eine andere Lösung mußte gefunden werden,

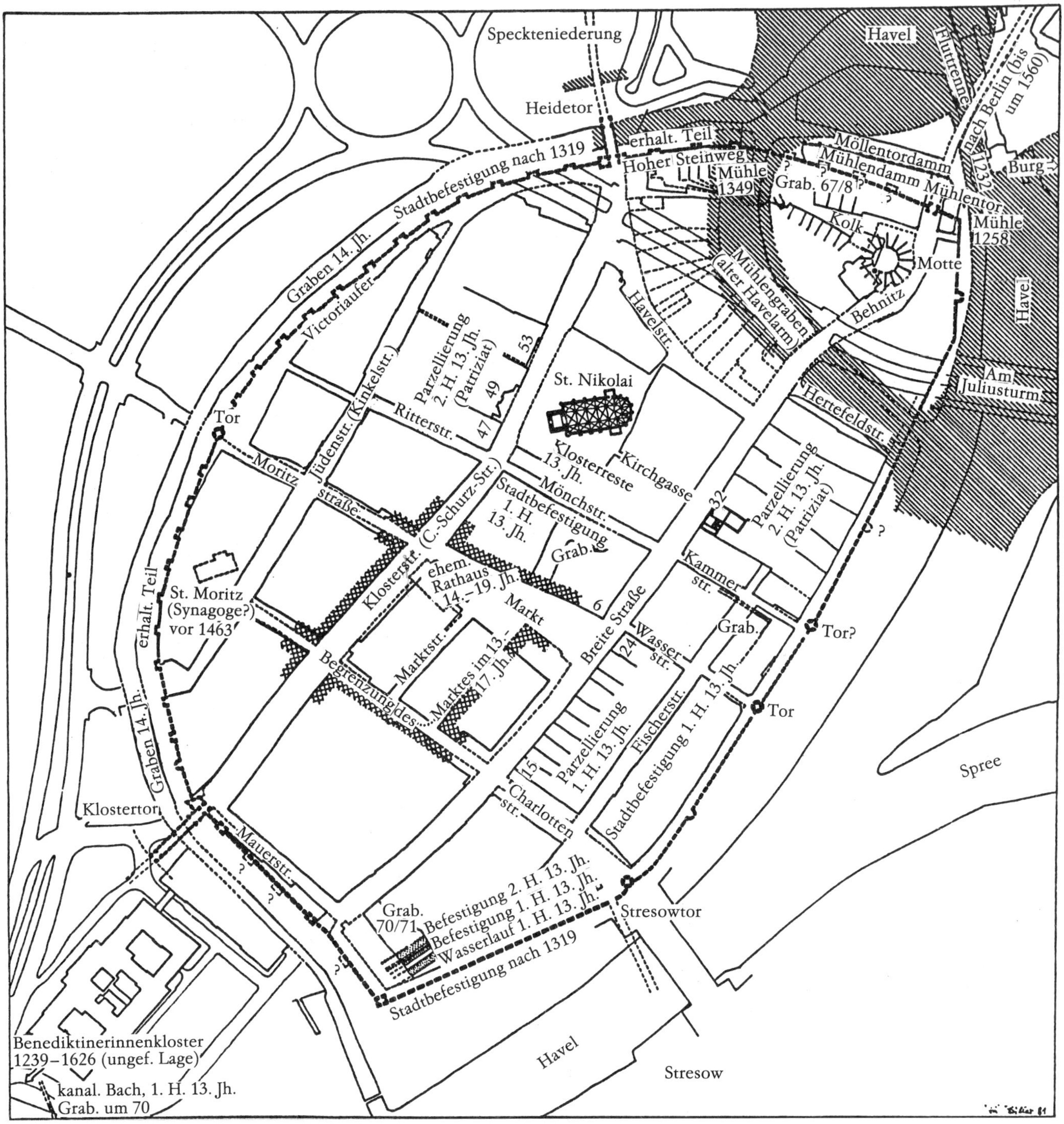

Spandau, Übersichtsplan der mittelalterlichen Bauten, Grabungsergebnisse und Strukturmerkmale in der Altstadt

um einen weiteren Mühlenstandort am Stadtgraben vor dem Klostertor in Betrieb nehmen zu können. Dieser neue Mühlenstau machte nämlich die Benutzung des Stadtgrabens als Umflutrinne unmöglich. Da 1521 die Ratsschneidemühle am Klostertor errichtet worden ist, muß eine Schleuse für die Schiffahrt vorhanden gewesen sein. Im Gegensatz zu Pohl [821], der die Schleuse bei der großen Mühle auf 1556 datiert, sollte man davon ausgehen, daß Schulzes Hinweis (»In der Fluth Renne kömmt vor der Kammersteg« [822]) für das Jahr 1520 auf eine Kammerschleuse deutet. 1556 heißt es dann: »p. Apolloniae (d. h., dem 2. 9. d. Verf.) 56 schoß der Rat dem Churfürsten 214 Schock, 14 Gr. 4 Pfg. vor zu dem Bau der neuen Schleuse bey der Sage Mühle vor dem Schlosse.« [823] Bei Schulzes Genauigkeit in den Details sollte man ihn wörtlich verstehen und auf einen Schleusenneubau – wahrscheinlich als Vorbereitung der Baumaßnahmen bei der Zitadelle – schließen. Es wird immer wieder vermutet, es habe östlich der Zitadelle eine

Wasserverbindung zur Spree gegeben. Ludewig folgert z. B.: »So blieb der Schiffahrt nur noch der Weg durch die Gerinne der späteren Gewehrfabrik zur Spree hin offen.« [824] Abgesehen davon, daß es sich im 16. Jh. nur um natürliche Wasserläufe gehandelt haben könnte, erscheint es logisch, eine Gesamtlösung westlich der Zitadelle anzunehmen. Trotz der Probleme bei der archäologischen Rekonstruktion der Situation östlich der Zitadelle [825] ist nicht auszuschließen, daß Hinweise auf alte Wasserläufe gefunden werden, die als zusätzliche Wasserstraßen vor dem Zitadellenbau benutzt worden sein könnten.

Die Markgrafen hatten also als Inhaber des Mühlenregals 1232 ein gutes Geschäft gemacht; sie verliehen Spandau bescheidene Rechte und erreichten im Gegenzug den Bau der Flutrinne und ihre Unterhaltung auf städtische Kosten. Ihre Absicht, hier eine Mühle zu errichten, konnte nur mit dieser Flutrinne realisiert werden. Daher sind frühere Datierungen der Mühle nicht mehr haltbar. Die Markgrafen verpflichteten die Spandauer Bürger als Zwangsmahlgäste und verfügten so über eine beachtliche stetige Geldquelle.

MÜHLEN AN DER FLUTRINNE

Wie bereits dargestellt, stand die erste Spandauer Wassermühle, die sogenannte Große oder Markgräfliche bzw. Kurfürstliche Mühle (die auf dem Lynarplan eingezeichnet ist), an der Futrinne. Sie arbeitete mit sechs Wasserrädern in zwei Gerinnen und maximal zwölf Gängen [826].

Die erste urkundliche Erwähnung der Mühle stammt vom 5. 12. 1258: »Item Marggraf Johans gibt 3 Wsp. roggen aus der muhlen zu Spandow Iherlich.« [827] Am 8. 5. 1261 wird die Mühle wieder genannt, als Markgraf Otto III. eine Schenkung von 4 Wsp. Roggen bestätigte, die der Vogt Henricus Thrudo dem Heiliggeist-Hospital gemacht hatte, um einen Priester einzukleiden. [828]

Da die Mühle außerhalb der Stadtbefestigung lag, mußte sie gesichert und eine Behausung für das Mühlenpersonal gebaut werden. Im allgemeinen hatten Müller das Recht, einen Hof, den sogenannten Mühlenhof, anzulegen. In Spandau ist 1320 ein »curia molendini« belegt. [829] Derartige Mühlenhöfe nahmen häufig gegenüber dem Umland eine besondere Rechtsstellung ein, weil sie im landesherrlichen Auftrag eine eigene Gerichtsbarkeit unterhielten, die in Spandau vom Vogt ausgeübt wurde. Folgt man dem Landbuch Kaiser Karls IV., so ist die Große Mühle 1375 dem Mühlenhof Berlin rechtlich zugeordnet gewesen: »Ad castrum Spandow pertinet theoloneum II sexag. groß. Molendinum non ad castrum, sed est annexum molendino in Berlyn.« [830] Dieser Zustand scheint nicht lange angedauert zu haben [831], denn andere Quellen belegen, daß dem Amt Spandau Verwaltung und Gerichtsbarkeit der Amtsmühlen oblagen.

Vom Ende des 17. Jh. existiert folgende Baubeschreibung dieser Mühle: »Die große Mahlmühle steht auf einem gemauerten Fundament. Drei Außenwände sind mit Brettern beschlagen, die vierte, hintere Seite, ist massiv aufgemauert und hat einen Erker, der auf Pfählen steht. Das doppelte Giebeldach mit Hohlkehle und Dachrinne ist etwas schadhaft. Zu beiden Seiten befinden sich die Mahlgerinne mit drei großen Wasserrädern. Das innere Werk besteht aus 12 Mahlgängen, sechs auf jeder Seite. Der Dachboden hat eine Kornwinde. Eine Wohnstube befindet sich am Ende der Mahlgänge.« [832]

Am Standort der Großen Mühle entwickelte sich im Laufe der Zeit ein umfangreicher Mühlenkomplex, der mehrere Mühlenarten vereinte. Ab 1556 ist hier eine Schneidemühle belegt. [833] Sie hat aber nach Schulze schon länger gestanden, denn er schließt aus der Mitteilung von 1434 – »Für den Schnitt Brügge Bohlen wurden 7 Pfg. gegeben« [834] –, daß es bereits eine Schneidemühle gegeben haben müsse. Dieser Schluß ist nicht zwingend, denn es wäre ebenso denkbar, daß Brückenhölzer auch dieser Dimension mit der Hand gesägt worden sind. [835]

Aufgrund dieser Tatsache, daß die Stadt die Erlaubnis erhielt, 1521 eine eigene Schneidemühle, die Ratsschneidemühle, zu errichten, ist zu vermuten, daß die Schneidemühle an der Flutrinne früher entstanden ist. Der Landesherr hätte niemals der städtischen Mühle zugestimmt, wenn er vorher keine eigene besessen hätte. Für den Bau der Zitadelle war sie ein entscheidendes Produktionsmittel. Ihr Betrieb muß 1790/91 eingestellt worden sein, als in Pichelsdorf eine neue Schneidemühle mit 27 Sägen gebaut wurde. [836] Von ihrer Baubeschreibung her dürfte letztere mit der Sägemühle von Seemann in Berlin vergleichbar gewesen sein.

Eine Lohmühle und eine Walkmühle, beide 1590 erwähnt, ergänzten das Mühlenensemble an der Schleuse. »Eine Walk Mühle, nächst der alten Mühle gelegen, mit einem Gange; item eine Loh Mühle.« [837] Die Lohmühle ist die ältere. Sie arbeitete schon 1452 für die Spandauer Schuster [838], brannte 1728 ab [839] und wurde we-

Die Große Mühle in Spandau 1818 (Rekonstruktionsversuch von Albert Ludwig 1950)

gen der von ihr ausgehenden Brandgefahr vor das Klostertor verlegt und als Windmühle weitergeführt, denn es gab 1730 »einen Loh Müller auf der Wind Mühle vor dem Kloster Thor«. [840]

Die Walkmühle an der Schleuse hingegen ist zuerst 1590 genannt worden; sie war, nachdem die städtische Walkmühle am Kolk 1730 aufgegeben worden war, die letzte ihrer Art in Spandau und muß um 1800 verschwunden sein. Schließlich wurde 1687 noch eine Mahlmühle, die sogenannte Kleine Weizenmühle, erbaut. »Die kleine Mühle, nächst der Schneide Mühle gelegen, wurde mit Mauer Steinen u. 4 Gängen von Grund aus aufgeführet, u. fieng sie d. 22. Nov. an zu gehen.«[841]

MÜHLEN AM KOLK (HOHER STEINWEG)

1349 wurde die erste städtische Mühle, eine Walkmühle, am Kolk errichtet. Diese Mühlenart erklärt sich daraus, daß die Schneider bzw. Tuchmacher zu den ersten Zünften in Spandau gehörten. Zusammen mit den Bäckern, Fleischern und Schustern bildeten sie die Viergewerke, die im Spandauer öffentlichen Leben von großer Bedeutung waren. [842] Obwohl schriftliche Überlieferungen über die Bildung einer Zunft vor dem 15. Jh. fehlen, zeigt die Existenz der Tuchwalke, daß sie spätestens im 14. Jh. eine wichtige Rolle gespielt hat. [843] Für die Benutzung der Walkmühle zahlten die Tuchmacher Lakenzins. [844] Sie wird in Urkunden häufig im Zusammenhang mit Reparaturen oder Abgaben genannt, z. B. 1430 »Walck Mühle, worinn ein Kessel auf Kämmrey Kosten gemacht wurde«. [845] Schulze hält fest, daß 1448 »auf der hiesigen Walkmühle (. . .) auch von Berlin her gewalket (wurde)«. [846] Die Aufgabe der Walkmühle hängt wahrscheinlich mit der Gewehrfabrik zusammen, da wegen der Gerinne östlich der Zitadelle das Wasser nicht mehr ausreichte, um alle Mühlen zu betreiben.

Neben der Walkmühle entstand auch eine Schneidemühle. Schulze notiert für 1521: »Die Sage Mühle wurde gebauet.« [847] Bisher war unklar, welche Mühle damit gemeint sein könnte. Für den Standort am Kolk ist wichtig, daß sich dort der Judenturm befand, der 1529 abgebaut werden sollte: »1 Schock Tewes Restenick gegeven, den Juden Thurm avtubreken.« [848] Kalesse stellt fest, daß der Turm dem Bau der Sägemühle im Wege stand, die deshalb nicht vor seinem Abbruch errichtet worden sein kann. Schulzes Angabe kann sich folglich nur auf die Entstehung der Ratsschneidemühle am Klostertor beziehen. 1533 berichtet Schulze von einer neuen Sägemühle: »Es wurde eine neue Säge Mühle erbauet, worauf 43 Schock 16 Gr. 4 Pfg. giengen.« [849]

Da der Abbruch des Turms einige Zeit in Anspruch genommen hat [850], ist 1533 der Bau einer Sägemühle am Standort Kolk wahrscheinlich. Diese war die dritte Spandauer Sägemühle, die 1811 – wie auch die Kleine Mahlmühle – in den Besitz Sebastian Körners überging. Das Entstehungsdatum der Mahlmühle ist unbekannt; Schulze erwähnt sie zuerst 1726: »Die Mühle am Oranienburger Thore 28 □R.« [851]

MÜHLEN AM KLOSTERTOR

Unmittelbar vor dem Klostertor mündete eine Straße – »Die Unvernunft« – in die Klosterstraße. Sie verlief parallel zum Stadtgraben, von dem sie aber durch die Uferbefestigung und eine Häuserzeile getrennt, d. h. ohne einen Zugang dazu war. Um 1500 entstand hier eine Mahl- und Ölmühle des Magistrats, die 1517 zuerst erwähnt wurde: »Acht Groschen wurden an der Oehl Mühle verarbeitet; 16 fl. dem Oehl Müller gegeben, daß er die Mühle bereitet und 33 fl. für 16 m. Gewand, dem Oehl Möllner zu Hofgewand.« [852] Da kein Wasserzufluß vorhanden war und, wie bereits nachgewiesen, auch noch keine Schleuse, kann es sich nur um ein Roßwerk oder eine Trittmühle gehandelt haben. 1709 wurden beide aufgegeben: Der Magistrat »hatte auch eine kleine Mahl- u. Oehl Mühle, über 200 Jahre lang auf der Stelle, wo jezt in der Unvernunft das alte Lazareth für die Besatzung ist, gehabt, die er aber sämtlich verlohr«. [853]

Wie bereits dargestellt, entstand 1521 eine Schneidemühle am Klostertor, die, um die Besitzverhältnisse zu verdeutlichen, Ratsschneidemühle genannt wurde. Der Magistrat erhielt die Pachteinnahmen, 1583 z. B. 53 Thlr. Das war fast die Hälfte der »Türken Steuer«, die die Stadt an den Landesherrn zu zahlen hatte. [854] Am 1. Mai 1676 brannte die Mühle ab. [855] Sie wurde aber wieder in Betrieb genommen und 1695 von dem kurfürstlichen Mühlenmeister Christian Sievert für 70 Taler gepachtet. [856] 1706 betrug die Pacht 80 Taler. [857] 1709 mußte die Stadt die Mühle verkaufen: »Der Magistrat muste dies Jahr, so ungern er es wollte, seine Schneide Mühle, die ihm jährlich 80 Thlr. getragen, dem Proviant Amt für 1500 Thlr. abtreten; da aus derselben eine Königl. Magazin Mühle gebauet werden sollte.« [858] Der Vorgang zeigt, wie zugunsten militärischer Einrichtungen in die wirtschaftlichen Belange des Magistrats und der ganzen Stadt eingegriffen wurde.

Anstelle der Ratsschneidemühle wurde nun eine königliche Mahl- und Lohmühle gebaut [859], die später aufgrund ihrer Lage am Klostertor Klostermühle genannt wurde. [860] 1748 tauchte dieser Name zuerst in einer Einnahmeliste auf. [861] 1784 heißt sie auch bei Schulze Klostermühle; ein Hinweis darauf, daß sich der Name inzwischen eingebürgert hatte. [862] 1793 besaß sie zwei Gänge [863] und umfaßte 10 □R., 40 □ Schuh. [864]

Über die Lohmühle am Klostertor ist lediglich bekannt, daß die Schuhmacher Spandaus sie benutzten. »Das jedesmalige Lohgerbergewerk zu Spandau ist berechtigt, zu ihrer Handthierung auf der Lohmühle zu stampfen, und zwar mit dem Vorzugsrechte vor Fremden, jedoch nur zur eigenen Consumtion und nicht zum Verkauf. Das Verhältnis ist im Jahr 1793, zu welcher Zeit das Schumachergewerk aus 66 Meistern bestand, dahin bestimmt, daß ein Lohgerber (16) sechszehn Kumm abstoßen kann, wenn ein Schuhmacher Acht Kumm abstößt. Erbpächter müssen den Lohgerbern zur Abstoßung der Borke einen Stoßer auf ihre Kosten halten, wogegen die Lohgerber; a, für jeden Kumm eichene Borke Acht SGroschen 6 Pfg., b, für jeden Kumm birkene Borke Sechs SGroschen zahlen.« [865]

DIE KÖRNERS – EINE SPANDAUER FAMILIENGESCHICHTE

Das Schlußkapitel der Wassermühlen der Spandauer Altstadt – mit Ausnahme der Klostermühle – ist eng mit dem Namen Körner verknüpft, einer Familie, die zuletzt alle fünf ehemaligen Amtsmühlen besaß. Gesellschaftliche Reputation und ein beachtliches Vermögen erlaubten sogar die Herausgabe einer eigenen Zeitung, der »Körnerschen Nachrichten« [866], in denen – auch in Zusammenhang mit sensationellen Ereignissen, wie dem Brand der Damm-Mühlen in Berlin – die Familiengeschichte präsentiert wurde. Die Körner-Familie war eine weitverzweigte Sippe, deren Spandauer Familienmitglieder den »Spandauer Zweig« bildeten. [867]

Abraham Friedrich Körner, der in Spandau 1764 ansässig wurde, war mit seiner Familie aus Kühndorf (nahe Schwabach/Franken) zugereist. Die Umsiedlung nach Spandau ist mit einer Ge-

Der Mühlenmeister Abraham Friedr. Körner

schichte verknüpft, wie es sie viel um Friedrich II., den sogenannten Alten Fritz, gibt. [868] »Nach dieser alten Erzählung kam der Alte Fritz, als er sich im Ansbachschen aufhielt, einmal zufällig an einer Mühle vorbei, rastete in dieser und ließ sich von dem Müller, Friedrich Körner, das Mühlwerk zeigen. Als dann der König eine Erfrischung einnahm, aß er auch von dem Gebäck, das die Müllerin auf den Tisch brachte. Er lobte dies und sagte, ein Gebäck solcher Art, wie man es hier in Franken selbst auf dem Lande findet, habe er bisher nicht an der Tafel in Potsdam bekommen. Schließlich machte er dem Müller, als ihm dieser von Verschiedenheiten des Feinmehlmahlens berichtete, den Vorschlag, in der Gegend von Potsdam eine angemessene freie Etablierung auf einer Kgl. Mühle anzunehmen und die Hofhaltung mit dem in fränkischer Weise gemahlenen Feinmehl zu beliefern. So wurde Körner der Hofmüller des Alten Fritz in Spandau.« [869]

Um die preußische Küche zu bereichern, war Körner »zum feinen Mund Mehl Mahlen« [870] engagiert worden. Auf dem Wege nach Spandau kaufte er in Nürnberg »feine Siebe und Beutel für Feinmehlherstellung« sowie Dinkel und Spelt. [871] Friedrich II. erließ eine Order, nach der Körner eine Mühle zuzuweisen war: »Der König verfügte am 16. 2. 1764: ›S. Kgl. Maj. ... befehlen dero Churmärckischen Krieges und Domainen Cammer hierdurch in Gnaden, daß, da Höchstdieselbe den Müller Koerner aus Kühdorf dergestalt etabliret wissen wolle, daß derselbe in der Nähe von Berlin zwey Wassergänge zu seinem Gemahl für sich einrichte, gedachte Cammer demselben von denen jetzo pachtlos werdenden Spandowschen Amtsmühlen zwey Gänge anweisen und wegen des Abganges an der Pacht und Praestation des Müllers das nöthige regulieren soll. Friedrich'.« [872]

Das Amt Spandau war nicht daran interessiert, den königlichen Wunsch sofort auszuführen, und verwies am 18. 2. 1764 auf ein Angebot zur Pacht aller Amtsmühlen für 3000 Taler. Da man fürchtete, der Interessent, der »Polizei-Bürgermeister von Spandau Amtsrat Hart«, würde sein Angebot zurücknehmen, wenn er nicht alle Mühlen bekäme, wollte man Körner zwei Gänge der vier für das Bäckergewerk reservierten in der Großen Mühle anbieten. Dem König war alles recht, wenn er nur sein Mehl bekäme: »Nur allein muß es absolute seyn, daß mehrvermeldeter Mühler dorten das feine Mund Mehl mahle, damit sich sowohl die Stadt Berlin als auch Potsdam und dergleichen von daher mit dem feinen Mund Mehl versorgen und solches alle mahl haben können.« [873]

Körner besichtigte die Spandauer Mühlen, hielt aber die zwei Gänge in der Großen Mühle für ungeeignet, da zuwenig Platz vorhanden sei und außerdem »Collisionen mit den anderen Müllern« [874] zu erwarten wären. Er entschied sich für die Kleine Weizenmühle [875], die keine Zwangsmahlgäste hatte, dafür aber doppelte Metze bekam. Weil die Wasserverhältnisse nur während eines Dreivierteljahres das Feinmehlmahlen gestatteten, schlug Körner folgende Umbauten vor: »Unumgänglich müsse das Gerönne um einen guten halben Fuß verbreitert, der Fach-Boden tiefer gelegt, das Schutzgerönne und die Schwingmühle erneuert, das Schirrwerk in der Mühle ganz geändert und müßten für das Feinmehl besondere Siebbeutel und Säuberungskästen und besondere Mühlsteine beschafft werden, die notfalls ›aus dem Reich, wo seyne Heymath sei, hergeholt‹ werden müßten. Er würde den Umbau auf seine Kosten ausführen, wenn er einen Erbpachtvertrag erhält.« [876]

Obwohl Hart sein Angebot aufrechterhielt, wurde Körner die Mühle am 9. 3. 1764 zugesprochen, die Übergabe erfolgte jedoch erst am 14. 5. 1764. Als Wohnung erhielt Körner das »Kgl. Mühlen-Bauhaus« bei der Großen Mühle, das er mit elf Personen bewohnte.

Zusammen mit dem Zimmermeister Jac. Schultze begann Körner mit dem Umbau der Mühle. Etliche Arbeiten, z. B. den Umbau des Mühlwerks, übernahm Körner selbst. Alle Umbauten konnten jedoch nicht realisiert werden, z. B. die Tieferlegung des Fachbodens und die Erweiterung des Gerinnes. Beides wurde nicht gestattet, weil u. a. auch »die Kgl. Gewehrfabrik darunter leydet«. [877] Körner baute also einen Spitzgang (Gerinne 4 Fuß, 3 Zoll, Länge 64 Fuß). Alle Arbeiten konnten im Juli abgeschlossen werden, am 9. 8. 1764 liefen die Räder. [878]

Aus der Konkurrenz mit Hart entwickelte sich in der Folgezeit eine harte Auseinandersetzung. Zunächst versuchte Hart immer wieder, sich an Körner zu rächen, indem er den Schneidemüller noch mit in Körners Wohnung setzen wollte, Metze für Freihandelsmehl forderte oder die Erbverschreibung verzögerte. Körner beschwerte sich am 10. 1. 1766 beim König: »Ew. Kgl. Maj. habe gantz unterthänigst vorstellen wollen, wie mir als Kgl. Hofmüller die Weizenmühle auf Dero Allergnädigsten Befehl ... auf Erb... übergeben werden sollte. Auch allergnäd. versprochen, mich ... sechs Jahre die Accisefreyheit genießen zu lassen. Ich habe aber bis dato von Höchstdieselben wegen der Erbverschreibung keinen Schein und beweiß, auch von der Accise nicht. Noch darzu sucht mich der Amtsrath von Spandow (Hart) zu drücken: Er begehret, daß ich vom Mehl und Grieß, was ich zum Handel auf meiner Mühle mahle, die Mahlmetze zahlen soll. Die Mahlgäste ... bleiben wegen der schweren Abgabe von mir zurück, weil sie bei mir auch an den Amtsrath die Metze zahlen müssen.« [879]

Obwohl Hart durch die Kurmärkische Kammer bei Strafe von 5 Talern angewiesen – und später auch dazu verurteilt – wurde, den Erbvertrag auszustellen, geschah nichts, so daß Körner sich weiter beim König beklagen mußte. Verärgert über die jahrelange Verzögerung – »so werde ich bey der Nase herumgezogen« [880] –, ging Körner gegen »seine(n) Tyrann-Konkurrenten Hart« [881] in die Offensive und begehrte am 12. 9. 1767 die Pacht aller Amtsmühlen. Doch nicht nur Hart, auch die Kurmärkische Kammer war mit dem Erbpachtvertrag für die Kleine Weizenmühle nicht ohne weiteres einverstanden und schlug vor, sie für sechs Jahre in Zeitpacht oder aber die Klostermühle zu nehmen. [882] Nach dramatischen Briefen erhielt Körner endlich am 26. 7. 1768 den ersehnten Erbpachtvertrag.

»Es wird nehmlich § 1 dem Mühlenmstr. u. Mund Mehl Mstr. Abr. Friedr. Körner die Spandowsche Weitzenmühle von zwey Gängen mit allen dazu gehörigen Geräthschaften dergestalt übergeben: daß er solche nach Erbpachts Arth und bestem Wissen gebrauchen und nützen möge, jedoch ohne alle zwangspflichtige Mahlgäste, von denenjenigen aber, welche freywillig bey ihm mahlen werden, soll er außer der gewöhnlichen Mahlmetze pro Schffl. Weitzen 1 Gr. (?) 1 Pf. Mahlgeld und nicht mehr nehmen.

§ 2. Ist Erbpächter schuldig und gehalten, die ihm übergebene Mühle ... auf seine Kosten jederzeit in baulichen Würden und gangbahren Stande zu unterhalten, wozu er jedoch weder das Bau- und Reparatur- noch das Schirr- und Nutz Holtz zu gewertigen hat. Der zur Einrichtung dieser Mühle und Anschaffung der Mühlen Steine gewährte Vorschuß à 465 Thaler aber soll ihm erlassen seyn.

§ 3. Dahingegen ist Erbpächter schuldig, die zu Sr. Kgl. Maj. Hofküche monathlich abzuliefernde zwey Centner feines Mehl und dasjenige Quantum, so noch darüber verlanget wird, und wofür ihm pro Centner, so lange der Scheffel Weytzen nicht über 3 Thl. gilt., 6 Thl. 12 Gr. bezahlt werden, promt und in gehöriger Güte abzuliefern.

§ 4. Verbleibt dem Amte Spandow die Jurisdiction über die Mühle reserviret, wie denn auch Koerner und alle künftige etwanige Erb Pächter in Mühlen Sachen, und was die Erb Pacht selbst anlanget so wohl als in personalibus, unter dem Amte stehen. Hingegen bleibt dem Erb Pächter frey, die Mühlen Bursche nach seinem Gefallen anzunehmen, jedoch müssen die neu angenommenen allemahl der Observanz gemäß vorhero bey dem Amte vereydet und in Pflicht genommen werden. Doch wenn sich finden sollte, daß von denen Mühlenburschen, Jungen oder Mahlgästen einigen Diebstahl begangen würde, so muß der Erb Pächter für dieses seyn Gesinde als auch für Fremde in seiner Mühle stehen, wie er denn auch schuldig ist, die verspürte Unrichtigkeiten dem Amte anzuzeigen, damit die Contravenienten zur gebührenden Strafe gezogen werden können.« [883]

Die Darstellung in den »Körnerschen Nachrichten« würdigt naturgemäß den unaufhaltsamen Aufstieg Körnerschen Unternehmergeistes: So betrieb Körner z. B. ab 1768 auch eine Brauerei. Es finden sich aber auch Hinweise darauf, daß seine wirtschaftliche Situation nicht unproblematisch war: Er suchte um die Stundung der Pacht nach bzw. protestierte gegen das Verbot des Freihandels mit Mehl. [884]

Beim Brand der Großen Mühle wurde auch die Kleine Weizenmühle ein Raub der Flammen.

»1795. Am 19. September abends nach 11 Uhr

entstand in der Großen Mühle am Damm ein Feuer, das diese Mühle und darinn den Mühl Meister und die nahe beygelegene Weiz Mühle ganz verzehrte und, wenn nicht die Anstalten so gut gewesen, ein massiv Haus gegen den Behnitz vorgestanden, und die Luft stille geblieben wäre, einen großen Theil der Stadt zu Grunde gerichtet haben müßte. So aber war es gegen 2 Uhr Morgens, an einem Sonntage, der dadurch sehr gestört wurde, zu Ende; außer daß die Pfähle bis aufs Wasser fortbrannten. Ein Glück war es, daß man die Schleusen gerettet hatte! Sonst wäre die Havel in die Stadt gedrungen und zugleich Feuers= und Wassers Noth hier gewesen. Man vermuthet, daß auch dies Feuer von Feinden des Kammer Raths angelegt worden.« [885]

Sofort ging das Gerücht, das Feuer sei von Gegnern des Hart-Nachfolgers Flottmann gelegt worden. Die Mühlen wurden wiederaufgebaut, und Sohn Sebastian übernahm 1799 die Kleine Weizenmühle. Die Mahlgäste kamen vorwiegend mit Kähnen aus Berlin, das Mehl befriedigte also die gehobenen Ansprüche der Residenzbewohner. Sebastian Körner setzte auch den von seinem Vater begonnenen Freihandel mit Mehl fort [886] und entwickelte sich zum bedeutendsten Spandauer Müller, denn er übernahm 1811 sämtliche ehemaligen Amtsmühlen in Erbpacht. [887] Der Erbpachtvertrag, der am 12. 8. 1812 bestätigt wurde, weist Sebastian Körner als Generalpächter aus. Er hatte einen jährlichen »Canon« von 5000 Talern zu zahlen (§ 9), erhielt jedoch das Inventar nur leihweise (§ 2). Ein Mahlzwang existierte für die Mühlen seit dem 28. 10. 1810 nicht mehr (§ 12); für die Sauberkeit der Mühlengräben und Gerinne hatte der Pächter ebenso zu sorgen (§ 8) wie für den Wiederaufbau nach einem Brand (§ 13). Weiterhin hatte er allgemeine wasserpolizeiliche Anordnungen und die Belange der Rüstungsbetriebe (!) zu beachten: »In Ansehung der Gewehr-Fabriken auf dem Plahn, bleiben der Königl. Regierung alle Verfügungen vorbehalten, welche der Betrieb derselben notwendig macht«. (§ 17) [888]

Am 13. 7. 1816 brannte es in der Großen und Kleinen Weizenmühle. Nach der Reparatur wurde in der Großen Mühle bis zum Brand vom 4./5. 6. 1826 weitergearbeitet [889], danach baute man sie nicht wieder auf. [890] Sie fiel am 21. 7. 1829 mit allen Rechten an den Militärfiskus. [891] 1908 riß man beim Umbau der Schleuse die letzten Pfähle heraus. Die Kleine Weizenmühle arbeitete hingegen – von Sebastians Sohn August geführt – bis zum 19. 4. 1842. Der Verkauf an den Militärfiskus erfolgte, weil sie sich »überlebt« hatte. [892]

Die Klostermühle, die Sebastian Körners Sohn Carl 1827 übernahm, wurde 1837 mit dem ehemaligen Lohmühlengrundstück vereinigt. Sie blieb bis zum 3. 11. 1856 im Körnerschen Besitz.

Von der Schneidemühle am Kolk, Hoher Steinweg 6, ist bekannt, daß ihre Sägekapazität um 1800 nicht mehr ausreichte, um den Span-

Die ehemalige Körnersche Mühle am Kolk 1908

dauer Sägebedarf zu decken. [893] S. Körner mußte daher in § 5 des Erbpachtvertrags dem Bau- und Nutzholzmagazin, einer Einrichtung des Fiskus, die 1815 privatisiert wurde [894], den Vorrang vor Privatkunden einräumen. Diese Mühle und die Kleine Mahlmühle [895] gehörten ab 1832 seinem Sohn Wilhelm, der die Mahlmühle offensichtlich aufgab. »Von größter Tragweite war der Umstand, daß sich Wilhelm Körner vom Getreidemahlen ausschließlich auf sein Sägewerk umstellte. Hierdurch schuf er zum Vorteil seiner Nachkommen eine neue Entwicklung, während die alten Kornmühlen (bis auf die Klostermühle) sich überlebten ...« [896] Der Sägebetrieb florierte derart, daß eine Zweigniederlassung in Magdeburg gegründet wurde.

Als ein Anlaß zu heftigen Auseinandersetzungen ab 1856 erwies sich § 8 des Erbpachtvertrages: die Reinigung des Mühlengrabens. Sohn Hermann schrieb z. B. im Mai 1873 an die Spandauer Polizeiverwaltung: »Der öffentliche Durchgang am ›Hohen Steinweg‹, der an den Mühlengraben, dessen Räumung die Königliche Regierung laut Kaufvertrag der Herr Hermann Körner übernommen hat, grenzt, wird schon seit langer Zeit in einer Weise von den Besitzern resp. den Miethern der Häuser Steinweg N° 1, 2 ... verunreinigt, daß jede Beschreibung aufhört. So haben die Herrschaften Geschmack gefunden, ihre Excremente in Nachteimern nach dem Durchgang zu transportieren, um in späten Abendstunden diese duftenden Bestände, die sich oft bis auf ... Eimer ausdehnen, zum Hochgenuß der angrenzenden Nachbarn gegen das Wohnhaus des Herrn Hermann Körner zu entladen.« [897]

Obwohl der Betrieb zunächst florierte, veränderten sich langsam die gesellschaftlichen Rahmenbedingungen. Der Bau eines siebenten Gerinnes für die königliche Pulverfabrik, der 1850 beantragt wurde, rief Körners Protest hervor: »Der von dem Mühlenbesitzer der Kleinen Mahl- und Schneide-Mühle, Wilhelm Körner, eingelegte Protest wurde von der Königl. Regierung zu Potsdam mit Resolution I. 548/12 vom 21. Dezember 1850 als unbegründet zurückgewiesen.« [898] Körner befürchtete zu Recht, daß ihm das Wasser abgegraben werden könnte. Weiterhin gab es Auseinandersetzungen um seinen Holzlagerplatz, an dessen Stelle eine öffentliche Badeanstalt geplant war. In diesem Konflikt obsiegte allerdings Körner. [899]

Am 4. 2. 1865 brannten Schneidemühle und Holzplatz das erste Mal nieder. Beim Wiederaufbau wurde modernisiert, denn am 13. 4. 1870 suchen W. Körner und sein Sohn »einen Schlosser oder Maschinenbauer, der mit der Führung einer Dampfmaschine oder eines Dampfboots vertraut ist«. [900] Am 28. 7. 1892 brannte es erneut:

»Spandau, den 29. Juli 1892. Eine große Feuersbrunst hat gestern Abend in unserer Stadt gewütet. Im Keller der Körner'schen Schneidemühle am Hohen Steinweg waren zwischen 8 und 9 Uhr zwei Arbeiter mit dem Schmieren von Maschinenteilen beschäftigt, wobei sie offenes Licht zur Anwendung brachten. Plötzlich fing das leicht brennbare Schmieröl Feuer; ein Arbeiter versuchte dasselbe noch im Keime zu ersticken; es griff aber unter den dort lagernden Haufen von Sägespänen und Holzstücken mit solcher Schnelligkeit um sich, daß nach wenigen Minuten der ganze Raum in Flammen stand. Bei dem Löschversuch hatte sich der betreffende Arbeiter Brandwunden an der Hand zugezogen; beide Personen vermochten sich aus dem Keller nur mit knapper Not zu retten. In dem gesamten Etablissement wurde zu der kritischen Zeit gearbeitet. Der Wasserstand ist gegenwärtig so niedrig, daß die Triebkraft des Havelarms nur sehr gering ist; um dieselbe nun möglichst auszunutzen, wird in der Mühle Tag und Nacht gearbeitet. Die Flammen verbreiteten sich in dem Werk, das natürlich in allen seinen Teilen dem Feuer reichliche Nahrung bot, mit rapider Schnelligkeit. Sämtliche Arbeiter mußten eilen, um unversehrt aus dem Gebäude herauszukommen; ihnen sind verschiedene Kleidungsstücke, die sie nicht mehr mitnehmen konnten, verbrannt. Bevor mit Feuerspritzen irgend ein Löschversuch gemacht war, stand sowohl die große, als auch die kleine Mühle total in Flammen. Es war ein Feuermeer, wie es in diesem Umfang hier wohl noch nicht gesehen wurde; nur der Brand auf dem Perrin'schen Fabrikplatz kam ihm annähernd gleich. Mit weithin hörbarem Getöse brach sich das furchtbare Element durch die Bedachung Bahn, und nun loderten meterhohe Flammen zum wolkenlosen Nachthimmel empor. Es war mittlerweile 9 Uhr geworden. Von allen Seiten rasselten die Spritzen heran. Ein gelinder Nordostwind trieb Millionen von Funken, unter denen sich oft große glühende Holzstücke befanden, die auf die benachbarten Grundstücke niederfielen, über die innere Stadt hinweg. Der intensive Schein des Feuers muß meilenweit wahrnehmbar gewesen sein. Von der Brandstätte verbreitete sich eine glühende Hitze, welche die Löscharbeiten ungemein erschwerten. Es kamen sämtliche Spritzen aus Spandau und der Umgegend herbei; nämlich die städtischen, die sämtlicher königliche Institute und Kasernen, aus Staaken, Tiefwerder, Pichelsdorf. Dieselben konnten wegen der sengenden Glut nur in gewisser Entfernung vor dem Feuermeer Aufstellung nehmen. In weitem Umkreise wurden die Straßen für das nicht beteiligte Publikum durch Militär abgesperrt. Verschiedene Neugierige leisteten den Anordnungen der Soldaten und der Sicherheitsmannschaften nicht Folge und mußten daher verhaftet werden. Ein Individuum versuchte auf dem Transport nach dem Rathause die Menge zu seiner Befreiung aufzuwiegeln, indem es rief: ›Haut den Rotkragen nieder!‹ Es stürzten sich auch mehrere Personen auf den Polizeibeamten; sie wurden aber zurückgeschlagen und der Arrestant sicher hinter Schloß und Riegel gebracht. Große Gefahr drohte sämtlichen Gebäuden am Kolk, Behnitz und in der Havelstraße; allenthalben mußte befürchtet werden, daß infolge der Hitze oder der umherfliegenden Funken Feuer entstand. In der That entzündeten sich auch, soweit bisher bekannt geworden, Baulichkeiten auf den Grundstücken der Herren Ludewig, Kiß, der Firma Israel & Heimann, ja sogar in einem Speicher des Spediteurs Weichhardt wurde durch Funken ein kleiner Brand verursacht. Am schlimmsten gefährdet war das Haus des Herrn Großfischermeisters Mahnkopf, von welchem der nordwestliche Giebel bereits von den Flammen ergriffen war. Hier und in verschiedenen andern Häusern dieses Stadtteils trafen die Bewohner Anstalten, ihr bewegliches Eigentum in Sicherheit zu bringen.« [901]

Ein Wiederaufbau fand nicht mehr statt, der Besitz wurde zwangsversteigert. Über die Ursachen dieses Niedergangs des »Millionen-Unternehmen(s) in Spandau« [902] gibt es bisher nur Vermutungen. Die Familiennachrichten erläutern, »daß die Wasserrechte der Mühlen schon seit langem den Bauplänen der Behörde hinderlich waren«. [903] Nun mag es innerbetriebliche Gründe für die Schließung der Mühle gegeben haben, wichtig ist hier aber, daß es ein Zusammenspiel zwischen der Stadtverwaltung Spandau und dem Fiskus, bei dem 1908 auch militärische Gesichtspunkte im Vordergrund gestanden haben dürften, gegeben hat. Jede Partei versuchte, ihre Interessen auf Kosten des Körnerschen Besitzes durchzusetzen.

»Vertrag

zwischen dem Oberbürgermeister Koeltze in Spandau namens der Stadtgemeinde Spandau, vorbehaltlich der Zustimmung der städtischen Körperschaft in Spandau, einerseits und dem Königlichen Hauptbauamt in Potsdam namens des Fiskus, vorbehaltlich der Genehmigung des Herrn Ministers der öffentlichen Arbeiten und des Herrn Landwirtschaftsministers, andererseits.

§ 1.

Der Fiskus verpflichtet sich in der Zwangsversteigerung der Koerner'schen Mühle in Spandau nicht mitzubieten.

§ 2.

Für den Fall, dass die Stadtgemeinde Spandau die Koerner'sche Mühle in der Zwangsversteigerung erwirbt, verpflichtet sich der Fiskus

a) die Hälfte des Meistgebotes, aber nicht mehr als 100000 M der Stadtgemeinde zu erstatten,

b) auf Erfordern der Stadtgemeinde Spandau den Koerner'schen Mühlengraben, in welchem sich das Triebwerk der Mühle befindet, von der Koernerschen Privatbrücke (einschl.) bis zur Havel zuzuschütten und auf seine Fischerei in den Mühlengraben ohne Entschädigung zu Gunsten der Stadtgemeinde Spandau zu verzichten,

c) diejenigen Teile des Koernerschen Mühlengrabens und dessen Ufer, welche in dem Eigentume des Fiskus stehen, unentgeldlich und pfandfrei an die Stadtgemeinde Spandau aufzulassen und zwar vorbehaltlich der Allerhöchsten Genehmigung zu dieser Uebereignung, soweit die Flächen jede für sich die Grösse eines halben Morgens (12,766 ar) erreichen oder übersteigen.

§ 3.

Für den Fall, dass die Stadtgemeinde Spandau die Koernersche Mühle in der Zwangsversteigerung erwirbt, verpflichtet sie sich in Gegenleistung für die vom Fiskus in diesem Vertrage übernommenen Verpflichtungen

a) alle diejenigen Entschädigungsansprüche für die auf ihr Erfordern erfolgte Zuschüttung des Mühlengrabens durch den Fiskus zu übernehmen,

b) die bisherigen domänenfiskalischen Verpflichtungen zur Unterhaltung und zu Neubau der Brücken über den Mühlengraben oberhalb der Mühle und zur Räumung des Mühlengrabens zu übernehmen,

c) das mit der Mühle verbundene Recht zur Ausnutzung der Wasserkraft unentgeltlich an den Fiskus abzutreten,

d) auf das mit der Mühle verbundene Recht zur Holzlagerung auf der Oberhavel zu Gunsten des Fiskus zu verzichten.

Spandau, den 16. Mai 1908.
Königliches Hauptbauamt

gez. 2 Unterschriften — gez. Koeltze.
II. 3234 — Beglaubigt:
L. S. gez. Krug
Kanzleivorsteher« [904]

Nachdem am 2. 8. 1908 zunächst ein Spekulant den Zuschlag für 230 000 Mark erhalten hatte, fiel der ehemalige Körnersche Besitz am 12. 9. 1908 an die Stadt Spandau. Der Mühlengraben wurde 1911 zugeschüttet.

DIE KLOSTERMÜHLE

Erst am 3. 11. 1856 hatte die Witwe Wilhelmine Körner die Klostermühle an den Rentier Joh. Friedr. Wilh. Beier aus Berlin für 9 300 Tlr. verkauft. [905] Bereits am 3. 5. 1857 ging die Mühle für die gleiche Summe in den Besitz des Mühlenmeisters C. F. A. Schulze über, der als Zeuge bei Beiers Kauf mitgewirkt hatte. [906] Wie schon Körner, so unterwarf sich auch Schulze den Polizeiverordnungen, die Strom, Wasserstand usw. betrafen, verpflichtete sich zur Auskräutung des Mühlengrabens und zur Rücksichtnahme gegenüber der Gewehrfabrik. [907]

1860 wurde ein Neubau erforderlich, den C. F. Schulze folgendermaßen bgründete: »Außerdem wollte ich mir noch erlauben zu bemerken, daß, als ich im Jahr 1857 mein Mühlengrundstück käuflich erwarb, die alte Mühle sowohl, wie die dazu gehörigen hölzernen Schälungen, Gerönne, Archen, und darüber liegenden Brücken und Badeanstalt sich in einem dem Einsturz nahe befindlichen Zustand befanden, folgedessen mußte mein erster Gedanke auf einen möglichst baldigen Neubau gerichtet sein.« [908]

Im Grundstein des Neubaus vom 6. 9. 1860 wurde eine Beschreibung der technischen Ausstattung der Mühle gefunden:

»– ein eisernes, horizontal gehendes Reaktions-Wasserrad (Turbine) vom Mühlenbaumstr. C. F. Salzmann aus Berlin entworfen und bei F. A. Egells angefertigt;
– drei Mahlgänge mit frz. Laferté-Mühlsteinen aus der Mühlsteinfabrik seines Bruders F. W. Schulze;
– Korn-Reinigungs-Maschine;
– 4 Cilinder-Beutel-Maschinen;
– 4 Elevatoren;
– 1 Stuhlwinde.« [909]

Die Liste zeigt, daß Schulze bei seinem Neubau für 15 000 Tlr. eine technische Einrichtung gewählt hatte, die dem Niveau der technologischen Entwicklung entsprach. Probleme mit dem Magistrat ergaben sich aber daraus, daß Schulze das Mühlengerinne überbrückt und dabei einen Zwischenraum zwischen seiner Privatbrücke und der städtischen Brücke mit überbaut hatte. Im Januar 1861 endlich stimmte der Magistrat der Baumaßnahme unter den Bedingungen zu, daß Schulze die Wartung der Mühle übernahm, seine Brücke der Öffentlichkeit zur Verfügung stellte, wenn die städtische repariert werden mußte, sowie Kosten und Gebühren trug. [910]

Schulzes Mühlenbetrieb litt unter unregelmäßigem Wasserstand. 1869 drohte er dem Militärfiskus mit einer Klage, weil beim Durchspülen der Festungsgräben der Mühle das Wasser fehlte. Er schrieb: »Durch die allgemein mangelhaften Wasserstände, welche zum Theil durch Verunreinigung des oberen Mühlengrabens und durch Ueberwucherung des Krautes (sogenannte Wasserpest) und durch die Anlage der neuen sehr langen Festungsgräben, wo durch öfteres Ablassen und wieder Füllen durch frisches Havelwasser ein rapides Fallen des Oberwassers bewirkt wird und mir dadurch ein bedeutender Nachtheil in Betreff meines Betriebes entsteht, machten es nöthig diese mangelhafte Wasserkraft wodurch meine Existenz durch die jetzigen großen Aufpreise und grosse Concurenz im Mühlenwesen in Frage gestellt wurde, durch eine Dampfmaschine zu ergänzen.« [911] Um Platz für die Dampfmaschine zu gewinnen, mußte Schulze die Überbauung erweitern. Die Dampfmaschine mit 35 PS stammte von C. Hoppe aus Berlin. [912]

Vom 6. 6. 1885 an trug der Briefkopf der Firma die Namen Schulze und Hoppe Nachfolger. Hermann Schulze führte die Fa. »Dampfmühle, Getreide und Landesprodukte« [913] seit dem

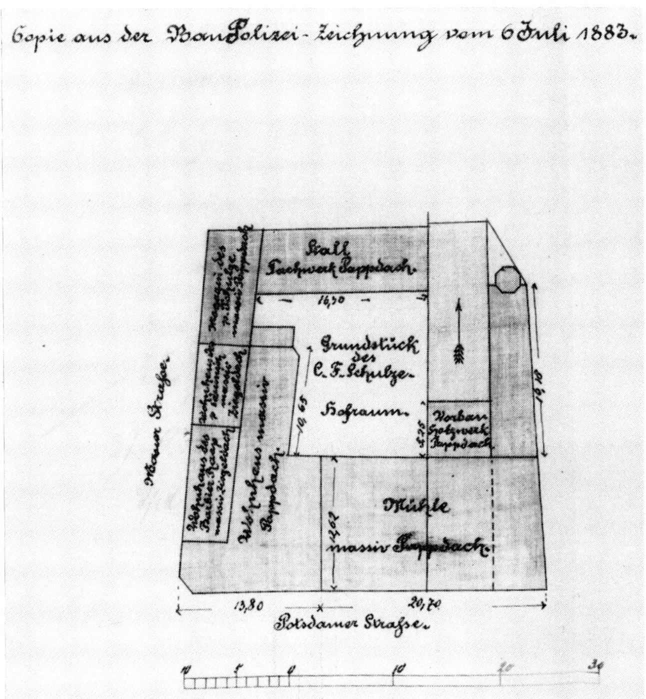

Die Klostermühle (Situationsplan von 1883)

Die Klostermühle 1962

8. 11. 1890 als Alleininhaber. 1893 lieferte C. Hoppe eine größere Dampfmaschine mit 200 PS und einem Schwungraddurchmesser von 4 m. [914] 1906 reichte die Speicherkapazität nicht mehr aus, folglich plante die Unternehmensleitung eine erneute Überbauung von Stadtgraben und Gerinne. Das Genehmigungsverfahren dauerte drei Jahre, weil man sich über die Gebühren nicht einigen konnte. 1914 wurde weiter modernisiert: Der Betrieb erhielt eine Wasserturbine von der Eisengießerei Hansen & Co. in Gotha sowie eine Francis-Turbine mit 50 PS, die einen Dynamo zur Stromerzeugung bis 1962 antrieb. [915] 1924 trat Carl Müller in das Unternehmen ein und übernahm es nach Schulzes Tod als Alleininhaber am 23. 10. 1940. [916] Die Klostermühle war auch direkt vom Kriegsgeschehen betroffen: Bei einem Bombenangriff wurden am 28. 3. 1945 30 Mühlenarbeiter getötet. Trotz der Bombenschäden arbeitete die Mühle weiter und schaffte als eine von vier Spandauer Mühlen eine Leistung von 30 Tonnen je Tag. [917]

Turbine der ehemaligen Klostermühle 1962

RÜSTUNGSBETRIEBE IN SPANDAU

Die Existenz von Rüstungsbetrieben geht in Spandau bis ins Mittelalter zurück. Um 1430 »machte (man) hier Pulver und die Stadt hatte ihren eigenen Büchsen Meister (Schüzen); doch wurden auch noch Pfeile gemacht; ebenso Arm Brüste und Panzer«. [918] Die Pulverherstellung erfolgte in Handarbeit, bis der italienische Ingenieur Rochus Guerini Graf von Lynar beim Ausbau der Festung in der Zitadelle 1578 auch eine Pulvermühle baute, die am Mühlentor nahe der Großen Mühle gelegen war. [919] Die Ausnutzung der Wasserkraft brachte mehr Energie als etwa die Antreibung einer Pulvermühle mit einem Roßwerk, das Braue und van Zee 1717 bis 1719 im Kleinen Tiergarten errichteten. Wegen der Explosionsgefahr waren diese beiden Antriebsformen die zur damaligen Zeit einzig möglichen. 1617 wurde die Pulvermühle wegen ihrer gefährlichen Nähe zur Großen Mühle abgebaut

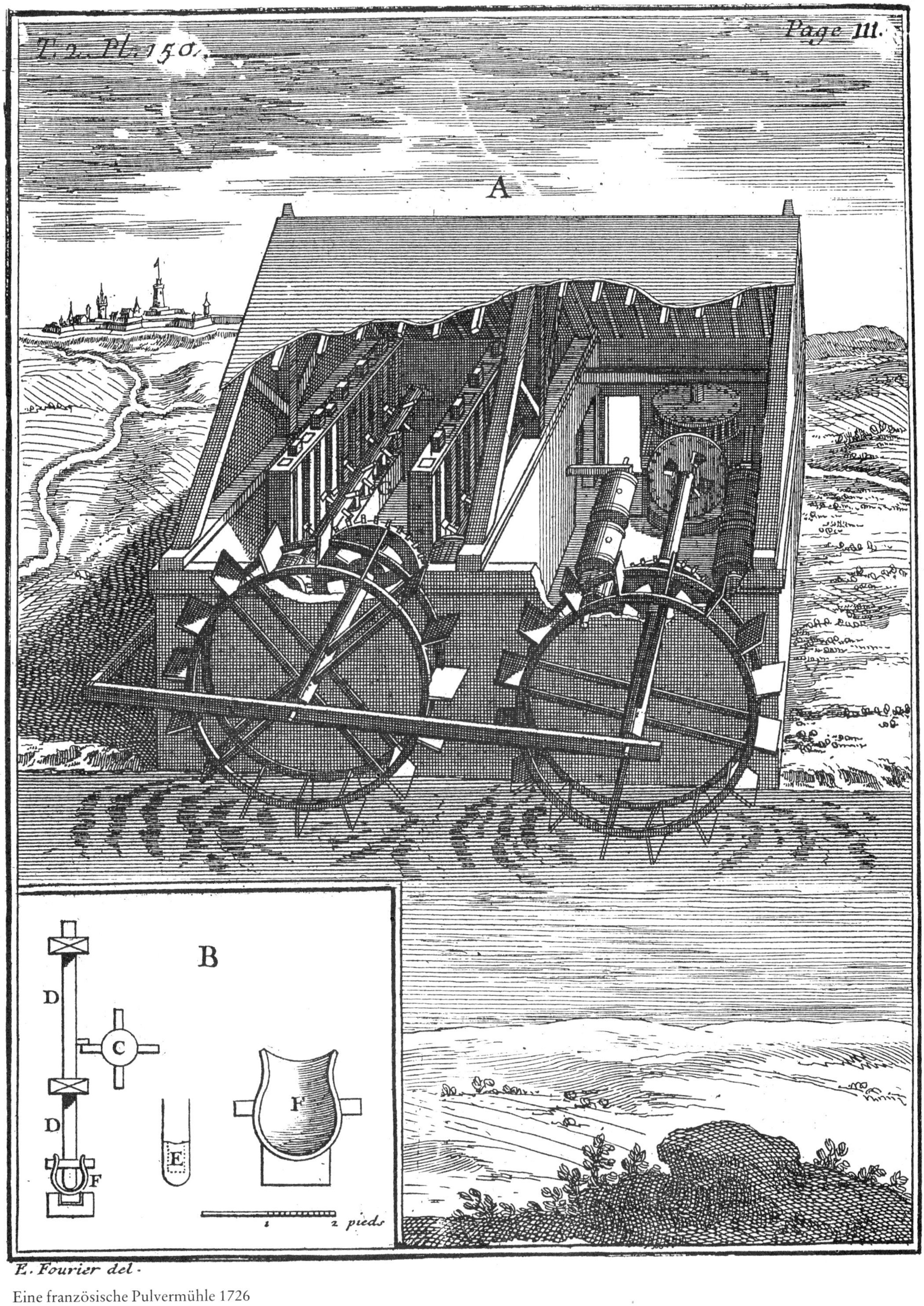

Eine französische Pulvermühle 1726

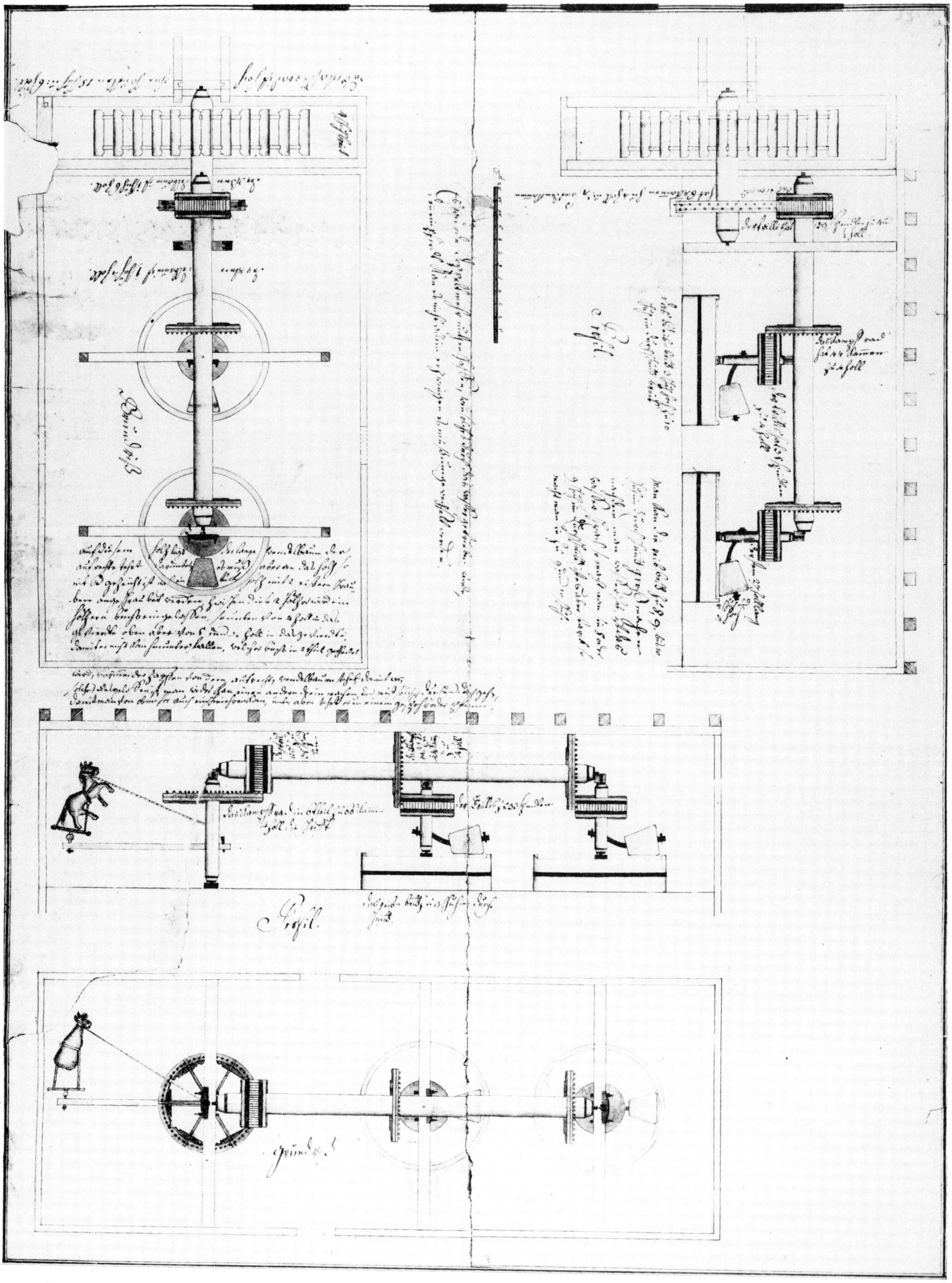

Kollergänge der Pulverfabrik in Spandau als Wasser- und als Tiermühle um 1790

und 1636 auf der anderen Seite der Zitadelle wiedererrichtet. An diesem Standort flog sie zunächst 1663 und nach ihrem Neubau 1719 ein zweites Mal in die Luft. [920]

Die Anlage der Pulvermühle innerhalb der Festungsmauern hatte den Vorteil, daß während einer Belagerung produziert werden konnte. Auch im Hinblick auf die Versorgung der Besatzung – 1641 599 Mann stark – war man autark, denn zahlreiche Handmühlen und eine Ochsenmühle sorgten für Mehl. [921] Da die Ochsenmühle bereits Anfang des 17. Jh. existiert hat, ist zu vermuten, daß Lynar die Konstruktionskenntnisse aus Italien mitgebracht hat. Sein Festungsbau beweist, daß er über umfassendes technisches Wissen verfügte. Roß- und Ochsenmühlen waren damals in Italien bereits bekannt und auf Kupfern verbreitet. Sowohl Leonardo als auch Zonka, Ramellis und Besson [922] haben Konstruktionszeichnungen angefertigt. Insofern hat Lynar, der das technologische Gesamtwissen der Renaissance nach Spandau brachte, wahrscheinlich die Ochsenmühle initiiert. Eine Baubeschreibung dieser Mühle liegt uns von M. Beyer vor: »Mir ist, als ich mich einsmahls in den Königl. Preußischen Landen befand, eine solche Mühle, so gantz nett verfertiget war, in der Festung Spandau gezeiget worden. Sie war unter dem Walle in einem sichern Gewölbe, so daß ihr leicht keine Bombe schaden konte, mit zwei Gängen erbauet, und wurde von vier Ochsen auf den grossen Tret-Rade b. oder Plano inclinato, wann alle zwey Gänge gehen solten, getrieben oben an der stehenden Welle c. über dem Tret-Rade b. war annoch ein grosses liegendes Kamm-Rad bey nahe wie das untere d. welches die Kämme aufwerts kehrete, angebracht, da denn ferner über demselben eine liegende Welle, mit einem Drehlinge und Lauff-Rade versehen lage; Der Drehling griff in das Kamm-Rad, so daß die Mühle, wann in das Lauff-Rad einige Gefangene gestellet worden, in Ermangelung der Ochsen, auch durch Menschen, aber nur ein Gang getrieben werden konte.« [923]

Am alten Standort der Pulvermühle wurde nach 1719 eine Polier- und Schleifmühle errichtet, die von einer geplanten Gewehrfabrik als eine billige Energiequelle genutzt werden sollte. Die Gründung bot sich an, weil bereits andere militärische Anlagen, vor allem die Festung, vorhanden waren. [924] Bei der Planung der Gewehrfabrik spielten Überlegungen eine Rolle, inwieweit die Mühlenanlagen der Fabrik, u. a. eine 12 Zentner schwere Hammermühle, eine Beeinträchtigung für die anderen Spandauer Wassermühlen darstellen könnten. Eine Kommission wurde zur Prüfung dieser Frage eingesetzt, die aus Baumeister Böhme, Obermühleninspektor Egger, Mühlenmeister Stecher, Zimmermann und Hammerbaumeister Holle und Philipe Henoul, wahrscheinlich ein Berater aus Belgien oder Frankreich, bestand. Die Befürchtung, daß Schadenersatzansprüche in Höhe von 500 Talern an die Fabrik gestellt werden könnten, konnten jedoch zerstreut werden. »Nachdem der hiesige Ober-Mühlen-Jnspektor Egger heute von Spandow zurückgekommen, und die gantze Siduation dorten in augenschein genommen, berichtet so, dass sowohl die Bohr- und Schleiff Mühle, als auch die Rohrhammer Mühle dorten und ohne Schaden der wasser Mühlen angelegt werden könnte, und wollte er nur das wassergerinne etwa 30 schritt weiter von den alten Pulver Mühlen gerinne anlegen, weil es da besseren Fall und Trieb hatte usw.« [925] Egger garantierte für ein Gerinne mit einem Rad für die Schleif- und Poliermühle und für ein Gerinne mit zwei Rädern für die Hammermühle. [926]

Die Gewehrfabrik kam aufgrund einer »Allerhöchsten Resolution« vom 31. 3. 1722 in den Besitz des Staurechts und nutzte in diesem Jahr die östliche und mittlere Arche als Betriebsgerinne, seit 1723 die 100 Meter weiter westlich liegende Arche für die »Bayonet«- und Klingenfabrikation.

Die Berliner Kaufleute Splitgerber und Daum, die das Unternehmen planen und leiten sollten, erhielten in § 17 folgende vertragliche Auflage: »Klagen über die Müller, die den Fabrikmühlen irgendwelchen Schaden zufügen sollten, sind von den Unternehmern sofort immediate dem König zu melden, der für ihre Beseitigung sorgen wird.« [927]

Die Einführung dieses Paragraphen verdeutlicht, daß den Betreibern der Gewehrfabrik bewußt war, daß sie in die Rechte der anderen Mühlen eingriffen und die betroffenen Müller sich wehren könnten. Bedenkt man, daß Egger eine Garantie für zwei Gerinne mit drei Rädern ausgesprochen hatte, und betrachtet dann die Wasserentnahme durch die Fabrik, die 1723 bereits ein drittes Gerinne anlegte und 1824 sieben unterschlächtige Wasserräder betrieb [928], so wird deutlich, daß sie – zumindest bei voller Kapazitätsauslastung – den Wassermühlen mit königlicher Unterstützung im wahrsten Sinne des Wortes das Wasser abgegraben hat. Hier zeigt sich klar die Bevorzugung militärischer Interessen.

Der Vertrag sah weiter vor, daß die Staatskasse für Gebäude und Inventar, Splitgerber und Daum für Werkzeuge und Entlohnung aufkommen mußten. [929] »Die Häuser und Wohnungen, so Ihnen eingeräumt werden, behalten sie zu ihrem freyen Gebrauch, ohne Erlegung einigen Grundzinses das Eigentum aber verbleibe allemal Sr. Königl. Majestät.« [930] Es handelte sich also um ein halbstaatliches Unternehmen [931], in dem Offiziere leitende Verwaltungspositionen innehatten. [932] »Bis weit in das 19. Jahrhundert hinein fungierten die Werkmeister in den einzelnen militärischen Betrieben als Unternehmer. Ihnen gehörten die kleinen Arbeitsgeräte, und sie bezahlten die Löhne aus eigener Tasche. Die Leistungen ihres Betriebsbereiches rechneten sie mit der staatlichen Verwaltung nach privatwirtschaftlichen Grundsätzen ab. Die Meister erzielten mit diesem System beachtliche Überschüsse.« [933]

Spandauer Zuchthäusler wurden eingesetzt, um die 1800 Pfähle für die Fabrikgebäude in den sumpfigen Untergrund zu rammen. [934] Die Gewehrfabrik hat sich – wie u. a. an der staatlichen Teilfinanzierung zu sehen ist – besonderer Förderung durch die preußischen Könige erfreut. Da Preußen über keine qualifizierten Facharbeiter verfügte, warb Friedrich Wilhelm I., ein überzeugter Protestant, katholische Facharbeiter aus Lüttich und Solingen an, die als Gegenleistung 38 Wohnhäuser mit Gärten, eine katholische (!) Pfarrkirche sowie Bürger- und Meisterrechte erhielten. Die Reise nach Spandau war durchaus gefahrvoll, da die Arbeiter einerseits den Strafen ihrer ehemaligen Fabrik- und Landesherren entgehen und gleichzeitig die preußischen Landsknechtewerber fürchten mußten. [935]

Die Gewehrfabrik begann mit folgenden Produktionsanlagen:
2 Bohrmühlen, eine mit »Zähn Hammer«
1 »Plattinen Hammer«
1 Schleif Poliermühle (mit 16 Arbeitern)
diversen Magazinen
1 »Schirr Kammer, in welcher die Mühlen- Waßer- und andere Räder verfertigt werden«. [936]

Die Schleifsteine stammten aus der Berliner Mühlenfaktorei. [937] Das Spandauer Werk arbeitete arbeitsteilig mit der Potsdamer Fabrik der Gebr. Schickler, die auch alsbald die Spandauer Werke übernahmen. In Spandau wurden Gewehrläufe bearbeitet, Ladestöcke, Klingen und Kürasse hergestellt, und Potsdam übernahm die Endmontage; in Spandau wurde »geschmiedet, gebohret u. aus dem Groben geschliffen«, in Potsdam »auswendig poliret, geschäftet, equipiret«. [938] Beide Werke arbeiteten als staatliche Monopolbetriebe. Die Spandauer erreichten zunächst eine Kapazität von 200 Gewehren je Woche. Um diese auf 300 steigern zu können, war 1723 die bereits erwähnte Anlage eines weiteren Gerinnes erforderlich.

Die Nachfrage stieg aufgrund der preußischen Kriege (1. und 2. Schlesischer Krieg, Siebenjähriger Krieg) jedoch so stark an, daß die Produktion nicht ausreichte. Die Werksleitung entschuldigte die Produktionsbegrenzung mit dem Mangel an Wasserkraft, »weil das Wasser zu klein gewesen, und die Schleifmühle nicht hat gebraucht werden können«. [939] Sie beschwerte sich deshalb über die Sonntagsarbeit auf den anderen Mühlen:

»Als bitten gehorsamst zu befehlen, daß die Stadtmühlen zu Spandow des Sonntags mit dem Gewehr-Plan zugleich schützen, damit sie des Montags darauf wieder zugleich arbeiten können. Denn da unsere Leute des Sonntags nicht arbeiten die Mühlen aber indes das Wasser alles wegziehen, daß am Montag die Räder nicht umgehen wollen, so leidet der Plan am meisten.« [940]

Durch staatliche Importverbote (z. B. für Degenklingen) wurde versucht, Produktionsausfälle in Friedenszeiten, in denen die Waffenproduktion gewöhnlich über Überkapazitäten verfügte, auszugleichen. Das Unternehmen expandierte (dank dem preußischen Militärstaat) und gründete Zweigniederlassungen in Zehdenick (Munition) und Neustadt-Eberswalde. 1779 arbeiteten 20 Meister, 29 Gesellen, 10 Lehrburschen in Spandau, auf dem Gelände der Fabrik wohnten 189 Menschen. [941] Im gleichen Jahr wurde ein neuer, 2 Zentner schwerer Schwanzhammer mit 80 bis 85 Schlägen angeschafft, worauf sich die Produktivität auf 400 bis 500 Gewehre je Woche erhöhte.

Die Arbeitsbedingungen waren allerdings miserabel: »Da der Schleifstaub nach oben den Schleifern ins Gesicht geschleudert wurde, eine Staubsaugeeinrichtung aber noch unbekannt war, traten häufig Klagen über die gesundheitsschädliche Arbeit auf.« [942] Aus einem ähnlichen Werk in Suhl wird berichtet, »... daß die Rohrschleifer selten ein hohes Alter erreichen und meistens in den besten Jahren an Lungensucht sterben«. [943]

Von dem Maschinenbauer Hummel [944] erhielt die Gewehrfabrik um 1800 moderne Produktionsanlagen: »Seine erste Arbeit bestand in einer Gewehrlauf-Bohrmaschine für die Gebrüder Schickler in Spandau, welche eine Maschine verlangten, womit mehr als zwei Läufe zugleich durch ein Wasserrad gebohrt werden konnten. Herr Hummel legte eine solche mit vier Gängen an das Wasserrad, welches die Rohrschleiferei trieb, erfuhr aber bei diesem Unternehmen anfänglich vielen Widerstand von Seiten der Arbeiter, die von Vorurtheilen gegen die Sache eingenommen waren, so daß die Maschine nur immer so lange im Gange gehalten werden konnte, als er selbst mit seinen Gehülfen dabei war. Nur erst der Umstand, daß im folgenden Sommer ein so niedriger Wasserstand eintrat, wobei alle Bohrwerke still standen, und die Arbeiter ihren Erwerb verlohren, nöthigte sie die neue Maschine gehörig zu versuchen; und da sich fand, daß alle vier Bohrer bei dem niedrigen Wasserstande gut gingen, so wurde nun ihr Werth anerkannt. Die Inhaber der Fabrik trugen ihm darauf die Anfertigung einer zweiten Maschine auf, die er 1803 zu acht Gängen ausführte, und zwar noch einfacher als die erste, indem er in die Achsen eines Getriebes von beiden Seiten Bohrer einsetzte, welche ein Wasserrad trieb.« [945] Kurz darauf lieferte Hummel »die Zeichnung zur Anlage eines Rohrhammers in der Gewehrfabrik zu Spandau«. [946]

Nachdem die Franzosen 1806 die Fabrik stillgelegt hatten, wurden die Schleif- und Poliermühle sowie die Wasserräder des dritten Gerinnes bei einen Angriff im Jahre 1813 zerstört. [947] Nach den Befreiungskriegen verlegte man das genannte Gerinne auf Staatskosten neben die beiden verbliebenen und baute hier die Schleif- und Poliermühle mit sieben unterschlächtigen Schaufelrädern wieder auf. [948]

Zwischen 1870 und 1874 wurde die Gewehrfabrik u. a. durch den Bau einer Munitionsfabrik bedeutend erweitert. Drei Dampfmaschinen und die genannten sieben Wasserräder in drei Gerinnen hielten die Betriebsanlagen in Gang. 1883 wurden anstelle der Wasserräder fünf Axialturbinen installiert, die zusammen 66 PS leisteten. [949]

Anfang des 20. Jh. erhielt die Fabrik neue Produktionsanlagen der amerikanischen Firma Pratt u. Whitney aus Hartford, »wodurch nicht nur ein bedeutender Fortschritt in weitreichender Beseitigung von Handarbeit, sondern vor allem in aus-

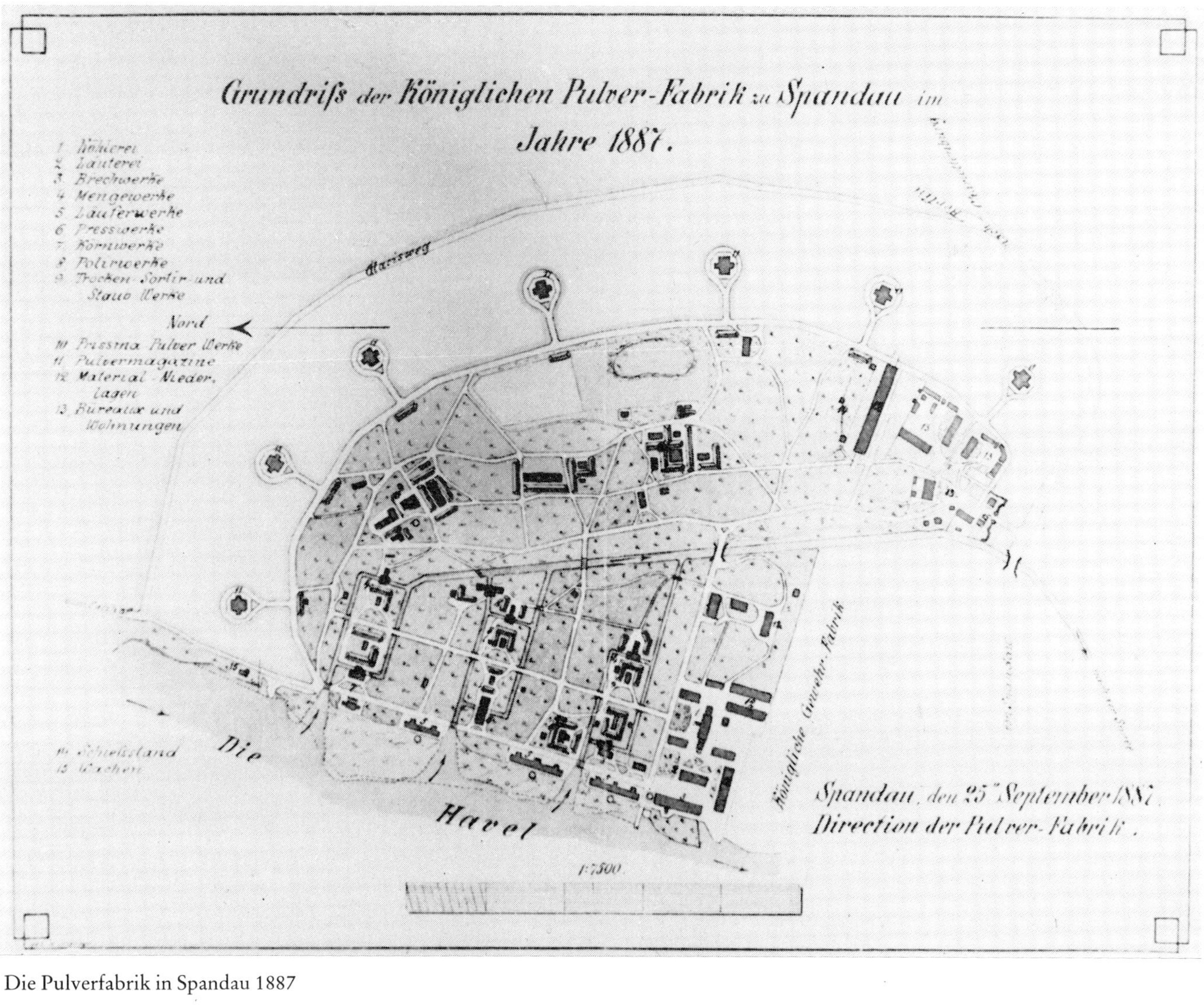

Die Pulverfabrik in Spandau 1887

giebiger Anwendung des Gesenkschmiedens erzielt wurde«. [950] Wie schon am Beispiel Hummel zu sehen war, arbeitete die Rüstungsindustrie stets mit modernsten Produktionsanlagen auf hohem technologischem Niveau.

Die Gewehrfabrik besaß lediglich die Staurechte der alten Pulvermühle. Es gelang dem Militärfiskus in der ersten Hälfte des 19. Jh., durch den Kauf der Großen Mühle (1829) und der Kleinen Weizenmühle (1842) in den Besitz weiterer Staurechte zu gelangen und so den Weg für den Bau der Pulverfabrik zu ebnen. [951] Ob die Zusammenfassung der Staurechte an einer anderen Stelle rechtlich zulässig war, ist auch in der gerichtlichen Auseinandersetzung 1926 nicht endgültig geklärt worden. [952]

Die königliche Pulvermühle wurde zwischen 1832 und 1837 neben der Gewehrfabrik am Havelufer erbaut. Während der Bauarbeiten kamen Badelustige und Floßholzhändler, die hier ihren Anlegeplatz hatten. Dies wurde als so störend empfunden, daß das Betreten des Geländes bei einer Strafe untersagt wurde. Damit hatten die Holzhändler offiziell ihren Anlandeplatz verloren, obwohl sie ihn noch bis 1847 widerrechtlich benutzten, weil ihre ökonomische Existenz davon abhing. Von 1838 an produzierte die Pulverfabrik 3500 bis 7000 Zentner Pulver. [953] Sie wurde 1839 erweitert, als die königliche Pulverfabrik aus dem Kleinen Tiergarten nach Spandau verlegt und auf Wasserantrieb umgestellt wurde. [954] Die für Schießpulver benötigten Stoffe waren im Kleinen Tiergarten zunächst in drei Kollergängen mit Pferdebetrieb gemahlen worden:

»Sie enthielt damals nur drey Gänge. Im Jahr 1728 ward 1 Gang, 1742 2 Gänge, 1745 2 Gänge und 1765 noch 8 Gänge angebauet, so daß die Fabrik jetzt aus 16 Gängen in 8 Häusern bestehet. Hierbey sind 2 Kornhäuser, 2 Trockenhäuser, 1 Salpeterläuterungshaus, 1 Wohnhaus für die Vorgesetzten, und viele andere Gebäude, deren Zahl klein und groß an 30 beträgt.

Nächst der Fabrik an der Spree stehet das alte grosse Wagenhaus, und zwischen dem Sandkruge und der Fabrik, das neue Wagenhaus; beide sind für die Munitionswagen der Artillerie bestimmt. Beym Eingange der Pulverfabrik ist ein Wachthaus, welches von dem Artilleriekorps besetzt wird; gegen über ist eine Kohlenbrennerey, und drey Holzschuppen nebst Kohlenhaus, wo die Kohlen zum Pulver gebrannt werden.

Ausserhalb liegen noch fünf Pulvermagazine, welche 1734 nach des damaligen Obristen v. Linger Angabe gebauet, seit 1773 aber nach der Angabe des Generalmajors v. Holzendorf viel bequemer und sicherer angebauet, und 1778 und 1779 nach Angabe des Hrn. Geheimenraths Gerhard mit Gewitterableitern versehen worden. Einige dieser Pulvermagazine können bis zu 600 Zentner, andere bis 2000 halten. Auch ist in der Nähe derselben ein neues Magazinwachthaus erbauet, welches vom Artilleriekorps besetzt wird.« [955]

Sämtliche Staurechte der erworbenen Mühlen wurden für die sechs Gerinne der Pulverfabrik genutzt. 1849 stellte sich heraus, daß eine Erweiterung der Durchflußbreite möglich war, und für vier Gerinne wurde eine größere Schützenweite genehmigt. [956] Im August 1850 sollte ein siebentes Gerinne mit gleicher Fachbaumhöhe gebaut werden, was allerdings den erwähnten Protest Körners hervorrief.

Zur besseren Energieausnutzung erhielt die Pulverfabrik 1877 bis 1889 Wasserräder mit gekrümmten eisernen Schaufeln anstelle der sieben hölzernen. [957] Sie trieben später Generatoren an und wurden bei Bedarf durch kleine Dampfmaschinen ersetzt. [958] 1892 bekam die Pulverfabrik Eisenbahnanschluß. [959] Mit der Eröffnung des Großschiffahrtsweges Berlin–Spandau 1909 wurde die Wassserentnahme für beide Fabriken neu geregelt, die nun den Wasserstand nicht mehr unter 2,05 m absinken lassen durften. [960] Es gelang aber, 1913 ein Abmahlen auf 1,88 m zu erreichen. [961] Wieder konnte sich die Rüstungsindustrie durchsetzen.

Im Zuge der Konzentration von Rüstungsbetrieben in Spandau wurde eine Geschützgießerei errichtet, die aber nicht – wie ursprünglich geplant – auf dem Behnitz, sondern auf den Stresow-Wiesen 1854 entstand. Diese Ortsveränderung war nötig geworden, weil man erkannt hatte, daß die vorhandene Wasserkraft nicht ausreichen würde, um auch noch die Geschützgieße-

Ersatzproduktion der Artillerie- und Rüstungswerke nach 1920

rei zu betreiben. Sie lief schließlich mit sechs Dampfmaschinen unterschiedlicher Stärke und einer Lokomobile mit 16 PS. [962] 1868 wurde darüber hinaus die Artillerie-Werkstatt von der Dorotheenstraße nach Spandau verlegt. [963]

Der Friedensvertrag von Versailles 1919 bewirkte, daß Spandau entmilitarisiert und folglich die Rüstungsbetriebe geschlossen werden mußten, was die Arbeitslosenzahlen in die Höhe schnellen ließ. [964] Erst zur Zeit des Faschismus lief die Rüstungsproduktion in Spandau wieder an, die der Vorbereitung des zweiten Weltkrieges diente. [965] »Damit aber kehrte die Wirtschaft der Havelstadt zu ihrer traditionell ungesunden Monostruktur zurück.« [966] Diese Monostruktur wird heute durchaus kritisch betrachtet. Spandau ist seit dem ausgehenden Mittelalter sowohl städtebaulich als auch wirtschaftlich auf militärische Bedürfnisse ausgerichtet worden. 1858 arbeiteten z. B. 4000 bis 5000 der Spandauer Beschäftigten als »Büchsenmacher, Gewehr-, Pulver- und Geschützarbeiter« in der Rüstungsindustrie. [967] Sie stellten damit die zahlenmäßig größte Gruppe der Beschäftigten. Das Verhältnis veränderte sich in der Folgezeit weiter zuungunsten der zivilen Bereiche. Dieser einem militärisch-industriellen Komplex vergleichbare Zustand führte zu einer starken Abhängigkeit vom Fiskus, veränderte die soziale Schichtung (Dominanz des Militärs) und machte die Stadt insgesamt abhängig vom Krisenzyklus der Rüstungsindustrie.

Andere bewerteten die industrielle Entwicklung Spandaus jedoch positiv:

»Gestützt auf eine bald 200jährige Geschichte, trägt so die Gewehrfabrik in Spandau in militärischer Pflichterfüllung und technisch geschultem Verantwortlichkeitsgefühl zur nationalen Wohlfahrt bei, indem sie zum Kriege rüstet, um den Frieden zu erhalten.« [968]

Hassensteins Äußerung zwei Jahre vor Ausbruch des ersten Weltkrieges enthält eine Logik, die bis heute zum Argumentationsmuster bei der Rechtfertigung der Aufrüstung gehört. Als Folge dieser Konzentration auf Rüstungsproduktion haben sich zivile Sektoren nicht entwickeln können, sie wurden sogar, wie das Beispiel der Wassermühlen zeigt, den Rüstungsinteressen geopfert. Sowohl in den zwanziger Jahren als auch 1945 ergaben sich große Probleme dabei, wieder Anschluß an eine zivile Produktion zu finden.

WINDMÜHLEN IN SPANDAU

Über die Spandauer Windmühlen ist bisher wenig bekannt. Folgende Mühlen bzw. Mühlenstandorte haben existiert [969]:

1. Bockwindmühle südlich der Zitadelle, 1640
2. Lohmühle vor dem Klostertor
3. Windschneidemühle an der Scharfen Lanke, 1791 bis 1809. 1809 als Kloß-Mühle an die Müllerstraße (Wedding) versetzt.
4. Windmühle westlich der Hügelschanze (Fielitz, ab 1841 Paschker)

Bockwindmühlen Staakener Straße

Der letzte Windmühlenmeister Spandaus Wilhelm Paschker vor seiner Mühle, Standort um 1900

Bockwindmühle in Gatow vor 1923

Bockholländer Staakener Str. 95, 1917

Die »Mordmühle« in Gatow 1923

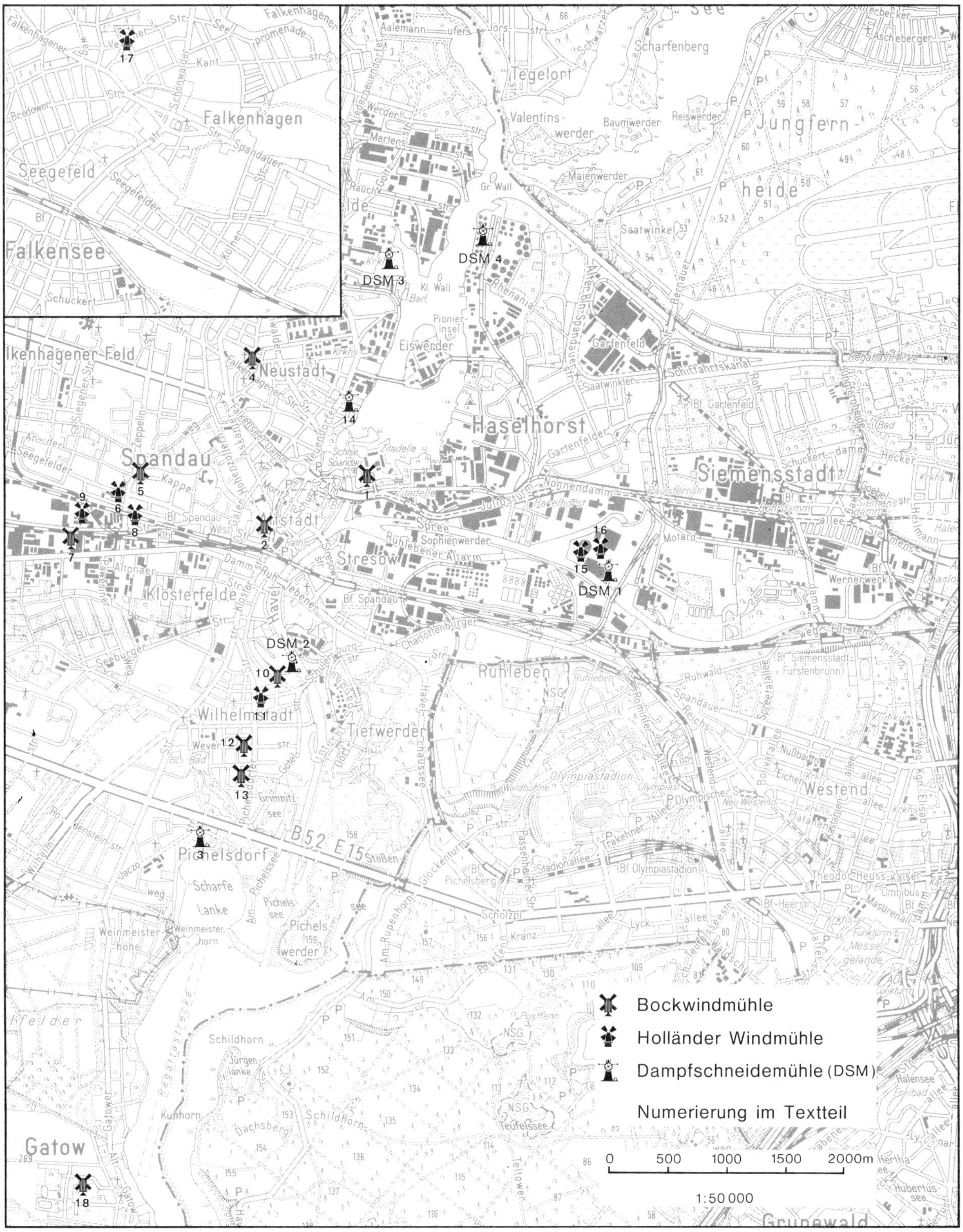

Die Windmühlenstandorte von Spandau

Die Mühle wurde am 17. 12. 1869 durch einen Orkan zertrümmert. Paschker sammelte daraufhin mit königlicher Erlaubnis für eine neue Mühle, die bis 1904 in Betrieb war, dann ins Fahrland verkauft wurde und dort mit elektrischem Antrieb lief.

5. Bockwindmühle Staakener Straße/Am Galgenberg (Strömer 1843; Moewis 1853 bis 1867), 1836 bis 1873

6. Holländer-Windmühle Staakener Straße/Süd (Strömer, Ehling), 1836 bis 1881

7. Bockwindmühle im äußersten Westen der Staakener Straße (Ehling), 1836 bis 1890

Ehling hatte vorher bereits eine Mühle vor Pichelsdorf besessen, die am 24. 4. 1833 abbrannte.

8. Holländer-Windmühle Staakener Straße/westlich vom Lehrter Bahnhof (Franken), 1836 bis 1922

9. Holländer-Windmühle Staakener Straße/im Westen an der Lehrter Eisenbahn (Strohberger), 1836 bis 1880

10. Bockwindmühle Pichelsdorfer Weg/an der nördlichen Götelwiese

»Ein Mühlenmeister Fielitz, der die Mühle bei der Jordanstraße errichtet hatte, oder sein Bruder, baute 1820 eine Bockwindmühle im Götelfelde und zwar ungefähr etwas südlich des heutigen Wörther Platzes. Auch dieses Mühlengrundstück, das 1840 22 Morgen Acker, zwei Wohnhäuser mit Holzschuppen umfaßte, hat mehrere Besitzer gehabt (u. a. Mewis und Protzen). Der Mühlenmeister Carl Friedrich August Schulze, dem auch die Klostermühle gehörte, hat die Windmühle 1865 zum Abbruch verkauft, die aber bis 1873 an dieser Stelle weiterbestand.« [970]

11. Holländer-Windmühle am Pichelsdorfer Weg/an der mittleren Götelwiese

»Die (...) Mühle, östlich des Pichelsdorfer Weges ungefähr bei der heutigen Franzstraße gelegen, war eine holländische Windmühle mit einem massiven Fundament, drei Mahlgängen und einem Schrotgange. Sie wurde von den Brüdern Moewes und Frau Hauptmann Henriette von Geyling 1816 oder 1817 erbaut; die Mühle erwarb der Mühlenmeister Carl Friedrich Schulze 1840 von dem Moewesschen Erben für 7200 Mark. 1862 verkaufte er sie an seinen Sohn, den Mühlen- und Bäckermeister Julius Schulze. Von den Mühlen am Pichelsdorfer Wege hat diese am längsten bestanden, spätestens 1878 ist sie ganz oder doch teilweise abgerissen worden. 1896 wurden die letzten Überreste beseitigt. Zu der Mühle, die ca. 60 m von dem Pichelsdorfer Wege ablag, gehörten wiederum Wohnhaus, Ställe, ein ›Mehlhaus‹, d. h. ein Vorratsschuppen, sowie zeitweilig ein ›Roßwerk‹, also ein Pferdegöpel und schließlich etwas Ackerland.« [971]

12. Bockwindmühle am Pichelsdorfer Weg

»... am Pichelsdorfer Wege, in der Gegend der heutigen Jordanstraße, stand eine weitere Bockwindmühle, die der Müller Fielitz 1816 oder 1817 errichtet hatte, diese Mühle hat ihre Besitzer recht oft gewechselt, 1852 gehörte sie kurze Zeit dem Mühlenmeister Berstorf in Nauen, der im Osthavelländischen Kreisblatt folgende Verkaufsanzeige veröffentlichte: ›Mein zwischen Pichelsdorf und Spandau gelegenes ehemalige Mühlengrundstück ... bestehend aus einem Wohnhaus nebst Brunnen auf dem Hof sowie Stallung und circa 6 Morgen Akker, teilweise mit Obstbäumen bepflanzt, bin ich Willens zu verkaufen.‹ Im Jahre 1856 veräußerte der Mühlenmeister Rudolph Leist das Mühlengrundstück an den Meier Samuel Thiele, wobei er aber die Mühle vom Verkauf ausschloß, da er sie spätestens bis zum nächsten Jahre, also 1857, abbrechen wollte. Leist hat das auch getan und ist nach Kladow gezogen, wo er als Mühlenmeister noch in den sechziger Jahren ansässig war.« [972]

13. Windmühle kurz vor Pichelsdorf

»Die am weitesten nach Süden zu und damit Pichelsdorf zunächst gelegene Mühle stand westlich des Weges nach Pichelsdorf etwa in der Gegend der heutigen Kuhnert- und Grimnitzstraße. Im Jahre 1816 erbaute hier der Müller Dolinski eine Bockwindmühle, zu der Wohnhaus, Stallung und vier Enden Acker gehörten. Dieses Mühlengrundstück ging 1818 auf den Mühlenmeister Ehling über, der zu dem ursprünglichen Besitztum weitere 8 ›Enden‹ Acker erwarb. Die Ehlingsche Mühle brannte 1833 ab und wurde nicht wieder aufgebaut, der Müller verkaufte 1835 sein Grundstück und siedelte sich in Klosterfelde, wo ebenfalls einige Windmühlen vorhanden waren, an.« [973]

14. Windschneidemühle an den Holzplätzen vor dem Oranienburger Tor (Brettschneider), 1846 bis 1870/71

15. Holländische Grützmachermühle östlich des Paulsterns, 1852 bis 1867

16. Holländische Gipsmühle am Paulstern, 1852 bis 1867

17. Windmühle östlich von Falkenhagen, 1880

18. Bockwindmühle in Gatow (Besdorff), 1845 bis 1923

Für den Film »Die Mordmühle« abgebrannt.

DIE SPANDAUER DAMPFSCHNEIDEMÜHLEN (DSM)

1. DSM am Paulstern (Schultze), etwa 1845 bis etwa 1870

»Die etwa 1845 eingerichtete Dampfschneidemühle von Schultze in Paulstern bei Haselhorst an der Unterspree war nicht nur die älteste dieser Spandauer Mühlen, sondern zugleich auch der erste Betrieb in Spandau überhaupt, der sich der Dampfkraft bediente. Diese Schneidemühle, neben der noch eine Gipsmühle bestand, arbeitete bis in die 70er Jahre.« [974]

2. DSM (Plath) an der Unterhavel; am Burgwallgraben, 1851 bis 1862
»Der Schultzeschen Mühle in Paulstern folgte sechs Jahre später, 1851, die Plath'sche Dampfschneidemühle, die einzige an der Unterhavel, am Burgwallgraben kurz vor seiner Mündung in die Havel, an der günstigsten Stelle, die es hier gab. Das Grundstück hatte stadtnahe Lage, befand sich aber schon im zweiten Rayon, in dem die Baubeschränkungen nicht mehr so einschneidend wie im ersten waren und festere Baulichkeiten gestatteten. Vor allem aber stand für den Antransport der Hölzer zu Wasser der Burgwallgraben zur Verfügung.« [975]
3. DSM in Hakenfelde (David Francke)
»In Hakenfelde befand sich die renommierte Franckesche Dampfschneidemühle. David Francke hatte 1831 das Spandauer Bürgerrecht erworben und mit einem Holzhandel begonnen.« [976] Die letzte Spandauer DSM stellte 1938 ihren Betrieb ein, weil sie einem Luftfahrtgerätewerk weichen mußte (!). [977]
4. DSM auf dem Salzhof, 1871 bis 1889
»Nach Aufhebung des staatlichen Salzmonopols im Jahre 1867 verkaufte der Steuerfiskus 1869 den entbehrlich gewordenen Salzhof, zu dem damals drei Salzmagazine und ein kleiner Hafen oder Einschnitt im Ufer gehörten. 1871 wurde auf dem Grundstück eine Dampfschneidemühle errichtet, die bis 1889 bestand.« [978]
5. DSM der Zentralbank (AG) in Sternfeld, ab 1874 bis 1876/Abbruch 1892
Die Mühle wurde durch die Zentralbank für Bauten geplant und war eines der größten Sägewerke Preußens mit 1,5 Millionen Mark Baukosten und 102 Beschäftigten. Der Bau umfaßte Wasserturm, eigene Gasanlage, Beamtenvilla und Werkswohnungen. »Um die Anlagen voll ausnutzen zu können, mußten große Mengen von Holz herangeschafft werden. Der Antransport war aber von vornherein trotz der Lage an der Spree, nur wenige Kilometer unterhalb Berlins, recht umständlich. Das aus Polen stammende Holz konnte wegen der damals noch unregulierten, windungsreichen Spree nur unter Schwierigkeiten nach Sternfeld gebracht werden. Die an sich günstige Lage brachte keine Frachtkostenvorteile. Hinzu kam, daß in den Jahren nach dem großen ›Krach‹ die großen Mengen des hier bearbeiteten Bauholzes kaum abzusetzen waren. Nach nur anderthalbjähriger Tätigkeit stellte das Werk 1876 seinen Betrieb für immer ein, und die Aktiengesellschaft ging in Konkurs.

Die Mühlen von Sternfeld und vom Salzhof, die damals noch völlig einsam und abseits vom Verkehr lagen, hatten für das Betriebspersonal sogenannte Familienhäuser errichtet, langgestreckte, drei- bzw. viergeschossige Ziegelrohbauten. Diese 1872/73 entstandenen Bauten sind die einzigen Zeugen jenes längst vergangenen ›Mühlenzeitalters‹. [979]

Die erwähnten Schneidemühlen mit unterschiedlichen Antriebssystemen existierten, weil Spandau ein Holzhandelszentrum war. Die günstigen Floßmöglichkeiten an Havel und Spree sowie Plätze für die Zwischenlagerung des Holzes machten das Holzgewerbe im weitesten Sinne zum zweitstärksten Spandauer Industriezweig, in dem 1858 »100 Zimmerleute und Brettschneider, ca. 40 Schiffbauer und Flößer« in zehn bis zwölf Betrieben beschäftigt waren [980].

Daneben waren Schneidemühlen auch unentbehrlich bei der Realisierung der militärischen Bauvorhaben. Mühlen waren jedoch nicht nur Zulieferer, sondern auch wichtige Produktivkräfte für die Rüstungsindustrie. Es gab Schleif-, Hammer-, Polier-, Bohr- und Pulvermühlen.

Da sich die Produktivkraftentwicklung mit staatlicher Unterstützung hauptsächlich im Rüstungssektor vollzog, blieben entscheidende Impulse für zivile Wirtschaftsbereiche aus; z. B. hatten auch Lynars technische Leistungen im militärischen Bereich kein ziviles Äquivalent. Ansätze zum Ausbau der städtischen Wirtschaft wurden – wie das Schicksal der Körnerschen Mühlen bzw. des Franckeschen Säge- und Furnierholzwerks zeigt [981] – durch die Dominanz der Waffenproduktion bzw. der Rüstungsindustrie und der sie stützenden Bürokratie erstickt oder zumindest gehemmt.

Während in Berlin ehemalige Mühlengrundstücke in Industriebetriebe umgewandelt wurden, kennt Spandau diese Tradition nicht. Die Ansiedlung der Fa. Siemens ist z. B. keine Folgeentwicklung früherer Spandauer Betriebe, sondern Ergebnis der Randwanderung der Industrie, die billigen Boden suchte.

Die letzte Spandauer Getreidemühle, die Klostermühle, fiel dem Konzentrationsprozeß der Müllereibetriebe zum Opfer, der den kleineren Konkurrenten keine Existenzmöglichkeiten mehr ließ. Mit dem Abriß der Klostermühle im Jahre 1963 wurde ein bedeutsames technisches Denkmal, das bedeutende Maschinen, u. a. zwei historische Turbinen und eine große Dampfmaschine von Hoppe enthielt, vernichtet. Auf dem Grundstück befindet sich heute das gesichtslose Bauwerk eines Bekleidungskaufhauses.

KAPITEL 12

Mühlenkombinationen

Um möglichst nicht von einer Energiequelle allein abhängig zu sein, gab es bereits sehr früh Bestrebungen, verschiedene Antriebskräfte innerhalb eines Mühlenensembles zu nutzen. Das betraf als wichtigste Varianten die Kombinationen Wasser- und Windmühle (nebeneinander, getrennt), Wind- und Tiermühle (als Doppelmühle, übereinander), Wasser- und Windmühle (als Doppelmühle, übereinander) und die Wind- und Tiermühle (nebeneinander, getrennt oder gekoppelt).

Der älteste Weg, zur Sicherung oder Steigerung der Produktion die Wasser- und Windenergie innerhalb eines Mühlenensembles zu nutzen, war seit dem 13. Jh. die Kombination einer Wassermühle mit einer baulich selbständigen Windmühle, beide Mühlen so nahe beieinander aufgestellt, daß ein Müller sie bedienen konnte.

Diese Kombination war auch in der näheren und weiteren Berliner Umgebung verbreitet, z. B. auf dem Barnim bei Altlandsberg, Kreis Strausberg, die Berliner Mühle, eine Wasser- und Windmühle am Berliner Weg (eine Feuerstelle, zehn Menschen) oder die Kombination nahe der Amtsfreiheit (eine Feuerstelle, elf Menschen); bei Wriezen, Kreis Freienwalde, die Kleine Mühle, 1817 als »Wasser- und Windmühle« bezeichnet; die Mönchmühle bei Mühlenbeck, Kreis Oranienburg (schon 1560 »Wasser- und Windmühle«, ein Müller), oder in Berlin-Köpenick die ehemaligen Sandmühlen der Damm-Vorstadt. [982] Unter einem Müller stand auch in Berlin-Hermsdorf eine Teichmühle (ein Rad), für die schon 1620 zusätzlich eine Windmühle bezeugt ist. »Die Kraft des Windes sollte ausgleichen, was der Wassermühle wegen der Unzulänglichkeit des Fließes an treibender Kraft gebrach.« [983] Auf dem Teltow ist die Motzener Mühle (Kreis Königs Wusterhausen) schon 1583 als »Wasser- und Windmühle« ausgewiesen. [984]

Natürlich bevorzugte man die Wasserkraft. War aber diese nicht oder nur ungenügend vorhanden, wurden Windmühlen gebaut, und weil der Wind bekanntlich unzuverlässig ist, suchte man bei Berlin etwa ab 1700 »die Windmühlen dergestalt einzurichten, daß das Mahlen bei einer Windstille durch eine stehende Welle, die von Pferden getrieben wird, verrichtet werden« konnte.

Zur Erzielung einer optimalen Leistung sollte auf der Windmühle in der Regel bei einer Drehung der Ruten »sich der Läufer etwa 8 ×, in der Roßmühle dagegen, wenn die Pferde in einem Umfang von 30 Ellen einmahl herumgehen, sich der Läufer 14 bis 18 × drehen«. Die Mühle besaß wegen der unterschiedlichen Übersetzung zwei Königswellen, der zugehörige Gang also ein Ober- und ein Untertriebwerk. Insgesamt war der Bau des Mühlenkörpers nicht aufwendig. Für das Roßwerk mit bis zu vier Pferden brauchte ein Galerieholländer an der Basis nur wenige Fuß breiter zu sein als normalerweise. [985] Als Berliner Beispiele wären die »Perlgraupen und Grützmühle« (1699 von Sieemann gebaut) oder die Invalidenhausmühle zu nennen.

Etwa ab 1840, als die Müller sich wegen fehlender Mahlgäste nach einem Nebenverdienst umsehen mußten oder einfach nur ihre Produktionsmöglichkeiten erweitern wollten, stellten sie, wie schon beschrieben, neben ihren Windmühlen auch Tiermühlen auf, meist Roßwerke als Walk-, Loh- oder Knochenmühlen (vgl. die Mühlen 27 und 30). Häufig konnten solche Göpel mittels Vorgelege mit den Windmühlen gekoppelt werden.

Bei der Malz- oder (Biß-) Pißmühle, einer Teichmühle an der »Panckow« bei Zepernick, Kreis Bernau, in den Akten ebenfalls als Wasser- und Windmühle bezeichnet (»1 Mann, 1 Frau, 1 Dienstjunge, 1 -mädchen, zus. 4« [986]), ließ sich die zugehörige Windmühle nicht auffinden, weder auf dem Urmeßtischblatt noch auf zeitgenössischen Situationsplänen. Alles sprach für eine weitere Kombination, als sogenannte Doppelmühle im gleichen Haus unten die Wassermühle, oben auf dem Dach eine Windmühle.

1802 hatte der damalige Besitzer Johannes Müller auf seine unterschlächtige Hüvener Wassermühle an der »Mittel-Radde« (Reg.-Bezirk Osnabrück) eine schlanke holländische Windmühle, einen Sechskantständer, setzen lassen, deren Triebwerk bis tief unten an die Gänge der Wassermühle reichte. Diese Verbindung gestattete es, Wind und Wasser zugleich oder abwechselnd als Triebkraft zu nutzen. »Das Einzigartige der Hüvener Mühle lag darin, daß sie außer drei Mahlgängen im Hauptgebäude in einem Nebengebäude jenseits der Mittel=Radde ehedem eine Öl- und eine Walkmühle trieb. Hierfür war (statt des zweiten Wasserrades, wie in der linken Abbildung angegeben; der Verf.) eine Wellenkupplung über das Wasser angelegt.« [987]

Die Hüvener Doppelmühle ist jedoch keine solche Seltenheit. Auch in der Nähe Berlins gab es dafür Beispiele bzw. ein Vorhaben. Am 5. 7. 1800 erhielt Wilhelm v. Hake in Kleinmachnow (am Südrand Berlins) die Konzession, auf seiner Wassermühle an der Bäke einen Holländer errichten zu dürfen. Hake wollte neben den Getreidegängen ein Pumpwerk für den Gutsbetrieb und einen Graupengang anlegen. Später kamen eine Walk- und eine Ölmühle hinzu. Die Bäkemühle wurde 1813 während der Schlacht bei Großbeeren ausgeraubt. Nach einem Brand (1855) ohne Windmühle in neugotischem Stil aufgebaut, erhielt die Wassermühle 1862 bis 1864 als »Hilfskraft« eine Dampfmaschine. [988]

Beinahe wäre sogar im jetzigen Berliner Stadtgebiet eine »Doppelmühle« gebaut worden. Um 1794 wollte der Mühlenmeister Rochow auf seine genannte Teichmühle in Hermsdorf eine Windmühle setzen. Die Anlage sollte 6280 Tlr. kosten und erheblich höher als der Kirchturm werden. Bedenken in technischer Hinsicht bestanden nicht. Nur der vorgegebene Standort der Mühle war zu ungünstig. 30 Fuß über der Erde stehend, hätten die Windmühlenflügel bis über die Mitte der Strelitzer Landstraße gereicht. »Es müsse also«, wie ein Gutachten feststellte, »besonders bei Windsturm, allemal mit Furcht darunter weg-

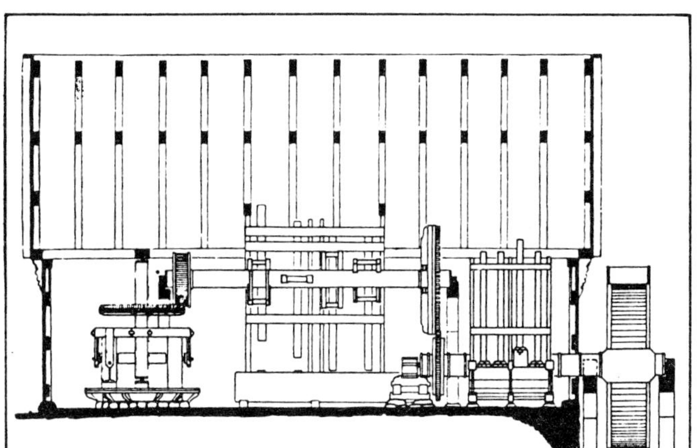

Die Hüvener Mühle. Schnitt

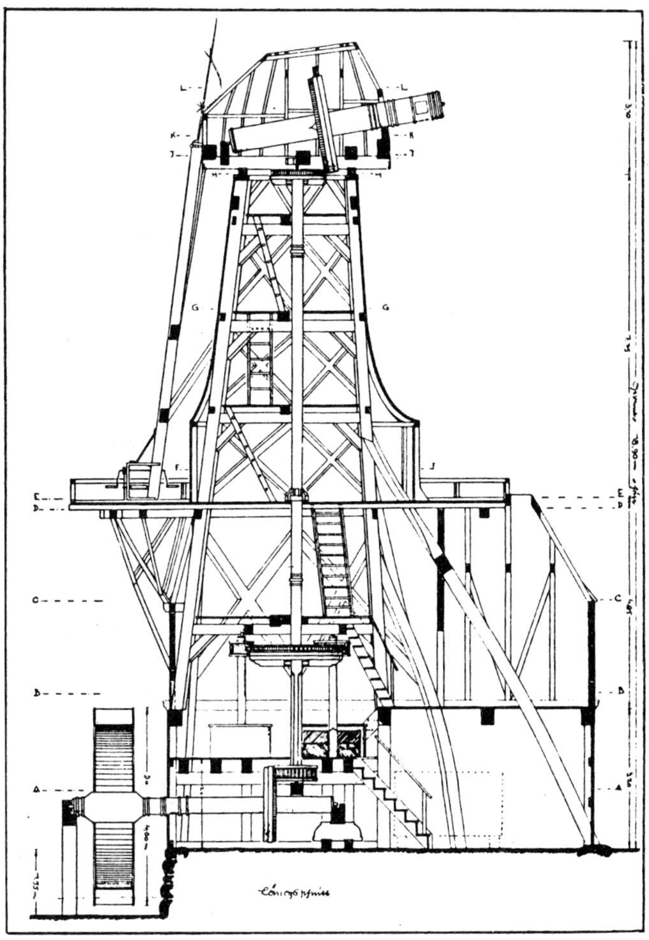

gefahren werden.« So wurde, um ein Verkehrshindernis zu vermeiden, am 1. 5. 1796 die Bauerlaubnis abgelehnt. [989]

Untersucht man nun u. a. die Standortbedingungen solcher Wasser- und Windmühlen [990], dann dürfen wir feststellen: Diese Art Doppelmühle ist keine Seltenheit. Sie stand in der Regel an Kleingewässern, oft als sogenannte Teichmühle an einem Graben hinter einem Teich, aus dem man das gestaute Wasser nach Bedarf entnommen hatte. An solchen Gewässern ist nur kurze Zeit im Jahr gemahlen worden. Bei Hochwasser hatte man wegen der Überschwemmungsgefahr die Schützen zu ziehen; im Sommer trocknete das Gewässer aus; im Winter konnte es zufrieren. Weiterhin ist kein separater Windmühlenbau in der Nähe nachweisbar. Die Doppelmühle stand unter einem Müller und besaß kaum Hilfskräfte. Die Errichtung solcher Mühlen erfolgte etwa ab 1800, zu einer Zeit, als man die Technik der Kraftübertragung gut beherrschte. Somit spricht bei unserer erwähnten Pankemühle bisher alles – selbst der Name Bißmühle – für eine Doppelmühle, und weil Bratring für seine Arbeit die Aufstellung »1797 gegen das Jahr 1796« benutzt hatte, mußte der Bau dieser Doppelmühle zuvor erfolgt sein. [991] Eine stärkere Anwendung und Verbreitung solcher großartigen technischen Konstruktionen aus Holz ist zwar durch die Nutzung einer neuen Energiequelle bzw. durch die Erfindung der Dampfmaschine überholt worden. Immerhin wurden im Deutschen Reich als Getreidemühlen 1894 neben 14 301 Windmühlen 624 »Mühlen mit Wasser und Wind« [992], um 1910 neben 11 366 reinen Windkraftbetrieben noch 49 Mühlen gezählt, die mit »Windkraft und Wasser als Aushilfe« arbeiteten. [993]

KAPITEL 13

Erste Dampfmühlen

Die industrielle Revolution traf auch die Mühle: die genutzte Antriebskraft und die angewandte Maschinerie. In England, dem Ursprungsland der industriellen Revolution, wurde die neue Energiequelle Dampfkraft eingesetzt, in den USA entstand bereits eine Art »Mehlfabrik« (vgl. Kap. 16).

Die erste »Dampfmühle« stellte 1760 der Mühlenbauer Smeaton in England auf. Bei dieser Mühle wurde durch eine Dampfmaschine das Wasser in ein Reservoir gepumpt, aus dem es auf ein oberschlächtiges Wasserrad fiel.

Der entscheidende Durchbruch ist aber von James Watt, dem Erfinder der Dampfmaschine, selbst vorgenommen worden. Nachdem er bereits 1782 für eine Kornmühle in Ketley die erste Dampfmaschine »mit rotierender Bewegung« hergestellt hatte, baute er 1785/86 mit der »Albions-Mühle« in London die erste eigentliche Dampfmühle. Sie wurde zunächst mit einer Maschine betrieben, die einen 34 englische Zoll weiten Dampfzylinder besaß (50 PS). Mit ihren beiden je 24 Fuß weiten Schwungrädern konnte sie stündlich 11 Quarters bzw. 1 holländische Last (etwa 30 Hektoliter) Getreide reinigen, in acht Gängen mit den größten Mühlsteinen mahlen, sichten und in Säcken auf- und abwinden. Folgt man den alten Berichten, dann war die Mühle Tag und Nacht in Betrieb, bis auf einen Stillstand am Sonntagmorgen zum Schmieren. Die Tagesleistung wurde mit 24 Lasten/Tag angegeben.

Am 2. 3. 1791 soll diese Mühle vom abergläubischen Volk in Schutt und Asche gelegt worden sein, weil sie für dieses Volk etwas »Teufliches an sich« gehabt hätte. In Wahrheit dürften die Brandstifter jedoch unter den Wasser- und Windmüllern zu suchen sein, denn schon vorher hatten sie erfolgreich Einspruch erhoben gegen den Plan, die Dampfmühle als Aktiengesellschaft zu betreiben, mit der Begründung, daß durch die Konkurrenz dieser Anlage ihre eigenen Mühlen zugrunde gerichtet würden.

Schon vor 1792 ist auf der Schwaneninsel zu Paris von den Gebrüdern Perrier eine »Dampfmaschine zur Betreibung von Getreidemühlen« nach englischem Vorbild gebaut worden. In Kopenhagen wurde 1798 der dänische König um das Privilegium zur Anlegung einer Mühle, welche durch eine Dampfmaschine getrieben wird« ersucht. [994]

Im Gegensatz zur Meinung K. Lärmers wurde in Berlin spät und zögernd zur »Dampfkraft« gegriffen, wie das Lothar Baar bereits 1965 ausgeführt hatte. [995] Erstmalig kam hier der Dampfbetrieb im Oktober 1797 in der Baumwollspinnerei Sieburg am Brandenburger Tor (Pariser Platz 6) etwa 2 Jahre lang zur Anwendung. Für die königliche Porzellan-Manufaktur hatte der Engländer Bialdon in den oberschlesischen königlichen Eisenwerken (Gleiwitz) 1788 eine Dampfmaschine entworfen, sie bis 1793 fertiggestellt und dazu nur den Dampfzylinder mit Zubehör aus England bezogen. Die »Dampfkunst« ersetzte ab 1800 zehn Pferde im Göpelbetrieb, bewegte zwölf Stampfen, einen stehenden und elf liegende Mühlsteine, zwanzig Pochstempel, eine große kupferne Scheibe zum Schleifen und hob auch das zum Betrieb notwendige Wasser aus einem 40 Fuß tiefen Brunnen. Die Feuerung erfolgte mit Steinkohle und Torf. [996]

Die erste gut arbeitende deutsche Dampfmaschine (6 PS) ist vom Niedersachsen Georg Christian Freund in Berlin gebaut und im Frühjahr 1817 in der Manufaktur von Gottfried Ludwig Hensel und Christian Friedrich Traugott Schumann, Niederwallstraße 34, aufgestellt worden. [997]

. Nach dem frühen Tod des Georg Christian Freund im Oktober 1819 wurde die Arbeit vom jüngeren, erst 18jährigen Bruder Julius Conrad fortgesetzt. 1820 befand sich die Werkstatt in der Holzstraße 30 (seit 1835 Holzmarktstraße; östlich der Krautstraße). 1822 baute J. C. Freund in der Holzmarktstraße 8/9 (jetzt Auto-»Waschbär«) die erste deutsche Getreide-Dampfmühle für den genannten Christian Friedrich Traugott Schumann, über den Karl Kuhnert (1832, S. 119) schrieb: »Es gehörte ein so unternehmender und gewerbefleißiger Mann dazu, wie der Begründer desselben ist, um auf die Sache einzugehen, denn die Anlage war in der That mit mancherlei Schwierigkeiten verbunden und der Erfolg mit Zuverlässigkeit nicht zu berechnen.« In dieser sogenannten »amerikanischen Getreide-Mahlmühle« wurden mit Hilfe einer Niederdruckdampfmaschine von 20 bis 22 PS alle nötigen Arbeitsgänge, wie »das Getreide auszuladen, auf die Böden zu bringen, zu reinigen und von dort an die Rümpfe zu leiten, die es den Mahlgängen zuführ(t)en, durch mechanische Einrichtungen bewerkstelligt«. Ebenso geschah »das Beuteln, Sortieren und Einsacken des Mehls mittels dergleichen Hilfsmittel«.

Ein besonderer Vorzug dieser amerikanischen Mühlen bestand darin, daß in ihnen das Getreide trocken vermahlen werden konnte und man so ein dauerhaftes Produkt »von vorzüglicher Güte und Schönheit« erhielt. Die Mühle, unter der Firma Schumann und Krauske betrieben, wurde deshalb auch als »Dampf-Dauer-Mehl-Mühle« bezeichnet. [998] Der Kaufmann und Mehlhändler J. A. Krauske, 1823 in der Kronenstraße 54, ab folgendem Jahr Holzmarktstraße 8 wohnhaft, dürfte die Mühle und die Mehlhandlung geleitet haben.

Der Technologietransfer nach Berlin war aus England und Dänemark erfolgt: Erst nach der Rückkehr Christian Friedrich Traugott Schumanns von einer Reise (1816) »nach England, um sich vollständig von den dortigen Einrichtungen in Kenntnis zu setzen«, ist mit dem vereinbarten Bau der Maschinen für Hensel und Schumann durch Georg Christian Freund begonnen worden. Freund selbst hatte seine gediegene technische Ausbildung in Kopenhagen erhalten. (H. Weber, 1820)

KAPITEL 14

Zum Amt Mühlenhof

Der Mühlenhof, eine der ältesten Besitzungen des Landesherrn in Berlin, wird bereits im Berliner Stadtbuch, das eine Aufzählung der städtischen Einnahmen und Gerechtigkeiten, der landesherrlichen Privilegien usw. enthält und bis 1397 angelegt sein soll, erwähnt (»dat hus kegen den mollenhof met men syn dorwech hinder und vor den gevel«).

In diesem Gebäude, zwischen Molkenmarkt und Mühlendamm gelegen, wohnten die für die Verwaltung der Mühlen und ihre bauliche Unterhaltung verantwortlichen Mühlenmeister.

Ob im 14. und im Anfang des 15. Jh. der Mühlenhof mit seinen Beamten und Arbeitern unter der Gerichtsbarkeit der Stadt gestanden hat, ist fraglich. Nach dem »Berliner Unwillen« von 1448 und der Rückgabe der Mühlen an den Kurfürsten Friedrich II. bzw. nach Einrichtung einer ständigen Hofhaltung in Cölln scheint der Mühlenhof außer anderen Privilegien auch eine eigene Gerichtsbarkeit erhalten zu haben. Aus einer Urkunde Joachims I. von 1508 geht hervor, daß er das Stadtgericht dem gemeinsamen Magistrat von Berlin und Cölln zurückgab, sich eine Bestrafung wegen Verengung, Verbauung oder Verunreinigung des Spreestroms aber vorbehielt. Diese Ausnahmebestimmung scheint ihm wohl im Interesse des ungehinderten Betriebs der Mühlen wichtig gewesen zu sein.

Der Jurisdiktionsbezirk des Mühlenhofs erstreckte sich von Berlin bis Cölln (einschließlich der Fischerbrücke) und wurde (1704) »wie von alters her bis auf den heutigen Tag Freyheit genannt«. [999] Seine Bewohner waren ebenso wie die der Schloßfreiheit und des Werders von der Einquartierung, dem »Service- und Wacht Gelde eximiret und befreyet«. [1000] Streng war es jedermann verboten, »wie vormals also auch noch jitzo, außer den königl. Wachen, mit einigem Trommelschlag... darüber fahren oder reiten, auch sich keiner Schlägerei, Gewalttätigkeit und anderen Frevels« schuldig zu machen »bei hoher Bestrafung«.

Die Grenze dieses Jurisdiktionsbezirks verlief »von der Cöllnischen Mühle und quer über (den Damm bis zu) des Kaufmanns Nötgens Laden, – welcher Laden noch auf dem Cöllnischen Magistrats Territorio lieget –, alwo mitten auf dem Steindam... zwei große Feldtsteine zum Grentz... beyeinander gelagert und gehet nach Berlin entlang biß an das ehemalige Grumkauische (Grumbkow) jitzo Feldtmarschalles und Grafen von Barfuß Haus, woselbst unterm Fenster... Ein runden Mühlenstein, von da per lineam rectam quer über den Damm an der anderen Seite ein dergleichen Stein in das Steinpflaster geleget und mit Feldt-Steinen umbher befestiget worden. Von diesem letzten Mühlen-Stein geht ferner des Ambts Grentze den Rinnstein entlang (an zwei Häusern vorbei) bis zur Berlinschen Mühle.« Vor 1704 waren an den Häusern, »an der Mauer die Gräntzscheit in etwas zu sehen«. [1001]

Erklärlicherweise hatte die Ausnahmestellung, die das »Amt Mühlenhof« im Bereich der städtischen Gerichtsbarkeit einnahm, vielfache Reibe-

Blick auf den Mühlendamm um 1835. Links das Amt Mühlenhof, rechts hinter dem Ephraim-Palais die Damm-Mühlen (gez. von Stock, gest. von Finden)

reien und Klagen über gegenseitige Übergriffe beider Behörden zur Folge, von deren Schlichtung durch den Landesherrn mehrere Urkunden Zeugnis geben.

Da über das Gebäude nicht sehr viel mehr bekannt ist, soll im folgenden einer der ehemals wichtigsten Berliner Behördenbauten detailliert beschrieben werden.

1687/88 erfolgte der Neubau des Amtshauses mit der Anlage von dreizehn Läden, die ab 1. 8. 1690 unter Erbverschreibung gegen einen jährlichen Grundzins vergeben wurden. [1002]

Das »kgl. Ambtshaus« lag (1717) »mit der Front gegen die Heilig Geist Straße« zwischen zwei Torwegen. Auf der einen Seite des Hauses befand sich der Laden des Kaufmanns Hahn, ihm folgte das Barfußsche Haus, auf der anderen Seite der Mühlendamm. Zu dem einen Tor besaß Hahn den Schlüssel, um das Tor »im Fall der Noth, da gott vor sey«, zu öffnen. Das andere war die »ordinaire Einfahrt«, seit 1750 von einem Posten bewacht. Das Amtshaus war massiv gebaut, 146¼ Fuß lang, 45 Fuß breit, mit drei Etagen, jede 11 Fuß hoch, mit einem liegenden Dachstuhl von 49 Gebinden und einem doppelten, 74 Schichten hohen »Steindach« (Ziegeldach); an jeder Giebelwand waren Fenster mit je 80 von Blei eingefaßten kleinen Scheiben; die übrigen »ordinairen Fenster» des Hauses besaßen je zwei Flügel, jeder Flügel 28 viereckige Scheiben.

Im unteren Stock befanden sich nach der Straße »gewölbte Buhden, so privatis zugehören«, nach dem Hofe zu links die Wohnung des Kornschreibers, zu der von außen eine hölzerne Treppe hinaufführte. Auf dem Flur lag die Küche, »mit einem hölzernen Verschlag versehen, darin der Feuerherd«, beiderseits des Flurs je eine kleine Stube mit zwei Kammern. Auf der anderen Seite des Hauses führte vom Hof eine Treppe zur Wohnung des Vogtes, der neben Hand- und Beinschellen, Ketten sowie Schwingern für die Füße die Amtspeitsche, eine Spanische Kappe mit Zubehör und weiteres Folterwerkzeug aufbewahren mußte. Zu seiner Wohnung gehörte eine Stube mit einem Kachelofen und zwei Fenstern, »mit eisernen Gattern verwahret«. Sie wurde »zur Arrest Stube vor ehrbare leute gebrauchet«. Auf der anderen Seite seines Flurs, der auch ihm zur Küche diente, lag die Wohnstube. Im mittleren Teil dieses Stockwerks befanden sich die Holzkammer des Amtshauptmanns und eine Waschküche für alle Bewohner.

An Gewölben fanden sich unter dem Amtshaus am Torweg ein Keller, »wo der alte Backofen gestanden, so an Leute vermiethet« worden ist. »Hiernahe bey das gewölbte Gefängnis mit Thürbändern, Laden und Vorhang-Schloß«, auf dem gepflasterten Fußboden ein schwarzer Kachelofen, dahinter ein Kreuzgitter, das Fenster ohne Glas, mit einem eisernen Gitter versehen, davor und dahinter je eine geflochtene eiserne »Traille« (Drahtgitter). »Hierbei der Keller, welcher zum Hofstatt-Schlachthaus gebrauchet wird; davon führt eine Thür zu einem mit Staketen abgehegeten Keller, den der Hofbeker inne hat, daneben der Mühlenhof Speisekeller« und je ein Keller für den Amtmann und den Kornschreiber. Später hatte man aus dem Backhauskeller zwei Nebenzellen gemacht und den Schlachthauskeller zum Gefängnis, »der Thurm genannt«, eingerichtet. Jedoch lagerte man hier die wertvollen gegossenen Wellenlager und unbrauchbaren Wellzapfen.

Die mittlere der auf dem Hof liegenden Treppen, beiderseits mit elf Stufen versehen, ruhte auf dem Kellerhals und besaß ein kleines Ziegeldach. Von hier gelangte man über zwei kleine Stiegen in die nächsten Stockwerke. Im ersten befand sich linker Hand in der Wohnung des Amtmanns auf dem Flur die »Küche, mit einem Geländer umbschlagen, darinnen ein Tisch und Herd, eine mit Brettern abgehegte Speisekammer«; rechts eine »Stube hofwerts mit Ofen, (der) auch die zur Straße hin gelegene Stube aufwärmte«; links eine Stube mit Kammer; durch diese gelangte man, nach dem Mühlendamm zu, zur Geldkammer. In der Mitte dieser Etage befand sich hinter einem Vorflur die Amts- oder Gerichtsstube, »gedielt, geweißt und oben gegipset«, drei Fenster breit, mit zwei kleinen viereckigen Tischen und vier Schemeln, der runde Amtstisch mit grünem Tuch bedeckt, dahinter ein lederbeschlagener Stuhl, daneben eine Lade, »die Ambtslahde genant«, »von eichen-Holtz, stark mit Eisen, auch mit zwey Überhänge, Schloß, Schlüssel und ein(em) stark(en) Vorhänge Schloß versehen«; an der Wand hing das Bild des Landesvaters »Sr. k. M. Friederichs des ersten Portrait mit güldenem Rähmen«; außerdem waren ein schwarzer Kachelofen, ein »Acten Repositorium (Gestell), daran eine grüne Gardine« und ein bläulich angestrichener Spind vorhanden, darum ein braunes hölzernes Geländer mit einer Gattertür. Auf dem Amtstisch lagen eine Messingglocke, eine Papierschere, »ein hölzernes Dintenfaß und Sandbüchse«, drei eiserne Gerichtssiegel, die Kammergerichtsordnung, von Friedrich I. herausgegeben, und die verbesserte Justizordnung von 1713. Der Nebenraum war die gleich große sogenannte Tortur- oder Pfandkammer mit einer langen hölzernen Tafel, »für Torturen gebraucht« (1740 Abschaffung der Tortur in Preußen). Um 1750, unter dem Amtsrat Schwechten, wurde sie in die Waschküche gestellt und ein »Appartement mit einem Privet« (separater Raum mit Abtritt) von der ehemaligen Torturkammer abgeschlagen. In der Kammer befand sich nun neben einem »Testamenten-Kasten« ein »probe Rad für die hiesigen Sackführer-Wagen«, dessen Bedeutung ungeklärt ist. Auf der anderen Seite dieser Etage hatte der Amtshauptmann seine Zimmer: auf dem Flur eine mit Brettern verschlagene Wand, darinnen die Küche, daneben eine Stube mit Eckkammern, nach dem Barfußschen Hause zu. Eine weitere Tür führte zum einfenstrigen »kleinen Cabinetgen« (etwa 3 × 7 m groß), in dem der »kgl. Leib-Chyrurrg Hr. Eßlingen« wohnte. Über eine der Stiegen gelangte man zu den über den Wohn- und Amtsräumen liegenden beiden Kornböden.

Auf dem Hof standen zwei »Brunnen mit Plumpen«, am Barfußschen Haus je eine Kutschenremise für den Amtshauptmann und den Amtmann, daneben ein Pferdestall mit einem kleinen Heuboden. Nahebei, in der Ecke beim Backhaus, befand sich die kleine Wohnung des Brauers, der sie jedoch wegen Feuergefahr hatte verlassen müssen. [1003]

Das Backhaus war im Flügel zwischen dem Barfußschen Haus und der Spree untergebracht und besaß nach dem Hof an der Spree zu einen Torweg. Nach Betreten des Hauses gelangte man in einen engen Gang, gleich rechter Hand an einen Verschlag für Brot; links »geht eine Treppe hinauf, aldar ein Verschlag von Gatterwerk, wo das Gesinde schläft«. Weiterhin lag am Gang eine Stube mit Küche, dann folgte die Backstube mit einem »Kachelofen, darüber ein Boden, darauf die Bäckerburschen schlafen«. Es waren insgesamt drei Backöfen vorhanden; eine Tür führte zum Holzhof. Am Eingang des Torwegs lag rechter Hand eine Kammer mit einem langen Tisch und Brettern zum Brotauflegen, daneben die Mehlkammer. Im Gang hingen als Feuerlöschgerätschaften dreizehn lederne Eimer und drei hölzerne Handspritzen an den Wänden.

Auf der anderen Seite des Backhauses stand eine Kutschenremise für die »Amts-Chaise«, daneben der Pferdestall für den Amtmann und den Kornschreiber. Außerdem standen auf dem Hof unter einem Bretterdach vier Chaisen: zwei mit Leder, eine mit Wachstuch überzogen, alle mit weißem Tuch ausgeschlagen; die vierte Chaise war unbrauchbar.

Rechter Hand am Eingang zum Mühlenhof lag die alte sogenannte Kornschreiberei, die damals der »Hofchirurrg Hr. Kunst ex permissio regio« bewohnte.

Daneben an der Spree lag das Schlachthaus mit einem kleinen Fleischscharren, zwei Stuben, Küche und einem kleinen Stall. Vom Flur, auf dem geschlachtet wurde, gelangte man über eine Leiter auf den Boden. Außerdem führte vom »Schlachtflur« eine Treppe zum Wasser, »dabey (lag) eine kleine Wasserbank«. In der Talgkammer des Schlachthauses befanden sich drei große Tienen, ein großer eingemauerter Kessel für die Brühe und ein großer Kessel zum Talgschmelzen. Daneben lagen die Rauchkammer, des Amtsknechts Wohnung mit »Flurküche« und Stube und der Stall für die Amtspferde mit einem Heuboden. Über den Schlachthausräumen wohnte der »Kuchenschreiber von der Hof-Statt«. [1004] Aus dem Backhaus wurde, nachdem Friedrich II. im Juli 1765 im fiskalischen Interesse die Fabrikation und den Handel mit Tabak zunächst in einer Gesellschaft auf Aktien und im Juli 1766 als Monopol in der staatlichen General-Tabaks-Administration zusammengefaßt hatte, ein Tabaksmagazin. [1005]

Zu den Aufgaben des Amtes Mühlenhof gehörten neben der Durchführung der Mühlengerichtsbarkeit insbesondere die Verwaltung der Gefälle, d. h. der Einnahmen, die sich aus dem Mahlzwang ergaben. Außer Berlin und Cölln waren um 1600 32 Dörfer in Berlin mahlpflichtig. [1006]

Über die Bedeutung des Mühlenhofs für die kurfürstliche Hofhaltung bis 1600 hat uns Friedrich Holtze berichtet. [1007] Hier wurden nicht nur Vorräte an Getreide und Mehl, an Wolle und Flachs gesammelt; da wurde gebacken, Vieh gemästet, geschlachtet; da wurde gemälzt und Bier gebraut – alles, um den Hof, seine Beamten und Diener zu beköstigen und zu bekleiden. [1008]

Natürlich wechselten – wie bei allen Behörden – gelegentlich die Zuständigkeiten. [1009]

Geleitet wurde der Mühlenhof zunächst vom Mühlenmeister. Mit zunehmender Bedeutung des Hofs, u. a. durch den Schloßbau bzw. durch seine Entwicklung zum Amt Mühlenhof, entstand der Posten eines Vorstehers, um 1440 noch Mühlenmeister genannt, später als Verweser, Mühlenhauptmann, Amtshauptmann usw. bezeichnet. Diesem wurde der Mühlenmeister unterstellt, der seinerseits die Spitze einer Hierarchie von Mitarbeitern bildete.

Erstmals wird ein Berliner Mühlenmeister im 14. Jh. erwähnt, so im Buch der »Übertretungen (»syn vedder di molemeyster«), oder (vor 1345) ein »Wernler, gewesener Mühl Meister zu Berlin«. [1010] Er war als Angestellter mit der Leitung und Verwaltung der Mühlen betraut und am Gewinn beteiligt. Dabei erhielt er den zwölften Teil vom Metzkorn, 8 Pf. von jedem Wispel Bäkkerweizen, den vierten Teil vom Sackgeld und einen Anteil aus den Einnahmen der übrigen Mühlenwerke. Später bekam er ein festes Gehalt, als 1549 Kurfürst Joachim den Jürgen Behmen zum Mühlenmeister bestellte: ». . . wollen wir jm jerlich funffzig gulden zu seiner besoldung, an 6 winspel Rocken, wie solchs zu jeder zeit auf dem markte geldenn, aus den Mullen, und das ubrige ausz unser Cammer odder Renthei gebenn lassenn, auch gewohnliche Hoffkleidung auf sein Person, so offt wir uber hoff kleiden werden, geben, unnd futter auf einen klopfer (Klepper = Pferd) vorreichen lassen, und vor sein Person tisch zu hoff odder uffen Mollenhoffe.« [1011]

Unter den Mühlenmeistern waren bedeutende Männer. So nannte 1544 Kurfürst Joachim den Kaspar Theiß »seinen Bau- und Mühlenmeister«. Casper Schwabe, dem Graf Lynar 1585 die Leitung des Hofapothekenbaus anvertraut hatte, wurde nach dem gräflichen Tagebuch am 30. 6. 1590 »zum Mullenmeister, ehr moge Gott vnd mich dancksagen«, ernannt. [1012] Der letzte in der Reihe dieser »Mühlenmeister« war Tobias Reetz.

Wegen des Umfangs des Mühlenbetriebes gab es in Berlin die besondere Einrichtung der Helfer oder Werkmeister. Sie waren die Vertreter des Mühlenmeisters. Als Lohn erhielt jeder Helfer vom Mühlenmeister wöchentlich 1 Scheffel Roggen und jährlich 7½ märkische Gulden als Kostgeld, ferner von den Einnahmen einen Anteil am Sackgeld, am Bäckerkorngeld, am Sichtegeld und einen Anteil an den Einnahmen von den übrigen Mühlenwerken.

Auf die Helfer folgten in der sozialen Hierarchie die Mühlenburschen (Mühlenknappe, Mittelbursche, Mühlenknecht, Lohnknecht). Nach W. Peschke ist es sehr unsicher, inwieweit man hier zwischen gelernten und ungelernten Arbeitern unterscheiden kann. Der höchste dieser Mühlen=»Gesellen« war zweifellos der Mühlenknappe. Das geht aus einer Urkunde aus dem Jahre 1453 hervor, in der Kurfürst Friedrich dem Claus Pfennig das Mühlenknappenamt zu Spandau auf Lebenszeit verlieh. Der neue Mühlenknappe erhielt die Einnahmen dieses Amtes bestätigt, insbesondere 1 Wispel Roggen und eine Wiese, so wie sie die Spandauer Mühlenknappen vor ihm besessen hatten. 1453 erwarb Pfennig das Berliner Bürgerrecht. Dafür mußte er 1 Schock Groschen bezahlen. An »der hilligen Dreyen konig abent« (6. Januar) 1464 wurde er von Kurfürst Friedrich wegen seiner Verdienste »an vnserm

Slos zu Coln vnd an vnsern Molen ... (für) sein lebtag zu vnserm Molmeister zum Berlin uffgenamen vnd Im daselb Molmeisterampt verschriben«. Mit diesem Amt war die Aufgabe verbunden, »den Baw an vnserm Slos zu Coln, an der Molen vnd an den tam bestellen vnd sunderlich uff dem Molhof mit zu sehen sol, zum Brawen, Backenn vnd Sweinmasten wo es not ist, getrewlich nach unser Herrschaft bests ... als er das gelobt vnd gesworen hat«. [1013] Im Patent vom 1. 6. 1735 verstand man unter »der wandernde Knappe« einen der üblichen »Müller=Gesellen«. Ihre Herberge bzw. Unterkunft dürfte Breite Straße 19/20, Ecke Scharrenstraße. [1014] gestanden haben: »Dieses Haus hieß um 1624 das Mühlknappenhaus.« [1015] Es stand wie der Mühlenhof auf kurfürstlichem Gelände. Der jeweilige Mühlenmeister wohnte damals unterhalb der Berliner Mühle.

Eine besondere Verantwortung hatte in jeder Mühle der Bursche zu tragen, der das Sichten, das Scheiden des Mahlgutes in Mehl und Kleie, zu überwachen hatte, der Scheider oder auch Bescheider genannt.

Weiterhin arbeiteten in jeder der damaligen vier Mahlmühlen zwei Knechte und ein Mühlenjunge. Erstere hatten die Förderung des Korns zu besorgen. Beköstigt wurden sie von den Helfern; sie erhielten den vierten Teil des Sichtegeldes, mußten davon aber die Sichtebeutel, Kappen und Riemen zur Hälfte bezahlen; sie erhielten ferner die Hälfte der Einnahmen vom Bäckerkorn, Sackgeld, Wispelgeld und Malzgeld. Die Mühlenjungen hatten vor allem das Flurkorn und das Steinmehl zu sammeln und im Mühlenhof abzuliefern, wo sie für jeden zusammengekehrten Scheffel 1 Pfennig erhielten; die Helfer mußten sie beköstigen und die Knechte ihnen wöchentlich 2 Groschen zahlen. [1016]

Ab 1700 scheint die Verwaltung der Mühlen durch Pächter erfolgt zu sein. Der Pächter übernahm unter Stellung einer Kaution als »Ober-Mühleninspektor« die Mühlen mit entsprechenden Abgabenverpflichtungen. (Spandau hatte einen Mühleninspektor.) Ihm oblag nun die technische Überwachung der Mühlen, die Durchführung von Reparaturen und Neubauten. Er bestimmte die Höhe der Produktion durch die Menagierung (Einteilung) des Wassers für die einzelnen Mühlen. [1017]

Damit änderte sich auch die Stellung der Mittelburschen und der Bescheider. Während erstere in die Stellung der Bescheider aufrückten, übernahmen die Bescheider die Leitung der einzelnen Mühlen. Es waren gelernte Mühlenmeister. Der Bescheider Heinrich Martini vom Windmühlenberg wurde um 1780 sogar Altmeister des Gewerks. Im Eid der Mühlenbescheider (o. D., um 1750) sind ihre Funktionsmerkmale am besten zusammengestellt:

»Ich N. N. schwöre zu Gott dem allmächtigen einen leiblichen Eid.

Demnach ich mit Genehmigung Eines Hochlöblichen Mühlen-Departements zu einem Mühlen-Bescheider in den hiesigen Königlichen Mühlen angenommen worden bin, daß ich Sr. Majestät von Preußen, meinem allergnädigsten König und Herr, treu und gehorsam sein, Allerhöchst dero Nutz und Bestes suchen, Schaden und Nachtheil aber, soviel an mir liegt, nach beßtem Wissen und Vermögen verhüten und abwenden will. Insbesondere aber will ich nach aller im Mühlenwesen ergangenen und noch ergehenden Gesetzen und Verordnungen, so wie nach den von der Mühlen Administration zu erlassenden Verfügungen, mich genau achten und auf die mir in der N. N. Mühle anvertrauten Mühlen Gänge und die dazu gehörigen gehenden und stehenden Werke fleißig Acht haben und solche beständig in gutem Stande erhalten, damit durch meine Nachlässigkeit so wenig dem Königlichen als der Mahlgäste Interesse einiger Schaden erwachse und die Zeit nebst dem Wasser nicht unnütze verlaufe. Zu dem Ende will ich mich, auch des Nachts, insbesondere bei jedem Scharfmachen der Steine in der Mühle befinden und bei Visitierung derselben, es sei Tag oder Nacht, von allen und jeden, worum meine Vorgesetzten mich fragen, Rede und Antwort geben, und dem was mir in meiner Verrichtung anbefohlen wird, getreulich nachkommen und Folge leisten.

Bei dem Mahlen und Sichten des Bäcker-Kornes will ich darauf halten, daß kein Mahlgast bei dem Mahlen vor dem anderen begünstigt oder einer vor dem anderen befördert werde, vielmehr soll, soviel in meinem Vermögen stehet, der Rang genau beobachtet, und auf den Gängen, wo Particulier-Korn, Malz oder Schrot gemahlen wird, ein jeder, so wie er zur Mühle kommt gefördert und niemandem in diesem Fall über mich zu klagen, Gelegenheit gegeben werde. Ich will auf das Betragen der Consumenten, besonders auf die Bäckerbescheider dahin mich Acht haben und wenn ich etwas sehen oder hören würde, was dem Königlichen oder der Mahlgäste Interesse entweder bei der Mühle oder sonst nachtheilig werden könnte, so will ich solches dem Ober Mühlen Inspector oder Mühlen Secretair anzeigen, damit solches gehörig untersucht und bestraft werde und durch aus keine Unterschleife, sie mögen Nahmen haben, wie sie wollen, wissentlich verstatten; am allerwenigsten aber will ich mich durch Annehmung einiger Geschenke von meiner Pflicht abwendig machen lassen. Wenn die Mühle durch den vereidigten Mühlen-Schließer geschlossen worden ist, will ich kein Mahlgut ohne vorherige Erlaubnis mehr einnehmen, und ehe sie wieder aufgeschlossen wird, weder Mehl noch Schrot daraus verabfolgen, am allerwenigsten aber mir beikommen lassen, ohne besondere Erlaubnis ungewogenes und unversteuertes Korn abmahlen oder abmahlen zu lassen, noch auch Getreide, so zu Mahl-Korn versteuert ist, nur bloß abschroten oder abschroten zu lassen.

Auf Feuer und Licht, wie auch auf das verbotene Tabackrauchen will ich besonders Obacht haben, damit durch mich oder meine Leute kein Schade entstehe; wenn ich aber sehen würde, daß jemand damit ruchlos umginge und den dieserhalb erlassenen Edicten, Intenten und Verordnungen zuwider lebte, so will ich solches ebenfalls meinen Vorgesetzten zur Bestrafung anzeigen und durchaus keinem hierin nachsehen. Was mir aber von meinen Vorgesetzten anbefohlen wird, solches will ich getreulich erfüllen und denselben den gehörigen Respect und Gehorsam erweisen.

Dasjenige Nutz- und Schirrholz, welches mir zur Reparatur und Unterhaltung des gehenden Werkes gegeben und verabfolgt wird, will ich getreulich zum Besten der Mühle verwenden und nichts davon entwenden oder entwenden lassen; auch dafür sorgen, daß jederzeit das nöthige Radewerk und andere zum Mühlen Bau nöthige Sachen bei der Mühle hinreichend ausgearbeitet sind; wie ich denn auch das Wasser nicht anders als nach der befohlenen Höhe ziehen oder durch meine Leute ziehen lassen will.

Ferner gelobe und schwöre ich, daß wenn ich als Taxant bei Abgabe oder Übergabe einer Mühle bestellt werden soll, ich nach meiner besten Einsicht unpartheiisch dabei zu Werke gehen will.

Von diesen allen, was mir jetzt vorgelesen worden, will ich mich weder durch Freund- noch Feindschaft, Geschenke, Gunst oder Gaben noch durch andere Ursachen abwendig machen lassen, vielmehr mich so betragen, wie es einem Ehre und Pflicht liebenden Mühlen-Bescheider eignet und gebührt.

So wahr mir Gott helfe durch seinen Sohn Jesum Christum.«

Die Bescheider auf den Wassermühlen unterstanden einem Ober-Mühlenmeister. Dem Bescheider auf dem Windmühlenberg waren sieben Mühlen anvertraut. Er wurde 1772 zum »beständigen Bescheider« ernannt, mit dem Recht der Erbfolge. 1825 scheint mit Passow bzw. mit dem Übergang der königlichen Mühlen in Privathand diese Bezeichnung erloschen zu sein. Seit dieser Zeit hatte jede Wassermühle einen »kgl. Mühlenmeister«. Nach dem Neubau 1850 überwachte ein Werkführer den Betrieb in der Großen und Kleinen Damm-Mühle.

Die endgültige Auflösung des Amtes Mühlenhof erfolgte 1874 nach dem Verkauf der Damm-Mühlen. Seine Gebäude wurden zwischen 1887 und 1892 abgerissen, der ganze geschichtsträchtige Komplex bis zum Krögel ab 1934 niedergelegt. Er mußte dem Neubau der Reichsmünze weichen, in den man die Fassade des v.-Schwerinschen Palais mit einbezog. Heute befindet sich hinter dem Standort des Amtshauses das Ministerium für Kultur der DDR.

KAPITEL 15

Soziale Auseinandersetzungen Ende des 19. Jahrhunderts

Mehrfach ist auf Konflikte zwischen Müllern und ihrer absolutistischen Obrigkeit, aber auch zwischen Meistern und Gesellen hingewiesen worden. Ende des 19. Jh. entstanden neue soziale Gegensätze. Durch Einführung der energetischen Produktivkraft Dampf und damit der Dampfmühle entwickelte sich aus dem Müllerhandwerk die Mühlenindustrie. Es endeten die vorher oft noch patriarchalischen Beziehungen zwischen Meister und Gesellen. Aus dem Gesellen wurde der Arbeiter, der sich mit Partei (Sozialdemokratische Partei) und Gewerkschaft am Kampf um die Verbesserung der Lebensbedingungen beteiligte. Schwerpunkte der sozialen Forderungen des neuentstandenen Mühlenarbeiters waren der Achtstundentag, die Beseitigung der Sonntagsarbeit, die Einführung des Ersten Mai als Kampf- und Feiertag und die Entlohnung. Dies belegen zeitgenössische Berichte [1018] über die Versammlungen der Müllergesellen und Mühlenarbeiter.

Am 26. 12. 1889 hielt der Verband deutscher Müllergesellen in Berlin eine Versammlung ab. Ein Anwesender erklärte es »für zwecklos, (allein) eine Erhöhung des Arbeitslohnes zu verlangen, bei einer 12- bis 18stündigen Arbeitszeit und regelmäßiger Sonntagsarbeit«. Die Gesellen müßten »in Verlegenheit geraten, das Geld vernunftgemäß ausgeben zu können«. Er forderte eine »Verkürzung der täglichen Arbeitszeit auf acht Stunden unter gleichzeitiger Erhöhung des Arbeitslohnes und – fort mit der Sonntagsarbeit«.

Am 7. 2. 1890 fand im Lokal Inselstraße 10 eine Zusammenkunft statt, auf der, ausgehend von einer »in den meisten Mühlen 12, sogar 18, bisweilen 24 Std. Arbeitszeit«, einstimmig eine Resolution angenommen wurde, »nach welcher die Versammlung ... sich für die Durchführung des 8-stündigen Arbeitstages erklärt und den 1. Mai als einen Feiertag der Arbeiter betrachten will«. Doch es gab auch Zurückweichen, wie auf der Müllergesellenversammlung am 27. 4. 1890 in Relitz' Salon, Bergstraße 12: Man solle von der Forderung nach freiem 1. Mai Abstand nehmen, weil man die wegen eines Streiks Gemaßregelten nicht alle unterstützen könne (es wurde gerade in der Berliner Brotfabrik gestreikt).

Diese Aktiengesellschaft verfügte zu jenem Zeitpunkt, und das bedenke man, über Warenbestände in Höhe von 1,135 Mill. Mark, »da einesteils die Mehlvorräte ... sich am Ende des Jahres infolge der nicht lohnenden Preise bedeutend ansammelten, andererseits das Roggenlager sich vergrößerte, weil sich Gelegenheit geboten hatte, eine bedeutende Menge abgelagerter Ware vorteilhaft anzukaufen. Der Rohgewinn betrug 456 474,58 M; nach Abzug der Ausgaben inclus. 14 390,42 M Gewinnverteilung für den Aufsichtsrat, für 1889 126 000 M«, d. h. 14 % Dividende (gegenüber 13 1/2 im Vorjahr).

Die »Berliner Dampfmühlen-Akt. Ges.« konnte am 13. Februar der Generalversammlung für 1889 eine Gewinnbeteiligung in Höhe von 10 % vorschlagen bei einem Reingewinn von 204 712 M (1888 waren es 124 000 M.)

Doch weiter: Am 21. 3. 1890, abends, hatten sich die Müller und Mühlenarbeiter von Berlin und Umgebung zahlreich in der Gastwirtschaft Ilges, Wilsnacker Straße (Moabit), versammelt, um den Vortrag des SPD-Stadtverordneten Zubeil (Tischler, 1893 Reichstagsabgeordneter für Teltow, Beeskow, Storkow, Charlottenburg – d. Verf.) zu hören. »Zubeil wies darauf hin, daß auch im M. Gewerbe der Großbetrieb einen bedeutenden Umfang angenommen habe. Die Dampfkraft gelange mehr und mehr zur Anwendung. Leider sei nicht in Erfüllung gegangen, was ein Dichter des Altertums bei Erfindung der Wassermühle freudig verkündet habe, nämlich, daß nunmehr eine Schonung der menschlichen Arbeitskraft eintreten werde; im Gegenteil, wol habe der Dampf menschliche Arbeitskraft überflüssig gemacht, aber nur, um diese auf die Straße zu werfen, um ein Heer der Arbeitslosen zu schaffen, welche durch ihr Angebot die Erzielung besserer Lohn- und Arbeitsbedingungen unmöglich mache. Redner ging dann zu einer scharfen Kritik der Zustände im Müllergewerbe über, schilderte die traurigen Folgen der außerordentlich langen Arbeitszeit, welche meistens noch 18 Stunden beträgt, bemerkte, daß es wol kein anderes Gewerbe gäbe, in welchem der Arbeiter einer derartigen Ausbeutung ausgesetzt sei, die erklärlicherweise Körper und Geist ruinieren müsse und ein geregeltes Familienleben unmöglich mache, berührte ferner die infolge der langen Arbeitszeit entstehenden Krankheits- und Unglücksfälle und gelangte schließlich zu der Folgerung, daß nur durch eine gute Organisation, durch ein geschlossenes Vorgehen, die Macht des Kapitals gebrochen werden könne; ... Die gewerkschaftliche Organisation sei notwendig zur Abstellung der traurigen Zustände in der Gegenwart, sie sei aber auch die Vorbedingung zur Bessergestaltung der Zukunft.«

Aus einem Diskussionsbeitrag auf derselben Versammlung: »Nicht nur 18, sogar 24 Stunden müsse oft ohne Unterbrechung gearbeitet werden und von einer Sonntagsruhe sei garkeine Rede. Schlaftrunken verrichte der Müllergeselle seine Arbeit und in diesem Zustande gerate er schließlich in das Getriebe, um dann den Tod zu finden [1019], oder doch auf Lebenszeit ein Krüppel zu werden. Und trotz alledem sei die Arbeitslosigkeit so groß, daß wol ein Drittel der Müllergesellen beständig auf der Landstraße liege. Angesichts dieser Zustände sei die Forderung einer zwölfstündigen Arbeitszeit gewiß gerechtfertigt und eben so ein Stundenlohn von 40 Pf., da man mit einem Tagelohn von 2 Mk. 50 Pf. doch unmöglich bestehen könne.«

Ein anderer Anwesender sagte, »daß die heutigen Müllergesellen dem Lastvieh gleichstehen, so trifft das überall dort zu, wo noch 18stündige Arbeit herrscht. Ein Mensch, der 18 Stunden hintereinander arbeitet, braucht mindestens 6 Stunden zum Schlafen. Wo bleibt da Zeit zu einer den Geist anregenden Lektüre oder anderer Erholung? Wenn nun die Gesellen für ihre Meister nur zum Schlafen und Arbeiten da sind, so sind erstere thatsächlich auf eine Stufe mit den Lastpferden gestellt; ja vielleicht 90 % der deutschen Müllergesellen stehen noch unter dem Lastvieh. Das Lastpferd bekommt nämlich noch eine ordentliche Streu zur Lagerstätte nach des Tages Last und Mühe, auf welch traurige und elende Pritsche aber die meisten Müllergesellen hinsinken, wenn sie 18 Stunden gearbeitet haben, das weiß jeder Müllergeselle. Und nun zur Sonntagsarbeit: Man mutet keinem Pferde, welches die ganze Woche den Mühlenwagen gezogen hat, zu, dies auch Sonntags und zwar 24 Stunden zu thun, wol aber den Müllergesellen. Weil frühere Zustände so waren, so bleibt es eben nach Ansicht vieler Mühlenbesitzer beim Alten; wem es nicht passt, nun der kann ja gehen.«

Der Kampf der Mühlenarbeiter zeitigte aber auch Erfolge. In Berlin hatten von den großen Dampfmühlen die Berliner Brotfabrik und die Schüttsche Dampfmühle im Mai 1890 die Sonntagsarbeit eingestellt; außerdem betrug hier die Arbeitszeit meist nur noch 12 Stunden. Am 8. 6. 1890, während der 20. Generalversammlung des Verbandes deutscher Müller in Hamburg, einigte man sich »auf Antrag der Arbeiter, vertreten durch den Verband der Müllergesellen«, auf eine 12stündige Arbeitszeit in den Betrieben von mehr als drei Gesellen und auf die Sonntagsruhe. Es ist bemerkenswert, daß diese Erfolge im selben Jahr erzielt wurden, in dem das Sozialistengesetz fiel.

KAPITEL 16

Der Mühlenbau – die Entwicklung vom Handwerk zur Ingenieurwissenschaft

Im deutschen Sprachgebrauch wird heute unter dem Begriff Mühle eine Getreidemahlmühle verstanden. Diese Einengung hat früher nicht existiert, eine Mühle war ein Maschinensystem, das die »Bewegungsmaschine«, den »Transmissionsmechanismus« und die »Arbeitsmaschine« vereinte [1020] und universell eingesetzt werden konnte. Diese umfassende Beschreibung hat sich im englischen »mill«, was Mühle und Fabrik bedeutet, erhalten. Der Mühlenbau lag im Mittelalter in den Händen von Handwerkern, die ihre Kenntnisse von Generation zu Generation – teilweise nur innerhalb einer Familie – weitergaben. Vom Zimmermannshandwerk unterschied der Mühlenbau sich dadurch, daß er nicht nur statische, sondern auch dynamische Prinzipien berücksichtigen mußte. Obwohl es verschiedene Mühlentypen gab (Wassermühle, Kopfwindmühle, Bockwindmühle, Göpel), existierten keine ingenieurmäßigen Zeichnungen oder Baupläne.

Die früheste Darstellung einer Bockwindmühle befindet sich in einem englischen Gebetbuch aus dem 13. Jh. [1021] Sie zeigt in einer Ansicht wesentliche Bauelemente dieses Typs: Mühlenkörper, Bock, Hausbaum und Flügel. Während bei diesem Mühlentyp der Mühlenkörper auf einem Bock gelagert wird, steht er bei der sogenannten »post mill« (Pfostenmühle) – einer Vorform der Bockwindmühle – auf einem Pfosten, der in die Erde eingegraben wurde. [1022] Eine der ersten bekannten Abbildungen der »post mill« befindet sich auf dem Flügelaltar der Propsteikirche in Dortmund, der von Derick Baegert 1460 gestaltet wurde. [1023] Die Mühle, die einen verbretterten Kasten besitzt, befindet sich außerhalb der Stadt auf einem Hügel. Da historische Stadtansichten und die Abbildung auf dem Altar sich genau entsprechen, ist von einer realistischen Wiedergabe der Mühle auszugehen. Die Darstellung wie auch die im Windmühlenpsalter widerlegen Beyers These, daß Windmühlen zunächst nicht verbrettert gewesen seien. [1024]

Ein Anonymus der Hussitenkriege fertigte um 1430 die erste bekannte Schnittzeichnung einer Bockwindmühle an [1025], die alle konstruktiven Elemente enthält: Bock, Schwellen, Kasten, Flügel, Rutenwelle, Stockgetriebe, Mahlgang und Rumpf. Die Zeichnung ist zwar perspektivisch falsch und wirkt unbeholfen und unvollkommen, ist aber sicherlich für die damaligen Handwerker und Mühlenbauer eine wertvolle Hilfe bei der Konstruktion gewesen. Weitere Zeichnungen des Anonymus beziehen sich auf Wassermühlen oder andere Maschinen. Sie repräsentieren eine wichtige technikgeschichtliche Entwicklungsstufe des späten Mittelalters, nämlich den Übergang vom Handwerk zur Abstraktion des Ingenieurs. Wie der Vergleich mit den obengenannten Darstellungen beweist, war damit wieder ein Anschluß an arabische und römische Konstruktionen hergestellt worden. [1026]

Die italienische Renaissance – insbesondere in den oberitalienischen Stadtstaaten – bildete den Ausgangspunkt für die Ingenieurwissenschaften der Neuzeit. Vielfach wird die Meinung vertreten, in der sogenannten ›Kriegskunst‹ (Festungsbau, Geschützkonstruktionen usw.) seien die Wurzeln für die Entwicklung des Maschinenbaus zu suchen. Leonardo [1027] zeigt jedoch, daß der Mühlenbau die zentrale Rolle bei der Entwicklung frühindustrieller Produktionsmethoden gespielt hat. Von diesen profitierte dann die »Kriegskunst« (Geschützbohrmaschinen, Pulverstampfmühlen usw.). Bramante, Leonardo, Raffael und Michelangelo waren zugleich Maler, Konstrukteure, Architekten und Naturwissenschaftler, die die arabischen und römischen Vorbilder verarbeitet und den technischen Disziplinen zu einer neue Blüte verholfen haben. Eine herausragende Stellung nimmt Leonardo mit seinen Entwürfen für Maschinen ein, die alle Produktionsbereiche betreffen und z. T. ihrer Zeit weit voraus waren.

Auch im Mühlenbau vollbrachte Leonardo Außergewöhnliches: Als erster Renaissance-Ingenieur befaßte er sich mit diesem Metier und entwickelte zahlreiche Neuerungen. So konstruierte er z. B. ein neuartiges Wasserrad, das als Vorläufer der Peltonturbine [1028] angesehen wird; außerdem entwarf er für den Vermahlungsprozeß ein automatisches Beutelwerk. Bisher ist lediglich bekannt gewesen, daß er eine zylindrische Kopfwindmühle skizziert hat, aber nach der Wiederentdeckung des Codex Madrid hat sich gezeigt, daß er auch die Wippmühle abgebildet hat, die in seinem Modell zur Vermahlung von Getreide bestimmt gewesen war. [1029]

Die Konstruktionen von Leonardo und anderen ermutigten im übrigen Europa zur Nachahmung. Agricola stellte 1555 die Verwendung von Mühlen zum Vermahlen von Gold- und Zinnerz oder zur Bewetterung der Schächte dar und erläuterte die unterschiedlichen Antriebsformen (Wassermühlen; von Menschen oder Ziegen bewegte Trittmühlen). [1030] Besson führte 1571 eine Horizontalmühle zum Wasserpumpen ein. Zoncas unterschlächtiges Wasserrad von 1607 zeigt die neue bzw. differenzierte Darstellungsweise. Veranzio entwarf ein automatisches Beutelwerk für eine Getreidemühle und variierte die Konstruktionsentwürfe von Leonardo und Besson. Mit van Straeten, genannt Stradamus [1031], beginnt die große holländische Tradition des Maschinen- und Mühlenbaus«; von ihm stammt die erste Darstellung einer Polier- und Schleifmühle.

Unter allen letztgenannten Ingenieuren aber ragt Ramellis heraus. Seinen Zeichnungen ist eine bemerkenswerte Klarheit der Konstruktion eigen. Außerdem enthalten sie präzise Baubeschreibungen und sind daher als Bauanleitungen eine nützliche Hilfe gewesen. Ramellis hat nach Leonardos Skizzen und Zeichnungen die erste funktionsfähige Holländerwindmühle mit einem Mahlgang und einem Schneidegang für Marmorsteine konstruiert. [1032] Die Haube wird mit einem Stert und einer transportablen Haspel in den Wind gedreht, ein Prinzip, das Ramellis auch bei der Bockwindmühle anwandte. Die Bauzeichnung der Bockwindmühle gibt Bremse und Sackaufzug sowie die Lagerung der Schwellen korrekt wieder. Dieser Standardtyp ist bis weit ins 19. Jh. so gebaut worden. Die deutsche Übersetzung des Buches, die 1620 erschienen ist, stellt zugleich das erste deutsche Mühlenbuch dar. [1033]

Faßt man die Entwicklung zusammen, so entstehen im 15. und 16. Jh. Zeichnungen und Beschreibungen von Mühlen, die in Perspektive und Maßstab genauer sind als ihre Vorgänger, wenngleich Schnitte, Grundrisse, Details sowie exakte Maßketten fehlen. Bis auf die Entwürfe von Ramellis sind sie einerseits wegen der erläuterten Mängel als Bauzeichnungen ungeeignet gewesen,

Die Bockwindmühle von Ramellis 1588

Die holländische Windmühle von Ramellis 1588

andererseits haben auf seiten der Handwerker noch die Voraussetzungen zum Verständnis der mechanischen, aerodynamischen und physikalischen Grundlagen dieser Maschinen gefehlt.

Als deutscher Mühlenbauingenieur folgte dann 1673 Böckler. [1034] Er hat fast alle Konstruktionen seines Buches von Ramellis und wenige von Zonca – die allerdings seitenverkehrt – übernommen [1035] und kaum Eigenständiges angeboten. Relativ differenziert ist er allerdings auf die Wassermühle und einzelne Mahlmethoden eingegangen. Sturm [1036] bemühte sich dagegen 1718 auch um eigene Entwürfe, insbesondere um die Verbesserung der Mahlgänge. [1037] Darüber hinaus fertigte er auch Grund- und Aufrisse an. Er besaß bereits Kenntnis von den Arbeiten Pieter Linperchs [1038], die offensichtlich vor ihrem Erscheinen in Buchform (1727) als Kupfer kursierten:

»daß ich unter vielen andern in Holland gemachten schönen Observationibus auch einen Abriß einer solche Mühle / und dessen Beschreibung durch boßhaffte Nachläßigkeit eines Dieners verlohren / darinnen ich zu Harlem an dasiger grossen Graupen=Mühle alle diejenige Particularia fleissig angemercket welche an der Beschreibung derselben in dem Holländischen Moolen=Boeck desideriret worden / deren ich mich aber anjetzo nach Wunsch nicht erinnern kan. Daher bekenne ich noch auch dieses auffrichtg / daß ich mir nicht getraue eine solche Mühle zu bauen / wenn ich nicht zum wenigsten einen des gemeinen Graupen-Mahlens recht wohl und gründlich verständigen Müller dabey hätte. Indessen wolle der geneigte Leser mit deme sich vergnügen / was ich nach Anleitung des Standrisses und Grundrisses einer solchen Mühlen auf vorhabender Tab. XXII. A. davon melden werde / zumahl er auch dieses meines Wissens in andern Bücher nicht finden wird / ausgenommen oben angeführtes Holländische Mühlen-Buch / welches zu verstehen / und nutzlich anzuwenden gegenwärtiger Bericht nicht wenig helffen wird. (...)

Es pfleget aber das Getreyde / woraus man die Graupen machet / vorher gedörret zu werden / da ich die Holländische Dörren / welche gar sicher und bequem sind auch abgezeichnet / aber / nachdem die Zeichnungen verlohren gegangen / dergestalt vergessen habe / daß ich lieber davon stille schweigen / als etwas ungewisses davon auf die Bahn bringen will. In dem oben angezogenen Holländischen Mühlen-Buch ist ein Abriß davon / der mir aber / was ich selbst davon gesehen / nicht wieder in das Gedächtnus bringen will.« [1039]

Obwohl Unterschiede zwischen Böckler und Sturm bestehen, bilden beide Veröffentlichungen im wesentlichen nur Sammlungen aus Mechanikbüchern der Renaissance.

Pieter Linperchs Arbeit zeigt dagegen den hohen Kenntnisstand der holländischen Mühlen- und Maschinenbauer. Er behandelt die Bockwindmühle, die Holländerwindmühle mit Stert und Galerie, den Getriebebau, Sägemühlen, Roßmühlen, Wasser- und Wippmühlen sowie den Flügelbau. Er hat die Flügelkrümmung bereits so exakt berechnet, wie dies in Deutschland erst Schwahn und andere um 1830 vermochten. Alle Daten, die für den Bau einer Mühle erforderlich sind, d. h. Schnitte, Ansichten und Grundrisse mit genauen Vermaßungen, sind von Linperch geliefert worden. Jetzt wird verständlich, daß die erste holländische Windmühle in Berlin, von Raulé bzw. M. M. Schmidt 1685/86 errichtet, ein holländischer Import gewesen ist. Aber nicht nur den Bauplan und Teile der Mühle hatte man aus den Niederlanden bezogen. Es ist bei diesem Sägemühlenbau auch die Mitwirkung Peter Seemanns als Schneidemüller anzunehmen.

Wenn man dazu bedenkt, daß Seemann aus Sardam stammte, so kann man mit großer Sicherheit schließen, daß die obengenannte Mühle eine Kopie der Sägemühle ist, die Linperch in Sardam entworfen hat. [1040] Dabei war ein derartiger Techniktransfer nach Brandenburg-Preußen nichts Außergewöhnliches, denn in vielen Ingenieurbereichen – Wasserbau, Schiffbau u. a. – waren auch holländische Spezialisten beschäftigt, die das preußische Handwerkertum entscheidend gefördert haben.

1734 erschienen dann zwei weitere Mühlenbücher in Holland (van Natrus, Polly, van Vuuren und van Zyl) [1041], die mit dem von Linperch in Inhalt und Methode vergleichbar, aber im Detail umfangreicher sind. So werden z. B. die Getriebe und das Richten der Windmühle in den Wind genauer dargestellt sowie die umfangreiche frühindustrielle Verwendung der Mühlen demonstriert. Die grundlegende Arbeit von Linperch bestimmte nicht nur den Mühlenbau des 18., sondern auch des 19. Jh. bis zu dem Zeitpunkt, als Schwahn in Berlin seine Arbeitsergebnisse vorlegte.

In Deutschland war währenddessen das technische Kompendium von Leupold [1042] erschienen. Für den Mühlenbauteil hat er wesentliche Konstruktionen von Linperch übernommen und dies auch – im Gegensatz zu anderen – ausdrücklich erwähnt: »Ich will das Fundament und Anleitung zeigen, so gut solches Pieter Limporgh in seinem Holländischen Moolebock gezeichnet und beschrieben.« [1043] Hier ist wieder interessant, daß auch Leupold bereits 1724 Kenntnis von Linperchs Arbeiten gehabt hat.

Leupolds Mühlenbetrachtung hat auch einen bemerkenswerten nationalen Aspekt; er verwendet nämlich für die Bockwindmühle als erster die Bezeichnung »Teutsche Mühle« [1044]. Sein Beispiel bezieht sich aber keineswegs auf Deutschland, sondern stammt von Linperch, der die Mühle als »een Standermollen, staande tot Stockholm, van achter te zien« beschrieben hat. [1045] Davon abgesehen hält Leupold die Bockwindmühle für eine Mühlenform, die »meist in Deutschland« Anwendung gefunden habe. [1046]

Beyer [1047] hat sich 1735 nur auf den Mühlenbau konzentriert und sorgfältig den Wissensstand seiner Zeit gesammelt. Er gibt genaue Auskünfte über die Getreideverarbeitung und die Technik der Mahlgänge. Während Wassermühlen, die die häufigste Mühlenart in Deutschland gewesen sind, präzise und umfangreich beschrieben werden, muß seine Behandlung der Windmühlen als dürftig bezeichnet werden, denn er erklärt aufgrund der unterschiedlichen klimatischen Bedingungen die Holländer-Windmühle als ungeeignet für Deutschland und polemisiert über Linperch und van Zyl:

»Denn es lehret uns die Erfahrung, daß sonderlich hier zu Lande, wo es doch sehr eben ist, manchmal und insonderheit Sommers-Zeit, wohl eine Monats-Frist und länger verstreicht, binnen welcher Zeit wenig Lüfftgen wehen: Solcher gestalt ist auch fast niemanden zu rathen, auf die Wind-Mühlen hiesiger Lande viel Kosten zu verwenden, oder ausländische Proben mit grossen Geld-Splitterungen zu machen; sondern wo Mangel an Wasser ist, selbige so leicht als möglichen, anlegen, und nur die behörigen Vortheile dabey observiren zu lassen. In Holland, oder sonsten an See-Küsten und Orten, wo entweder recht ebene Länder, und keine Hügel, Berge, Wälder und dergleichen, die Lufft theilen, werden zwar die meisten Machinen, so wir an die Ströhme zu bauen pflegen, als da sind Oehl-Papier-Schneide-Mühlen, und andere mehr, durch den Wind getrieben, welche Art Mühlen daselbst gar besonders gute Dienste thun; bey uns aber will dieselbige schwehre Art wenig fruchten, und werden in gantz Teutschland nicht viel Exempel vorhanden seyn, wo dergleichen Inventiones mit sonderlichen Nutzen, und besser, als unsere hiesige Art, appliciret worden wären. Herr Leupold hat sich in seinem Theatro Machinar. Gen. bereits sehr lange über die Holländischen Wind-Mühlen aufgehalten, verschiedene aus des Pietre Linperchs Moole-Boek, oder Mühlen-Buch copiret, nach seiner Art verbessert und vermehret, oder verändert angegeben, seit dem aber ist uns auch das Johannis van Zyl Groß- allgemeines Mühlen-Buch, wie er es nennet, bekannt worden, welches aber nur in siebenerley Maschinen bestehet und alles ungeheuer groß gezeichnet ist, daß ein Unerfahrner fast meynen solte, die Machine müste in natura nicht grösser erbauet werden, als sie dahin gezeichnet, wiewohl dieses nichts anders, als was der Linperch schon fast ordentlicher in sich hält. Nachdem aber diese beyde Holländischen Herren Autores uns nur ihre gesagten Bücher anbiethen, ihre beständige See-Lufft und Holländischen Wind aber, nicht mit verkauffen können, wenn sie selbige auch noch so theuer hielten; Als wollen wir die Kinder immerhin in grossen leeren Häusern spielen, auch wohl über allerhand Stege zum Zeit-Vertreib gauckeln oder gar in unnützen Kupffer-Büchern bildern lassen. Auch ob wir uns gleich vorgenommen, mit fremden Vogel-Federn nicht zu prangen, und es dahero meistentheils bey demjenigen, in hiesigen Capitel bewenden lassen werden, was bereits unser Vorgänger, Herr Leupold seel. in seinem ersten Theile hiervon geschrieben hat; So werden wir doch auch nicht unterlassen, das inwendige von ihren Wercken, denenjenigen so darinnen einen besondern Vortheil zu erlangen, sich einbilden, zu gefallen, an gehörigen Orten zu berühren und anzuweisen, wie man selbige an unsere Wasser-Mühlen, zum Dienst des gemeinen Wesens anbringen könne. Solcher gestalt finden wir hier nichts mehr nöthig, als unsere so genannten Teutschen Bock-Mühlen, in folgenden zu besichtigen.« [1048]

Im Vergleich zu denen seiner deutschen Vorgänger zeigen die Darstellungen Beyers einen deutlichen Fortschritt: Grundrisse, Aufrisse und Schnitte mit genauen Vermaßungen werden geliefert, wenngleich noch Teilzeichnungen fehlen. Der Beschreibungsteil ist dagegen mißverständlich. Obwohl er in seinem Vorwort betont, er schreibe für Handwerker, ist zweifelhaft, ob er verstanden werden konnte. Auch bei der heutigen denkmalpflegerischen Arbeit wird man eher zu einem holländischen Buch aus dem 18. Jh. greifen, als sich auf Beyer zu beziehen.

Obwohl Beyers Buch ein Standardwerk für den deutschen Mühlenbau gewesen ist, das lange Zeit als Maßstab angesehen wurde, blieb sein Einfluß regional begrenzt. In Brandenburg-Preußen hatte die Mühlenbautechnik aufgrund der Förderung des Gewerbes durch den preußischen Staat, wozu die Ansiedlung holländischer Techniker gehörte, bereits einen wesentlich höheren Stand erreicht. An anderer Stelle ist schon deutlich geworden, wie häufig Holländer beim Mühlenbau in Berlin, z. B. bei der Pulvermühle im Tiergarten oder bei der Sanssoucimühle, beteiligt gewesen sind. Baupläne u. ä. existierten für diesen wichtigen Bereich jedoch nicht. Obwohl die Praxis des Mühlenbaus und der müllereitechnischen Verarbeitungsmaschinen (Mahlgänge, Beutelwerk, Vermahlmethoden) gerade in Berlin technisch weiter entwickelt war und durch Importe aus Süddeutschland – Körner brachte z. B. Beutel und Siebe mit – ständig verbessert wurde, hat diese Entwicklung in den Mühlenbüchern keinen Niederschlag gefunden. Mühlenliteratur erschien vor allem in Leipzig, eine Tradition, die wahrscheinlich auf das Wirken Leupolds zurückgeht.

Auf Beyer folgt 1788 Meltzer [1049], der die Müllereimaschinen verbesserte und Effizienzberechnungen der ober-, mittel- und unterschlächtigen Wasserräder vornahm. Dagegen reichen seine Aussagen über Windmühlen bei weitem nicht an die in der holländischen Literatur heran.

Ein gewaltiger Entwicklungssprung vollzog sich dann in Amerika, als Oliver Evans (1755 bis 1819) [1050] die erste automatische Mühle der Welt konstruierte, die zwischen 1784/85 in den Wäldern von Delaware am Redclay Creek errichtet wurde. Paternosterwerke beförderten das Getreide von Booten oder Fuhrwerken in die Mühle; eine automatische Waage stellte das Gewicht fest. Dann fiel das Getreide in eine archimedische Schraube, die es bis zu der Stelle brachte, von der es mit einem Becherwerk in den obersten Stock gelangte. Ein geneigtes Förderband (ein Endlosstreifen aus dünnem Leder, Leinen oder Flanell, der über zwei Walzen rotierte), das sich durch das Getreidegewicht bewegte, transportierte das Getreide weiter. Nach Reinigungsvorgängen lief es durch den Rumpf auf die Mühlsteine, wurde in sogenannten »hopper boys« gekühlt und in mehreren Arbeits- und Siebevorgängen zu Mehl unterschiedlicher Feinheit verarbeitet. Schließlich wurde es – ebenfalls automatisch – in Säcke befördert und wieder auf Boote oder Fuhrwerke geladen. Die Stundenleistung dieser Mühle lag bei 300 Scheffel Getreide.

Evans' Erfindung war das Resultat gesellschaftlicher Notwendigkeiten, denn Amerika litt unter Arbeitskräftemangel und besaß ein Überangebot an Getreide, das nicht im Lande verbraucht werden konnte. Es war offensichtlich günstiger, das Getreide sofort zu Mehl zu verarbeiten als es als Rohprodukt auf dem Weltmarkt anzubieten. Das erforderte aber Techniken zur Erzeugung von haltbarem Mehl, d. h., Schale und Kern mußten entfernt werden können, was Evans in seinen kombinierten Mahl- und Siebeeinrichtungen gelang. Zugleich sollte die Produktionsmethode billig sein, um den Preis des Mehls niedrig zu halten, weil es sonst durch die Transportkosten in Europa nicht konkurrenzfähig gewesen wäre. Dieser neuartige Vermahlungsvorgang bedeutete zugleich den Schritt vom Vollkornmehl zum weißen Mehl.

Evans hat die Mühle von der Handarbeit befreit und ein Förderungssystem (Endlosband, Becherkette und archimedische Schraube) entwickelt, das zwar in seinen Elementen technisch weiterentwickelt worden, aber im Prinzip unverändert geblieben ist. [1051] Damit war der erste automatisierte Produktionsprozeß – allerdings mechanisch gesteuert – zu einer Zeit entstanden, als in Deutschland an die industrielle Revolution noch nicht zu denken war. Selbst die Fließbandproduktion, die Ford 1916 aufnahm, stellt gegenüber diesem Verfahren nur eine Teilautomatisierung dar.

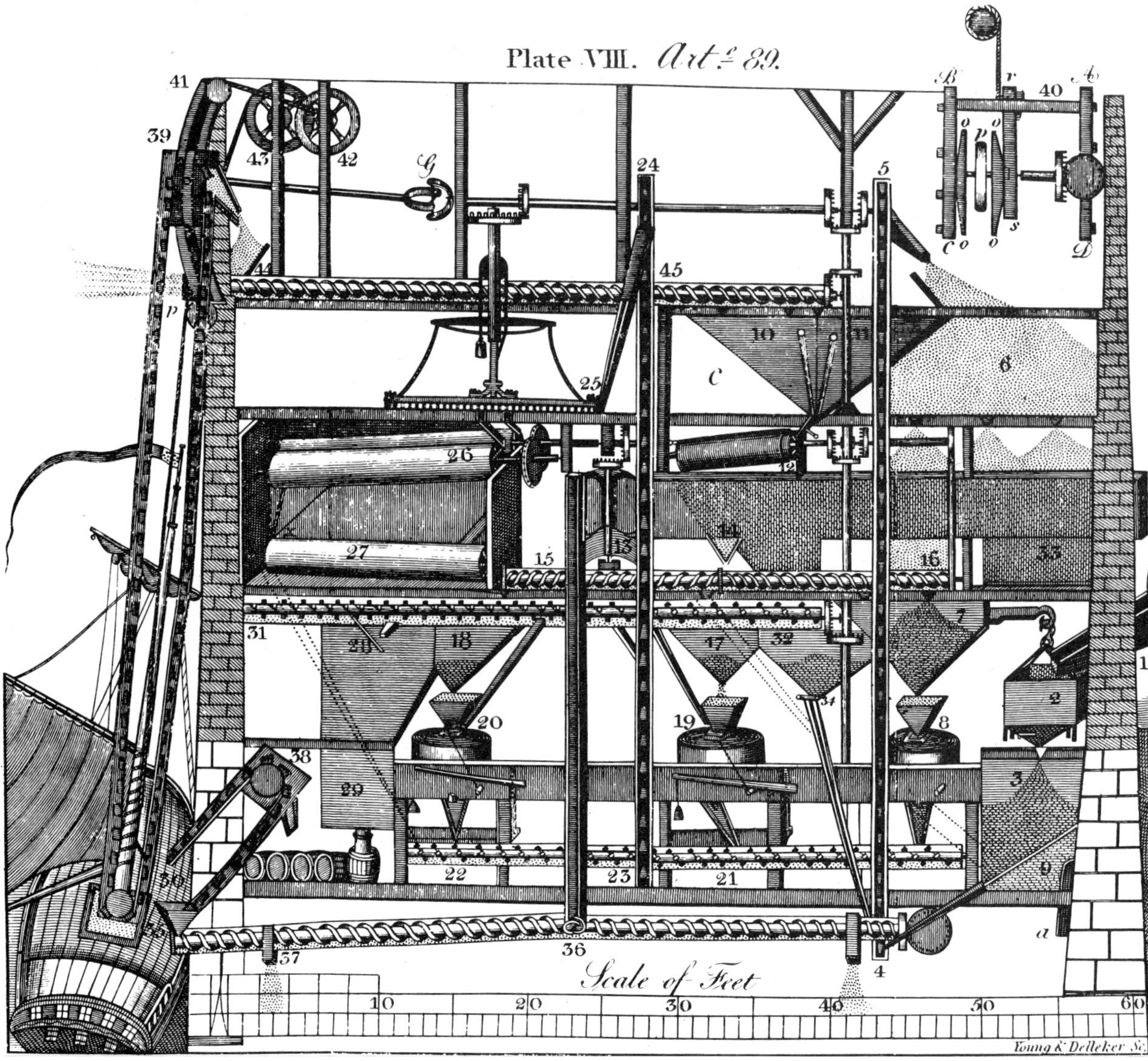

Die Mühle von Evans 1783

Doch nicht nur das »Innenleben« der Mühle verdient Beachtung, sondern auch ihre Antriebsenergie. Viele Autoren haben selbstverständlich angenommen, daß eine Dampfmaschine die Antriebskraft gewesen sei, weil sie sich nicht vorstellen konnten, daß Wasserkraft eine derart neuartige Maschine in Gang setzen könnte. [1052] Die Vorstellung, daß industrielle Produktion unabdingbar mit Dampfkraft verbunden sei, hat sich in der industriellen Revolution durchgesetzt. Auch bei Marx finden wir diese Betrachtungsweise der Dampfmaschine. Während er die Werkzeugmaschine und nicht die Antriebsmaschine für den Initiator der industriellen Revolution [1053] hält, spielt bei ihrer Durchsetzung die Dampfmaschine für ihn die entscheidende Rolle. »Nachdem erst die Werkzeuge aus Werkzeugen des menschlichen Organismus in Werkzeuge eines mechanischen Apparats, der Werkzeugmaschine, verwandelt, erhielt nun auch die Bewegungsmaschine eine selbständige, von den Schranken menschlicher Kraft völlig emanzipierte Form. Damit sinkt die einzelne Werkzeugmaschine, die wir bisher betrachtet, zu einem bloßen Element der maschinenmäßigen Produktion herab.« [1054] Insofern erscheint Dampfkraft dann doch als entscheidendes Merkmal des technischen Fortschritts.

Evans' Mühle nutzte eine regenerierbare Energiequelle und ist daher heute besonders interessant, weil einerseits die Endlichkeit der fossilen Energieträger evident ist und sich andererseits zeigt, daß ihre vermehrte Anwendung wegen der Abgasentwicklung erheblich zur Zerstörung der natürlichen Umwelt beiträgt. Evans' Mühle bestätigt, daß eine Entwicklung der Produktivkräfte – natürlich standortbedingt – auch mit regenerierbarer Energie möglich ist. [1055] Die forcierte Forschung im Dampf-, Elektro- und Kernenergiebereich hat lange Zeit den Blick für den

Hauptträger jener Energie, die Sonnenenergie (Wind- und Wasserenergie sind Erscheinungsformen dieser Energie), verstellt. Defizite in ihrer Anwendung sind auf diese 200jährige Vernachlässigung zurückzuführen.

Auch die Definition der Maschinen als Bewegungs-, Antriebs- und Transmissionsinstrument bedarf der Ergänzung. Bereits Evans' Mühle enthält das Element Steuerung, das die industrielle Entwicklung des 20. Jh. entscheidend bestimmt. Heute allerdings laufen Steuerungs- und Regelungsprozesse nicht mehr mechanisch, sondern über Mikroprozessoren ab. Die Programmsteuerung, die Idee des Produktionsablaufs (Software), ist neben die Konstruktion der Maschinen (Hardware) getreten und zu einem entscheidenden Element des Produktionsprozesses geworden.

Zeitgenossen sahen in Evans' Mühle zunächst einen »Klapperkasten, der die Aufmerksamkeit eines vernünftigen Mannes nicht verdient«. [1056] Bald aber zeigten sich die Vorteile des Systems, für das Evans ein Patent erhielt. Auch das Buch, das die Beschreibung seiner Mühle enthält und 1795 erschien, erfreute sich großen Interesses. An der Spitze der Subskribenten standen z. B. George Washington und Thomas Jefferson. [1057] Dennoch wurde die überragende technische und soziale Leistung Evans' erst einmal verkannt.

Da Müller, die die Mühle nachbauen wollten, an Evans Lizenzen zahlen mußten, behaupteten sie, es handle sich bei seiner Mühle um keine originäre Erfindung, weil Elemente der Anlage (archimedische Schraube, automatische Waage, »hopper boy«, Transportbänder, verbesserte Mahlgänge und Wasserräder) länger bekannt seien. Auch Jefferson wertete die Arbeit herab, als er als Sachverständiger vor dem amerikanischen Kongreß erklärte, die Details der Anlage seien schon vorher bekannt gewesen [1058] Evans verlor daraufhin sein Patent.

Das Unverständnis, das die Zeitgenossen Evans entgegenbrachten, kann dadurch erklärt werden, daß er einen neuen Ingenieurtypus, den des Produktionsanalytikers, repräsentierte, der die Steuerung entwickelt, Abläufe plant, erprobt und in die Praxis umsetzt. Die Frage des Patentschutzes für diese Leistungen ist bis heute aktuell, denn Patente gelten im wesentlichen für Konstruktionszeichnungen, Maschinen u. ä.; Software, Programme, die lediglich auf Magnetbändern oder Disketten existieren, weder gedruckt noch auf dem Bildschirm sichtbar gemacht werden können, sind kaum faßbar und deshalb im Patentrecht weithin noch nicht erfaßt.

Preußens Niederlage 1806/07 und die tiefe Krise seines politisch-gesellschaftlichen Systems erzwangen Änderungen im Wirtschafts- und Gewerbebereich. Der preußische Staat versuchte nun, durch gezielte Förderung die Industrialisierung voranzutreiben, indem er Ausbildungsstätten (z. B. 1810 die Berliner Universität, 1821 die Gewerbeschule, 1827 das Gewerbeinstitut) schuf, neue Rahmengesetze (z. B. Gewerbefreiheit) beschloß oder Wirtschaftsvereine (1821 Verein zur Beförderung des Gewerbefleißes) ins Leben rief. Zweck dieser Institutionen war es, Forschung und Ausbildung auf ein höheres Niveau zu heben, die Initiativen der Unternehmer zu unterstützen und den Technologietransfer aus dem Ausland zu fördern.

Im Mühlenbaubereich führten die genannten Maßnahmen zur schnellen Modernisierung der bestehenden Maschinen und Anlagen. Förderer dieser Entwicklung waren Beuth, Schwahn und Wiebe. Beuth, Vorsitzender des Gewerbevereins und Direktor des Gewerbeinstituts, erkundete ausländische Mahlverfahren und Mühlenkonstruktionen.

Derartige Erkenntnisse wurden häufig illegal auf dem Wege der Werkspionage beschafft. [1059] Schwerpunkt waren die Untersuchungen englischer Mühlen und der von Evans. Wulff und Ganzel bereisten im Auftrag des Gewerbeinstituts England und Amerika, sammelten Unterlagen, fertigten Zeichnungen an und analysierten Produktionsabläufe. [1060] Ergebnisse dieser Arbeit waren u. a. die Einführung des Steinkrans und des »hopper boys«, verbesserte Sichtermethoden sowie die Einrichtung von Transportbändern, Schneckenförderung und Elevatoren.

Die Berichte des Vereins zur Beförderung des Gewerbefleißes zeigen die Dynamik der damaligen Entwicklung. Themen waren z. B.:

- »Ueber die Benutzung der Kräfte der Gefangenen in den Strafanstalten und Zuchthäusern.« [1061]
- »Die neuesten Erfahrungen über den Gebrauch der Trittmühlen.« [1062]
- »Bericht der Abtheilung für Mathematik und Mechanik über die Schrift des Fabrikunternehmer Herrn A. d'Heureuse, den Bau der Roßmaschine mit Stufenwalzen betreffend.« [1063]
- »Ueber den Widerstand der Getreidekörner am Umfang des Läufers beim Vermahlen.« [1064]
- »Ueber einige Verbesserungen an Mühlen.« [1065]
- »Versuche mit horizontalen Wasserrädern.« [1066]

– »Ueber die Sharp-Robertssche Mahlmühle mit excentrischen Steinen, und die Steine aus Bergerac.« [1067]
– »Konstruktion eines oberschlächtigen Wasserrades mit beweglichen Trögen statt der Zellen, in Form halber Cylinder, welche sich selbst um ihre Axe drehen und im tiefsten Scheitelpunkt zum Ausguß gebracht werden.« [1068]
– »Ueber die Zusammensetzung von Mühlsteinen aus inländischem Gestein, nebst den von dem Mühlenbaumeister Ganzel, in Ohlau, veranstalteten Versuchen.« [1069]
– »Ueber einen Apparat zum Trocknen des Mehls und die mit demselben angestellten Versuche.« [1070]

Der Tätigkeit des Vereins und auch des Instituts ist es zu verdanken, daß die Arbeitsergebnisse von Euler [1071], die früher unbeachtet geblieben sind, ebenso wie die von Bernoulli, Smeaton oder Coulomb den preußischen Ingenieuren vorgestellt wurden. [1072]

Im 18. Jh. waren – insbesondere durch Mathematiker – wichtige Erkenntnisse für die Optimierung der Mühlentechnologie und Müllerei erbracht worden. Bernoulli befaßte sich bereits 1738 damit, die Neigung der Flügelflächen gegen die Flügelebene so zu bestimmen, daß eine maximale Ausnutzung der Windenergie möglich wird. Ferner entwickelte er aus der Elastizitätstheorie die Stoßtheorie des Wassers und lieferte erste Berechnungen für die Kraft des fließenden Wassers.

1752 erkannte Euler, daß sich die Luft an der Vorderseite der Flügel verdichtet und an der Rückseite verdünnt. Durch die Differenz von Druck und Sog entsteht der Stoß, der die Flügel antreibt. Indem Euler die Anstellwinkel zu den Flügelebenen berechnete, gelangte er zu einer Optimierung der Flügelkonstruktion. Er stellte fest, daß der Maximaleffekt einer so konstruierten Windmühle dreimal höher sein müßte als die Leistung herkömmlicher Mühlen.

Smeaton beschrieb 1759 bis 1766 seine Versuche an Windmühlenflügeln. Da eine Untersuchung mit Hilfe natürlichen Windes undurchführbar war bzw. keine Ergebnisse brachte, baute er Modellflügel, bei denen er die beim Drehen aufgewendete Kraft maß. Dabei verbesserte er sein Flügelmodell und gelangte auf empirischem Wege zur Optimierung des Anstellwinkels. Coulomb untersuchte 50 Windmühlen im Umkreis von Lille und entwickelte Näherungsformen für die Anstellwinkel ihrer Flügel.

Mühlenbaumeister standen all diesen Versuchen bzw. Abhandlungen reserviert gegenüber:

»Denn, anstatt daß man das physische Verhalten bei der Bewegung des Wassers, die Einwirkungen von Cohäsion und Adhäsion nebst der Temperatur hätte untersuchen sollen, hat man sich einseitig mit der Schwere beschäftigt, und ihre verschiedenen Wirkungen: Druck und Fall miteinander bald verwechselt, bald vermischt, bald für gleich angenommen, und in analytischen Rechnungen, unter Voraussetzungen, die in der Natur nicht existieren, sich verloren. Daher sind diese Berechnungen und Theorien nur unnütze Rechenexempel geblieben, die nirgends brauchbare Anwendungen haben finden können.

Dieser Vorwurf trifft besonders die Bernoullischen und Eulerschen Versuche und Rechnungen; von neuern Abschreibern, und Leuten, welche, ohne einmal Erfahrungen im Großen zu kennen, über diese Gegenstände geschrieben haben, will ich gar nicht reden.« [1073]

Andererseits werden Konstruktionen und Berechnungen schon für notwendig erachtet: »Da die Kenntnis der Windmühlen über dieselben gesagt worden, beweiset, und da man ganze Provinzen findet, in welchen selbst die Baumeister von den holländischen Windmühlen nichts verstehen; so wird es nicht überflüssig seyn, durch einige Zeichnungen die nutzbarsten und bequemsten Arten der Mahlwindmühlen vorzustellen und zu erklären.« [1074]

Die seit 1810 veränderte Einstellung zu theoretischen Erkenntnissen führte von Mühlenbüchern einer eher handwerklichen Tradition (Meißner, 1835; Kuhnert, 1836) zu mehr theoretisch orientierten Veröffentlichungen (Schwahn, 1847/52; Wiebe, 1861). [1075]

Die Gewerbe- und die Bauakademie übernahmen bei der wissenschaftlichen Entwicklung des Mühlen- und Maschinenbaus in Preußen, aber auch in anderen deutschsprachigen Ländern eine führende Rolle. Hier lehrte Schwahn, »ehem. Ober-Mühlen- und Bauinspektor«, dann »Kgl. Baurat«. Er stellt in seinem 1847 bis 1852 erschienenen sechsbändigen Lehrbuch u. a. umfassend die französischen, englischen und amerikanischen Mahlmethoden, die Jalousieflügel sowie die Windrose als automatische Steuerung der Holländermühle dar. Er gibt einen Überblick über sämtliche gebräuchlichen Mühlen, einschließlich der windgetriebenen Pumpmühlen, und über Getriebetechniken, für die er die Holzbauweise vorschlägt. Aus eigener praktischer Erfahrung als Mühlenbauer weist er auf die Lebensdauer einzelner Bauteile hin, die z. B. für intensiv genutzte Flügel 16 Jahre betragen soll. Schwahn ist aber auch Theoretiker: So stellt er mathematische Berechnungsmethoden für Flügel vor und entwickelt Wirtschaftlichkeitsberechnungen, betriebswirtschaftliche Ansätze für den Mühlenbau und -betrieb. Seine Lehrbücher verbinden die traditionelle Mühlenbaupraxis mit neuen wissenschaftlichen Erkenntnissen und gehen erstmalig über die holländische Literatur des 18. Jh. hinaus.

Schwahns Nachfolger Wiebe, der spätere 1. Rektor der Technischen Hochschule zu Charlottenburg, verwendet Schwahns Konstruktionen weiter, führt sie jedoch in Stahl und Eisen aus. Auch bei ihm sind Wind und Wasser die Hauptantriebsenergien für Mühlen, da die Dampfmaschinen noch zu teuer waren und zu große Bedienungsprobleme aufwarfen.

Neben dieser wissenschaftlichen Entwicklungslinie zeigen sich auch in den Berliner Mühlen- und Maschinenbaubetrieben eigenständige Neuerungen. In der Maschinenbauanstalt von Hummel entstand 1817 »die erste Schrootmühle mit eisernen Walzen, worin eine Walze schneller läuft, als die andere, und durch eine dritte Walze den andern das Getraide regelmäßig zugeführt wird«. [1076] Die Existenz dieses Walzenstuhls ist insofern wichtig, als man bisher angenommen hat, erste Versuche mit dieser Technik seien von Helfenberger 1821 in der Schweiz durchgeführt worden. [1077] Es gibt noch einen Hinweis, daß diese Vermahlungstechnik von Berlin ihren Ausgang nahm und auch bereits weiter verbreitet war, denn die Fa. Kudicke, Auf der Contrescarpe 49 (Münzstraße) [1078], stellte auch schon vor 1820 Walzenstühle her.

In den USA wurde Mitte des 19. Jh. die Windkraftforschung und -entwicklung intensiviert, da diese billige Energie reichlich vorhanden war. Halladay [1079] erfand 1854 eine Windturbine. Ihr Vorteil besteht darin, daß sie bereits bei schwachem Wind laufen kann, also schneller startet. Die vierflügelige Mühle setzt sich nicht so schnell in Bewegung, nutzt dann aber die vorhandene Energie wesentlich besser aus. Zwischen 1870 und 1900 sind 6,5 Mill. Turbinen in den USA gebaut worden. Mit ihnen wurde Wasser gefördert, wurde gemahlen, gedroschen, gehäckselt, geschnitten, gesägt und schließlich auch

Von der Weltausstellung in Philadelphia: Windmühlen auf dem Ausstellungsplatz. Nach einer Skizze unsers Specialzeichners Leo v. Elliot.

Amerikanische Mühlensysteme 1871

Strom erzeugt. Die erste Industrialisierungsphase in der amerikanischen Landwirtschaft fußte im wesentlichen auf der Ausnutzung von Windenergie.

Die Turbinenmühlen verbreiteten sich auch in Europa; z. B. baute die Maschinenfabrik Reinsch in Dresden Windräder [1080]. Sie wurden hier allerdings unter dem Aspekt der Stromerzeugung interessant. Der dänische Staat vergab für ein derartiges Projekt seit 1891 Forschungsgelder an La Cour, der zunächst das Grundmodell einer »Idealmühle« – einer vierflügeligen Mühle – entwickelte und folgendermaßen beschrieb:

»Die ideale Mühle.

a) 4 Flügel mit so wenig Widerstandsflächen wie möglich, namentlich an dem äussern Ende, gegen die Flügelspitze hin.

b) Die Flügelbreite ungefähr 1/4 oder 1/5 der Flügellänge und überall ungefähr gleich breit.

c) Die Flügelfläche beginnt ungefähr soweit von der Achse entfernt, wie 1/4 der Flügellänge ausmacht, so daß die Fläche sich über 3/4 der Flügellänge erstreckt.

d) Das Querprofil der Flügellänge ist nicht eine gerade Linie, sondern ist eingeknickt oder gebogen an einem Punkte, welcher 1/4 oder 1/6 der Breite von der Vorderkante entfernt ist: der Knick ist so stark, dass die Brechungskante um 3 bis 4 Prozent von der Sehne des Profils entfernt liegt (oder bei gebogenem Profil liegen würde). Dies gilt für die Flügelspitze: im Innern kann das Profil ganz gerade sein.

e) Die Schrägstellung, welche entweder nach der grossen oder der kleinen Flügelfläche, jedoch nach der Profilsehne gerechnet wird, beträgt an der Flügelspitze 10 Grad und nimmt regelmäßig zu, so daß sie bei 2/3 Abstand von der Achse 15°, bei 1/3 Abstand 20° beträgt und an der Achse 25° betragen würde.

f) Die Mühle soll so eingerichtet sein, dass die Flügelspitze mit einer Geschwindigkeit geht, welche 2,4 mal diejenige des Windes ausmacht, aus welchem man die grösstmögliche Arbeitsleistung zu erlangen wünscht. (Diese Windgeschwindigkeit wird im allgemeinen nahe an 6 oder vielleicht nur 5 Meter betragen.)« [1081]

Im Verhältnis zur Dampfmaschine bestimmt La Cour die Wirtschaftlichkeit der Mühle folgendermaßen:

»Mit der Mühle verhält es sich nämlich umgekehrt wie mit der Dampfmaschine und vielen anderen Maschinen: sie wird nicht verhältnismässig billiger dadurch, dass sie grösser wird; auf jeden Fall aber wird sie, wenn eine gewisse Grösse erreicht ist, verhältnismässig teurer, je mehr sie äusserlich wächst.« [1082] Dieser Hinweis hat große Aktualität, da zahlreiche heute bestehende Großwindkraftanlagen überdimensioniert und daher unwirtschaftlich sind. [1083]

Während La Cour eine großzügige Förderung erhielt [1084], beklagt sich sein deutscher Kollege Liebe aus Dresden: »Professor La Cour hat für die Durchführung seiner Versuche vom dänischen Staat bis zum Jahre 1903 rund 100 000 Kr. erhalten. Es ist erklärlich, daß eine solche verständnisvolle Unterstützung Arbeitslust und Eifer weckt. In Deutschland sind für die Versuche auf diesem Gebiete von den Behörden keine Subventionen erteilt worden.« [1085]

Erst als nach dem ersten Weltkrieg fossile Energie Mangelware war, setzte in Deutschland die Forschungsförderung in diesem Bereich ein. Vor allem in Bilaus [1086] Arbeiten zeigen sich Fortschritte bei der aerodynamischen Konstruktion der Windmühlenflügel. Erste Versuche im Windkanal führten zu interessanten Ergebnissen bei den Windwiderstandswerten (C_w), wodurch die Forschung von La Cour ergänzt wurde, denn Bilau stellte fest, daß die dreiflügelige Mühle eine optimale Windausnutzung erreicht. »Man glaubt

Windkraftwerk nach Honnef 1938 (Entwurf)

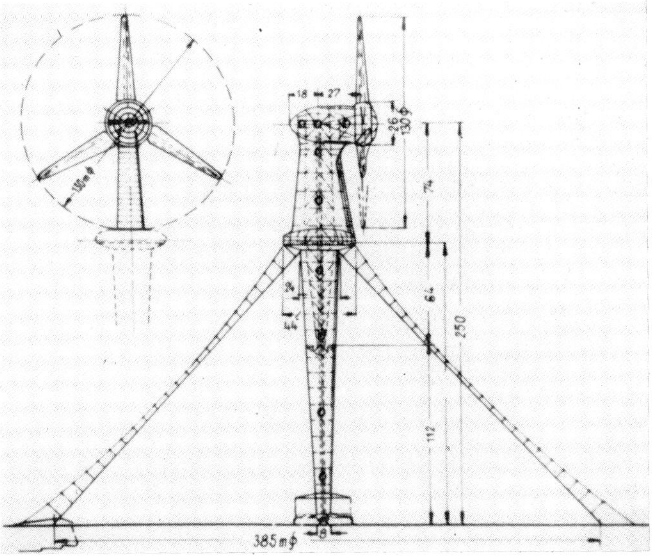

Windkraftwerk nach Kleinhenz 1943 (Entwurf)

höhere Leistungen zu erzielen, wenn man dem Winde mehr Flügelfläche bot. Also hat man verschiedentlich 5 Flügel, im Mittelmeer sogar 6–8 Flügel verwendet. Die Leistung sinkt aber mit der Flügelzahl. Wenn ein Sturm 2 Flügel vorübergehend vernichtete, so fuhr der Müller mit 2 Flügeln genau so kräftig wie früher, nur etwas schneller und ungleichförmiger. Bei 3 Flügeln wird die beste Leistung und Gleichförmigkeit erreicht, nur verstanden es die Müller bisher nicht, 3 Flügel genügend fest in der Nabe zu befestigen.« [1087]

Als wesentliche Neuerung sind seine Ventikanten, eine strömungsgünstige Verkleidung der Sturmbretter in Aluminiumbauweise, anzusehen, die den Wirkungsgrad der Flügel verdoppeln. Mit vollverkleideten Aluminiumventikanten, der letzten Entwicklung dieses Typs, versuchte Bilau das Mühlensterben aufzuhalten. Er stellte 1936 auf einer Ausstellung am Funkturm in Berlin eine moderne und leistungsfähige Bockwindmühle mit Ventikanten vor, die ansonsten die über 800 Jahre bewährte Grundkonstruktion beibehielt.

Bilaus Kollege Honnef [1088] entwarf in den zwanziger und dreißiger Jahren Großwindkraftwerke mit einer Leistung von 100 MW. In seinen Berechnungen der Wirtschaftlichkeit, Statik und Leistung qualifizierte er die Höhenwinde als besonders energiereich und propagierte ihre Ausnutzung, indem er Großwindanlagen auf Hochhäusern, an Küsten bzw. sogar auf schwimmenden Unterlagen entwarf. Eine der projektierten Konstruktionen ist 300 m hoch, eine Dimension, die keine bisher existierende Anlage erreicht.

Als der deutsche Faschismus im Rahmen seiner Autarkiebewegung vom Öl unabhängig werden

Windkraftwerk Growian

und Kohle einsparen wollte, wurden die Ideen von Bilau und Honnef aufgegriffen und am 10. 10. 1939 in Berlin die Reichsarbeitsgemeinschaft Windkraft (RAW) gegründet. Dieser gehörten zahlreiche Professoren der Technischen Hochschule Berlin an, u. a. Föttinger, Kloss, Pantell, Schleicher und Wille. Direktor der Einrichtung wurde Dieterich, später der Bewag-Direktor Prof. Hans Witte. Bilau, Honnef, Op de

Hipt, Kleinhenz, König, Triller, der Verein Deutscher Ingenieure sowie zahlreiche Verwaltungsbehörden wurden ebenfalls als Mitarbeiter genannt. Die deutsche Industrie vertraten u. a. Angehörige der Firmen Rhein-Metall, Borsig, Siemens, AEG, Krupp, Bewag, Hein-Lehmann & Co., Klöckner-Humboldt-Deutz, Wayss u. Freytag sowie Dyckerhoff u. Widmann [1089].

Eine Aufgabe der RAW war es, Versuchsanlagen zu bauen, die u. a. in Marzahn (Triller), in Bötzow, in Lichtenrade und in Barnim bei Potsdam (Honnef) errichtet wurden. Weiterhin sollten ausländische Forschungsergebnisse beobachtet und Probleme der Windenergie erforscht werden. In diesem Zusammenhang gab die RAW sieben Denkschriften, etliche Gutachten und Bücher heraus.

In Denkschrift Nr. 6 stellte F. Kleinhenz 1943 das Großwindkraftwerk MAN-Kleinhenz vor [1090], das bis zur Flügelachse 250 m maß; die Drehebene der drei Flügel hatte einen Durchmesser von 130 m. Der geschlossene Turm sollte mit 3 Seilen gehalten werden und die Leistung der Anlage 20 MW betragen. [1091] Die RAW existierte etwa bis 1947, als weltweit die Erforschung der Windenergie eingestellt wurde. Hans Witte [1092], der ehemalige Direktor, war seit 1945 Direktor des Kraftwerks Klingenberg. 1938 hatte er in einem Bericht die Wirtschaftlichkeit und Durchführbarkeit eines Großwindprojekts dargestellt, 1944 beendete er das Manuskript »Windkraftwerke«, das 1950 in der DDR erschien [1093], aber wenig Beachtung fand, weil weltweit die Ansicht vorherrschte, daß die Energieversorgung durch fossile Energieträger langfristig gesichert sei. Der Einsatz moderner Regelungstechnik berechtigt aber heute zu der Hoffnung, daß auch die Windenergie künftig als umweltfreundliche Energieform eine Renaissance erleben wird. [1094]

ANMERKUNGEN

[1] *Holtze, Friedrich:* Das Amt Mühlenhof bis 1600, Schrn. V. Gesch. Bln. (1893) 30

[2] Gundlach, Wilhelm: Geschichte der Stadt Charlottenburg. Berlin 1905

[3] *Kügler, Hermann:* Der Brand der Dammühlen, Z. V. Gesch. Bln. (1938)

[4] *Schmidt, Wilhelm:* Beiträge zur Geschichte der Mühlen Rixdorfs (Britz, Buckow, Rudow), Neukölln. Heimatverein, Mitteilungsblatt, 1960/61

[5] *Rieseberg, Hans Joachim:* Mühlen in Berlin. Berlin 1983

[6] *Pomplun, Kurt:* Von Häusern und Menschen. Berlin 1972

[7] Da derzeit ein Buch mit einer umfassenden Darstellung von Mühlentypen, deren Konstruktionsprinzipien und Funktionsweise auf dem deutschsprachigen Buchmarkt fehlt, wurde in entsprechenden Kapiteln eine komprimierte Darstellung der Entwicklung von Mühlentechnik und -technologie versucht.

[8] »sprecht Glück zu! Friede sei mit Dir und Deinem Haus«. 1. Sam. 25, 4–6, Übersetzung n. M. Luther

[9] *Seyer, Heinz:* persönl. Mitt., 1985
Folgt man den Angaben von *Tschiersch, Rudolf:* Zerkleinerung von Nahrungs- und Futtergetreide in Walzenstühlen, Leipzig 1982, S. 7, dann werden die ältesten bekannten Funde (bei Assuan, Oberägypten) »über Steingeräte zum Zerkleinern« auf ein Alter von 18 000 Jahren geschätzt. Bei *Grünert, Heinz:* Geschichte der Urgesellschaft, Berlin 1982, fanden sich die »ältesten Mahlsteine ... 18 000 Jahre alt« in Australien (S. 136), weitere Mahlsteine aus dem 16. bis 10. Jt. v. Chr. im oberägyptisch-nubischen Niltal (S. 163), aus dem 15. bis 8. Jt. v. Chr. in ausgedehnten Gebieten Nordafrikas und Südwestasiens (S. 161), aus dem 10. Jt. v. Chr. in Israel, Westjordanien, Syrien, Libanon (S. 162).
1947 gelang es H. Lies in Westeregeln, Kreis Staßfurt, zwei »kleinere Mahlsteine« zusammen mit Getreide, Erbsen und Scherben der Spiralbandkeramik zu bergen, nach der C_{14}-Methode aus der Zeit 4200 v. Chr. In: Ausgrab. u. Funde (1956) 2 u. (1963) 6, S. 293

[10] Zur Zerkleinerung der Körner benützt man bis heute den Druck, die Reibung und den Schlag, wobei diese drei praktisch immer gleichzeitig, aber unterschiedlich stark wirksam werden. Man unterscheidet *nach der vorherrschenden Wirkung* die Quetschmühle von der Reibmühle bzw. von der Stampfe, *nach der Form* die Sattelmühle und den Mahltrog.

[11] Die Quetschmühle (i. w. S.) wird hier als Sammelbegriff eingeführt für: Mahlstein, Reib(e)stein, Handmühlenstein, Mühlstein, Kornreibe(r), Quetschstein, Handschiebemühle, steinzeitl. Mahlsteine, Handreiber, Schiebemühle, Reibmühle, Mahlplatte mit Handreiber, Reibstein auf Steinplatten, Handmühle, Mahltrog, Reibeplatten, Ständer, Kornquetsche, Stößel, Handstein, Reibpfanne, Oberstein, Unterstein, Sattelstein, Steinmühle usw.

[12] *Goldmann, Kl.; Grünert, H.; Seyer, H.:* persönl. Mitt., 1984

[13] Berliner Tageblatt v. 11. 1. 1885
Undatierbare Quetschmühlensteine fanden sich in Berlin häufig, beispielsweise an der Stadtbahnseite des Alexanderplatzes, an der Rathausstraße, Ecke Spandauer Straße, oder auf dem jetzigen Friedrich-Ludwig-Jahn-Sportplatz an der Schönhauser Allee. Der Stein vom zuletzt genannten Fundort war ein Läufer (Granit), etwa doppeltfaustgroß, einseitig bearbeitet. Vgl. *Krügel, Max:* Die vor- und frühgeschichtlichen Funde der Bezirke 1 bis 6 von Berlin. Blätter für Vor- und Frühgeschichte *5* (1956) 3/4
Mahltröge aus Granit, wie sie besonders im Norden Europas vorkamen, fanden sich auch in Rudow (*Dorka, Gertrud:* Vor- und frühgeschichtliche Altertümer des Bezirks Neukölln. Berlin 1961) oder auf der Müllerecke an der Dahme bei Köpenick (*Herrmann, Joachim; Donat, P.:* Corpus archäolog. Quellen z. Frühgeschichte auf dem Gebiet der DDR [7.–12. Jh.]. Berlin 1979). Sie sind verlorengegangen. Eine Vorstellung von ihrem Aussehen vermitteln mehrere beschädigte Mahltröge, alle ebenfalls undatiert, aus dem Kreis Kyritz, die auf dem Hof des Heimatmuseums Wusterhausen lagern. Der größte Trog ist 45 cm hoch, innen 33 cm breit, bis zur Bruchstelle 67 cm lang und 28 cm tief. Vor dem Heimatmuseum in Pritzwalk liegt ein Mahltrog, der bei einer Breite von 31 cm sogar 36 cm tief ausgearbeitet worden ist. Es fanden sich auch niedrige Mahltröge, die in ihrem Aussehen den meist abgebildeten ägyptischen Mahlsteinen ähneln. Im Mecklenburger Raum wurden die Mahltröge noch in der spätrömischen Kaiserzeit (bis 400 n. Chr.) benutzt (*Keiling, Horst:* persönl. Mitt., 1984, und Neue spätkaiser- und völkerwanderungszeitliche Funde aus dem Bezirk Schwerin. In: Ausgrabungen und Funde. Bd. 24, 1979). Auf der Insel Usedom führten sie den Namen »Hünenhakken«. Über die Herkunft dieser Steine herrschte bei den Landleuten kein Zweifel. »Sie waren ursprünglich von Regen erweichte Thonklöße, in welche einer der Hünen, von denen vor Zeiten die Insel bewohnt wurde, mit dem hinteren Ende des Fußes getreten und den Eindruck der Hacke bis zur schmalsten Stelle der Fußsohle zurückgelassen hatte, später ist der weiche Ton verhärtet und versteinert.« Augenscheinlich hat die Vertiefung mit der Form einer menschlichen Hacke (Ferse) die größte Ähnlichkeit, und die Größe »... kann nicht befremden, wenn man aus dem Umfange der dort in Menge vorhandenen Hünengräber auf die Gestalt der dort begrabenen schließt« (Baltische Studien, 17. Jg. Stettin 1858 [Grimm-Sammlung], S. 13–16)

[14] *Müller, Adriaan v.:* Die jungbronzezeitliche Siedlung von Berlin-Lichterfelde. Berlin (West) 1964

[15] Nach H. Gleisberg soll der Mörser (Stampfe) sich selbständig entwickelt haben und, auch älter als die Quetschmühle, ein Vorläufer der Stampfwerke und Hämmer gewesen sein (*Gleisberg, Hermann:* Technikgeschichte der Getreidemühle. München 1956a, S. 9; *Grünert, Heinz*, 1982; *Tschiersch, Rudolf*, 1982, S. 7).

[16] *Stüdtje, Johannes:* Mühlen in Schleswig-Holstein. Heide in Holstein 1969

[17] *Stokar, W. v.:* Die Urgeschichte des Hausbrotes. Leipzig 1951

[18] Funde von geröstetem Getreide 1974 im Raum Halle/Magdeburg, geringere Mengen mit einem nachweisbaren Alter von 4500 Jahren und 30 kg mit einem Alter von 2500 Jahren (vgl. *Tschiersch*, S. 8) und Funde in Berlin-Marzahn (*Seyer, H.*: persönl. Mittl., 1984) könnten v. Stokars Theorie stützen.

[19] *Schüler, Lothar:* persönl. Mitt., 1985

[20] Das Anrösten bewirkt neben der Spelzenabtrennung und dem Sprödemachen des Korns durch enzymatischen Abbau der Kohlenhydrate und des Eiweißes eine verbesserte Verdaulichkeit und Backfähigkeit.

[21] Dies gilt auch für die sechs benachbarten Bezirke um Berlin (*Keiling, Horst; Geisler, Horst;* persönl. Mitt., 1984). Oder hatte man Stampfen oder Mörser aus Holz benutzt?

[22] Die Ähren wurden mit dem Erntemesser, nach dem Fund in Britz, einem sägeartigen Stein (etwa 3,5 × 2,5 cm), von den Halmen getrennt. Dabei ist der Stein »durch den im Getreidehalm enthaltenen Kiesel poliert« und mit einem »lackartigen Glanz« (Glanzpatina) versehen worden.

[23] *Dorka, Gertrud* (1961)

[24] Runde Steine werden auch als Formsteine, rundliche Steine mit abgerundeten Ecken – ihre Bedeutung ist noch unklar; vielleicht waren es Vorläufer des Hammers? – dagegen neu-

tral als Klopfsteine bezeichnet. Allein in Berlin-Marzahn sind 53 dieser im Mittel gut faustgroßen Klopfsteine gefunden worden (*Seyer, Heinz:* persönl. Mitt., 1984).

[25] *Hennig, Egon:* Studien zum Mahlvorgang an ur- und frühgeschichtlichen Getreidemühlen, Ethnograph.-archäolog. Zeitschr. (1966) Bd. 7. In der jungbronzezeitlichen Siedlung von Berlin-Lichterfelde fand man einen Bodenstein ($D = 30$ bis 35 cm, 24 cm hoch) im windgeschützten Winkel eines Hauses (6 × 8,5 m) und seines Anbaus (2 × 2 m). Wohl um ein Abkippen zu verhindern, hatte man ihn mit kleinen Steinen abgestützt (*Müller, Adriaan v.*, 1964). Aus der Bucher Siedlung (um 1000 v. Chr.; Klinikum MB I, zwischen den Häusern 115, 128 und 129) konnte A. Kiekebusch 1910 mehrere Läufer bergen (*Kiekebusch, Albert:* Die Ausgrabung des bronzezeitlichen Dorfes Buch bei Berlin, Berlin 1923). Von einer anderen Bucher Siedlung (10. bis 8. Jh. v. Chr.; westlich der Karower Chaussee, in Höhe R.-Rößle- bzw. E.-L.-Heim-Straße, 1982 gefunden) stammen ein Bodenstein (37 × 22 cm, 9 cm hoch, plan, Granit) und einige faustgroße Läufer. (*Horst, Fritz:* persönl. Mitt., 1984).

[26] Ähnlich wären die kugelförmigen Steine als Grabbeigaben in einem Dreifachgrab der Kugelamphorenkultur (Ende des 3. Jt., v. Chr.) oder in einem Körpergrab der mittleren Bronzezeit (um 1300 v. Chr.; Waldsiedlung Menz bei Magdeburg) zu deuten, falls es sich um Quetschmühlensteine handeln sollte. In diesem Fall könnten sie nach H. Lies nur symbolhaft als Teil eines Ganzen, so wie es bei vielen Gebrauchs- oder Schmuckgegenständen beobachtet wurde, dem Toten ins Grab gegeben worden sein (*Lies, Hans:* Die vor- und frühgeschichtlichen Drehmühlensteine im Bezirk Magdeburg [Entwicklungsgeschichte der Drehmühle], Jschr. mitteldt. Vorgesch. [1963] 47.).

[27] Die zuletzt genannten Funde wurden als »Versenkungsopfer« gedeutet, wobei vom Ausgräber an einen einmaligen Vorgang gedacht wird (*Horst, Fritz:* Die jungbronzezeitlichen Stämme im nördlichen Teil der DDR. In: Mitteleuropäische Bronzezeit. Berlin 1978).
Häufig hatte man in dieser Zeit intakte Quetschmühlensteine beim Hausbau in die Pfostengruben geworfen, z. B. in Zedau/Altmark. Auf deren ebenfalls kultische Bedeutung wies ihr Ausgräber Fritz Horst (persönl. Mittl., 1984) ausdrücklich hin. In der Siedlung von Berlin-Lichterfelde konnte A. v. Müller (1964) »Bruchstücke von großen, scheibenförmigen Reibern mit horizontaler Reibfläche (bergen), die dort teilweise in Zweitverwendung zum Verkeilen von Hauspfosten genutzt worden waren«.
Aus der ältesten Bronzezeit fand sich ein Skelettgrab, das nur aus verbrauchten Mahltrögen der Jungsteinzeit umsetzt war. In der mittleren Bronzezeit diente ein riesiger Mahltrog als Aschenbehälter (*Geschwendt, F.:* Wie alt sind die drehbaren Mahlsteine in Schlesien? In: Altschlesien, Bd. 7 [1938] 2,). Eine komplette Quetschmühle hatte man als Grabsteinsetzung bei einem Grab der Lausitzer Kultur in Sachsen verwendet (*Hennig, Egon*, 1966).

[28] Im Grab 5 dienten ein schwärzlicher und ein rötlicher Bodenstein diesem Zweck; im Grab 6 stand eine doppelkonische Knochenbrandurne aus Ton (34,5 cm hoch, 42 cm größte Breite), mit einer umgekehrten Terrine bedeckt, auf einem Läuferstein (9 × 21 cm, Granit) (*Kaeber, Ernst:* Lichtenberg. Berlin, 1935; *Horst, Fritz:* persönl. Mitt., 1984).

[29] Bei den aus dem 1. Jh. v. Chr. stammenden vier Quetschmühlen-Bodensteinen, die u. a. 1984 bei den Grabungen 800 m südlich vom heutigen Hellersdorf in einer Wasserschöpfstelle (150 m östlich der ehemaligen Hellersdorfer Straße bzw. etwa 100 m östlich der Mündung Alte Hellersdorfer/Hellersdorfer Straße) an einem Zuflußgraben der Wuhle gefunden wurden, könnte es sich nach H. Seyer ebenfalls um ein Versenkungsopfer im Rahmen eines Agrarkults zur Förderung der Fruchtbarkeit der Felder gehandelt haben (*Seyer, Heinz:* persönl. Mitt., 1984, 1985).

[30] Hennig, Egon (1966)
Nach H. Grünert (1982, S. 98) lebten als »Gesellungseinheit« der Urmenschengruppen je Haus zehn bis zwanzig Bewohner zusammen. Nach H. Seyer (persönl. Mitt., 1985) bestand zur Zeit der Benutzung von Quetschmühlen eine »Wirtschaftseinheit« aus drei (bis vier) Generationen (drei Großeltern, sieben Eltern und Geschwister, mehr als fünf Kinder), d. h. aus etwa zwölf Erwachsenen (»Vollpersonen«). Damals brauchte ein Erwachsener zur Ernährung täglich (neben Fleisch, Fisch, Wurzelgemüse, Beeren usw. als Beinahrung) etwa 0,5 bis 0,6 kg Getreide zur Brei- oder Fladenherstellung. Die Angaben schwanken zwischen 0,5 bis 1,3 kg (*Rudolph Berthold:* persönl. Mitt., 1985). E. Hennig (1966) benötigte, um 1 kg Getreide zu grobem Mehl zu verarbeiten, auf seinen Quetschmühlen 180 bis 40, im Durchschnitt 120 Minuten. Rechnet man mit einer durch die Routine beim täglichen Mahlen bis um 50 % höheren Mahlleistung, dann mußten für den Bedarf einer Gesellungs- oder Wirtschaftseinheit täglich mindestens 6 Stunden Mahlarbeit auf der Quetschmühle geleistet werden

Mahlleistung

Um 1 kg Getreide zu grobem (Schrot-) Mehl zu verarbeiten, werden auf einer

Quetschmühle (n. E. Hennig im Durchschnitt)	etwa 120 min
(n. G. J. Ptuschkina, s. u.	etwa 60 min)
Drehmühle	etwa 17 min
mittelalterlichen Handdrehmühle	etwa 30 s
einem Schrotgang einer Windmühle (D=1,30 m)	etwa 12 s
einem modernen Doppelwalzenstuhl je Walzenpaar (mit 1000 mm Walzenlänge)	etwa 1 s

benötigt (vgl. *Ptuschkina, Galina Jefimowna:* Rund um die Mühle, Leipzig 1983, S. 20).

[31] *Wagenbreth, Otfried* (Vortrag, Bernburg, 1982)

[32] Die Drehmühle stellte die einfachste Form des Göpels dar, bei dem *durch Muskelkraft, über einen Hebel* (Stange, Trittbrett, Scheibe), *eine* (senkrechte, schräge, liegende) *Achse gedreht wurde, um* (ohne oder über ein Getriebe) *Werkzeug* (Mahlgänge, Stampfen usw.) *zu betreiben.*

[33] *Gleisberg, Hermann* (1956a)

[34] *Grünert, Heinz* (1982 und persönl. Mittl., 1984)

[35] *Gleisberg, Hermann:* Die Drehmühle von Urartu, in: Die Mühle + Mischfuttertechnik, 1982, H. 51/52, S. 736
Maywald, B.; Saalbach, A.; Wagenbreth, O.: Wind- und Wassermühlen als technische Denkmale. Berlin 1983

[36] *Gleisberg, Hermann* (1956a)

[37] *Wózniak, Zenon:* Der Einfluß der Kelten auf polnischem Gebiet in der Eisenzeit. In: *Hermann, J.; Sellnow, Irmgard:* Produktivkräfte und Gesellschaftsformationen in vorkapitalistischer Zeit. Berlin 1982

[38] *Schwarz, Alois:* Alte Mühlen im südwestlichen Münsterland. Sythen 1984

[39] *Lies, Hans* (1963)
Hopf, Leo: Taschenbuch für Müllerei und Mühlenbau, 2. Aufl., Leipzig 1938. W. v. Stokar (1951, S. 89) glaubte allein wegen des zeitgleichen Auftretens der Drehmühlen im Mittelmeerraum und einiger Drehmühlen, wie in Beichau, an eine eigenständige Entwicklung. Ihm genügten diese wenigen Funde, »um die Unabhängigkeit unserer Kulturentwicklung vom Mittelmeer auch auf diesem Gebiet unter Beweis zu stellen«. Die »römischen Mühlen« wären »von den Germanen nicht übernommen« worden und die konkav-konvexen Mühlen im germanischen Raum selten. H. Lies (1963, S. 314) wies auf die »annähernd« horizontale, d. h. plane Mahlfläche hin. »Sollte es sich hier nicht nur um eine lokale Erscheinung handeln (z. B. in Wahlitz, Kreis Burg), sondern durch weitere Funde im norddeutschen Raum belegt werden, so kann daraus auf eine bodenständige Eigenentwicklung geschlossen werden.« Die Einführung von konkav-konvexen Mahlflächen dürfte dann sekundär nach provinzialrömischen Vorbildern erfolgt sein.
H. Lies (1963) benutzte für seine formenkundliche Gliederung als Kriterien: die äußere Gestalt der Steine, die abnehmende Steinhöhe, die Form der Mahlfläche (plan oder konkav-konvex mit Neigungswinkel NW), die Art der Bohrung

im (Läufer oder) Bodenstein und die Schluckausbildung. *Typenschema* (zusammengestellt vom Verfasser):

I. plan, abgerundetes Spurloch
II. konkav-konvex mit NW 15° bis 10°, zylindrisches Spurloch
III. konkav-konvex mit NW etwa 8°, Bodenstein durchbohrt
IVa. plan, Bodenstein zylindrisch durchbohrt, Abstandsänderung durch untergelegte Holzscheiben
IVb. plan, Bodenstein mit konisch nach unten erweitertem oder zwerchartig verengtem Bodenloch
V. plan bis NW 4°, mit Schluck (S. 320)
VIa. plan, Bodensteinbohrung konisch nach unten erweitert, mit Mahlbahn (bei einem Fund)
VIb. konkav-konvex, sonst wie VIa.

Diesen Kriterien kann der Verfasser nicht zustimmen. So ist beispielsweise die äußere Gestalt der Drehmühlen zwar bemerkenswert, aber nicht meßbar, d. h. für ein Schema schlecht verwertbar. Ähnliches gilt für die Formen der Steindurchbohrungen und vom Schluck.

Bei den Steindurchbohrungen hat man stets den Eindruck, daß die Mühlensteinhauer, den Stein auf beiden Seiten bearbeitend, eine möglichst zylindrische Bohrung schaffen wollten bzw. daß sie die Bohrungen, in der trichterförmigen Tiefe pickend, oft nur so weit machten, wie es ihnen (aus welchem technischen Grund?) notwendig erschien. So dürften die sanduhrförmigen Verengungen zu deuten sein. Unterschiede ergaben sich als Fehler durch Schwierigkeiten bei der Bearbeitung und entstanden durch den Gebrauch, wenn z. B. durch Abnutzung aus einem Doppeltrichter (»Sanduhr«) eine »Erweiterung der Bohrung« nach oben oder nach unten entstanden war. Dabei sind örtliche Varianten in einem solch großen Verbreitungsgebiet vorauszusehen, z. B. ein rechteckiger oder ovaler Mahlmund – vgl. *Gringmuth-Dallmer, Eike:* Ein Hortfund landwirtschaftlicher Geräte von Guhrow, Kreis Cottbus. In: Z. f. Arch. (1975) 9 (Abb. 4 u. S. 294)

Weiterhin sollen nach J. Herrmann (1966) schon Anfang des 8. Jh. in Tornow selbst die aus heimischen Geschieben hergestellten Drehmühlen eine differenzierte Mahlfläche, »eine Bahn zur Grobzerkleinerung (Schluck) und . . . eine besonders ausgebildete Mahlbahn« (»etwa 10 bis 15 cm vom äußeren Rand«), besessen haben (*Herrmann, Joachim:* Tornow und Vorberg. Ein Beitrag zur Frühgeschichte der Lausitz. Berlin 1966).

Ob man damals wirklich bewußt versucht hatte, einen einfachen Schluck in das »Herzstück« des Steins einzuarbeiten, ist kaum zu beurteilen, wurde doch jeder Schluck durch Abnutzung weggearbeitet, selbst wenn man ihn vorsorglich besonders groß angelegt hätte. Von Spuren einer Nacharbeitung ist bisher nichts berichtet worden. Weil auch die häufig beobachtete, ebenfalls durch Abnutzung enstandene Aufwölbung des inneren Randes des Bodensteins, selbst bei jüngeren Steinen, gegen eine regelmäßige Ausbildung bzw. Erneuerung des Schlucks spricht, ist letzterer für eine formenkundliche Gliederung, wie H. Lies es verdienstvollerweise versuchte, nicht zu verwerten (vgl. die Entwicklung des Schlucks, Kap. 2). Bei seinen Typen III, IVa und b sowie V sind, bis auf die komplette Mühle Magdeburg/Salbke, von ihm selbst alle Beispiele mit einem Fragezeichen versehen worden.

[40] Geschwendt, F. (1938)

[41] *Müller, Adriaan v.* (1964)

[42] *Wózniak, Zenon* (1982)

[43] *Lienau, M. M.:* Backofen, Mühle und Webstuhl in einer jungkaiserlichen burgundischen Siedlung. In: Mannus, Bd. 24, 1932

[44] Wir finden Drehmühlen mit einem sauber konkav ausgearbeiteten Spurloch, in dem sich, wie bei den Spindeltöpferscheiben, ein im Läufer befestigter hölzerner Zapfen gedreht haben könnte, aus dem Raum westlich der Elbe beispielsweise die genannte Drehmühle aus Burgtonna, Kreis Langensalza. Bei kräftig gewölbten, konkav-konvexen Mahlflächen besitzt die kurze zylindrische Bohrung des Bodensteins einen konkaven Boden, »sauber gearbeitet, so daß eine Kugel hineinpassen würde«, wie es H. J. Ruge (Gotha, 1984) bei einer persönl. Anfrage formulierte. Allerdings wirkt diese Mühle zu ausgereift, um wegen ihres großen Neigungswinkels innerhalb dieser Gruppe massiger Steine als ein Vorläufer zu gelten: der Mahlmund rechteckig mit senkrechten Wänden, die leicht eingewölbte Oberseite mit abgeschrägtem Rand und einer fast senkrechten Mantelfläche. Daneben gab es, wie bei den Drehmühlen aus den Kreisen Haldensleben oder Köthen (2. Jh., NW 13° bis 9°), sogenannte Spurlöcher mit einem fast planen Boden, der, wie bei der jüngeren Blocktöpferscheibe, an eine Befestigung des Zapfens im Bodenstein denken läßt. Man mag den Holzzapfen im Läufer oder im Bodenstein befestigt haben, sein seitlicher Abrieb bei der Drehbewegung dürfte in beiden Fällen gleich gewesen sein. Auch die Annahme der zwischenzeitlichen Nutzung einer Mühle, deren Läufer ohne Traverse exzentrisch um einen festen Zapfen im Bodenstein gedreht wurde, ist denkbar. Für die damalige Zeit, im Raum zwischen Elbe und Oder, ein technische Möglichkeit zur Abstandsregulierung der Steine zu erwarten, z. B. mittels einer hölzernen Traverse oder einer eisernen Haue, so wie sie Römer und Kelten schon benutzten, erscheint dagegen unlogisch, wenn man gleichzeitig den Läufer über 25 cm hoch, d. h. sehr schwer gemacht hat. Übrigens sind hölzerne Reste eines Zapfens oder einer Traverse bei der ersten Gruppe bisher nicht nachgewiesen worden, und ähnliche Fundlücken gibt es bei den Vorbildern, den Töpferscheiben. Von ihnen besitzen wir zwar beeindruckende Indizien, aber wer hat eine dieser vergänglichen Konstruktionen aus Holz gesehen?

[45] *Seyer, Heinz:* pers. Mitt., 1984; vgl. Anm. 52

[46] *Krüger, Bruno:* pers. Mitt., 1984
Wie E. Hennig (1966) durch praktische Versuche nachweisen konnte, war die Leistungsfähigkeit dieser Drehmühlen erstaunlich groß. Von ihm wurde die Drehmühle aus der Siedlung Burgtonna rekonstruiert. Er lehnte die Befestigung des Zapfens im Läufer ab und schlug einen runden Eichenzapfen in das nur 3,5 cm tiefe, konkav abgerundete Loch des Bodensteins. Der Läufer erhielt eine zylindrisch durchbohrte Traverse aus Eiche und wurde von oben so auf den völlig fest stehenden Zapfen gesteckt, daß dieser etwas über die Traverse hinausragte. Zum Antrieb diente ein mittels einer textilen Schlaufe am Läufer befestigter kleiner Stab. E. Hennig »mahlte 2 kg Weizen in 33 Minuten. Das Mahlgut bestand aus 640 g feinerem Mehl mit einigen groben Schroteinschlägen, das sich am inneren Rand (d. h. wohl nahe) der Mühle absetzte, 1 360 g gröberen Schrot bzw. graupenähnlichen Körnern im weiteren Umkreis davon. . . . das grobe Schrot- oder Graupenmehl konnte einem zweiten Mahlgang unterworfen werden. Dabei entstand wieder feineres und gröberes Mehl, jedoch keine Graupen mehr. . . . Während die Quetschmühle nur grobes Schrotmehl erzeugt, trennt die Drehmühle mit schräger Mahlfläche schon das Mahlprodukt in feineres und grobes Mehl.« Hennig glaubt, daß mit dieser Konstruktion auf allen genannten Drehmühlenmodellen hätte gemahlen werden können.
Die Aussage mag im Prinzip stimmen, erklärt aber nicht die Fragen, warum man sich der mühseligen Arbeit unterzogen hatte, den Boden des zylindrischen Spurlochs dieser Mühlen so sauber konkav auszuarbeiten, oder warum man das Spurloch zur besseren Befestigung des Zapfens nicht gleich tiefer als $D = 4$ cm gemacht hatte. Außerdem weisen auch die Holzreste bei Mühlen der folgenden Gruppe auf weitere konstruktive Lösungen.

[47] *Krüger, Bruno:* pers. Mitt., 1984
Harsema, O. H.: Handmalens, in: Bicker Caarten, A. et. al: Molens in Drenthe, Zwolle 1979

[48] Vgl. die Funde in Gudendorf und Oxstedt bei Cuxhaven (nach H. Lies, S. 317)

[49] Der Gruppe B1 (pl) wäre nach der Breite und Höhe die komplette Drehmühle aus Tornow, Kreis Calau, zuzuordnen. Sie stand innerhalb einer slawischen Fluchtburg (A, 7. bis 8. Jh.) in einem Mahlhaus in einer sogenannten Mahlgrube,

ähnlich der Grube von Booszen, Kreis Lebus. Es war wahrscheinlich der Standplatz des Mahlenden und der Platz für den Behälter zum Auffangen des Mehls (Herrmann, Joachim, 1966)

[50] *Seyer, Heinz:* pers. Mitt., 1983

[51] *Herrmann, Joachim; Donat, P.* (1979)
Die errechneten Durchschnittswerte für die Höhe und Breite der Steine in den einzelnen Gruppen sind als Anhalt zu betrachten. Das zeigt der Fund eines spätgermanischen Bodensteins aus dem 4. bis 5. (6.) Jh. Er fand sich bei den Ausgrabungen in Marzahn am Rohrpfuhl, 200 m östlich der ehemaligen Straße Geißenweide (plan; $D = 48$ cm außen, 3 cm innen, mit einem durch Abnutzung leicht aufgewölbten inneren Rand; zentrale Bohrung zylindrisch; nur 6 cm Steinhöhe; grobkörniger Granit; Fundstelle 1 049); nahebei geröstetes Getreide mit einem Bruchstück (Segment, 28 cm lang, 13 cm breit, 5,5 cm hoch). Beide Steine lagen unmittelbar östlich eines runden Grubenhauses ($D = 4{,}5$ m), »eindeutig zusammen mit germanischen Scherben mitten in einer Grube, wobei das Segment noch 10 cm unterhalb des ganzen Steines lag« (*Seyer, Heinz:* pers. Mitt., 1984). Aber warum sollte ein Stein, z. B. im 5. Jh., nicht auf 6 cm Höhe abgearbeitet worden sein?
Daß man Korn vor dem Vermahlen zunächst auf der Stampfe zerquetscht hatte, wie v. Stokar glaubte, konnte J. Herrmann (1966) zumindest für die Gruppe B widerlegen. Er beobachtete in Tornow zwischen den Mahlsteinen noch »unzerquetschte Roggenkörner, Weizenkörner und Mehl« (*Herrmann, Joachim,* 1966).

[52] *Herrmann, Joachim* (1966)

[53] *Schwarz, Alois* (1984)
Am Spandauer Burgwall 12 bis 23 konnte A. v. Müller eine 500 Jahre lang besiedelte Slawenburg (ursprünglich auf einer Insel) freilegen. Hinter ihrer Wallanlage der Phasen 2a und b – zu Tornow zeitlich parallel, jedoch niedriger – standen im Innenraum ($D = 25$ m) neun Häuser (4,50 × 4,50 m, Blockbauweise). Auf dem Wall am Ufer der Westseite (mit Tor) eine überdachte Palisade (1,70 m hoch), dahinter der Wehrgang (1,50 m breit); unter diesem, also hinter dem Wall, wurden ebenfalls, aber kleinere Getreidespeicher (1,70 m hoch) mit etwa 2 bis 3 Ztr. verkohlter Gerste, Weizen, Roggen und Hirse gefunden, jedoch ohne Drehmühlen. Etwa 30 Drehmühlen, meist Bruchstücke aus allen Bauphasen, hatte man aus dem Hafen am Ostufer und in der Burgstadt geborgen. Auffällig war die Konzentration der Drehmühlenfunde in bestimmten Gegenden des burgstädtischen Bereiches. A. v. Müller nimmt an, daß dort schon im 11. Jh. Bäcker gewohnt und das zum Backen benötigte Mehl selbst hergestellt hatten. (*Müller, A. v. :* pers. Mitt., 1985)
Bei Baggerarbeiten wurde aus der Havel, nahe der Insel Lindwerder (Berlin-West), ein flacher Läuferstein, den man zur jüngeren Gruppe B2 (kk) rechnen könnte, geborgen (poröses Gestein, jedoch »kein Sandstein«, $D = 40{,}7$ cm außen, 6,2 cm innen; 7,5 cm Steinhöhe, Neigungswinkel 9°, das Auge beiderseits abgerundet, konzentrische Mahlspuren; If 17 459) (*Museum für Vor- und Frühgeschichte, Berlin [West]:* pers. Mitt., 1983).
Während die Drehmühlensteine aus der Elbe, durch Bagger im Kieswerk Magdeburg/Salbke aus der Tiefe gefördert, wegen der Verschiedenheit der Steintypen, des teilweise guten Erhaltungszustandes und einer Fundplatzgröße von nur 25 × 40 m an einen Opferbrauch denken lassen (*Lies, Hans,* 1963), könnte es sich beim Mühlstein aus der Havel um einen Transportunfall gehandelt haben.

[54] *Herrmann, Joachim; Donat, P.* (1979)
Herrmann, Joachim: Slawen in Deutschland. Berlin 1970

[55] *Lies, Hans* (1963), S. 303,304
Mielke, Robert: Mühlensagen in der Provinz Brandenburg. In: Arch. d. Brandenburgia (1907) Bd. 12, S. 143
Mahltröge als Weihwasserbecken fanden sich in Sadenbeck (Kreis Pritzwalk), Verchen (Kreis Demmin), Eldena zu Greifswald, Swantow (Kreis Bergen).

[56] *Schwahn, G. G.:* Lehrbuch der praktischen Mühlenbaukunde. Berlin 1847/52

[57] Von 22 im deutschsprachigen Raum erhaltenen kostbaren Kunstwerken aus dem 15. Jh. befinden sich vier allein in Kirchen ehemaliger Zisterzienserklöster im Bezirk Rostock: im Mühlenaltar der Klosterkirche zu Doberan, im rechten Außenflügel des Hochaltars der Heilig-Kreuz-Klosterkirche in Rostock (*Grampp, Hans-Dieter:* Heilig-Kreuz-Kloster und Michaeliskirche in Rostock. In: Das Christliche Denkmal. Leipzig H. 118), im Mühlenaltar zu Retschow (Kreis Bad Doberan) und als Wassermühle im Schnitzaltar zu Tribsees (Kreis Stralsund) (*Sachs, H.; Badstübner, E.; Neumann, H.:* Christliche Ikonographie in Stichworten. Unter: Hostienmühle. Leipzig 1973). Ein weiteres Tafelbild mit einer Hostienmühle ist im Dom zu Erfurt an einem Pfeiler auf der Westseite angebracht (vgl. Kunstdenkmale der Stadt Erfurt, S. 278-280). Weitere Bilder befinden sich in der BRD (Nürnberg, St. Lorenz), Frankreich (Basilique de Vezelay), Österreich (St. Leonhard in Tamsweg, Land Salzburg), Schweiz (Münster zu Bern); vgl. *Rye-Clausen, H.:* Die Hostienmühlenbilder im Lichte mittelalterlicher Frömmigkeit, Christiana-Verlag Stein a. Rhein, 1981, und die »Göttliche Müly«, ein fliegendes Blatt von 1521, aus der Reformationszeit. In: *Gleisberg, H.:* Das kleine Mühlenbuch. Dresden 1956, S. 85.

[58] Praktische Mahlversuche auf einem Modell zeigten, daß vier bis sechs Mann an der langen Stangenkurbel den Mahlgang bequem in Bewegung setzen konnten. »Sie waren damit imstande, in einer Stunde zwei Zentner (= 1 Sack) Mehl zu mahlen.« (*Schulz, Heinrich:* Die mittelalterlichen Sakramentsmühlen in Mecklenburg. In: Mecklenburg. Monatshefte [1935] 11, S. 112).

[59] Deutscher Müller, vom 8. 1. 1909; *Grotesend, G. A.:* Gesetze und Verordnungen für den Preuß. Staat und das deutsche Reich 1806-1883. Düsseldorf 1884

[60] Erste Tretmühle um 230 v. Chr. von Philon aus Byzanz beschrieben (*Feldhaus, Franz Marie:* Ruhmesblätter der Technik, Bd. I, Leipzig 1924, S. 58, und Die Technik, München, 1970, S. 1186)

[61] Älteste Nachricht erst vom Jahr 1743 aus dem Mainzer Gefängnis (*Feldhaus, Franz Marie,* 1924, S. 61)

[62] *Weber:* Über Trittmühlen. In: Verhandlungen des Vereins zur Beförderung des Gewerbefleißes in Preußen *2* (1823), S. 139 f; *4* (1825), S. 142 f.

[63] *Rasch, Gustav:* Die dunklen Häuser von Berlin. Wittenberg 1863

[64] *Schwahn, G. G.* (1847/52)

[65] Bericht ü. Verwaltung der Stadt Berlin i. d. J. 1829-1840, Berlin 1842
Bericht ü. Verwaltung der Stadt Berlin i. d. J. 1841-1850, Berlin 1853
Friedel, Ernst: Die verwaltungsgeschichtlichen Berichte der Stadt Berlin, Z. V. Gesch. Bln. (1917) Bd. 50

[66] *Krünitz, Joh. Georg:* Ökonom.-technolog. Enzyklopädie. Berlin, u. a. Bd. 95,96

[67] *Roller, Heinrich:* Humoristische Erinnerungen aus dem alten Berlin, Berlin 1884
Nach damaligen Untersuchungen sollten »die Kräfte der Weiber im Durchschnitt zwei Drittel der Männer oder der Kraft eines jungen Mannes von 15 Jahren gleichkommen«. Man rechnete „auf ein Pferd 7mal mehr Kraft, als auf den Menschen«
Schwahn, G. G. (1847/52).
Um 1800 konnten nach Krünitz in 24 Stunden eine Wassermühle bei vollem Wasser 36 Berliner Scheffel, eine Windmühle bei mittelmäßigem Wind 24 Berliner Scheffel fördern. Von einer Roßmühle mit zwei Pferdekräften erwartete man in 24 Stunden höchstens 8 Scheffel. In dieser Zeit mußten die Pferde dreimal gewechselt werden.

[68] *Gleisberg, Hermann:* Technikgeschichte der liegenden und stehenden Vorgelege, Jb. Müllerei u. Mühlenbau, Leipzig 1959

[69] *Beyer, Johann Matthias:* Theatrum machinarum molarium oder Schau-Platz der Mühlen-Bau-Kunst, Leipzig 1735

[70] *N. N.* in: Verhandlungen des Vereins z. Beförderung d. Gewerbefleißes in Preußen, (1834) 13, S. 252f
Schwahn, G. G. (1847/52)

[71] *Beyer, Johann Matthias* (1735)

[72] *Antipenko, N. A.:* In der Hauptrichtung. Berlin: Militärverlag, 1982

[73] Für die Technik wurden u. a. benutzt
Leupold, Jacob: Theatrum machinarum, Schau-Platz des Grundes mechanischer Wissenschaften, Leipzig 1724
Beyer, Johann Matthias (1734)
Meltzer, Adam: Neu verbesserte Mühlenbaukunst, Bd. 3, Merseburg 1793
Ernst, Heinrich: Anweisung zum praktischen Mühlenbau, 4 Bde., Leipzig 1818
Kuhnert, Karl: Lehrbuch der Mühlenbaukunst, 2 Bde. Quedlinburg und Leipzig 1832
Meißner, W.: Anleitung zum Bau der Mahlmühlen, Hamburg 1832
Schwahn, G. G. (1847/52)

[74] *Krünitz, Joh. Georg:* a. a. O.

[75] *Pappenheim, Gustav:* Populäres Lehrbuch der Müllerei, Wien 1883

[76] *Simpson, F. Gerald:* Watermills and Military works on Hadrians Wall. Kendal 1976

[77] *Krünitz, Joh. Georg:* a. a. O.

[78] *Meißner, W.* (1835)
Nagel, C. L.: Über den Widerstand der Getreidekörner am Umfang des Läufers beim Vermahlen. In: Verhandlungen d. Vereins z. Beförderung d. Gewerbefleißes in Preußen (1835) 14

[79] *Schwahn, G. G.* (1847/52)

[80] *Neumann, Carl:* Wassermühlenbau, Berlin 1810
Obwohl die La-Ferté-Mühlsteine seit Jahrhunderten bekannt gewesen sein sollen, so stammt doch ihr guter Ruf erst aus dem Ende des 18. und Anfang des 19. Jh., nachdem die amerikanischen, dann die englischen Müller ihre Güte erkannt hatten (*M. Rühlmann*, Bd. II, 1865, S. 171). Den Amerikanern dürften wir aber kaum die Einführung des Schlucks verdanken. Zwar wurden nach Wulff und Ganzel (1832, S. 43) in Amerika die »Steine immer etwas kegelförmig gemacht und die Rückseite abgedacht«. Diese Kegelform des Schlucks im Sinne der Hohlführung war so geringfügig, daß Wulff und Ganzel, aber auch andere »praktische Müller«, wie C. L. Nagel (1835, S. 118) oder K. Kuhnert (1836, S. 209), die Aushöhlung der Mahlfläche »für falsch« hielten.
Oliver Evans (1795, vgl. Kap. 16) hatte dem Schluck (draught) ein ganzes Kapitel gewidmet: Danach müßten (S. 142) die Steine »so geschärft werden, daß sie am Auge den 16. bis 20. Teil eines inch (1 inch = 2,54 cm) Abstand haben« bzw. (S. 151) bei einem *D* des Steins von 5 foot (152 cm; 1 foot = 30,48 cm) sollte die Schluckbreite 10 bis 12 inch (25 bis 30 cm), die Schluckhöhe am Auge den 20. Teil eines inch, d. h. 1,2 mm, betragen.
Noch 1860 sollte nach Piot (zitiert nach Rühlmann, 1865, S. 175) bei den französischen Steinen (*D* des Steins = 1,2 m) die Höhe des Schlucks (Entrée) am Auge des Läufers 3 mm, am Auge des Bodensteins 0,5 mm, d. h. zusammen 3,5 mm betragen. Gleiche Werte zitierte Pappenheim 1883. Diese Schluckhöhe ist jedoch auch aus heutiger Sicht wirkungslos (*L. Schüler:* pers. Mitt., 1985). 1921 gab R. Sacher (Dippoldiswalde/Sa.) in seinem »Handbuch . . . für Gesellen- und Meisterprüfungen« als Schluckhöhe 6 bis 12 mm (1922 8 bis 12 mm) an. L. Hopf (1938, S. 399) forderte für einen *D* des Steins von 1,25 m eine Schluckhöhe am Auge von 20 bis 25 mm. Wir können also beim erwähnten Franzosen von einer praktisch planen Mahlfläche sprechen.

[81] *Schwahn, G. G.* (1847/52)

[82] *Wiebe, Friedr. Karl Herrmann:* Die Mahlmühlen. Stuttgart 1861

[83] *Bertrand, Jules:* Traité pratique élémentaire de la Meulerie à l'usage de la Meunerie. Paris 1874

[84] *Pappenheim* (1883)

[85] *Meißner, W.* (1832)

[86] *Schwahn, G. G.* (1847/52)

[87] *Krünitz, Joh. Georg:* a. a. O.

[88] *Reti, Ladislao:* Die wiedergefundenen Leonardo-Manuskripte der Biblioteca Nacional in Madrid. In: Technikgeschichte, Bd. 34, Nr. 3, Düsseldorf 1967

[89] *Krünitz, Joh. Georg:* Bd. 95, S. 29

[90] *Veranzio, Fausto:* Erfindungen von einst; herausgegeben von Berninger, Ernst H. Harenberg 1982

[91] *Peschke, Werner:* Die Mühlen der Mark im Mittelalter und ihre technische Einrichtung. Brdbg. Jb. (1937) 5

[92] *Gleisberg, Hermann* (1956b)

[93] *Beyer, Johann Matthias* (1735)

[94] *Krünitz, Joh. Georg:* a. a. O.

[95] *Grimm, J. und W.:* Deutsches Wörterbuch

[96] *Hinrichs, Carl:* Das Kgl. Lagerhaus in Berlin. Forsch. Brdbg. u. Preuß. Gesch., Bd. 44, 1. Hälfte

[97] *Nicolai, Friedrich:* Beschreibung der kgl. Residenzstädte Berlin und Potsdam. Berlin 1779 und 1786

[98] *Rachel, Hugo* (1931)

[99] *Krünitz, Joh. Georg:* a. a. O.

[100] *Frisch, Joh. Leonhard:* Teutsch-Lat. Wörterbuch, 1741
Krünitz, Joh. Georg: a. a. O.

[101] *Krünitz, Joh. Georg:* a. a. O.
Rachel, Hugo (1932)

[102] *Krünitz, Joh. Georg:* a. a. O.

[103] *Krünitz, Joh. Georg:* a. a. O.

[104] *Krünitz, Joh. Georg:* a. a. O.

[105] *Beyer, Johann Matthias* (1735), S. 115

[106] *Wikander, Örjan:* Vattenmöllor och möllare i det romerska riket. Lund 1980

[107] *Irmscher, Joh.:* Die Produktivkräfte im Spiegel der antiken Sklavenhalterideologie, S. 413. In: *Herrmann, Joachim; Sellnow, Irmgard:* Produktivkräfte und Gesellschaftsformationen in vorkapitalistischer Zeit. Berlin 1982
(K. Marx zitierte das Epigramm in der Übersetzung des berühmten Romantikers Christian Graf zu Stolberg, MEW, Bd. 23, S. 431.)

[108] *Wikander, Örjan* (1980)
Neyses, Adolf: Die Getreidemühlen beim römischen Land- und Weingut von Lösnich, in: Trierer Zeitschrift 46, 1983, 209–221

[109] *Claas, Wilh.:* Vergehende Welt, Jb. V. D. J. (1929) Bd. 19

[110] *Peschke, Werner:* Mühlenwesen der Mark Brandenburg. Dissertation 1937

[111] *Hoffmann, Richard:* Nuthemündung, Hakendamm und Burgwall Poztupimi. Zeitungsausschnitt, handschriftl. datiert: 8. 5. 31, aus Nachlaß von W. K.-H. Schäfer

[112] *Müller, Adriaan v.:* Spandau, eine bedeutende mittelalterliche Stadt in der Mark Brandenburg. In: *Hennig, E.; Vogel, W.:* Festschrift d. Landesgesch. Vereinigung f. d. Mark Brandenbg., Berlin 1984

[113] *Schäfer, K.-H.:* Potsdam, 1000jähr. Geschichte, 928-1929. Berlin 1929

[114] *Kania, Hans:* Das Problem des 1000jährigen Potsdam. In: Potsdamer Tageszeitung, Nachrichten aus Nowawes, v. 17. 8. 1929
Fritze, Wolfgang H.: Der slawische Aufstand von 983 – eine Schicksalswende in der Geschichte Mitteleuropas. In: Festschrift d. Landesgesch. Vereinigung f. d. Mark Brandenburg, Berlin 1984

[115] *Peschke, Werner* (1937)

[116] *Riedel, A. Friedr.:* Cod. Diplom. Band A VIII, S. 109

[117] *Riedel, A. Friedr.:* Cod. Diplom. Band A X, S. 182

[118] *Schmidt, Rudolf:* Von märkischen Mühlen und Müllern, Eberswalde 1914 u. Prenzlau 1926

[119] Historisches Ortslexikon für Brandenburg, Teil III, Havelland, bearb. von Enders, L., Weimar 1972
Faden, Eberhard: Die Spree im märkischen Berlin, Märk. Wandergruß, Berlin 1951
Kuntzemüller, Otto: Urkundliche Geschichte der Stadt und Festung Spandau. Spandau 1928

[120] *Peschke, Werner* (1937)

[121] *Peschke, Werner* (1937)

[122] »Die alten Mühlen bei Stralow. Die Mühlen, die jetzt auf dem Mühlendamm bei Berlin stehen, sollen in ganz alter Zeit oberhalb Stralow gestanden haben, da, wo die Spree den Rummelsburger See bildet, jedoch noch etwas stromaufwärts von der Stelle, die jetzt der Kreuzbaum und ehemals der Burgwall hieß. Mit Rudern oder Stangen kann man noch den Steindamm, der quer durch die Spree geht, fühlen, und leicht bemerken, daß sich zwei Vertiefungen in ihm finden, weshalb man in Stralow meint, daß die Mühlen zwei Gerinne gehabt haben. Daß übrigens dieser Damm ein künstlicher war, das beweisen einmal die behauenen Feldsteine, die man herausgeholt, dann aber auch die alten Eichenholzstücke, die von dem ehemaligen Gebälk der Mühle herrühren und durch das lange Liegen im Wasser so schwer geworden sind wie Steine, weshalb die Stralower Fischer Stücke davon statt der Steine an den Netzen befestigen« (*Handrick, E. Erich:* Müllersagen. Leipzig 1927, S. 163).

[123] *Jahn, Hans:* Bilder aus der Berliner Feldmark. Schrn. V. Gesch. Bln. (1940) 58, S. 57

[124] *Krüger, Bruno:* pers. Mitt., 1984

[125] *Herrmann, Joachim:* Wasserstand und Siedlung im Spree-Havel-Gebiet in frühgeschichtlicher Zeit. In: Ausgrabungen und Funde, 1959
Goldmann, Klaus: Märkische Kulturlandschaft. In: Ausgrabungen in Berlin, 1982

[126] *Herrmann, J.; Donat, P.:* Corpus archäologischer Quellen zur Frühgeschichte der DDR (7. – 12. Jh.). Berlin 1979

[127] *Krünitz, Joh. Georg:* a. a. O.

[128] *Schwahn, G. G.* (1847/52)

[129] *Ernst, Heinrich* (1818)

[130] *Meltzer, Adam* (1793)

[131] *Gleisberg, Hermann:* Das kleine Mühlenbuch. Dresden 1956b
Kosak, Georg: Katechismus der Einrichtung und des Betriebes der Wassermühlen. Wien 1884
Krünitz, Joh. Georg: a. a. O.

[132] *Gleisberg, Hermann* (1959)

[133] Staatsarchiv Potsdam, (STAP), Prov. Brandenburg, Kurmärk. Kriegs- und Domänen-Kammer, Rep. 2 D Amt Mühlenhof 13 090, II. Tl.

[134] STAP, Prov. Br., Rep. 2 D Amt Mühlenhof 13 108

[135] STAP, Prov. Br., Rep. 2 D Amt Mühlenhof 13 122

[136] *Gleisberg, Hermann* (1959)

[137] *Seyer, Heinz:* Die Ausgrabungen in der Nikolaikirche und die Anfänge Berlins. In: Geschichte und Wiederaufbau des Nikolaikirchenviertels in Berlin. Miniaturen zur Geschichte, Kultur und Denkmalpflege Berlins. Kulturbund der DDR, 1983, S. 18

[138] *Bauer, Roland; Hühns, Erik:* Berlin, 800 Jahre Geschichte in Wort und Bild. Berlin 1980
Herrmann, Joachim (1959)
Solger, Friedrich: Geologischer Spaziergang längs der Spree. In: Märk. Wandergruß. Berlin 1951
Solger, Friedrich: Betrachtungen zu den Ausgrabungen in der Nikolaikirche Berlin. Mitt. Landesgesch. Vereinigung Mark Brandenburg (1965) 50

[139] *Nicolai, Friedrich* (1779 und 1786)

[140] *Peschke, Werner* (1937)

[141] *Müller, Adriaan v.; Müller-Muci, Klara v.:* Die Ausgrabungen auf dem Burgwall in Berlin-Spandau. Berlin (West) 1983, S. 45

[142] *Eiselen, F.:* Die Umbauten des Mühlendamms in Berlin, Dt. Bauztg. (1893) 28
Kropp, Paul-Erdmann: Die geschichtliche Entwicklung des Staues am Mühlendamm in Berlin, Zb. Bauverw. (1941) 15
Märkisches Museum, Zettelkasten 45, Mühlendamm

[143] Märkisches Museum, a. a. O.

[144] *Fidicin, Ernst:* Berlin, historisch und topographisch. Berlin 1843

[145] *Müller-Mertens, Eckhard:* Die Entstehung der Stadt Berlin. Berl. Heimat (1960) 1
Peschke, Werner (1937)

[146] *Klehmet:* Beiträge zur Geschichte der märkischen Wasserstraßen bis 1600, Wochenschr. d. Architektenvereins Bln., III. Jg., 1908

[147] *Eiselen, F.* (1893)

[148] *Natzschka, Werner:* Berlin und seine Wasserstraßen. Berlin 1971

[149] *Borrmann, Richard:* Die Bau- und Kunstdenkmäler von Berlin. Berlin 1893
Holtze, Friedrich (1893)

[150] StadtA Bln.

[151] *Benseler, Gustav Eduard:* Griech.-Deutsches Schulwörterbuch. Leipzig 1900

[152] *Holtze, Friedrich* (1893)

[153] STAP, Prov. Br., Rep. 2 D Amt Mühlenhof 13 088

[154] *Fidicin, Ernst* (1843)

[155] STAP, Prov. Br., Rep. 7 Amt Mühlenhof 105

[156] *Natzschka, Werner* (1971)

[157] *Kertbeny, C, v.:* Berlin, wie es ist. Berlin 1831, S. 40

[158] *Geyer, Albert* (1936)

[159] Die Chronik der Cölner Stadtschreiber von 1542-1605. Schrn. V. Gesch. Bln. (1865) 1

[160] *Peschke, Werner* (1937)

[161] *Holtze, Friedrich* (1893)

[162] STAP, Prov. Br., Rep. 2 D Amt Mühlenhof 12 881

[163] *Girgensohn, J.:* Die ältesten Berliner Kämmerei-Rechnungen 1504-08. Berlin 1929

[164] STAP, Prov. Br., Rep. 2 D Amt Mühlenhof 12 881

[165] *Nicolai, Friedrich* (1779 und 1786)

[166] STAP, Prov. Br., Rep. 2 D Amt Mühlenhof 13 174

[167] Zentrales Staatsarchiv, Dienststelle Merseburg (ZSTA Merseburg), Rep. 9 AA12 Fasc. 1

[168] *Fidicin, Ernst* (1843)

[169] *Fidicin, Ernst:* Historisch-diplomatische Beiträge zur Geschichte der Stadt Berlin. Teil 1-5, 1837/1842

[170] Die Wendland'sche Chronik von 1648-1701. Schrn. V. Gesch. Bln. (1865) 1

[171] STAP, Prov. Br., Rep. 7 Amt Mühlenhof 22

[172] *Spiker, S. H.:* Berlin und seine Umgebungen. Berlin 1832

[173] STAP, Prov. Br., Rep. 7 Amt Mühlenhof 39

[174] Die Wendland'sche Chronik (1865)

[175] *Joseph, Dagobert:* Zur Geschichte des Mühlendammes. M. V. Gesch. Bl. (1893) 10

[176] *Joseph, Dagobert* (1893)

[177] *Borrmann, Richard* (1893)

[178] Märkisches Museum, a. a. O.

[179] Berlin und seine Bauten, 1876
Borrmann, Richard (1893)
Kügler, Herrmann (1937)

[180] *Küster, Georg Gottfried; Müller, Joh. Christoph:* Altes und Neues Berlin, Abtlg. 3. Berlin 1756

[181] Märkisches Museum, a. a. O.

[182] *Nicolai, Friedrich* (1779–1786)

[183] STAP, Prov. Br., Rep. 7 Amt Mühlenhof 22 u. 99
[184] STAP, Prov. Br., Rep. 2 D Amt Mühlenhof 13 181
[185] Die Wendland'sche Chronik (1865)
[186] STAP, Prov. Br., Rep. 7 Amt Mühlenhof 22
[187] *Fidicin, Ernst* (1843)
[188] *Die Chronik der Cölner Stadtschreiber* (1865)
[189] ZSTA Merseburg, Gen.-Dir. Kurm., Städtesachen 2, Tit. 115, Berlin, Sect. t, Mühlensachen und Bediente Nr. 6
[190] STAP, Prov. Br., Rep. 2 D Amt Mühlenhof 13 109
[191] *Rachel, Hugo* (1931)
STAP, Prov. Br., Rep. 2 D Amt Mühlenhof 13 117
[192] *Nicolai, Friedrich* (1779 und 1786)
Joseph, Dagobert (1893)
[193] *Küster, Georg Gottfried; Müller, Joh. Christoph* (1756)
[194] STAP, Prov. Br., Rep. 2 D Amt Mühlenhof 13 111
[195] STAP, Prov. Br., Rep. 7 Amt Mühlenhof 22
STAP, Prov. Br., Rep. 2 D Amt Mühlenhof 13 107
[196] STAP, Prov. Br., Rep. 2 D Amt Mühlenhof 13 066
[197] STAP, Prov. Br., Rep. 2 D Amt Mühlenhof 12 881
[198] STAP, Prov. Br., Rep. 2 D Amt Mühlenhof 13 066
[199] ZSTA Merseburg, Rep. 9 AA22
[200] ZSTA Merseburg, Rep. 9 AA22
[201] STAP, Prov. Br., Rep. 7 Amt Mühlenhof 22
STAP, Prov. Br., Rep. 2 D Amt Mühlenhof 13 066
[202] *Kropp, Paul-Erdmann* (1941)
[203] STAP, Prov. Br., Rep. 7 Amt Mühlenhof 22
[204] STAP, Prov. Br., Rep. 7 Amt Mühlenhof 22
[205] *Zekeli:* Die Verbreiterung des Mühlendamms und seine Neubauten, Der Bär (1893) 19
STAP, Prov. Br., Rep. 2 D Amt Mühlenhof 13 189
[206] *Küster, Georg Gottfried; Müller, Joh. Christoph* (1756)
[207] *Berlin und seine Bauten* (1876)
Gädicke, Joh. Christ. (1806)
Kropp, Paul-Erdmann (1941)
[208] Märkisches Museum, a. a. O.
[209] *Borrmann, Richard* (1893)
Eiselen, F. (1893)
Märkisches Museum, a. a. O.
[210] STAP, Prov. Br., Rep. 2 D Amt Mühlenhof 13 174
[211] ZSTA Merseburg, Rep. 9 AA13
[212] STAP, Prov. Br., Rep. 2 D Amt Mühlenhof 13 109
[213] ZSTA Merseburg, Rep. 9 AA22
[214] STAP, Prov. Br., Rep. 2 D Amt Mühlenhof 13 067 u. 13 109
[215] STAP, Prov. Br., Rep. 2 D Amt Mühlenhof 13 111
[216] STAP, Prov. Br., Rep. 2 D Amt Mühlenhof 13 067
[217] *Frisch, Joh. Leonhard:* Teutsch-Lat. Wörterbuch, 1741
[218] STAP, Prov. Br., Rep. 2 D Amt Mühlenhof 13 067
[219] *Hinrichs, Carl:* a. a. O.
[220] STAP, Prov. Br., Rep. 2 D Amt Mühlenhof 13 067
[221] STAP, Prov. Br., Rep. 2 D Amt Mühlenhof 13 135
[222] *Geyer, Albert* (1936)
[223] STAP, Prov. Br., Rep. 2 D Amt Mühlenhof 13 135
[224] STAP, Prov. Br., Rep. 2 D Amt Mühlenhof 13 122
[225] 1720 Klippmühle: neu gebaut mit sechs Gängen
1721 Neu-Werdersche Mühle: Änderung an drei Gängen des Petrinischen Werkes, 6 Wochen Stillstand
1721 Mittelmühle »rechter Seits«: Überholung mit sechs Gängen, 12 Wochen Stillstand
1722 Cöllnische Mühle ganz neu erbaut mit sieben Gängen, 14 Wochen Stillstand
1723 Berlinische Mühle: Überholung mit fünf Gängen, 7 Wochen Stillstand
1724 Mittelmühle »linker Seits«: Überholung mit sechs Gängen, 6 Wochen Stillstand
[226] STAP, Prov. Br., Rep. 2 D Amt Mühlenhof 13 137
[227] STAP, Prov. Br., Rep. 2 D Amt Mühlenhof 13 110
[228] STAP, Prov. Br., Rep. 2 D Amt Mühlenhof 13 137
[229] STAP, Prov. Br., Rep. 2 D Amt Mühlenhof 13 137
[230] *Rachel, Hugo* (1931)
[231] STAP, Prov. Br., Rep. 7 Amt Mühlenhof 19. Mühlensachen 1 715
[232] STAP, Prov. Br., Rep. 2 D Amt Mühlenhof 13 122
[233] *Kaeber, Ernst:* Die Papiermühle am Pankow-Fluß. In: Die Feldmühle, *17* (1943) 2-8
[234] STAP, Prov. Br., Rep. 2 D Amt Mühlenhof 13 109
[235] STAP, Prov. Br., Rep. 2 D Amt Mühlenhof 13 090 II. Tl.
Im Mai 1738 hatte der Ober-Mühleninspektor Eger nach einer dreitägigen Besichtigung das gesamte Mühleninventar seinem Nachfolger George Otto übergeben. Diesem unterstanden neben den Berliner Wassermühlen und der im Tiergarten gelegenen Mahl- und Schneidemühle, den drei Holländern vor dem Spandauer und Stralauer Tor auch die vier »Landt-Mühlen« in Pankow, Rixdorf, Weißensee und Lichtenberg. Die Versteigerung der drei letztgenannten Mühlen nach ihrer Fertigstellung erfolgte am 25. 1. 1732. Alle vier Landmühlen waren durchgehend von oben bis unten mit Eichenholz verbunden; die Außenwände, Dach und Giebel und die beiden Böden hatte man mit »Spundtbretter« beschlagen. Sie besaßen je zwei Ruten mit 24 Türen und einen Gang (STAP, Prov. Br., Rep. 2 D Amt Mühlenhof 13 083).
[236] STAP, Prov. Br., Rep. 2 D Amt Mühlenhof 13 088
StadtA Bln., Rep. 5 Grundeigentumsdeputation, Mühlenwesen 12 823
[237] STAP, Prov. Br., Rep. 2 D Amt Mühlenhof 13 083
[238] STAP, Prov. Br., Rep. 2 D Amt Mühlenhof 13 135
[239] STAP, Prov. Br., Rep. 7 Amt Mühlenhof, 19. Mühlensachen 1 688
[240] Stadtarchiv Berlin., Rep. 5 Grundeigentumsdeputation, Mühlenwesen 15 337
STAP, Prov. Br., Rep. 7 Amt Mühlenhof, 19. Mühlensachen 1 688
[241] StadtA Bln., Rep. 5 Grundeigentumsdeputation, Mühlenwesen 15 337
[242] ZSTA Merseburg, Gen.-Dir. Kurm. Städtesachen 2, Tit. 115, Berlin, Sect, t, Mühlensachen und Bediente Nr. 10
[243] STAP, Prov. Br., Rep. 2 D Amt Mühlenhof 13 090 II. Tl.
[244] *Küster, Georg Gottfried; Müller Joh. Christoph* (1756)
[245] StadtA Bln., Rep. 5 Grundeigentumsdeputation, Mühlenwesen 15 337 u. 15 095
[246] STAP, Prov. Br., Rep. 2 D Amt Mühlenhof 13 116
[247] Darstellung des auf dem Mühlendamm in Berlin am 3. 4. 1838 stattgehabten Brandes. Berlin 1838
Nicolai, Friedrich (1779 und 1786)
[248] *Martell, P.:* Zur Geschichte der kgl. Mühlen zu Berlin. Deutscher Müller *50* (1930) 13
Wiebe, Friedr. Karl Herrmann: Die Mahlmühlen. Stuttgart 1861
[249] Darstellung des auf dem Mühlendamm in Berlin am 3. 4. 1838 stattgehabten Brandes. Berlin 1838
[250] STAP, Prov. Br., Rep. 7 Amt Mühlenhof, 19. Mühlensachen 1 689
[251] *Nicolai, Friedrich* (1779 und 1786)
[252] *Martell, P.* (1930)
[253] *Büsching, Anton Friedrich:* Beschreibung einer Reise von Berlin über Potsdam nach Reckahn unweit Brandenburg. Leipzig 1775
Nicolai, Friedrich (1779 und 1786)
[254] *Hinrichs, Carl:* a. a. O.
[255] STAP, Prov. Br., Rep. 7 Amt Mühlenhof, 19. Mühlensachen 1 709
STAP, Prov. Br., Rep. 7 Amt Mühlenhof, 19. Mühlensachen 1 715
[256] *Küster, Georg Gottfried; Müller, Joh. Christoph* (1756)

[257] STAP, Prov. Br., Rep. 2 D Amt Mühlenhof 13 107
[258] *Büsching, Anton Friedrich* (1775)
[259] Nicolai, Friedrich (1779 und 1786)
[260] Märkisches Museum, a. a. O.
[261] STAP, Prov. Br., Rep. 2 D Amt Mühlenhof 13 107
[262] STAP, Prov. Br., Rep. 30 B Berlin- Mühlensachen 420
[263] *Krünitz, Joh. Georg:* a. a. O.
[264] STAP, Prov. Br., Rep. 42, 1 620
[265] STAP, Prov. Br., Rep. 7 Amt Mühlenhof, 19. Mühlensachen 1 717
[266] STAP, Prov. Br., Rep. 42, 1 620
[267] STAP, Prov. Br., Rep. 30 B Berlin Domänensachen 193
[268] STAP, Prov. Br., Rep. 7 Amt Mühlenhof, 19. Mühlensachen 1 716
[269] STAP, Prov. Br., Rep. 30 B Berlin Domänensachen 193
[270] STAP, Prov. Br., Rep. 7 Amt Mühlenhof, 19. Mühlensachen 1 717
[271] *Kügler, Hermann* (1938)
[272] Darstellung des auf dem Mühlendamm in Berlin am 3. 4. 1838 stattgehabten Brandes. Berlin 1838
[273] StadtA Bln., Rep. 5 Grundeigentumsdeputation, Mühlenwesen 7 961
[274] Darstellung des auf dem Mühlendamm in Berlin am 3. 4. 1838 stattgehabten Brandes. Berlin 1838
Kügler, Hermann (1938)
[275] *Müller, Konrad:* Zum »Brand der Dammühlen« Z. V. Gesch. Bln. (1938) 2
[276] Darstellung des auf dem Mühlendamm in Berlin am 3. 4. 1838 stattgehabten Brandes. Berlin 1838
[277] *Kügler Hermann* (1938)
[278] Darstellung des auf dem Mühlendamm in Berlin am 3. 4. 1838 stattgehabten Brandes. Berlin 1838
[279] *Zekeli* (1893)
[280] Darstellung des auf dem Mühlendamm in Berlin am 3. 4. 1838 stattgehabten Brandes. Berlin 1838
Kügler, Hermann (1938)
[281] STAP, Prov. Br., Rep. 7 Amt Mühlenhof, 19. Mühlensachen 1 718
[282] STAP, Prov. Br., Rep. 7 Amt Mühlenhof, 19. Mühlensachen 1 716
[283] STAP, Prov. Br., Rep. 7 Amt Mühlenhof, 19. Mühlensachen 1 700
[284] *Kügler, Hermann* (1938)
[285] *Danke, Rudolf:* Der große Brand am Mühlendamm. Dt. Allg. Ztg., Nr. 7, v. 5. 1. 1936
[286] *Martell, P.* (1930)
Wiebe, Friedr. Karl Herrmann (1861)
[287] *Eiselen, F.* (1893)
[288] Märkisches Museum, a. a. O.
[289] 8. 10. 1885
[290] Vossische Ztg. vom 14. 6. 1888
[291] *Danke, Rudolf* (1936)
[292] Märkisches Museum, a. a. O.
[293] Protokoll der Stadtverordneten-Versammlung vom 8. 10. 1885
[294] Vossische Ztg. v. 14. 6. 1888
[295] Berl. Tageblatt vom 19. 8. 1880
[296] Nicht näher bezeichnetes Protokoll vom 10. 3. 1891
[297] Märkisches Museum, a. a. O.
[298] Protokoll der Stadtverordneten-Versammlung vom 19. 3. 1891
[299] Märkisches Museum, a. a. O.
[300] *Eiselen, F.* (1893)
[301] *Eiselen, F.* (1893)
[302] Nicht näher bezeichnetes Protokoll vom 10. 3. 1891
[303] Märkisches Museum, a. a. O.
[304] *Natzschka, Werner* (1971)
[305] Der Morgen vom 29. 10. 1964
Neues Deutschland vom 7. 8. 1980
[306] *Fidicin, Ernst* (1843)
[307] *Girgensohn, J.* (1929)
[308] *Nicolai, Friedrich* (1779 und 1786)
[309] *Frisch, Joh. Leonhard* (1741)
[310] *Krünitz, Joh. Georg:* a. a. O.
[311] *Fidicin, Ernst* (1837/1842)
[312] *Kaeber, Ernst:* Die Stadt Berlin zu Beginn des 16. Jahrh. M. V. Gesch. Bln., 1931
[313] *Fidicin, Ernst* (1843)
Holtze, Friedrich: Geschichte der Befestigung von Berlin. Schrn. V. Gesch. Bln. (1874) 10
[314] *Fidicin, Ernst* (1837/1842)
[315] *Holtze, Friedrich* (1874)
[316] *Schultze, Joh.* (1951)
[317] *Holtze, Friedrich* (1874)
[318] *Faden, Eberhard* (1951)
[319] *Nicolai, Friedrich* (1779 und 1786)
Faden, Eberhard (1951)
[320] *Faden, Eberhard:* Berlin im Dreißigjährigen Krieg. Berlin 1927
[321] *Holtze, Friedrich* (1874)
Streckfuß, Adolf: a. a. O.
[322] *Faden, Eberhard* (1927)
[323] ZSTA Merseburg, Rep. 9 AA12 Fasc. 1
[324] ZSTA Merseburg, Rep. 9 AA15
[325] *Holtze, Friedrich* (1874)
[326] *Faden, Eberhard* (1927)
[327] ZSTA Merseburg, Rep. 9 AA12 Fasc. 1
[328] *Faden, Eberhard* (1927)
[329] *Nicolas, Raoul:* Die ältesten Ansichten von Berlin. Z. V. Gesch. Bln., 1937
[330] *Jahn, Hans:* Berlin im Todesjahr des Großen Kurfürsten. Schrn. V. Gesch. Bln., 1935
[331] *Fidicin, Ernst* (1843)
Rachel, Hugo (1931)
[332] *Faden, Eberhard* (1951)
[333] *Fidicin, Ernst* (1843)
[334] *Peschke, Werner* (1937)
[335] *Natzschka, Werner* (1971)
[336] *Faden, Eberhard* (1927 und 1951)
[337] *Michaelson, Hedwig:* Das Haus Unterwasserstraße 5 in Geschichte und Kunst. Z. V. Gesch. Bln., 1917
[338] *Küster, Georg Gottfried; Müller, Joh. Christoph* (1756)
[339] STAP, Prov. Br., Rep. 2 D Amt Mühlenhof 13 108
[340] STAP, Prov. Br., Rep. 30 B Berlin Domänensachen 198
[341] STAP, Prov. Br., Rep. 2 D Amt Mühlenhof 13 108
[342] *Krieger, Bogdan:* Berlin im Wandel der Zeiten. Berlin 1923
[343] *Nicolai, Friedrich* (1779 und 1786)
STAP, Prov. Br., Rep. 2 D Amt Mühlenhof 13 108
STAP, Prov. Br., Rep. 30 B Berlin Domänenensachen 198
[344] *Gädicke, Joh. Christ.* (1806)
[345] *Michaelson, Hedwig* (1917)
[346] *Jahn, Hans* (1935)
[347] ZSTA Merseburg, Rep. 9 AA15
[348] STAP, Prov. Br., Rep. 2 D Amt Mühlenhof 13 108 u. 13 109
[349] Die Chronik der Cölner Stadtschreiber von 1542-1605 (1865)
[350] *Kropp, Paul-Erdmann* (1941); *Michaelson, Hedwig* (1917); *Natzschka, Werner* (1971)

Militärgefälle = Abgaben für das Militär, z. B. aus grundherrlichen Pflichten; Proviant-Amt = Behörde zur Beschaffung und Verwaltung der Truppenverpflegung
[351] STAP, Prov. Br., Rep. 2 D Amt Mühlenhof 13 108
[352] STAP, Prov. Br., Rep. 2 D Amt Mühlenhof 13 108
[353] STAP, Prov. Br., Rep. 2 D Amt Mühlenhof 13 108
[354] *Fidicin, Ernst* (1843)
[355] *Nicolai, Friedrich* (1779 und 1786)
[356] *Küster, Georg Gottfried; Müller, Joh. Christoph* (1756)
[357] STAP, Prov. Br., Rep. 2 D Amt Mühlenhof 13 030
[358] *Küster, Georg Gottfried; Müller, Joh. Christoph* (1756)
STAP, Prov. Br., Rep. 30 B Berlin Domänensachen 198
[359] *Nicolai, Friedrich* (1779 und 1786)
[360] STAP, Prov. Br., Rep. 2 D Amt Mühlenhof 13 030
[361] *Fischer, L. H.*: Ein Concertsaal in den Werderschen Mühlen. Der Bär, 1888
[362] *Nicolai, Friedrich* (1779 und 1786)
[363] STAP, Prov. Br., Rep. 2 D Amt Mühlenhof 13 107
[364] *Keller, H.* (1896)
Krieger, Bogdan (1923)
[365] STAP, Prov. Br., Rep. 7 D Amt Mühlenhof, 19. Mühlensachen 1 707
[366] *Krieger, Bogdan* (1923)
[367] *Miethe, Anna Dora:* Gedenkstätten. Leipzig, Jena, Berlin 1974
[368] *Fengler, Heinz:* 700 Jahre Münzprägung in Berlin. Berlin 1975
[369] *Fidicin, Ernst* (1843)
[370] *Geyer, Albert* (1936)
[371] *Fengler, Heinz* (1975)
[372] *Geyer, Albert* (1936)
[373] *Borrmann, Richard* (1893)
[374] *Geyer, Albert* (1936)
Nicolas, Raoul (1937)
[375] *Wendland, Folkwin:* Der Lustgarten am Berliner Schloß. Jb. Brdbg. Landesgesch., 1969
[376] *Borrmann, Richard* (1893)
[377] ZSTA Merseburg, Rep. 9 AA15
[378] *Nicolai, Friedrich* (1779 und 1786)
[379] *Wendland, Folkwin* (1969)
[380] *Nicolai, Friedrich* (1779 und 1786)
[381] *Küster, Georg Gottfried; Müller, Joh. Christoph* (1756)
[382] *Gädicke, Joh. Christ.* (1806)
[383] *Wendland, Folkwin* (1969)
[384] *Nicolai, Friedrich* (1779 und 1786)
[385] ZSTA Merseburg, Rep. 9 AA12 Fasc. 1
[386] ZSTA Merseburg, Rep. 9 AA12 Fasc. 1
[387] ZSTA Merseburg, Rep. 9 AA2 Fasc. 1
[388] ZSTA Merseburg, Rep. 9 AA21
[389] *Geyer, Albert* (1936)
[390] ZSTA Merseburg, Rep. 9 AA2 Fasc. 1
[391] ZSTA Merseburg, Rep. 9 AA11 Fasc. 7
[392] *Fidicin, Ernst* (1843)
[393] Berlin und seine Bauten (1876)
[394] *Borrmann, Richard* (1893)
[395] *Borrmann, Richard* (1893)
[396] *Nicolai, Friedrich* (1779 und 1786)
[397] *Jahn, Hans* (1935)
[398] Akte der Akademie der Wissenschaften, Abschnitt 1700 bis 1811
Harnack, Adolf: Geschichte der kgl. preuß. Akademie der Wissenschaften zu Berlin. Berlin 1901
[399] *Bernard, Alfred:* Liste der Orangeois auf Grund der Akten der Maison d'Orange, 1891
[400] ZSTA Merseburg, Rep. 9 AA15
[401] ZSTA Merseburg, Rep. 9 AA15
[402] *Holtze, Friedrich* (1874)
[403] StadtA Bln., Rep. 5 Grundeigentumsdeputation, Mühlenwesen 8 387
[404] *Holtze, Friedrich* (1874)
[405] STAP, Prov. Br., Rep. 2 D Amt Mühlenhof 13 088
[406] StadtA Bln., Rep. 5 Grundeigentumsdeputation, Mühlenwesen 8 387
[407] StadtA Bln., Rep. 5 Grundeigentumsdeputation, Mühlenwesen 15 337
[408] StadtA Bln., Rep. 5 Grundeigentumsdeputation, Mühlenwesen 12 823
[409] *Rachel, Hugo* (1931)
[410] StadtA Bln., Rep. 5 Grundeigentumsdeputation, Mühlenwesen 15 337
[411] *Weiß und Rehberg:* Zwischen Schorfheide und Spree. Berlin 1940
[412] *Krünitz, Joh. Georg:* a. a. O.
[413] StadtA Bln., Rep. 5 Grundeigentumsdeputation, Mühlenwesen 8 387
[414] *Nicolai, Friedrich* (1779 und 1786)
[415] StadtA Bln., Rep. 5 Grundeigentumsdeputation, Mühlenwesen 8 387
Nicolai, Friedrich (1779 und 1786)
[416] ZSTA Merseburg, Gen.-Dir. Kurm., Städtesachen 2, Tit. 115, Berlin, Sect. t, Mühlensachen und Bediente Nr. 17
[417] StadtA Bln., Rep. 5 Grundeigentumsdeputation, Mühlenwesen 15 095
[418] STAP, Prov. Br., Rep. 7 Amt Mühlenhof, 19. Mühlensachen 1 718
[419] *Wendland, Folkwin:* Berlins Gärten und Parks. Frankfurt a. M. 1979
[420] *Haeckel, Julius:* Potsdams wirtschaftliche Beziehungen zu Berlin im 18. Jahrh., Z. V. Gesch. Bln., 1917
[421] *Rachel, Hugo* (1931)
[422] *Fidicin, Ernst* (1843)
[423] STAP, Prov. Br., Rep. 7 Amt Mühlenhof, 19. Mühlensachen 1 719
[424] *Zedlitz, Leopold v.* (1834)
[425] *Keller, H.* (1896)
[426] STAP, Prov. Br., Rep. 7 Amt Mühlenhof, 19. Mühlensachen 1 719
[427] *Schwahn, G. G.* (1847/52)
[428] *Beltz, Hans:* Windmühlen in Mecklenburg. Natur und Heimat, 1953
[429] *Keller, H.* (1896)
[430] StadtA Bln., Nr. 7 961, Rep. 10 – 01/2
[431] STAP, Prov. Br., Rep. 7 Amt Mühlenhof, 19. Mühlensachen 1 719
[432] Berlin und seine Bauten (1876)
[433] *Specht, Erich:* Treptow, wie es war und wurde. Berlin 1935
[434] STAP, Prov. Br., Rep. 2 D Amt Mühlenhof 13 120
[435] STAP, Prov. Br., Rep. 2 D Amt Mühlenhof 13 122
[436] STAP, Prov. Br., Rep. 2 D Amt Mühlenhof 13 083
[437] STAP, Prov. Br., Rep. 2 D Amt Mühlenhof 13 090
[438] StadtA Bln., Rep. 5 Grundeigentumsdeputation, Mühlenwesen 8 387
[439] STAP, Prov. Br., Rep. 2 D Amt Mühlenhof 13 125
[440] *Gädicke, Joh. Christ.* (1806)
[441] STAP, Prov. Br., Rep. 2 D Amt Mühlenhof 13 132
[442] *Krieger, Bogdan* (1923)
[443] *Torge, Paul:* Rings um die alten Mauern Berlins. Berlin 1939
[444] *Helling, J. G. A. Ludwig:* Geschichtlich-statistisch-topographisches Taschenbuch von Berlin. Berlin 1830

[445] *Krieger, Bogdan* (1923)

[446] *Torge, Paul* (1939)

[447] *Natzschka, Werner* (1971)

[448] *Oehlert, Wilhelm:* Moabiter Chronik. Berlin 1910
weiterhin:
Gundlach, Wilhelm (1905)
Krieger, Bogdan (1923)
STAP, Prov. Br., Rep. 2 D Amt Mühlenhof 13 120 (1714 bis 1720), 13 125 (1757 bis 1768), 13 126 (1769 bis 1770), 13 131 (1793 bis 1799), 13 132 (1802 bis 1821)
STAP, Prov. Br., Rep. 30 B Berlin Domänensachen 232 bis 234 (1811 bis 1821)

[449] *Fidicin, Ernst* (1843)

[450] *Gottwald, Franz:* Heimatbuch vom Wedding. Berlin 1924

[451] *Schmidt, Rudolf:* Märkische Papiermühlen bis um 1800. Brandenb. Jahrb., 1928

[452] *Klamfoth, Hermann:* Kleine Chronik von Pankow. Berlin 1937

[453] *Jahn, Hans* (1940)

[454] *Stephan, Bruno:* 700 Jahre Wedding. Berlin 1951

[455] *Heilborn, Adolf:* Reise nach Berlin. Berlin 1925
Noch 1982 rechneten die Behörden in Berlin (West) mit der Möglichkeit, daß die im Durchschnitt 30 bis 40 cm tiefe Panke in ihrem Endabschnitt nach einem Gewitter binnen 40 min auf 2 m ansteigen kann.

[456] *Klamfoth, Hermann* (1937)

[457] *Wernicke, August:* Chronik der Stadt Bernau, 1886-1894

[458] Historisches Ortslexikon für Brandenburg, Teil VI, Barnim

[459] *Zedlitz, Leopold v.* (1834)

[460] *Klamfoth, Hermann* (1937)

[461] *Wernicke, August* (1886 bis 1894)

[462] Historisches Ortslexikon für Brandenburg, Teil VI, Barnim

[463] *Pfannschmidt, Martin:* Geschichte der Berliner Vororte Buch und Karow. Berlin 1927

[464] STAP, Prov. Br., Rep. 2 A Reg. Potsdam I. HG, Kreis Niederbarnim, Mühlen-Bausachen 2 982 (Nr. 3)

[465] *Pfannschmidt, Martin* (1927)

[466] Historisches Ortslexikon für Brandenburg, Teil VI, Barnim

[467] *Beier, Ferdinand:* Aus vergilbten Blättern, Geschichte von Pankow. Berlin 1909

[468] *Rehfeldt, Ernst:* Geschichte von Niederschönhausen. Berlin 1920
Historisches Ortslexikon für Brandenburg, Teil IV, Barnim

[469] *Torge, Paul* (1939)

[470] *Schmidt, Rudolf* (1928)

[471] *Beier, Ferdinand* (1909)

[472] *Schmidt, Rudolf* (1928)

[473] STAP, Prov. Br., Rep. 2 A Reg. Potsdam I. HG, Kreis Niederbarnim, Mühlen-Bausachen 2 991 (Nr. 37)

[474] *Klamfoth, Hermann* (1937)

[475] In der Literatur wird durchgängig das Jahr 1819 genannt. Nach dem »Sit.-Plan vom Spree Strohm . . . aufgenommen . . . in den Monaten October . . . 1816 durch den Conducteur Ferd. Horwicz« befand sich Mühlenstraße 73 bis 76 eine »Glantz Patent Papierfabrik«.
Torge, Paul (1939)
Zedlitz, Leopold v. (1834)

[476] *Beier, Ferdinand* (1909)
Heilborn, Adolf (1925)
Klamfoth, Hermann (1937)
Stephan, Bruno (1951)

[477] *Dörrier, Rudolph:* Pankow, Chronik eines Stadtbezirkes. Berlin 1971
Klamfoth, Hermann (1937)

[478] *Zedlitz. Leopold v.* (1834)

[479] *Helling, J. G. A. Ludwig* (1830)

[480] *Klamfoth, Hermann* (1937)

[481] *Torge, Paul* (1939)

[482] *Klamfoth, Hermann* (1937)

[483] *Stephan, Bruno:* 700 Jahre Katholizismus auf dem Wedding. In: Wichmann-Jahrbuch, 1953

[484] *Jahn, Hans* (1940)

[485] *Kaeber, Ernst* (1943)

[486] *Jahn, Hans* (1940)

[487] *Jahn, Hans* (1940)

[488] *Rachel, Hugo* (1931)
Jahn, Hans (1940)

[489] Dieser v. Dankelmann war wohl einer der beiden Brüder des 1697 gestürzten Premierminister Friedrichs III.

[490] *Zedlitz, Leopold v.* (1834)

[491] ZSTA Merseburg, Gen.-Dir., Forstdepartement Kurmark, Tit. 60, Nr. 25

[492] ZSTA Merseburg, Rep. 9 AA15

[493] *Spiker, S. H.* (1832)

[494] *Jahn, Hans* (1940)

[495] *Stephan, Bruno* (1951)

[496] STAP, Prov. Br., Rep. 2 D Amt Mühlenhof 13 109

[497] *Schmidt, Rudolf* (1928)

[498] *Torge, Paul* (1939)

[499] *Kaeber, Ernst* (1943)

[500] *Wegener, H.:* Heilbäder in Berlin. Berl. Heimat, 1960

[501] *Stephan, Bruno* (1951)

[502] Welche Bedeutung Mühlen für das damalige Wirtschaftsleben hatten, zeigt der Fakt, daß der bekannte Hofjuwelier und Bankier Friedrichs II., Nathan Veitel Heine Ephraim (1703 bis 1785), Erbauer des Ephraim-Palais am Mühlendamm, bzw. nach dessen Tode seine Söhne auch mit Mühlen handelten.

[503] *Torge, Paul* (1939)

[504] STAP, Prov. Br., Rep. 2 D Amt Mühlenhof 13 164

[505] *Kaeber, Ernst* (1943)

[506] *Rachel, Hugo* (1913)

[507] Schlecht lesbar

[508] Einen Brand lehnte E. Kaeber (1943) ab.

[509] STAP, Prov. Br., Rep. 30 B Berlin Mühlensachen 402

[510] STAP, Prov. Br., Rep. 2 A Reg. Potsdam I. HG, Kreis Niederbarnim, Mühlen-Bausachen 2 991 (Nr. 37)

[511] STAP, Prov. Br., Rep. 2 A Reg. Potsdam I. HG, Kreis Niederbarnim, Mühlen-Bausachen 2 981 (Nr. 102)
Kaeber, Ernst (1943)

[512] *Gottwald, Franz* (1924)
Torge, Paul (1939)

[513] *Steffen, E.:* Die kgl. Eisengießerei in Berlin. M. V. Gesch. Bln., 1911

[514] *Jahn, Hans* (1940)

[515] *Nicolai, Friedrich* (1779 und 1786)

[516] *Kaeber, Ernst* (1943)

[517] *Rieseberg, Hans Joachim* (1981)

[518] *Fidicin, Ernst* (1843)

[519] Schon früher hatte man Geschütze aller Kaliber im Gießhaus auf dem Friedrichswerder (hinter dem Museum f. Deutsche Geschichte) gegossen und gebohrt. Das seit 1755 gebrauchte Bohrwerk hatte zum Betrieb vier, ein 1833 neugebautes Bohrwerk acht Pferde benötigt (v. Zedlitz, Leopold, 1834). Im gleichen Jahr wurden in Berlin 19 Roßwerke gezählt (STAP, Prov. Br., Rep. 30, Tit. 190, 20 498).

[520] *Helling, J. G. A. Ludwig* (1830)
Rachel, Hugo (1931)
Steffen, E. (1911)
Zekeli (1893)

[521] *Notebaart, Jannis C.* Windmühlen, der Stand der Forschung über das Vorkommen und den Ursprung. Den Haag – Paris 1972, S. 210 f

Fröde, Edelgard u. Wolfgang: Windmühlen in Deutschland, Holland, Belgien. Köln 1981

[522] *Gleisberg, Hermann* (1956a, S. 44)

[523] *Gleisberg, Hermann:* Alter, Herkunft und Form der Windmühlen. Jb. Müllerei u, Mühlenbau, 1957, S. 181

[524] *Notebaart, Jannis C.* (1972, S. 193)
Gleisberg, Hermann (1956, S. 46)
Jonas, W.; Lindsbauer, V.; Marx, H.: Produktivkräfte in der Geschichte. Berlin 1969, S. 190

[525] *Beyer, Wolfgang* (1957 und 1971)

[526] *Notebaart, Jannis C.* (1972)

[527] *Feldhaus, F. M.:* Die Technik der Antike und des Mittelalters. Leipzig 1931
Notebaart, Jannis Ç. (1972, S. 62)

[528] *Gleisberg, Hermann* (1956a)

[529] *Notebaart, Jannis C.* (1972)
Peschke, Werner (1937)

[530] *Enders, Lieselott:* Historisches Ortslexikon für Brandenburg, Teil III Havelland. Weimar 1972, S. 45

[531] *Peschke, Werner* (1937)

[532] Das Landbuch der Mark Brandenburg von 1375. Herausgegeb. von Joh. Schultze. Brdbg. Jb. (1940) Bd. 2

[533] *Notebaart, Jannis C.* (1972)

[534] *Gleisberg, Hermann:* Triebwerke in Getreidemühlen, 1970

[535] *Weyns, Jozef:* De Molen uit mol in het Museumdorp te Bokrijk. In: Bokrijkse Berichten, 1957

[536] *Rebehn, G.:* Windmühlen in Ostpreußen. In: ZVDI (1931) Bd. 75, S. 727

[537] *Notebaart, Jannis C.* (1972)

[538] *Reichner, Wilh.:* Romantik im Luch. In: Die Mark, Illustr. Unterhaltungsschrift. Berlin, *8* (1911/12)
Neiszer, E. J.: Wirtschaftliche Entwicklung, Lage und Leistungsfähigkeit von Handel, Gewerbe und Industrie im Bezirk der Handelskammer zu Potsdam. Berlin 1903

[539] *Kaeber, Ernst:* Lichtenberg. Berlin 1935

[540] *Notebaart, Jannis C.* (1972)

[541] *Notebaart, Jannis C.* (1972)

[542] *Beyer, Wolfgang:* Die Entwicklung der Windmühlen in Sachsen. Dissertation 1957
Beyer, Wolfgang: Aus der Geschichte der Windmühlen. Sächsische Heimatblätter (1971) 4

[543] *Gleisberg, Hermann:* persönl. Mitt., 1982

[544] *Meißner, W.* (1835, S. 215)

[545] *Schwahn, G. G.* (1847/52)

[546] *Gleisberg, Hermann* (1957)
Scheffler, Wolfgang: Mühlenkultur in Schleswig-Holstein, 1982

[547] *Notebaart, Jannis C.* (1972)

[548] *Balk, J. Th.:* Kijk op Molens, 1979

[549] *Leupold, Jac.* (1724)

[550] *Sacher, R.:* Handbuch des Müllers und Mühlenbauers. Leipzig 1922, S. 355

[551] *Schwahn, G. G.* (1847/52)

[552] *Kuhnert, Karl* (1832)

[553] Märkisches Museum

[554] *Op de Hipt, Hermann:* Windmühlen-Praxis. Leipzig 1937

[555] *Schwahn, G. G.* (1847/52)

[556] *Rieseberg, Hans Joachim:* Mühlen in Berlin. Berlin 1983, Abb. 50

[557] *Wailes, Rex:* The English Windmill. London 1977

[558] *Meißner, W.* (1832)

[559] *Baumgartner, F.:* Handbuch des Mühlenbauers und der Müllerei. Berlin 1902

[560] *Schwahn, G. G.* (1847/52)

[561] *Kuhnert, Karl* (1832)

[562] *Wailes, Rex* (1977)

[563] *Schwahn, G. G.* (1847/52)

[564] *Baumgartner, F.* (1902)

[565] *Op de Hipt, Hermann* (1937)

[566] *Zirkel:* Einrichtung und Vermahlungsschema der auf der Ausstellung in Berlin aufgestellten Bockwindmühle. In: Allg. Deutsche Mühlen-Zeitung (1936) 41, S. 393
Gwiazdowski, Jos.: pers. Mitt., 1983

[567] *Claudius, Carl Friedrich:* Ein Denkmal der Freundschaft, von seinen Verehrern. Berlin 1834

[568] *Notebaart, Jannis C.* (1972)

[569] 1684 hatte Leibniz »für den Harzer Bergbau eine horizontale Windmühle entwickelt. Sie stand auf einem Berg und pumpte Wasser in einen Speicher-See. Dieses Wasser wurde bei Bedarf abgelassen und trieb ein Turbinenrad an. Mit seiner Hilfe wurde eine Pumpe betrieben, die das Grubenwasser aus dem Erzbergwerk pumpte. Damit war Leibnitz eine bedeutende technische Leistung gelungen.« Er konnte Energie speichern und somit die Windkraft rationell nutzen«. (*Rieseberg, Hans Joachim:* Wind-, Wasser- und Tiermühlen in Berlin und Umgebung. In: *Schwarz, Karl:* Berlin: Von der Residenzstadt zur Industriemetropole. Berlin 1981).

[570] *Hammel, Ludwig:* Die Ausnutzung der Windkräfte. Berlin 1911, S. 60

[571] (Westlich der Sporthalle bzw. 100 m vom Pfuhl.) Um 1873 vom Mühlenmeister Joh. Groh neu erbaut (Consens v. 9. 1. 1873), hatte diese Windmühle bis 1908 gestanden.

[572] *Schieber, Walter:* Energiequelle Windkraft. Berlin um 1941, S. 121

[573] Aus den Erfahrungen mit dieser Anlage hat beispielsweise die Firma Nordwind G. m. b. H. in Porta Westfalica 1948 eine wesentlich verbesserte Konstruktion herausgebracht und die ersten Anlagen auf der Nordseeinsel Neuwerk und in der Sahara aufgestellt (dreiflügliger Repeller, $D = 16$ m; Stahlmast 20 m hoch; 35 000 kW-Stunden/Jahr) (*Witte, Hans:* Windkraftwerke. Pößneck 1950; ders.: Kraftwerke der Zukunft, Leipzig – Jena 1955)

[574] Zum ehemaligen Helwichstorpp (südlich Hellersdorf, Stadtbezirk Marzahn) gehörte 1375 nach dem Landbuch Karls IV. u. a. außer einer Kirche (Pfarrer mit drei Hufen) und einem Krug (Taberna) auch eine Windmühle (ventimola). Während das Dorf unten am Wassergraben lag, stand die (Bockwind-) Mühle (nach *H. Seyer,* pers. Mitt., 1985) vermutlich oberhalb des Dorfes am Südhang (mittelalterliche Scherbenstelle von 50 × 50 m, südöstlich des Gutes).

[575] Im Zuge dieser Arbeiten verlegte man das Spandauer Tor in die Courtine zwischen den Bastionen 11 und 12 (etwa Neue Rochstraße und südlich des S-Bahnhofs Marx-Engels-Platz)

[576] *Borrmann, Richard* (1893)

[577] 1662 ließ Kurfürst Friedrich Wilhelm von Brandenburg den Müllroser Kanal auf 3 Meilen Länge mit zehn Schleusen, den Vorläufer des Oder-Spree-Kanals, anlegen. Zur Bauleitung gehörte der Hofbaumeister Michael Matthias Schmidt. 1668 brachte das erste Schiff, das in Berlin ankam, Getreide und ging mit grobem Salz beladen nach Müllrose (Mühlrose) zurück (*Streckfuß, Adolf:* a. a. O.).

[578] ZSTA Merseburg, Rep. 9 AA12 Fasc. 1

[579] Es ist bezeichnend für die großen Verdienste der Niederländer um die Entwicklung des Sägemühlen als Windmühlen, daß nach 1700 allein in der Umgebung von Sardam über 200 Sägemühlen gestanden haben.

[580] ZSTA Merseburg, Rep. 9 AA12 Fasc. 1

[581] *Gleisberg, Hermann* (1956b)

[582] Dies ist seine eigene Unterschrift. Später wird er auch Seemann genannt.

[583] STAP, Prov. Br. Rep. 2 D Amt Mühlenhof 13 112

[584] *Seidel, Paul:* Berlin und sein Hof im Jahre 1696. Der Bär (1891) Bd. 17

[585] *Beyer, Joh. Matth.* (1735)

[586] *Linperch, Pieter:* Architectura Mechanica of Molen-Boek. Amsterdam 1727

[587] STAP, Prov. Br., Rep. 2 D Amt Mühlenhof 13 112
[588] Berl. Presse, Nr. 158, v. 9. 7. 1882
[589] *Küster, Georg Gottfried; Müller, Joh. Christoph* (1756)
[590] *Winkler, E.*: Adreß-Buch für Berlin, Berlin 1836
[591] Berliner Tageblatt v. 24. 9. 1887
[592] *Fidicin, Ernst* (1843)
[593] ZSTA Merseburg, Rep. 9 AA16
[594] STAP, Prov. Br., Rep. 2 D Amt Mühlenhof 13 169
[595] *Fidicin, Ernst* (1843)
[596] STAP, Prov. Br., Rep. 2 D Amt Mühlenhof 12 902
[597] ZSTA Merseburg, Rep. 9 AA11 Fasc. 7
[598] ZSTA Merseburg, Rep. 9 AA11 Fasc. 7
[599] STAP, Prov. Br., Rep. 2 D Amt Mühlenhof 12 902 u. 13 071/1
[600] *Gundlach, Wilhelm* (1905)
[601] *Fidicin, Ernst* (1843)
[602] *Faden, Eberhard* (1927)
[603] STAP, Prov. Br., Rep. 2 D Amt Mühlenhof 13 143
STAP, Prov. Br. Rep. 30 B Berlin Domänensachen 248
[604] STAP, Prov. Br., Rep. 2 D Amt Mühlenhof 13 119
[605] STAP, Prov. Br., Rep. 2 D Amt Mühlenhof 13 138
[606] StadtA Bln., Rep. 5, Grundeigentumsdeputation, Mühlenwesen 7 656
[607] *Gundlach, Wilhelm* (1905)
[608] STAP, Prov. Br., Rep. 2 D Amt Mühlenhof 13 146
[609] Approbation für den Mühlenbau vom 24. 4. 1766, Konfirmation vom 6. 5. 1766, Erbpachtvertrag vom 25. 10. 1766, Konfirmation durch das königliche Oberkonsistorium vom 23. 4. 1767 (ZSTA Merseburg, Gen.-Dir. Kurm., Städtesachen 2, Tit. 115, Berlin Sect. t, Mühlensachen und Bediente Nr. 16)
[610] STAP, Prov. Br., Rep. 7 Amt Mühlenhof, 19. Mühlensachen 1 712
[611] StadtA Bln., Rep. 5, Grundeigentumsdeputation, Mühlenwesen 7 631
[612] STAP, Prov. Br., Rep. 7 Amt Mühlenhof, 19. Mühlensachen 1 712
[613] ZSTA Merseburg, Gen.-Dir. Kurm., Städtesachen 2, Tit. 115, Berlin, Sect. t, Mühlensachen und Bediente Nr. 1b
[614] *Gleisberg, Hermann* (1957)
[615] StadtA Bln., Rep. 5, Grundeigentumsdeputation, Mühlenwesen 12 823
[616] StadtA Bln., Rep. 5, Grundeigentumsdeputation, Mühlenwesen 8 387
[617] StadtA Bln., Rep. 5, Grundeigentumsdeputation, Mühlenwesen 12 823
[618] StadtA Bln., Rep. 5, Grundeigentumsdeputation, Mühlenwesen 8 387
[619] StadtA Bln., Rep. 5, Grundeigentumsdeputation, Mühlenwesen 12 823
[620] StadtA Bln., Rep. 5, Grundeigentumsdeputation, Mühlenwesen 7 628
[621] *Schmidt, Wilhelm* (1960/61)
[622] StadtA Bln., Rep. 5, Grundeigentumsdeputation, Mühlenwesen 12 823
[623] StadtA Bln., Rep. 5, Grundeigentumsdeputation, Mühlenwesen 7 629
Schmidt, Wilhelm (1960/61)
[624] StadtA Bln., Rep. 5, Grundeigentumsdeputation, Mühlenwesen 12 822
[625] *Schmidt, Wilhelm* (1960/61)
[626] StadtA Bln., Rep. 5, Grundeigentumsdeputation, Mühlenwesen 7 628
[627] STAP, Prov. Br., Rep. 2 D Amt Mühlenhof 13 134
[628] STAP, Prov. Br., Rep. 2 D Amt Mühlenhof 13 136
[629] *Trost, H. et al.*: Die Bau- und Kunstdenkmale in der DDR, Hauptstadt Berlin I. Berlin 1983
[630] *Wendland, Folkwin* (1979)
[631] *Fidicin, Ernst* (1843)
[632] *Fidicin, Ernst* (1843)
[633] *Holtze, Friedrich* (1874)
[634] *Nicolai, Friedrich* (1779 und 1786)
[635] *Gädicke, Joh. Christ.* (1806)
[636] *Fidicin, Ernst* (1843)
[637] *Lentz, F.; Unholz, O.*: Die Geschichte des Bankhauses Gebr. Schickler, Festschrift zum 200jährigen Bestehen. Berlin 1912
[638] *Fidicin, Ernst* (1843)
[639] *Gädicke, Joh. Christ.* (1806)
Spiker, S. H. (1832)
[640] *Etzel, O.*: Geschichte der Großen National-Mutterloge zu den drei Weltkugeln, 1903
Heidecke, C.: Das Mutterhaus der Großen National-Mutterloge zu den drei Weltkugeln, Deutsche Bauztg., 1888
[641] STAP, Prov. Br., Rep. 2 D Amt Mühlenhof 13 083
STAP, Prov. Br., Rep. 7 Amt Mühlenhof 475
[642] Das Gebiet des Stadtbezirks Prenzlauer Berg gehörte damals zum nördlichen Ackerland Berlins. 120 Hufen groß, bestand es aus schmalen, oft nur 2 bis 3 Ruten (= $7^1/_2$ bis $11^1/_4$ m) breiten, langgestreckten, gewöhnlich bis an die Weichbildgrenze reichenden Bürger-»Caveln«. Die Besitzer, »Particuliers« oder Ackerbürger genannt, waren in »Ackerschaften« zusammengefaßt und unterstanden nördlich ebenso wie südlich der Spree je einem Wröhherrn, letztere wiederum dem Ober-Wröhherrn. Gemeinsam bewirtschaftete man das Land in der alten unproduktiven Form der »Dreifelderwirtschaft« mit Sommer-, Winter- und Brachfeld. Die stetige Zunahme der Bevölkerung machte die Umstellung der Produktion auf moderne Methoden (Fruchtwechsel) notwendig. Voraussetzung dafür war die längst fällige, durch die Kriegswirren verzögerte Zusammenlegung der verstreuten Besitzanteile und deren Aufteilung (Separation) unter die Besitzer. Nach den entsprechenden Vermessungen des Ackerlandes, »exclusive« der Weinbergsstücke, und der Erstellung eines Bonitätsregisters durch den »kgl. Reg.-Conducteur« Mencelius erfolgte die Separation im Jahre 1822. Nun konnten die Besitzer frei über ihren Boden verfügen. Es begann ein völlig neuer Abschnitt in der Entwicklung zum Stadtbezirk: die Bebauung des Ackerlandes zwischen Berlin und seinen nördlichen Nachbardörfern Pankow und Weißensee. Die ersten Käufer von »Ackerenden« waren die Windmüller.
[643] STAP, Prov. Br., Rep. 2 D Amt Mühlenhof 12 902
[644] *Cosentius, Ernst* (1925)
[645] STAP, Prov. Br., Rep. 2 D Amt Mühlenhof 13 140
[646] 75 Jahre Julius Bötzow Brauerei, Berlin 1864-1939, Berlin o. J.
[647] ZSTA Merseburg, Gen.-Dir. Kurm., Städtesachen 2, Tit. 115, Berlin, Sect. t, Mühlensachen und Bediente Nr. 11
[648] *Lentz, F.; Unholz, O.* (1912)
[649] *Holtze, Friedrich* (1874)
[650] STAP, Prov. Br., Rep. 2 D Amt Mühlenhof 13 140
[651] *Gropius, George* (1840)
[652] *Holtze, Friedrich* (1874)
[653] Noch 1780 wollte der Mühlenbursche Erdmann Schreiber, der mit seiner Familie in tiefe Not geraten war, mit dem Mühlenburschen Paulisch eine der königlichen Windmühlen übernehmen. Nun war aufgrund alter königlicher Hausgesetze ein freier Verkauf verboten und nur die Erbpacht möglich, wobei der König als sogenannter Obereigentümer immer das Vorkaufsrecht besaß.
Damals wurde das Ersuchen Lehmanns abgelehnt und Heinrich Martini, für den das Amt Mühlenhof (Ober-Mühleninspektor Siebicke, Mühlenschreiber Wibeke) schon den Erb-

pachtkontrakt über sämtliche Bockwindmühlen projektiert hatte, zum »beständigen Bescheider» angenommen. Beim Mühlenburschen Erdmann Schreiber hatten die Recherchen ergeben, daß ihm, nachdem er durch liederliche Wirtschaft schon mehrere Mühlen, auch die väterliche, zugrunde gerichtet hatte, letztere von seinem Vater entzogen worden war. E. Schreiber wurde Gewerksbote.

[654] Siehe Grundriß von Berlin, gez. von B. Brunckow, 1852. Gerade um diese Jahrhundertwende ist am Fuße des Windmühlenberges viel gebaut worden: Zwischen 1788/90 ersetzte man den 1731 aufgestellten Palisadenzaun durch eine 3 m hohe Mauer, gleichzeitig erfolgte der Neubau des Vorwerk-Gutshauses. 1790 bis 1793 wurden vom Ackerbürger Bachmann auf dem Waisenhausacker vor der Schönhauser Landwehr vier Scheunen angelegt, wofür ein jährlicher Kanon gezahlt werden mußte. Seine Verpflichtungen für die Scheune Nr. 3 hatte er 1801 von der Witwe Boetzow, damals wohnhaft Rosenthaler Straße, abgekauft. (1843 gehörten, von West nach Ost gezählt, die Scheunen Nr. 1 und Nr. 4 Carl Boetzow, Linienstraße 1; Nr. 2 Boetzow, Alte Schönhauser Straße 24; Nr. 3 Bachmann, 2. Scheunengasse; 1849 erfolgte eine Erweiterung der Scheune Nr. 4 durch einen massiven Anbau.)
1801 setzte man den Bau der Stadtmauer in Richtung Prenzlauer Tor fort und pflasterte auch den Mühlenweg, die heutige Straßburger Straße; dazu mußte der Privatmüller Hampe den 11. Teil der Pflasterungskosten beitragen.
Der erste Mühlenweg führte einst direkt vom Schönhauser Tor zum Windmühlenberg. Außerdem hatte, vom Prenzlauer Tor ausgehend, ein »Fußsteig schon im siebenjährigen Kriege« bestanden, nach Aussage des Mühlenbescheiders David Wilhelm Franz am 14. 4. 1823, drei Wochen vor seinem Tod; er wäre damals mit seinem Vater häufig auf diesem Fußsteig zu den Windmühlen hinaufgestiegen. Franz hatte von 1771 bis 1793 als Mittelbursche gearbeitet, 2 Jahre in der königlichen Mittelmühle und 21 Jahre in der königlichen Neuen Mühle auf dem Mühlendamm, anschließend als Bescheider. Als er 1823 im Alter von 77 Jahren in den Ruhestand trat, mußte ihm sein Nachfolger im Amt »aus seinen Mitteln jährlich . . . auf Lebenszeit« den Unterhalt gewähren und »lebenslänglich einen Teil der Dienstwohnung« überlassen. So sah die Altersversorgung eines Bescheiders nach über 50 Arbeitsjahren im königlichen Dienst aus.
1801 versicherte man lt. »Feuercassenattest« (Taxe für die sieben königlichen Windmühlen) »die Gebäude mit 6 800 Reichsthaler, und den Holzwerth des gehenden Werkes der Mühlen mit 3500 Reichsthaler, überhaupt mit 10 300 Reichsthaler« bei der »Land-Feuer-Sozietaet«.
Während die Wassermühlen eigene Waagemeister hatten, war für die königlichen Mühlen auf dem Mühlenberg die Waageanstalt (45 × 24 Fuß, eine Etage) am Schönhauser Tor zuständig, die mit einer Wohnung für den Waagemeister und einem kleinen Stall auf dem Hof ausgestattet war (Alte Schönhauser Straße 1, zwischen Linienstraße und Wilhelm-Pieck-Straße). Die Gebäude hatte man 1802 wegen der Verlegung des Tores neu aufgebaut, dessen Grundriß von der Hand des Oberhofbauamtsinspektors Meinicke herrührt, dem auch die übrigen kleinen Tore im Norden Berlins ihre Form verdanken. Es bestand (nach Bratring, Bd. II, 1806) aus einfachen massiven Pfeilern mit vergoldeter Jahreszahl und Namen des Tores und hatte (nach Sit.-Plan v. Möllendorf, September 1838) eine Breite von 10 Fuß. Das Wachthaus stand innerhalb der Stadtmauer westlich vom Tor und war in diese mit einbezogen. Zwischen Wachthaus und Tor gestattete eine Pforte das zusätzliche Passieren der Mauer.

[655] Wie sich im Rahmen dieser Vorgänge Passows Stellung als beständiger königlicher Bescheider und Nachfolger des Altmeisters Martini geändert hatte, ist nicht klar ersichtlich. Nach Behrendt und Malbranc (1928) erwarb Passow die sieben Windmühlen zur »eigenen Bewirtschaftung«. Es muß sich also um eine Art Pachtverhältnis gehandelt haben. Die Mühlen blieben Eigentum der königlichen Verwaltung, die zwar für die Unterhaltung der Mühlen aufkam, ihrerseits aber die Abmahlkosten für die Mahlgäste festlegte. Passows Gehalt war anteilig abhängig von seiner Leistung, d. h. wieviel Mahlgäste er selbst heranziehen bzw. wieviel Mahlgut er fördern konnte (*Behrend, O.; Malbranc, K.:* Auf dem Prenzlauer Berg. Frankfurt a. M., Berlin 1928)

[656] STAP, Prov. Br., Rep. 30 B Berlin Domänensachen 235

[657] STAP, Prov. Br., Rep. 7 D Amt Mühlenhof, 19. Mühlensachen 1 701

[658] STAP, Prov. Br., Rep. 7 D Amt Mühlenhof, 19. Mühlensachen 1 701

[659] Bei den Privatmüllern gab es Unterschiede. Während Meister Lehmann auf dem Windmühlenberg bei der Abfertigung der Mahlgäste den königlichen Mühlen gleichgestellt war, alle Einnahmen abliefern mußte und vom Amt, abgesehen von 20 Wispel Korn, für seine Leistungen Tantiemen bekam, durfte der Privatmüller Fielicke vor dem Rosenthaler Tor keine Mahlgäste abwerben, nur Marktlücken ausfüllen und mußte wegen des »freyen Gemahls« bis zum 3. 3. 1812 jährlich 50 Rtlr. an das königliche Rentamt Mühlenhof zahlen. Danach erst besaß auch er die »völlige Mahlfreiheit«

[660] ZSTA Merseburg, Gen.-Dir. Kurm., Städtesachen 2, Tit. 115, Berlin, Sect. t, Mühlensachen und Bediente Nr. 12

[661] Amt Chorin, Erbpacht-Vertrag vom 4. 1. 1769, Confirmation vom 28. 6. 1769 (ZSTA Merseburg, Gen.-Dir. Kurm., Tit. 248, Materien, Generalia, Mühlensachen, Nr. 49)

[662] Als während des Siebenjährigen Krieges (1756 bis 1763) die preußischen Truppen brandschatzend durch Sachsen und Schlesien zogen, mußte am 16. 10. 1757 das Lagerhaus den »Oestereichischen Trouppen bey dem geschehenen feindlichen Ueberfall zu Abwendung des angedroheten Brandes und weiteren Plünderung, der Capitulation gemäß« 31 Rtlr.,4 Sgr. zur Kontribution beitragen. Im Oktober 1760 plünderten ihrerseits russische Kosaken und Ulanen, österreichische Husaren und sächsische Dragoner die Umgebung und Vorstädte Berlins, Angst und Schrecken verbreitend. Unter dem General Graf v. Tottleben griff ein russisches Korps Berlin von Süden an. Nachdem es am 3. Oktober zunächst abgewiesen worden war, setzte es sich in Köpenick fest. Am 6. Oktober rückte zusätzlich General Tschernischeff über Lichtenberg vor. Das Schloß Friedrichsfelde ließ er plündern. Nach einem Brief des damaligen Besitzers der Lichtenberger Mühle, Gottfried Rotzdorf vom 17. 11. 1760 stand zur Verteidigung Berlins »ein Theil unserer Trouppen bei Lichtenberg und suchte die Feinde abzuhalten . . . da dann bey dem geschehenen Canonieren, gleich anfangs meiner Wind Mühle das Unglück wiederfuhr, daß bey Entzündung eines Pulverwagens vom feindlichen Feuer, welcher nahe bey meiner Mühle stand, sie in die Luft flog«. »Danach hatten die Russen vollends an meiner Mühle alles ruiniert, was sie gefunden, theils mitgenommen, theils in Stücken geschlagen . . . (und der) Habseligkeit, so ich in der Mühle gehabt, mich gänzlich beraubet.« Die Mühle wurde »totaliter ruiniert«.
Die Kosaken, »die ohne Ordnung, den Bienen gleich auf den Feldern schwärmten«, plünderten auch die königlichen Mühlen auf dem Windmühlenberg, steckten dort die Bockwindmühle (6) in Brand und konnten nur mühsam von den preußischen Husaren zurückgedrängt werden. J. W. A. Kosmann beobachtete aus seinem Bodenfenster die Scharmützel, die »zwischen unserer Handvoll Cavallerie und der feindlichen, in der Gegend von Hohenschönhausen und Weißensee vorfielen, und die ein Paar unserer Kanonen accompagnierten (begleiteten), die auf einer Anhöhe zwischen dem Bernauer- und Landsberger-Thor, in einem Retranchement (Verschanzung) standen, das unser Hauptmann Gravius angelegt hatte.« Aber auch die russischen Truppen brachten während der Gefechte auf einer Anhöhe (dem Lindenberg im Friedrichshain, westlich vom Friedhof der Märzgefallenen) eine Batterie von sechs Kanonen zum Beschuß Berlins in Stellung. Diese Anhöhe, auf der 1812 der Mühlenmeister und Bäcker Dannenberg seinen Holländer, zusätzlich 1821 eine Bockwindmühle aufstellte, nannte der Volksmund »Kanonenberg« (STAP, Prov. Br., Rep. 2 D Amt Mühlenhof 13 151/1; *Kosmann, J. W. A.; Heinsius, Th.:*

Denkwürdigkeiten und Tagesgeschichte der Mark Brandenburg. Berlin 1796/1803; *Gensch, W.; Liesigk, H.; Michaelis, H.:* Der Berliner Osten. Berlin 1930).

[663] StadtA Bln., Rep. 5 Grundeigentumsdeputation, Mühlenwesen 9 357

[664] STAP, Prov. Br., Rep. 7 D Amt Mühlenhof, 19. Mühlensachen 1 714

[665] STAP, Prov. Br., Rep. 7 D Amt Mühlenhof, 19. Mühlensachen 1 701

[666] STAP, Prov. Br., Rep. 30, Tit. 190, 20 494 (Nr. 60)

[667] Sogar Todesfälle waren vorgekommen. Nach dem Kirchenbuch von Rixdorf wurde am 12. 6. 1822 der etwa zwei Jahre alte Sohn Ludwig August des Mühlenmeisters Klundt (Herrmannstraße 224) von eine Mühlenrute erschlagen (nach W. Schmidt).

[668] Berlin war Anfang 1813 noch von den Franzosen besetzt, während sich russische Truppen unter dem Kommando des Generals Tschernitscheff und seiner beiden Obersten v. Benkendorf und von Tettenborn bereits vor Berlin befanden. Über ein Scharmützel gibt es u. a. folgende Angaben:
Als zwischen dem »Schönhauser Weg« und der »Chaussee nach Weißensee« (Schönhauser Allee und Greifswalder Straße) die auf der Feldflur schwärmenden Patrouillen der Kosaken von französischer Reiterei zurückgedrängt wurden, ritt Oberst v. Tettenborn an der Spitze eines Regiments gegen die angreifenden Reiter an und verfolgte die zurückweichenden Franzosen bis an die Stadt. Die durch das Schönhauser, Bernauer und Landsberger Tor eingedrungenen etwa 150 Kosaken mußten sich nach ihrem tollkühnen Ritt aus Berlin zurückziehen. Sie vereinigten sich vor dem Prenzlauer Tor mit den nachgerückten Truppen des Generals und besetzten den Windmühlenberg.
Die Spenersche Zeitung vom 11. 3. 1813 berichtet darüber: »Der Feind, der sich vom ersten Schrecken erholt hatte, kam jetzt aus der Stadt, um die Höhe anzugreifen; all seine Versuche scheiterten jedoch an der Tapferkeit der Kosaken, die sich jedesmal, wenn er die Höhe erreicht hatte, auf ihn stürzten und ihn bis ans Tor zurücktrieben. Das Gefecht endete damit, daß sich die Franzosen in die Stadt zurückzogen und die Tore verrammelten.« Die Kosaken ihrerseits schossen mit Kanonen vom Windmühlenberg in die Stadt hinein. Eine dieser Kanonenkugeln war bis zur Neugestaltung der Karl-Liebknecht-Straße an dem Hause Prenzlauer Straße 45, gegenüber der Hirtenstraße, zu sehen. Die gefallenen Russen wurden auf dem Windmühlenberg beerdigt; ein Kreuz bezeichnete ihr Grab. Würst zeigte später seinen Gästen oft Orden der dort beigesetzten russischen Soldaten.

[669] *Herzberg, Heinrich:* Vom Windmühlenberg zum Prenzlauer Berg, Jb. Brdbg. Landesgesch., 1980

[670] StadtA Bln., Rep. 5, Grundeigentumsdeputation, Mühlenwesen 7 653

[671] STAP, Prov. Br., Rep. 30 B Berlin Mühlensachen 403
STAP, Prov. Br., Rep. 30, Tit. 190, 20 476 und 20 484

[672] STAP, Prov. Br., Rep. 30, Tit. 190, 20 489
StadtA Bln., Rep. 5, Grundeigentumsdeputation, Mühlenwesen 7 644

[673] StadtA Bln., Rep. 5, Grundeigentumsdeputation, Mühlenwesen 7 645

[674] STAP, Prov. Br., Rep. 30, Tit. 190, 20 490

[675] Nach einer Meldung der Zeitung »Unser Prenzlauer Berg« wurde auf dem Wohnkomplex Schönhauser Allee 71 bis 73 im Beisein von Vertretern des Staatsapparates am 22. 11. 1957 die Richtkrone gesetzt.

[676] STAP, Prov. Br., Rep. 30, Tit. 190 20 494
Mack, Erwin: Familiengeschichte Mack, Manuscript

[677] Nach Joh. Andreas Kleinau, 1917

[678] Deutsches Geschlechterbuch, Bd. 36

[679] *op de Hipt, Hermann* (1937)

[680] *Behrend, O.; Malbranc, K.* (1928)
Einen solchen „Turm mit Treppenhaus", den Unterbau des ehemaligen Hermsdorfer Achtkant-Galerieholländers Berliner Straße 118, fand der Verfasser modern eingerichtet als Isolierhaus und Ambulanz des Kinderheims Elisabethstift.

[681] STAP, Prov. Br., Rep. 30, Tit. 190, 20 493

[682] *Schmidt, Wilhelm* (1960/61)

[683] STAP, Prov. Br., Rep. 30, Tit. 190, 20 495

[684] Nach dem Amtsblatt der Kgl. Regierung Potsdam, 1840, S. 155

[685] Nach Max Hänsch; Elfriede Hänsch: persönl. Mitt.

[686] *Schneider, Louis:* Die historische Windmühle bei Sanssouci. Märk. Forsch., 1858
Haeckel, Julius: Die historische Mühle. Mitt. d. Vereins für die Gesch. Potsdams, Neue Folge 7, 1939
1888/89 hatte Hänsch (jun.) für seine Verwandten in Mariendorf einen noch heute vorhandenen Holländer gebaut und ihm den Namen seiner stillgelegten Mühle, »Adler-Mühle«, gegeben (vgl. Kap. 10).

[687] StadtA Bln., Rep. 5, Grundeigentumsdeputation, Mühlenwesen 9 358

[688] STAP, Prov. Br., Rep. 30, Tit. 190, 20 493

[689] (Vom 13. 5. 1823 in der Beilage zur Nr. 134 des Berl. Intell.-Blattes)

[690] StadtA Bln., Rep. 5, Grundeigentumsdeputation, Mühlenwesen 7 637 und 7 649

[691] STAP, Prov. Br., Rep. 30, Tit. 190, 20 485

[692] StadtA Bln., Rep. 5, Grundeigentumsdeputation, Mühlenwesen 7 642

[693] (Aus: Offizieller Katalog der Berl. Gewerbe-Ausstellung)

[694] STAP, Prov. Br., Rep. 30, Tit. 190, 20 488

[695] StadtA Bln., Rep. 5, Grundeigentumsdeputation, Mühlenwesen 7 647

[696] StadtA Bln., Rep. 5, Grundeigentumsdeputation, Mühlenwesen 7 641

[697] STAP, Prov. Br., Rep. 30, Tit. 190, 20 486

[698] Eine ähnliche Veränderung der Schreibweise zeigt sich auch beim Namen des Kaffeehausbesitzers Theodor Würst vom Windmühlenberg, z. B. bei Hugo Wauer (1910): »Vater Würst, genannt ›Wurscht‹.« Vermutlich sind beide Namensträger Nachkommen des Amtsvorgängers des königlichen Mühlenmeisters T. C. F. Möller aus der Klippmühle, der im Alter von 37 Jahren mit seiner Familie 1838 beim Brand auf dem Mühlendamm umgekommen war.

[699] StadtA Bln., Rep. 5, Grundeigentumsdeputation, Mühlenwesen 7 634

[700] Die Zahlen in runden Klammern beziehen sich auf die Mühlenstandorte auf der Karte »Windmühlenstandorte auf dem Wedding«.

[701] *v. Ollech:* Geschichte des Berliner Invalidenhauses von 1748-1884. Berlin

[702] *v. Ollech:* a. a. O.

[703] Vgl. *Luther, Gerhard:* Der deutsche Mühlenbau. Ing.-Diss. Darmstadt: TH 1909, S. 12

[704] Vgl. *Lampe:* Plan von den Umgebungen Berlins vom rechten Spree-Ufer am Unterbaum bis zur Berliner Feldmark vor dem Rosenthaler Thore besonders in Beziehung auf die Parcellierung der ehemaligen Cämmerei-Heide und des Weddings, 1827 (im folgenden K1).
Vgl. Generalstabskarte 1838 (im folgenden K2).
Vgl. *Vogel v. Falckenstein:* Karte vom Weichbilde Berlin's, 1846 (im folgenden K3).

[705] Vgl. Weddinger Geschichtswerkstatt (Hg.): Jetzt geht's rund durch den Wedding, Berlin 1984, S. 12

[706] *Schulze, D. F.:* Zur Beschreibung und Geschichte von Spandau. Spandau 1913, S.493

[707] STAP, Prov. Br., Rep. 30, Tit. 190, 20 481 (Nr. 13)
StadtA Bln., Rep. 5, Grundeigentumsdeputation, Mühlenwesen 7 652

[708] Nach einem Brief von Naumanns Enkelin E. Rönnebach vom 28. 11. 1899, Märkisches Museum, a. a. O.

[709] STAP, Prov. Br., Rep. 30 B Berlin, Mühlensachen 401 StadtA Bln., Rep. 5, Grundeigentumsdeputation, Mühlenwesen 7630, 7646.

[710] Vgl. ebd.

[711] Vgl. ebd.

[712] Die Hausnummern, in einer früheren Arbeit (*H. J. R.*: Mühlen in Berlin, Berlin 1883, S. 63/64) angegeben, haben sich bei weiterer Akteneinsicht nicht bestätigt. Allerdings geben sie in jedem Fall einen nur ungefähren Standort an, weil das Straßennetz damals gröber und die Grundstücke länger waren als heute.

[713] Vgl. Karte 1867 (im folgenden K4).

[714] STAP, Prov. Br., Rep. 30 B Berlin, Mühlensachen 401

[715] 1812 wird Wilhelm Streichhan als Besitzer genannt, 1857 Ludwig Streichhan. Vgl. Bauakte Müllerstraße 150 (im folgenden BA Mü), Bd. 1 (1812 ff.), Landesarchiv (im folgenden LA), rep. 203 Acc. 1808 Nr. 5896.
Im Berliner Adreßbuch sind allerdings folgende Namen verzeichnet: 1832 Wilhelm Str., 1836 Friedrich Wilh. Str., 1846 s. o., 1855 Wilhelm Friedrich Str. Ab 1861 stehen im Adreßbuch nur noch drei Bäcker Streichhan (Chausseestraße 71 und 74, Friedrichstraße 14).

[716] STAP, Prov. Br., Rep. 30 Berlin C, Tit. 190, 20477.

[717] Vgl. BA Mü 165. Bd. 1 (1879 ff.), LA rep. 203 Acc. 705 Nr. 2457. Friedrich Streichan besaß von 1821 bis 1828 auch die Bockwindmühle in Schöneberg (vgl. *Mösenthin, Brunhilde:* Geschichte des Mühlenbergviertels Schöneberg. Wiss. Hausarbeit zur 1. Staatsprüfung für das Amt des Lehrers, Berlin o. J., S. 76). Der Weddinger Heimatforscher Stephan hat auch die gesellschaftliche Rolle beschrieben, die die Streichhans im Wedding gespielt haben; sie stifteten z. B. 1852 die Decke im Altarraum der Nazarethkirche. 1839 sorgte Streichhan als Kirchenvorsteher für die Einfriedung und Bepflanzung des Kirchplatzes (*Stephan, Bruno:* Alt-Weddinger Mühlenwesen. In: Der Wedding, 2 (1947), 2. Novemberheft, S. 5).

[718] Vgl. Akten der Feuersozietät (im folgenden AF) Müllerstraße (Mü), LA rep. 180, Bd. 271, Jg. 1760-1824, S. 379.

[719] Vgl. K4.

[720] Vgl. BA Mü 12, Bd. 1 (1820 ff.), Bezirksamt Wedding; die Akte enthält einen Situationsplan mit den Mühlen Lange und Streichhan. Das Berliner Adreßbuch 1846 nennt Christian F. Streichhan als Besitzer einer Bäckerei in der Chausseestraße 46 d. Vgl. auch STAP, a. a. O., 20492.

[721] Vgl. STAP, Prov. Br., Rep. 30, Bln. C, Tit. 190, 20492.

[722] Vgl. BA Mü 10-11, Bd. 1 (1820 H), LA rep. 203 Acc. 2491 Nr. 7952/72

[723] Vgl. AF Mü, a. a. O., S. 378.

[724] Vgl. BA Mü 10-11, a. a. O.

[725] Vgl. 860b.
Vgl. ebd.; das Berliner Adreßbuch von 1841 nennt auch J. W. F. Kaufmann als Mühlenmeister. Er wird 1859 nur noch als Bäckereibesitzer und Bezirksamtsvorsteher betitelt. Andere Daten sind in den BA des Bezirksamtes Wedding verzeichnet: In einem Plan vom 6. 1. 1845 ist noch die Mühle Streichhans eingezeichnet, erst ein Plan vom 10. 8. 1855 enthält die Mühle Kaufmann.

[726] Vgl. ebd.

[727] Vgl. AF Mü 10-11, Jg. 1803-1887, Bd. 113, S. 12.

[728] Vgl. BA Mü 10-11, a. a. O.

[729] Vgl. AF Mü 12, Jg. 1760-1824, Bd. 271, S. 377.

[730] BA Mü 12, Bd. 1 (1820 ff.), LA rep. 203 Acc. 2491 Nr. 7952/72; sämtliche folgenden Zitate entstammen dieser Akte.

[731] Vgl. Berliner Adreßbuch 1859; die Heidestraße heißt heute Tegeler Straße.

[732] Vgl. AF, Heidestr. 34, o. J., S. 428; vgl. BA Mü 30, Bd. 1 (1825 ff.), Bezirksamt Wedding.

[733] Vgl. AF ebd.
Vgl. Berliner Adreßbuch 1880.

[734] Vgl. BA Mü 30, Bd. 2 (1882 ff.), LA rep. 203 Acc. 705 Nr. 2290.

[735] Vgl. AF, Müllerstr.32, o. J., S. 429. Auf Stach folgten Rentier Korne, Mühlenbauer Lücke (1828), »Theater Polirer« W. Banko (1832). Laut Adreßbuch ist er 1836 Mühlenbesitzer. 1855 bis 1859 ist ein Mühlenbesitzer J. W. Banko in der Neuen Straße 24 verzeichnet.

[736] Vgl. Berlin und Charlottenburg mit nächster Umgebung. Hg. von der topographischen Abteilung des Königl. Preuss. Grossen Generalstabs 1857. Hier wird die Mühle als Panko-M. bezeichnet. Lt. BA Mü 32 a, Bd. 1 (1821 H), LA rep. 203 Acc. 2113 Nr. 6589 ist ab 1851 allerdings Fuhrmann Carl Heinz Körner Besitzer des Grundstücks, das spätestens ab 1858 keine Mühle mehr aufweist.

[737] Berlinische Nachrichten v. 30. 9. 1813

[738] AF, Mü 33, o. J., S. 412

[739] StadtA Bln., Rep. 5, Grundeigentumsdeputation, Mühlenwesen 13119

[740] AF, Mü 33, o. J., S. 440

[741] StadtA Bln., Rep. 5, Grundeigentumsdeputation, Mühlenwesen 7650

[742] AF, Mü 33, Jg. 1803-1887, Bd. 113, S. 28

[743] Vgl. BA Mü 33, Bd. 2 (1876 H), LA rep. 203 Acc. 705, Nr. 2299.

[744] Vgl. ebd.

[745] Vgl. *Rehfeldt, E.:* Geschichte von Niederschönhausen, o. O., 1929, S. 240.

[746] Vgl. BA Mü 39, Bd. 1 (1876 H), LA rep. 203 Acc. 705, Nr. 2309.

[747] Vgl. AF Mü 157, Jg. 1803-1865, Bd. 113, S. 451.

[748] Vgl. AF Mü 157, a. a. O., S. 102.

[749] Vgl. STAP, a. a. O., 7643.

[750] Vgl. BA Mü 170/172, Bd. 1825 H, LA rep. 203 Acc. 1988 Nr. 6181.

[751] Vgl. K3.

[752] Vgl. K2.

[753] Vgl. *Schmidt, W.:* Beiträge zur Geschichte der Britzer Mühlen. In: Mitteilungsblatt des Neuköllner Heimatverein. Hg. von Otto Glodde, H. 19 (1960), S. 335. Der »Tagesspiegel« v. 1. 1. 1960 berichtet vom Verkauf der Bockwindmühle des Müllers Hahn aus der Müllerstraße nach Lunow. Leider konnte dieser aber bisher nicht identifiziert werden.

[754] Vgl. AF Heidestraße 34, S. 421.

[755] Vgl. STAP, a. a. O., 405; 20478; vgl. K4.

[756] Vgl. K4; die BA Tegeler Str. 44, Bd. 1 (1825 H), LA rep. 203 Acc. 1229 Nr. 5424 verweist noch 1856 auf Röwer; die BA Tegeler Str. 35/36 Bd. 1 (1857 H), LA rep. 203 Acc. 1229 Nr. 5420 enthält 1858 einen Plan mit Röwers Mühle.

[757] Vgl. Berliner Adreßbuch 1868.

[758] Vgl. AF Heidestr. 34, S. 421.

[759] Vgl. BA Platz am Nordhafen = Hungriger Wolf, Bd. 1 (1821 H), LA rep. 203 Acc. 1490 Nr. 56033.

[760] Vgl. STAP, a. a. O., 20483.

[761] Vgl. K3.

[762] Vgl. STAP, a. a. O.

[763] Vgl. *Ludewig, Hans* (Hg.): Theodor Hosemann, München 1974; *Irmgard Wirth:* Theodor Hosemann. Maler und Illustrator im alten Berlin, Berlin 1967; *Weinitz, Franz:* Aus Großvaters Tagen. Die Gute alte Zeit in 60 Bildern von Theodor Hosemann, Stuttgart 1922.

[764] *Rieseberg, Hans Joachim* (1983), S. 94

[765] *Schmidt, Wilhelm* (1960), S. 367-369

[766] *Rieseberg, Hans Joachim* (1983), S. 91

[767] *Rachel, Hugo* (1931)

[768] *Krünitz, Joh. Georg:* a. a. O.

[769] Knoppern waren Gerbmittel, benannt nach der Knopfform, bestehend aus Galläpfeln und Wallonen, den großen silbergrauen Fruchtbechern levantinischer Eichen.

[770] *Krünitz, Joh. Georg:* a. a. O.

[771] STAP, Prov. Br., Rep. 2 D Amt Mühlenhof 13 039

[772] StadtA Bln., Rep. 5, Grundeigentumsdeputation, Mühlenwesen 7 627

[773] *Krünitz, Joh. Georg:* a. a. O.

[774] Bauakte: BAA-Kreuzberg, Bd. 1, 1789

[775] In: „Deutsche Müller" vom 29. 9. 1932

[776] 52 m über NN; zum Vergleich der »Windmühlenberg« im Stadtbezirk Prenzlauer Berg 54 m über NN.

[777] *Rieseberg, Hans Joachim* (1983), S. 98

[778] *Bohn, O.:* Mühlen auf der Flur zwischen Berlin und Potsdam. In: »Deutsche Müller« vom 7. 4. 1932

[779] Vgl. *Schich, Winfried:* Die Entstehung der mittelalterlichen Stadt Spandau. In: Slawenburg, Landesfestung, Industriezentrum. Untersuchungen zur Geschichte von Stadt und Bezirk Spandau. Hg. v. W. Ribbe. Berlin 1983, S. 68/69; vgl. *Müller, Adriaan v.:* Edelmann . . . Bürger, Bauer, Bettelmann. Berlin im Mittelalter. Berlin 1981, S. 58.

[780] Vgl. *Schulze, Daniel Friedrich:* Zur Beschreibung und Geschichte von Spandau. Bd. I, hg. v. Otto Recke. Spandau 1913, S. 484 (im folgenden S I).

[781] Vgl. *Schulze, D. F.*, a. a. O., Bd. II, S. 5 (im folgenden S II).

[782] Codex diplomaticus Brandenburgensis. Hg. v. A. F. Riedel, 1. Hauptteil. Bd. 1. Berlin 1856, S. 36 (im folgenden CDB)

[783] CDB, S. 41; vgl. S II, S. 8

[784] *Koehne, Carl:* Die Mühle im Recht der Völker. In: Beiträge zur Geschichte der Technik und Industrie. Hg. v. Conrad Matschoss. Bd. 5. Berlin 1913, S. 44

[785] S I, S. 501

[786] S II, S. 308/309

[787] S I, S. 487; vgl. S II, S. 95

[788] S II, S. 175

[789] Markgraf Ludwig lieh 394 Talent minus 10 Schilling brandenburgischer Währung. Vgl. S II, S. 8; vgl. CDB, S. 41.

[790] Vgl. S II, S. 8.

[791] S II, S. 9

[792] Ebd.

[793] Ebd.

[794] S II, S. 309

[795] S I, S. 501

[796] Ebd.

[797] S I, S. 506

[798] S I, S. 509

[799] S I, S. 510

[800] S I, S. 511

[801] Vgl. *Schoeneich:* Die Spandauer Wasserkraft. In: »Spd. Ztg.« v. 18./19. 3. 1934. 1418 wird ein Mühlenmeister Jacob Münchehofe, der Gewässer und Heide bei Spandau pachtet, genannt (CDB, S. 76). Ostern 1419 folgten Heinz Donner und Henning Stroband als Pächter (ebd.); 1662 war Coldebanz Obermühlenmeister (S I, S. 491). 1694 wurde Christian Sievert in sein Amt eingeführt (S II, S. 285); 1722 begann die Amtszeit des Mühlenmeisters Stecher (Schoeneich).

[802] Vgl. S II, S. 350.

[803] Vgl. S I, S. 485.

[804] Vgl. *Kuntzemüller, Otto:* Urkundliche Geschichte der Stadt und Festung Spandau von der Entstehung der Stadt bis zur Gegenwart. Bd. 1. Berlin 1928, S. 37 (im folgenden Ku I; Bd. 2 als Ku II).

[805] Ku I, S. 32

[806] Vgl. *Peschke, Werner:* Das Mühlenwesen der Mark Brandenburg, von den Anfängen der Mark bis 1600. Diss. phil., Berlin 1937, S. 8

[807] Vgl. S I, S. 10; S II, S. 2.

[808] Ku I, S. 9

[809] *Klehment:* Beiträge zur Geschichte der märkischen Wasserstraßen bis zum Jahre 1600. In: Wochenschrift des Architekten-Vereins zu Berlin, *III* (1908) 37, S. 41. Diese Behauptung wird im folgenden von Klehment selbst widerlegt, wenn er auch die Freiarchen für Schiffahrtskanäle hält (S. 192).

[810] Ebd.

[811] Aufgrund der zahlreichen Widersprüche und Ungereimtheiten ist es nicht sinnvoll, den Autor weiterhin in der wissenschaftlichen Diskussion zu verwenden.

[812] Vgl. *v. Müller*, S. 65.

[813] Vgl. *Schich*, S. 56/57; bei Pohl zeigen sich ähnliche Probleme (vgl. *Pohl, Joachim:* Die Topographie der Stadt Spandau im Mittelalter und in der frühen Neuzeit. In: Historische Grundrisse, Pläne und Ansichten von Spandau, Beiheft zu Blatt 5: »Plan der Stadt Spandau Intra Moenia«, 1728. Hg. v. Bürgerbeirat Zitadelle Spandau. Berlin 1984, S. 72).

[814] Vgl. *Vogel, Kurt:* Spandau im Grundriß. In: Jb. Brdbg. Landesgesch. Berlin 1982, S. 7-29.

[815] Vgl. *Schoeneich.*

[816] Vgl. *Biller, Thomas:* Die Entstehung der Stadt Spandau im hohen Mittelalter. Berlin 1980, S. 9/10.

[817] Vgl. Peschke, S. 8. Die Freiarche dient zum Ablassen von überschüssigem Wasser, und der Umflutgraben (Umflutrinne) dient der Schiffahrt.

[818] Neben dieser Flutrinne gab es noch die »Wennigen Vlutrene«. Durch den Bau des Damms mit einer Brücke in Höhe des Hohen Steinwegs über den alten Havelarm entstand eine künstliche Verengung, die einer Flutrinne ähnlich war. Im Unterschied zu der an der Großen Mühle handelte es sich hier um die kleine, d. h. »wennigen« Flutrinne.

[819] Vermutlich hat hier die Fernstraße Magdeburg–Polen den Havelarm mindestens seit 1349 überquert. Biller lokalisiert den Übergang um 1200 weiter südlich.

[820] Vgl. S I, S. 10.

[821] Vgl. Pohl, S. 72.

[822] S II, S. 37

[823] S II, S. 67

[824] *Albert Ludewig:* Spandauer Mühlen und Schleusen. In: »Spd. Ztg.« vom 3. 1. 1939

[825] Vgl. Pohl, S. 72.

[826] Vgl. Plan der Stadt Spandau Intra Moenia 1728.

[827] CDB, S. 195; vgl. Schich, S. 56. Die Annahme, die Mühle sei erst 1306 erwähnt worden, hat sich nicht bestätigt (vgl. Ku II, S. 180; Ludewig).

[828] Vgl. S II, S. 3.

[829] Vgl. Peschke, S. 65. Markgraf Ludwig Otto belieh seinen Torhüter Ludwig Hansen »mit dem Hause und Hofe auf dem Behns, das ihm, dem Marckgrafen von dem Jäger Tiezen u. seiner Frau Anna angefallen, u. dieser von seinem Schwäher Wernler, gewesen Muhl Meister zu Berlin, erkauft, u. welches über dem Behns in der Stadt auf dem Berge liege« (Biller, Entstehung, S. 21).

[830] Landbuch Kaiser Karls IV. 1375, zit. nach S I, S. 1/2

[831] Vgl. S II, S. 9.

[832] Heeresarchiv Potsdam, zit. nach *Jahn, Gunter:* Die Bauwerke und Kunstdenkmäler von Berlin. Stadt und Bezirk Spandau. Berlin 1971, S. 368

[833] S II, S. 67

[834] S II, S. 19

[835] Vgl. auch folgende Bemerkung von 1430: Der Rath hielt einen Brett Schneider u. gab für den Schnitt 7 Pfennige (S II, S. 16).

[836] Vgl. S I, S. 32. Die Schneidemühle gehörte von 1791 bis 1798 zum königlichen Amt Spandau (vgl. *Hengsbach, Arne:* Havel und Spree – Spandaus Lebensadern. Eine wirtschaftliche

Betrachtung. In: Jb. Brdbg. Landesgesch. *12* [1961], S. 40).

[837] S I, S. 501

[838] Vgl. S II, S. 25.

[839] Vgl. S II, S. 343.

[840] S II, S. 350.

[841] S II, S. 273; 1710 besaß sie nur noch zwei Gänge.

[842] Vgl. *Pohl, Joachim:* Wirtschaft, Gesellschaft und Kultur im Spätmittelalter. In: Ribbe, Slawenburg, S. 111.

[843] Vgl. Pohl, Wirtschaft, S. 71.

[844] Vgl. ebd.

[845] S II, S. 15; weitere Urkunden S II, S. 16 ff.

[846] S II, S. 17

[847] S II, S. 37

[848] Zit. nach *Kalesse, Andreas:* Der »Plan der Stadt Spandau Intra Moenia« von 1728. In: Historische Grundrisse, Beiheft zu Blatt 5, S. 20.

[849] S II, S. 44

[850] Kalesse berichtet: »Die Abbrucharbeiten (müssen) sehr schwierig gewesen sein, woraus sich schließen läßt, daß der Judenturm auf jeden Fall einen größeren baulichen Umfang besaß als ein herkömmliches Wikhaus.« (S. 20)

[851] S I, S. 26

[852] S II, S. 36

[853] S II, S. 308

[854] Vgl. S II, S. 93.

[855] Vgl. S II, S. 252.

[856] Vgl. S II, S. 285.

[857] Vgl. S II, S. 303.

[858] S II, s. 308

[859] Vgl. ebd.

[860] Für eine Gründung der Mühle durch die Benediktinerinnen gibt es keine Anhaltspunkte (vgl. die falsche Darstellung von *Mai, Otto:* Es klappert die Mühle im Häusermeer. In: DNZ v. 31. 3. 1954).

[861] Vgl. S I, S. 506.

[862] Vgl. S I, S. 26.

[863] Vgl. S II, S. 309.

[864] Vgl. S I, S. 26.

[865] Auszug aus dem Hypothekenbuch der Klostermühle 1857, Stadtarchiv Spandau (im folgenden StA Spd.) o. Sign.

[866] Körnersche Nachrichten, Bd. 2, Berlin 1928/29, Heft 6/7 (im folgenden KN)

[867] KN, S. 116

[868] Die Anwerbung Körners hat große Ähnlichkeit mit der Gewinnung des Müllers Trautmann für die Charlottenburger Wassermühle.

[869] KN, S. 116/117

[870] KN, S. 117

[871] Ebd.

[872] KN, S. 117/118

[873] KN, S. 118

[874] Ebd.

[875] Vgl. KN, S. 119.

[876] KN, S. 118

[877] KN, S. 119

[878] Friedrich II. forderte Körner am 29. 9. 1764 auf, einen dritten Spitzgang einzurichten, was am 15. 12. 1764 erfolgt war. Körner bezahlte dafür 1302 Thlr., einen Teil der Baukosten. Der Spitzgang war aber unbrauchbar, weil K. keinen fränkischen Dinkel, sondern nur preußischen Weizen zum Mahlen hatte (vgl. KN, S. 120).

[879] KN, S. 121

[880] KN, S. 122

[881] KN, S. 126

[882] Vgl. KN, S. 122/123.

[883] KN, S. 123/124

[884] Die Kurmärkische Kammer hob 1769 das Magistratsverbot auf, erhob aber eine »Fabriquen Steuer« für Freihandelsmehl. Körner beschwerte sich auch darüber, daß er statt der vertraglich vereinbarten 6 Tlr., 12 Gr. nur 4 Tlr., 12 Gr. vom Hofmundbäcker je Scheffel Mehl erhielt (vgl. KN, S. 126).

[885] Schulze, zit. nach KN, S. 126/127; die Löscharbeiten kosteten 28 Tlr., 12 Gr. (S II, S. 477).

[886] Ferdinand K., der zweite Sohn, arbeitete als Mühlenmeister in der königlichen Gewehrfabrik.

[887] Vgl. S II, S. 309. Daß Körner die Mühle, wie Ludewig behauptet, schon früher erworben hat, kann nicht belegt werden (vgl. »Spd. Ztg.« v. 4. 1. 1939).

[888] Vgl. Erbpachts-Contrakt.

[889] Die Schützenweite betrug 19′ 5 1/2″ (vgl. LA: 208/2315/2687).

[890] Nach § 13 des Erbpachtkontrakts war K. verpflichtet, »im Falle eines Brandes die Mühlen völlig wieder herzustellen ohne auf irgend eine Hülfe von Seiten des Staates Anspruch machen zu können, (. . .) so lange als der Cánon nicht völlig abgelöst ist«. Nach § 10 mußte K. bis 1821 ein Viertel des »Cánons« ablösen. Entweder war er 1826 schon Besitzer, oder aber – was wahrscheinlich ist – die Stadt verzichtete mit Rücksicht auf die Interessen des Militärfiskus auf die Erfüllung des Vertrags (vgl. Erbpachts-Contrakt für den Mühlenmeister Körner v. 12. 8. 1812/LA: 208/2315/9687).

[891] Vgl. Erläuterungsbericht v. 1. 12. 1922, Anlage zum Beschluß des Preuß. Oberverwaltungsgerichtes, Wasserwirtschaftlicher Senat vom 14. 1. 1926, LA: 208/2315/9687, S. 29.

[892] KN, S. 113

[893] Vgl. Hengsbach, S. 46.

[894] Vgl. Hengsbach, S. 41.

[895] Die Kleine Mahlmühle am Kolk lief mit zwei Gängen und einer Gerinneweite von 4′ 7′8″ (vgl. StA Spd., Akte Albert Ludewig 181). 1824 entstand auch in dieser Mühle ein Brand (Chronologische Nachrichten des Bürgermeisters Froehner 1824, S. 100 f. zit. nach Ludewig 181).

[896] KN, S. 113

[897] StA Spd.: Wa 32

[898] Erläuterungsbericht, S. 31

[899] Hengsbach, S. 43

[900] Zit. nach Ludewig 181.

[901] Ohne Quellenangabe im StA Spd. FW 24 (Merkwürdige Brände)

[902] KN, S. 112

[903] KN, S. 130

[904] LA: 208/2315/9687

[905] Vgl. Kaufvertrag zwischen Mühlenmeister Herrn Johann Friedrich Wilhelm Beier aus Spandau und dem Mühlenmeister Herrn Carl Friedrich August Schulze aus Spandau vom 18. 5. 1857, StA Spd., o. Sign.

[906] Vgl. ebd. Der Kaufvertrag enthält eine Liste des Inventars, das Schulze mitgekauft hat. Die Liste gibt keinen Aufschluß über die technischen Einrichtungen der Mühle beim Besitzerwechsel.

[907] Vgl. Hypothekenbuch der Klostermühle 1857, StA Spd., o. Signatur.

[908] Brief v. 31. 10. 1883 an den Wohllöblichen Magistrat, LA: 208/2315/9593 Anlage

[909] StA Spd., Akte A. Ludewig 340, Anhang 3

[910] Vgl. LA: 208/2315/9593; vgl. auch StA Spd. Wa 33.

[911] Brief vom 31. 10. 1883

[912] Vgl. *Ludewig, Albert:* Abschied von der Klostermühle. In: Spandauer Volksblatt v. 10. 10. 1962

[913] Vgl. LA: 208/2315/9593.

[914] Vgl. Ludewig 340.

[915] Vgl. ebd.

[916] Ludewig gibt 1938 als Übergabedatum an (vgl. Abschied).

[917] Neben der Klostermühle bestanden Webag/40 t; Zittrig/20 t und Hava/20 t; vgl.Spd. Volksbl. v. 6. 8. 1946.
1947 begann dann der Wiederaufbau des zerstörten Gebäudes, der 1950 abgeschlossen werden konnte (vgl. Ludewig: Abschied). Mit einer Tagesleistung von 35 bis 40 t war die Klostermühle 1947 die kleinste Großmühle in Berlin (West). (Die Humboldtmühle erreichte 220 bis 250 t; die Schüttmühle 100 bis 120 t; die Hafenmühle in Neukölln 60 t; vgl. Der Tagesspiegel v. 25. 10. 1949.)
»Großalarm gab es am 21. 6. 1952 bei der Feuerwehr, das Silogebäude war in Brand geraten, es wurde Alarmstufe 8 gegeben, denn es war ein gefährlicher Brand. Es wurde auch angeordnet, daß, falls das Feuer auf den alten Bau übergriffe, wegen der Mehlstaubexplosionsgefahr die ganze Brandstelle geräumt werden müßte. Aber der 1 800 Tonnen fassende Silo konnte gerettet werden, lediglich das Dach wurde zerstört, dann aber wieder aufgebaut« (vgl. Ludewig, Abschied). Die Klostermühle konnte jedoch neben den Großmühlen nicht bestehen, daher wurde der Betrieb am 17. 3. 1962 stillgelegt. 1963 wurden die Gebäude abgerissen.
»Ein Brand in der Klostermühle, unmittelbar neben dem Spandauer Rathaus, und einem angrenzenden Ruinengrundstück alarmierte in der Nacht vom Sonntag zum Montag die Feuerwehr. Um 2 Uhr 30 sah es so aus, als habe das Feuer auf das Bezirksamt übergegriffen. Aber das stimmte dann doch nicht. Acht Löschzüge waren eingesetzt und konnten um 4 Uhr 30 melden, daß alle Flammen gelöscht seien. Über Ursache und Schadenshöhe ist noch nichts bekannt. In der amtlichen Meldung heißt es, daß ‚zwei Abrißruinen' gebrannt hätten. Eine davon, eben die alte Klostermühle, steht seit mehr als 500 Jahren an ihrem Platz. Sie diente früher den Gerbern als Lohmühle und war später als Schrotmühle in Betrieb. Der Mühlengraben, für den der Müller besondere Wasserrechte genoß, wurde bis zum Schluß als Energiequelle genutzt; nur daß das Wasser einstmals das Mahlwerk unmittelbar in Bewegung hielt und später nur noch die Turbine trieb, die die Mühle mit Strom versorgte. Im Sommer vorigen Jahres wurde die Mühle, die einzige, die noch in Spandau existierte, verkauft. Sie sollte in ein Textilkaufhaus umgebaut werden. Drei der alten Mühlsteine hat das Heimatmuseum gekauft und als Erinnerungsstücke in der Zitadelle aufgestellt« (Der Tagesspiegel v. 11. 6. 1963).

[918] S II, S. 15. 1432 gibt es noch einen weiteren Hinweis auf Pulverherstellung in Spandau: S II, S. 17.

[919] Vgl. Ku II, S. 316.

[920] Vgl. ebd.

[921] Vgl. *Escher, Felix:* Spandau im Schatten der Festung. In: Ribbe, Slawenburg, S. 184.

[922] Vgl. Leonardo da Vinci, Codices Madrid. Bd. 1-5. Frankfurt a. M. 1974; vgl. *Besson, Jacques:* Théatre des instruments mathematiques et mechaniques. Lyon 1546; vgl. *Zonca Vittorio:* Novo teatro die machine et edificii. Padua 1607; vgl. *Ramelli, Augustino:* Schatzkammer mechanischer Künste. Hannover 1976 (Nachdruck von 1620, italienische Ausgabe 1588), S. 155.

[923] *Matthias Beyer* und Consorten: Theatrum Machinarum Molarium oder Schauplatz der Mühlenbaukunst. Leipzig 1735, S. 76

[924] Vgl. Escher, S. 197.

[925] Erläuterungsbericht, S. 29

[926] Vgl. *Hassenstein, Wilhelm:* Zur Geschichte der Kgl. Gewehrfabrik in Spandau unter besonderer Berücksichtigung des 18. Jahrhunderts, o. O. 1912, S. 29.

[927] Zit. nach Hassenstein, S. 30.

[928] Vgl. Erläuterungsbericht, S. 28.

[929] Vgl. Ku I, S. 33; S I, S. 39; vgl. Hassenstein, S. 29.

[930] Erläuterungsbericht, S. 27

[931] Vgl. Hassenstein, S. 29.

[932] Vgl. Ku I, S. 311.

[933] Ribbe, S. 220

[934] Vgl. Ludewig: Spandauer Mühlen und Schleusen. In: Spandauer Zeitung vom 4. 1. 1939.

[935] Vgl. Hassenstein, S. 31.

[936] S I, S. 39

[937] Vgl. Hassenstein, S. 32. Bei Betriebsaufnahme waren 29 000 Tlr. Kapital verauslagt worden. 11 000 Tlr. stammten von Splitgerber u. Daum, 18 000 Tlr. von der Regierung.

[938] S I, S. 39.

[939] Hassenstein, S. 33

[940] Ebd.

[941] Vgl. S I, S. 39.

[942] Hassenstein, S. 51

[943] Ebd.

[944] Joh. Caspar Hummel hatte zunächst das Schlosserhandwerk bei seinem Vater erlernt und war in seiner Gesellenzeit nach Frankreich – zuerst zu Dufresne, dann in die Gießerei von Libreval (St. Amand) – gelangt. Von dort war er mit einem Modell einer Kanonenbohrmaschine zurückgekehrt.
»Er hatte ein kleines Modell von der in Libreval erbaueten Kanonen-Bohrmaschine (angefertigt), woran er mehrere wesentliche Verbesserungen angebracht hatte. Die ihr eigenthümliche Einrichtung bestand darin, daß ein Wasserrad vier neben einander liegende Kanons, durch Räder von verschiedenem Durchmesser, in Bewegung setzte, hinter welchen die Bohrbänke, und seitwärts die Drehbänke sich befanden« (*Heinrich Weber:* Der Vaterländische Gewerbsfreund, 1. Teil, 2. Heft. Berlin/Leipzig 1820, S. 46).
Die Nachricht über diese Konstruktion war dem König zugetragen worden, der ihn 1799 nach Berlin berief, wo er eine mechanische Werkstatt gründete.

[945] Weber, S. 48/49

[946] Ebd.

[947] Vgl. Hassenstein, S. 58; K I, S. 30.

[948] Vgl. Erläuterungsbericht, S. 28.

[949] Vgl. ebd.
Beschreibung der Wasserkraftanlagen in der ehem. Gewehrfabrik
Die Wasserkraft wird durch 5 offene, doppelkränzige, regulierbare Axialturbinen ausgenützt, welche in drei Gerinnen liegen. Sie erhalten ihr Betriebswasser aus der Oberhavel. Das Abwasser wird bei der Zitadelle vorbei dicht oberhalb der Berliner Brücke in die Unterhavel eingeleitet.
Die Durchflußbreite beträgt zwischen Mauerwerk gemessen wie in den Zeichnungen eingetragen beim

Freigerinne (Freiarche)	– 2,500 m
b. Turbine I	– 4,050 m
b. Turbine II	– 3,900 m
b. Turbine III	– 3,575 m
b. Turbine IV	– 2,945 m
b. Turbine V	– 2,985 m

jede Turbine besteht aus
1 doppelkränzigen Leitapparat mit Blechschaufeln, wovon 2 herausnehmbar sind für die Reinigung der Laufradzellen, 1 doppelkränzigen Laufrad mit Aktions(Druck)-Schaufelung im inneren und Reaktions(Überdruck)-Schaufelung im äußeren Kranz, 1 Turbinenwelle mit unterer Zentrierbuchse und Oberwasserzapfen, 1 schmiedeeisernen Tragestange mit einem Halslager für die Turbinenwelle, Deckel zum Abdekken des äußeren Leitradkranzes, 1 Transmission, die aus einem Kegelrad von 2 m ∅ auf der Turbinenwelle, einem Kegelrad von 0,90 m ∅ auf der schmiede-eisernen Welle mit Stahllager auf I-Trägern zusammengesetzt ist.
Die Turbinen leisten im Mittel:

Turbine I	17 P. S.
Turbine II und III zusammen	28 P. S.
Turbine IV und V zusammen	21 P. S.

(LA: 208/2315/9687, S. 55)

[950] Hassenstein, S. 60

[951] Vgl. Erläuterungsbericht, S. 30.

[952] Die Rechtsnachfolger der Pulverfabrik, die Deutschen Werke AG, hatten in den 20er Jahren die Eintragung von Staurechten begehrt. Sie fühlten sich durch den Bau der größeren Schleuse und den Ausbau der Havel zur Großschifffahrtsstraße beeinträchtigt, da sie nur noch bis zu einem gewissen Pegelstand Havelwasser entnehmen durften. Die Zweifel an der Zusammenlegung der Staurechte an anderer Stelle wurden vom Gericht wie folgt begründet:
»Die Pulverfabrik ist auch nicht in der Ausübung jener Benutzung eingetreten, denn sie ist an ganz anderer Stelle der Havel errichtet worden, als wo jene Mühlen bestanden hatten. Der Rückerwerb der Rechte mag erforderlich gewesen sein, um den Staat von Beschränkungen zu befreien, die der Anlegung der Pulverfabrik entgegenstanden« (Beschluß des Preußischen Oberverwaltungsgerichts, Wasserwirtschaftlicher Senat, v. 14. 1. 1926, LA: 208/2315/9687, S. 21).

[953] Vgl. Ku I, S. 317.

[954] Vgl. *Oehlert, Wilhelm:* Moabiter Chronik. Berlin 1910, S. 29.

[955] *Nicolai, Friedrich:* Beschreibung der Königlichen Residenzstädte Berlin und Potsdam aller daselbst befindlichen Merkwürdigkeiten, und der umliegenden Gegend. Bd. 1. Berlin 1786, S. 57/58
Zwischen 1717 und 1719 hatten die Holländer Braue und van Zee zwischen dem Weg nach Spandau und der Spree, westlich vom Weinberg (Humboldthafen), im Kleinen Tiergarten eine Pulvermühle gebaut. Das Pulvermühlen-Terrain begrenzten im Norden die heutige Seydlitzstraße, im Osten der Südteil der Heidestraße, im Süden die sogenannten Pulverwiesen an der Spree, im Westen die Kreuzung Lüneburger, Ecke Paulstraße. Das ganze Gebiet hatte man mit einem hohen, durch einen Zaun gesicherten Wall umgeben. In den Mühlen erfolgte das Stampfen der für das Schießpulver benötigten Stoffe bzw. nach Anfeuchten ihre Mischung in Mörsern (Büchsen, Stampflöcher) mit »Keulen« (Stampfer) aus Holz. Die Mörser waren in langen Reihen aufgestellt und wurden durch Daumenwellen ähnlich den Walken oder Lohmühlen betrieben (nach Krünitz, Joh. Georg: a. a. O.)
Nachdem schon van Zee die ursprünglich verwendeten Stampfmaschinen durch drei Kollergänge mit Pferdebetrieb ersetzt hatte (auf je einem liegenden Marmorstein von 8 Fuß Durchmesser rollten zwei senkrechte marmorne Mühlensteine), erfolgte die von Friedrich Nicolai beschriebene Erweiterung der Anlagen.
Die Fabrikgebäude, insbesondere die Magazine, waren aus starkem Mauerwerk mit einem nur leichten Dach erbaut und jedes mit einem der Höhe des Mauerwerks gleichkommenden (etwa 10 m) Erdwall umgeben, damit etwaige Explosionen nur nach oben, nicht seitwärts wirkten. Vor den Eingängen der einzelnen Gebäude lagen wollene Decken. Die Gebäude durften von den Arbeitern nur in Filzschuhen betreten werden. Innen besaßen alle Wände Holzbekleidung; frei liegendes Eisen- oder Steinwerk hatte man vermieden. Trotz aller Vorsicht war es am 5. 8. 1735 in der Pulvermühle selbst zu einer Explosion gekommen, der ein Mann zum Opfer gefallen war. Am 4. 4. 1752 ist „hier in Berlin vor dem Brandenburger Thor die Pulverkammer, worinnen sie das Pulver trock(n)en, aufgeflogen nebst vier Personen, die darin gearbeitet haben, es sind 30 centner darinnen gewesen" (vgl. *Oehlert, Wilhelm:* Moabiter Chronik. Berlin 1910, S. 29).
Bezüglich dieser Mühlen zitierte Raumer (1840) die Bemerkungen eines Reisenden durch die preußischen Staaten: „So gut sie auch ins Augen fallen, so angstvoll war mir doch dieser Anblick. Die Idee, daß in ihnen bereitet würde, was schon vielen Millionen Menschen den fürchterlichsten Tod zugezogen hat, war mir zu unangenehm, als daß ich meine Augen nicht so schleunig hätte wegwenden sollen, als ich nur immer konnte."
In den autobiographischen Aufzeichnungen „Von Zwanzig bis Dreißig" berichtete Theodor Fontane von seinem letzten Wachkommando als Unteroffizier „bei den Pulvermühlen", das auch „damals für unsicher" galt. 1839 erfolgte die Verlegung der Pulvermühlen nach Spandau.

[956] Zunächst waren von der Wasserkraft dieser Mühlen bis zum Jahr 1849 14' und 9'' = 4,629 m Stützenweite zum Betrieb der stromaufwärts belegenen ehemals Kgl. Pulverfabrik und deren sechs Mühlengerinne verwendet worden. Nach Ausweis unserer Akten bestanden sechs Gerinne mit folgenden Abmessungen:

1. Gerinne f. Mengewerk II u. III–1'9''	= 0,549 m
2. Gerinne f. Brech- u. Mengewerk I–2'3''	= 0,706 m
3. Gerinne f. Presswerk–3'7½''	= 1,138 m
4. Gerinne f. Menge- u. Polierwerk–2'7''	= 0,811 m
5. Gerinne f. Polierwerk II u. III–1'11½''	= 0,615 m
6. Gerinne f. Körner- u. Mengewerk IV–2'7''	= 0,816 m

Der ehemalige Militärfiskus als Besitzer der grossen Erbpachtmühle mit einer Schützenweite von ... 19' 5½'' = 6,107 m und der kleinen Erbpachtmühle mit einer Schützenweite von ... 6' 4¾'' = 2,0075
Sa.: 25' 10¼'' = 8,1145 m
hatte demnach die ganze ihm zustehende Wasserkraft noch nicht ausgenutzt. Von der noch übrigen Wasserkraft mit einer Schützenweite von 11' 1¼'' = 3,4845 m wurde dann im Jahre 1849 auf Grund des Consenses betr. „Erweiterung der Schützenweite von vier bei der Königlichen Pulverfabrik zu Spandau belegenen Mühlengerinne, für den Königl. Militärfiskus I. 612. Septbr. vom 11. September 1848" die Genehmigung erteilt zur Verstärkung der Durchflussweite von vier der in der ehemaligen Königl. Pulverfabrik befindlichen sechs Gerinne, einen Teil der noch nicht ausgenutzten Wasserkraft ohne Veränderung der Fachbäume und zwar 7' 10'' = 2,459 m in der Art zu verwenden, daß die Gerinne

Nr. 1, bisher von 1' 9''	Schützenweite auf 4' –''
Nr. 2, bisher von 2' 3''	Schützenweite auf 4' 1½''
Nr. 5, bisher 1' 11½''	Schützenweite auf 4' –''
Nr. 4, bisher von 2' 7''	Schützenweite auf 4' 3''

erweitert werden (Erläuterungsbericht S. 30; vom Verf. verbessert).

[957] Vgl. Beschreibung der Wasserkraftanlagen in der ehemaligen Pf. Spandau, LA: 208/2315/9697, S. 56.

[958] Vgl. StA Spd., Akte Ludewig 340a.

[959] Vgl. LA: 208/2315/9607.

[960] Vgl. LA: 208/2315/9687, S. 51.

[961] Vgl. LA, a. a. O., S. 4.

[962] Vgl. K I, S. 319.

[963] Vgl. Ribbe, S. 218.

[964] Vgl. Ribbe, S. 279.
Da der Anteil Rüstungsarbeiterinnen hoch gewesen war, war nun eine hohe Frauenarbeitslosigkeit festzustellen (ebd.).

[965] Erbe macht mit einer Bemerkung, daß dies „von vielen ersehnt" worden sei, deutlich, daß viele Arbeiter die Wiedergewinnung ihres Arbeitsplatzes höher bewerteten als die Kriegsgefahr, die von der Rüstungsproduktion ausging. Dieses Bewußtsein belegen auch die Wahlergebnisse der letzten freien Wahlen in Berlin 1933, bei der die NSDAP in Spandau, im Unterschied zu allen anderen Berliner Bezirken, einen überdurchschnittlichen hohen Prozentsatz gewinnen konnte. (vgl. *Erbe, Michael:* Spandau im Zeitalter der Weltkriege. In: Ribbe, S. 307)

[966] Sämtl. Zitate ebd.

[967] Hengsbach, S. 50

[968] Hassenstein, S. 61

[969] Die Angaben über die Standzeiten der Mühlen und ihre Besitzer ergeben sich aus den Karten des Vermessungsamtes Spandau. In Klammern stehen die Namen der Müller.

[970] Hengsbach: Die Wilhelmstadt. In: Spandauer Jahreskalender 1971, S. 36

[971] Ebd.

[972] Ebd.

[973] Ebd.

[974] Hengsbach: Havel, S. 46/47
[975] ders., S. 47
[976] ders., S. 45
[977] ders., S. 50
[978] ders., S. 47
[979] ders., S. 47/48
[980] ders., S. 50
[981] ebenda, S. 50
[982] Historisches Ortslexikon für Brandenburg, Teil VI, Barnim
[983] *Pauls, Walter; Tessendorff, Wilh.:* Der Marsch in die Heimat, Frankfurt a. M. 1937
Koischwitz, Gerd: Sechs Dörfer in Sumpf und Sand. Berlin 1983
[984] *Bratring, Friedr. Wilh. Aug.:* Statistisch-topographische Beschreibung der gesamten Mark Brandenburg, Bd. II. Berlin 1805
[985] *Krünitz, Joh. Georg:* a. a. O.
[986] STAP, Prov. Br., Rep. 2 S 2294/3
[987] *Steilen, Diedrich:* Deutschlands eigenartigste Mühle. In: „Deutscher Müller" vom 22. 1. 1931
[988] *Chill, Eugen:* Kleinmachnow's Mühlen im Wandel der Zeiten. In: Teltower Kreiskalender 1939
Mehlhardt, D.: Wassermühle Kleinmachnow. Brandenbg. Neueste Nachrichten vom 16. 1. 1980; Rund um die Machnower Mühle. Brandenbg. Neueste Nachrichten vom 19./ 20. 6. 1982
Bratring, Friedr. Wilh. Aug. (1805)
[989] *Pauls, Walter; Tessendorf, Wilh.* (1937)
[990] 1848 ließ sich der aus der Hüvener Mühle stammende Müller Wilh. Möller nach dem genannten Vorbild auf seine Wassermühle an der Süd-Radde in Hersum, Kreis Meppen, ebenfalls eine Windmühle setzen. Mit der Mahlmühle war eine Säge- und Walkmühle verbunden. 1939 Stillegung, 1945 durch Beschuß stark zerstört.
In der Bauernschaft Düpe (Kreis Vechta) wurde an der Mühlenkombination 1925 oben die Windmühle abgebaut, 1946 die Wassermühle stillgelegt (*Kleeberg, Wilhelm:* Niedersächsische Mühlengeschichte. Hannover 1979, S. 298, 317, 425; 264 [Hanstedt], 324 [Hollage], 424 [Lohne]).
Eine ausgebaute Doppelmühle steht in Lengerich bei Osnabrück. In Schleswig-Holstein fanden sich ebenfalls mehrere Doppelmühlen: Um 1800 hatte »ein Müller namens Scharbow in Wokersmühle auf dem Dach seiner Wassermühle eine Windmühle mit horizontalem Flügelrad angebracht« (*Gleisberg, Hermann* [1956a]).
Im »Stromerland« stand eine »Wasser- und Windmühle zu Gräberkate, . . . die früher dem Grafen von Reventlow auf Jersbek gehörte« (*Studt, G. Fr. [Nortorf]:* Mühlenklänge. In: „Deutscher Müller" vom 13. 2. 1930).
1890 brannte, »wie aus Itzehoe berichtet wird, . . . die Dükermühle, eine in der Gemeinde Sachsenbande belegene Wind- und Wassermühle, gänzlich nieder« (in: Die Mühle, 27. Jg., Nr. 41, vom 14. 10. 1890).
1876 ist auf dem Wassermühlengebäude des ehemaligen Dominikanerinnenklosters zu Lahde, Reg.-Bez. Nordrhein-Westfalen, Kreis Minden-Lübbecke, ein Turm aus Feldbrandsteinen, die Westseite zementverputzt, gebaut worden. Um den Turm führt eine hölzerne Galerie auf Sandsteinkonsolen. Auf der Haube der konischen Turmwindmühle befindet sich eine Windrose. Neben den Gängen gab es bis 1930 eine Ölmühle. Heute erfolgt der Antrieb des modernen Mahlwerks mit Turbine durch das Wasser der gestauten Aue (*Brepohl, W.; Maaß, H.:* Karte, Mühlenstraße im Kreis Minden-Lübbecke).
Nach Auskunft (1978) des alten Müllers der Hopfenstangenmühle, in der Dübener Heide zwischen Reinharz und Grosswig, Bezirk Halle, Kreis Wittenberg, gelegen, soll ein Holländer oben auf der Wassermühle und nicht »daneben«, wie E. Hesse 1955 schrieb (*Hesse, Erich:* Mühlenromantik und Denkmalschutz. In: Jb. d. Müllerei, 1955) gestanden haben (*Kerber, Bernd:* pers. Mitt., 1984)
In der Oberlausitz, in Neugersdorf, Bezirk Dresden, Kreis Löbau, hatte die Hohlfeldmühle am sogenannten Mitteldeich (Mittelfeldmühle) zum Betreiben eines Mahlgangs und einer Graupenstampe nur Teichwasser zur Verfügung. Um auch in trockeneren Zeiten mahlen zu können, baute 1819 der Müller auf dem Dach seiner Wassermühle eine hölzerne Windmühle auf, die bis 1863 in Betrieb war und dann abgebrochen wurde (*Spindler, Gerh.:* Ältere Wassermühlen des Müllereigewerbes im Erzgebirge und in der Oberlausitz, Diss. Dresden 1954; *Heinke:* persönl. Mitt. 1984)
[991] *Koischwitz, G.* (1983)
[992] *Meyers Konvers. Lex.:* Bd. 12 (1896)
[993] *Witte, Hans:* Windkraftwerke, Pößneck 1950, S. 122
[994] *Koehne, Carl:* Die Mühle im Recht der Völker, Beitr. Gesch. Technik u. Industr.; Bd. V, 1913, S. 48
Krünitz, Joh. Georg (1804) Bd. 96, S. 14, 17,63
[995] *Lärmer, Karl:* Berlins Dampfmaschinen im Vergleich zu Preußen und Sachsen, S. 156. In: Lärmer, K. (Hrgb.) Studien zur Geschichte der Produktivkräfte. Deutschland zur Zeit der industriellen Revolution. Berlin 1979, S. 158 ff.
Lärmer/Strenz: Die Bedeutung Berlins bei der Einführung der Dampfkraft in Preußen. In: Berliner Geschichte, Dokumente, Beiträge, Informationen, hg. vom Stadtarchiv der Hauptstadt der DDR, Berlin, Heft 5, (1984), S. 46 ff.
Baar, Lothar: Die Berliner Industrie in der industriellen Revolution, Berlin 1966 (Akademieverlag), S. 113 ff.
[996] *Rachel, Hugo:* Das Berliner Wirtschaftsleben im Zeitalter des Frühkapitalismus, Berlin 1931
Weber, Heinrich: Der Vaterländische Gewerbefreund, Berlin 1820, Bd. 2, S. 65 ff.
[997] *Zedlitz, Leopold v.:* Neuestes Conversations-Handbuch für Berlin und Potsdam, Berlin 1834, S. 215
[998] *Kuhnert, Karl:* Praktisches Lehrbuch der Mühlenbaukunst, Bd. 2, Quedlinburg/Leipzig 1832, S. 119
[999] STAP, Prov. Br., Rep. 2 D Amt Mühlenhof 12 881
STAP, Prov. Br., Rep. 7 Amt Mühlenhof 22
[1000] STAP, Prov. Br., Rep. 2 D Amt Mühlenhof 13 171
[1001] Um einem Verlust der Grenzmarkierungen zu begegnen, z. B. bei Abbruch des Barfußschen Hauses oder »durch Feures Gefahr«, erfolgte die neue Grenzfeststellung »auf der Königl. Ambts-Cammer Veranlassen am 20. Novembris dieses 1704ten Jahres im Beysein und nomine vorgemeldeter Cammer des Cammer Secretarii Hr. George Kiestrellers und namens des jetzigen Ambtsmannes Christian Kienaus, von seiten des Berlinischen Magistrats aber der Ambts Rath und Bürgermeister Hr. Christoph Christian und Stadt-Secretariy Hr. Johann Friedricht Stuk« (STAP, Prov. Br., Rep. 7 Amt Mühlenhof 22).
[1002] STAP, Prov. Br., Rep. 7 Amt Mühlenhof 99
[1003] Eine weitere Bedeutung gewann dieser Wirtschaftshof des Schlosses im 16. Jh., als Kurfürst Joachim I. 1510 den Mühlenhof mit neuen Ökonomiegebäuden besetzen ließ. 1536 kaufte Joachim II. das Haus des im Jahre 1536 von seinem Amte zurückgetretenen Berliner Bürgermeisters Melchior Funcke und ließ es zum Brauhaus einrichten (*Holtze, Friedrich,* 1893, S. 26).
Am 10. 12. 1578 » ist auf den abent umb funf uhr erschrecklichs feur im malzhause uff den Mollenhoffe ausgekommen, und des herrn canzlers (Distelmeier, Molkenmarkt 1) seit= und fordere oberhaus abgebrant« (*Gebhardt, Peter v.:* Bürgerbücher von Cölln an der Spree 1508-1611, 1689-1709 und die chronikalischen Nachrichten des ältesten Cöllner Bürgerbuches 1542-1610. In: Quellen und Forsch. Gesch. Bln., 1930). Seitdem ist in der Klosterstraße gebraut worden.
[1004] STAP, Prov. Br., Rep. 2 D Amt Mühlenhof 12 883 u. 12 884
STAP, Prov. Br., Rep. 7 Amt Mühlenhof 70
[1005] Die Fabrikanten, unter ihnen Balthasar Targa aus Hamburg, wurden Aktionäre und verblieben in den leitenden Stellungen. Die Administration befand sich neben dem Krögel in dem vom Grafen Otto v. Schwerin erbauten Haus Molkenmarkt Nr. 3. Im Haus Nr. 1 wurden 1776 die Hauptkasse und das Hauptmagazin eingerichtet, auf dem Hof eine

Rauchtabakfabrik. Das lange Backhaus auf dem benachbarten Mühlenhof diente nach einem Umbau als »kgl. Magazin«. Die Schnupftabakfabrik befand sich hinter dem gegenüberliegenden Ephraimschen Haus, die Schnupftabakmühle in der ehemals französischen Lohmühle (*Rachel, Hugo*, 1931).

Als Friedrich Wilhelm II. die allgemein verhaßt gewesene Administration aufgehoben hatte, überließ er 1791 die Grundstücke 2 und 3 der Stadt Berlin zur Einrichtung eines Stadtgefängnisses. Es wurde auf dem hinteren Teil der Höfe untergebracht und unter dem Namen »Stadtvogtei« bekannt (*Kügler, Hermann:* Was uns der Molkenmarkt erzählt, Leipzig 1937).

Im Vorderhaus befand sich die Polizeiverwaltung, ihre Registratur auf dem Hof des Amtshauses im ehemaligen königlichen Magazin. Unter dem älteren Teil des Hauses lag ein Keller, der zwar 1791 als Gefängnis benutzt worden war, sonst immer dem jeweiligen Amtsdiener als Keller gedient hatte (STAP, Prov. Br., Rep. 2 d Amt Mühlenhof 12 884). Dieser Keller (6×8½ Fuß) wurde schon in den »ältesten Gebäude-Inventarien« als der »alte sog. Wasserthurm« bezeichnet (STAP, Prov. Br., Rep. 7 Amt Mühlenhof 105). Es dürfte sich um die Basis eines »Ständers« der ehemaligen Wasserleitung handeln.

[1006] Vom Barnim: Pankow, Nieder-Schönhausen, Reinickendorf, Rosenthal, Blankenfelde, Buchholz, Karow, Blankenburg, Lindenberg, Hohen-Schönhausen, Falkenberg, Wartenberg, Ahrensfelde, Biesdorf, Rosenfelde (heute Friedrichsfelde), Lichtenberg, Weißensee, Heinrichsdorf, Marzahn, Malchow und Stralow; vom Teltow: Rixdorf, Britz, Mariendorf, Lankwitz, Steglitz, Dahlem, Schmargendorf, Lützow, Wilmersdorf, Schöneberg und Tempelhof (STAP, Prov. Br., Rep. 2 D Amt Mühlenhof 12 881). Wenn die Mahlpflichtigen anderswo, z. B. in Schildow, Birkenwerder oder Schönebeck mahlen ließen, »So seindt sie Pferde, Wagen und Korn verlustig, davon nehmen die hülffer das Korn oder Schrodt und Churf. Gnad. Pferdt undt Wagen« (STAP, Prov. Br., Rep. 2 D Amt Mühlenhof 12 881).

Nach dürftig eingegangenen Meldungen auf eine Umfrage aus dem Jahre 1824 – anläßlich des Verfahrens zur Ablösung der Zwangsrechte – unterstanden

dem *Amt Mühlenhof* außer Mühlen in Brandenburg, Mittenwalde usw., noch die Mühlen in Lindenberg (1697 Errichtung der Bockwindmühle, Kaufvertrag von 1747), Ahrensfelde (1714 Errichtung der Windmühle), Weißensee (seit 1732 Bockwindmühle, Erbkaufkontrakt zwischen der Kurmärkischen Kriegs- und Domänen-Kammer und dem Geheimen Rat v. Nüßler vom 7. 3. 1746; nach Vertrag vom 4. 5. 1752 auch Zwangsrecht über Heinersdorf), Lichtenberg (seit 1732 Bockwindmühle, Erbkaufkontrakt vom 11. 6. 1749, ausgefertigt am 24. 2. 1750, »confirmiert« am 17. 6. 1751; auch Zwangsrecht über Friedrichsfelde und Stralau; Lichtenberg selbst aus »unbekannten Gründen« seit 1780 nicht mehr zwangspflichtig), Friedrichsfelde, (1801 Windmühle, 1860 zwei Getreidemühlen, eine Dampfmühle erwähnt), Hellersdorf, (1375 Windmühle erwähnt), Böhmisch-Rixdorf (vier Mühlen), Britz (1513 drei Mühlen), vor dem Hallischen Tor (»Herrschafft zu Tempelhof«), Lankwitz (seit 1714 Windmühle, auch Zwangsrecht über Mariendorf), Alt-Schöneberg (Erbverschreibung vom 9. 10. 1754 und vom 26. 7. 1783; Mahlzwang durch »Ministerial-Rescript« vom 12. 12. 1826 an den Mühlenmeister Rosenkessel aufgehoben)

dem *Amt Nieder-Schönhausen* die Mühlen in Tegel (1361 Erwähnung, Wasser-Mahl- und Schneide-Mühle; Zwangsrecht auch über Dalldorf nach einer Erbverschreibung vom 9. 4. 1738, zeitweilig auch über Heiligensee), Hermsdorf (1449 Erwähnung der Wassermühle, 1737 der Windmühle; Wasser-Mahl- und Schneide-Mühle, Kaufkontrakt vom 22. 5. 1694 zwischen Kurfürstlicher Durchlaucht und dem Mühlenmeister Zosse), Schildow (1375, Wasser-Mahl- und Schneide-Mühle; Zwangsrecht auch über Blankenfelde; für den Mahlzwang über Lübars hatte nach dem Erbkontrakt vom 16. 8. 1694 der Müller einen jährlichen Canon von 3 Wispel und 12 Scheffel Roggen, für die Schneidemühlenpacht 20 Tlr. und 5 Sgr. an das Amt zu zahlen, welches das Vorkaufsrecht besaß), Lübars (1560 erbaute Mühle auf dem Felde), Rosenthal (1791 Müller erwähnt, 1801 Windmühle, Abzweigung von der Hermsdorfer Mühle seit 15. 10.1810; auch Zwangsrecht über Hermsdorf und Dalldorf), Blankenburg (1714 neuerbaute Windmühle, nach Erbverschreibung vom 1. 1. 1713 auch Zwangsrecht über Buchholz), Buchholz (1591 Mühlen an der Lepellbrücke und an der »grotte Möhmenbrücke«, 1860 zwei Windmühlen erwähnt), Malchow (seit 1714 Bockwindmühle), Blankenfelde (1685 wüste Schneidemühle, 1745 eine Wasser- und Schneidemühle mit einem Gang, 1860 Windmühle erwähnt), Pankow (Bockwindmühle, nach dem Kaufvertrag zwischen der Kurmärkischen Amtskammer und dem Müller Joh. Martin Lorenz vom 1. 5. 1749 auch das Zwangsrecht über Nieder-Schönhausen, Reinickendorf und das Vorwerk Wedding, am 9. 10. 1782 Brand, Translokation, Erdholländer), Reinickendorf, (1776 Papiermühle, 1860 drei Getreidemühlen erwähnt)

dem *Amt Köpenick* die Mühlen in Biesdorf (Windmühle, um 1701 errichtet, Erbpachtkontrakt vom 20. 11. 1713), Mahlsdorf (Bockwindmühle 1539 erwähnt; Erbpachtkontrakt vom 2. 2. 1708 mit dem Müller Jacob Herrmann, nach Kabinettsorder vom 21. 7. 1708 »confirmiert« am 11. 2. 1710, Kaufvertrag vom 30. 3. 1757), bei Köpenick: drei Sandmühlen (Wassermühle 1577 erwähnt, Erbpachtvertrag vom 13. 6. 1667, Mahl-, Loh- und Walkmühle, um 1825 Papiermühle; Bockwindmühle auf Amtsweinberg, Consens vom 23. 10. 1721; Bockwindmühle vom Eiskutenberg, Bauabsicht vom 23. 8. 1729), die Heide-Mühle (Wassermühle, Kaufkontrakt vom 10. 7. 1696 mit Joachim Friese; Zwangsrecht auch über das Dorf Münchehagen; zum Kreis Strausberg) und die Rabenstein-Mühle (Wasser-Mahl- u. Schneide-Mühle, Kontrakt vom 10. 7. 1696 nach einem Kaufbrief; zum Kreis Strausberg), Müggelheim (Windmühle, Erbverschreibung vom 29. 4. 1750 mit Mühlenmeister Henning, »confirmiert« am 18. 6. 1750; Zwangsrecht auch über Schmöckwitz), Rahnsdorf (1654 Konzession zum Bau einer Schneidemühle, 1745 Wassermühle mit einem Mahl- und einem Schneidegang), Glienicke (1704 Windmühle erwähnt, Kontrakt vom 4. 6. 1721 mit Christ. Fischer) und Rudow (1375 erwähnt, Bockwindmühle) (STAP, Prov. Br., Rep. 7 B Bln.-Mühlenhof 491; Historisches Ortslexikon für Brandenburg, Teil IV, Teltow, 1976, bearbeitet von Enders, L.; Beck, M.; Histor. Ortslexikon f. Brandenburg, Teil IV, Barnim).

[1007] *Holtze, Friedrich* (1893)

[1008] *Hach, Arno:* Berlins ältester Industriebetrieb. Wirschaftsblatt der Industrie- und Handelskammer zu Berlin (1941) 21

[1009] 1602 hatte man dem Mühlenhof das Gut Tempelhof und das Tiergartenvorwerk unterstellt. Von der Mitte des 16. Jh. bis in die erste Hälfte des 17. Jh. war das Amt Mühlenhof mit dem neugegründeten Amt Mühlenbeck kombiniert. Es entwickelte sich das Justiz- und Rent-Amt Mühlenhof. 1812 (?) wurde das alte Justiz-Amt aufgelöst und die von ihm in der Stadt ausgeübte Gerichtsbarkeit dem Stadtgericht beigelegt. 1816 bis 1822 unterstand es der Aufsicht der Regierung Berlin, nach deren Auflösung der Regierung Potsdam, deren Gebiet sich mit dem der ehemaligen Regierung Berlin deckte. (Regierung war die beamtete Leitung eines der sogenannten Regierungsbezirke, in die Brandenburg/Preußen administrativ aufgeteilt war.)

Die kurmärkische Kammer ließ dagegen um 1800 das Mühlenwesen von einem Oberinspektor (Vangerow), einem Ober-Mühlenschreiber und zwei Mühlenschreibern administrieren. Bei der Mühlen-Gefällekasse im alten Packhofgebäude waren angestellt: ein Obereinnehmer und Redant (v. Hagen), ein Kontrolleur, ein Kassierer, ein Assistent, neun Mühlen-Waage-Offizianten, acht Mühlenbescheider, ein Mühlenbereiter, ein Mühlenmeister, ein Mühlenbeläufer, achtzehn Burschen bei den Wassermühlen und acht Burschen bei den Windmühlen. Man zählte, einschließlich der Mühle (6), acht Windmühlen zu den königlichen. Außerdem arbeiteten zu dieser Zeit sieben Mehl-, vier Loh-, eine Graupen- und vier Walkmühlen als Privatmühlen vor den Toren

Berlins (*Gädicke, Joh. Christ.:* Lexikon von Berlin, Berlin 1806).

[1010] Stadtbuch Berlin

[1011] *Schulze, D. F.:* Zur Beschreibung und Geschichte von Spandau, 1913 I/II

[1012] *Peschke, Werner* (1937)

[1013] *Geyer, Albert:* Geschichte des Schlosses zu Berlin, 1936

[1014] *Voigt, F.* (1869). Heute hier Min. f. Bauwesen der DDR

[1015] N. Nicolai, 1779; 1666 wurde es, wahrscheinlich von M. M. Schmidt, für den Freiherrn v. Apell umgebaut.

[1016] Schon im Landbuch (1375) werden ein Mühlenschmied und ein Zimmermann erwähnt; der Schmied erhielt jährlich 2 Wispel Roggen und 6 Schock Groschen, der Zimmermann 4 Schock.

[1017] Ab 1699 Johann Paul Stecher, ab 1718/1719 Lorenz Petrini, 1720 Johann Andreas Eger, ab 1738 George Otto, ab 1749 Abraham Stecher, 1770 Siebicke, 1800 Vangerow, 1817 Schwahn

[1018] Alle Zitate entnommen der Zeitschrift Die Mühle *27* (1880)

[1019] 1890 gemeldete Todesfälle: u. a. 33 durch Getriebe; 11, einschließlich zwei Kinder, durch Windmühlenflügel

[1020] Vgl. MEW, Bd. 23. Berlin 1969, S. 393.

[1021] Vgl. *Alexander, J. J. G.:* Initialien aus großen Handschriften. München 1978, S. 98/99.

[1022] Vgl. *Gleisberg, Hermann:* Die sunk post-mill, eine Frühform der englischen Bockwindmühle. In: Die Mühle + Mischfuttertechnik, *119* (Okt. 1982) 40, S. 562/63. Gleisberg vermutet, der Bock sei in die Erde eingegraben worden.

[1023] Vgl. *Lensing, Lambert* (Hg.): Derick Baegert. Hochaltar der Probsteikirche zu Dortmund. Dortmund 1963.

[1024] Vgl. *Beyer, Wolfgang:* Die Entwicklung der Windmühlen in Sachsen. Diss. ing. Dresden 1957, S. 36. Beyer versteht die Schnittzeichnung des Anonymus als Ansicht.

[1025] Vgl. *Gleisberg:* Triebwerke in Getreidemühlen. Eine technikgeschichtliche Studie. Düsseldorf 1970, S. 171.

[1026] Vgl. *Al-Hassan, Ahmad Y.:* A compedium on the theory and practice of the mechanical arts, by al-Jazari. In: Journal for the history of arabic-science. Hg. von der Universität Aleppo. Aleppo 1977, S. 49.

[1027] Vgl. *Leonardo da Vinci:* Codices Madrid; ders., Codice atlantico. Firence 1973-1978.

[1028] Vgl. ders., Madrid, Bd. I, Folio 22 v.

[1029] Vgl. ders., Madrid, Bd. II, Folio 43 v.

[1030] Vgl. *Agricola, Georg:* Zwölf Bücher vom Berg- und Hüttenwesen. München 1977.

[1031] Vgl. *Straeten, Jan van:* Neue Entdeckungen und Erfindungen. Darmstadt 1958.

[1032] Vgl. Ramellis, S. 170.

[1033] Die Bedeutung dieses Ingenieurs ist auch daran zu erkennen, daß er am Hof in Frankreich und Polen gearbeitet hat.

[1034] *Böckler, Georg Andreas:* Theatrum machinarum novum. Neuvermehrter Schauplatz der mechanischen Künste. Nürnberg 1673.

[1035] Tafel 32 zeigt Ramellis' Bockwindmühle seitenverkehrt; Tafel 31 die Holländermühle.

[1036] Vgl. *Sturm, Leonhardt Christoph:* Vollständige Mühlenbaukunst. Augsburg 1718.

[1037] Vgl. ders., Tafel 19 A.

[1038] Vgl. *Linperch, Pieter:* Architectura Mechanica of Molen-Boek. Amsterdam 1727.

[1039] Vgl. Sturm, S. 14-17.

[1040] Vgl. Linperch, Abb. 10.

[1041] Vgl. *Natrus, Leendert van; Polly, Jacob; Vuuren, Cornelius van:* Groot volkomen Moolenboek, Bd. 1, Amsterdam 1734; Bd. II, Amsterdam 1736; vgl. *Zyl, Johannis van:* Theatrum Machinarum Universale of Groot algemeen Moolen-Boek. Amsterdam, 2. Aufl. 1761.

[1042] Vgl. *Leupold, Jacob:* Theatrum Machinarum Generale. Schauplatz des Grundes mechanischer Wissenschaften. Leipzig 1724.

[1043] Ebd., S. 127

[1044] ders., Tafel 51

[1045] Linperch, S. 6

[1046] Leupold, S. 129

[1047] Vgl. Beyer und Consorten.

[1048] Ebd., S. 74

[1049] Vgl. *Meltzer, Adam:* (Neu verbesserte) Mühlenbaukunst. Merseburg, 2. Aufl. 1793 (1. Aufl. 1788).

[1050] Vgl. *Evans, Oliver:* The young Mill-Wright and Miller's Guide. Philadelphia 1795.
Die amerikanische Mühlengeschichte ist insgesamt interessant, da sich in ihr der Prozeß des wirtschaftlichen Unabhängigwerdens der Kolonie vom Mutterland und damit der eines den Rohstoff Baumwolle liefernden Landes vom Textilgiganten England spiegelt.
Im letztgenannten Zusammenhang spielen die Baumwollmühlen in Neuengland eine große Rolle. Einige dieser Mühlen, ihre Geschichte und Technologie werden in einem ästhetisch sehr ansprechenden Buch (einem der schönsten Bücher der USA 1984) von *Macaulay, David:* Mill, Houghton Mifflin Co., Boston 1983, vorgestellt.

[1051] Vgl. *Giedion, Sigfried:* Die Herrschaft der Mechanisierung. Frankfurt a. M. 1982, S. 106.

[1052] Vgl. *Jacob, Heinrich, E.:* Sechstausend Jahre Brot. Hamburg 1954, S. 293.

[1053] Vgl. MEW, Bd. 23, S. 393.

[1054] MEW, S. 398

[1055] Bei einer 1976 stillgelegten Besteckfabrik im Sauerland (Westfalen) wurden die Produktionsinstrumente von einer Turbine, die mit Wasserkraft angetrieben wurde, bewegt. Der Besitzer erläuterte, der Betrieb habe im Sommer Zusatzenergie benötigt, die das Strommonopolunternehmen nur zu horrenden Preisen geliefert hätte. Andererseits sei auch die Anschaffung von neuen Formen zu teuer gewesen.

[1056] *Sellers, Coleman:* zit. nach Giedion, S. 107

[1057] Vgl. Evans, Anhang.

[1058] Vgl. Giedion, S. 108.

[1059] Vgl. *Mieck, Ilja:* Der Staat und die Anfänge des Maschinenbaus in Berlin. In: Berlin: Von der Residenzstadt zur Industriemetropole. Bd. 1. Hg. im Auftrag des Präsidenten der Technischen Universität zu Berlin v. Karl Schwarz. Berlin 1981, S. 98.

[1060] Vgl. *Beuth, C. P. W.:* Beiträge zur Kenntniß des amerikanischen Mühlenwesens und der Mehlfabrikation, auf Kosten d. Ministeriums des Innern für Handel, Gewerbe u. Bauwesen. Berlin 1832, S. 55 ff.

[1061] Verhandlungen des Vereins zur Beförderung des Gewerbefleißes in Preußen. *2* (1823), S. 139

[1062] VVBG *4* (1825), S. 142

[1063] VVBG *13* (1834), S. 252

[1064] VVBG *14* (1835), S. 112

[1065] VVBG *15* (1836), S. 210

[1066] VVBG *16* (1837), S. 68

[1067] VVBG *17* (1838), S. 157

[1068] VVBG *17* (1838), S. 113

[1069] VVBG *17* (1838), S. 69

[1070] VVBG *21* (1842), S. 91

[1071] Vgl. *Neumann, Friedrich:* Die Windmotoren. Weimar, 2. Aufl. 1881, S. 9.

[1072] Vgl. ders., S. 9/10.

[1073] *Meißner, W.:* Anleitung zum Bau der Mahlmühlen nach ihren mechanischen und dynamischen Gründen. Hamburg 1835, S. 7

[1074] ders., S. 111/112

[1075] Vgl. *Kuhnert, Karl:* Praktisches Lehrbuch der Mühlenbaukunst, Bd. 1 u. 2. Quedlinburg/Leipzig, vierte, verb. Aufl. 1841; *G. G. Schwahn*: Lehrbuch der praktischen Mühlenbaukunde, Bd. 1-6. Berlin 1847-1852; *Wiebe, Friedr. Karl*: Die Mahlmühlen, eine Darstellung des Baus und des Betriebes der gebräuchlichsten Mühlen. Stuttgart 1861.

[1076] Weber, S. 59

[1077] Vgl. *Gleisberg, Hermann:* Technikgeschichte der Getreidemühle. München 1956, S. 60.

[1078] Vgl. Weber, S. 94: Auf der Contrescarpe 49.

[1079] Vgl. Neumann, S. 81.

[1080] Vgl. ders., S. 84.

[1081] *La Cour, Paul:* Die Windkraft und ihre Anwendung zum Betrieb von Elektrizitäts-Werken. Leipzig 1905, S. 33

[1082] ders., S. 77

[1083] Die Windenergie ist von Anfang an ein dezentrales System gewesen, bei dem die Energie vor Ort erzeugt und genutzt worden ist. Heute werden Großwindanlagen erprobt, bei denen erhebliche Probleme (Materialermüdung, Wirtschaftlichkeit usw.) auftreten. Diese Anlagen beweisen, daß La Cours Prinzip der kleinen Einheiten richtig war. (Wir vermuten darüber hinaus, daß die Energiemonopole das vorhersehbare Scheitern dieser Anlagen benutzen werden, um die Windenergie in Mißkredit zu bringen.)

[1084] Die positive Einstellung zur Windkraft wirkt sich bis heute aus, denn Dänemark gehört zu den Ländern, die intensiv Windenergie nutzen.

[1085] *Liebe, Gottfried:* Wind-Elektrizität. Berlin 1915, Vorwort S. 1

[1086] Vgl. *Bilau, Kurt:* Die Windkraft in Theorie und Praxis. Berlin 1927; ders.: Die Windausnutzung für die Krafterzeugung. Berlin 1942.

[1087] Ebd. S. 109

[1088] Vgl. *Honnef, Hermann:* Windkraftwerke. Braunschweig 1932.

[1089] Vgl. Protokolle der Reichsarbeitsgemeinschaft Windkraft, Sammlung H. J. Rieseberg. Die Interessenverflechtung von Staat, Industrie und Wissenschaft und die besondere Rolle, die dieses Projekt während des Faschismus gespielt hat, bedürfen einer eigenen Untersuchung.

[1090] Vgl. *Kleinhenz, Franz:* Das Großwindkraftwerk MAN-Kleinhenz. In: Denkschrift 6 der RAW, Berlin 1943, S. 7-18.

[1091] 1984 baute MAN im Kaiser-Wilhelm-Koog an der Unterelbe das Großwindkraftwerk Growian auf, das eine verblüffende Ähnlichkeit mit dem genannten hat. Es ist eine Weiterentwicklung der alten Berliner Konstruktion. Nach einem Bericht des »Tagesspiegel« Berlin vom 4. 6. 1985 soll das Windkraftwerk wegen unüberwindlicher technischer Schwierigkeiten bereits 1986 wieder abgebaut werden. Wahrscheinlich wurde das Windkraftwerk in dieser veralteten Form nicht gebaut, um die Idee der Windenergienutzung voranzubringen, sondern nur, um zu beweisen, daß große Windelektrizitätskraftwerke nicht sinnvoll seien.

[1092] Vgl. *Witte, Hans:* Windkraftwerke. Unveröff. Manuskript, Berlin 1944.

[1093] Vgl. *Witte, Hans:* Windkraftwerke. Pößneck 1950

[1094] Die Ölkrise führte 1972 in einigen Staaten zu einer Renaissance der Windenergieforschung. Ergebnis der Arbeit von Rechenberg ist die Windversuchsanlage Berwian, ein Windenergie-Konzentrator. Rechenberg, der Bionik, d. h. Technologietransfer von der Biologie in die Technik, betreibt, hat das Flugbild der Greifvögel beobachtet. Die starke Auffingerung an den Flügelenden befördert isolierte Randwirbel, die schließlich eine mehrgängige Wirbelschraube bilden, was einen Zuwachs an Geschwindigkeit bedeutet. Diesen Mechanismus verwendet Rechenberg für eine technische Anlage zur Windkonzentration.
»Innovationen aus der Biologie müssen anschließend den technischen Gegebenheiten angepaßt werden. So ist auch der aufgespreizte Tragflügel für die Windenergiekonzentration noch verbesserungsfähig. ‚Schönheitsfehler' des Spreizflügels ist die unterschiedliche Intensität der Randwirbel infolge des längs der Profiltiefe sich ändernden Auftriebs. Eine Wirbelschraube mit Wirbeln gleicher Intensität läßt sich aufbauen, indem man die Tragflügelfinger zu einem Kreis staffelt. Die Tatsache, daß ein solches Flügel-Ring-Gitter in dem von ihm umschlossenen Kern eine beträchtliche Übergeschwindigkeit erzeugt, ist bisher in der Strömungstechnik unbeachtet geblieben. An einem entsprechenden Windkanalmodell konnte mehr als eine Geschwindigkeitsverdopplung gemessen werden. Anschließend durchgeführte Leistungsmessungen an einem in das Konzentrationsfeld eingebauten Modellrotor ergaben eine maximale Leistungsverstärkung von 8,6. Verkleinert man die Konzentratorfläche, dann fällt die Leistung stark ab. Ein optimaler Kompromiß zwischen Konzentrationswirkung und Flächenaufwand wird bei einer Leistungsverstärkung um 6 erwartet.«
Vgl. *Ingo Rechenberg:* Windenergie-Konzentrator. Faltblatt der TUB. Berlin o. J. Rechenberg erhofft für diese Anlage nur noch 15 % des Investionsaufwandes einer konventionellen Windturbine, die sich aufgrund der windverstärkenden Eigenschaft auch für Getriebe mit schwachen Luftbewegungen eignen würde.
Eine weitere Entwicklung ist das Projekt »Wuseltronik«, das unlängst auf dem Flughafen Gatow vorgestellt worden ist. Die Einstellung der Anlage und der Einstellwinkel der Flügel werden elektronisch geregelt. Die Anlage kann im Augenblick eine maximale Leistung von 5 kW liefern und eignet sich daher für Ferienhäuser, Meßstationen usw. (vgl. »Volksblatt« Berlin vom 24. 4. 1985).

Abbildungsnachweis

H. Herzberg: Einband; Seite 12 li. unt.; 13; 14; 17 unt.; 18; 19 ob.; 23; 24; 27; 36; 37; 44; 45 re. unt.; 47; 53; 55; 56 re. unt.; 69 ob.; 71; 72; 73; 80 ob.; 81; 82; 84; 86; 88; 93; 104; 107; 110; 113; 114; 115; 123; 127; 133; 134; 135 re. ob.; 137; 144; 146; 148 re. unt.; li. ob.; 158; 161 unt.; 165; 168; 171; 172; 173; 177 unt.; 178; 185; 189; 191; 192; 193; 195; 196; 199; 205; 208; 212; 225 ob.; li. unt.; 264. H. J. Rieseberg: Frontispiz; Seite 19 unt.; 21; 22; 29; 30; 48; 76 unt.; 77; 78; 101; 118; 119; 128; 131; 135 li. ob.; unt.; 138; 141 ob.; 143; 160; 217; 219; 222; 223; ob.; 227; 228 li. ob., unt.; 229; 230; 231; 238; 240; 242; 245; 246; 247; 248; 251; 252; 253; 254; 259; 272; 273; 276; 279; 280; 281. Märkisches Museum: Seite 12 re. ob.; 12 Mitte; 15 unt.; 17 ob.; 56 li. ob.; 59; 64; 74; 76 ob.; 79; 87; 103; 109 unt.; 111; 129; 149 ob.; 161 ob.; 170; 174; 175; 213;. STAP: Seite 58; 60; 67; 96; 97; 100; 125; 148 li. unt.; 155; 176; 177 ob.; 180; 181; 183; 207; 209; 218. Ratsbibliothek (Sondersammlung): Seite 33; 35; 41; 42; 43; 45 li. ob.; 108; 109; ob.; 148 re. ob. Deutsche Staatsbibliothek: Vor- und Nachsatz; Seite 139; 141 unt.; 147; 223 unt. ZSTA Merseburg: Seite 105; 157. Stadtarchiv Berlin: Seite 69 unt.; 80 unt.; 228 re. B. Maywald: Seite 132. H. Gleisberg: Seite 121. D. Breitenborn: Seite 149 unt. R. Schwarz: Seite 226. Th. Biller, Seite 236. F. Geschwendt (1938): Seite 15 ob. Br. Krüger: Seite 16 li. ob. H.-D. Grampp: Seite 20; I. Röder u. J. Kadlec: Seite 153. G. Fliessbach u. Hengstmann-Reusch: Seite 215; 224; 255. O. Behrend u. K. Malbranc (1928): Seite 194. J. Herrmann u. P. Donat (1979): Seite 12 li. ob. Deutsche Geschichte, Bd. I, Berlin 1982: S. 140; 16 unt. Berliner Zeitung (Archiv): Seite 225 re. unt.

Einband vorn: Bockwindmühle Rosenthal, Hauptstraße (um 1908)
Einband hinten: Holländer von W. Dörfer (1856)

ISB N 3-8041-1977-8

CIP-Kurztitelaufnahme der Deutschen Bibliothek

Herzberg, Heinrich:
Mühlen und Müller in Berlin / Heinrich
Herzberg; Hans-Joachim Rieseberg. –
Düsseldorf: Werner, 1987.
ISBN 3-8041-1977-8
NE: Rieseberg, Hans-Joachim:

Teilauflage für den Werner-Verlag GmbH, Düsseldorf
VLN 152 · 905/40/86 · P 85/86
Gestaltung: Marlies Hawemann
Druckformenherstellung und Druck:
Druckerei MV Potsdam
Buchbinderei: Druckerei „Maxim Gorki“, Altenburg
Printed in GDR